CAD/CAM/CAE 工程应用丛书

Creo 8.0 产品结构设计

钟日铭　编著

机 械 工 业 出 版 社

产品结构设计是一项很重要的设计工作，关于产品结构设计的教程通常贯穿产品概述、ID效果图分析及产品结构设计完成的整个过程，但这类教程要求读者具有一定的设计基础及软件使用技能。本书结合作者丰富的设计经验，兼顾设计新人和职场进修人员的常见需求，力求将产品结构设计基础理论知识、经验、Creo学习与设计心得、Creo设计案例融合在一起进行详细讲解，兼备理论与实战。全书共分8章，具体内容涉及产品结构设计认知基础、产品结构设计原则、Creo产品结构设计方法、简单零件设计、进阶零件建模、玩转方程式和参数、钣金件设计及产品设计综合应用。书中每一个案例都是精心挑选的，侧重不同的知识点和操作技能，具有一定的代表性。

本书涉及的产品结构设计知识面较广，并且编排合理、条理清晰、通俗易懂，兼顾设计理论与设计方法，突出实用性与设计技巧，值得读者认真学习。书中配有案例视频，扫码即可观看。本书适合设计新人和具有一定产品结构设计基础的职场进修人员学习使用，还可以作为产品结构设计工程师的设计指南及参考资料，并可用作各类Creo产品设计培训班、大中专院校相关专业的培训教程。

图书在版编目（CIP）数据

Creo 8.0产品结构设计/钟日铭编著．—北京：机械工业出版社，2022.8（2024.11重印）
（CAD/CAM/CAE工程应用丛书）
ISBN 978-7-111-71349-4

Ⅰ.①C…　Ⅱ.①钟…　Ⅲ.①产品结构-结构设计-计算机辅助设计-应用软件　Ⅳ.①TB472-39

中国版本图书馆CIP数据核字（2022）第138823号

机械工业出版社（北京市百万庄大街22号　邮政编码100037）
策划编辑：李晓波　责任编辑：李晓波
责任校对：徐红语　责任印制：单爱军
北京虎彩文化传播有限公司印刷
2024年11月第1版第3次印刷
184mm×260mm・21.25印张・577千字
标准书号：ISBN 978-7-111-71349-4
定价：109.00元

电话服务		网络服务	
客服电话：	010-88361066	机　工　官　网：	www.cmpbook.com
	010-88379833	机　工　官　博：	weibo.com/cmp1952
	010-68326294	金　　书　　网：	www.golden-book.com
封底无防伪标均为盗版		机工教育服务网：	www.cmpedu.com

前　言

产品结构设计主要是针对产品内部结构与机械传动部分的设计，也会经常处理产品的外观造型，是产品设计中特别重要的一个环节。各行各业都需要大量从事产品结构设计的专业人才。

这是一本专注于产品结构设计理论知识与实战应用相结合的技能培训教程。全书以 Creo Parametric 8.0（后文简称 Creo 8.0）设计软件为操作基础，深入浅出地介绍产品结构设计的实用知识，并兼顾设计思路和技巧，帮助读者学以致用并活学活用。本书实用性强，通过精选的典型案例来引导读者快速学会 Creo 8.0 设计技能，逐渐步入专业产品结构设计工程师的行列，从而解决产品结构设计中的实际问题。

本书共 8 章，每一章的主要内容说明如下。

第 1 章介绍产品结构设计认知基础知识，包括产品结构概念及其分类、新产品开发流程、产品结构工程师工作职责、产品结构设计的认知、具有哪些属性的人适合从事产品结构设计。

第 2 章重点讲解产品结构设计原则，包括材料选用原则，结构合理选用原则，模具结构优选原则，成本控制原则，创新原则，钣金类产品设计基本原则，钣金类产品设计工艺要求，塑胶件结构设计基本原则，美工线，超声波焊接结构，产品结构设计中的连接、限位与固定。

第 3 章主要介绍 Creo 产品结构设计方法，包括 Creo 在产品结构设计中的应用、如何学好 Creo 和 Creo 产品设计的思路。

第 4 章主要介绍几个相对简单的零件设计案例，目的是让读者通过实例来快速学习基准特征、基础特征、工程特征等一些创建和编辑的知识。

第 5 章介绍进阶零件建模案例，包括金属环模型设计、测试盒壳体设计、握力器弹簧建模、方形绕组线圈、使用由曲线约束的阵列案例、莫比乌斯之环框架模型、吉祥中国结建模、旋转曲面上的孔网阵列案例、主动脉支架模型、在球形曲面上创建渐消面案例。重点在于通过典型结构的案例讲解，引导读者掌握综合设计能力，提升产品结构设计的思维能力。

第 6 章精选一些涉及方程式和参数的典型案例，通过案例的学习，引领读者玩转方程式和参数建模。

第 7 章精选了三个典型的钣金件设计案例，深入浅出地介绍如何使用 Creo 8.0 进行钣金件设计，重点介绍钣金件设计的思路和技巧。

第 8 章主要介绍三个典型的产品结构设计案例，兼顾常用设计方法和技巧的应用，并通过案例深入浅出地介绍 Creo 8.0 装配设计模块的常用功能和技巧，特别在最后一个产品中介绍了机构运动模拟的相关实用知识。

建议读者在阅读本书时，配合书中实例进行上机操作，学习效果会更佳。本书提供了内容丰富的配套资料包，内含各章的参考模型文件、电子教案和精选的操作视频文件（采用 MP4 通用视频格式），以辅助学习。本书的配套资料包仅供读者学习之用，请勿擅自将其用于其他商业活动。

如果读者在阅读本书时遇到什么问题，可以通过 E-mail、微信等方式与作者联系，作者的电子邮箱为 sunsheep79@163.com，微信号为 Dreamcax（绑定手机号 18576729920），进群请加微信并注明个人信息。欢迎读者提出技术咨询或批评建议。也可以通过关注作者的微信公众订阅号

(见下图)，获取更多的学习资料和教学视频的观看机会。

微信搜一搜

桦意设计

本书由深圳桦意智创科技有限公司（作者本人创办）策划、组编，由钟日铭编著。书中如有不足之处，还请广大读者不吝赐教，谢谢。

天道酬勤、熟能生巧，以此与读者共勉。

钟日铭

目　录

第 1 章

产品结构设计认知基础

一个三维产品模型设计，除了外观设计之外，主要就是产品结构设计了。本章重点介绍产品结构设计认知的基础知识，包括产品结构设计概念及其分类、新产品开发流程、产品结构工程师工作职责、产品结构设计的认知和具有哪些属性的人适合从事产品结构设计。

1.1 产品结构设计概念及其分类

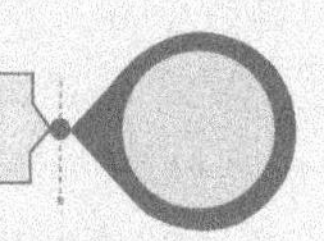

在大多数的工业设计公司里，有两个岗位是比较重要的，一个是产品外观设计（Registered Design，RD），但业界更倾向将工业设计（Industrial Design，ID）狭义地来表示从事外观设计的岗位；另一个是产品结构设计（Mechanical Design，MD）。产品结构设计是指产品开发流程中根据产品的功能用途、相关的工艺、材料特性和用户使用要求等进行产品内部结构的设计。产品设计在兼顾产品外观造型的同时还要考虑产品功能，而实现产品各项功能则主要取决于优良的结构设计，可以说产品结构是产品设计的核心。在进行产品结构设计之前，需要综合考虑很多问题，譬如设计的产品要实现哪些功能；产品在什么情况和环境下使用；产品在使用过程中应该满足什么安全规范；产品的用户体验如何；产品采用什么材料来设计；产品的价格如何；产品是否有防水、防尘要求；如果产品由很多小零件组装而成，那么这些小零件是如何配合或连接的；产品零件的结构设计是否易于生产，制造工艺是否可行；产品如何防止跌落时损坏等。这些都是结构设计时需要严肃考虑的问题。

这里所述的产品结构设计与建筑行业的结构设计是两码事，建筑行业的结构设计是指对建筑物（如房子、桥梁）进行其框架及布局设计等工作。

根据不同的行业属性来划分，产品结构设计可以分机械产品结构设计、医疗产品结构设计、电子产品结构设计、灯具产品结构设计、玩具产品结构设计、日用品结构设计和汽车产品结构设计等。在同一行业内，不同的产品又可以分出很多子项，例如对于电子产品结构设计，又可以分耳机结构设计、手机结构设计、摄像头结构设计、扫地机结构设计、路由器结构设计、笔记本结构设计等。如果只针对同一产品，根据不同的部件或局部功能来划分，那么又可以分前壳（上壳）结构设计、后壳（下壳）结构设计、音腔结构设计、导光柱结构设计、电池盖与电池仓结构设计、按键结构设计等。

1.2 新产品开发流程

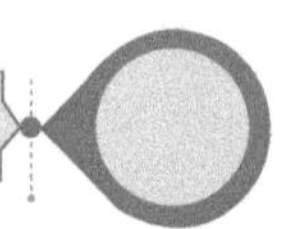

在当前竞争日益激烈的市场环境下，一个企业要想在同行业中获得持久、强大的竞争力，有效抢占市场，除了依靠已有的成功产品之外，还必须要不断地开发新产品、研发新技术，以满足多变的市场需求。如果新产品开发不力，则很有可能会使企业逐步丧失市场份额，丢失竞争优势地位，严重时还可能使企业毁于一旦。因此，新产品开发始终是企业生存和发展的战略核心之一，是一个企业可持续发展的核心力量。绝大多数的企业都意识到了这一点，将产品开发部门视为重要部门。这是正确的做法，产品开发部门就如同一个可以输出澎湃动力的内发式发动机。

新产品开发是一项复杂的工作，从前期设想、市场调研、产品立项到产品投放市场要经历很多阶段，涉及多个部门、多次评审，科学技术性强，持续时间长，需要按照约定的流程有序地开展工作，使产品开发工作能够协同、顺利地进行，为企业发展蓄力、积累能量。新产品开发流程对一个企业来说是举足轻重的，每一个企业都应该有一套适合自己的新产品开发流程。新产品开发流程是规定如何从新产品需求、前期调查研究、产品立项，创意概念、外观设计、结构设计、模具跟进到后续检讨改进等一系列过程的汇总。由于行业、公司组织框架、研发能力、产品生产技术、供应链能力等的差异，新产品开发流程中各环节可能存在差异，但其中一些环节或过程是必不可少的，如针对自主开发的新产品立项、前期调查研究、结构设计、模具跟进、后续检讨改进等。新产品开发有多种情况，包括全新产品的设计和对旧产品进行创新改进等。本书主要针对全新产品提出一种通用的开发流程，如图 1-1 所示，有些开发细节没有体现在该流程图中。

作为一名结构工程师，了解整个新产品开发流程是大有裨益的，有利于设计工作的高效开展，以及协调沟通好团队各部门的对接工作。可以将新产品开发流程划分为几个阶段，即调研、构思创意及立项阶段，新产品设计阶段，新产品试制与评价阶段，生产与销售阶段等，具体如下。

1. 调研、构思创意及立项阶段

这一阶段是新产品开发发起并确立阶段。在一个公司里，通常由市场销售部门或业务部门负责市场调查及与客户沟通。通过认真细致的市场调查，掌握社会和用户需求，追踪竞争对手的产品动态，从而产生新产品开发意愿，新产品开发意愿也可以直接来自客户的指定项目。有了新产品开发意愿后，接下来的工作重点就是根据用户的需求并结合市场情况有针对性地提出开发新产品的设想与构思。这就是新产品的构思创意，它对新产品能否开发成功具有至关重要的意义和作用。新产品开发的构思创意最好是由用户、市场销售人员和科研技术人员等经过“头脑风暴”来获得，然后举行立项会议通过公司高层决策进行新产品开发立项。

2. 新产品设计阶段

新产品设计阶段是指从项目立项后编制产品设计任务书那一刻算起，一直到通过结构手板确定产品结构为止的这一阶段。当然这不是绝对的，广义的话甚至可以包括试制与验证样品这一环节。新产品设计阶段是产品开发最为重要的阶段，它将见证产品从概念到设计落地的全过程，也是产品生产过程的开始。有些学者认为新产品设计阶段要严格遵循“三段设计”程序，分为初步设计子阶段、技术设计子阶段与工作图设计子阶段。

1）初步设计子阶段：这一子阶段的主要工作就是编制设计任务书，确定新产品设计依据、产品功能与用途、产品使用范围、产品基本参数及主要技术性能指标、关键技术解决方案、关键

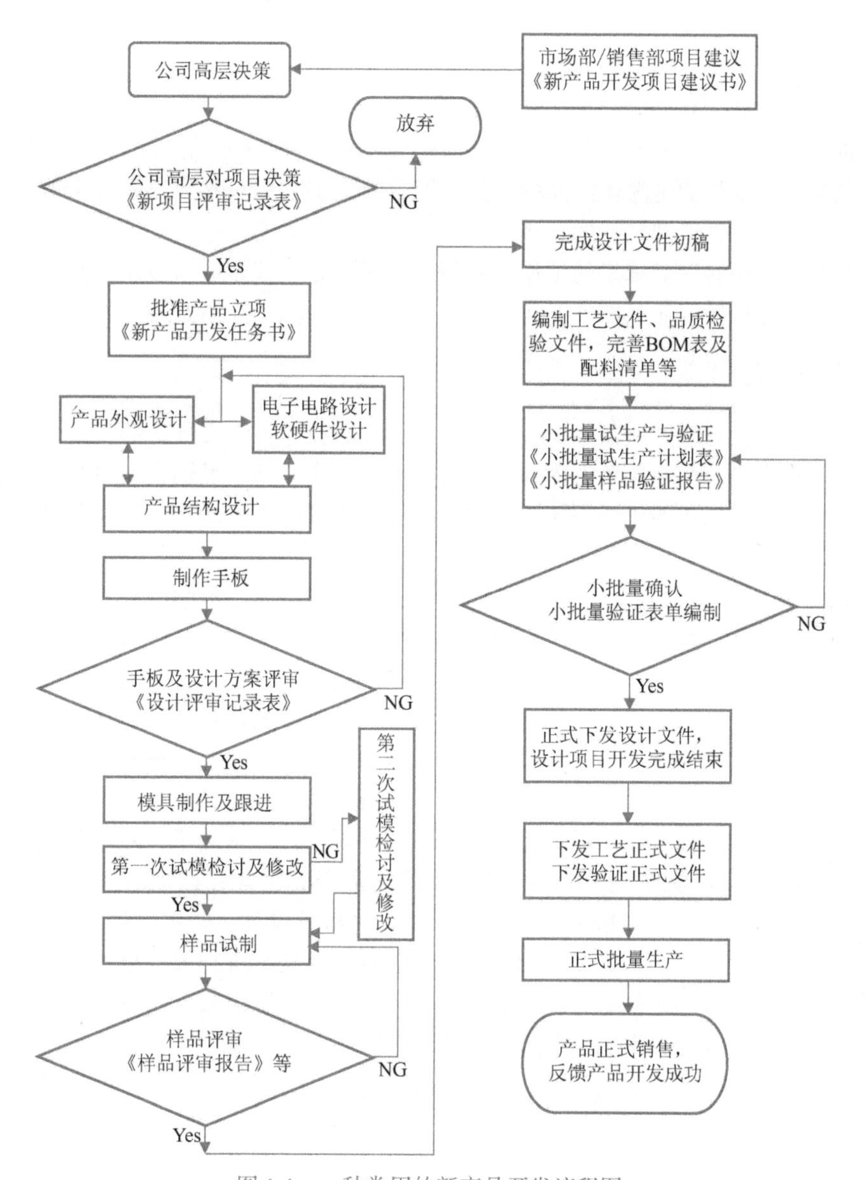

图 1-1 一种常用的新产品开发流程图

元器件和材料，对功能、技术、材料、工艺、价格、品质等进行多维度分析比较，选出最佳设计方案。在编制新产品开发任务书时，还要落实相关分项目的周期及其责任人。

2）技术设计子阶段：这一子阶段用于新产品的设计定型，包括在初步设计的基础上完成设计过程中必需的试验研究，做产品设计计算书；确定产品电子电路及相应的软硬件设计、外观设计，进行产品结构设计，确定元器件、外购件、材料清单；对设计任务书中的某些内容进行审查和修正，并对产品进行相应的安全可靠性、可维修性分析等。

3）工作图设计子阶段：这一子阶段主要是在技术设计的基础上，严格遵守有关标准规范和指导性文件的规定，完成各类工程图和其他设计、工艺文件等工作图输出，以供产品试制或生产使用。

3. 新产品试制与评价阶段

这一阶段包括两方面，一是新产品试制，二是新产品评价。其中，新产品试制分样品试制和小批量试制两类。样品试制的目的是考核产品设计质量，包括产品结构、性能及主要工艺，验证设计图纸是否正确，如果发现有问题便可及时修正，同时也审查产品结构工艺性等是否存在问题；小批量试制的主要目的是考验产品的工艺情况，验证工艺在正常生产条件下能否保证所规定的技术条件、质量，能否达到良好的经济效果。

试制新产品后，还有一个重要的工作是对新产品进行定型鉴定。从技术、经济和功能上做出全面评价，为正式生产做好充足的准备。

4. 生产与销售阶段

在这一阶段，下发好生产所需的工艺文件、零部件的技术要求文件、物料清单等，做好生产计划，制造生产出合格产品。还要考虑新产品如何销售，研究新产品的促销宣传方式，采用何种价格策略和为客户提供怎样的优质服务等。新产品的市场开发既是新产品开发的终点，也是下一代新产品开发的起点。

1.3 产品结构工程师工作职责

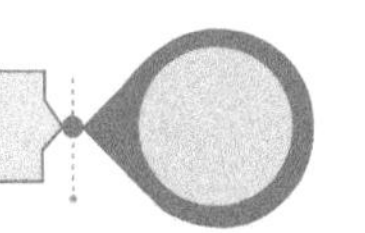

在工业产品设计中，外观设计和结构设计始终是两个重要的设计工作。外观设计主要是对产品的形状、色彩、图案或它们的结合所做出来的富有美感的新设计。这种新设计适用于生活应用和工业应用，可以使人的视觉触及后产生愉悦或某种特定的感受，另外外观设计还能对品牌建设产生影响。结构设计则是在满足产品功能及平衡产品外观设计的前提下，对产品进行零部件布局以及对它们之间的内部结构进行设计。产品结构设计是产品设计过程中较为复杂的一个重要环节，涉及的综合性知识较多，包括工程制图基础知识、机械设计、基本的模具知识、材料知识、常见的机械加工方法、表面处理工艺、相关产品的安全规范与标准、设计软件应用知识等。对产品结构设计的内容有一定的认知后，就很容易得出产品结构工程师的任职要求（即工作职责）。

产品结构工程师的任职要求主要有以下几点。

1. 熟悉工程制图（含机械制图），精通制图规范

工程制图（含机械制图）的基础理论知识是每一个合格的结构工程师必须要掌握的，涉及的相关制图规范要熟练掌握，如制图图线要求、文字要求、三视图构成要素、投影知识、尺寸标注、几何公差、尺寸公差与配合关系等。这将会影响结构工程师读工程图、绘制正确工程图的效率等。如哪些图线采用粗实线、哪些图线采用细实线、哪些图线采用虚线、哪些图线采用点画线、哪些结构可以采用简化画法、哪些结构可以省略、尺寸标注中的尺寸公差如何确定、几何公差以哪个位置为基准最合理等。如果连图纸中的相关画法都看不懂，那么何以成为一名合格的产品结构工程师呢？

2. 掌握必要的设计软件

结合一线产品结构工程师对各类设计软件的应用情况来看，产品结构工程师必须要掌握一门二维工程图设计软件，以及掌握一门或多门三维产品设计软件。绘制二维工程图可用 AutoCAD、CAXA 电子图板或中望 CAD 等，而三维产品设计软件推荐用 Creo、Solidworks、UG NX、CATIA

等。一般而言，要结合本公司情况，精通其中一款三维产品设计即可。笔者推荐 Creo，它可以轻松应对产品结构设计遇到的外观曲面、参数化结构问题。对于非标自动化，首选使用 Solidworks，而在国内的汽车行业，产品结构设计多使用 CATIA。

3. 熟知塑料件工艺与钣金工艺

产品结构工程师必须要熟知塑料件工艺与钣金工艺，因为产品零部件的材料主要是塑料件与钣金件，在产品设计时就要认真考虑注塑工艺与钣金工艺。对于塑料件，它的壁厚应该多少合适，拔模角度又是多少，如何避免塑料件表面出现不必要的缩水问题，壳腔内的筋骨多厚多高，卡扣位如何设计等；对于钣金件，折弯半径多少，冲压折弯的止裂槽如何设计，百叶窗冲压如何设计等。

4. 掌握常见的表面处理工艺

产品设计总是要面对零件的各类表面处理问题。如果一个结构工程师掌握了常见的表面处理工艺，以及先进的材料表面处理工艺，那么其在零件的表面处理问题上便会游刃有余，于细节中会有设计亮点。

5. 了解模具知识

产品零部件的加工方法有机加工、注塑、钣金冲压等，其中注塑与钣金冲压涉及相关的模具知识，如塑胶模具与五金模具。不要求结构工程师会亲自设计及制作模具，但是要求结构工程师必须了解模具的基本知识，懂得模具的基本结构、模具的加工等，保证所设计的产品零件能通过模具制造出来。

在进行产品结构设计的过程中，一定要结合模具知识来指导设计工作，保证设计的产品能通过模具被顺利、高效地制造和生产。如果产品结构工程师对模具一知半解，那么设计出来的产品可能就不能顺利出模，或者造成模具设计非常复杂且模具成本高昂。

6. 熟悉各类材料

结构工程师经常与各类常见的塑胶材料、金属材料打交道，要懂得它们的材料特性与成本估算。根据实际的产品设计要求进行合理的材料选择，这是决定产品性价比的一个重要环节。做产品结构设计时，就要考虑零件壳体采用什么材料，有没有耐磨、防腐蚀要求，常用透明材料有哪些，不同的金属材料有什么区别等。只有了解各类材料的特性，才能合理地选择材料，从而在保证产品功能的前提下最大限度地节省成本。

7. 掌握产品开发流程

结构工程师必须要熟悉产品开发的整个流程。虽然每个公司可能都有一套适用的产品开发流程，但不管怎么变化，其开发流程的内在逻辑或原理还是相似的。在产品开发流程中，结构工程师要能独当一面或协同工作，这样更能体现结构工程师的价值。

8. 熟知行业设计规范

在每个产品行业，基本都有行业设计规范或标准，如产品的可靠性测试、强度测试、使用寿命和一些强制性等要求。如果产品需要出口，还要符合相应地区的安全规范要求。

9. 掌握一定的电子技术知识

现在的产品当中有相当一部分是电子类产品，如手机、耳机、蓝牙音箱、平板计算机、智能音箱、台灯等，也有不少是机械与电子相结合的产品，因此了解一定的电子技术基础知识对结构设计是很有帮助的。如果结构工程师是机电一体化或机械设计及自动化等专业出身的，那么就太合适了。一些产品的结构设计，需要考虑电磁屏蔽、信号屏蔽等要求。

除此之外，结构工程师还需要有较强的沟通协调能力，因为产品结构设计要考虑很多关联的因素，如产品的系统化软硬件设计、电控设计、电气屏蔽要求等。这些都需要结构工程师在进行产品结构设计时，及时地与其他设计部门沟通，甚至是频繁交错地沟通，目的是保证产品结构设计的顺利进行，避免一些无谓的设计修正。如果是一个较大的设计项目，一个结构工程师只负责一部分的结构设计，这就需要与其他结构工程师协同设计，个体的沟通协调能力对一个设计团队来说至关重要。

1.4 产品结构设计的认知

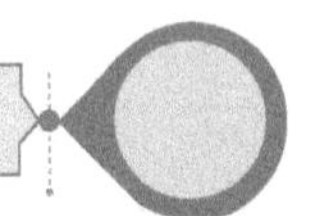

产品结构设计相对外观造型设计而言，针对的不是外观形状，而是产品内部结构、机械部分的设计。结构工程师要具有全方位的三维空间思维能力，还应该具有多目标的空间想象力，以及多学科和跨领域的协调整合能力，能够根据各种设计要求与限制条件寻求产品对立中的统一或平衡。

当前，不少人对产品结构设计的认知还不够深刻，下面介绍的几个认知问题就很具有代表性，读者可详细了解一下。

1.4.1 会软件制图就会结构设计吗?

到现在还是有一些人会认为产品结构设计就是制图，以前是手工制图，如今是使用计算机辅助设计软件进行画图建模。但是产品结构设计不仅限于制图，制图只是设计的一部分，只因设计需要用图形来表示，在绘制图形之前需要有清晰的整机结构设计思路、扎实的结构知识和其他方面的知识。

上述一段话是为回答“会软件制图就会结构设计吗?”这一问题进行的铺垫，显然这是一种错误的认识。笔者担任过企业设计部门的经理、设计总监，在招聘结构工程师时面试过不少人，一般笔者都会问他们对结构设计的理解，其中有些人回答结构设计就是画图，接着强调自己如何精通 Creo、UG NX、Solidworks 与 AutoCAD 等设计软件，对结构设计没有问题。通常笔者会再问他们一些常用的结构设计基础知识，结果让笔者很诧异，不少人口口声声说懂结构设计，却连常用的塑胶材料、塑料制品设计规范、基本的模具知识都说不出个所以然来。如果招聘了这些人，能放心让他们去设计产品吗？设计出来的产品能合格吗？不管他们多么精通设计软件，可以肯定的是他们算不上结构工程师，充其量是绘图员。好的结构工程师除了要精通一两门常用设计软件用于画图之外，还需要掌握多方面的知识，懂得思考如何将整个产品的结构设计好，能将产品生产成本尽量降低，还能在设计时考虑用户体验，并尽可能预防生产中出现的问题。这才是一名合格的产品结构工程师所要做的，一定要意识到软件只是一种设计工具，想从事结构设计方面的工作一定要掌握基本的设计理论知识，培养良好的结构设计思维，还要在平时的工作、学习中积累经验。

现在设计软件培训的机构很多，其中不少培训机构在招生宣传的时候就给学员灌输学会软件就可以胜任结构设计的工作，这在一定程度上误导了学员，导致其产生了错误的认知。很乐见一些培训机构在转变，培训设计软件应用时也传授结构设计的基础理论知识与设计经验，会软件制图不一定会结构设计，要补上结构设计这一课。

1.4.2 结构设计很难学吗?

结构设计其实是一项涉及多学科的复杂工作，从1.3节提到的产品结构工程师工作职责便可见一斑，需要从业人员掌握很多知识。并且还需要具备一定的设计经验及其他能力，这让不少设计新人觉得比较迷茫，认为结构设计很难学。

世事无难事，只怕有心人。只要掌握了方法，结构设计其实没有那么难学。首先，要把结构设计从心底当作一门技术，将来要靠这门技术谋生，这样无形中就给自己施加一种学习动力。再者，要学好一门技术，怎么少得了勤学苦练呢。特别是想从事结构设计的新人，一定不能好高骛远，而是要踏踏实实地从基本做起，哪怕先从事绘图员之类的工作，甚至是零件加工工艺与模具设计的蓝领工作。在工作中不断学习、不断实践，遇到问题就多向懂技术的工程师虚心请教，只要多学、多练、多思考，注重总结和积累经验，慢慢地就会对结构设计有了了解和感觉。笔者大学学的专业是机械工程及自动化，相对而言机械结构设计基础还算比较扎实。大学毕业刚开始工作那一两年，做过品质助理工程师、绘图员和产品结构助理工程师，那时设计软件还是通过自学才掌握的，从设计苦力做起，铆足了劲，不断学习与总结。虽然经历了不少曲折，但最终还是顺利走上了产品结构设计之道，成功开发了不少产品，积累了丰富的结构设计经验。

哪怕有些人起点低些，需要付出的努力可能会多些，但通过努力一样能成为在公司里独当一面的产品结构工程师，这就是所谓的“笨鸟先飞”。所以，在努力的人面前，结构设计不是什么难事。

1.4.3 如何理解结构设计中的借鉴与抄袭?

在产品结构设计中，有些人分不清什么是借鉴、什么是抄袭。借鉴在汉语词典中的解释是把别的人或事当镜子，对照自己，以便吸取经验或教训；抄袭则带有明显的贬义，意思是指把照抄别人的东西当作自己的。

产品结构设计的核心思想在于设计，而设计则主要包括全新设计和在已有产品的基础上进行的改进与创新设计，后者是常态。在已有产品的基础上进行改进与创新设计，往往需要参考成熟产品的一些通用结构并经过思考加以利用或再设计，这都属于借鉴范畴，而不是抄袭。事实上，基础的结构设计都是有常用规则、原理可循的，遵循这些常用规则、原理进行的结构设计都是常规设计，不应该被认为是抄袭，相信大家对此很容易达成共识。在为全新产品进行结构设计时，由于市场上还没有同类产品出现，没有可供参考的产品。在这种情况下比较考验结构工程师的设计水平，需要结构工程师多思考、多做模拟验证，采用全新结构时还一定要做结构手板验证。一些经验丰富的结构工程师，甚至可以跨界从其他产品上借鉴一些设计理念。

如果在新产品中设计了一种全新的结构（在同类产品中是别人没有的），并为新产品带来了有益的效果，那么我们可以为该全新的结构技术申请实用新型专利或发明专利。这样他人如果在后面的新产品中借鉴了我们的专利结构技术，那么他们就构成了侵权，需要承担侵权责任。这就提醒了结构工程师在借鉴一些新结构技术时，一定要进行专利检索，并对该项新结构技术进行研究消化，以期获得新的设计思路和方案。一定要避免将某些借鉴变成了抄袭。

看到别人的新产品卖得好，要照抄别人的新产品进行刻意的仿制，这就是典型的抄袭行为，也是不可取的，最终可能要付出沉重的代价。抄袭不是设计，而是没有经过思考就生搬硬套挪用别人具有专利权或版权的设计。

1.4.4 产品结构设计是不是越复杂越好？

产品结构设计并不是越复杂越好，而是在产品功能得到满足的情况下，设计得简单实用就好。这样在模具制作上相对容易且具有成本优势，还得要求生产装配工艺简便，少出问题。

产品结构设计最好要以功能驱动为主，保证满足产品功能是首要任务。其次产品结构设计要综合考虑结构安全性、耐用性、合理性、成本性以及用户体验等要素，在各个要素之间取得一个“平衡”。这就是产品结构设计的“中庸之道”，“中庸之道”的结果体现便是产品结构变得简单实用、性价比高。

1.4.5 都说结构工程师越老越值钱，是真的吗？

结构工程师年纪越大越值钱，这一说法是有一定道理的，前提得排除那些倚老卖老、不思进取、单纯混日子的人。结构设计涉及的学科不仅仅是机械设计、工程制图、工程力学、材料学、机械加工工艺、金属工艺学、模具设计、电气控制、机电一体化，还有其他一些关联学科，总之越深入涉及的学科就越多。很多设计需要具备扎实的相关设计理论基础、创新且严谨的设计思想，还需要丰富且宝贵的从业经验。设计的案例多了，经验丰富了，见多识广带来的益处就是设计越来越自信。这就是所谓的“在才艺压身的情况下靠经验打天下”，有经验的便能游刃有余，没有经验的可能只得被迫转行了。经验一般是随着工作年限的增长而增长的，于是便有了“结构工程师年纪越大越值钱”这一说法。

举个例子，在电子产品、家电产品、玩具产品、日用消费品等众多行业都存在结构工程师这个岗位；负责对整机产品进行结构设计，包括整机功能实现、产品内部构造、连接方式、支撑方式、安装方式、元器件布局、电气屏蔽等方面的设计；需要熟练使用2D、3D绘图软件，能灵活使用自顶而下设计方法与自下而上设计方法，懂工程图绘制；熟悉产品开发流程、模具结构（包含塑料模与五金模）、材料性能、加工工艺、安全规范标准（3C、CE、UL等）、产品标准、行业标准、基本电路知识、成本核算、专利分析与规避等；了解工业设计、用户体验与一定的市场信息等。刚毕业的学生通常对其中某方面的知识不熟悉，或者还无法将众多知识有效串联起来，设计的产品结构往往存在一定的缺陷，达不到开发的要求。轻则产品使用问题多、返修率高，重则有可能导致相关的模具报废，或者反复修改而延误量产时间，很少有企业愿意冒着巨大的风险让一个新手去试错，这个试错的成本无疑是巨大的。因此整个产品结构设计项目会让经验丰富的老工程师作为项目负责人，重要的设计工作都是让老工程师执行，而只有一些简单的、没有多少技术难度的设计工作才分配给新手去处理。一般不会安排独立的设计任务给新手，新手主要以协助工程师工作为主。只有新手慢慢经历了技术员、助理工程师的阶段，有了一定的设计经验成为真正的设计工程师后，才会给他安排独立的设计工作。能在设计工作中独当一面，那是要经过无数的实践、无数的经验积累才能做到的，在此期间可能会有不少试错的历程。设计实践与经验积累在工程师成长过程中是极其宝贵的，工作年限越长，经验就越丰富，往往薪资也水涨船高。在进行复杂产品结构设计时，细节的设计技巧往往是经验总结而来的，如何处理各零件的结构配合一致性是个经验技术活，修改一个配合结构，装配体中的其他零部件也会跟着发生一致性的变更。

虽然说结构工程师年纪越大越值钱，但在行业内还是存在不少老工程师转行的现象。其实，这很容易理解，结构设计工作本身就是一项枯燥（对多数人来说）且严谨的工作，加班情况屡见不鲜，而晋升空间无非就是设计总监、设计总工程师，或者从事设计管理方面的工作。但是要注意，这是一个符合金字塔态势的发展路径，越是晋升到顶层，能突破的人便会越来越少。不少人因为生活等各方面考虑，在结构设计生涯中做出重大转变，从而转型去做其他相关的工作，如产品销售、生产管理等，或者创业。曾经做过结构设计的经历一定是加分项，例如一个从事过产品结构设计的创业者，肯定知道产品设计容易踩的坑，从而规避并少走弯路。

1.5 具有哪些属性的人适合从事产品结构设计

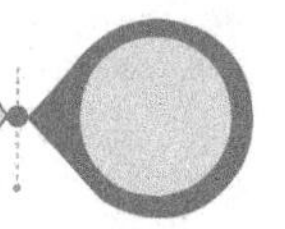

本节探讨一下具有哪些属性的人更容易在产品结构设计中成功，主要分以下五方面进行探讨。

1. 兴趣

对产品结构设计有浓厚兴趣的人容易成功。在很多人眼里，产品结构设计的工作是枯燥、单调的。时间久了，不少人很难再有兴趣，自然心生烦意，再加上项目熬夜加班成为常态，萌生退意者常有。如果能自始至终对产品结构设计保持兴趣，那么向上进取的动力便源源不断，甚者成为技术偏执狂。

2. 空间几何逻辑思维强

产品结构设计要求设计工程师具有较强的空间几何逻辑思维能力。设计一个零件，设计工程师必须要清晰地感知该零件的三维造型是怎样的，由哪些基本几何特征组合而成，最简单的就是将零件三维造型看成是由若干个基本几何特征经过“交集”“差集”“并集”组合而成。当然三维造型的高级应用不仅仅基于此，还有很多灵活的建模设计方式。此外，在一个产品设计中，除了单个零件的模型设计之外，还必须要考虑产品中零部件之间的装配约束关系以及传动连接关系等，这些都需要一定的空间几何逻辑思维能力。空间几何逻辑思维能力强的人，往往在产品结构设计中更容易进入设计状态，也更容易把握零件空间结构和零部件之间的关联因素等。

3. 集众家所长，善于积累经验

产品结构设计涉及的学科较多，例如材料学、力学、动力学、机械设计、物理学、工程制图、生产工艺、各类模拟分析等。在掌握产品结构设计的相关理论知识的基础上，必须有一颗上进的心。在平时的设计工作中，多揣摩他人的设计方案，多思考别家的产品零部件配合方式、连接方式，集众家所长，必要时可以将好的设计应用借鉴到自己的产品结构设计中来。经验一部分来源于自己以往的设计案例，另一部分来源于别人的设计案例。一定要善于积累经验，因为设计经验在产品结构设计中真的很重要，一方面经验可以让设计工程师在众多的结构设计方案中选到恰到好处的设计方案，另一方面经验可以降低设计试错成本。集众家所长且善于积累经验的设计工程师，往往成长最快。

4. 具有结构批判精神和创新意识

在产品结构设计中，虽说学识和经验很重要，但这还不够。在现实中，有些“老”的设计工程师以为自己的设计经验丰富，在某些项目的结构设计中倚老卖老，其实也可能会闹出问题的。这是因为产品结构设计有时要考虑的因素很多，例如考虑应用场合、应用环境、使用人群等，一个小小的疏忽就可能会酿成大错。他人提出的结构设计意见，要认真思考，要具有严谨的结构批判精神，他人对的意见要认可并采取必要的改进措施，同时也要有创新意识。在一些设计中，凭学识和经验，设计的产品结构是没有问题的，但是不是还存在一些更好的结构设计方案呢？这也是一个好的产品结构设计师所要思考的问题，即创新意识。具有结构批判精神和创新意识，会让产品结构设计师的设计格局更高，未来的路会走得更远。

5. 耐得住寂寞，善于协调沟通

在产品设计项目立项之后，一系列繁杂的设计工作便开始了。团队之间的协调沟通在这期间很重要，因为产品结构设计有时一个小小的改动，都可能会导致整个设计发生翻天覆地的变化。沟通协调是必要的，整个设计的各个环节必须要保持“设计的一致性”。在自己的设计岗位上，还一定要耐得住寂寞，一个设计有时要持续一段时间，一天、两天、三天……一个星期、两个星期、三个星期……甚至一个月、半年、一年、多年，不能耐得住寂寞，可能坚持不到最后。

综上所述，具有以上五点属性的产品结构设计师在产品结构设计生涯中更容易成功。也从独特视角侧面回应了从事产品结构设计的人很多，但是不少人在从事产品结构设计若干年后选择转行，是不是某些属性的缺失？这是值得我们思考的问题。

第 2 章

产品结构设计原则

本章导读

本章主要介绍产品结构设计的相关原则，包括材料选用原则，结构合理选用原则，模具结构优选原则，成本控制原则，创新原则，钣金类产品设计基本原则，钣金类产品设计工艺要求，塑胶件结构设计基本原则，美工线，超声波焊接结构，产品结构设计中的连接、限位与固定等。

2.1 材料选用原则

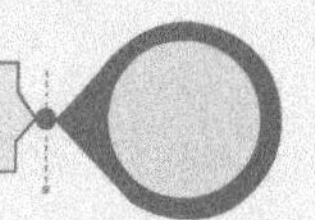

在产品结构设计中，实物零件的材料选择是非常重要的，尤其是主导结构材料的选定甚至在产品规划阶段就要确定下来。主导结构材料（如外壳材料等）与产品的造型、尺寸以及产品的成本密切相关，它还会影响后续结构设计和模具制造等多个环节。当然，其他零件材料的选择也不应该被轻视，它们都是整个产品的组成部分。材料不仅影响了产品的性能，甚至还会对产品的价格起到决定性的作用。

一名优秀的产品设计师（尤其是产品结构工程师），应该要掌握材料选用原则。材料选用原则主要包括以下几个考虑方向，只有综合考虑才能比较合理地选择材料。

1. 考虑产品的应用场景

产品主要是给用户使用的，有其特定的应用场景，应用场景决定了材料的主要选择要求。不同的应用场景对产品的材料需求是不一样的。例如，对于婴幼儿产品，其材料要求环保；喂食类塑料碗、塑料汤勺等产品还必须是食品级无毒无味、耐高低温的材料（如食品级 PP（聚丙烯，俗称百折胶）材料）。对于日常消费类电子产品，产品塑胶材料通常要求强度好、表面容易清理、手持手感好、不容易磨伤、抗老化能力强等，常见选用 ABS、PC、PC+ABS 等。如果是金属材料，一定是不容易生锈、易于加工成形的，多选用锌合金、铝合金、铝、镁合金和不锈钢等。对于饮料食品行业用的产品，塑料瓶子宜选用 PET 材料，包装袋可选用 PPPE 材料等。

2. 考虑产品本身的功能

产品功能会影响材料的选择，某些功能的确定意味着框定了材料的选择范围。例如想要让产品隔着壳体透出工作状态的亮光，就不能选择不透光（遮光）的材料，而是选择透明 PC（聚碳酸酯）、PMMA（亚克力）等材料。又例如产品带有运动功能，那么在材料选择上就要考虑运动所带来的磨损问题。耐磨材料有很多，其中耐磨的塑胶材料就有 POM（赛钢）、PA（尼龙）、天然橡胶等。

3. 考虑产品的市场定位

产品的市场定位很关键，不同档次的产品对应不同的市场，在产品设计之前就要明确它。一旦明确产品的市场定位，那么材料选择也就有了等级之分。如果一个产品定位高档市场，那么材料选择上通常是选择同类材料中的优质性能材料，其价格相对最贵；中档产品选择性能中等的材料，价格适中；低档产品则尽量在材料的选择上“斤斤计较”，以在满足功能要求的前提下尽可能地降低成本。

4. 根据供应商情况进行材料选择

有时，供应商也会影响材料的选择。公司产品的生产制造与材料供应商有关联，在材料选用上要根据公司与材料供应商的合作关系、材料供应情况、价格情况等因素进行综合考虑。要有替代供应商做备份，以便在产品定价和原材料供应上多一份主动权，不容易出现遭遇意外断供的现象。

以上几个方面构成了材料选用原则，要灵活和综合考虑，再结合经验与试验验证，基本不会出什么大的差错。

2.2 结构合理选用原则

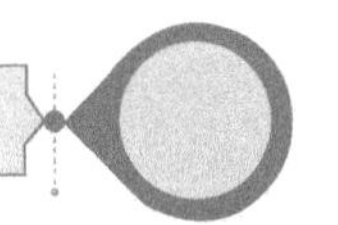

新产品结构设计是一门技术活。相对成熟的产品线而言，新产品可以在原有产品的基础上进行结构优化，这通常有现成结构供参考。产品结构设计并不是越复杂越好，如果有多种结构设计方案，那么在保证产品功能得到满足的情况下，选择最为简单且效果最好的那种结构设计方案。尽可能使产品的模具制作变得容易，生产装配也轻松，产品也不容易出现问题。

产品结构工程师要有这样的一个设计常识，结构设计尽量简捷有效，不要添加多余的结构。因为多余的结构在一定程度上浪费了设计时间和材料，可能还增加了模具的加工难度，显然是画蛇添足了。简洁设计在很多时候都是有市场的。在进行产品结构设计时，一定要对多种可能的结构进行分析，从中选用最适合的结构方案进行设计。所需结构一定要做到精益求精，而可有可无的结构一概不做，要保证所做的每一处结构都能发挥作用。例如为什么要做定位柱，为什么要在某个位置处设计卡扣，为什么要在这个位置构建一个反止口或反止槽，某个位置处的加强筋能起到多大用作等。有些结构在当前应用中似乎没有什么作用，但在未来产品升级中会派上用场，这实际上也是产品所需要的结构。

在产品结构设计中谨慎使用“加法”，如果要用“加法”，一定要思考“加法”的目的是什么？只要能把“加法”的逻辑解释得通，能增加产品某方面的益处，有利于产品升级换代，那都是允许的，甚至是鼓励的。

结构设计中的防呆设计同样是值得结构工程师注意的。

2.3 模具结构优选原则

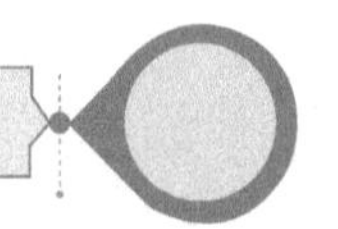

产品结构设计可靠是必需的。如果模具实现不了或很难实现，那么该产品的设计结构一样是不合格的。如果通过产品结构设计使得其模具结构最简单，但生产效率等却比不上另一种结构设计方案，那么该结构设计方案也是需要再斟酌再评估的。只有产品结构设计可靠而且对应的模具结构最高效耐用，那么该设计方案才算得上完美的。

产品结构工程师一定要了解模具，懂得模具的基本结构、产品的成型方法等。那么在进行产品结构设计时就会事先考虑模具结构的情形，避免产品结构设计与模具设计脱节的问题，这样便能保证设计出来的产品能通过模具制造出来。如果做出的结构设计虽然可靠，但模具特别复杂，或模具很难实现甚至实现不了，那么该结构设计多半不是最佳的，甚至是不合格的。一个优秀的产品结构工程师，在产品设计时便要尽可能使模具结构简单、实用、高效。

上述介绍略显抽象，下面不妨举个例子。

假设一个产品有上壳和下壳，上壳和下壳固定的方式可以有螺钉固定、超声波熔接固定、卡扣固定等。螺钉固定方案虽然最好，但由于在外观和空间上有要求，螺钉固定的方案被否定，考虑到维护方便也不采用超声波熔接固定方案，那么就只能采用卡扣固定方式了。在进行卡扣结构设计时，要尽量避免出现模具倒扣的情形，可以在一些内部扣位通过碰穿或擦穿的方式予以解决，使模具结构得到简化。这里所述的模具倒扣是指一种影响模具正常出模的结构，在模具上解决倒扣的机构主要有滑块、斜顶及弹簧顶。但这些机构的应用会增加模具复杂程度，并大幅增加模具制造成本和维护成本。所以对有模具倒扣的卡扣位能处理的就尽量处理，目的就是让产品模具尽可能简化，能够正常出模，实在解决不了只能保留倒扣，那也只能通过在模具上增加斜顶或滑块等机构来实现。

当然，有些结构可以采用3D打印等其他方式生产制造出来。对于未来模塑技术，结构设计的一些原则也会随着新技术的应用而应该有所变化、优化。

2.4 成本控制原则

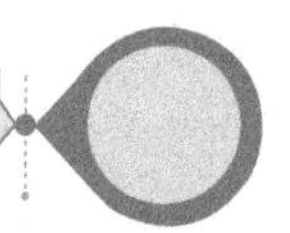

产品结构设计必然要考虑产品的成本因素。成本是产品性价比上的一个重要平衡砝码，它在很大程度上决定了产品的市场表现以及公司的利润空间。当前比较流行的一个设计逻辑是面向成本的产品设计，要让成本控制从产品设计开始阶段就要进行。这就是产品结构设计的成本控制原则。

产品结构设计的成本控制原则主要包含以下几个方面。

1）控制材料成本，在保证产品功能的前提下，尽量选用价格低的材料。

2）与外观设计工程师沟通，在满足外观要求的前提下，尽量减少零件的个数。

3）在产品结构设计时，零部件间的连接固定方式择优选用，以节省生产装配成本，并尽量简化结构以节省模具成本。

4）对于一些连接件等常用零件，尽可能采用标准件、通用件，减少模具数量，也降低产品的维护成本。

5）根据产品定位与外观要求，在产品表面处理上选用合适的表面处理方法以节省加工成本。

6）尽可能采用公司现有物料或易于采购的物料，尽可能统一物料规格，使产品标准化、模块化。

2.5 创新原则

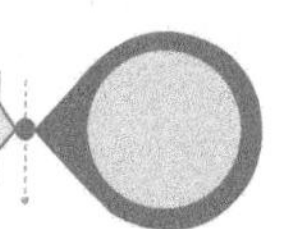

产品结构工程师不要故步自封，应该具备创新精神，敢于尝试在新产品中应用新技术、新材料、新工艺、新结构。创新的产品结构设计，可以提高产品的用户体验和提升产品的科技感，并

有可能大幅降低产品成本，体现了“新设计新市场”的效应。由于是创新，新产品带来的新市场可能是值得期待的，可能是充满想象空间的崭新市场。

2.6 钣金类产品设计基本原则

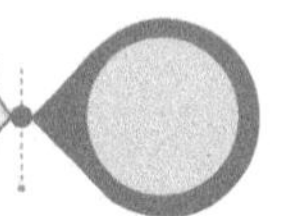

在一些产品中会用到五金类零部件，一个结构工程师必须要对五金类零部件的设计有所掌握。本节主要针对属于五金类的钣金类产品进行其设计基本原则的介绍。

首先需要了解钣金的含义。钣金是针对金属薄板的一种综合冷加工工艺，包括冲裁、折弯、拉伸、成型、锻压和铆合等。所述金属薄板厚度通常在6mm以下，大多数在4mm以下，其显著特征是厚度一致。钣金具有强度高、重量轻、成本低、导电（能用于电磁屏蔽）、性能好、易于大规模量产等特点，在汽车工业、电子通信、家用电器、医疗器械等领域广泛应用。

了解了钣金的概念，便可以总结出钣金类产品设计的几个基本原则。

1. 壁厚合适且均匀原则

钣金零件的一个显著特点是零件具有同一厚度，厚度一般在6mm以下，多在0.03mm～4.00mm之间。需要注意的是，板材厚度越大加工越难，且不良率也相对增加。在设计钣金类产品时，应该根据产品实际功能和要求来选择其厚度。一般情况下，在满足功能及产品强度的前提下，厚度越薄越好。此外，在设计时一定要注意零件的厚度要均匀。如今，很多三维设计软件都提供有钣金件设计模块，例如本书介绍的Creo便提供有专门用于钣金件设计的模块。在使用这些模块进行钣金件设计时，设计第一壁特征时便会选择厚度，设计的钣金件就不会出现厚度不均匀的情况。

有些设计师如果使用零件模块进行钣金零件设计，那么在处理零件折弯等结构时，一定要特别注意不要使零件出现厚度不均匀的情况。

2. 适用展平原则

从钣金件的加工、制造特点来看，钣金件在没有加工之前，其原板材是平整的，通过相关的折弯、成型加工后，钣金件形成了具有一定形状的产品零件。理解了这些，那么钣金件设计的一个“制造”任务就是可以获得它的展开图（所有折弯、成型等都能展开在同一个平面上，不能有相互干涉的情况出现）。板材下料可根据展开图来进行，换一个角度来说，就是钣金件设计要适用展平原则。如果设计的钣金件不能展平或展平后存在干涉情况，那么该设计是不合理的。

在图2-1所示的这个钣金件设计中，明显有一处折弯在展平后定然与相邻板材产生干涉，这就是设计不合理的地方，一定要避免。

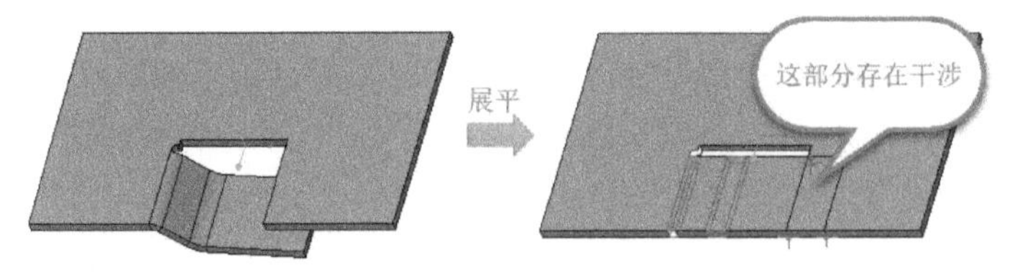

图2-1 展平后会产生干涉的钣金件设计（不合理）

3. 符合加工工艺原则

符合加工工艺原则是钣金件设计要遵守的第三个基本原则。钣金加工常见材料有冷轧板、热轧板、镀锌板、铝板、不锈钢板等，加工工艺常见的有下料、折弯、拉伸、成形、排样、毛边、回弹、打死边、焊接等。设计的钣金件产品要符合其加工工艺，具有可制造性和易于制造性。如果设计的钣金件产品不符合加工工艺，那么该产品就是不合格的，也是制造不出来的，或者只能使用别的特殊方法来制造且成本很贵。

4. 钣金的选材原则

钣金的选材原则主要包括以下这些方面。

1）尽量选用常见的金属材料，减少材料规格品种。

2）在同一产品中，尽可能减少材料的品种和板材厚度规格。

3）在保证零件功能的前提下，尽量选择物美价廉的材料品种，并尽量选择薄的板材以降低材料的消耗和材料成本。

4）在保证零件功能的前提下，必须考虑材料的冲压性能应满足加工工艺要求，从而保证钣金制品的加工合理性和质量。

2.7 钣金类产品设计工艺要求

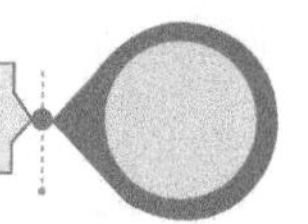

钣金类产品设计需要了解钣金材料的综合性能和正确地选材，这些都要综合考虑产品性能、成本、质量和加工工艺等方面的影响，尤其是钣金加工工艺的要求。

2.7.1 板材对钣金加工工艺的影响

在钣金加工中，典型加工主要有冲裁、弯曲和拉伸这三种。不同的加工工艺对板材有不同的要求，钣金的选材是比较重要的，在进行钣金选材时需要对产品的形状和加工工艺进行综合权衡。

1. 板材对冲裁加工的影响

板材（材料）在冲裁时不能有开裂现象产生，这就要求板材应该具有足够的塑性，也就是具有良好的冲裁性能。通常而言，诸如纯铝、纯铜、防锈铝、低碳钢等这些软材料都具有良好的冲裁性能，而较厚的不锈钢、高碳钢、硬铝和超硬铝等硬材料在冲裁时容易造成断面不平度大，冲裁质量不好控制；脆性材料在冲裁后更容易产生撕裂现象，在这类材料的板材上设计阵列孔时要特别注意，孔距太小或密布孔时，冲裁容易产生撕裂，应该合理避免。

2. 板材对弯曲加工的影响

弯曲成形在板材加工中较为常见。弯曲成形对板材是有要求的，要求板材具有足够的塑性和较低的屈服极限。这是因为塑性高的板材在弯曲加工时不容易开裂，而屈服极限较低和弹性模量较低的板材在弯曲后回弹变形小，容易获得所希望的准确尺寸的弯曲形状。

容易弯曲成形的材料有铜、铝和含碳量$<0.2\%$的低碳钢。

对于脆性较大的材料，弯曲时必须要设计有较大的相对弯曲半径，否则在弯曲过程中容易发生开裂。脆性较大的材料有硬铝、超硬铝、磷青铜、弹簧钢（65Mn）等。材料软硬状态的选择是很重要的，毕竟对板材的弯曲性能有较大的影响。在对一些脆性材料进行折弯时，处理不好的话，板材的折弯外圆角处容易开裂，严重时造成折弯断裂。如果钢板的含碳量较高，折弯也会造成外圆角开裂乃至折弯断裂。

在进行钣金件设计时，一定要考虑板材对弯曲加工的影响，尽量避免因弯曲加工而造成的板材开裂和折弯断裂的现象。

3. 板材对拉伸加工的影响

板材拉伸成型加工是利用模具将平板毛坯成型为开口空心零件的冲压加工方法，是主要的冲压工序之一，应用广泛。深拉伸是钣金加工工艺中较难的一种，涉及多方面的要求，例如要求拉伸的深度尽量小、形状尽可能简单、过渡部位要圆滑，若处理不好则容易引起零件整体扭曲变形、局部打皱，甚至拉伸部位拉裂等。

拉伸性能较好的常见材料包括纯铝板、ST16 合金结构钢、08Al 优质碳素结构钢、SPCD 冲压用冷轧碳素钢薄板及钢带等。

有资料显示：屈服极限低和板厚方向性系数大，板材的屈强比越小，冲压性能就越好，一次变形的极限程度越大。当板厚方向性系数大于 1 时，宽度方向上的变形比厚度方向上的变形要容易。如果拉伸圆角 R 越大，那么在板材拉伸过程中就越不容易产生变薄和发生断裂，可以说拉伸圆角 R 的设计会影响板材拉伸性能。

这里补充说明一下材料对刚度的影响。先思考一个问题，当钣金结构的刚度不能满足要求时，如何处理？应该有不少结构工程师想到要提高零件的刚度，不妨用强度和硬度较高的硬铝合金代替普通铝合金，或者用不锈钢或高碳钢代替低碳钢。但实际上这样处理，不会有明显的效果。这是因为对于同一种基材的材料，通过合适的热处理、合金化工艺能大幅度提高材料的强度和硬度。但是对材料的弹性模量和刚度却改变很小，要显著提高零件的刚度，只有通过更换材料、为零件设计合理的结构形状等，才能得到一定的效果。

在钣金结构设计中，钣金类产品应该要符合以上这些工艺性。

2.7.2 冲孔和落料

在钣金加工中，钣金零件冲孔和落料是极其重要的一环。钣金零件冲孔和落料的方式主要分数控冲（含密孔冲）、冷冲模、激光切割和电火花线切割等。下面简要地介绍一下。

数控冲（含密孔冲）、冷冲模、激光切割和线切割的定义、特点和适用范围等介绍如下。

1. 数控冲

定义：从数控冲的关键词首先联想到数控冲床，该方式是利用在数控冲床上的编程设备（如单片机）预先输入针对钣金零件的加工程序（涉及加工尺寸、加工路径和加工刀具等信息），用以控制数控冲床采用所需标准模具（刀具），并通过不同的指令来实现各种冲孔、切边、成形等形式的加工。

特点：数控冲冲孔和落料速度快，相对冷冲模方式而言省模具，其加工方便、灵活，尤其适合小批量和中等批量的钣金冲裁加工，但一般不能实现形状复杂的冲孔和落料（形状复杂的冲孔和落料，优先选择冷冲模）。

适用范围：适用于数控冲的可加工材质常见有钢板、铜板和铝板，可加工料厚范围为 0.8mm～3.5mm，一般加工精度为±0.1mm，毛边大且有带料毛边。

2. 密孔冲

定义：可以将密孔冲归纳在数控冲的范畴里，该方式主要针对有大量密孔的零件。密集的孔多了，如果采用传统数控冲方式逐个地进行，加工效率低，而且精度也不高（累计误差会多）。

为了提高冲孔效率和精度等，可以采用一次性冲出很多密孔的冲孔模具对工件进行加工。这样一来，零件的密孔便可以快速地成排成排地被冲出，这比单个地冲孔效率要高得多。

特点：密孔通常需要多次冲裁，因此在进行密孔设计时要考虑密孔冲模具是可以重复多次冲裁的。为减少模具成本，在进行密孔排布设计时就要优先考虑采用《钣金通用模具手册》的密孔模；另外，同一类型的密孔排布时应该要统一，并注意孔的规格尺寸、孔距和孔数的合理性与规律性。

适用范围：适用于密孔冲的可加工材质常见有钢板、铜板和铝板，可加工料厚范围为0.8mm~3.5mm，一般加工精度为±0.1mm。

3. 冷冲模

定义：冷冲模加工为提高生产效率而生。采用冷冲模加工时，冲孔和落料基本可一次完成，通过较高加工效率达到摊薄成本，因而总体成本低。从这个角度看，冷冲模比较适合产量很大、尺寸不是很大的钣金零件冲孔、落料。常见的冲模有冲裁模、弯曲模、拉伸模等。

特点：加工效率高、成本低，并且钣金零件的加工一致性好。在设计合适的钣金零件时，一定要考虑冷冲模加工的工艺特点，例如最为常见的是要求钣金零件不应出现尖角（使用上有要求的除外），而是尽可能采用圆角过渡来进行设计；又例如孔在钣金零件的位置要满足工艺特点。此外，零件的冲裁形状也应适用于较为复杂的情形。

适用范围：适用于冷冲模的可加工材质常见有钢板、铜板和铝板，可加工料厚一般小于6mm，一般加工精度为±0.1mm，采用冷冲模加工时钣金件出现的毛边少。

4. 激光切割

定义：激光切割采用电子放电作为供给能源，利用放射镜组聚焦来产生激光束作为热源，由加工程序驱动加工路径，从而实现对钣金件打孔及落料，是一种无接触切割技术。激光切割一般只用于钣金零件打样和小批量生产，不能用在铝合金板、铜合金板等这类板材上。这是因为铝合金板、铜合金板等板材的热传导太快，容易造成切口周围高温熔化，不能保证加工精度与质量。经激光切割的切口处会产生一层氧化皮，这层氧化皮一般用酸洗也洗不掉，如果有特殊要求的切割端面，就要再采用打磨工艺去除氧化皮。对于具有密孔的板材或细长形条料，如果采用激光切割，则容易产生较大变形，而采用数控冲则合适。

特点：激光切割适用多样化的形状，激光切割的速度比线切割快、热影响区小、切口细、材料不太会变形、噪声小、质量精度高，并且可以加工大型、厚度高达8mm、形状复杂及其他方法难以加工的零件。但是缺点也有，如成本高、容易损坏工件的支撑台、切割面易沉积氧化膜层并难处理。

适用范围：适用于激光切割的可加工材质常见有钢板，可加工料厚为1mm~8mm，加工最小尺寸（以普通冷轧钢板为例）为：最小细缝为0.2mm、最小圆为0.7mm。加工外观效果为外缘光滑，切割端面有一层氧化皮。

5. 电火花线切割

定义：电火花线切割将保持一定距离的工件和电极丝（钼丝、铜丝）各作一极，在足够高的电压时形成火花隙，对工件进行电蚀切割，由工作液带走切除的材料。

特点：电火花线切割加工精度高，但加工速度较低、成本较高，还会改变材料的表面性质。一般用于模具加工，不用于产品零件加工。

对于设计人员，在平时的工作和学习过程中，多了解一些零件的加工工艺是有好处的。

2.7.3 冲孔落料的工艺性设计

冲孔落料的工艺性设计是有一套成熟的规则和原理来指导的，例如如何排布才能节省材料，冲裁件的外圆角、圆孔如何确定，冲裁件的搭边要求等。

1. 如何排布才能节省材料

钣金生产需要考虑经济指标，要对材料充分、有效利用。在不影响钣金件使用要求的前提下，将冲切件的外形争取设计成在排样时使废料最少的形式，目的就是减少板材原料的浪费。

假设原先设计的零件形状如图 2-2a 所示，如果将该零件形状巧妙地修改一下（不影响使用要求的情况下），如图 2-2b 所示，便可以在同样的板材原料上可以冲切出更多的产品数量，大大节省了材料，从而降低成本。

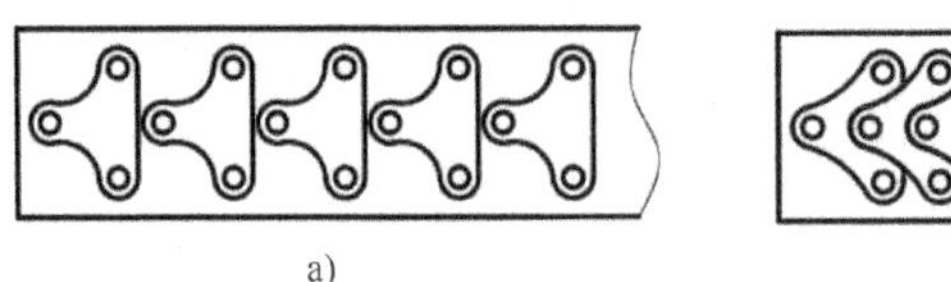

a)

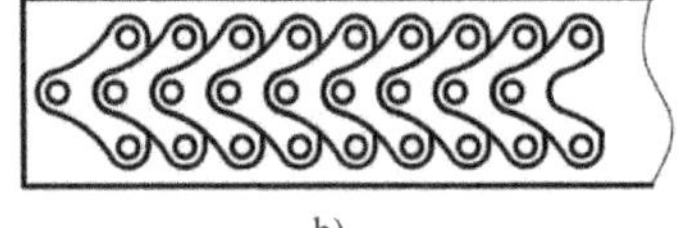

b)

图 2-2 钣金件外形对排布省料的对比

a）原先设计 b）改进设计

2. 冲裁件外圆角工艺性规范

使用数控冲床加工钣金件外圆角通常需要专门的外圆角模具，为了减少外圆角模具，建议在进行钣金件设计时就规范好外圆角的半径大小。冲裁件外圆角半径应大于或等于 0.5t（t 为板材料厚），一般 90°直角外圆角系列半径 r 可以为 2mm、3mm、5mm 或 10mm，超过 90°（如 135°）时可以将外圆角半径 R 统一为 5mm 或 10mm，如图 2-3 所示。

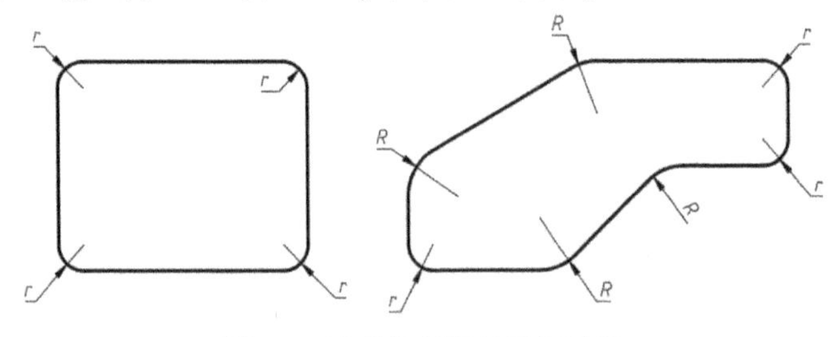

图 2-3 冲裁件外圆角图解示意

换个角度来说，在进行钣金件设计时在角落连接处采用圆角过渡是有益处的，圆角过渡的模具会比尖角的耐用。因此，冲裁件的外形及内孔应尽量避免尖角。

3. 冲裁的最小圆孔与最小方孔

在钣金冲裁件中设计圆孔的优选级高于方孔（方形孔）。由于受冲孔凸模强度限制，冲孔尺寸不能太小以免冲头容易损坏，冲孔最小尺寸与孔的形状、材料厚度和材料机械性能等有关。在设计时常用材料的圆孔最小直径和方孔短边宽尺寸应小于表 2-1 所示的数值，表中 t 表示材料厚度。有关数据仅供参考，随着生产工艺和技术的更新，相关的最小取值可能会有所变化，在设计时应该以实际为准。

表 2-1　使用普通冲床时常用材料的冲孔最小尺寸（仅供参考）

材　　料	圆孔直径 D/mm	方孔短边宽 L/mm	腰圆孔、矩形孔最小边长 a/mm
高碳钢、中碳钢，如不锈钢板、镀锌板、冷轧板	≥1.3t	≥1.2t	≥1.2t
低碳钢、黄铜板	≥1.0t	≥1.0t	≥1.0t
铝板、普通锌板	≥0.8t	≥0.6t	≥0.6t

有资料还总结了在设计冲孔时最小尺寸一般不小 0.4mm。对于直径小于 0.4mm 的孔，一般采用激光打孔、特殊腐蚀等方法进行加工。

4. 冲裁的孔间距与孔边距

在进行钣金件结构设计时，孔与孔之间、孔与边缘之间应该要有足够的材料距离，这样才不会在冲压时产生破裂的现象。冲裁件孔边之间的距离（简称孔间距）、孔边与板材边缘之间的距离（简称孔边距）的设计取值可参考表 2-2，其中 t 表示钣金材料的厚度。

表 2-2　冲裁的孔间距与孔边距最小取值

内容	实例 1	实例 2	实例 3	实例 4	实例 5	实例 6
示意图						
最小距离	$C≥t$	$C≥1.2t$	$C≥t$	$C≥t$	$C≥1.3t$	$C≥0.8t$

5. 使用复合模加工的冲裁件搭边要求

对于使用复合膜加工的冲裁件，其加工的孔与板材边缘、孔与孔之间的精度比较容易得到保证，其加工效率也相对较高。但复合膜加工对孔与孔之间、孔与外形之间的距离提出了与板材壁厚 t 的最小要求（俗称搭边要求），如图 2-4 所示和表 2-3 所示。

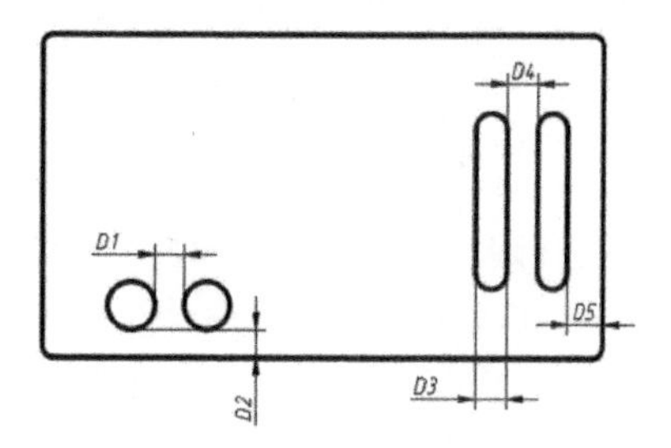

图 2-4　适用于复合模加工的冲裁件搭边要求

表 2-3　适用复合模加工的冲裁件搭边要求（最小尺寸）

尺寸代号	t（0.8 以下）/mm	t（0.8~1.59）/mm	t（1.59~3.18）/mm	t（3.2 以上）/mm
$D1$	3	3	2t	2t
$D2$	3	3	2t	2t
$D3$	1.6	2t	2t	2.5t
$D4$	1.6	2t	2t	2.5t
$D5$	1.6	2t	2t	2.5t

6. 在折弯件和拉伸件上冲孔时，孔壁与直壁之间的距离关系

在拉伸零件上冲孔时，要保证孔的形状与位置精度，以及保证模具的强度，则设计的孔壁与

直壁之间应该保持一定的距离，如图 2-5 所示，图中 $a1 \geq R_1+0.5*t$，$a2 \geq R_2+0.5*t$，t 为板材厚度。

7. 冲裁件孔中心距的公差

对于冲裁件一次冲出的所有孔之间，如图 2-6 所示，其孔中心距的公差可以做到如表 2-4 所示的值。

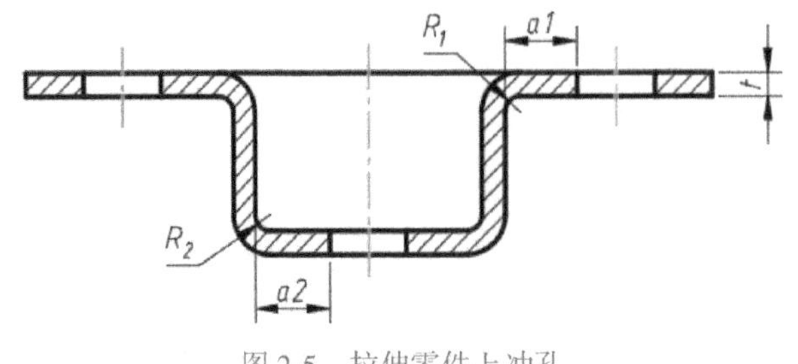

图 2-5　拉伸零件上冲孔

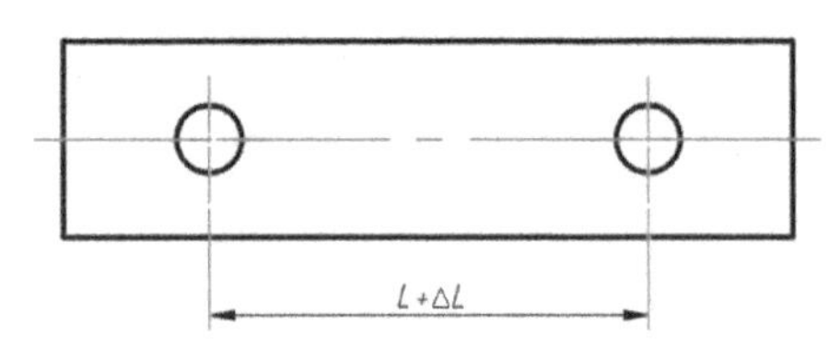

图 2-6　冲裁件孔中心距公差示意

表 2-4　孔中心距的公差表

材料厚度范围/mm	普通冲孔精度			高级冲孔精度		
	公称尺寸 L/mm			公称尺寸 L/mm		
	<50	50~150	150~300	<50	50~150	150~300
<1	±0. 10	±0. 15	±0. 20	±0. 03	±0. 05	±0. 08
1~2	±0. 12	±0. 20	±0. 30	±0. 04	±0. 06	±0. 10
2~4	±0. 15	±0. 25	±0. 35	±0. 06	±0. 08	±0. 12
4~6	±0. 20	±0. 30	±0. 40	±0. 08	±0. 10	±0. 15

8. 冲裁件应避免细长的悬臂及狭槽

在进行钣金冲裁件设计时，应该将冲裁件设计得尽量简单（在满足使用要求的情况下），应避免出现细长的悬臂或者狭窄的切槽，如图 2-7 所示，t 为材料厚度，一般情况下，图中 $a \geq 1.5*t$，$b \geq 2*t$。

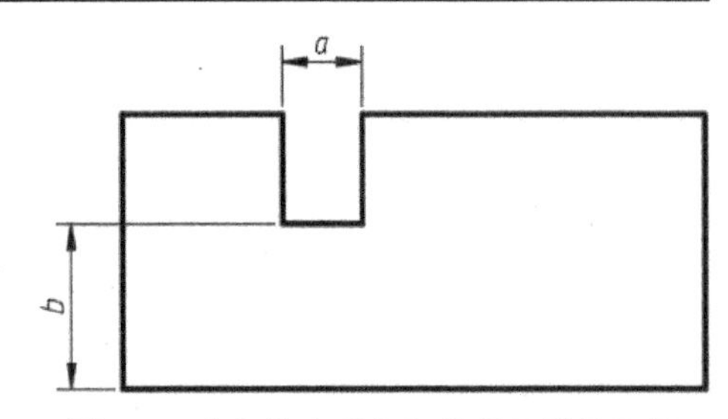

图 2-7　冲裁件应避免细长的悬臂及狭槽

9. 钣金件在设计时尽量在缺口处不采用尖角的设计

钣金件缺口处，如果设计尖角结构，则会造成模具冲头尖锐，冲头容易损坏，而且钣金件尖角缺口处也容易出现裂缝。图 2-8a 缺口处有尖角，设计不合理；图 2-8b 对尖角处进行了倒圆角，有了圆角过渡的设计要好得多，图中 t 为板材厚度。

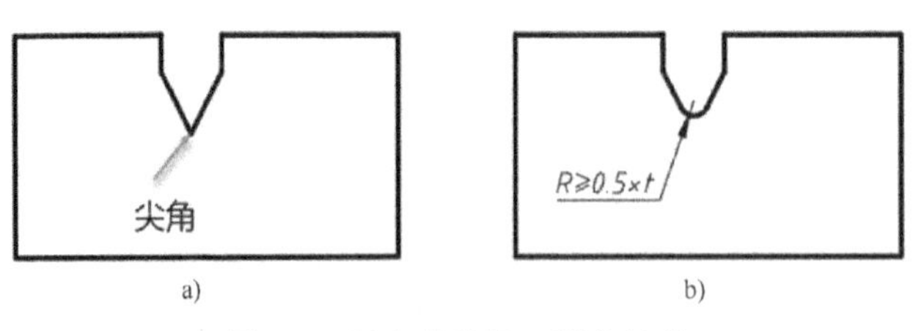

图 2-8　钣金件的缺口锐角处理

a）缺口锐角设计不合理　b）倒圆角后设计改善

2.7.4 钣金折弯工艺性设计

钣金折弯加工是指利用弯板机等设备对金属板材进行弯曲和成型处理，例如将金属板材折弯成 V 形、U 形、L 形等。钣金折弯主要分两种方法，一种是模具折弯，另一种是折弯机折弯。

- 模具折弯：用于外形复杂、尺寸较小、产量多（大批量加工）的钣金产品。为了使模具有较长的寿命，在钣金件结构设计时，折弯处尽可能采用圆角。弯边高度不宜过小，一般要求弯边高度≥3 * t（包括壁厚）。
- 折弯机折弯：一般用于外形尺寸比较大的或产量不是很大（小批量生产）的钣金产品。折弯机有普通折弯机和数控折弯机两种。其中数控折弯机适用于精度要求较高的钣金折弯，其基本原理是利用折弯机的上模（折弯刀）、下模（V 形槽）对钣金件进行折弯和成形。

在设计钣金件的折弯结构时，要注意钣金折弯的以下一些工艺性。

（1）折弯加工顺序的基本原则

对于折弯机折弯，折弯加工顺序的基本原则总结起来有这几点：由内到外进行折弯；由小到大进行折弯；先折弯特殊形状再折弯一般形状；遵循前工序成型后不得对后续工序产生影响或干涉。

（2）折弯半径

钣金折弯时，在折弯圆角区域，其外层受到拉伸而内层受到压缩。对于同材料的同一厚度而言，折弯内圆角越小，材料的拉伸和压缩就越严重，当这种变形超过材料的极限强度时，钣金件在折弯处就容易产生拉伤的缺陷。因此，钣金折弯设计离不开折弯处的折弯半径选择，这个折弯半径不宜过小，也不宜过大，要选择适当的值。折弯半径过小则容易造成折弯处开裂甚至断裂，而折弯半径过大则会使折弯容易反弹（即容易受到材料回弹的影响，导致产品的形状和精度得不到保证）。

在 Creo、UG NX 等一些设计软件中，折弯半径（这里以折弯内圆角为例）可以根据设计要求设定等于“厚度”“2 * 厚度”，也可以自行输入一个数值。对于低碳钢、纯铜板等，折弯内圆角半径 R 可以取大于或等于 $1.0 * t$，t 为钣金厚度；对于普通铝板，折弯内圆角半径 R 可以取大于或等于 $1.2 * t$；对不锈钢，折弯内圆角半径 R 可以取大于或等于 $1.5 * t$；对于镀锌板、冷轧板等，折弯内圆角半径 R 可以取大于或等于 $2.0 * t$。由于折弯刀的圆角可以小到 0.2mm，那么对应的钣金件的折弯内圆角可以达到 0.2mm，这对于低碳钢板、纯铜板、防锈铝板等通常是没有问题的，但是对于一些高碳钢、硬铝、超硬铝等则有些不适合了，因为这种小的折弯圆角会导致折弯处开裂或断裂。这需要在设计时有所注意。

（3）折弯直边高度

考虑到模具结构和折弯精度要求等，钣金件的折弯直边高度（最小折弯边）不能太小，否则会出现折弯不到位或产品精度不够的问题。有资料给出经验来设计这个折弯边的最小高度 h，如图 2-9 所示，图中 $h \geq R+2 * t$。如果因为产品结构需要，而要求钣金件的折弯直边高度小于最小折弯直边高度时，可以在折弯的弯曲变形区域内加工浅槽后再进行折弯。

针对各种不同的板材，其不同厚度的最小折弯高度也会有所不同，有些资料会给出相应的参数表以供用户选择，以冷轧薄钢板为例，L 形折弯的最小折弯高度可结合图 2-10 和表 2-5 进行查表参考，其中这里的最小折弯高度 L_{min} 包含一个料厚。

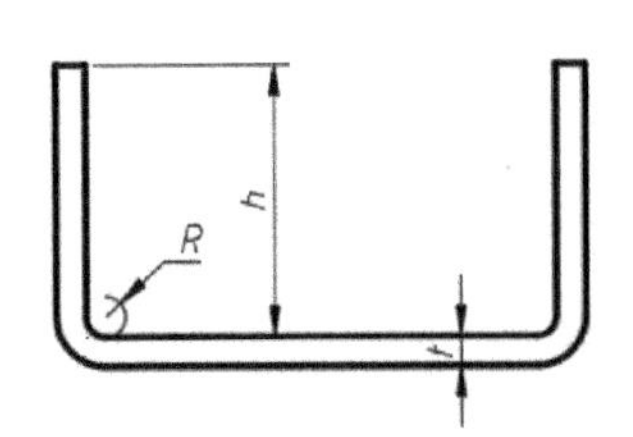

图 2-9 钣金件的最小折弯直边高度

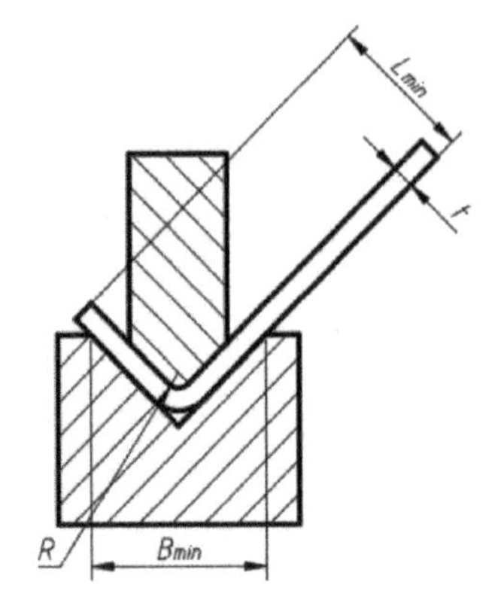

图 2-10 最小折弯高度参考（L形）

表 2-5 冷轧薄钢板材料的凸模 R、凹模槽宽及 L 型最小折弯高度参考表

序号	料厚 t/mm	凸模 R/mm	凹模槽宽 B_{min}/mm	最小折弯高度 L_{min}/mm
1	0.5	0.2	4	3
2	0.6	0.2	4	3.2
3	0.8	0.8 或 0.2	5	3.7
4	1.0	1 或 0.2	6	4.4
5	1.2	1 或 0.2	8 或 6	5.5 或 4.5
6	1.5	1 或 0.2	10 或 8	6.8 或 5.8
7	2.0	1.5 或 0.5	12	8.3
8	2.5	1.5 或 0.5	16 或 14	10.7 或 9.7
9	3.0	2 或 0.5	18	12.1
10	3.5	2	20	13.5
11	4.0	3	25	16.5

注意：

当折弯锐角时，最短折弯边的高度需加大 0.5mm。当材料为铝板和不锈钢板时，最小折弯高度会有较小的变化，通常铝板会变小一点，而不锈钢板会变大一点。

（4）折弯件中的圆孔离折弯边最小距离

要在钣金件上加工孔，既可以先折弯后冲孔，也可以先冲孔后折弯，前者的孔边距设计参照冲裁件的要求，后者应让孔处于折弯的变形区域外，以免折弯时造成孔的变形及开孔处出现易裂现象。对于后者，折弯处孔边离折弯线不能太近，圆孔边与折弯线要求大于最小孔边距。有些资料给出的这个最小孔边距 $X \geqslant t+R$，如图 2-11 所示。

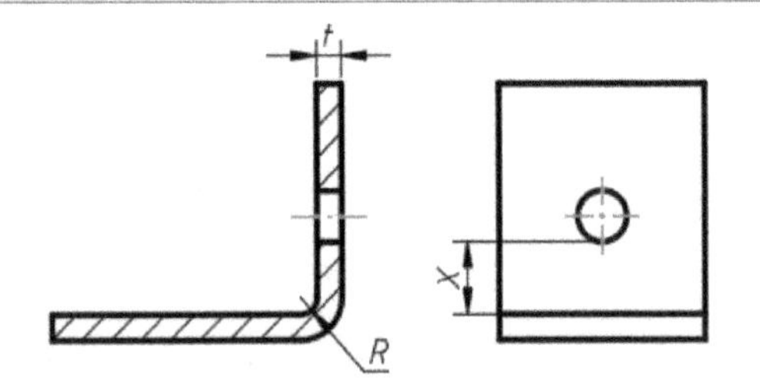

图 2-11 圆孔离折弯边最小距离示例

（5）折弯件中的长圆孔离折弯边最小距离

长圆孔也不能离折弯线太近，以避免折弯时产生孔形状变形。如图 2-12 所示，当 $L<26$ 时，最小距离 $X \geqslant 2t+R$；当 $26 \leqslant L \leqslant 50$ 时，最小距离 $X \geqslant 2.5t+R$；当 $L>50$ 时，最小距离 $X \geqslant 3t+R$。

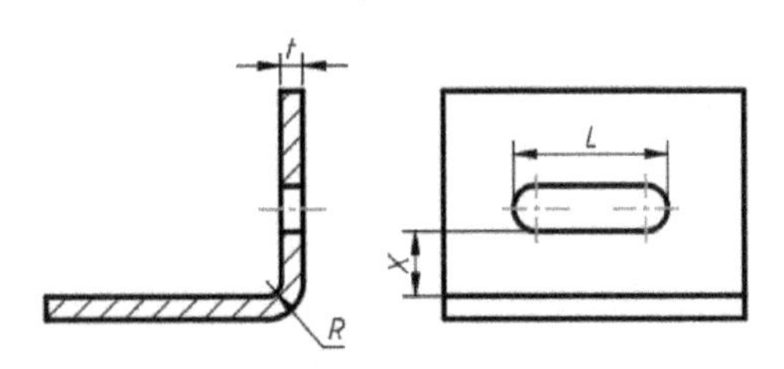

图 2-12 长圆孔离折弯边最小距离示例

知识点拨：

对于一些不重要的孔，在外观效果没有特别要求的情况下，可以对折弯进行改进设计，例如可以将孔扩大至折弯线，如图 2-13 所示。

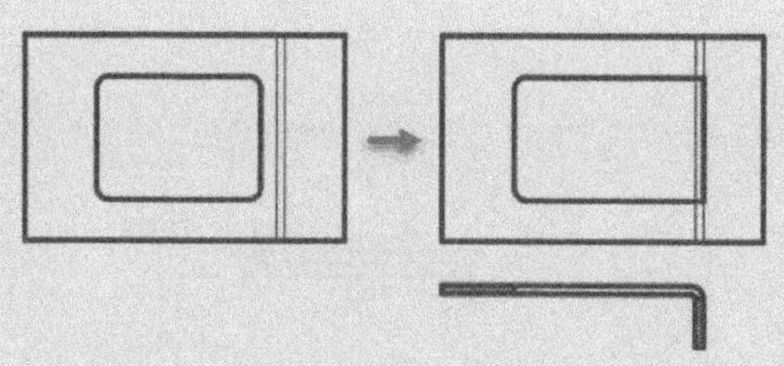

图 2-13　对不重要的孔进行折弯改进设计

（6）弯曲件的工艺孔、工艺槽与工艺缺口设计

在设计钣金弯曲件时，对于板材内边需要弯边结构，一般应该事先加冲工艺孔、工艺槽或工艺缺口，一般工艺孔直径 $d \geqslant t$，工艺缺口的宽度 $K \geqslant t$，这里，t 为钣金板材厚度。

对于面板及外观能看得到的工件可以不添加折弯拼角工艺孔，但是在其他场景中应该优先添加折弯拼角工艺孔。

如果对板材一条边的一部分折弯，为了避免裂开和畸变，应该设计有工艺切口或止裂槽，如图 2-14 所示。该工艺切口就是止裂槽的宽度，一般大于板材厚度 t，切口深度一般大于 $1.5t$。

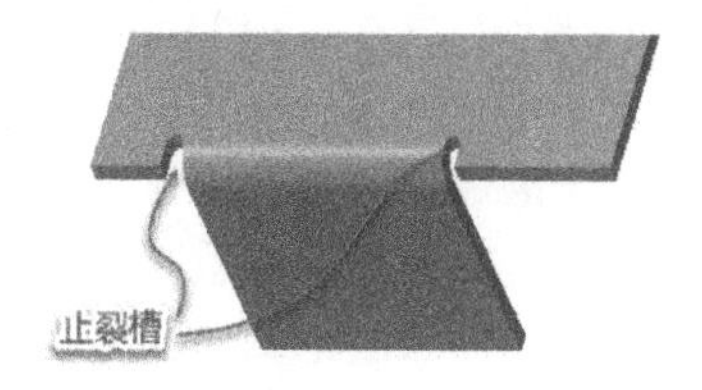

图 2-14　单边一部分折弯应设计止裂槽或工艺切口

（7）折弯搭碰的间隙

折弯搭碰会有一个间隙，加工厂家一般按照 0.2mm 左右的间隙进行工艺设计。在没有特殊要求的情况下，建议设计工程师一般不要标注这个间隙，留给加工厂家根据实际加工能力进行相应工艺设计。

（8）折弯件打死边设计

钣金件中俗称的“打死边”（也称“压死边”）是指折弯的面与钣金主体底面平行，其常见工艺是先用折弯刀将板材折弯（将板材折弯成一定的角度），接着再将折弯边压平打死至贴合状态。如图 2-15 所示为一次压死边方法，图中的最小折弯边尺寸 L 可以取表 2-5 所描述的一次折弯最小折弯边尺寸加上 $0.5t$（t 为板材厚度）。注意有些资料提出，最小折弯边尺寸 $L \geqslant 3.5t+R$，R 为打死边（压平）前道工序的最小内折弯半径，该经验值和前面的取值基本上是差不多的。

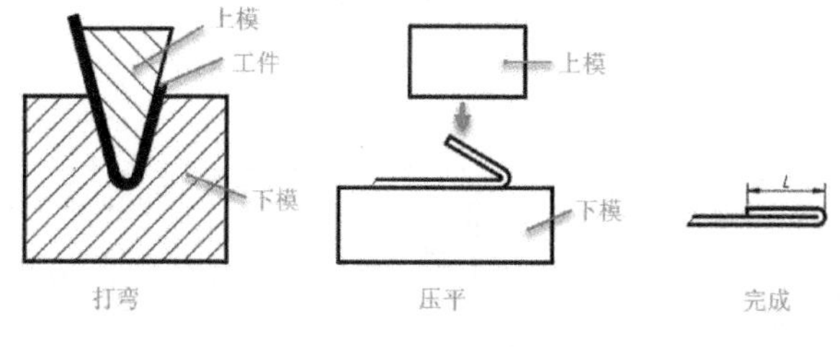

图 2-15　一次打死边

知识点拨：

打死边一般适用的材料为镀锌板、覆铝锌板、不锈钢等。电镀件不宜采用，因为电镀件在打死边的地方会出现夹酸液的不良现象。

如图 2-16 所示为 180°折弯的打死方法。该方法需要在压平后抽出垫板，图中最小折弯边尺寸 L 按照表 2-5 所描述的一次折弯的最小折弯边尺寸再加上板材厚度 t，高度 H 则选用最为常用的板材（如厚度为 0.5mm、0.8mm、1.0mm、1.2mm、1.5mm、2.0mm 等）。

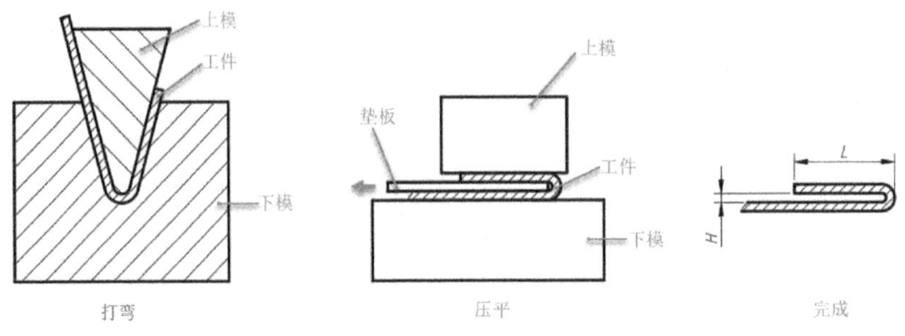

图 2-16　180°打死边的方法

（9）多次弯曲成形的零件应注意定位基准

对于多次弯曲成形的钣金件，为了保证产品在模具中定位准确，很多时候需要预先在设计时添加工艺定位孔来作为定位基准，这样可以有效减少累积误差，使产品质量得到保障。

2.7.5　钣金拉伸设计指南

钣金拉伸是指将钣金件拉伸成四周有侧壁的圆形或方形、异形等形状的工艺。常见有不锈钢杯子、铝制盘、盛饭不锈钢盘等，如图 2-17 所示。设计钣金拉伸件时，拉伸件形状应尽可能简单，拉伸深度不宜太深，在外形上也尽量对称圆顺。

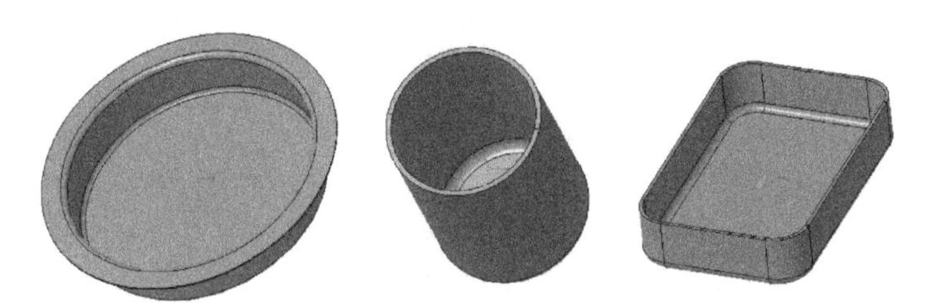

图 2-17　钣金拉伸设计示例

下面结合图 2-18 所示的几种拉伸类型尺寸来介绍钣金件拉伸的注意事项。

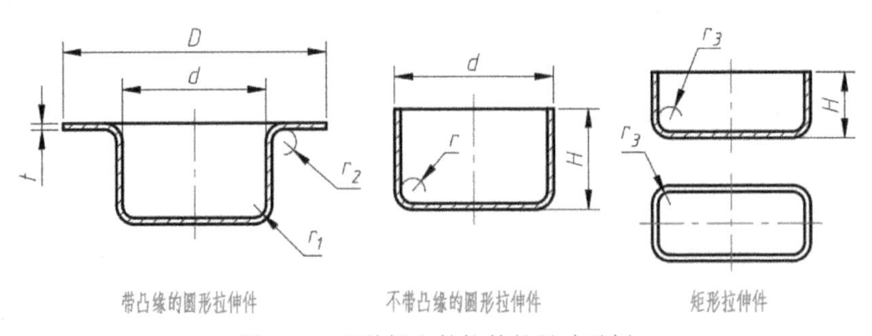

图 2-18　几种钣金件拉伸的尺寸示例

1）钣金拉伸件的底与壁之间，其最小圆角半径 r_1 应大于板厚 t，即 $r_1>t$；为了让拉伸更顺利，一般将 r_1 取值为 $3t \sim 5t$，同时 r_1 应小于 8 倍板厚，即 $r_{1\max}<8t$。

2）对于带凸缘的圆形拉伸件，其凸缘与壁之间的最小圆角半径应大于板厚的2倍，即 $r_2>2t$。为了让拉伸更顺利，一般将 r_2 取值为 $5t\sim8t$，并应小于 $8t$；其凸缘直径 $D\geqslant d+12t$，这样在拉伸时压板压紧而不至于起皱。

3）对于不带凸缘的圆形拉伸件，一次拉伸成型时，其高度 H 和直径 d 之比应小于或等于0.4，即 $H/d\leqslant0.4$。

4）对于矩形拉伸件，相邻两壁之间的最小圆角半径应取 $r_3\geqslant3t$。为了减少拉伸次数，建议尽可能设置 $r_3\geqslant H/5$，以便可以一次拉伸完成。

5）钣金拉伸后，由于各处所受应力不同而导致材料厚度有所变化。一般底部中央会保持原来的厚度，底部圆角处的材料会相应变薄，而顶部靠近凸缘处材料变厚。在设计钣金拉伸产品时，设计工程师在图纸上不能同时标注内外尺寸，而应该在图纸上明确注明必须保证内部尺寸或外部尺寸。

6）对于钣金拉伸件的材料厚度，拉伸变形后形成上厚下薄态势。这就要求在设计时，一般都要考虑拉伸工艺变形中上下壁厚不相等的规律。

2.8 塑胶件结构设计基本原则

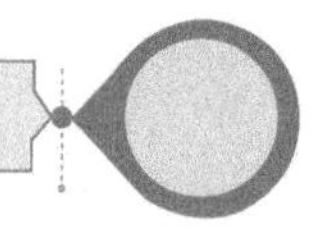

在产品设计中，塑胶件应用是最常见的。本节介绍关于塑胶件结构设计基本原则的一些知识。

2.8.1 塑胶件设计一般方法及步骤

塑胶件设计涉及工业外观造型与结构设计，以结构设计为重点。塑胶件设计一般方法及步骤简单来说，就是先对产品和零件进行详尽的功能分析与分解，看看有无相似的产品可供借鉴，剖析类似产品发生过哪些问题以及存在哪些不足，参考现有产品的成熟结构以避免可能存在问题的结构形式。接着确定零件拆分、零件过渡连接与间隙处理，确定零件强度与连接配合强度，例如根据产品大小确定零件主体壁厚、设计结构形式与加强筋等。而改变零件连接配合强度的方法主要有加螺钉柱、止口、扣位，还有加上下顶住的加强筋骨等。最后还要根据材料、表面状态要求、透明与否等因素来综合确定零件各个面的拔模斜度。

2.8.2 壁厚设计

通常注塑制品要求具有合理的壁厚，从而保证足够的强度来满足其物理力学性能的需要。壁厚的选择，要考虑许多方面的因素，例如要考虑材料成本因素、结构因素、强度因素和塑料流动性因素等。

在进行注塑制品的壁厚设计时，应该注意以下几点。

1）注塑制品的壁厚不能太薄也不能过厚。如果注塑制品的壁厚被设计得太薄，在注射成型时，壁薄会使熔融的塑料在模具型腔内的流动阻力变大、流程变短、成型困难、废品增多，对大型复杂制品根本无法充满型腔。另外，如果注塑制品的壁厚被设计得很薄，将不能满足在使用中维持正常的结构强度和刚度，在脱模时它可能不能经受住脱模机构的冲击与振动等。如果注塑制品的壁厚被设计得过厚，则不但造成原料上的浪费，增加制品成本，而且还会给注塑工艺带来一定的困难，比如成型周期延长，生产效率降低，容易在制品中产生气泡，收缩不均，引起缩孔变形、凹陷、翘曲、夹心等质量上的缺陷。

通常，热塑性注塑制品的壁厚在 1~4mm 范围内选取，最小一般不宜小于 0.6mm；对于大型热塑性制品的壁厚而言，其壁厚可以增加到 6mm 甚至更厚。小件的热固性注塑制品，其壁厚常在 0.7~2.5mm 范围内选取；大件的热固性注塑制品，其壁厚可在 3~8mm 范围内选择。表 2-6 给出了部分常用塑胶件零件的壁厚选择。

表 2-6 部分常用塑胶件零件的壁厚选择

塑胶材料	最小壁厚/mm	小型件壁厚/mm	中型件壁厚/mm	大型件壁厚/mm
ABS	0.6	1.00~1.40，推荐 1.25	1.40~2.00，推荐 1.6	>2.00，推荐 3.2~5.4
PC	0.75	0.8~1.6，推荐 1.5	1.6~2.5，推荐 2	>2.5，推荐 2.8~4.2
PMMA	0.6	0.8~1.6，推荐 1.5	1.6~2.5，推荐 2.2	>2.50，推荐 4~6.5
PC+ABS	0.6	0.8~1.5	1.2~2.5	>2.50
PE	0.6	0.8~1.2	1.2~2.0	>2.00
PP	0.6	0.8~1.2	1.2~2.0	>2.00
POM	0.8	1.0~1.5	1.5~2.2	>2.20
PA	0.4	0.6~1.0	1.0~1.6	>1.6
防火 ABS	0.75	1.25	1.6	3.2~5.4
PA66+玻纤	0.45	0.75	1.6	2.4~3.2
透明 PC	0.95	1.8	2.3	3~4.5

2）注塑制品的壁厚要尽量均匀（同一塑件的壁厚应尽可能一致），这样能够避免或减少不良现象的产生。如塑料在注射过程中，当流速不同和受热不均时，流料汇集点往往会产生熔接痕，使强度减弱；造成不必要的气泡、凹陷和翘曲等变形现象。

在实际生产中，要求注塑制品的壁厚完全均匀是有困难的，只要将零件壁和壁连接处的厚度设计相差不大，都是合理的。壁与壁连接处的壁厚不应相差太大，允许在平均壁厚值的±20%范围内波动（只是参考范围，视实际情况而定）。加强筋与主体壁厚的比值最好为 0.4 以下，最大比值不超过 0.6。

3）对有变化的壁厚处，要尽量采用圆弧或者锥形结构平滑过渡连接。

4）在实际设计过程中，对一些零件外壳的套接结构，其套接结构部位的壁厚往往小于 1.5mm，其（套接配合部位）高度较小，其变形不足以影响外观，可以不必过多地考虑其壁厚差异。这种套接结构在小家电、通信设备、数码产品等的外壳中应用较多，典型示例如图 2-19 所示。

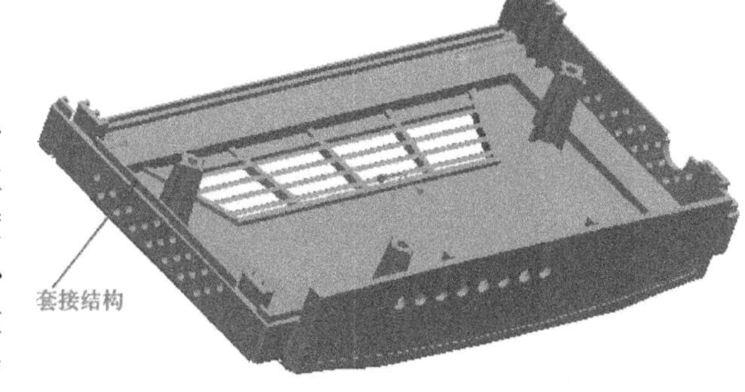

图 2-19 某产品外壳

2.8.3 圆角设计

如果不是在使用上有必须采用尖角的特殊要求，那么塑件的内表面和外表面都应该尽可能采用圆弧过渡（形成圆角），避免锐角或直角。采用圆弧过渡的好处主要有以下几个方面。

1）确保注塑制品的使用强度。内圆角的作用最大，即使采用 $R=0.5\text{mm}$ 的圆角也能使制品的强度大为增加。

2）减少应力集中，在一定程度上避免在受力时或受冲击振动时发生破裂。

3）较少流动阻力，不容易形成废品。

4）圆角有时会增加制品的美观。

5）对于要电镀的塑料制品来说，可以避免尖角处因电流密度太大而使镀层过厚，凹陷处因电流密度小而镀层过薄的现象。

塑胶件结构设计若无特殊要求时，过渡圆角是由相邻的材料厚度（简称“料厚”）决定的。假设将制品的厚度用 t 表示，那么内侧圆角 $R_a \geqslant 0.3\text{mm}$，通常取壁厚 t 的 0.5~1.5 倍（但不要小于 0.3mm），外圆角取 $R_b = R_a + t$，以使产品零件内外表面的拐角呈圆角过渡，保持料厚均匀，如图 2-20 所示。

塑胶件产品结构设计要考虑模具的分型面位置，在分型面位置处不要设计圆角，除非是产品有特殊要求（例如防割手需要圆角）。假如在分型面设计了圆角，如图 2-21 所示，则会导致模具制作变得复杂，在圆角处将会出现细微的痕迹线（夹线痕迹），对外观的美观性造成一定影响。

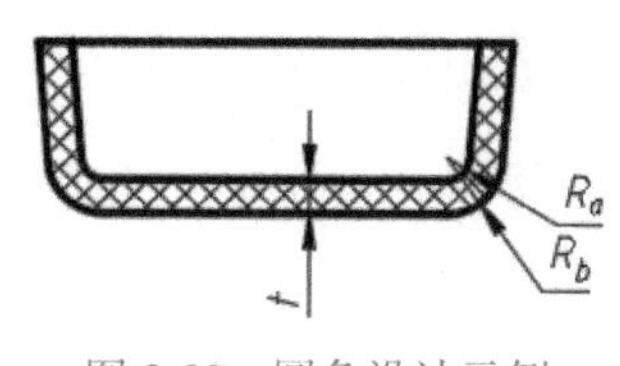

图 2-20　圆角设计示例

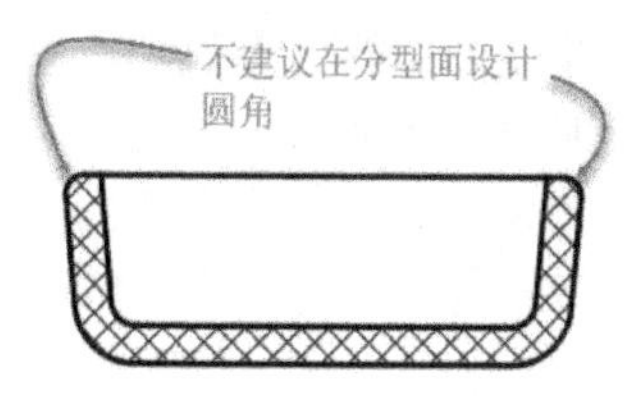

图 2-21　在分型面上不建议有圆角

在 Creo 8.0 中，使用“圆角”按钮，可以对指定的尖锐边进行倒圆角处理。

2.8.4　拔模斜度

拔模斜度也称脱模斜度，是指为了方便模具正常出模而在塑胶件上于出模方向设计的合适倾斜角度。拔模斜度的大小与塑胶件的材料性质、收缩率、表面摩擦因数（表面饰纹状态）、塑胶壁厚和几何形状等有关。通常硬质塑料比软质塑料的拔模斜度大；产品外观要求高、精度要求高的产品，拔模斜度要小；产品外表面光亮，该位置处的拔模斜度可以取小些，反之，外观粗糙复杂的，拔模斜度要加大；零件越高，孔越深，拔模斜度越小；收缩率大的塑料应选择较大的拔模斜度；对于透明的塑料件，其拔模斜度要适当加大，以免刮花。

不同塑胶材料，其拔模斜度的选择是有经验值的，如表 2-7 所示。为了防止在出模时塑胶件的外观面被拉伤，无论选用何种材料，都建议将外观面的拔模斜度参数值取大一些，一般不要少于 3°。

表 2-7　常用塑胶材料的推荐拔模斜度

序　号	塑胶材料	推荐的拔模斜度
1	ABS、防火 ABS	0.4°~1.3°
2	PMMA、PS	0.4°~1.5°
3	透明 PC、PC+ABS	0.4°~1.5°，对工件透明有要求，适当取大些
4	PA66+玻璃纤维	0.25°~0.45°
5	PP、PE、软 PVC	0.3°~1°
6	PA、POM、硬 PVC	0.4°~1.3°

经验：对于很多塑料材料，一般情况下其拔模斜度可取 0.5°~1.5°。有些塑胶材料可强制脱模，例如 PE 和 PP，但强制脱模量一般不超过型芯最大截面积的 5%。对于饰纹，一般情况下脱模角比蚀纹板许可的大 0.5°以上。对于工件透明的影响，透明工件的拔模斜度可适当取大一些，一般可取 3°。

在进行塑胶零件结构设计时，所有拔模斜度都应该做到心里有数，严格要求的话，零件中所有拔模斜度都应该画出来。但是在实际工作中，凡是影响外观和装配配合面的地方都需画出拔模斜度。而对于非重要面（例如内部加强筋）的拔模斜度一般可以不用绘制出来，非重要面的拔模斜度可以由模具设计人员根据模具公司根据内定标准来确定。

2.8.5 孔设计

在注塑制品上，经常需要设计通孔、盲孔、形状复杂的孔以及各种类型的螺纹孔。孔的设计有利于满足塑件使用与工艺上的要求。除了可以在塑件成型时直接生成孔之外，还可以通过二次加工来生成孔。塑件上的孔大多数都是直接成型的。

对于在成型时直接生成的各类孔，应设置在不易削弱制品强度的部位，并且孔的形状应力求不使模具制造工艺复杂化。通常在孔的周围设计一个凸台来进行加固，该凸台外缘多为圆柱形。在实际设计时，应该注意孔与孔的间距以及孔到制品边缘的距离均要选择在一个适当的范围之内。例如，大多数热塑性塑料成型时，其孔壁与塑件外壁之间的宽度至少要和孔的直径相等，孔与孔之间的距离至少也要和孔的直径相等。图 2-22 给出了孔与边的距离 *B*、孔与孔之间的距离 *A*，其中对于尺寸 *A*，当孔径 $D \leqslant 3$mm 时，建议 $A \geqslant D$；当孔径 $D > 3$mm 时，$A \geqslant 0.7D$；对于尺寸 *B*，建议 $B \geqslant D$。

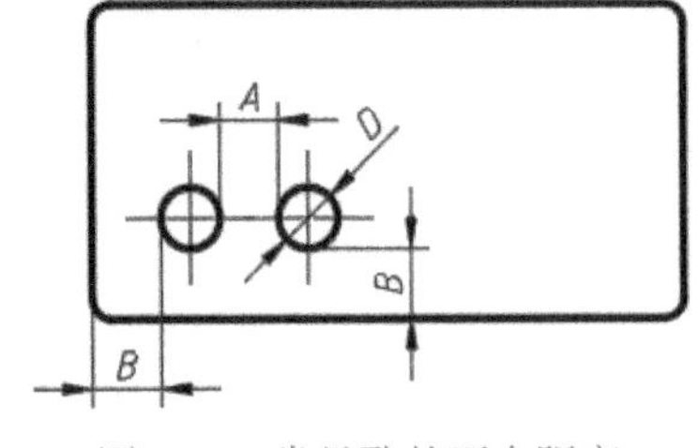

图 2-22　常见孔的两个距离尺寸关系示例

下面对各类孔的设计特点进行分类说明。

（1）通孔

通孔在注塑制品上用得很多。要在制品上设计合理的通孔，首先需要了解注塑制品中的通孔是如何成型的。成型通孔通常需要使用型芯，而型芯的安装方法主要有以下几种方法。

- 由一端固定的型芯（型芯不能太细，太细容易弯曲）来成型，且易生成飞边现象。这种固定型芯的方法不能用来成型深的通孔。
- 由一端固定，另一端导向支撑的型芯来成型。这样型芯有较好的强度和刚度，并能保证同心度，不过其导向部分易因导向误差磨损而产生圆弧溢料。
- 由两端固定的两个型芯来成型，由于其中一个型芯比另一个型芯大 0.5~1mm，保证孔的同心度，不引起安装和使用上的困难，而且增加了型芯的稳定性，但孔的精度低。

在设计此类孔时，孔的深度不能太深，否则型芯容易发生弯曲。另外要考虑塑料的流动性：若塑料的流动性好，则塑料零件上的孔深可以达到孔径的 10 倍；若塑料的流动性中等，则塑料零件上的孔深一般不超过孔径的 7 倍；若塑料的流动性差，则塑料零件上的孔深最好不超过孔径的 4 倍。

（2）盲孔

盲孔是用一端固定的型芯来成型的。塑件上的盲孔不能太深，孔径不能太小。注射成型的盲孔，其深度通常不能大于孔径的 4 倍。若盲孔的直径（*d*）很小（$d<1.5$mm）或深度（*L*）很大（$L>4d$），这样的盲孔最好使用二次加工；为了二次加工时定位准确，可以在要加工盲孔的位置上成型一个相应的浅孔。

(3) 自攻丝螺钉孔

自攻丝螺钉孔是盲孔的一种。在塑件中设计自攻丝螺钉孔时，注意以下经验方法。

- 对使用切割螺纹的螺钉孔，其孔径等于螺钉的中径。
- 对旋压螺纹孔，孔径可取螺钉中径的80%左右。
- 孔深必须等于或大于螺钉外径的2倍，以保证足够的连接强度。
- 为了更好地承受旋压而产生的应力和形变，可用凸台来增强，凸台外径约为内径的3倍，而高度可以为圆管外径的2倍，孔深应超过螺钉的旋入深度。
- 为减少孔对壁处在模塑时出现凹陷的可能性，孔底的壁厚一般小于或等于制品的壁厚。

在Creo 8.0中，执行“孔”按钮，可以创建简单孔、草绘孔和标准孔。此外利用拉伸切除、旋转切除等方式可以创建直孔、异形孔等。

2.8.6 支承面和侧壁边缘设计

注塑制品中的支承面和侧壁边缘设计是很重要的。下面对这两项设计进行介绍。

1. 支承面设计

支承面的抗变形能力，可以通过设计加强筋的方法来提高，但由此增加模塑的成本和制品材料的用量。可以通过其他的增强措施或方法来提高支承面抗变形能力，以及使支承面满足特定的设计要求。

1）利用弧形结构的张力作用防止过度变形，如图2-23所示，图中列出了3种常见的支承面圆弧增强设计方式。如果简单地将支承面设置为一个平整面，那么塑料零件易变形。

2）对于不可避免的有稍许翘曲或变形的制品支承面，可以不通过增强其抵抗变形的能力，而是通过用凸起的底脚（三点或四点）或凸边（凸环）来做支承面以避免变形对使用的影响。如图2-24所示，在容器底部用底脚或凸边作支承面来避免底面不平稳的现象。支承面凸点、凸边的高度应根据产品的外形尺寸来考虑，对于很多小型的消费类产品来说，其取值范围是0.3mm~2.00mm。

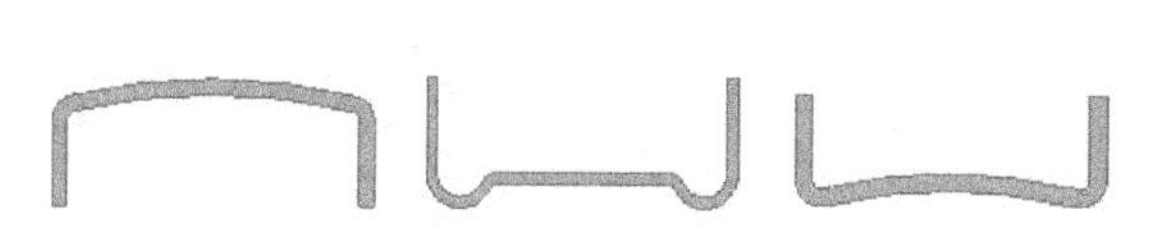

图2-23　3种支承面圆弧增强设计

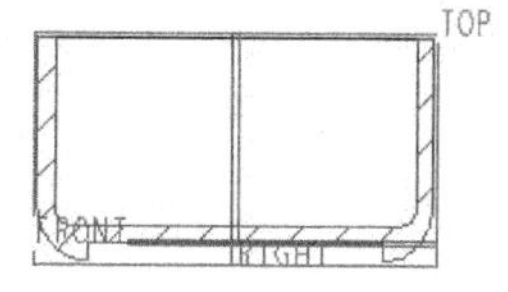

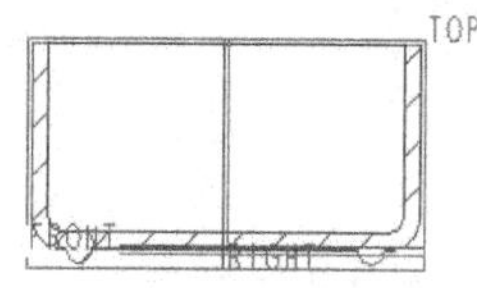

图2-24　支承面具有凸出的底脚或凸边

2. 侧壁边缘设计

大多数的包装容器类制品，往往需要通过增加其边缘的厚度（如图2-25所示）或者改变边缘的结构形式（如图2-26所示）来增加刚度，从而防止制品造型变形。

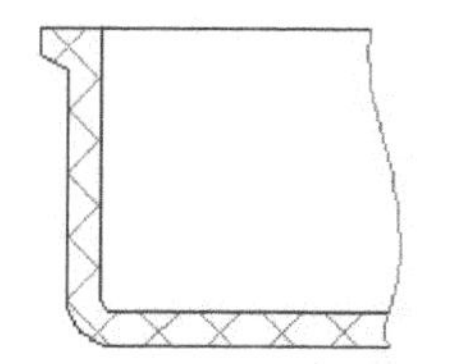

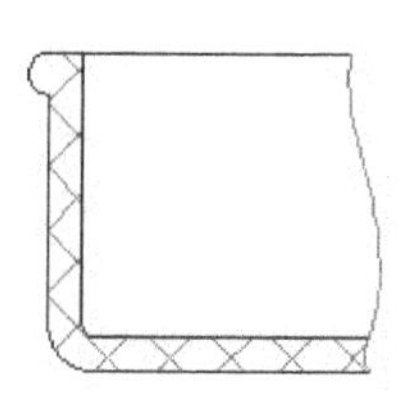

图2-25　增加边缘厚度

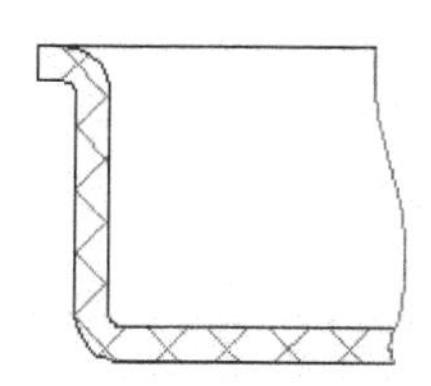

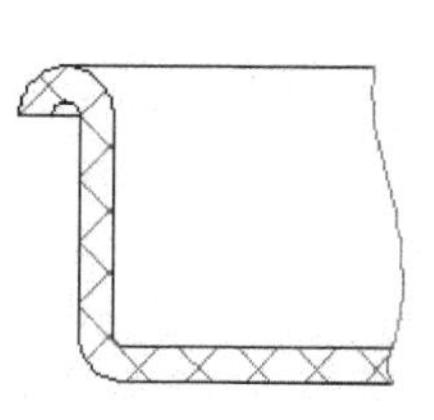

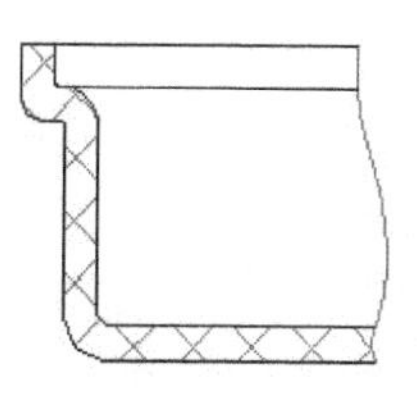

图2-26　改变边缘的结构形式

2.8.7 凸台（凸起部分）及侧孔、侧凹设计

设计凸台（凸起部分）的目的是为了连接组合螺丝钉、导销、栓或压入配合等作用。在前面介绍孔设计时简单地提到了凸台的应用。一般来说，凸起部分应尽量与外壁或加强筋（加强筋设计的内容将在 2.8.8 节进行介绍）相连，加强筋使凸起部分保证足够的强度。

塑料制品上出现侧孔及侧凹时，为便于脱模，必须设置滑块或侧抽芯机构，从而使模具结构复杂，成本增加。

2.8.8 加强筋设计

在注塑制品中，要提高制品零件的强度，一般是采用设计加强筋的方法，而不是增加壁厚。加强筋多创建在注塑制品的壁面上或壁与壁之间的连接处。它起到的作用主要包括：可以在不改变塑料制品壁厚的情况下，使制品的强度和刚度得到提升，并可以使较大的平面不容易弯曲变形；改善塑料的填充状况，避免制品变形、翘曲，减少内应力，提高制品加工性能；在传统和气助注射成型的过程中，加强筋还通常被用作浇口或导流装置帮助填充和密封。

在进行加强筋设计时，要综合考虑加强筋的结构性能，工艺上的排气、脱模等加工问题。下面总结几点设计经验。

1）为了改善熔融塑料的流动，应将加强筋的开设方向与熔融塑料在模具型腔内的流动方向一致。如果加强筋的开设方向与熔融塑料的流动方向垂直，那么在一定程度上使熔融塑料流动受到阻碍，影响填充型腔效果等。

2）可以给加强筋设计足够的脱模斜度。

3）通常将加强筋的底部和端部设计成圆弧过渡。为了改善充模特性，减少局部应力集中的可能性，并使壁厚变化更加平缓，通常在加强筋和侧壁相交的地方增设一个半径或圆角特征。

4）加强筋的高度一般不要达到注塑制品的主要支承表面或分型面。加强筋到其邻接的零件表面的距离 a 一般要不小于 1.0mm，如图 2-27 所示。

5）如果加强筋壁厚较大时或者筋基部的圆角半径过大时，都可能会导致凹痕和收缩孔的形成。

6）在实际设计时，需要综合考虑来选择适当的加强筋的间距、高度、壁厚、拔模斜度、制件壁厚和筋圆角半径等。

加强筋的一般设计尺寸如图 2-28 所示，各参数的取值及关系（仅供参考）如下。

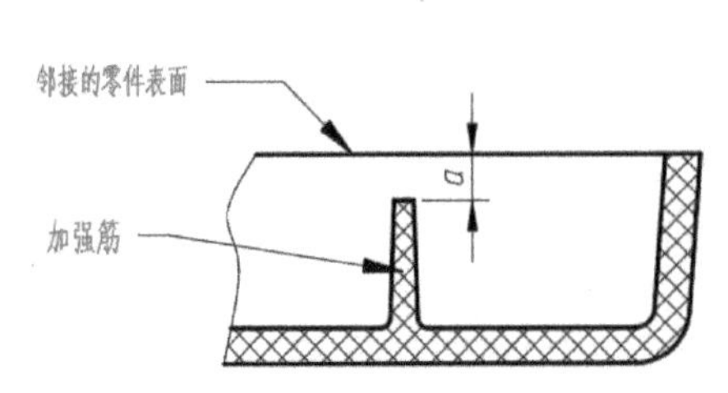

图 2-27 加强筋到其邻接的零件表面示例

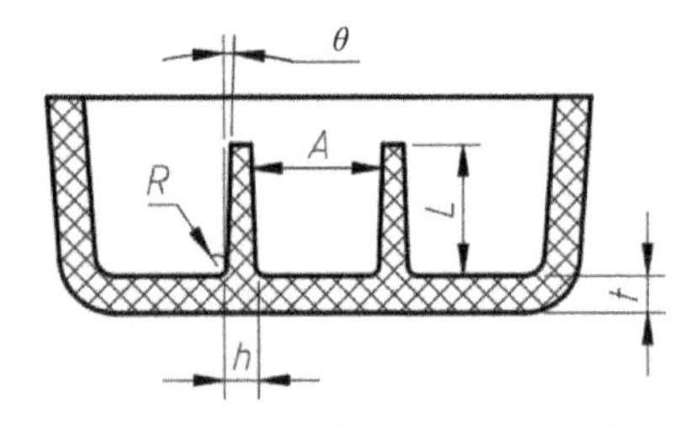

图 2-28 加强筋的一般设计尺寸

- 加强筋基部（根部）的圆角半径 R，一般根据邻接壁厚 t 的值来取，R 的较佳取值范围为 $0.25t$~$0.4t$。
- 加强筋的高度 $L \leqslant 3t$。

- 加强筋的厚度 h（指大端厚度），一般取 $0.4t \sim 0.6t$。
- 相邻加强筋之间的间距 A 一般大于 $4t$。
- 加强筋每边的斜角 θ 一般取 $0.5° \sim 1.5°$，小家电产品的设计可以忽略该斜角。

7）在注塑制品中，尤其是电子消费产品、小型家电产品的零件中，常会在其中设计一些支撑柱，用来安装电路板或其他零件。当支撑柱（螺钉柱子）的高度大于 4mm 时，一般要考虑在其周围设计加强筋。远离侧壁的螺钉支撑柱的加强筋一般多为 3 个或者 4 个，按柱的中心等圆周分布，从形状上看很像一个火箭端，可以将这种局部结构称为“火箭头”。如图 2-29 所示的零件中，便具有“火箭头”结构。如果螺钉柱靠近侧壁，则可以在螺钉柱和侧壁之间设计一个加强筋会比较好。螺钉柱的加强筋离螺钉柱顶端平面的距离应不小于 1mm。

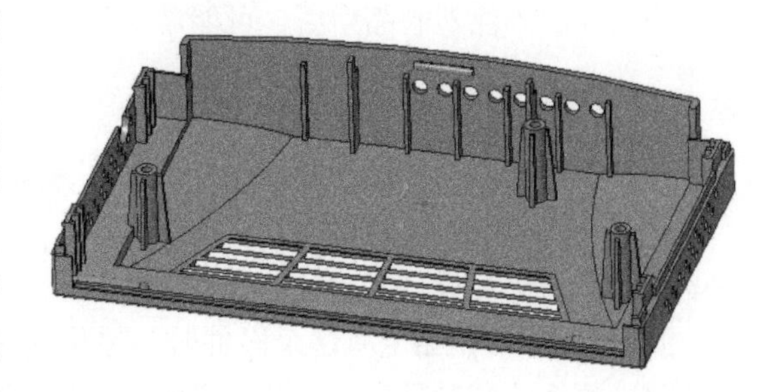

图 2-29　具有“火箭头”结构的注塑制品

8）在必须采用较高大的加强筋时，在容易形成缩痕的部位可以设计成花纹，以此来遮盖缩痕。

9）除特殊要求外，加强筋应尽可能矮。

在 Creo 8.0 软件系统中，创建“火箭头”结构，可以采用先拉伸后倒角或先拉伸后拔模的方法来创建；也可以使用“轮廓筋”按钮来创建一个旋转筋特征，然后阵列。总之方法是灵活的，要结合自己的操作习惯和其他具体情况来选择加强筋的设计方法。使用“轨迹筋”按钮，可以使用筋路径的草绘来创建一条或多条加强筋。当多条筋相交时，要注意相交可能带来壁厚不均匀的问题。

2.8.9　嵌件设计

在一些设计场合，需要在注塑制品中嵌入预先成型好的零件（通常为金属制品）。例如，在成型某些注塑制品时，为了增加注塑制品的力学强度和使用寿命，把经常使用的螺孔、螺钉等做成金属材质的。

1. 嵌件的用途和特点

概括地说，嵌件的应用主要有如下用途或特点。

1）增加注塑制品局部的强度、硬度、刚性和耐磨性。

2）在注塑制品中压入铜、银等金属嵌件，可以使制品满足导磁、导电要求。

3）增加注塑制品的尺寸稳定性与精度。

4）降低塑料消耗。

5）满足外观，起装饰效果。

2. 注塑嵌件制品的常见制造方法

常见的注塑嵌件制品的方法有如下两种。

1）在注射成型前将嵌件放置在模具中，然后注塑成型。由于嵌件大都是人工向模具内安放的，所以这种方法会降低注塑制品的生产效率，在目前的生产技术条件下比较难以实现自动化。

2）在注塑制品成型后，将嵌件通过焊接等手段嵌入注塑制品中。常见的压入法有超声波压入法、加热压入法等。为了使定位准确，经常在嵌入部位预留一个锥形孔。这种方法的优点是生产效率较高，但要求设备种类增多，工序较多，同时在嵌件周围可能会产生溢料。

当嵌件嵌入注塑制品中后，可能需要再修饰、二次加工。

3. 嵌件在注塑制品上的位置

嵌件在注塑制品上的位置是此类制品设计的关键，应该注意如下提及的设计内容。

1）嵌件应布置在制品的凸台或凸起部位，嵌件的深度应大于凸起部位的高度，以保证注塑制品应有的力学强度。

2）当同一个制品上有多个嵌件时，尽量使嵌件对称布局。如果将嵌件集中设计在注塑制品的单侧，那么注塑制品可能会产生弯曲、变形或断裂。

3）嵌件周围塑料层的厚度取决于塑料的种类、塑料的收缩率、塑料与嵌件的膨胀系数之差以及嵌件形状等因素。金属嵌件周围的塑料层越厚，则制品破裂的可能性就越小，更有利于制品的成型。另外，对塑料制品容易产生内应力的地方可以适当增加壁厚。

4. 嵌件材质选择

嵌件材质的选择很重要，其选择的基本原则就是嵌件用材料的线膨胀系数与所选用塑料材料的线膨胀系数应尽可能接近。如果嵌件材质与塑料材质的线膨胀系数差异太大，两者冷却时收缩率不同，在嵌件周围应力集中，可能导致成型困难并产生辐射状的裂缝。预防的方法是，提供足够的塑料填充在嵌件的四周或者是增加嵌件与外壁的距离。

大多数塑料的线膨胀系数是金属的 3~12 倍。这需要在制造工艺上进行优化，例如在成型时，一些大型嵌件可以采用预热到料温的方法，以减少收缩率；对于内应力难以消除的制品，可以采用成型后退火处理的方法来降低内应力。

5. 嵌件设计的结构形式

大多数嵌件是由各种有色金属和黑色金属制成的，也有用玻璃、已成型的塑料件等非金属材料制成的。

下面以金属嵌件为例，简单地介绍注塑制品中嵌件的结构形式。

1）金属嵌件嵌入部分的周边转角处应设计有圆角或倒角。一般情况下，为减少嵌件周围的塑料因冷却时产生应力集中而引起的开裂，可设计不少于 1×45°的倒角或半径不小于 0.5mm 的圆弧。

2）为了使嵌件能够牢固地嵌于制品中，而不致在制品受力时转动或被拔出，嵌件外表面应加工成环形沟槽或滚压成菱形花纹或制成其他特殊形状，从而保证嵌件与塑料之间具有牢固的连接。

3）杆形螺纹嵌件应在无螺纹部分与模具相配合，保证嵌件插入模具并能够定位准确，防止溢料。

4）杆形嵌件的高度不应超过其定位部分直径的两倍。对于薄而长的嵌件，要避免塑料填充时直接受到冲击，也就是要防止嵌件位置发生移动。当嵌件过长或呈细长杆状时，可以在模具内设支柱以免嵌件弯曲，这时候会在塑料制品上留下工艺孔。

5）诸如不锈钢片的片状类嵌件，在其四周侧壁上应多设计一些切口及挂台嵌入塑料内。

2.8.10 螺纹设计

不管是内螺纹还是外螺纹，都可以在模具内成型，而不需要通过机械加工的方式来获得。塑胶件上的螺纹结构是用于连接零件的。塑胶件上的螺纹由于是通过模具注塑成型，其精度比五金产品上通过机械加工得到的螺纹的精度要低。

注塑制品螺纹牙通常有标准螺纹、矩形螺纹、梯形螺纹、锯齿形螺纹、V 形螺纹、圆弧形螺纹等。不同的螺纹牙形应用在不同的场合，例如矩形螺纹可以应用在强度要求高的场合，锯齿形螺纹可以应用在单方向要求有较高轴向负载的场合，而多头的圆弧形螺纹常应用在包装瓶及瓶盖中，它可以使瓶盖在一两圈范围内拧紧。

塑胶件上的螺纹应选择螺纹牙较大的，当螺纹直径较小时，不宜采用细牙螺纹；而且直接模塑成型的螺纹不能达到高精度。塑件上的螺纹选用范围可参考表 2-8。

表 2-8 螺纹选用范围

螺纹公称直径/mm	螺纹种类				
	公制标准螺纹	1 级细牙螺纹	2 级细牙螺纹	3 级细牙螺纹	4 级细牙螺纹
3 以下	+	-	-	-	-
3~6	+	-	-	-	-
6~10	+	+	-	-	-
10~18	+	+	+	-	-
18~30	+	+	+	+	-
30~50	+	+	+	+	+

注：表中“+”符号表示建议采用的范围，“-”符号表示建议不采用的范围。

在注塑制品中设计螺纹，要特别注意以下几点。

1）内螺纹底部未螺纹化的直径应等于或小于螺纹的最小直径；外螺纹底部未螺纹化的直径应等于或大于螺纹的最大直径。

2）成型螺纹必须避免具有如羽毛般的边，以免造成应力集中，使该区域强度变弱。

3）螺纹的直径不应太小，外螺纹直径不宜小于 3mm，内螺纹直径不宜小于 2mm，而螺纹的螺距不宜小于 0.5mm。

4）因为塑料收缩的不确定性，模塑的螺纹牙距大多数情况下很难做到精确。因而塑料螺纹与金属螺纹配合时，其配合长度不能太长，否则会相互干涉，造成附加应力，从而使连接强度降低。建议其配合长度不大于螺纹直径的 2 倍，一般不大于螺纹直径的 1.5 倍。

5）螺纹的配合要求适当松些，其间距按照直径而异，一般取 0.1~0.4mm。

6）为了防止螺孔最外圈的螺纹崩裂、脱扣或变形，保证螺纹处的强度，应该注意螺纹的起始端和末端的结构。通常可以在螺纹的首尾端设计一段无螺纹的圆柱面，甚至可以设计一个台阶孔结构，圆柱面/台阶孔的高度（过渡段高度）不小于 0.5mm。

7）在同一个螺纹型芯（或型环）成型带有两段螺纹时，应该使两段螺纹旋向相同、螺距相等，以将注塑制品从螺纹型芯（或型环）上扭下来。

在 Creo 8.0 中，使用“螺旋扫描”按钮，可以创建螺纹结构。

2.8.11 标记、符号设计

在注塑制品的表面，经常会看到一些凸起或凹陷的标记、符号。这些凸起（或凹陷）的结构，其高度（或深度）一般应设计得浅些，常见的在小型注塑制品表面上的文字高度多在0.05mm~0.5mm之间。

知识点拨：

如果标记文字和图案较小，可由模具蚀刻获得；而稍大些的标记文字和图案通常由模具加工直接注塑得到。

对于模具加工的标记、符号图案而言，最好采用凸起的方式，因为这样在模具上便是凹下表面的，凹下表面时便于模具加工。很多时候不希望凸起的标记文字、图案等高于零件表面，那么可以这样处理：先在希望的区域下凹一定的深度，然后在这个下凹的区域槽内再凸起标记文字、图案等。凸起标记文字、图案的高度表面最好比凹槽上表面（零件表面）低0.1mm左右，如图2-30所示。文字的笔画宽度一般不小于0.25mm，建议两字之间的间距不小于0.4mm，字符离凹槽边缘的距离建议不小于0.6mm。

图2-30 凹槽内凸起的文字结构

在Creo 8.0中，可以使用“偏移”按钮等在制品表面上创建这些标记、符号造型；也可以使用其他工具命令来建造这些标记、符号造型。总之方法是多样的，需要设计者根据自己知识掌握程度、操作习惯等来灵活把握。

2.8.12 旋转防滑纹设计

旋转防滑纹常设计在旋钮、瓶盖等制品表面上，起到防滑作用。注塑制品的防滑结构不同于金属制品的防滑结构（金属制品可以使用机械加工的方式滚成各式网纹），注塑制品的防滑结构基本上是直接成型的。

注塑制品的防滑纹通常被设计成直通直纹形状，其相应的成型模具结构简单，制造周期较短。

2.8.13 一体化铰链设计

铰链设计也是注塑制品设计的一个小知识点。在一些一体式的塑料箱产品中，箱体与箱盖的连接部分，就是典型的铰链结构，它的主要作用是保证塑件上的两部分相互连接并能够弯曲或旋转。一体化铰链能够有效减少组合所需的部分零件，例如小的工具箱，可以将连接盖子与箱体的铰链一起成型。

知识拓宽：

铰链是对一固定轴旋转而对其他轴具有极强的抗拉性、抗弯折力及抗扭力的装置。由塑料制成的合格铰链一般能承受十、百万次以上的弯曲。影响铰链挠曲应力大小的主要因素为材料的厚度及挠曲的曲率半径。

铰链的3种常见截面形式如图2-31所示。铰链部分的厚度不能太厚，一般厚度t为0.25~0.4mm。如果太厚，则弹性太大，难以闭合，并可能因为产生弯折应力而使铰链易断。铰链部分的截面长度不可过长，否则弯折线不能集中在一处，导致闭合效果不佳。壁厚的减薄过渡处应以圆弧过渡，R 一般大于 0.75mm，R' 可取 0.25mm 左右。

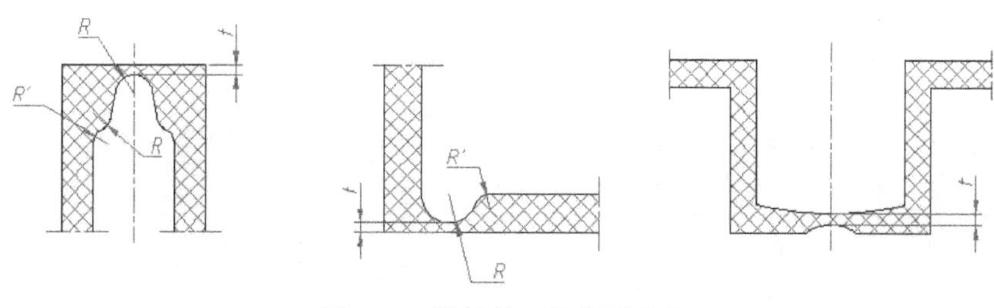

图 2-31　铰链的 3 种截面形式

铰链常与塑料弹簧一起成型或组合成瓶盖、珠宝盒、玩具及食物容器等。

常用来直接制作铰链的塑料有聚丙烯（PP）、聚乙烯（PE）－聚丙烯共聚物、丙烯腈-丁二烯-苯二烯共聚物（ABS）等。其中 PP 铰链可以由热压、挤出、注射及中空成型等加工方式制得；PVC 铰链则由热压或挤出来加工；尼龙、POM 和 HIPS 则可以直接热压成铰链。

另外，需要注意注塑工艺对铰链的影响。浇口位置要能使熔体流向铰链部分时，塑料线型分子沿其主链方向折弯，若流向不对，则会造成铰链部位容易折断。

2.8.14　塑胶件的自攻螺钉与螺柱

用于塑胶件的自攻螺钉属于粗牙螺钉，可以让两个零件实现紧固连接。自攻螺钉的牙距比机牙螺钉（机牙螺钉是可以搭配螺母来使用的）牙距要大，其牙型也要粗些。自攻螺钉具有自攻特性，不需要配合使用螺母，只要有孔就可以了，而机牙螺钉是需要与螺钉牙型配套的螺母或螺纹孔。自攻螺钉适用于不宜经常拆卸的场合，否则会容易滑牙而导致连接失效；而机牙螺钉可以经常拆卸，适用于金属件之间的连接。

自攻螺钉的种类较多。按照头型来分，可以分为沉头、圆头、圆头带垫圈、圆柱头、六角头、半圆头等；按照槽型来分，可以分为十字头、一字头、内六角、梅花形、三角形、四方形等；按照牙尾型来划分，可以分为平尾、尖尾、平尾开口、尖尾开口等。

在选择自攻螺钉时，需要考虑它的材料和表面处理方式。自攻螺钉常用的材料包括低碳钢、铁、中碳钢、不锈钢、铜等，常见的表面处理方式有氧化、镀镍（银白色）、镀锌、镀铬和镀铜等。

自攻螺钉通常是与塑胶件中的螺柱配合使用的，图 2-32 展示了它们的配合尺寸。其中尺寸 A 为自攻螺柱的内径，尺寸 B 为自攻螺柱的外径，尺寸 C 为螺钉头螺柱用于穿过螺钉的孔直径，尺寸 D 为两个螺柱的限位间隙，尺寸 E 为限位高度，尺寸 F 为螺钉头支撑胶位厚度，尺寸 G 为两个壳体螺柱 Z 向间隙。

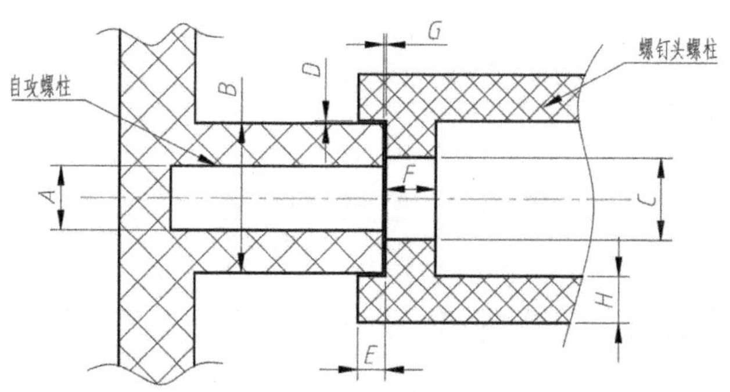

图 2-32　塑胶件中的螺柱设计

表 2-9 给出了用于自攻螺钉的塑胶件螺柱配合尺寸。

表 2-9　自攻螺钉的塑胶件螺柱配合尺寸

螺丝规格	尺寸 *A*	尺寸 *B*	尺寸 *C*	尺寸 *D*	尺寸 *E*	尺寸 *F*	尺寸 *G*	尺寸 *H*
1.4	ϕ1.1	≥ϕ2.8	ϕ1.6	0.1	≥1.0	≥0.8	0.1	≥1.0
1.7	ϕ1.3	≥ϕ3.2	ϕ1.9	0.1	≥1.0	≥0.8	0.1	≥1.0
2.0	ϕ1.6	≥ϕ4.0	ϕ2.2	0.1	≥1.0	≥1.0	0.1	≥1.0
2.3	ϕ1.9	≥ϕ4.5	ϕ2.5	0.1	≥1.0	≥1.0	0.1	≥1.0
2.6	ϕ2.2	≥ϕ5.0	ϕ2.8	0.1	≥1.0	≥1.2	0.1	≥1.0
3.0	ϕ2.5	≥ϕ5.5	ϕ3.2	0.1	≥1.0	≥1.5	0.1	≥1.0
3.5	ϕ3.0	≥ϕ6.0	ϕ3.7	0.1	≥1.0	≥1.5	0.1	≥1.0

2.8.15　尺寸精度

很多因素都会影响塑胶零件的精度，如塑胶材料、零件形状尺寸、模具设计与制造加工水平、注塑参数等。由于这些因素的影响，塑胶零件的精度一般不高。

尺寸精度在实际应用中主要检验装配尺寸及其他一些需要控制的重要尺寸。塑胶件的尺寸精度是有一定公差标准的，如表 2-10 所示。在实际工作中，重要的尺寸公差可直接标注在塑胶产品尺寸上，非重要的尺寸公差可用列表或在技术要求中说明即可。

表 2-10　塑胶件的尺寸精度等级及其公差数值表

序号	基本尺寸/mm	精度等级							
		1	2	3	4	5	6	7	8
		公差数值/mm							
1	<3	0.04	0.06	0.08	0.12	0.16	0.24	0.32	0.48
2	3~6	0.05	0.07	0.08	0.14	0.18	0.28	0.36	0.56
3	6~10	0.06	0.08	0.10	0.16	0.20	0.32	0.40	0.64
4	10~14	0.07	0.09	0.12	0.18	0.22	0.36	0.44	0.72
5	14~18	0.08	0.10	0.12	0.20	0.26	0.40	0.48	0.80
6	18~24	0.09	0.11	0.14	0.22	0.28	0.44	0.56	0.88
7	24~30	0.10	0.12	0.16	0.24	0.32	0.48	0.64	0.96
8	30~40	0.11	0.13	0.18	0.26	0.36	0.52	0.72	1.00
9	40~50	0.12	0.14	0.20	0.28	0.40	0.56	0.80	1.20
10	50~65	0.13	0.16	0.22	0.32	0.46	0.64	0.92	1.40
11	65~80	0.14	0.19	0.26	0.38	0.52	0.76	1.00	1.60
12	80~100	0.16	0.22	0.30	0.44	0.60	0.88	1.20	1.80
13	100~120	0.18	0.25	0.34	0.50	0.68	1.00	1.40	2.00
14	120~140	—	0.28	0.38	0.56	0.76	1.10	1.50	2.20
15	140~160	—	0.31	0.42	0.62	0.84	1.20	1.70	2.40
16	160~180	—	0.34	0.46	0.68	0.92	1.40	1.80	2.70
17	180~200	—	0.37	0.50	0.74	1.00	1.50	2.00	3.00
18	200~225	—	0.41	0.56	0.82	1.10	1.60	2.20	3.30

（续）

序号	基本尺寸/mm	精度等级							
		1	2	3	4	5	6	7	8
		公差数值/mm							
19	225~250	—	0.45	0.62	0.90	1.20	1.80	2.40	3.60
20	250~280	—	0.50	0.68	1.00	1.30	2.00	2.60	4.00
21	280~315	—	0.55	0.74	1.10	1.40	2.20	2.80	4.40
22	315~355	—	0.60	0.82	1.20	1.60	2.40	3.20	4.80
23	355~400	—	0.65	0.90	1.30	1.80	2.60	3.60	5.20
24	400~450	—	0.70	1.00	1.40	2.00	2.80	4.00	5.60
25	450~500	—	0.80	1.10	1.60	2.20	3.20	4.40	6.40

不同材料所使用的精度等级可以参考表 2-11 来选用。

表 2-11　塑胶制品（常见材料）精度等级的参考选用表

材料名称（塑料种类）	建议采用的精度等级			
ABS	高 精 度	一般精度	低 精 度	未注公差
防火 ABS	2	3	4	5
PMMA	2	3	4	5
透明 PC/ PC+ABS	2	3	4	5
PS	2	3	4	5
PA66+玻璃纤维/PA610/PA9/硬 PVC/氯化聚醚	3	4	5	6
POM/PP/HDPE	4	5	6	7
LDPE/软 PVC	5	6	7	8

2.8.16　止口与反止口设计

本小节介绍止口与反止口设计的知识点。

1. 止口设计

止口在 Pro/ENGINEER、Creo 中常被称为“唇”，它是开口处的止动结构。止口的作用主要有两个，一是起限位作用，防止壳体装配时发生错位、断差现象；二是用作静电墙，防止静电从外部进入内部，起到保护内部电子元器件的作用。

止口分公止口和母止口，如图 2-33 所示。此止口的作用是防止一个壳体朝外变形，而防止另一个壳体朝内缩变形。通常将公止口设计在厚度薄的壳体上，将母止口设计在厚度较厚的壳体上。

这里先介绍一下公止口的一般设计尺寸，如图 2-34 所示。其中，尺寸 A 为公止口的根部宽度，其常用范围为 0.60~0.85mm，通常要保证其最小尺寸拔模后顶部最小宽度不小于 0.50mm；尺寸 B 为公止口的高度，其常用范围为 0.55~0.9mm；公止口两侧曲面的拔模角度 C（C_1和 C_2）为 1°~3°即可；倒角尺寸 D 是为了装配方便，可根据实际情况增设，倒角尺寸 D 常为 0.25~0.30mm。

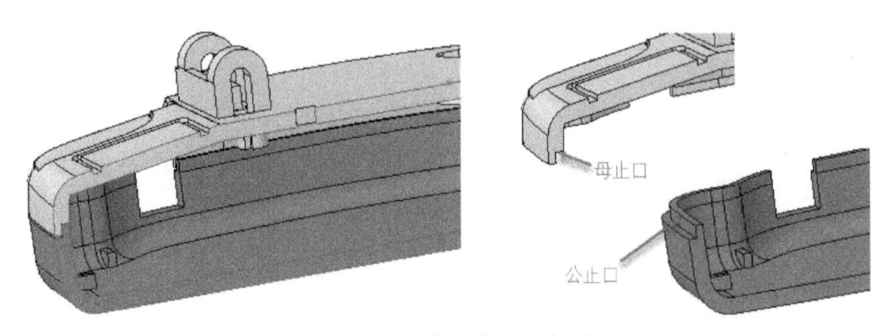

图 2-33　止口配合：公止口与母止口

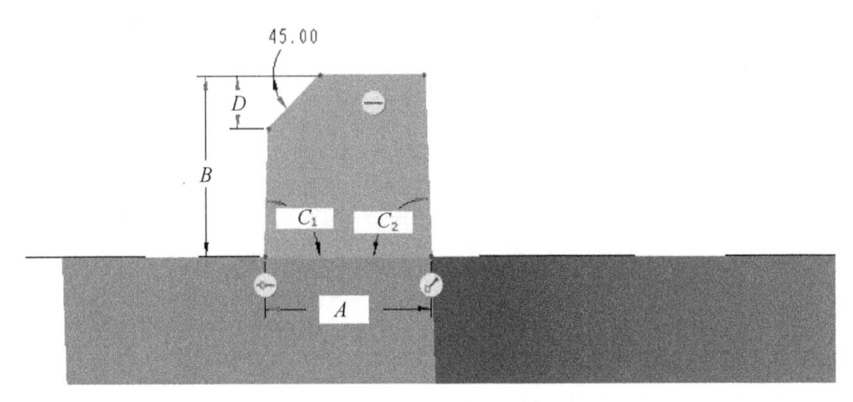

图 2-34　公止口一般设计尺寸

止口配合是指公止口与母止口配合。以图 2-35 所示的止口配合样式为例。尺寸 a 为母止口所在壳体的外观面胶厚尺寸，其值通常≥0.8mm；尺寸 b 为配合面间隙尺寸，b 可取 0.05mm；尺寸 c 为母止口处的过渡圆角（防止胶位突变），该过渡圆角的半径不能取太大以避免装配时产生干涉；尺寸 d 为止口纵向避让尺寸，可以防止出现尺寸偏差时造成装配干涉，该尺寸取值范围通常为 0.1~0.2mm，建议取 d=0.2mm 或 0.15mm。

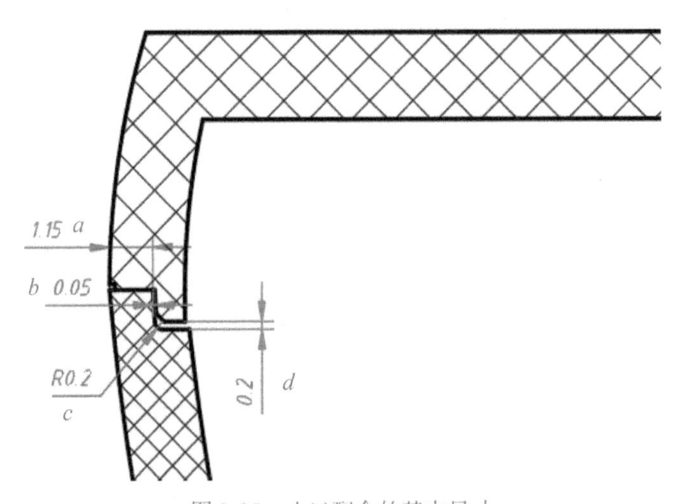

图 2-35　止口配合的基本尺寸

知识点拨：

塑胶零件止口配合的常见形式及其间隙取法如图 2-36 所示。

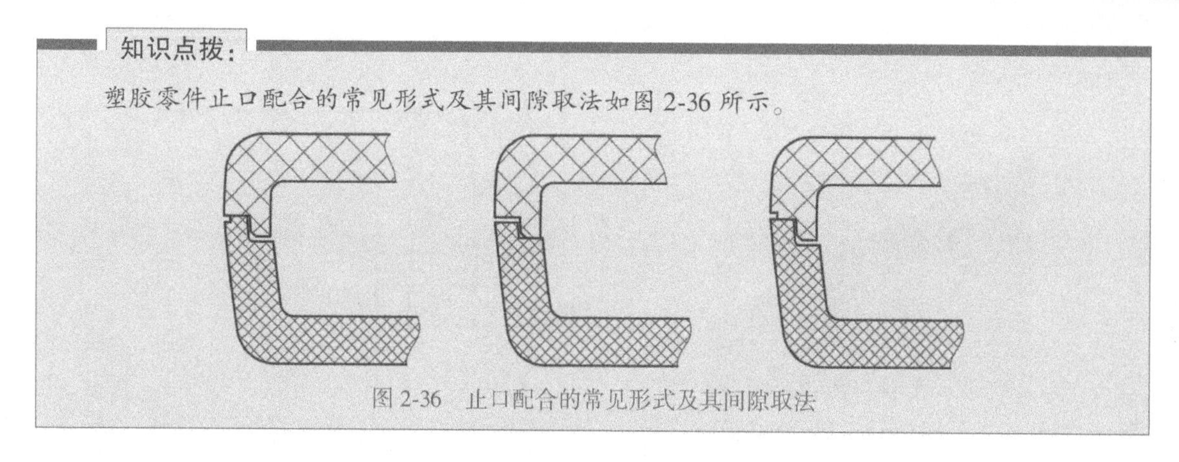

图 2-36　止口配合的常见形式及其间隙取法

2. 反止口设计

反止口是相对止口而言的，它们配合使用，从本质上来说反止口和止口起的作用都是用于限位。在图 2-37 所示的外壳零件中，设计有反止口结构，该反止口结构用于防止外壳和与之配合的壳体变形。反止口作用的图例如图 2-38 所示，在该图例中，A 壳上创建有反止口，防止 A 壳朝外变形，而该 A 壳上的反止口又能同时防止 B 壳朝内缩。通常将前壳称为 A 壳，底壳称为 B 壳或后壳，但没有绝对，只是习惯上的称呼而已。

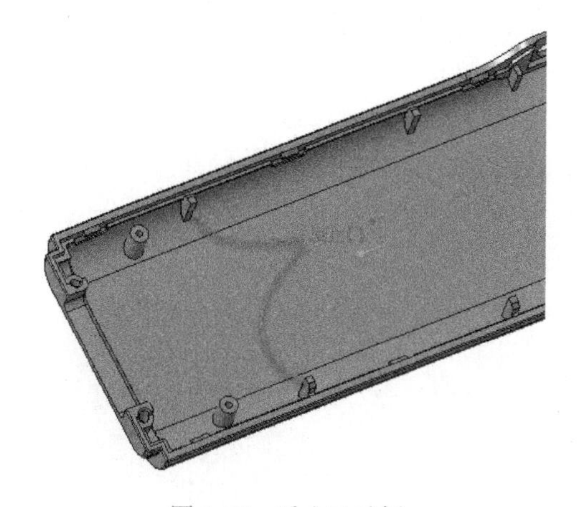

图 2-37　反止口示例

图 2-38　反止口作用的图例

反止口的设计要点和规范总结如下。

1）反止口既可以设计在 A 壳上，也可以设计在 B 壳上。通常是将反止口设计在有母止口的那个壳上，反止口与母止口配合设计，将另一个零件凸出的公止口夹在中间，实现彼此两个方向的限位；反止口一般可以设计在离公扣距离大于或等于 6mm 的地方，例如单边离公扣 8～10mm（相隔距离），如图 2-39 所示。这样基本可以兼顾扣位的变形需求，如果将反止口设计得离扣位太近，则扣位区域没有足够的变形空间，装配和拆卸都可能遇到问题。

2）反止口与止口的配合设计尺寸可以参看图 2-40 所示。尺寸 A 为反止口纵向长度（反止口纵向放置的话），该尺寸应不小于 1mm，如果该尺寸过小，会导致反止口强度不够，容易断裂；尺寸 B 为反止口高度，建议该尺寸不小于 0.6mm，尽量在 0.8mm 以上。尺寸 C 为配合面间距尺寸，建议该尺寸为 0.1mm 左右，最大不超过 0.15mm。

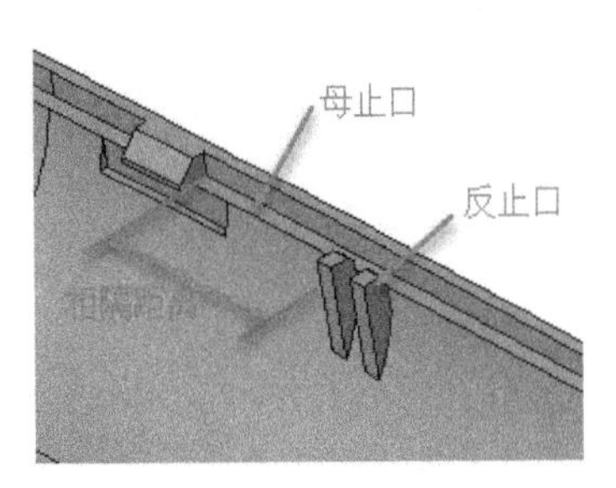

图 2-39　反止口、母止口与扣位关系

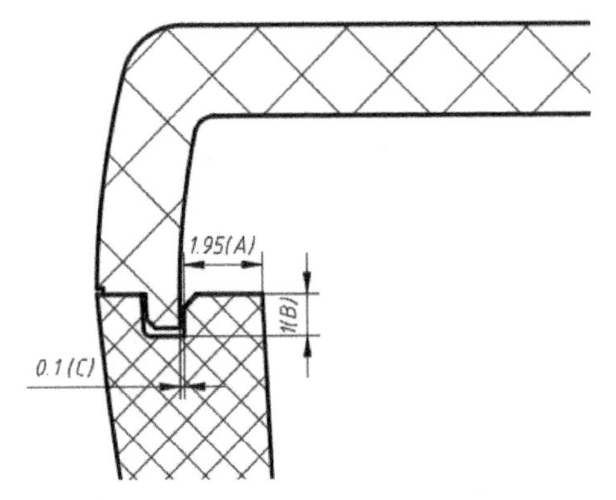

图 2-40　反止口与止口的配合设计尺寸

3）反止口可以有多种结构类型，主要包括以下几种。在实际设计时，建议尽量采用标准反止口方式，如果壳内结构空间不够，则在其余几种反止口中优先选择工字骨反止口。至于最后选择何种反止口，一定要结合产品结构特点来综合决定。

- 标准反止口：标准反止口是使用最为普遍且简单的一种反止口，可以单独设计一个反止口，也可成对设计反止口。通常为了保证足够的强度，建议标准反止口要成对设计，如图 2-41 所示。对于成对的这两个标准反止口，它们之间的距离 L 可设计为 1.5mm、2mm 或相应附近值。
- 反止口变化一：如果壳体内部空间比较紧张，PCB（电路板）离壳体很近而没有足够空间设计标准反止口，那么可以将反止口骨位纵向延伸并跨越母止口，同时减少反止口在壳内空间所占的体积。这个方式的反止口实际上是在标准反止口的基础上稍做变化得到的，为保证这种形式的反止口具有足够的强点，要成对设计；其缺点显然是要在另一个壳体的公止口上切掉相应的材料，如图 2-42 所示。

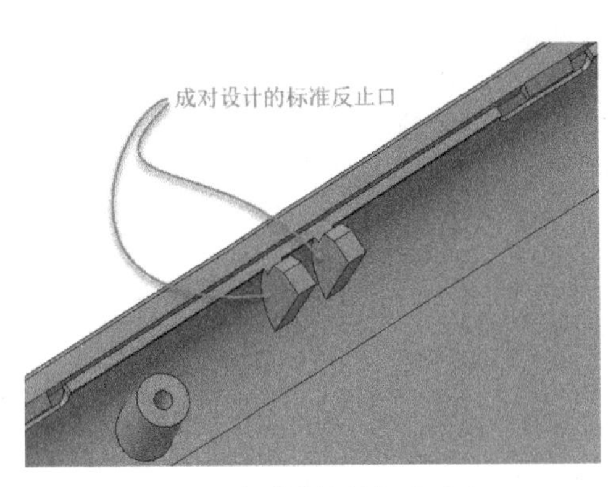

图 2-41　成对设计的标准反止口

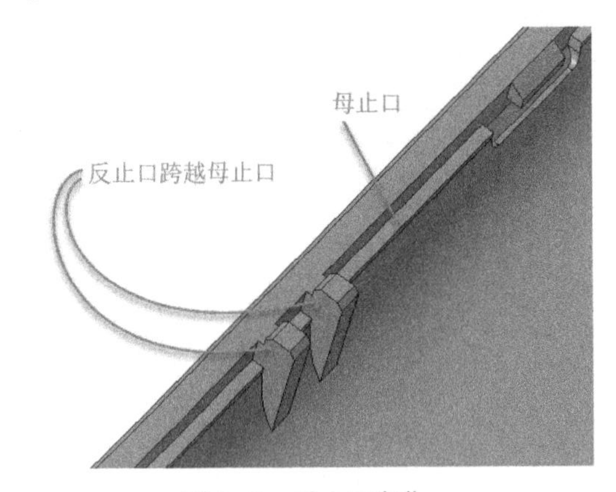

图 2-42　反止口变化一

- 反止口变化二：采用工字骨反止口设计，如图 2-43 所示，适用于 PCB 离壳体太近而没有空间做标准反止口的情形。其优点是强度好，而在另一个壳体不必切割公止口，工字骨的应用还能避免反止口这个部位的胶体过厚。工字骨的横向长度尺寸应不小于 2mm，通常建议 3mm、3.5mm 为宜。
- 反止口变化三：这种反止口由工字骨反止口简化而来，使用场合同样是内部没有空间做标准反止口，适合尺寸较大且外表面圆弧过渡的产品壳体。其反止口骨位厚度紧贴着壳体内壁延伸，没有侵占母止口，在反止口面对壳体内部中心的一侧做减胶处理以保证壳的胶厚（避免胶位厚度变化较大，防止胶件注塑时应力集中及外观面产生缩水痕迹），如图 2-44 所示。

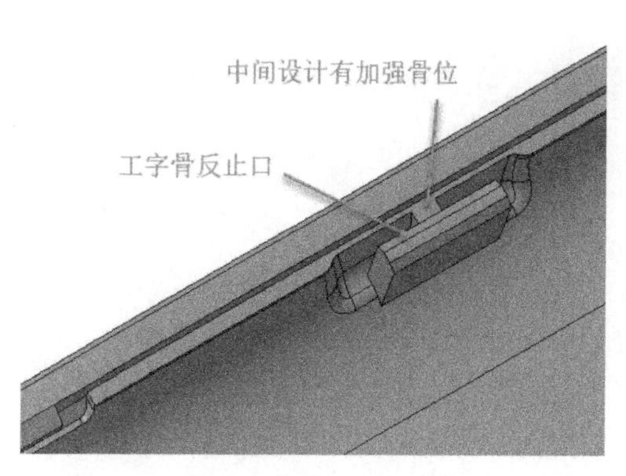

图 2-43　反止口变化二：工字骨反止口

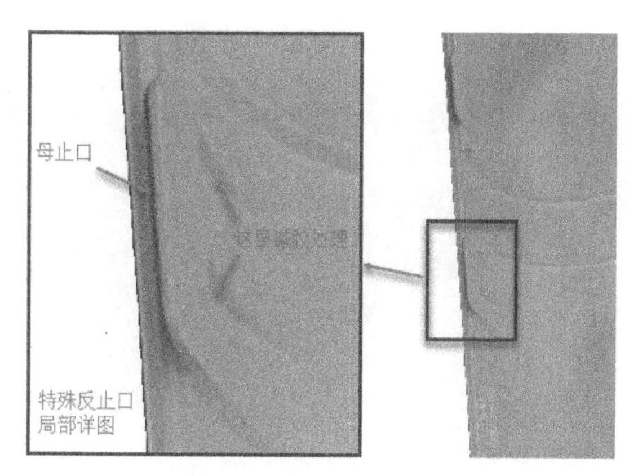

图 2-44　反止口变化三

- 反止口变化四：这种反止口同样是由工字骨反止口演化而来，如图 2-45 所示，适合产品内部空间不适合做标准反止口且要切掉另一个壳上相应匹配公止口部位的情形，要注意另一个壳体的胶厚问题。

4）在一个产品壳体中，反止口的布局设计是有讲究的。一般来说，反止口在产品零件上布局的个数要根据产品外形尺寸的大小、装配扣合方式等因素来综合决定。可依产品实际情况适当增减，一般要均匀布局，如图 2-46 所示。当然有些特意不对称地进行反止口布局设计可以起到装配防呆的效果。相邻一组反止口的相隔距离可以为 30mm 左右。

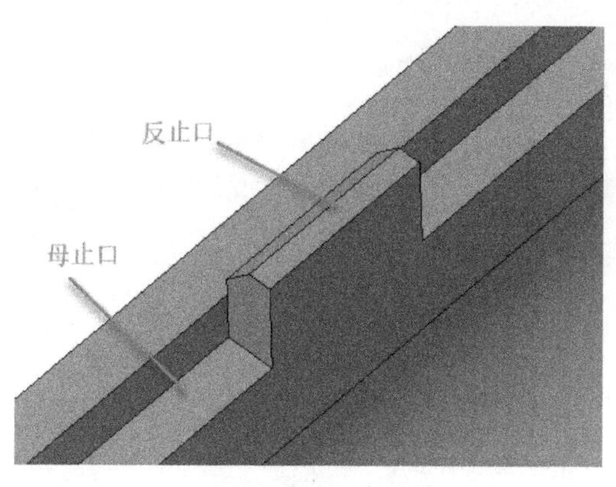

图 2-45　反止口变化四

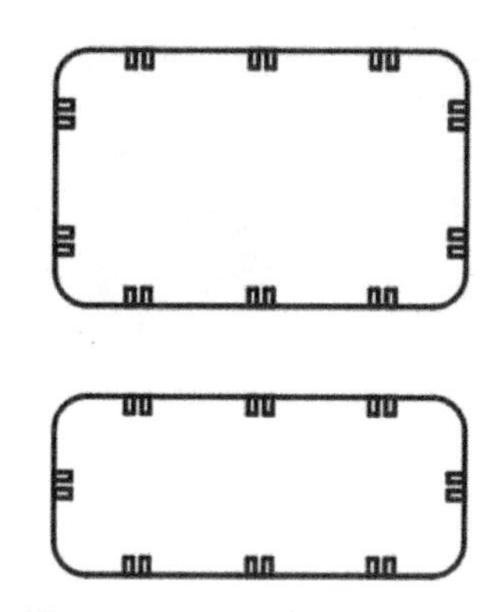

图 2-46　反止口布局设计示例

2.8.17　卡扣设计

在由塑胶制成的壳体零件中，卡扣设计（也称“扣位设计”）是比较常见的一种结构设计，所谓卡扣的作用是和螺钉一样，用于固定和连接两个壳体零件。螺钉是利用螺纹连接起作用的，而卡扣则是利用塑料件自身的弹性与卡扣结构上的变形来完成组装和拆卸的，所述卡扣是塑胶件连接固定的常用结构。在强度要求不是很高的情况下，可以采用卡扣结构替代螺钉固定，多用在面壳与底壳组装、屏固定、装饰件固定、盖体扣合、按键限位等结构处。但是卡扣结构有个显著的缺点就是随着使用次数的增多，容易产生断裂等不良现象。一旦发生断裂，卡扣结构是很难修补的，这便导致塑料零件成了不良品，因此塑料零件上使用卡扣结构基本是用于不拆卸的装配。

与止口类似，卡扣同样有“公”“母”之分，即卡扣有公扣与母扣之分，凸扣为公扣，凹扣为母扣，它们被分别设计在两个相互配合的不同壳体上，如图 2-47 所示。

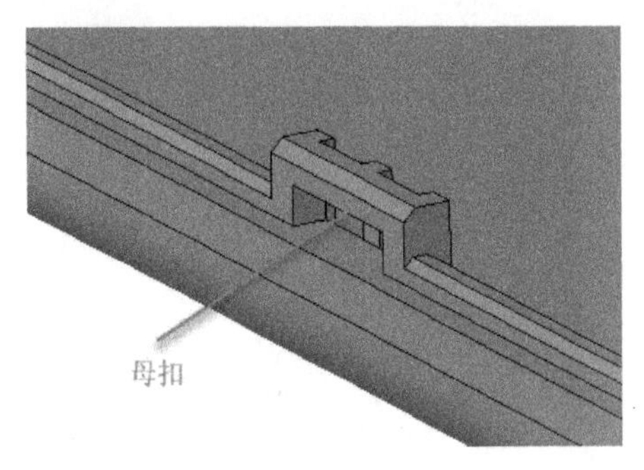

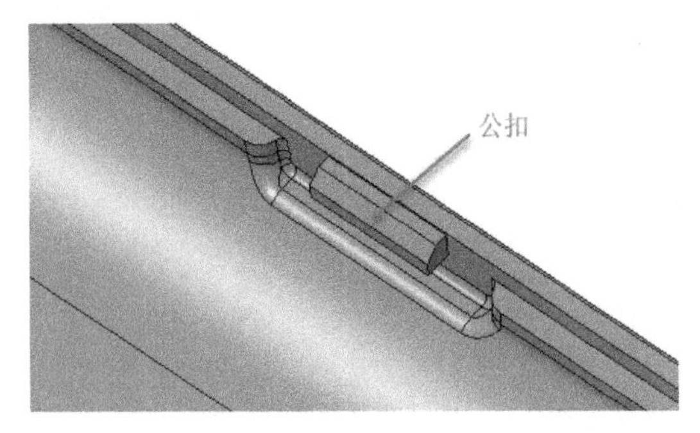

图 2-47　母扣与公扣

1. 卡扣常见形式及尺寸

(1) 比较常见的卡扣有用于面壳（前壳）与底壳装配的卡扣

其主要体现在以下两种形式。

- 常规布扣方式：将母扣布置在公止口的壳上，相应地将公扣布置到母止口的壳上，如图 2-48 所示。该常规布扣方式的 3 种常见设计如表 2-13 所示。该常规布扣方式的一种参考尺寸示意图如图 2-49 所示，分别展示了面壳与底壳卡扣横向剖视和纵向剖视示意图，相关的尺寸说明如表 2-14 所示。这种布扣方式通常可以在母扣端加骨位加强。

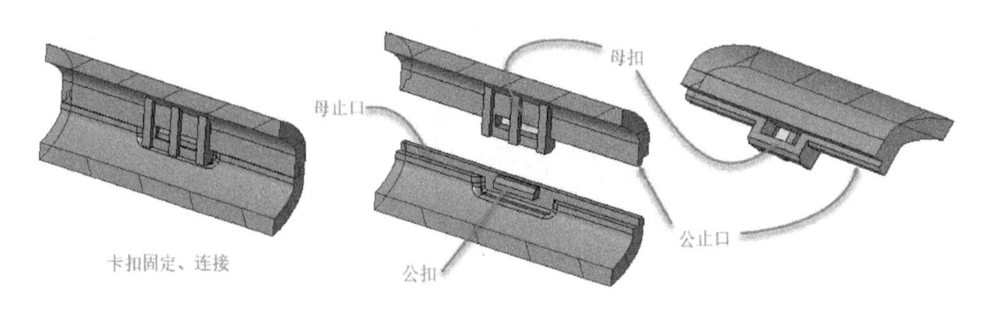

图 2-48　常规布扣方式

表 2-13　面壳、底壳中布扣方式的 3 种设计

序号	设 计 图 例	设计说明及特点
1		此种卡扣设计一般在空间较为充足的情况下使用，属于比较常规的简易布扣方式，不足点是要求成型的注射压力大才能充胶饱满

（续）

序号	设计图例	设计说明及特点
2		此种卡扣设计是在前一种卡扣的基础上演变而来的，其优点是强度很大，充型比第一种容易；缺点是由于厚度增加，容易缩水导致外观不良。但如果缩水情况不影响产品外观面，此种卡扣设计方式是也是值得推荐的
3		此种卡扣较第 2 种做了掏胶处理。掏胶主要是防止局部胶位过厚导致壳料缩水，进而影响外观。母扣可以掏胶，母扣掏胶也相当于加筋骨加大强度。如果有需要，也可以对公扣进行掏胶处理

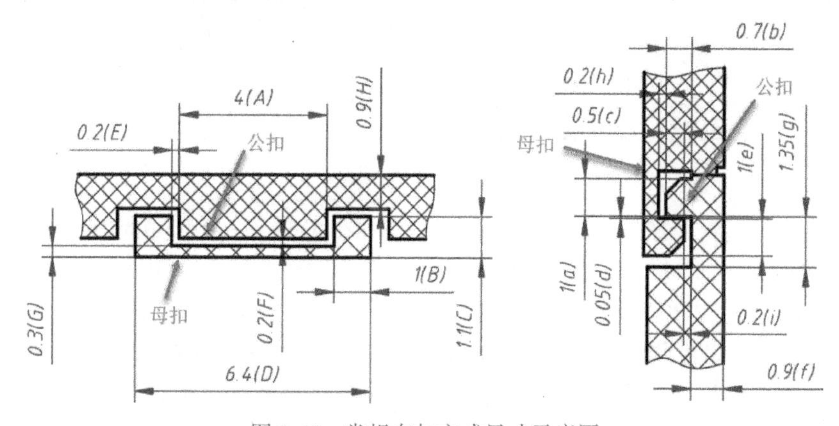

图 2-49　常规布扣方式尺寸示意图

表 2-14　面壳、底壳中常规布扣方式的相关尺寸说明

代号	定义/尺寸释义	设计要求及备注
A	尺寸 *A* 为公扣的横向宽度（即卡扣宽度）	可根据产品特点与设计需要进行设计，该卡扣宽度可在 2~6mm 范围内取值，常用取值为 4mm、4.5mm、5mm
B	尺寸 *B* 为母扣两侧的一个横向宽度	母扣的主要组成，并保证卡扣有足够的强度，该宽度建议≥0.8mm，常见取值为 1.0mm
C	尺寸 *C* 为母扣两侧的一个纵向宽度（即厚度）	该纵向宽度（厚度）建议≥0.8mm，如 1mm、1.1mm
D	尺寸 *D* 为母扣的总宽度	母扣的总宽度可以由公扣的横向宽度（卡扣宽度）、母扣两侧的横向宽度、相应间隙自然算出
E	尺寸 *E* 为母扣与公扣在两侧的间隙	该间隙建议大于 0.1mm，通常可取 0.2mm、0.3mm 等
F	尺寸 *F* 为母扣和公扣在纵向的间隙	该间隙可取 0.2mm
G	尺寸 *G* 为母扣封胶的厚度	母扣封胶的厚度可以设定为 0.3mm，有时也可以将母扣的扣位处打穿，不进行封胶，并在背后添加 0.3mm 厚的筋骨
a	尺寸 *a* 为公扣的纵向厚度（高度）	该厚度常见取值为 1.0mm，建议不应小于 0.8mm

（续）

代号	定义/尺寸释义	设计要求及备注
b	尺寸 b 为公扣的横向厚度	该厚度必须大于卡扣的扣合量（配合量）
c	尺寸 c 为卡扣的扣合量（配合量）	扣合量设计要合理，大了难拆，小了扣合不起作用。通常小型消费类产品，该扣合量建议在 0.35~0.65mm 范围内选择，通常可将扣合量尺寸 c 设置为 0.5mm
d	尺寸 d 为母扣和公扣在纵向（Z 向）厚度方向的间隙	通常可以取 0.05mm，公差范围 0~0.05mm，该间隙不能太大，否则卡扣没有起到应有作用
e	尺寸 e 为母扣顶部的纵向厚度	该厚度建议不低于 0.8mm，常见将该厚度尺寸设计为 1.0mm
f	尺寸 f 为公扣壁边到壳体外观面的材料厚度	该尺寸建议不少于 0.65mm，常见小型壳体该厚度为 0.8mm、0.9mm、1mm 等
g	公扣壳体为母扣预留的避让高度	该避让高度应大于母扣顶部的纵向厚度 e
h	尺寸 h 为母扣与公扣之间的一个避让间隙	通常不小于 0.15mm，可取 0.2mm，在实际设计时可将该间隙设计大一些，扣合量不够时可以有空间加胶
i	尺寸 i 为母扣与公扣壁边之间的一个避让间隙	通常不小于 0.15mm，可取 0.2mm

- 反扣方式：在有些设计中，可以将母扣布置在母止口的壳上，这就是业界常说的“反扣”，相应地，将公扣布置在公止口的壳上，如图 2-50 所示。反扣除了有扣合连接作用之外，还能起到反止口的作用，其缺陷是拆卸较为困难，但是在某种场合下，拆卸难也可以当作优势，主要看产品要求。典型的反扣方式还有图 2-51 所示的变化形式。比较关键的参数同样是扣合量，反扣的扣合量同样建议在 0.35 ~ 0.65mm 中选择，如 0.4mm、0.5mm 比较常见。

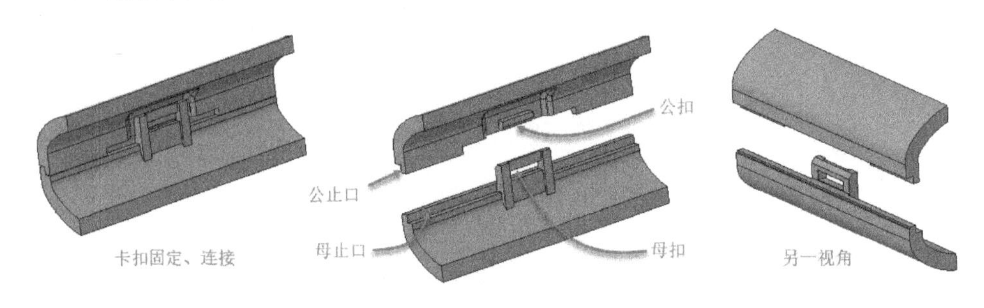

图 2-50　反扣方式一

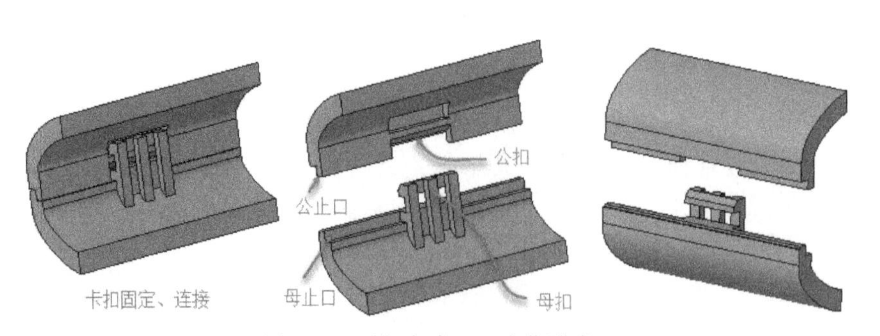

图 2-51　反扣方式二（变化形式）

设计技巧：

对于面壳（前壳）、底壳（后壳），卡扣设计尽量采用常规布扣方式，如果遇到产品内部存在空间紧张的情况，那么再考虑采用反扣设计方案。在设计反扣时，注意其扣合量不能太大，一般在小型消费类电子产品壳体中，可以将反扣的扣合量先预设为 0.35mm 或 0.4mm，待在壳料 T1 试模（第一次试模）时，再根据适配效果稍微做调整。

（2）仓盖扣合设计

仓盖扣合设计一般采用一端插入、另一端扣合的方式，其扣合量为 0.3~0.7mm，插入深度一般为 0.6~1.5mm，比较常见的典型结构如图 2-52、图 2-53 所示。

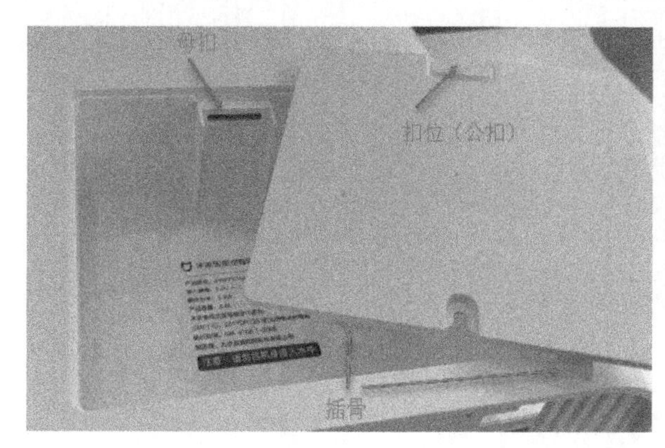

图 2-52　仓盖扣合设计（一）

（3）内部隐藏扣位设计

在一些产品内部，需要设计一些扣位来完成内部组件的安装。这类扣位在产品外部是看不见的，插装到壳体内后不易拆卸，形成死扣结构。在一些路由器、液晶显示屏外壳上常见设计有类似死扣结构，例如将公扣设计在面壳壁厚的内侧，母扣设计在底壳内部，扣合后隐藏在内部，很难拆卸。有些产品考虑到拆卸维修，特意在公扣部件上设计插穿结构，通过特别的插穿孔解决这个问题，从而方便拆卸。

图 2-54 展示了某产品内部的一个扣合结构。公扣具有弹性臂便于变形压入，要有足够的强度；公扣和母扣均要设计有导入角，公扣凸起部分与母扣凹孔贴合；在分离方向不易取出，在导入方向上的扣合面长度一般可取 0.4~0.6mm。

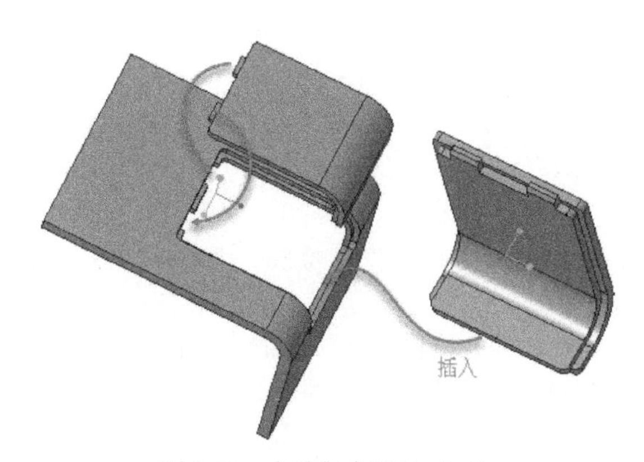

图 2-53　仓盖扣合设计（二）

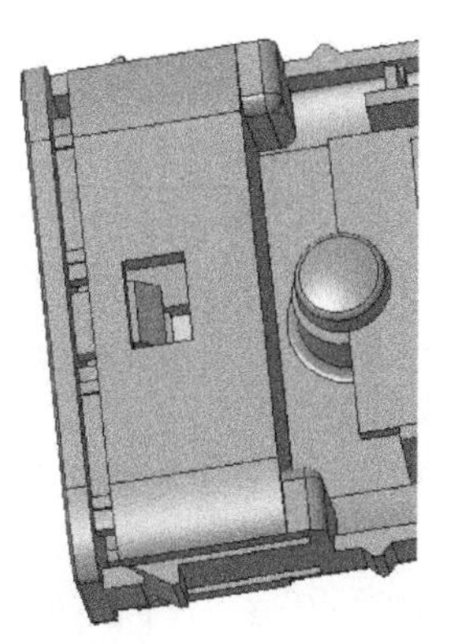
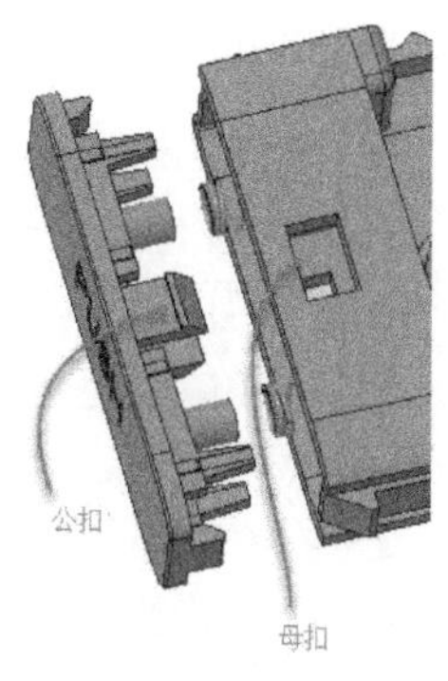

图 2-54　插装到铝型材外壳内的扣合组件

内部隐藏扣常见结构如图 2-55 所示。当然，在此基础上可以演变出各种各样的卡扣形式，这里就不详细介绍了。

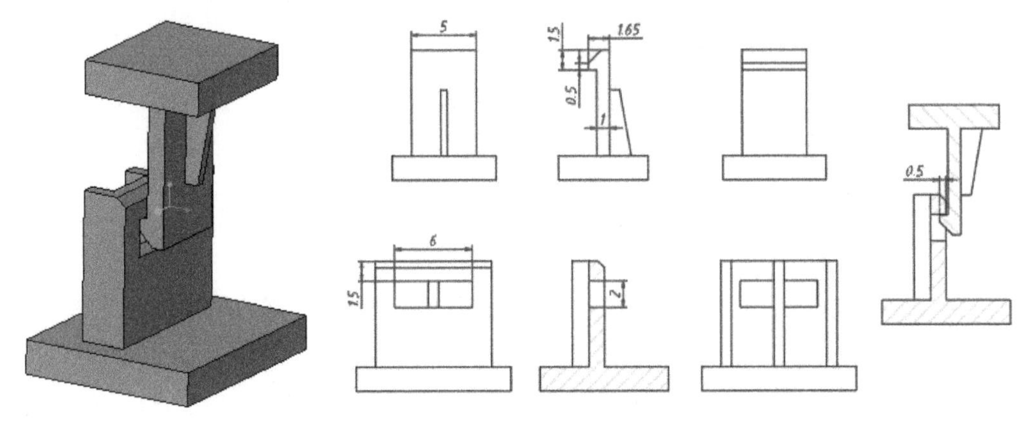

图 2-55　内部隐藏扣常见结构

（4）强脱扣位设计

强脱扣位通常是由塑胶件材质、韧性等物理属性来决定的，并加以巧妙的结构设计，如图 2-56 所示。

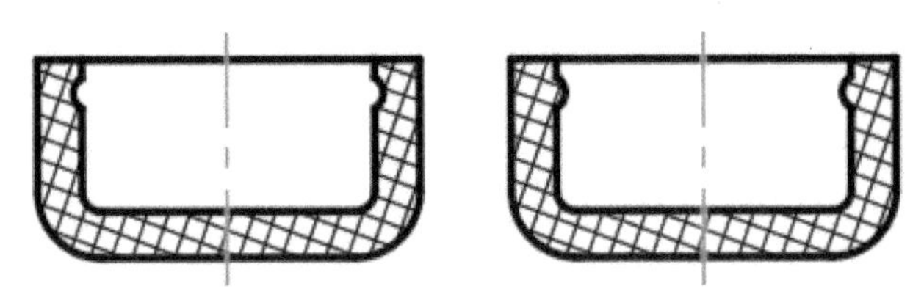

图 2-56　强脱结构示例

（5）其他扣设计

其他扣包括手感扣、旋钮扣等。手感扣通常设计在滑动结构上，如电池盖、旋转环等，有些结构还巧妙地利用了弹簧。对于旋转扣，通常会在一个零件上设计有卡槽，卡槽内一侧设计有母扣，将另一个零件上的公扣插穿进卡槽，接着旋转使公扣旋转进入母扣，从而达到卡紧的效果。

另外，补充一下，卡扣的塑料卡勾如果从形状特点来划分，塑料卡勾大致上可分为悬臂式卡勾、圆环形卡勾和球形卡勾。

2. 卡扣设计要点

卡扣形状千变万化，在产品设计中如何设计卡扣，则要考虑很多因素，通常要从产品对卡扣要求的机械强度上考虑、从产品内部的有效空间上考虑、从模具与成型上考虑、从安装形式上考虑等，这就引出了以下的卡扣设计经验和设计规范。

1）卡扣应具有足够的机械强度，应具有适合扣合安装或拆卸的变形空间，卡扣的扣合量应能满足产品扣合牢固要求，作用明显。

2）在壳体结构强度较弱的地方要尽量布置卡扣结构，并且整机卡扣应保证均匀有效。

- 对于规则外形，可按图 2-57 所示的矩形、圆形外形的卡扣布局来进行。矩形壳体宽度小于 20mm 以内的部位，在该宽度内不做扣位；20mm≤壳体宽度≤80mm 的部位，建议设计 1~3 个扣位；如果是圆形壳体，一般会将扣位均布设计在圆形壳体上；若考虑防呆的话，可适当调整其中某扣位的位置，或者增加其他防呆结构。

- 对于不规则外形，通常采取的经验设计是做“扣位+插骨位”结构。这样的好处是可以有效解决曲线边凸凹处容易出现翘曲、受力错位脱开的问题，如图 2-58 所示。

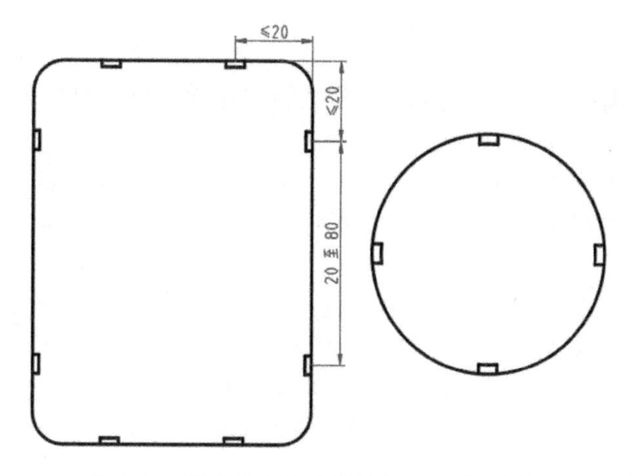

图 2-57　矩形和圆形外形的卡扣布局示意图

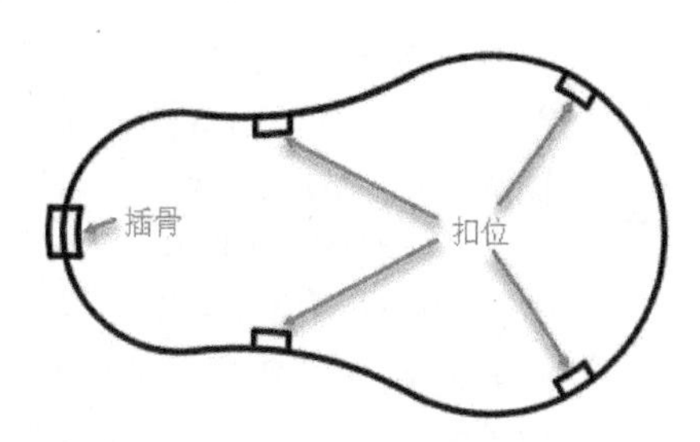

图 2-58　不规则外形的扣位+插骨位

3）扣位位置尽量在靠近转角的地方设置，以便防止翘曲，必要时可以与螺钉配合组装。

4）对于有外观要求的塑胶零件，扣位处注意防止缩水与熔接痕。

5）卡扣连接中的卡勾大有学问，以下是其简明设计规则。

卡扣连接的卡勾主要有图 2-59 所示的两种结构，一种是卡扣悬臂厚度相等，另一种则是卡扣悬臂厚度线性变化。

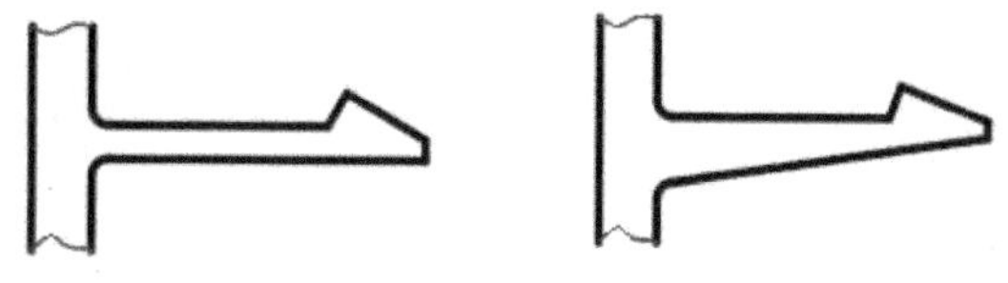

图 2-59　卡扣连接的卡勾的两种典型结构

第 1 种卡勾的尺寸示意图如图 2-60 所示，下面介绍其相关尺寸的含义及设计逻辑。

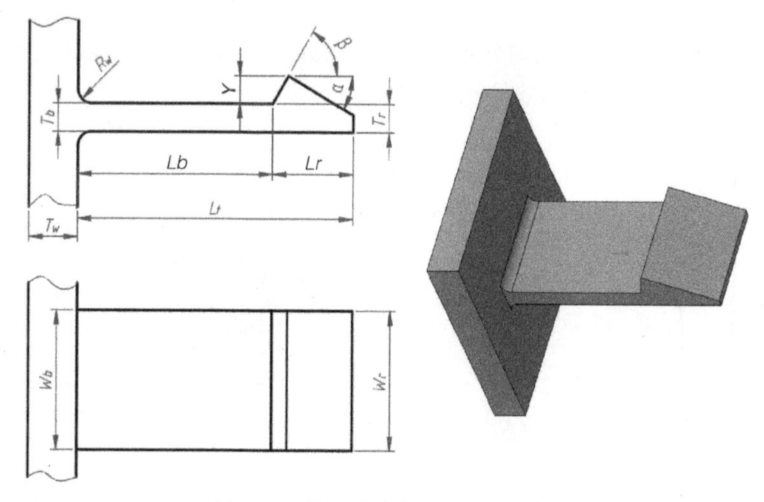

图 2-60　第 1 种卡勾的尺寸示意图

- 插入面角度 α：α 一般可取 25°～30°，若大于 45°时则可能导致卡扣导入困难，即装配困难。

- 卡扣悬臂（梁）根部厚度 T_b：T_b=保持面处梁的厚度 T_r。
- 卡扣悬臂（梁）的有效长度 L_b：$L_b=5T_b \sim 10T_b$。
- 保持面深度 Y：Y 决定了结合时和分离时悬臂（梁）偏斜的程度。当 $L_b/T_b \approx 5$ 时，$Y<T_b$；当 $L_b/T_b \approx 10$ 时，$Y=T_b$。注意有效长度 L_b 尽量不超过 $5T_b \sim 10T_b$，否则会造成强度过强或过弱的情况。
- 保持面反扣角度 β：β 影响保持和分离行为，该角度越陡，则保持强度和分离力便越大。若设计 $\beta \approx 45°$ 时，则用于需要较小的外部分离力的可拆卸锁紧件；当 $55°<\beta<80°$ 时，则用于需要稍大的外部分离力的可拆卸锁紧件；当 $\beta=80° \sim 90°$ 时，则用于需很大分离力的非拆卸锁紧件；当 $\beta=90°$ 时，基本属于非拆卸的典型角度值。β 取值时应该注意在相互锁扣关系下需要考虑的各种情况。
- 悬臂（梁）的宽度 W_b：当悬臂（梁）的宽度 W_b 等于悬臂（梁）的保持面宽度 W_r（$W_r \leqslant L_b$），即 $W_b=W_r$（$W_r \leqslant L_b$）时，主要应用在低安装强度的情况下。对于悬臂（梁）的强度，可以通过增加悬臂（梁）的宽度来改善，也不会增加多少应力集中。当悬臂（梁）的宽度 W_b 大于悬臂（梁）有效长度 L_b 的 1/2 时，基本起到类似于小平板的功能件作用了。如果将悬臂（梁）的两侧设计成锥度形态，那么强度大大增强，抗应力集中能力也增强，如图 2-61 所示。此时，$W_r \geqslant 2T_r$，注意插入角下端部要比 T_r 小，便于安装。

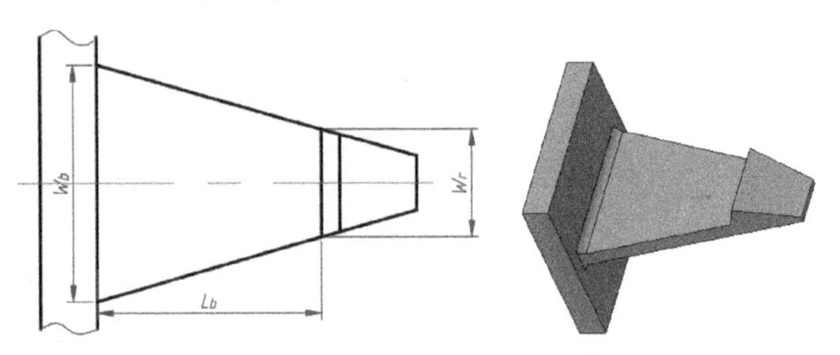

图 2-61　梁两侧有锥度的卡勾示意图

第 2 种卡勾的尺寸示意图如图 2-62 所示。当悬臂（梁）根部的应变力较高时，可以在悬臂（梁）上设置一定的锥度以将应变均匀分布在梁上，以减少根部产生过应变的概率。锥度比 T_b/T_r 通常为 1.25/1～2/1。例如，典型的取值有 $T_b=2T_r$。

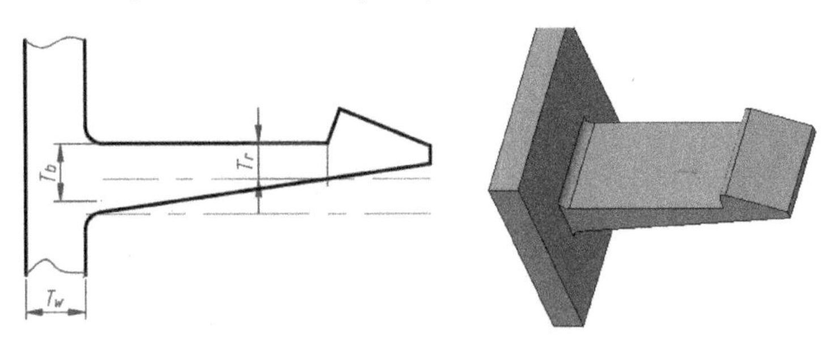

图 2-62　第 2 种卡勾的尺寸示意图

3. 卡扣设计步骤

卡扣设计一般涉及两个零件的配合，例如前壳和底壳的卡扣配合。为了便于后期修改与控制，在 Creo 8.0 中，可以在骨架里确定卡扣的位置，即可以在新建的 Creo 8.0 装配文件中创建所需骨架。在骨架里参照 PCB 堆叠板描绘出卡扣位置曲线，注意确定母扣的宽度尺寸等，同时最好保证每个卡扣尺寸的独立性，这主要是考虑到以后改图的需要。

2.9 美工线

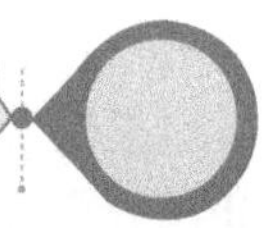

在设计塑料产品时，经常会提及一种被称为“美工线”或“美工缝”的装饰线结构。该结构在两壳的分型面部位应用最多，将其特意设计成一种窄浅的槽缝，主要用于遮丑、防止两壳错位产生断差等不良现象。对于某些塑料零件的产品，其侧孔模具需要滑动滑块，通常为了在产品外观面上隐藏滑块位置线最好的方法是在该位置处巧妙地设计细窄的美工线。

美工线不是非要不可，要知道美工线本质上是一种讨巧的补救措施——化“缺陷”为“美观”。而随着制造技术的提升，只要产品结构设计可靠、模具制作精密、生产工艺精湛，完全不用在产品上设计美工线。

以上壳、下壳之间的美工线设计为例，主要有以下 4 种方式。其中，第 1 种和第 2 种美工线模具加工比较简单，需要在结构设计上注意完成美工线的壳体边缘与另一个壳体的边缘要保持一致，否则会造成上壳和下壳的断差加大，影响美观；第 3 种在美观度上是最好的，上壳和下壳均留出一半窄缝组成美工线，但模具加工要复杂一些，对于外观要求严格的产品选用这一种最为合适；第 4 种在这几种中最不美观，但其模具加工最简单。

1）第 1 种：将美工线全部设计在上壳上，如图 2-63 所示。

2）第 2 种：将美工线全部设计在下壳上，如图 2-64 所示。

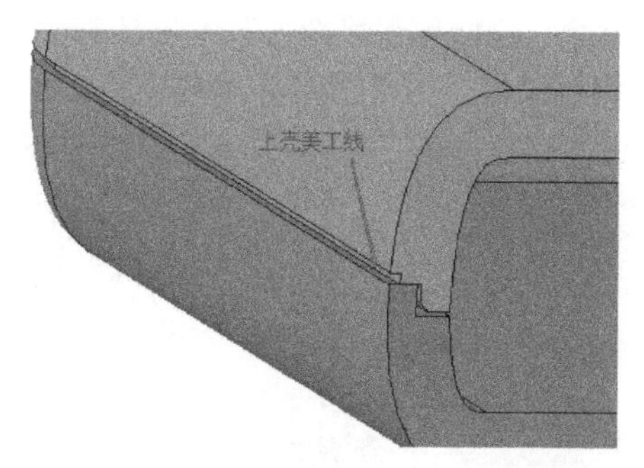

图 2-63　在上壳设计美工线

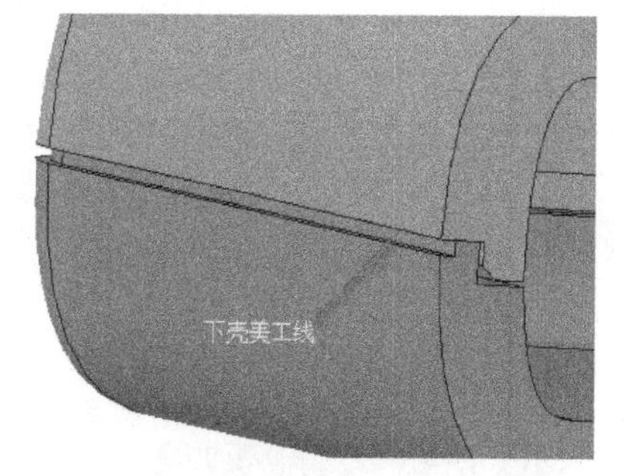

图 2-64　在下壳设计美工线

3）第 3 种：将美工线分开同时设计在上壳和下壳上，各一半宽度，如图 2-65 所示。

4）第 4 种：美工线靠公止口与母止口贴合而在外观面留出一条窄缝作为美工线，如图 2-66 所示。

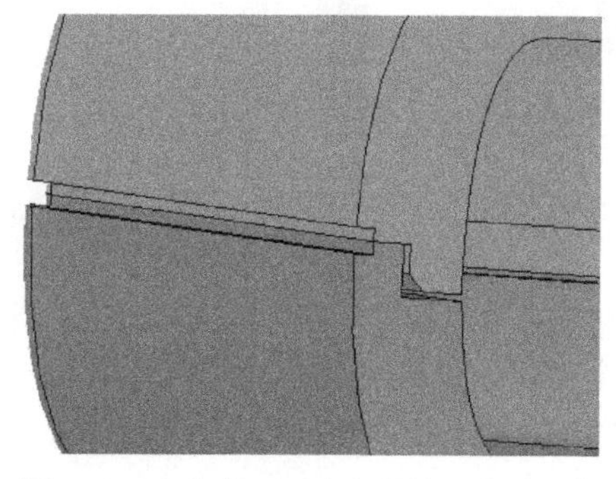

图 2-65　在上壳、下壳各设计一半美工线

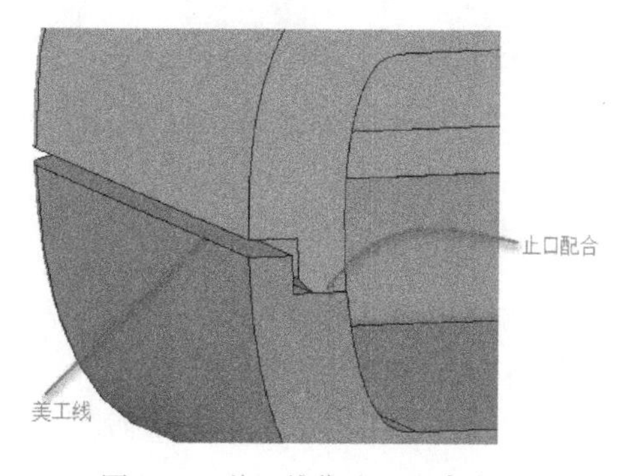

图 2-66　美工线靠止口配合实现

上述美工线的切缝截面尺寸通常可以设计为一个边长为 0.2~0.5mm 的正方形，壁厚越小，取值相对小一些。例如壁厚为 1.2~2.0mm，边长可以取 0.2mm 或 0.3mm。当然，也可以将美工线的切缝截面设计成长方形，并无严格要求，前提是要美观。

美工线也可以设计在产品的其他地方，例如有些壳体外观面需要喷两种不同的颜色，为了防止出现飞油的现象，最简单也是最实用的结构处理便是在两种颜色之间的界线处设置一道美工线。这一道美工线通常是凹陷下去的，尺寸可以为 0.5mm（宽）×0.5mm（深）。

2.10 超声波焊接结构

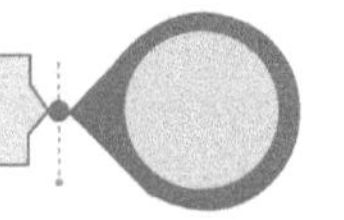

超声波焊接在玩具、家电、通信、汽车、医疗等行业应用广泛。它是一种用来装配处理热塑性塑料配件及一些合成构件的高效方法。其工作原理是通过超声波高频振动促使塑料工件的预定表面及其内部分子相互摩擦，使接触处急剧升温以令塑料熔化，两焊接零件的接触面间产生一层熔化层，待振动停止后施加一定压力令被焊零件凝接牢固。超声波焊接有诸多优点，例如通过塑料自身的熔化及凝固实现连接，具有节能、成本低、效率高、易于实现自动化。但同时超声波焊接也有一些缺点，包括超声波焊接后无法正常拆卸被焊零件；对塑料零件的材料有要求，不同塑料焊接的效果差别很大，有些甚至无法焊接；超声波焊接不能用于焊接热固性塑料，只适用于热塑性材料。

超声波焊接的工艺主要有熔接、点焊、铆焊、嵌插焊等。

要掌握超声波焊接结构设计，首先要了解超声波常见的几种不同焊接面，如图 2-67 所示。从这些焊接面观察，可以看到普通焊接面、凹凸槽焊接面、阶梯形焊接面上基本设计有一个截面是边长很小的等边三角形，这就是超声线的截面。该超声线截面等边三角形的角度为 60°，其高可以根据胶件壁厚来选定：通常胶件壁厚为 1.2~1.5mm 时，其高可取 0.25mm；胶件壁厚为 1.5~2mm 时，其高可取 0.30mm；胶件壁厚为 2~2.5mm 时，其高可取 0.35mm；胶件壁厚为 2.5~3mm 时，其高可取 0.35mm；胶件壁厚为 3~3.5mm 时，其高可取 0.40mm；胶件壁厚为 3.5~4mm 时，其高可取 0.50mm。

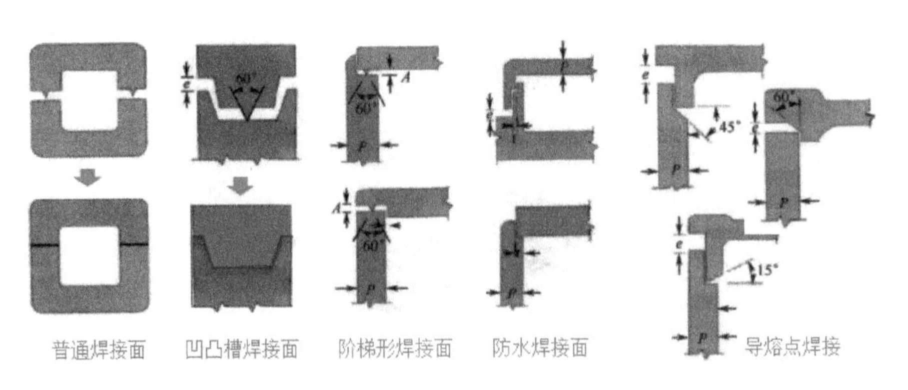

图 2-67　几种常见的超声波焊接面

举例：对于上壳和下壳超声波焊接的结构设计，通常可以采用以下两种情况来进行设计。

设计一：上壳和下壳采用单止口方式，将超声线设置在公止口上，如图 2-68 所示。

设计二：采用双止口，此时对应的便是凹凸槽焊接面位置设计，如图 2-69 所示。

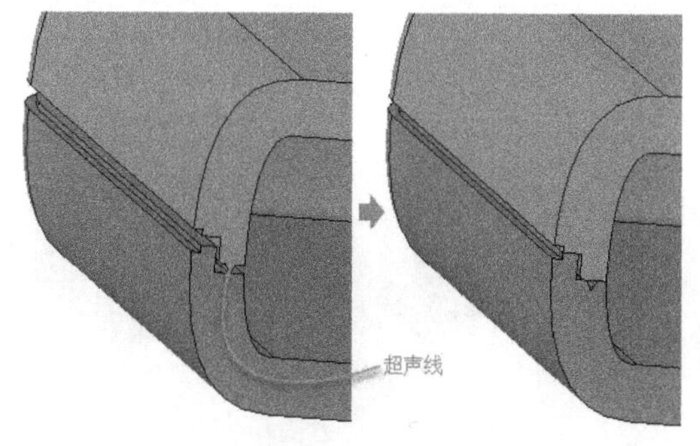

图 2-68　单止口的超声线设计示例

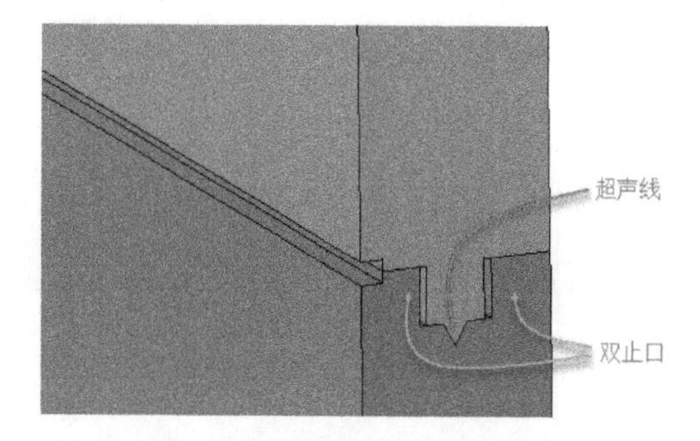

图 2-69　凹凸槽焊接面超声线设计示例

设计技巧：

建议在设计超声波焊接结构时，注意考虑焊接时溢胶的问题，一般需要在超声线一侧或两侧留有一定的间隙或空间以方便溢胶，不能往产品外观面方向溢胶。在一些没有特别要求防水、防气的情况下，超声线可以采用细线式设计。超声线如果设计不好，容易造成焊接不牢，或者产生不是预期中的溢胶状况。

2.11 产品结构设计中的连接、限位与固定

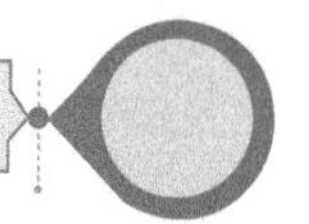

在产品结构设计中，零部件之间可以有多种关系，其中典型关系主要有连接、限位与固定。

2.11.1 连接

产品是多个功能部件（零部件）的组合，将各功能部件以设定方式连接固定在一起，便形成了一个整体。产品的连接结构很丰富，要根据应用场合、产品功能、生产装配等各种因素来综合选定，连接结构主要包括螺纹连接、卡扣连接、键销连接、弹性变形连接、锁扣连接、插接、焊接、铆接、粘接等。其中属于可拆固定连接的有螺纹连接、卡扣连接、键销连接、锁扣连接、插接等，属于不可拆固定连接（静连接）的有焊接、铆接、粘接等。产品结构设计中的常见连接见表 2-15 所示。

表 2-15　产品结构设计中的常见连接

大　类	类　别	说明/备注	图　例
可拆固定连接	螺纹连接	螺纹连接是一种广泛使用的、可拆卸的固定连接。主要包括螺栓连接、螺钉连接、自攻螺钉、紧固件-组合件连接等	

（续）

大　类	类　别	说明/备注	图　例
可拆固定连接	卡扣连接	卡扣是两个零件相互嵌入连接或整体闭锁的机构，常用于塑料件的连接。这得益于塑料件的其中一方的卡扣结构可以做到具有一定柔韧性，其最大的特点是安装拆卸方便，甚至可以做到免工具拆卸	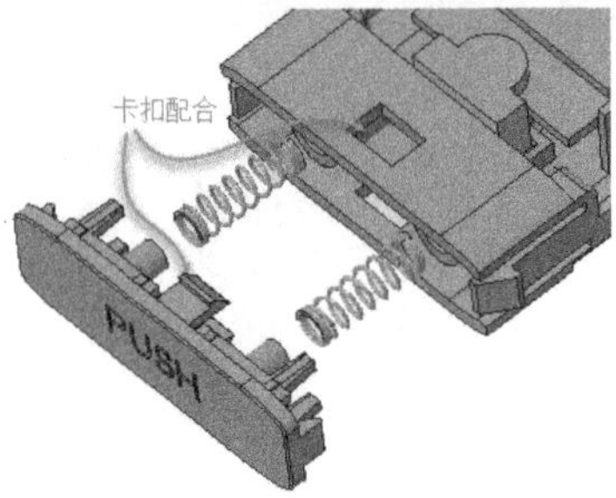 卡扣配合 PUSH
	键销连接	包括键连接和销连接：键连接通常用来实现轴与轴上零件（如带轮、齿轮等）之间的轴向固定，并可传递运动和扭矩，具有结构简单、装拆方便、工作可靠、标准化等特点；销是标准件，通常用来定位零件，确定零件间的相互位置，也可起连接作用以传递横向力或转矩，还可以作为安全装置中的过载切断零件，销可以分为圆柱销、圆锥销和异形销等	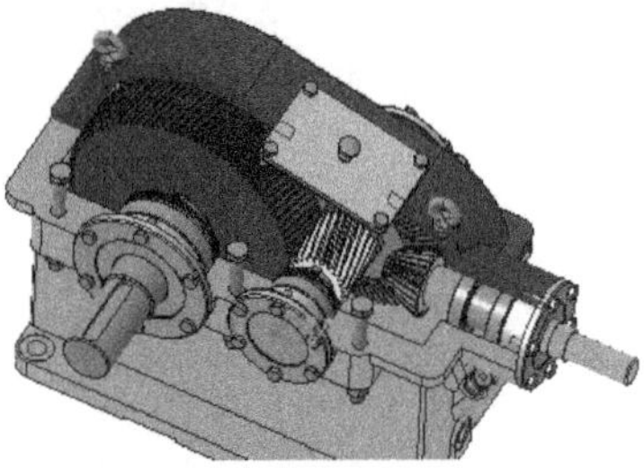
	锁扣连接	锁扣是用来扣紧两个物品的物件，如安装在门窗上用于锁闭门窗的扣式固件，该结构一般由固定部分和活动部分构成；锁扣连接的优点是安装程序简便、安全牢固、紧固性强且防振动，可以重复关闭与开启，耐用	
	插接	插接是榫卯结构里最基础的构造，常见一个榫加上一个卯便构成一个完整的插接结构，在家具、木房结构中常见	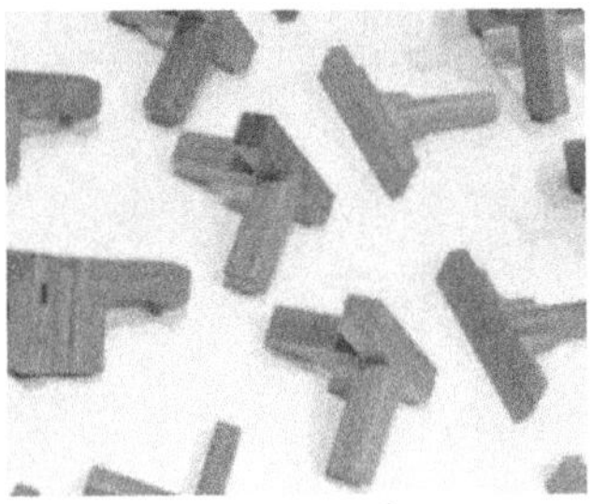
不可拆固定连接（静连接）	焊接	一种以加热、高温或者高压的方式接合金属或其他热塑性材料（如塑料）的制造工艺及技术。主要包括熔焊、压焊、钎焊	

（续）

大　类	类　别	说明/备注	图　例
不可拆固定连接（静连接）	铆接	铆接是指利用轴向力，将零件铆钉孔内的钉杆墩粗并形成钉头，使多个零件相连接的方法	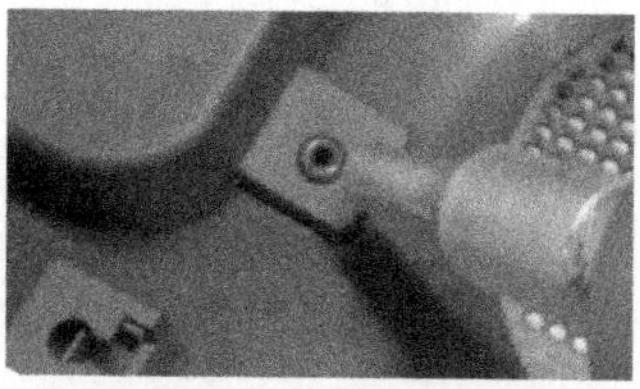
	粘接	粘接是借助胶粘剂在固体表面所产生的粘合力，将同种或不同种材料牢固地连接在一起的方法。例如将某个产品粘接在墙壁上	

2.11.2 限位

在产品设计中，常用限位结构有止口、反止口、导向柱/定位柱、筋骨支撑面与挡墙、螺柱等。限位的结构可以是各种各样的，这需要产品结构工程师在进行产品设计时灵活选择限位结构形式，同时要考虑各种避空和间隙要求，确保产品功能正常。

在一些产品中，为了避免某些零件容易装反或出现其他形式的装错现象，便特意在产品中设置了特别的限位结构，以此来防止装配错误的产生，这就是我们常说的防呆设计。防呆设计特别适合的场合是：在产品组装或使用时，某个零件有多个装配方式却只有其中一个是正确的，此时便可以通过防呆设计来进行干预，以确保只能按照正确的那种装配方式去进行装配，其他方式无法进行。防呆设计的目的是确保产品组装的唯一性，减少错误，减少返工与时间浪费，提高产品生产率，提高产品质量、可靠性和利润率，增加产品使用的人性化程度、消费者满意度等。一个合格的产品结构设计师，一定要清楚地意识到不能寄希望于靠工厂在产品装配过程中的管控和操作人员的专业度来纠正设计本身的问题。因为仅靠这些管控措施，在某个环节处理不好时，操作人员若稍有不慎还是会发生错误的。因此，产品结构设计要有防呆设计思想，尽量做到能提前预防装配过程中可能发生的错误，防患于未然。

在产品结构中，防呆设计常用的方法是不对称设计、增加特定定位孔/定位柱、标识防呆等。不对称设计包括位置不对称、大小不对称、结构不对称。例如，在产品底面用于粘贴信息贴纸的地方，特意设计成一个带一个小缺角的长方形内凹的结构，贴纸也要求相应地做成缺一个角，这样贴纸就不会贴错。

产品中的防呆结构要明显，让组装工人、用户第一时间便能判断正确的装配方式。通俗一点来说：谁也别想装错，这就是防呆的一个目的。

另外，防呆结构在结构设计中越早介入越好。

2.11.3 固定

在产品设计中，有时需要防止某些零件松脱，这就需要设计固定结构，固定结构的功能与某些连接功能是相近的。

固定结构是比较常见的结构设计形式，其方式多种多样。比较常用的固定方式有螺钉固定、卡扣固定、超声波焊接固定、热熔固定、双面胶固定等。

- 螺钉固定：螺钉固定的强度很好、固定可靠性高，并且可拆性强。螺钉固定的形式主要有三种：第一种是在成型零件上设计有通孔，通过螺栓和螺母进行固定；第二种是在零件上设计有内螺纹孔，将螺钉拧进该内螺纹并上紧以固定某些零部件；第三种是使用自攻螺钉进行固定，此时成型品设计有相应的凸台孔，而不需要螺纹孔。相对前两种，采用自攻螺钉固定的可拆性是较差的，多拆卸几次，就会容易滑丝或拧锁不紧。
- 卡扣固定：这是塑胶件连接固定的常用结构，一卡勾对应一扣位来配合，在强度要求不高的情况下可代替螺钉固定。在不少产品中，卡扣固定与螺钉固定结合着一起使用。
- 超声波焊接固定：经过供电箱将市电转化为高频高压信号，再通过换能器将高频高压信号转化为高频机械振动施加到塑料制品上，使塑料制品相互要配合的两部分之间高速摩擦，以致温度快速上升；当温度达到制品本身熔点时制品接口迅速熔化，在设定压力下冷却成型以达到完美焊接。
- 热熔固定：很多物理按键是通过热熔方式固定在外壳内部，按键可以有一定的活动空间。
- 双面胶固定：通过双面胶来固定，结构简单，适用于特定场合。该结构对双面胶的性能质量要求较高，牢固稳定性需要重点考虑。

第 3 章

Creo 产品结构设计方法

目前用于产品结构设计的工程软件比较多，主流的有 Creo、UG NX、CATIA、Solidworks、CAXA 实体设计、中望 3D 等。其中，Creo（包括其前身 Pro/ENGINEER）在很多产品设计公司、工厂工程设计部门使用较多，尤其在珠三角一带使用 Creo 套件进行产品设计较普遍。

本章重点介绍 Creo（主要指 Creo Parametric）产品结构设计方法，具体内容包括 Creo 在产品结构设计中的应用、如何学好 Creo、Creo 产品设计的思路。

3.1 Creo 在产品结构设计中的应用

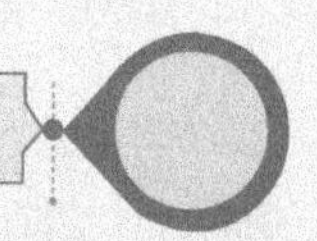

很多有形产品的诞生，从概念、外观造型开始，始终离不开结构设计。结构设计的目的是根据概念、外观造型结合功能用途、制造工艺、经济性等因素对外观造型进行拆解，设计各个零部件，这些零部件通过一定的组装方法组合在一起构成产品。同时结构设计可处理产品的运动特性，并保证产品结构稳固耐用，满足产品在诸如使用和拆装方面的要求。

Creo 是一款很优秀的 CAD/CAM/CAE 软件套件，有较为全面的涵盖产品设计的各个设计模块，可以使用 Creo 软件套件设计产品的外观，也可以基于该产品外观进行产品的结构设计。Creo 软件的主要优点有基于特征设计、参数化建模、柔性建模等，因此，在产品结构设计中得到广泛应用，得到很多设计工程师的喜爱。在珠三角、长三角地区，很多从事消费类电子、家电、玩具等的工厂企业和工业设计公司习惯选用 Creo 来进行产品结构设计，在相关的产品结构设计、机械设计等岗位要求中明确提出要掌握 Creo 设计软件。

Creo 在产品结构设计中的应用，主要体现在以下几个方面。

1）Creo 支持参数化设计，设计和修改产品零部件都很方便，其零件建模模块、工程图模块、装配模块、机构仿真模块等相互关联。如果在某个模块对产品结构进行修改，则关联的其他模块的模型数据也相应地变更，保证模型结构设计的数据一致性。

2）对于一些使用其他设计软件设计的产品零件，导入到 Creo 中就没有了建模时的各个特征数据，而只有一个导入模型特征。此时可以使用柔性建模功能对导入模型的结构细节进行修改，这是参数化设计的有益补充，属于非参设计，有点类似于 UG NX 的同步建模，其他一些设计软件也有相似的非参设计功能。当然，也可以在导入模型的基础上使用 Creo 的各种建模功能进行参数化设计。

3）对于一些简单的产品或者定型的产品，可以利用 Creo 的零件建模模块分别设计各个零件，然后将这些零件通过装配模块按照约束或机构连接方式装配起来，这种方法是常见的自底向上设计（Down-Top Design）。对于需要频繁修改、未定型的产品，可以采用自顶向下设计（Top-Down Design）方法以设计结果为导向，在 Creo 的装配模块中建立产品层次结构并逐级细化，最终到每个细小零件的设计落实。

4）可以根据设计需要，建立参数化标准模型、标准件库和常用零件库，便于后期通过输入具体的参数便可快速获得所需的零件。

5）Creo 在消费类电子、家电、玩具、新能源等行业应用比较广泛，设计完成的产品模型可以转存为各种通用的数据文件格式。

6）可以对结构设计的结果进行各种分析，包括体积干涉分析、间隙分析、机构仿真模拟等，善用这些分析，有利于更好地优化产品结构设计的各种方案及细节。

3.2 如何学好 Creo

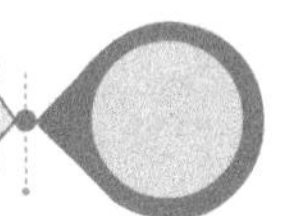

如何学好 Creo 是很多初学者亟须想知道的，也是一些读者经常问的问题。在这里，笔者简要地介绍学好 Creo 的几点心得、Creo 操作的几个思维习惯和学习 Creo 的一些技巧知识。

3.2.1 学好 Creo 的几点心得

笔者结合使用 Creo 和 Pro/ENGINEER 二十多年的设计经验，总结学好 Creo 的以下几点心得。

1）首先对 Creo 的功能知识框架有一个较为系统的认知，这样对自己的学习进程比较有把握，有的放矢。建议可以选择一本较好图书（如笔者的相关图书）先看一下，哪怕开始只是大致地浏览一番，也能对软件知识点的系统脉络产生一定的印象。

2）切勿浮躁，能安心才能稳步上进。Creo 不像 Solidworks 那么易学易用，初学者在学习 Creo 的开始阶段可能会对很多基础概念产生困惑，例如对草绘平面的方位定义不容易理解，这主要是空间思维的习惯造成的，多花点时间适应 Creo 的思维逻辑即可。遇到学习困惑时不要失去信心，困惑与困难是短暂的，此时最好让自己静一静，不要浮躁到恨不得几天就学会 Creo。静下来，针对困惑点或难点翻看一下书或从其他资料查找并学习相关内容，也可以问一下身边的工程师或老师，相信这种积极的学习态度会让你很快便解除了困惑点或难点。还有一些困惑可以暂时放一下，而继续去学习 Creo 的其他建模知识，到一段时间再返回来审视一下当初那个所谓的困惑点或难点，说不定已经不复存在了，因为 Creo 独特的建模思维已经让你豁然开朗了。

3）天道酬勤，勤能补拙。这个道理，很多人都懂，用在学习 Creo 上也是适合的。每个人的基础及学习能力都不一样，有的人学得快，有的人学得慢。学得慢也不要紧，勤快些就行了，例如平时多找些建模习题做做，多对身边物品、产品思考如何设计、如何建模，还可以找些案例视频认真学习一下。如此勤学苦练，还怕学不会吗？时间问题而已。

4）注意总结经验，虚心学习。经验在设计中很重要，设计经验一方面来源于自己在使用 Creo 的过程中的思考与总结，另一方面来源于与同行的交流或老师的传授。

5）良好的建模思维与方法比熟练操作软件工具重要得多。在 Creo 中，要想成为建模大牛其实也不难，笔者在这里分享一下什么是良好的建模思维：任何物体都可以分解成简单形体，因此哪怕只是利用简单的建模及相关工具（如草绘、拉伸、旋转、扫描、混合、扫描混合、倒角、倒圆角、孔、抽壳、筋、阵列、镜像等）都能胜任一般建模工作，对各基本形体按照一定次序创建并经过组合便形成了复杂的模型；另外，对于曲面造型，精通“边界混合”与“造型”等几个工具应用就很牛了，尤其是“边界混合”，再复杂的曲面，用搭建的曲线结合边界混合思路几乎都可以完成；各种拆面、各种边界混合补面、各类渐消面都可轻松获得。在软件工具熟练后，如果自身设计理论缺乏也是难以有较大作为的，熟练操作软件只是说明你已经是一个好的绘图员或建模师了，要成为一名好的产品设计师或机械工程师还需加强相关专业技术的学习。

3.2.2 浅谈 Creo 操作的几个思维习惯

Creo（包括先前的 Pro/ENGINEER）在产品设计行业应用比较广泛。注意：自从 Pro/ENGINEER 5.0 之后，PTC 公司便将 Pro/ENGINEER 的功能整合到了 Creo 设计套件中了，例如本书所采用的 Creo 版本为 Creo 8.0。

本小节不谈 Creo 相关工具命令的具体应用知识，而是浅谈用户在使用 Creo 时在操作上要特别理解的几个思维习惯。这些基本上都是经验之谈，掌握了以下几个思维习惯，对学会和学精 Creo 是大有裨益的。图 3-1 为 Creo 零件建模界面。

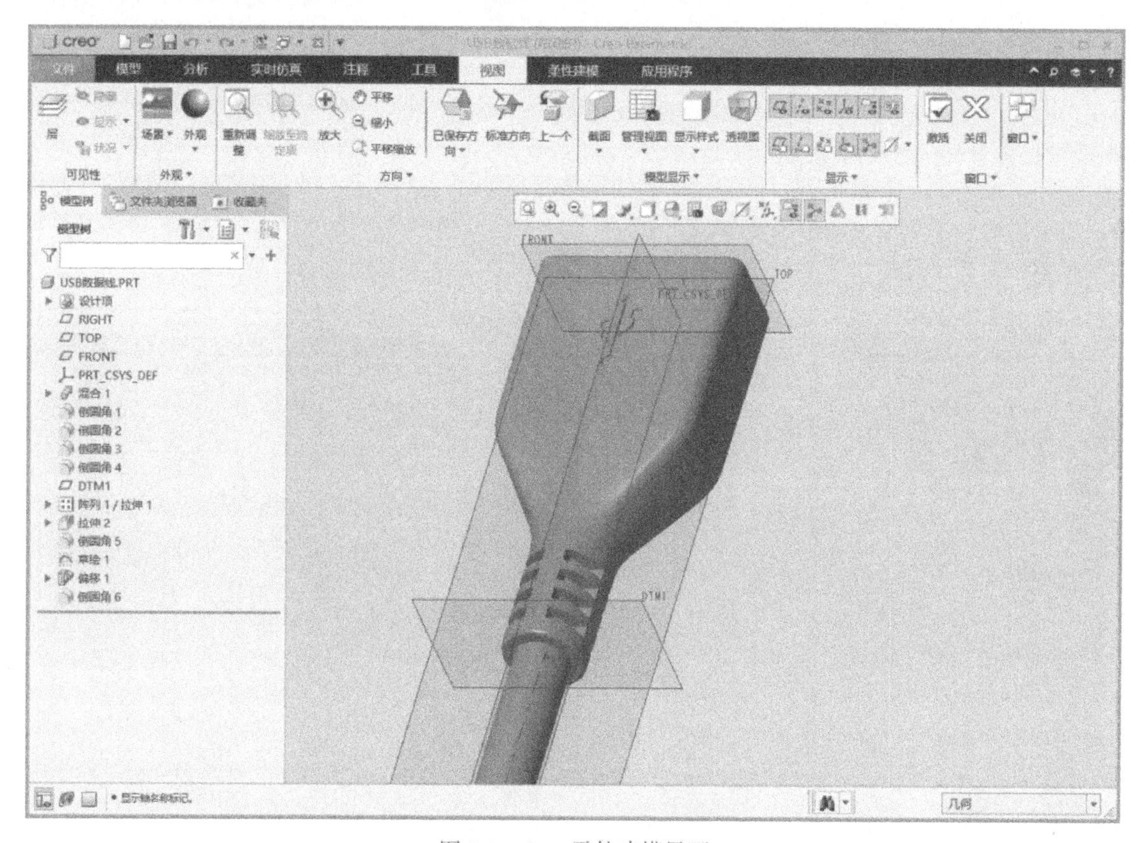

图 3-1　Creo 零件建模界面

1. 草绘平面选定及其方向定义

很多初学者在刚学习 Creo、Pro/ENGINEER 建模知识时，对特征草绘平面的选定与定向不容易理解，如其方向参照与方向选项的空间抽象关系，一旦草绘平面定向后自动与屏幕平行显示，便不易找到草绘感觉。这其实是空间思维习惯的问题，开始弄不懂也没多大关系，多找几个简单形态的模型来进行建模练习，慢慢就会对特征草绘的定向关系有思维感觉了。

例如，以 Creo 8.0 为操作蓝本，要在 DTM3 基准平面上绘制一个草图，选择 DTM3 基准平面作为草绘平面。而草绘方向的定义是这样的：以 TOP 为草绘方向参照，方向选项为“左”，如图 3-2 所示。有些人可能就搞不明白这样定义草绘方向后，草图平面与屏幕平行时该如何绘制。

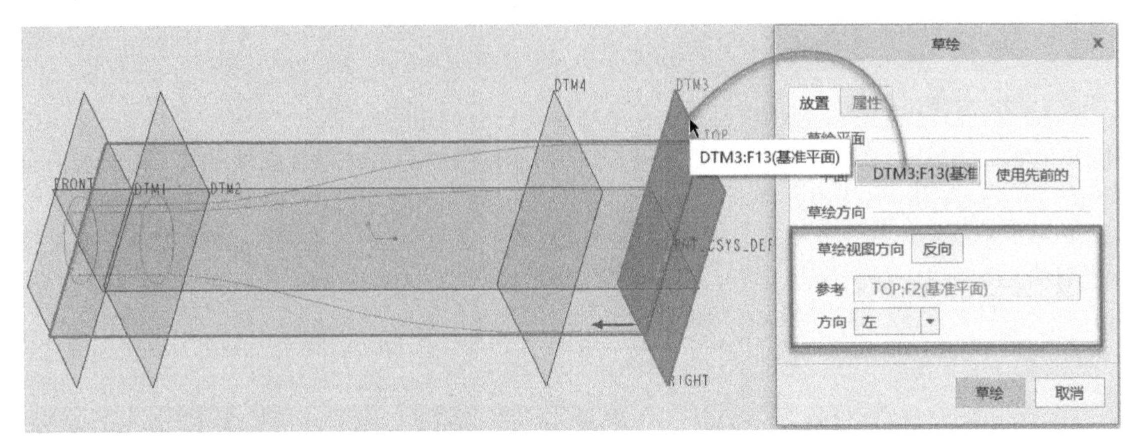

图 3-2 指定草绘平面及草绘方向等

定向草绘平面与屏幕平行后，假设绘制的曲线图形如图 3-3 所示，从这个草绘平面摆放方位看，好好思考一下草绘方向参考 TOP 基准平面及其方向选项“左”的关系。如果觉得空间关系比较抽象一时想不透，也不必钻牛角了，后面多操作几次，慢慢就会有方位感觉的。

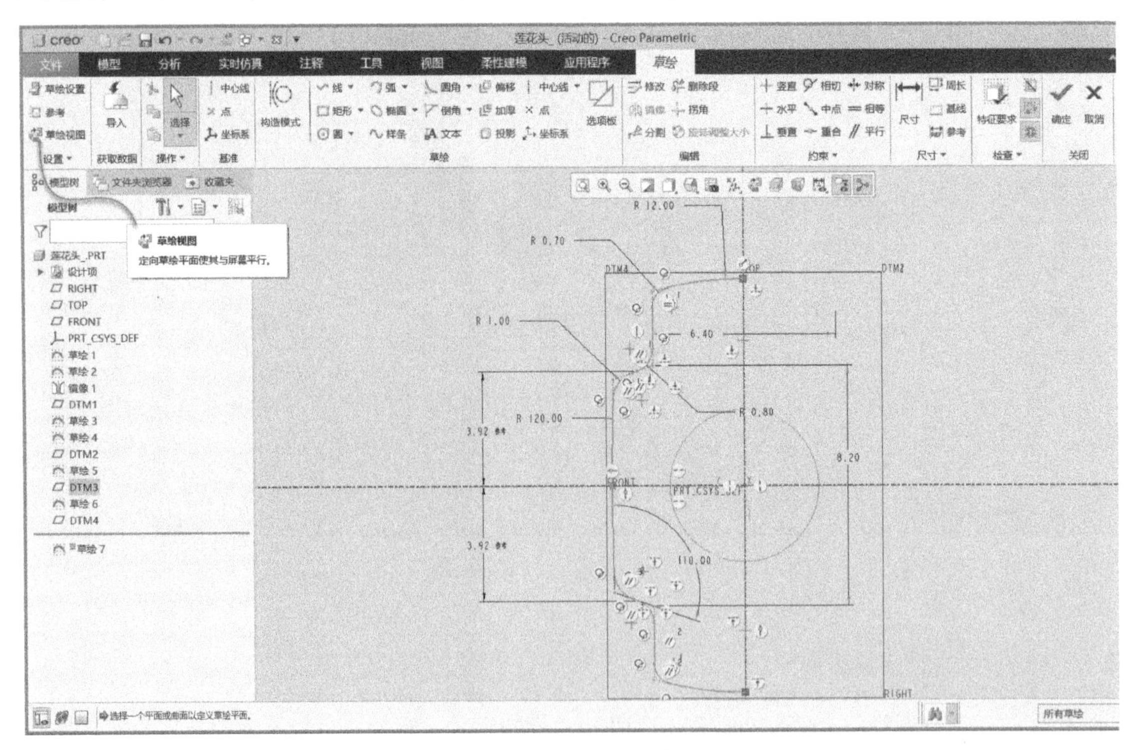

图 3-3 在草图平面上绘制曲线图形

图 3-4 为在上述草绘平面绘制好曲线图形后，按〈Ctrl+D〉快捷键以默认的标准方向视角显

示时的模型效果。从这个标准方向视角看草绘结果，是不是开始有些空间思维感觉了呢？

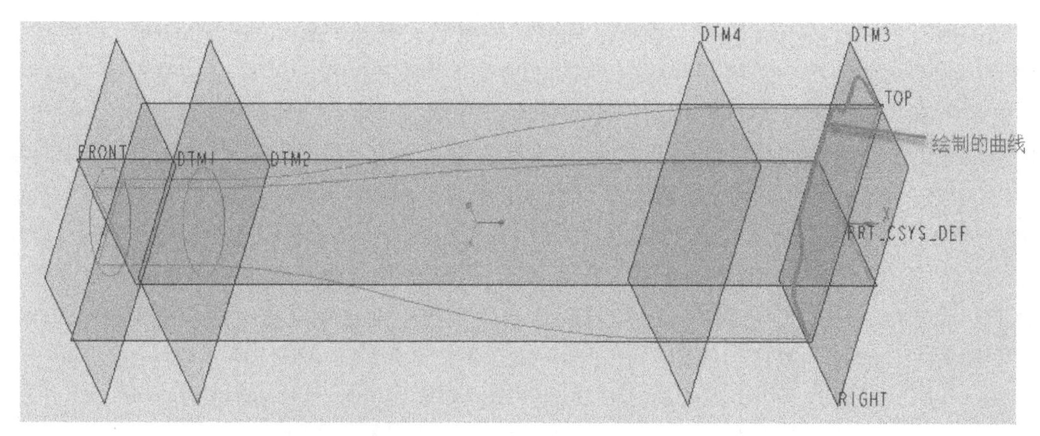

图 3-4　完成的草绘曲线（以标准方向视角显示）

可以设置进入草绘模式（即草绘器）时草绘平面自动与屏幕平行。其方法是在功能区的“文件”菜单中选择“选项”命令，打开“Creo Parametric 选项”对话框，接着在左窗格中选择“草绘器”选项。然后在右侧区域的“草绘器启动”选项组中勾选“使草绘平面与屏幕平行”复选框，如图 3-5 所示。

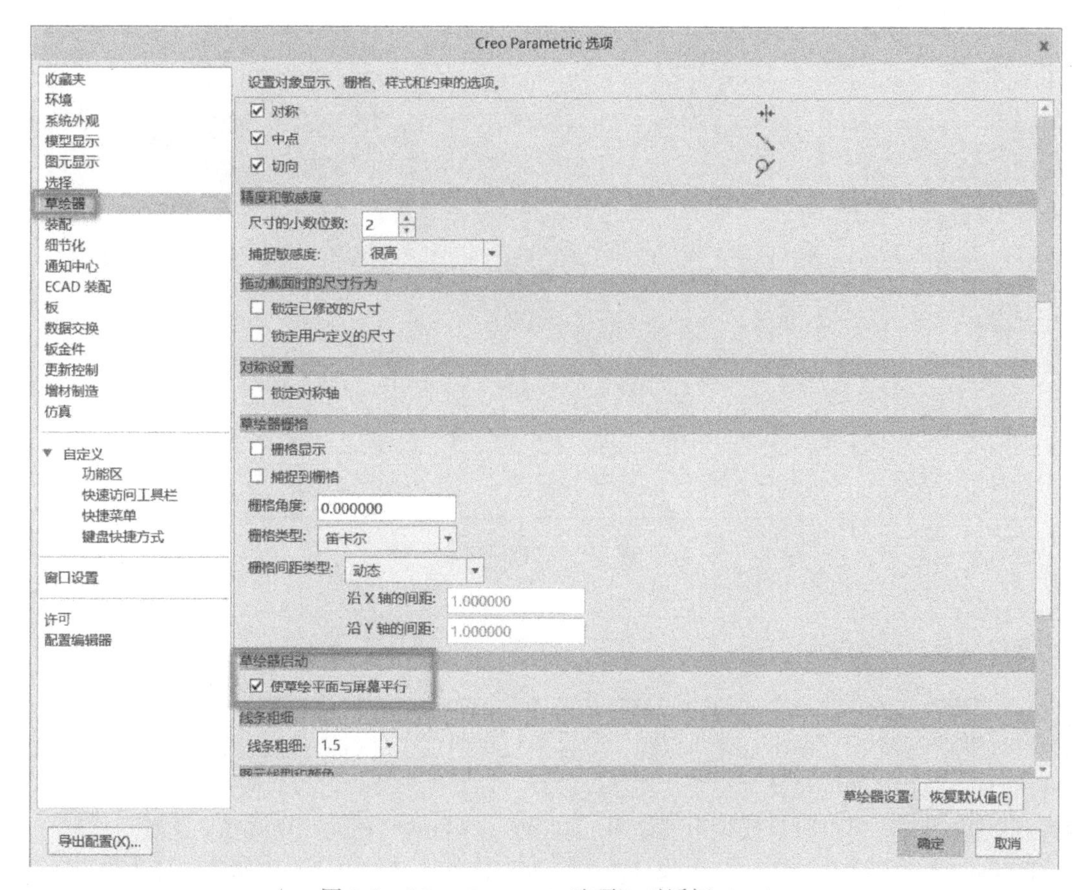

图 3-5　“Creo Parametric 选项”对话框（一）

2. 独特的参数化思维逻辑性

用过 Creo、Pro/ENGINEER 的读者基本都有一种感觉，就是 Creo、Pro/ENGINEER 的操作逻辑性很强，很多时候得严格按照其特有的参数化思维逻辑性来操作。这一点在早期的 Pro/ENGINEER 尤为突出，那时瀑布式的菜单操作流程便是其逻辑性强的一个体现。对 Creo、Pro/ENGINEER 操作逻辑性有感觉的读者，一旦接触上通常会很喜欢使用它们进行设计工作；而没掌握 Creo、Pro/ENGINEER 特有参数化思维逻辑性精髓的读者，则可能会对此类软件不屑一顾，觉得很难学，觉得 Creo、Pro/ENGINEER 不如易学易用的 Solidworks，或许不如功能大杂烩的、操作灵活的 UG NX。近几年，Creo 在易学易用方面也下足了功夫，估计也是看中了大众体验方面需要改进的问题，这很好，PTC 公司希望 Creo 软件能适合更多用户的选用需求。想学好 Creo、Pro/ENGINEER 的读者，在学习及工作中要经常总结经验，慢慢领会其在逻辑性方面的内涵。

以图 3-6 所示的曲面为例，你会有什么样的逻辑操作思维呢？不妨动手操作一下。

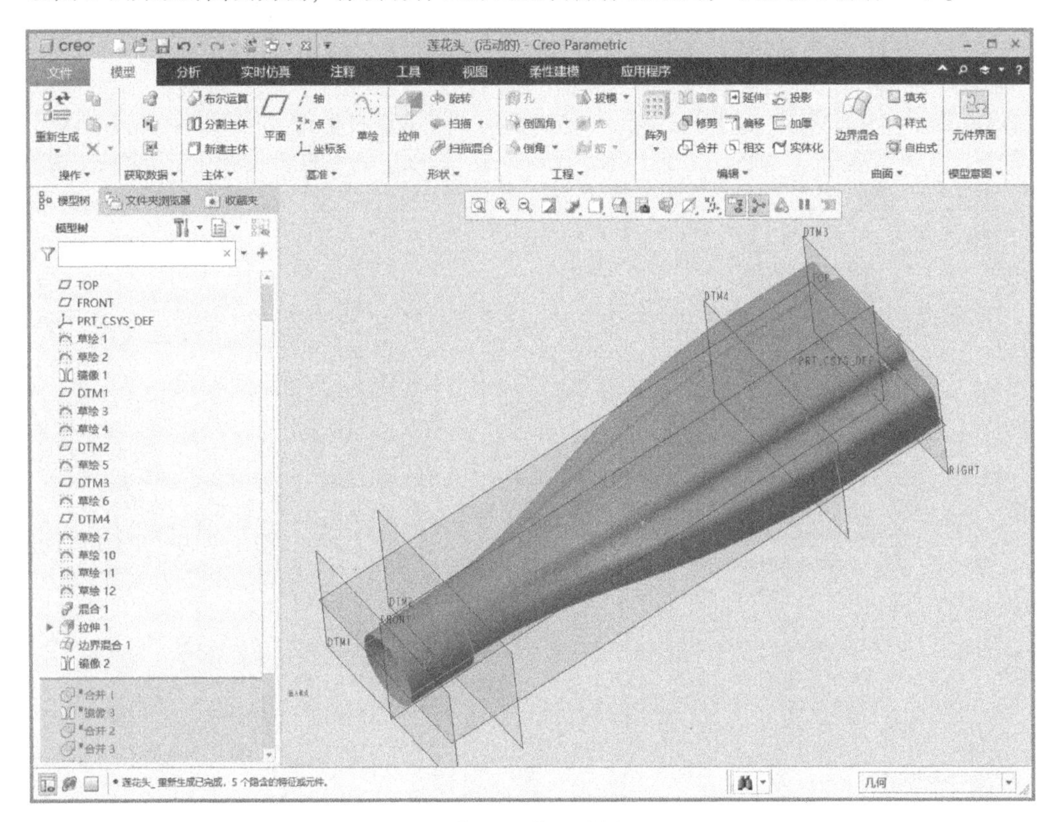

图 3-6　曲面示例

3. 模块众多，相关性强

Creo 具有众多模块，很多模块之间具有相关性，例如在一个模块里修改模型，则在另一个模块里相关的模型也会随之发生变化。以往，零件模块只能用于进行零件设计，而不能进行多零件的装配设计，要进行装配设计则需要使用装配模块，在装配模块中可以对激活的零件（元件）进行特征创建与编辑。零件设计模块示例如图 3-7 所示，装配设计模块示例如图 3-8 所示。

在 Creo 8.0 及以上版本中，Creo 设计环境（如实体零件设计模块）支持多主体零件设计。引

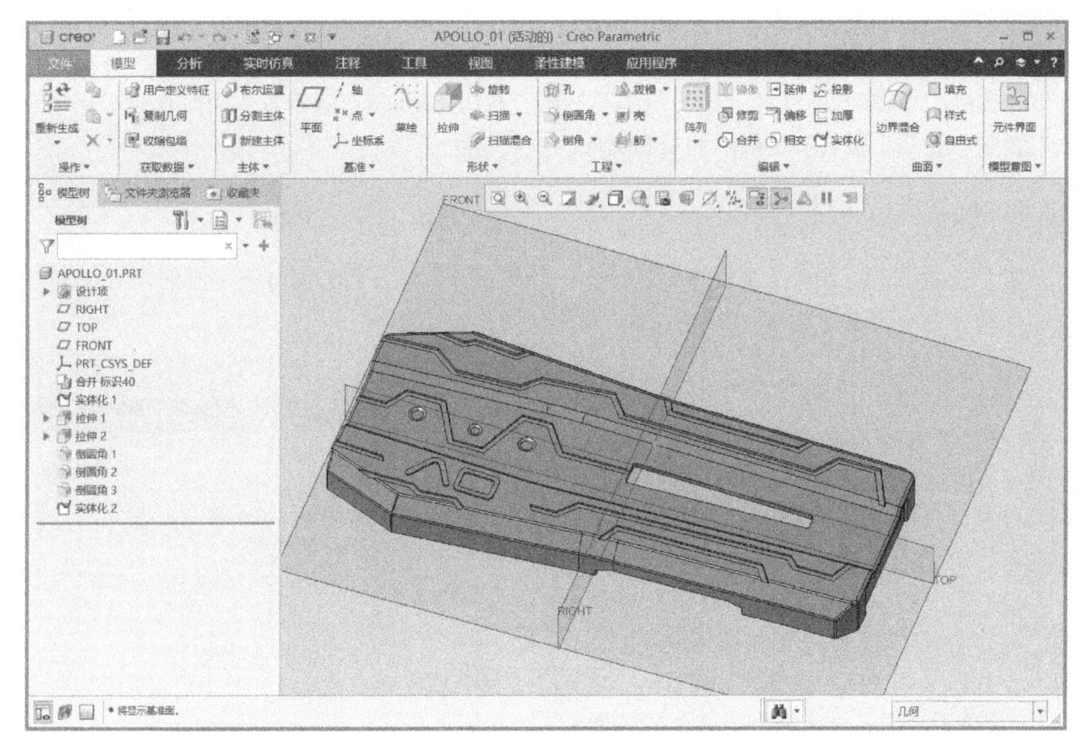

图 3-7　零件设计模块示例

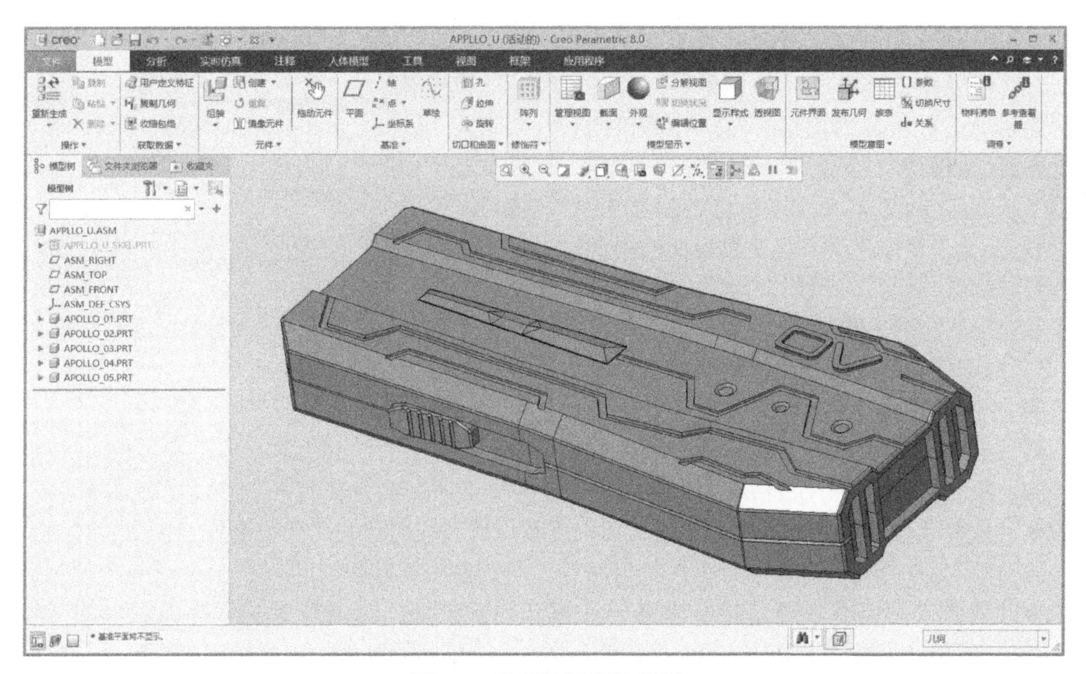

图 3-8　装配设计模块示例

入多主体设计可以提高设计效率、灵活性和可用性。例如，可以更加轻松、灵活地设计于相同上下文中驱动的小型装配，可减少和避免外部或循环参考，降低模型设计复杂性；可通过使用表示减料几何的主体来支持更加高效、灵活的零件设计，这在设计流体型腔或液压集管时非常有用；

适合通过使用布尔和分割运算等将主体用作设计工具；使用多个主体可更加轻松地设计具有多种材料的零件（适合注塑多材料零件）；支持针对几何主体的柔性建模功能和创成式主体概念设计等。对于 Creo 中的多主体设计，建议使用绝对精度作为 Creo 模型的设置，同时建议采用软件所引入的新参数集用于报告质量属性和材料分配。

3.2.3 使用 Creo 的一些心得

从事与机械、产品外观及结构相关的工作经验很重要。本节同大家分享一下使用 Creo 的一些心得，希望这些心得总结能对一些设计新手有所帮助，少走弯路。

1. 不要小看设计准备与环境配置

1）模板的选择。很多时候，我们不使用系统默认的英制模板，而是使用公制模板，例如零件设计采用 mmns_part_solid_abs/mmns_part_solid_rel 等公制模板。

2）使用 Creo、Pro/ENGINEER 进行建模之前，一定要养成设置好工作目录的习惯，这有利于管理设计文档，规划协同工作。

3）要善于巧用拭除文件的操作，例如对于不在窗口中显示的模型，可以执行“文件”|“管理会话”|“拭除未显示的”命令，从而从此会话中移除不在窗口中的所有对象，但不会将这些对象从存储介质中删除掉。这样有利于系统进程内存的优化，保持计算机的运行速度，如图 3-9 所示。“拭除当前”命令则用于从当前会话中移除活动窗口中的对象。

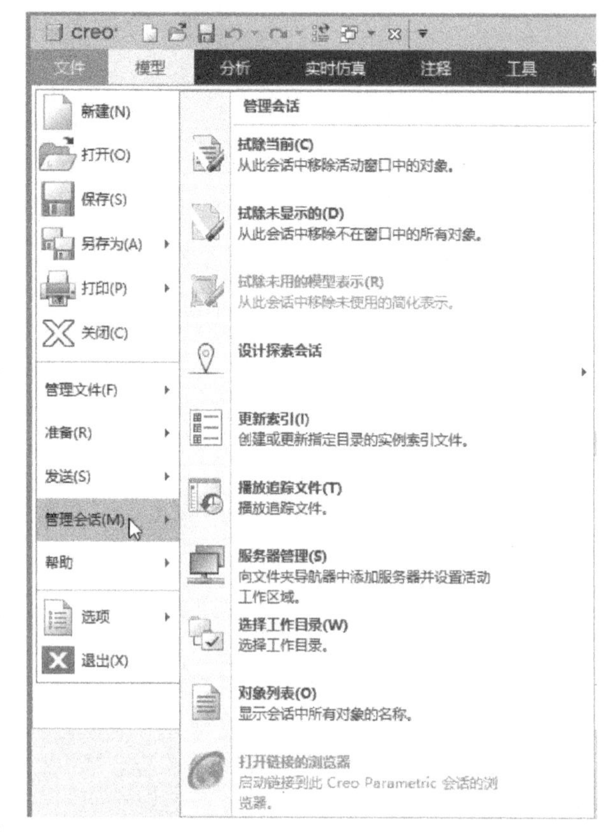

图 3-9　拭除文件的命令操作

4）要善于使用图层来管理模型文件中的各种对象元素，使用好图层，对不同对象的操作和识别都会带来便利。

5）为了保证制图标准化，需要对系统配置选项 config 等要有一定的了解，对有用的配置选项要统一配置好，免得制图出现风格各异的现象。在功能区“文件”选项卡中单击选择“选项”命令，打开“Creo Parametric 选项”对话框，接着选择“配置编辑器”选项，可以查看、编辑相应的系统配置选项，如图 3-10 所示。

6）保存文件与清理旧版本文件。在 Creo 中，每保存一次模型文档，都会生成一个使用新版本序号的同名文档，不会覆盖先前版本的同名文档。例如，假设第 1 次保存，生成的文件为 xy. prt. 1，那么第 2 次保存则是 xy. prt. 2，第 3 次保存则生成的同名文件为 xy. prt. 3，以此类推，这样长久下去发现生成的同名版本文件很多。虽然这些版本文件有助于回溯先前的设计，但也占用较多的存储空间。一般当设计确认后，便可以将以往不需要的版本清理掉。清理的方法是先执行“文件”|“管理会话”|“设计工作目录”命令，将这些模型文件所在的文件夹设为工作目录，接着在功能区“主页”选项卡的“实用工具”溢出面板中选择“打开系统窗口”命令，如图 3-11所示，然后在打开的系统窗口中输入“PURGE”命令并按〈Enter〉键，即可将指定目录

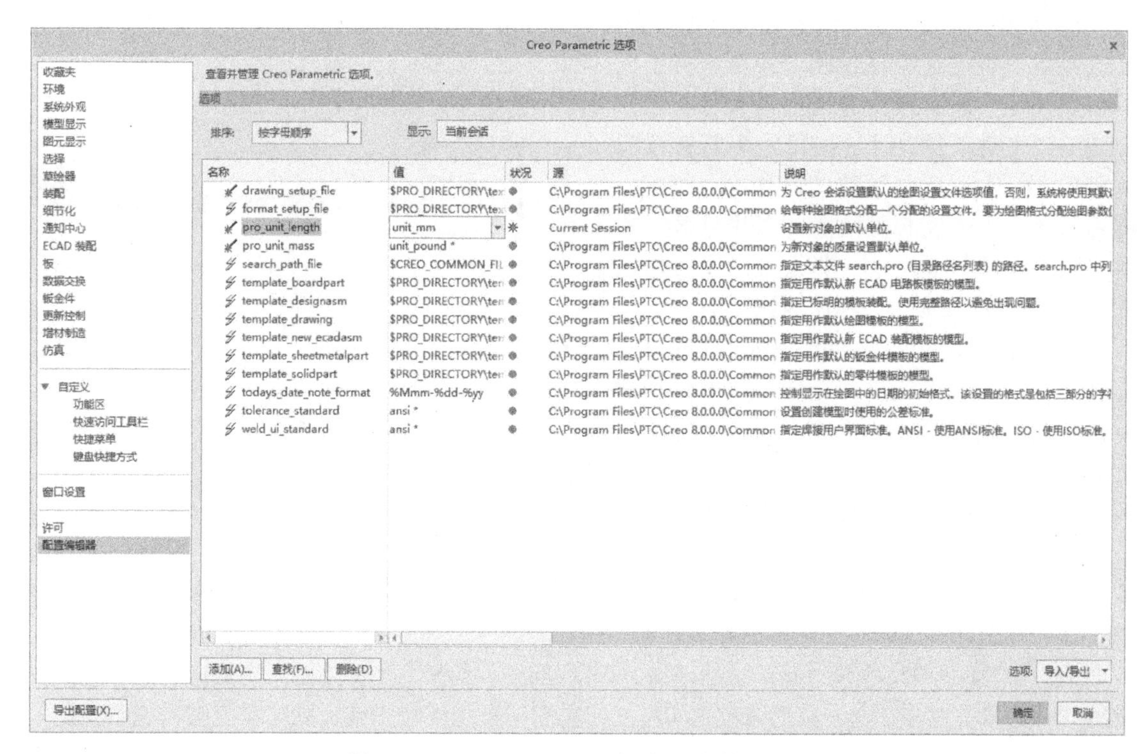

图 3-10 “Creo Parametric 选项”对话框（二）

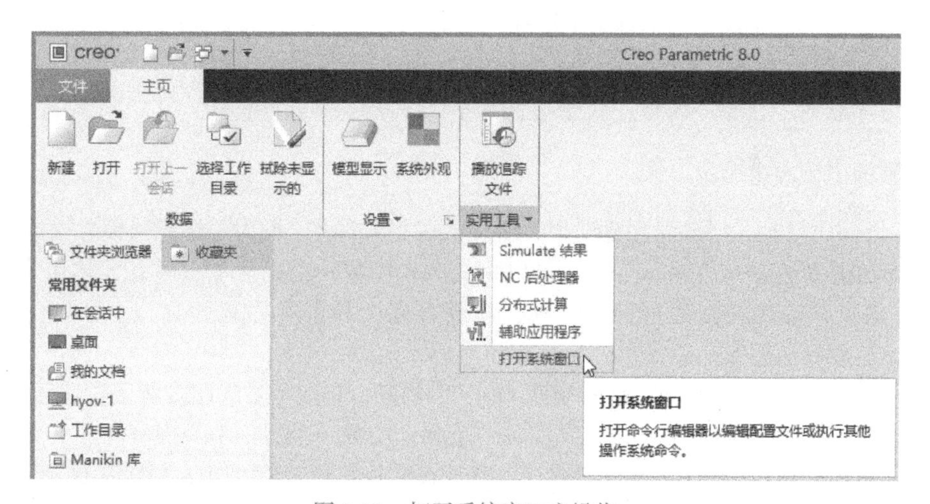

图 3-11 打开系统窗口之操作

下同名文件的以往版本清理掉而只保留最新版本的同名文件。

2. 养成良好的草绘习惯

很多初级工程师或建模师对草绘没有重视，没有强尺寸、约束、弱尺寸等这些概念，在后面建模或后期修改模型时，有些关键尺寸或约束在不经意间被系统自动移除，导致设计出现问题。而如果养成了良好的草绘习惯，那么这些问题就很容易避免了。一定要意识到草绘是建模的一个重要方面，草绘一定要结合建模思路来统筹规划，尽量简单化，这些都便于以后修改。

1）草绘图形时，要考虑绘图参考的选择（这在Pro/ENGINEER中尤为突出，而在Creo系统中已经能“智能化”捕捉相应绘图参考了），懂得通过尺寸标注来获得所需的尺寸。用户创建的尺寸属于强尺寸，强尺寸不会在没有得到用户确认的情况下被系统移除。对于一些由系统自动生成的弱尺寸（以浅色显示），如果该尺寸是关键尺寸，那么可以通过修改尺寸值或使用“强”工具命令来将它变成强尺寸。要将弱尺寸变成强尺寸最快捷的方法是在绘图窗口中单击要操作的弱尺寸，接着从出现的浮动工具栏中单击“强”按钮，或者按〈Ctrl+T〉快捷键，即可加强选定的弱尺寸和约束以防止其被自动移除。

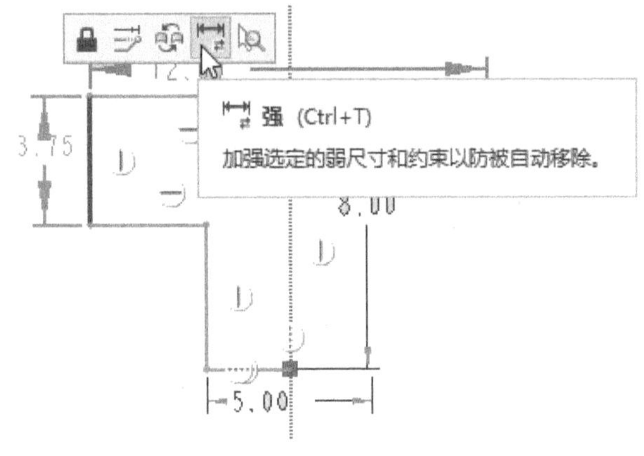

图 3-12　将弱尺寸转换为强尺寸

2）在草图中标注的任何尺寸都应该有意义，最后绝对不要留任何弱尺寸。如何理解尺寸有意义呢？其实就是要让草图绘制有据可依，不管是按一般设计规则标注，还是按图纸标注。

3）对草图中的尺寸和约束要了然于胸，要尽量区分哪些尺寸是关键的功能性尺寸。这些功能性尺寸尽量关联在一起，以后修改别的尺寸，它们还是能保持不变，除非是直接对它们进行修改或关联修改。

4）绘制样条曲线和圆锥曲线时，在它们的两端一定要定义相切或标注相切角度等。

5）在草绘时，对于确定的关键图形尺寸，有时还要巧用“锁定”功能锁定这些尺寸，那么在继续草绘时，这些尺寸就不会被一不小心弄丢了。

6）修改草绘时，在有些场合，尽可能使用替换以避免参照丢失。

3. 特征建模要注意细节及方法

在进行特征建模时，一定要注意设计的细节，细节见功底，同时要注意建模方法。

1）建模要依据模型特点进行分析，可以将复杂模型看作是由若干基本几何体组合而成。有些模型可以根据其加工特点进行分步建模，建模宜逐个特征有序地叠加，不强求一步就设计出来。

2）建模步骤多不一定不好，建模步骤少不一定就好，总的指导思路是便于模型修改。

3）轴类（回转体）零件的主体建议使用“旋转”方法来构建，在此基础上模拟加工工艺进行退刀槽、倒角等设计。在各特征草图的设计时，就规划好相关的尺寸，例如在轴主体的旋转截面中，使用几何中心线默认为旋转轴会自动获得旋转截面的直径尺寸（亦可手动标注出来），而相应的轴向尺寸链也要尽量注意。这样的好处是可以令以后出工程图时显示来自模型项目的这些尺寸，而不用再自行标注，出图工作便可以事半功倍。

4）模型如果有圆角，则最好不要在特征草图中画出来，因为这样会让草图变得复杂，后面修改起来也很麻烦。圆角还是等模型造型/形状构建好了之后，再一起或多分几个步骤进行倒圆角（圆角顺序还是很重要的）。这样之前的特征草图会相对简单，而且后面做更改时也不容易出现失败的现象。

5）模型的圆角设计尽量放在建模的最后，一般应在拔模的后面，而且尽量不要让圆角产生子特征。在设计中圆角失败的可能性还是蛮大的，例如修改了其他一些特征，很多时候会出现圆角失败的情况（如圆角丢失参照），此时也会拖累子特征。修改模型时很可能要把圆角删除，待修改完成后再重新创建适宜的圆角。

6）在进行倒圆角或倒角时，尽量不要在同一个命令操作里选择太多的边或其他有效参照，否则模型再生时系统运行会较慢。

7）对于倒圆角与倒角等一些工程特征，要注意集的概念。一个倒圆角集可以包含一个或多个倒圆角参考，它们的倒圆角规格是一样的，便于集中管理它们。

8）建模时不要乱选参照，绘图参照尽量使用在模型树特征序列中位置比较靠前的，且稳定的特征所生成的几何，能用基准平面的就尽量用基准平面。从类型上来说，优先选择基准特征（如基准平面、基准轴、基准点、草绘基准曲线）作为参照，接着是可选择实体面/曲面作为参照。在草绘中一般不建议使用边或顶点作为参照，当然在有把握的情况下，在草绘中还是可以使用边参照的。参照选择还是很重要的，参照选择不好，当修改前面的特征时，后面本不应该关联的特征会出现重生困难，而系统会提示是否要更新、替换或删除。此时该怎么处理好呢？还是认真地去检查参考，能删除的就不要留，能不选择的就不要选择。为了理顺，有些工程师干脆对这部分再生失败的特征进行重新建模。

9）多个特征具有阵列特点时，要阵列它们，必须先将这几个特征归成一个组（视为一个单独的对象），然后再对组进行阵列。

10）熟练使用好“边界混合”“造型”等几个常用工具命令。例如懂得将质量不是很好的曲面部分裁剪掉，以留出一个具有4个边界的切口，然后利用边界混合等方式将切口生成一个质量较好的曲面，并能与周边曲面形成良好的连接关系。

11）在进行设计工作时，要密切注意位于图形窗口右下位置处的模型重新生成状况区，绿色图标表示重新生成完成、黄色图标表示要求重新生成、红色图标表示重新生成失败。

12）在建模、绘制草图的过程中，有时为了便于快速选择所需的对象，可以巧妙地借助位于图形窗口右下角的选择过滤器来辅助选择，使用选择过滤器也会降低误选择的概率。

3.3 Creo 产品设计的思路

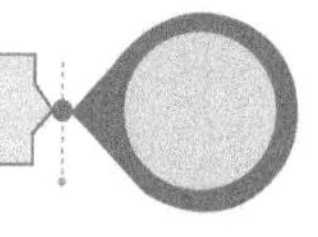

在产品设计中，Creo 应用比较广泛。通常来说，Creo 产品设计的思路主要是基于自底向上设计（Down-Top Design）和自顶向下设计（Top-Down Design）展开的。

对于一些简单的定型产品、改良型产品，可以采用传统的基于自底向上设计的思路进行。先设计一个个零件，再逐步将设计好的这些单独零件装配起来。设计过程中零部件之间只存在简单的装配关系，并不存在设计参数的关联。这种设计思路很容易掌握，是应用最广的设计思路，但同时这种设计思路也存在诸多弊端，如各零件中的设计数据不具有关联性，设计修改只能逐个零件地去修改而导致设计修改不便，多次修改还容易引起干涉等问题；零件装配操作也相对烦琐，因而设计效率较低。

现在一些新产品设计的周期在加快，使用基于传统的自底向上设计思路已不能完全满足需求。此时可以采用基于自顶向下设计的思路去设计产品。所述的基于自顶向下设计思路其实就是以设计结果为导向，在遵循设计意图的前提下从整体的概念设计出发，规划好产品的层次结构并逐级地去细化，包括产品布局设计、骨架设计、层级结构设计、详细设计等，最后落实到产品每个零件的设计上。这种设计思路有利于产品从抽象到具体的一步步转换，可以从产品的外观造型出发对产品整体进行立体建模。接着根据零部件之间的配合关系拆分出各级零部件的模型，并可参照零件相互的关系进行零件的细节结构设计，最终完成整个产品设计。其设计数据关联性强，产品修改方便，比较典型的应用是使用骨架模型来确保设计意图，或者使用主控件设计方法等。通常利用骨架模型或主控件来创建产品的外观造型，并根据零部件之间的配合关系建构用于拆画出各级零部件的曲面、草图等对象。当然不限于此，主要零部件的外观造型等数据可以由骨架模型或主控件模型传递而来。

与传统的自底向上设计思路相比，自顶向下设计思路具有以下明显优势。

1）自顶向下设计思路更符合现代产品的开发过程，也更适应设计者的创新设计思维，是基于设计意图下的“总-分”设计。在设计中，优先考虑产品要实现的功能和最终的外观造型，再根据功能和外观造型设计其相应的结构要素，以使结构和功能始终能有效地做到协调统一，各模块数据保持一致，不易跑偏。

2）通过骨架模型或主控件应用，能使底层零件与顶层设计信息存在数据关联，便于并行设计和设计修改。如果修改了骨架模型或主控件使顶层设计发生了变更，那么这些变更可以自动传递给受控的底层零件。图 3-13 所示的 Creo 装配模型树显示的是一个应用了骨架模型的设计。而图 3-14 的功能手机则应用了主控件设计，主控件其实就是单独在零件设计模式下根据产品功能和外观造型等要求构建好产品的形状，并以构建好各主要零件的分型曲面和相应的曲线。

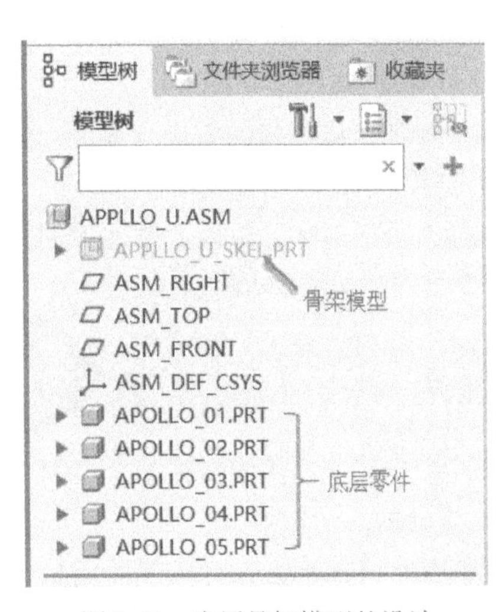

图 3-13　应用骨架模型的设计

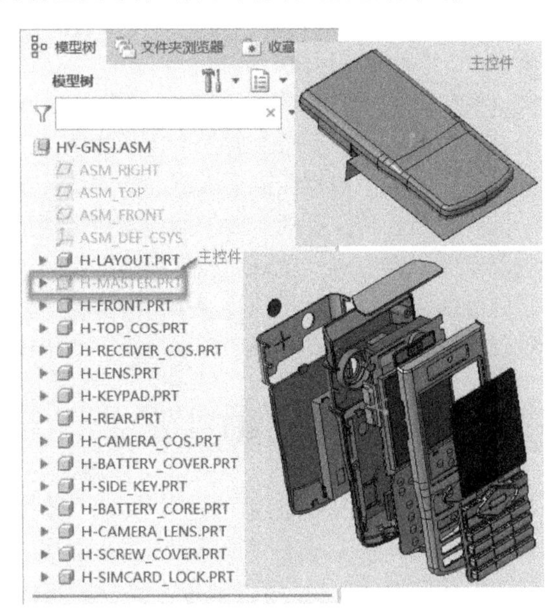

图 3-14　应用主控件的设计（功能手机设计）

3）设计好产品的基本型后，可以通过修改顶层骨架模型或主控件，来获得同类产品的其他系列化设计形态。自顶向下设计特别适合产品系列化设计，保持同系列产品的一致风格和类似结构，设计效率高，能大幅缩短开发周期。

下面以在 Creo 中进行产品结构设计为例，简述其设计过程。

1）在很多消费类电子产品中，产品的内部硬件布局大致决定了产品的外形尺寸和内部关键结构位置。因此，在设计初期，获取产品的硬件布局模型是很关键的，如图 3-15 所示（以某功能手机为例）。可以在 Creo 中根据硬件布局尺寸和硬件尺寸建模，也可以从第三方硬件布局软件导出相应的数据来生成或辅助生成。在这一阶段，软硬件电子工程师与工业设计师、结构设计师要协同沟通好，产品外观、内部结构与产品的硬件布局、功能都相互影响。

2）建立一个装配文件，导入硬件布局模型。再在装配中创建一个实体零件并激活它，根据硬件布局模型、功能、外观设计要求等确定该功能手机的外观模型，以及主要零件的分型曲面等，如图 3-16 所示（同样以某功能手机为例）。此时需要充分考虑产品的拆分需求，确定产品内部的大体框架结构，即产品整机结构层次要清晰。也可以在装配中创建骨架模型来代替主控件，骨架模型可以理解为一个重要的 3D 参数化布局模型。在骨架模型中可以根据整机的功能及硬件布局要求、结构层次规划，把各级装配中需要用到的曲面、曲线等外形信息和需要用到的基准面、基准坐标系、基准点等位置信息设计进来，所有这些将作为共享数据来影响后面的零部件设计。

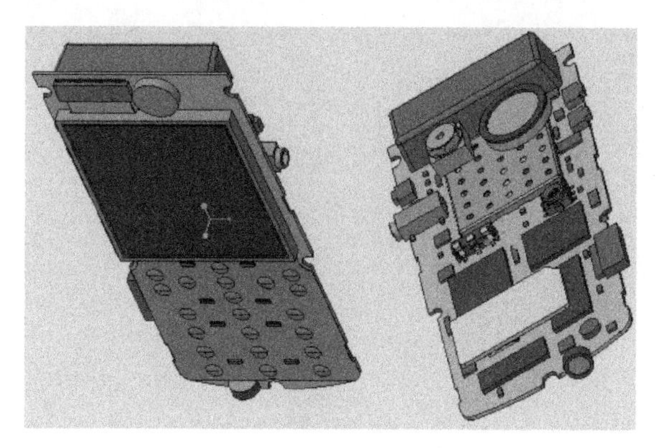
图 3-15　硬件布局 LAYOUT 模型

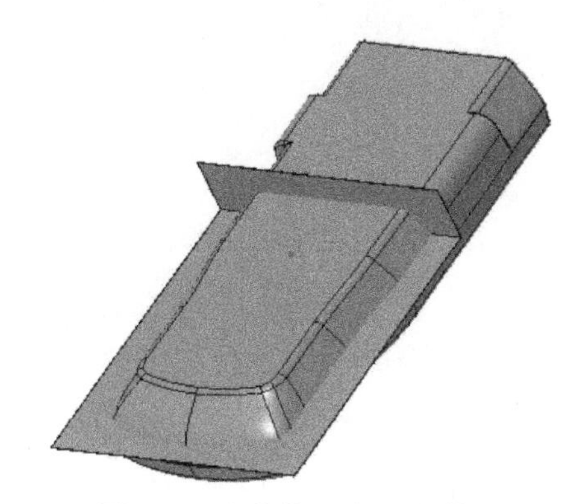
图 3-16　主控件设计/骨架模型

如果电子硬件堆叠布局模型是单个零件的话，操作起来比较简单，不会占用较大的内存；如果是装配组件的话，元件数将会有成百上千个，进而占据大量的内存。如果由常规 EAD 软件（如 Protel）输出 STEP 格式化的话，硬件位置可能会发生错乱变化，建议 Protel 输出 SAT 格式零件，并作为零件导入 Creo 中就可以了，期间需要渲染一下。

3）在装配中创建相应的零部件，并进行整机结构的详细建模设计工作。在装配中新建零件后，可以采用多种方式来实现主控件模型或骨架模型到该新零件的数据共享，主要方式有“合并/继承”和“发布几何+复制几何”。其中，“发布几何”和“复制几何”特征是自顶向下的典型设计工具，它们配合使用，主要用于相互之间传递设计标准和数据。在一些大型设计中，可以使用参考顶层产品骨架的“复制几何”特征，而每个设计组均可以在其子装配中又创建骨架模型，这样无须访问顶层装配。因为每个组的骨架都包含了复制参考，故而每个人都使用相同的设计标准，遵循相同的设计意图，保持相同的关联性。

- “合并/继承”：可以将主控件、骨架模型中的所有几何特征复制合并/继承过来。
- “发布几何”：该特征包含独立的局部几何参考，不允许外部参考，它实际上是多个可复制到其他模型的局部参考的综合体。可以在零件、骨架和装配模型中创建“发布几何”特征，选择的参考几何必须在源模型中选择。例如，使用“发布几何”功能可以选择骨架模型中的几个几何特征作为一个整体提供给目标零件进行共享。
- “复制几何”：该特征用于在模型之间传播几何参考和用户定义的参数。在目标零件上使用“复制几何”，可以把骨架模型或主控件中发布的几何复制到目标零件中来，用作目标零件建模的基础和参考。同时可以减少会话中的数据量，无须检索整个参考源模型。

4）在各个激活的零部件中进行细化结构设计，有些结构需要在建模过程中参考其他零部件。

5）激活顶级装配，进行“全局干涉”“间隙”等相关检查，以检验是否有不必要的干涉状况，对于一些运动机构，还可进行运动仿真模拟等操作。如果发现有静态干涉、动态干涉情况，则认真分析，并想办法改正、优化，精益求精。

技巧：

对于中大型产品结构设计，可以巧妙地应用收缩包络模型。所谓的收缩包络模型是一个由曲面集合组成的零件，它表示源模型（零件或装配）的外部形状。使用收缩包络模型，通常可以减少90%以上的磁盘和内存的使用量。创建收缩包络模型可以用一个轻量化零件表示复杂的设计装配，提高系统在处理大型装配时的性能。在装配模式下，创建收缩包络模型的工具为“收缩包络”按钮，其位于功能区“模型”选项卡的“获取数据”面板上。

第 4 章

简单零件设计

本章导读

读者要想高效地学好 Creo 8.0 零件设计，除了要认真学习 Creo 8.0 零件模块的相关常用功能之外，还要通过实例操练来进行加强和提升。本书探索以实例驱动为主的学习模式，根据学习进度将常用的建模工具融入相关的实例中，并注重设计思路，循序渐进、深入浅出地让学习更贴合设计场景，学以致用。Creo 8.0 建模不难，需要不断地用心去学，并且多练习，熟能生巧。

本章主要重点介绍几个相对简单的零件设计案例，目的是让读者通过实例操练来快速学习基准特征、基础特征、工程特征等的一些创建和编辑知识。基准特征包括基准点、基准平面、基准坐标系、基准曲线等；基础特征主要包括拉伸特征、旋转特征、扫描特征、螺旋扫描特征、扫描混合特征、混合特征等；工程特征则是在已有的诸如基础特征等组成的模型上创建的一些不能单独存在的特征，主要包括孔特征、倒圆角特征、倒角特征、拔模特征、壳特征、轮廓筋特征、轨迹筋特征等。

4.1 盘盖-轴套零件案例

本节将讲解如何在 Creo 8.0 零件模块中使用常见的几个工具命令来完成一个简单的机械零件三维模型：盘盖-轴套零件，其工程图作为建模参考依据，如图 4-1 所示。

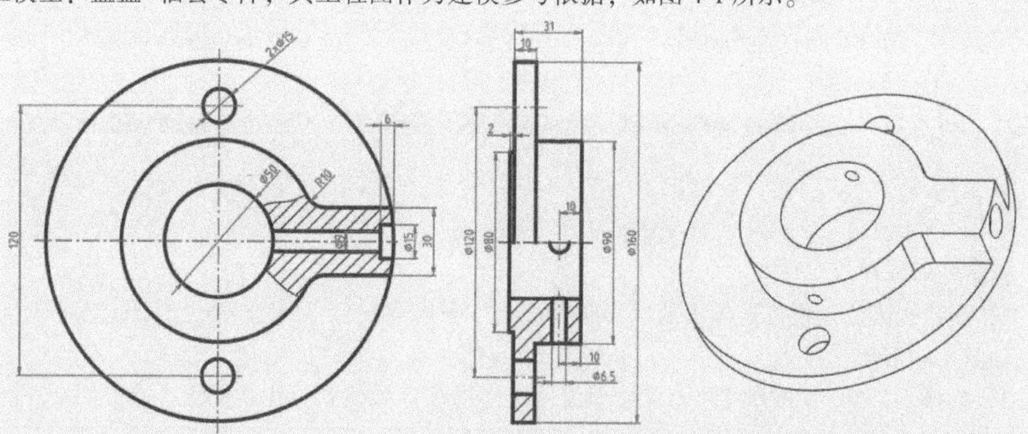

图 4-1　盘盖-轴套零件工程图

根据图 4-1 的几何形状来分析，可以先使用“旋转”工具命令来创建一个旋转实体作为该盘盖-轴套零件的主体。接着使用“拉伸”工具命令在该实体主体上进行添加材料或移除材料（直孔形状的结构可以采用拉伸移除来完成，也可以使用“孔”工具完成）。最后使用“孔”工具在模型上创建所需的孔结构，以及使用“倒圆角”工具适当地创建圆角特征。方法是多样的，需要读者自己去尝试练习，找出最有效率的建模方法。

本案例具体的操作步骤如下。

1 新建实体零件文件

1）启动 Creo 8.0 后，在“快速访问”工具栏中单击“新建”按钮，弹出“新建”对话框，在“类型”选项组中选择“零件”单选按钮，在“子类型”选项组中选择“实体”单选按钮，在“文件名”文本框中输入“HY-PGZT”，取消勾选“使用默认模板”复选框。

2）在“新建”对话框中单击“确定”按钮，弹出“新文件选项”对话框。

3）在“模板”列表框中选择“mmns_part_solid_abs”，如图 4-3 所示，然后单击“确定”按钮。

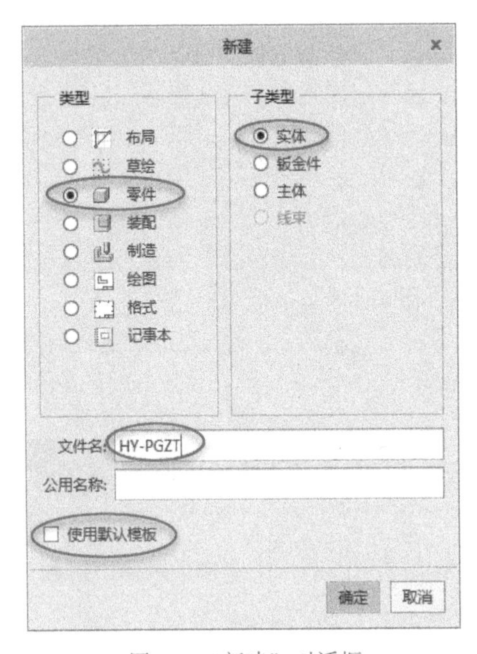

图 4-2 “新建”对话框

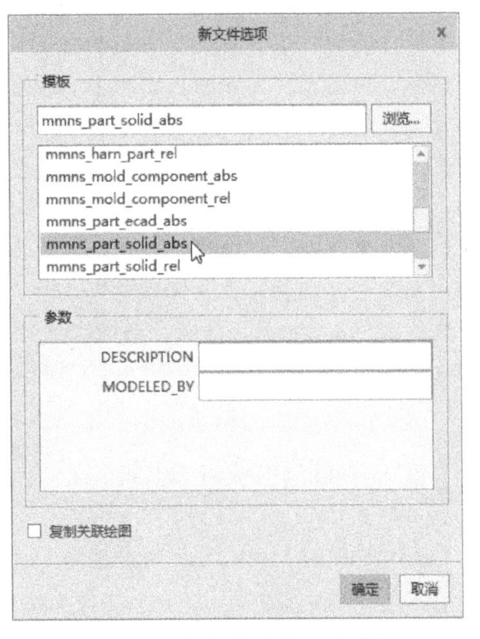

图 4-3 “新文件选项”对话框

知识点拨：

常用公制模板有“mmns_part_solid_abs”“mmns_part_solid_rel”，其中，“mmns_part_solid_abs”表示使用绝对坐标，“mmns_part_solid_rel”表示使用相对坐标。

2 创建旋转基本实体

1）在功能区“模型”选项卡的“形状”面板中单击“旋转”按钮，打开“旋转”选项卡，如图 4-4 所示。

2）选择 FRONT 基准平面作为草绘平面，快速进入草绘模式。在功能区“草绘”选项卡的“设置”面板中单击“草绘视图”按钮，设置草绘平面与屏幕平行。接着单击“线链”按钮绘制图 4-5 所示的旋转截面，可单击“基准”面板中的“中心线”按钮来绘制一条几何中

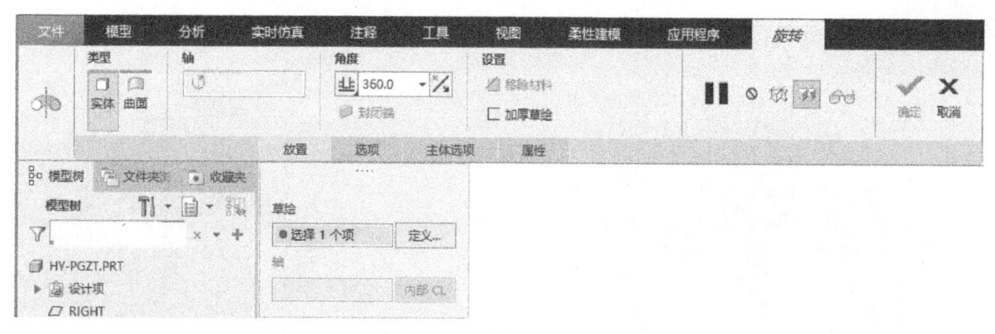

图 4-4 “旋转”选项卡

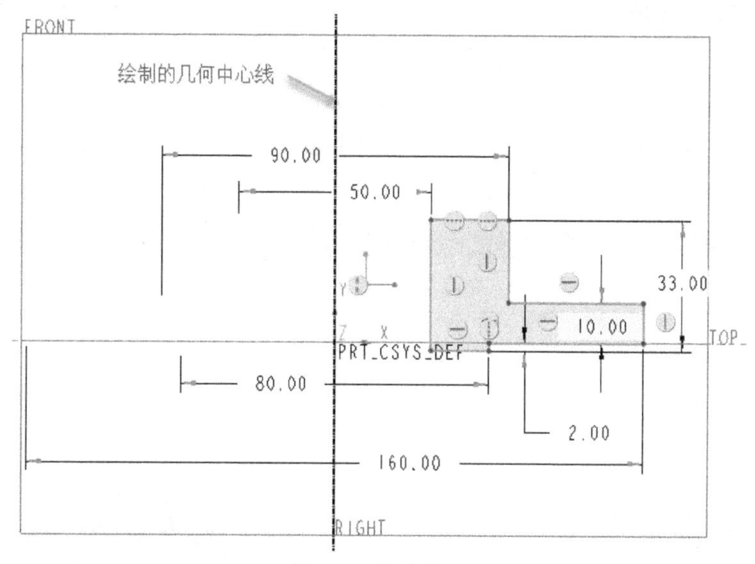

图 4-5 旋转截面

心线，该中心线将被默认为旋转轴，然后单击“确定”按钮✔。

知识点拨：

可以设置在启动/进入草绘器时自动使草绘平面与屏幕平行，其方法是在功能区“文件”选项卡中选择“选项”命令，接着在打开的“Creo Parametric 选项”对话框中选择“草绘器”选项，在“草绘器启动”选项组中勾选“使草绘平面与屏幕平行”复选框，然后单击“确定”按钮。

3）默认旋转角度为 360°，单击“确定”按钮✔。此时，按〈Ctrl+D〉快捷键以默认的标准视角方向显示模型，可以看到完成创建的旋转实体如图 4-6 所示。

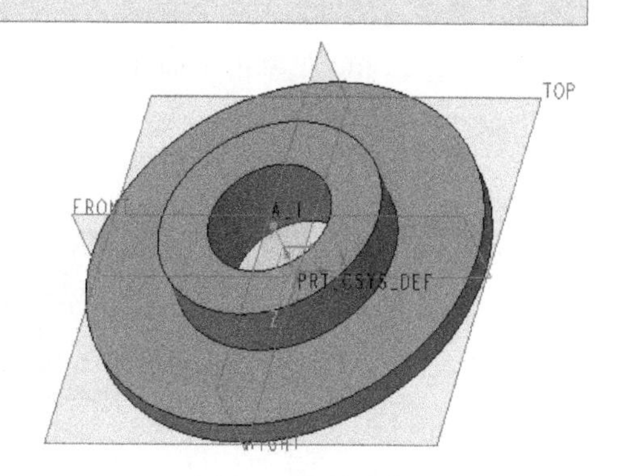

图 4-6 旋转实体

3 创建拉伸实体特征

1）在功能区“模型”选项卡的“形状”面板中单击“拉伸”按钮，打开“拉伸”选项卡，默认选中“实体”按钮。

2）指定拉伸的草绘平面如图 4-7 所示（鼠标指针所指的实体平面），快速进入草绘模式（草绘器），绘制的拉伸截面如图 4-8 所示，单击“确定”按钮✔，完成草绘。

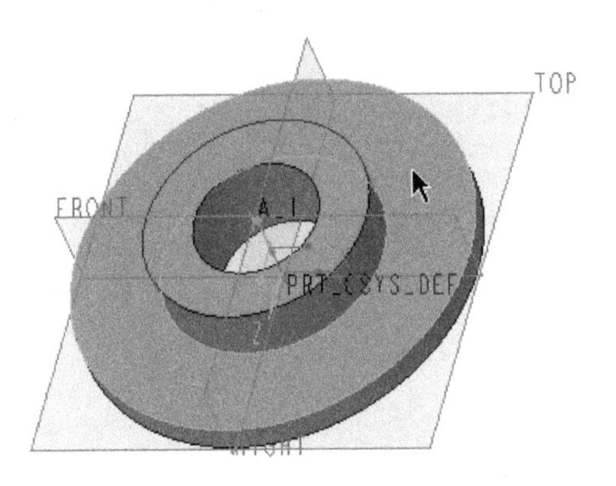

图 4-7　指定拉伸的草绘平面

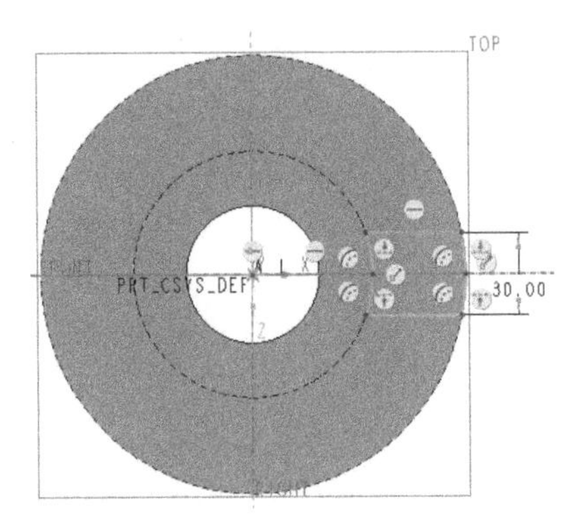

图 4-8　绘制拉伸截面

3）在“拉伸”选项卡的“深度”下拉列表框中选择“到参考”选项，在模型中选择图 4-9 所示的实体面作为侧 1 深度的参考。侧 1 的深度选项也可以在“选项”滑出面板中进行选择。

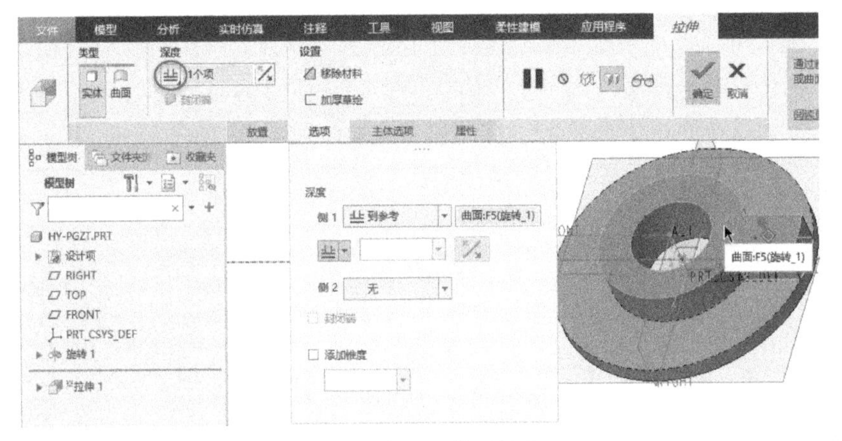

图 4-9　指定要拉伸到的曲面

4）单击“确定”按钮✔，完成该拉伸特征。

4 拉伸切除出一个小孔

1）单击“拉伸”按钮，打开“拉伸”选项卡，默认选中“实体”按钮，接着单击“移除材料”按钮。

2）选择 FRONT 基准平面作为草绘平面，绘制一个小孔截面，如图 4-10 所示，单击“确定”按钮✔，完成草绘。

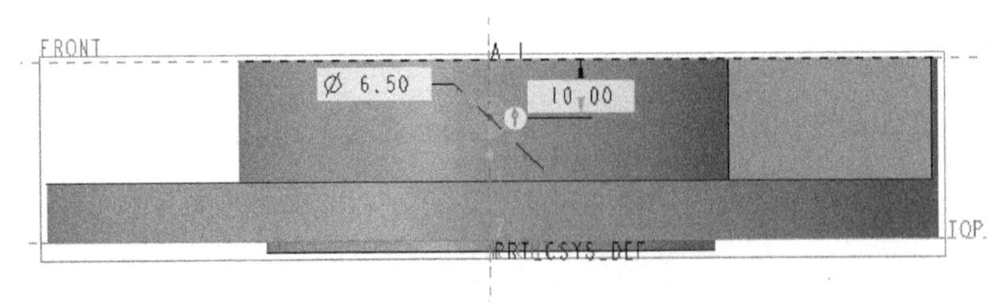

图 4-10　绘制小孔截面

3）在“拉伸”选项卡中打开“选项”滑出面板，设置两侧的拉伸深度选项均为“穿透”，如图 4-11 所示。

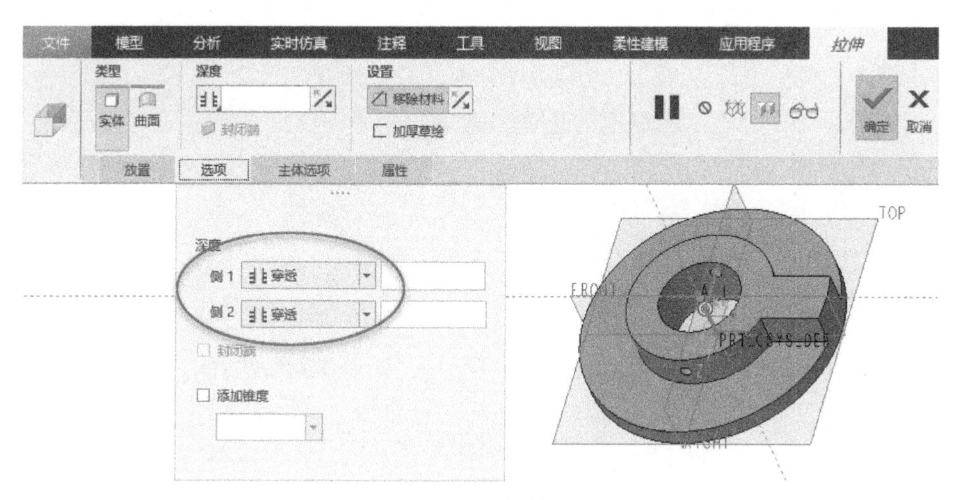

图 4-11　设置两侧拉伸深度选项

4）单击“确定”按钮，完成拉伸切除操作。

拉伸切除出两个孔结构

1）单击“拉伸”按钮，打开“拉伸”选项卡，默认选中“实体”按钮，接着单击“移除材料”按钮。

2）单击要操作的实体平面作为草绘平面（如图 4-12 所示），绘制拉伸截面，即这里绘制图 4-13 所示的两个小圆作为拉伸截面。单击“确定”按钮，完成草绘。

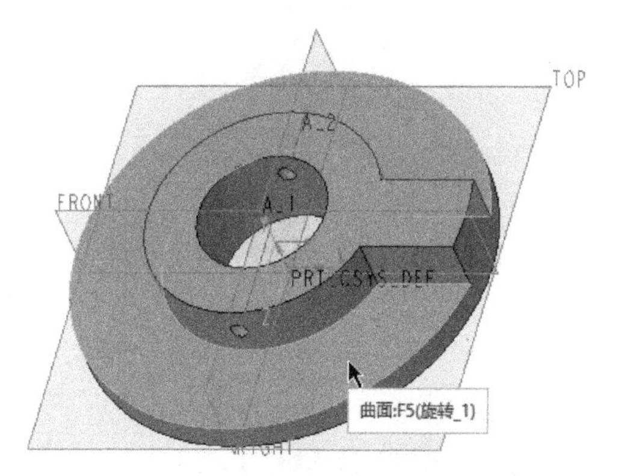

图 4-12　指定草绘平面（鼠标指针所指）

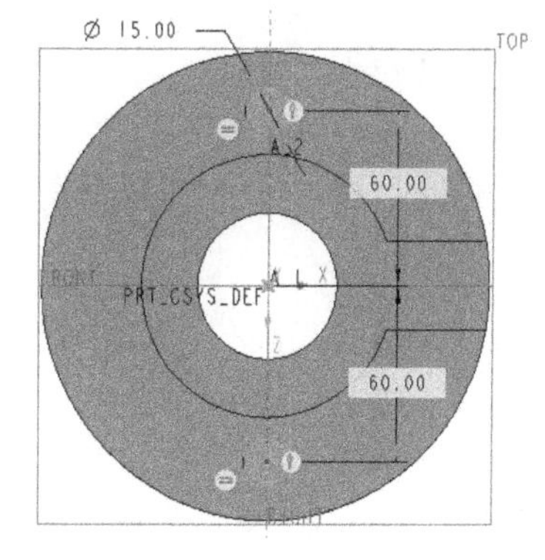

图 4-13　绘制两个小圆

3）设置拉伸深度选项为“穿透”，如图 4-14 所示，单击“确定”按钮，完成两个孔结构的创建。

创建沉头孔

1）在功能区“模型”选项卡的“工程”面板中单击“孔”按钮，打开“孔”选项卡，进行图 4-15 所示的沉头孔设置。

2）在“孔”选项卡上打开“放置”滑出面板，在图 4-16 所示的圆柱曲面上单击，以指定孔的主放置曲面。接着在图形窗口中分别拖动偏移参考图柄去指定相应的偏移参考，并在“放置”

滑出面板的“偏移参考”收集器框内设置相应的偏移参数，如图 4-17 所示。

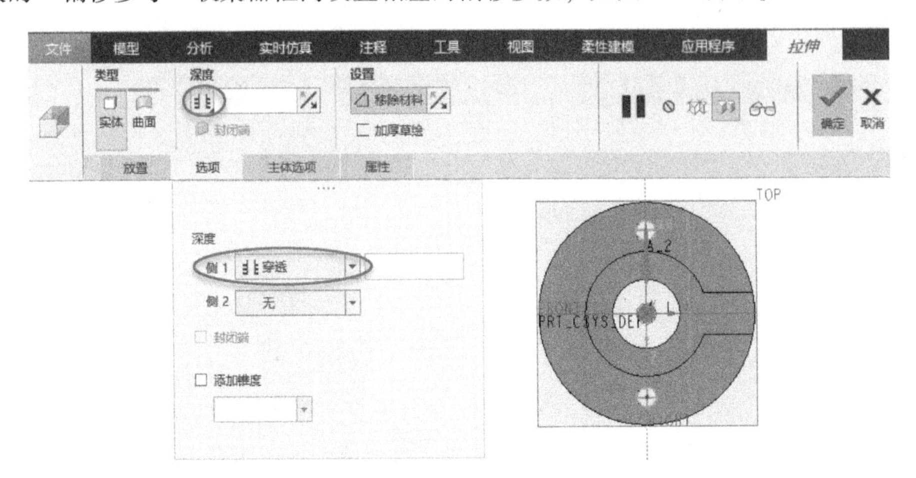

图 4-14 拉伸穿透

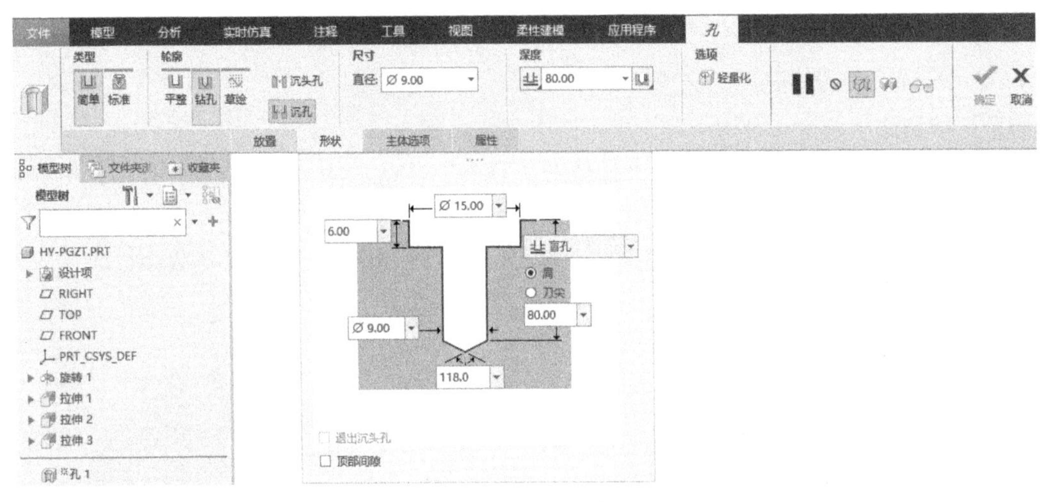

图 4-15 进行沉头孔设置

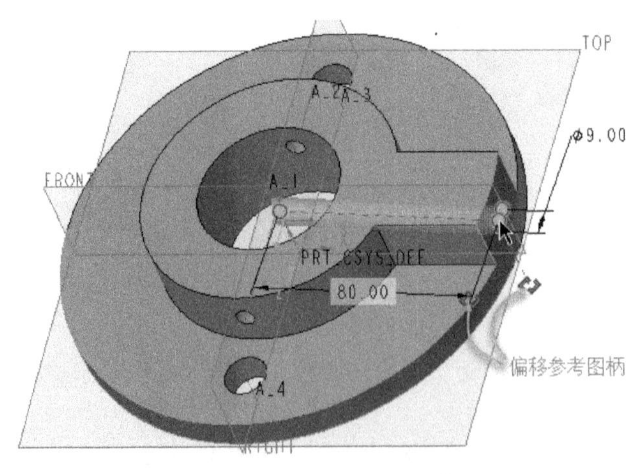

图 4-16 指定孔的主放置曲面

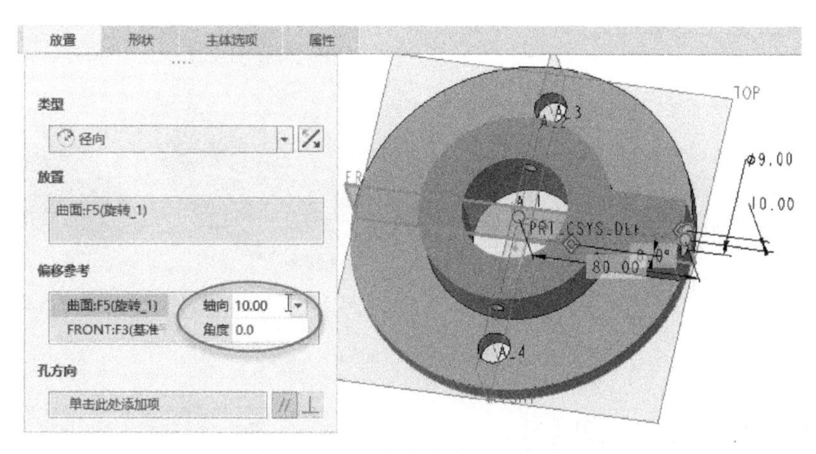

图 4-17　指定偏移参考等操作

3）在“孔”选项卡上单击“确定”按钮✔，创建该孔特征如图 4-18 所示。

知识点拨：

定位该孔位置，亦可先在指定圆柱曲面上创建一个基准点，然后以该基准点定位孔的放置位置。该孔结构也可以采用旋转工具来创建。

7 创建倒圆角特征

1）在功能区“模型”选项卡的“工程”面板中单击“倒圆角”按钮，打开“倒圆角”选项卡。

2）圆角截面类型为“圆形”，设置其半径为 10mm。

3）选择要创建倒圆角的两条边，注意在选择其中一条边后，按住〈Ctrl〉键的同时选择另一条边，所选的这两条边便被添加到同一个倒圆角集中，如图 4-19 所示。同一个倒圆角集具有相同的倒圆角属性，如相同的圆角截面和圆角半径等。

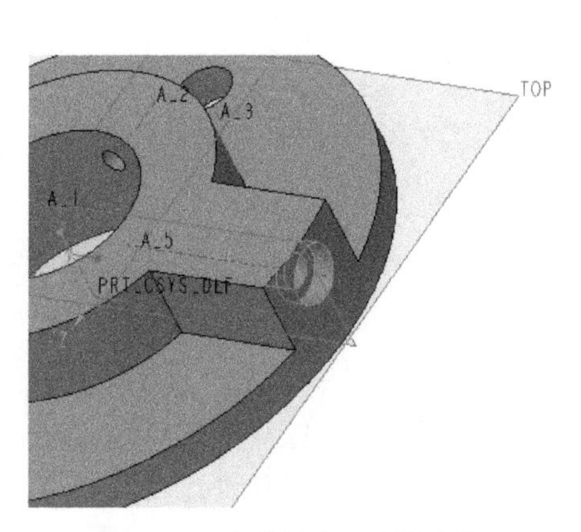

图 4-18　完成创建一个沉头孔

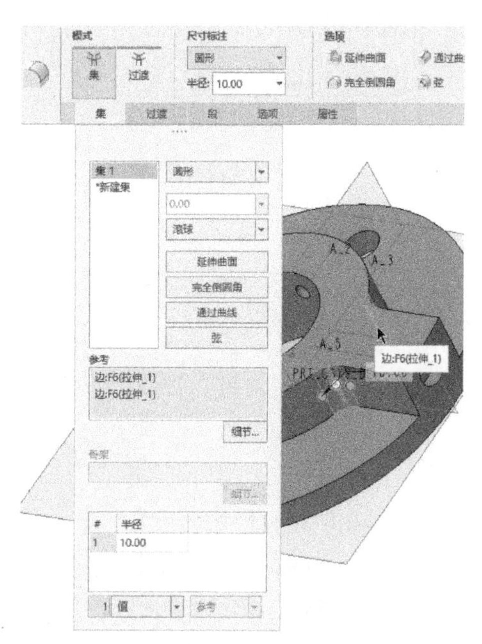

图 4-19　选择要倒圆角的边参考

4）在“倒圆角”选项卡上单击“确定”按钮✔。

至此，完成本机械零件建模，最终效果如图 4-20 所示。

S 保存文件

在“快速访问”工具栏中单击“保存”按钮，在指定工作目录中保存该模型文档。

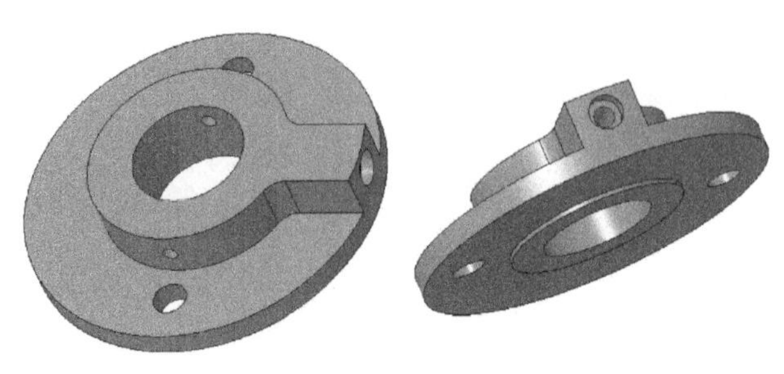

图 4-20 完成零件效果

4.2 泵体叉架零件案例

本节以图 4-21 所示的齿轮泵体叉架零件的工程图尺寸（未注圆角为 R3，未注倒角为 C1）为依据，使用 Creo 8.0 建模。本例主要知识点：拉伸、孔、倒圆角、倒角等。本案例具体操作步骤如下。

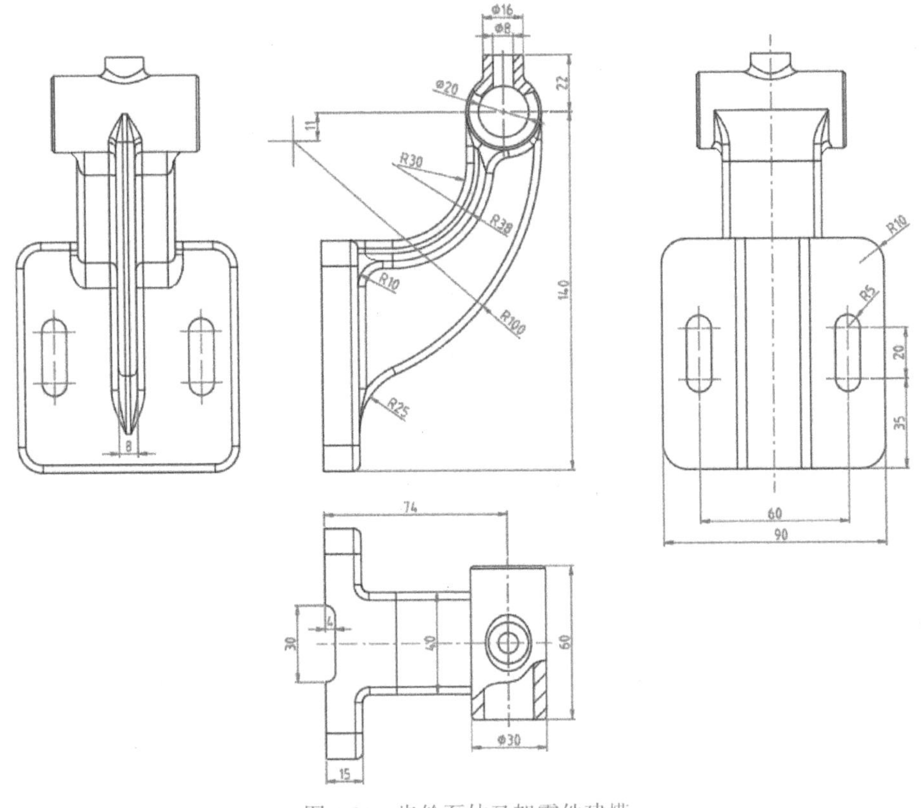

图 4-21 齿轮泵体叉架零件建模

1 新建实体零件文件

启动 Creo 8.0 后，单击“新建”按钮，弹出“新建”对话框，选择“零件”类型，选择“实体”子类型，输入文件名为“齿轮泵体叉架零件”，取消勾选“使用默认模板”复选框，单击“确定”按钮。接着在弹出的“新文件选项”对话框中选择“mmns_part_solid_abs”公制模板，然后单击“确定”按钮。

2 创建拉伸特征

1）在功能区“模型”选项卡的“形状”面板中单击“拉伸”按钮，打开“拉伸”选项卡，默认选中“实体”按钮。

2）选择 TOP 基准平面作为草绘平面，快速进入草绘模式。绘制图 4-22 所示的拉伸截面。单击“确定”按钮，完成草绘并退出草绘模式。

3）设置对称拉伸，即从侧 1 的深度选项列表框中选择“对称”图标选项，设置拉伸深度为 90mm。

4）在“拉伸”选项卡上单击“确定”按钮，完成创建图 4-23 所示的拉伸特征。

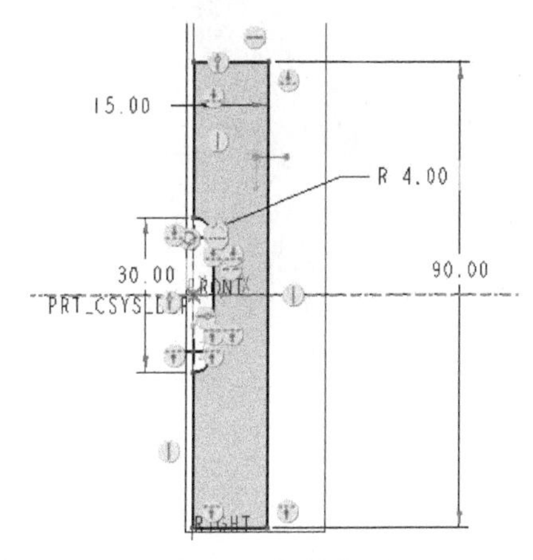

图 4-22 拉伸截面

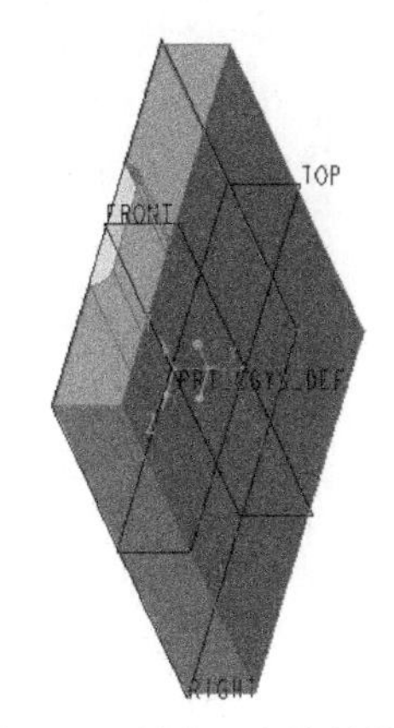

图 4-23 创建一个拉伸特征

3 以拉伸的方式切除材料

1）单击“拉伸”按钮，打开“拉伸”选项卡，默认选中“实体”按钮，接着在“拉伸”选项卡上单击“移除材料”按钮。

2）选择 RIGHT 基准平面作为草绘平面，快速进入草绘模式，绘制图 4-24 所示的拉伸截面。单击“确定”按钮，完成草绘并退出草绘模式。

3）设置侧 1 的深度选项为“穿透”，单击“深度方向”按钮，此时如图 4-25 所示。

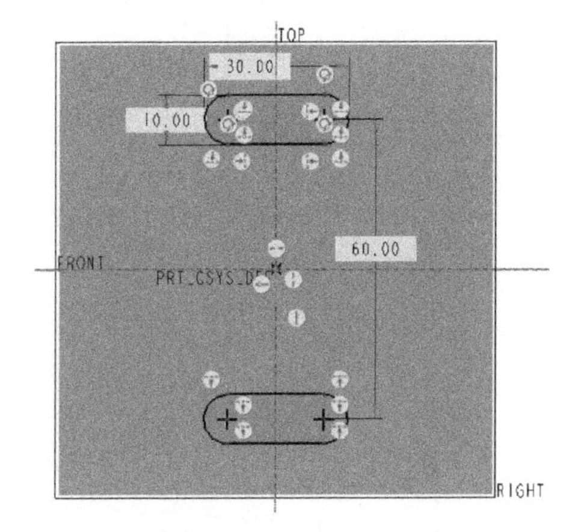

图 4-24 绘制拉伸截面

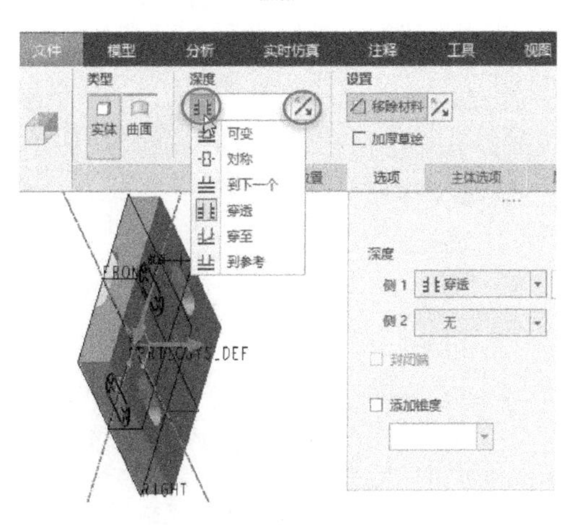

图 4-25 设置深度选项及方向

4）在“拉伸”选项卡上单击“确定”按钮✔。

4 创建一个拉伸圆柱体

1）单击“拉伸”按钮，打开“拉伸”选项卡，默认选中“实体”按钮。

2）选择 FRONT 基准平面作为草绘平面，快速进入草绘模式，绘制图 4-26 所示的截面。确保尺寸都是强尺寸后，单击“确定”按钮✔，完成草绘并退出草绘模式。

3）设置向两侧对称拉伸，即选择“对称”选项，拉伸总深度（总厚度）为 60mm。

4）在“拉伸”选项卡上单击“确定”按钮✔，完成此拉伸圆柱体的效果如图 4-27 所示。

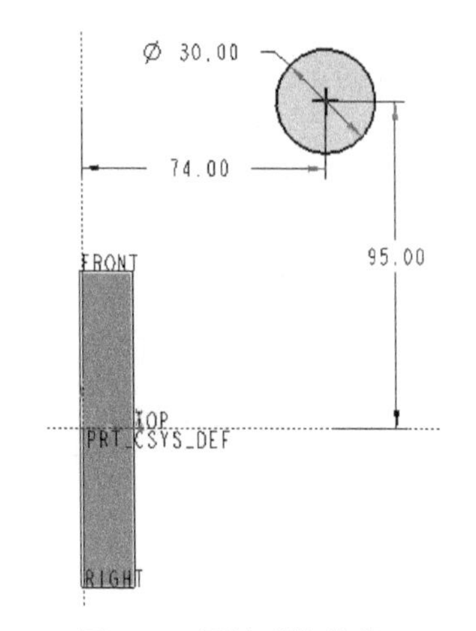

图 4-26　圆柱形拉伸截面

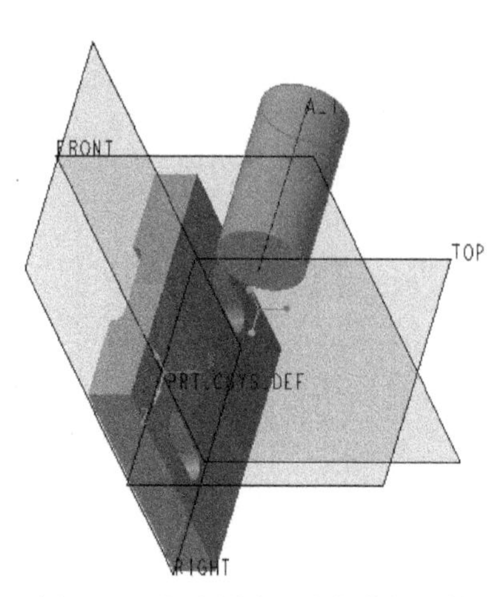

图 4-27　完成创建一个拉伸圆柱体

5 继续创建拉伸特征

1）单击“拉伸”按钮，打开“拉伸”选项卡，默认选中“实体”按钮。

2）在“拉伸”选项卡的“放置”滑出面板中单击“定义”按钮，弹出“草绘”对话框，如图 4-28 所示，单击“使用先前的”按钮。使用先前的草绘平面，绘制图 4-29 所示的封闭截面，单击“确定”按钮✔，返回到“拉伸”选项卡。

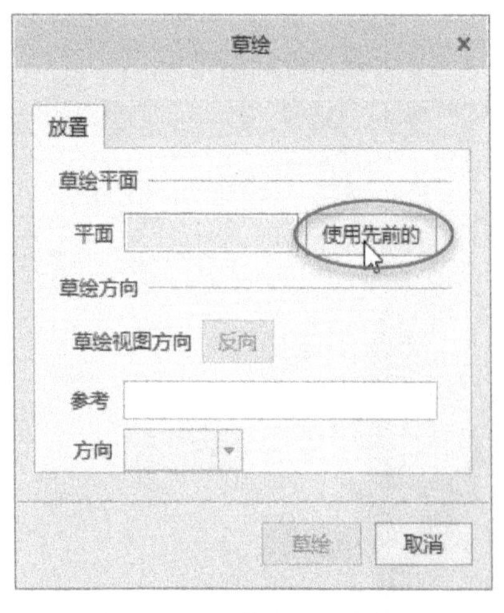

图 4-28　“草绘”对话框

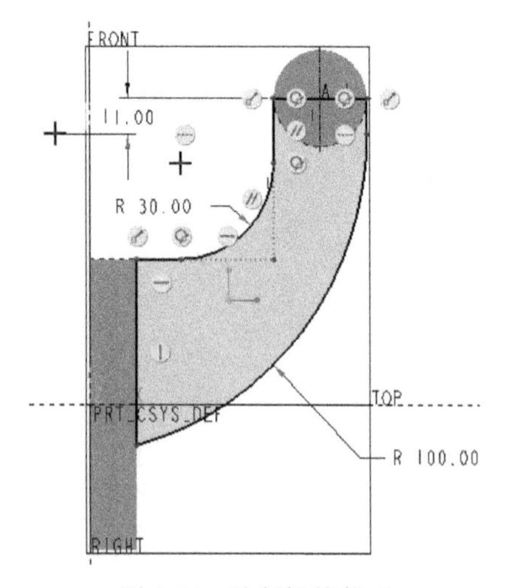

图 4-29　绘制拉伸截面

3）在侧1的深度选项列表框中选择“对称”选项，设置拉伸总深度为8mm。

4）单击“确定”按钮，完成创建该拉伸特征的效果如图4-31所示。

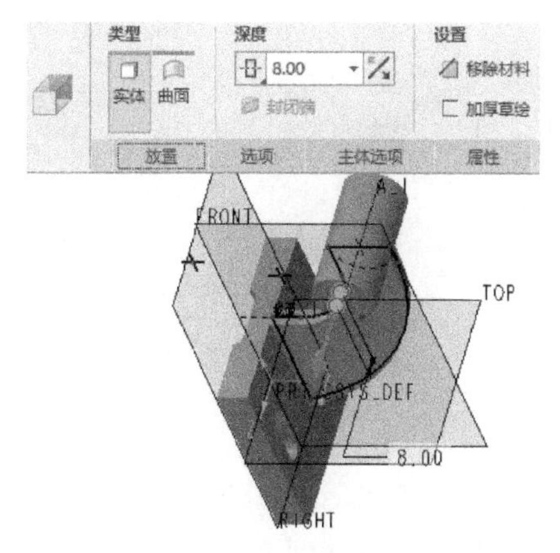

图4-30 设置拉伸深度选项及深度值

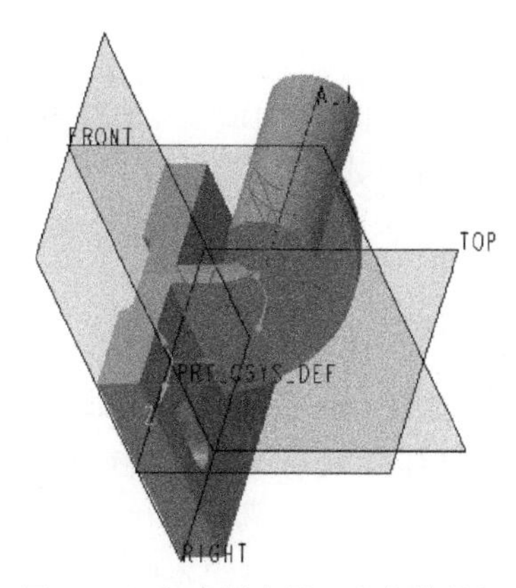

图4-31 完成创建另一个拉伸特征

6 继续创建拉伸特征

1）单击“拉伸”按钮，打开“拉伸”选项卡，默认选中“实体”按钮。

2）在“拉伸”选项卡的“放置”滑出面板中单击“定义”按钮，弹出“草绘”对话框。单击“使用先前的”按钮以使用先前的草绘平面，绘制图4-32所示的封闭截面，单击“确定”按钮，完成草绘并返回到“拉伸”选项卡。

知识点拨：

在绘制该草图截面时，可以使用“草绘”面板中的“投影”按钮、“偏移”按钮进行辅助制图。“投影”按钮用于通过将曲线或边投影到草绘平面上创建图元，“偏移”按钮用于通过偏移一条边或草绘图元来创建图元。使用边或偏移边的类型有3种，分别为“单一”“链”“环”，根据实际情况灵活选用。

3）在侧1的深度选项列表框中选择“对称”选项，设置拉伸总深度为40mm，注意需要确保取消选中“移除材料”按钮。

4）在“拉伸”选项卡上单击“确定”按钮，完成创建该拉伸特征的效果如图4-33所示。

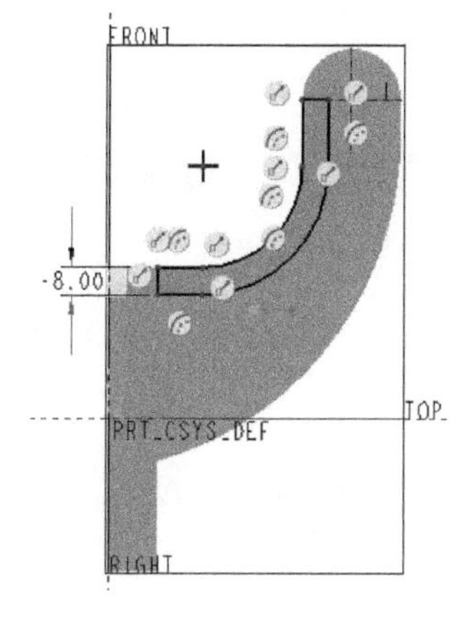

图4-32 绘制封闭截面

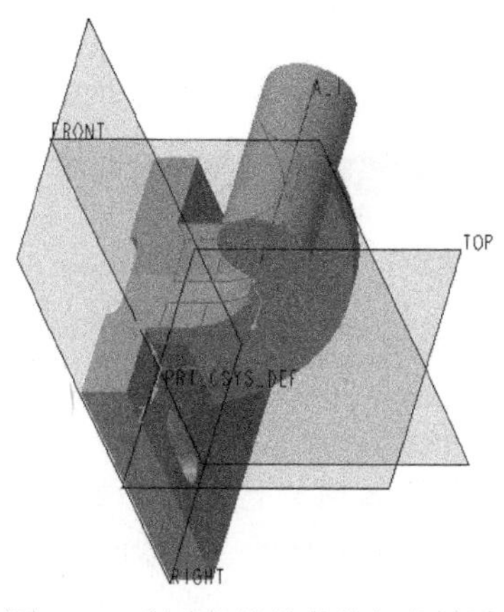

图4-33 创建好该拉伸特征的效果

7 创建一个基准平面

1）在功能区“模型”选项卡的“基准”面板中单击“平面”按钮，打开“基准平面”对话框。

2）选择 TOP 基准平面作为偏移参考，输入平移距离为 117mm，如图 4-34 所示。

3）在“基准平面”对话框中单击“确定”按钮。

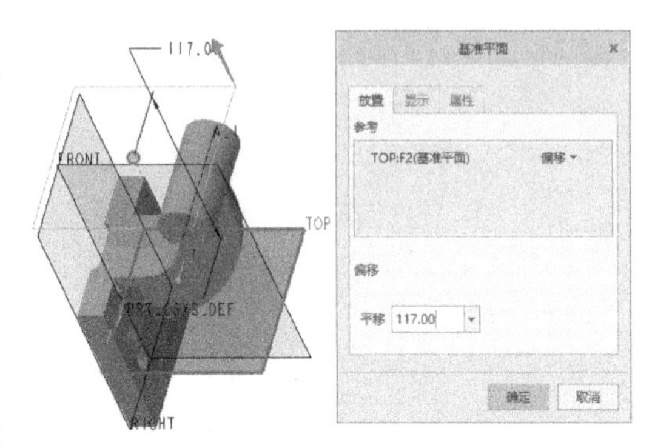

图 4-34　创建基准平面

8 使用“拉伸”方法创建圆柱凸台

1）确保刚绘制的新基准平面处于被选中的状态，单击“拉伸”按钮，快速进入内部草绘模式。

2）绘制图 4-35 所示的一个圆，单击“确定”按钮，返回到“拉伸”选项卡。

3）在“拉伸”选项卡上单击“深度方向”按钮，使得深度方向从草绘平面朝向实体模型，从侧 1 的深度选项下拉列表框中选择“到下一个”图标选项。

4）在“拉伸”选项卡上单击“确定”按钮，结果如图 4-36 所示。

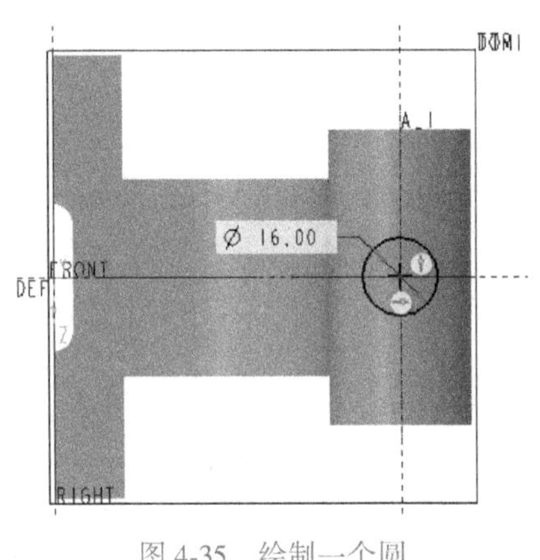

图 4-35　绘制一个圆

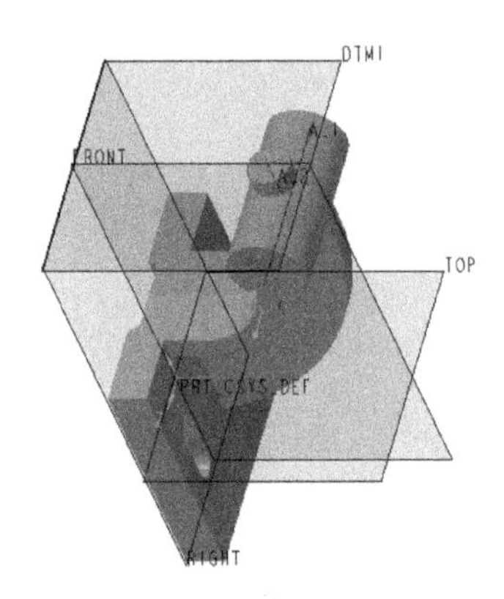

图 4-36　创建圆柱凸台

9 创建简单直孔特征

1）在功能区“模型”选项卡的“工程”面板中单击“孔”按钮，打开“孔”选项卡。

2）在“孔”选项卡上设置图 4-37 所示的类型、轮廓、尺寸和深度参数。

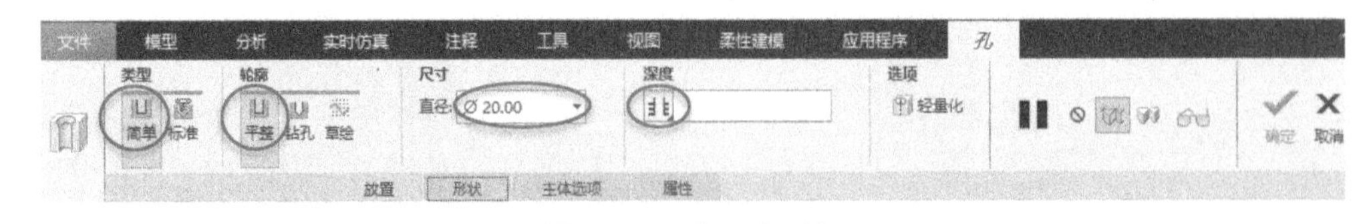

图 4-37　“孔”选项卡

3）在“孔”选项卡上打开“放置”滑出面板，在模型上选择 A_1 特征轴作为放置参考，按住〈Ctrl〉键选择圆柱体的一个端面作为第二放置参考，如图 4-38 所示。

4）单击“确定”按钮，完成创建该简单直孔特征。

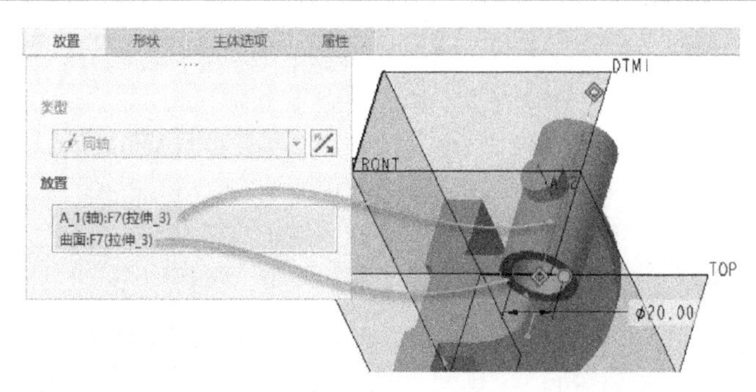

图 4-38 创建孔特征

10 继续创建一个小孔

使用和步骤 9 相同的方法，创建图 4-39 所示的一个小孔，最后单击“确定”按钮✔。

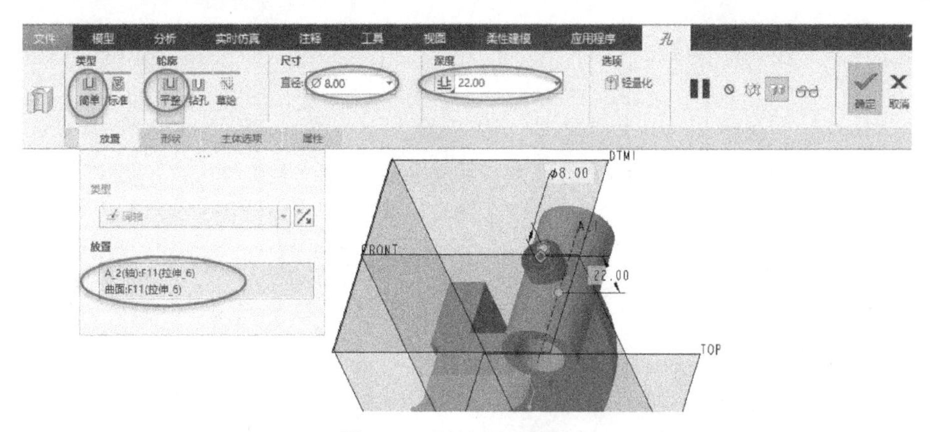

图 4-39 继续创建孔特征

11 创建边倒角特征

1）在功能区“模型”选项卡的“工程”面板中单击“边倒角”按钮，打开“边倒角”选项卡。

2）在“边倒角”选项卡的“尺寸标注”下拉列表框中选择“D×D”，设置 D 值为“1”，如图 4-40 所示。

图 4-40 “边倒角”选项卡

3）选择图 4-41 所示的一条边参考，按住〈Ctrl〉键的同时选择另一条边参考，这样所选的两条边参考均被编入同一倒角集里。

4）在“边倒角”选项卡上单击“确定”按钮✔，完成创建两处边倒角。

12 创建倒圆角操作

1）在功能区“模型”选项卡的“工程”面板中单击“倒圆角”按钮，打开“倒圆角”选项卡。

2）设置圆角的尺寸标注截面形状为“圆形”，圆角半径为10mm。

3）结合〈Ctrl〉键选择图4-42所示的4条边以定义倒圆角集。

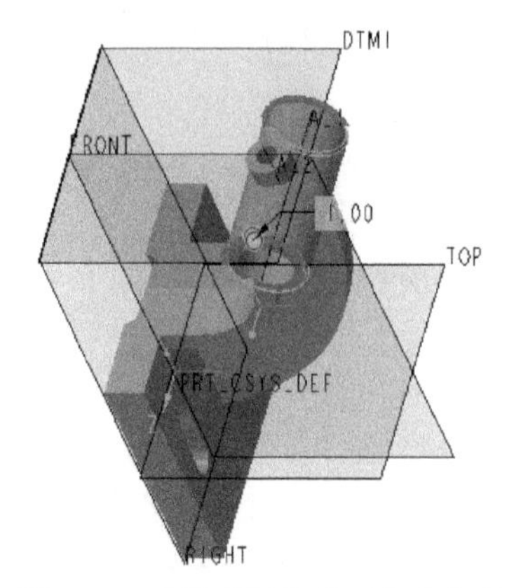

图4-41　选择要倒角的两个边参考

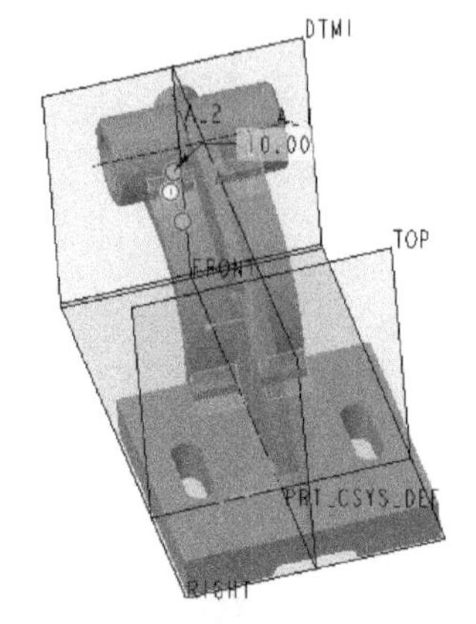

图4-42　选择要倒圆角的4条边

4）在“倒圆角”选项卡上单击“确定”按钮✔。

5）使用同样的方法，选择图4-43所示的一条边创建一个半径为25mm的圆角。

6）继续使用同样的方法，选择图4-44所示的几条边创建圆角特征。

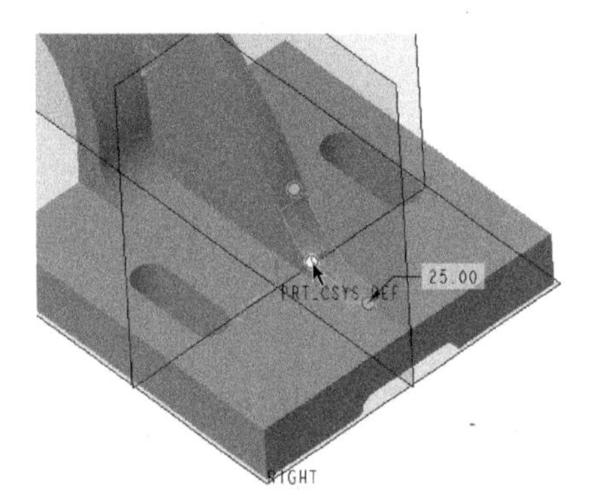

图4-43　倒圆角2操作

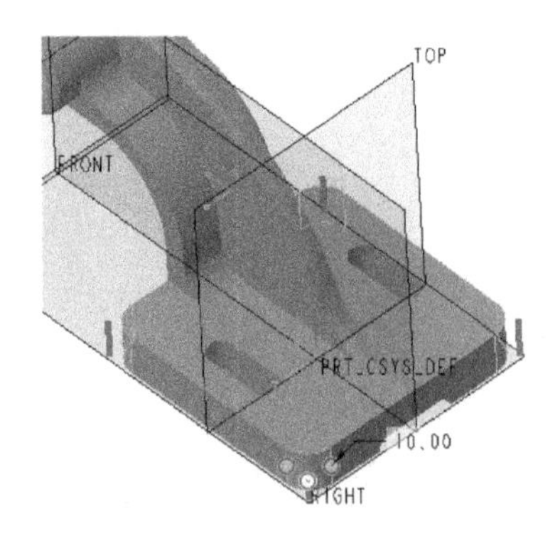

图4-44　倒圆角3操作

7）继续使用同样的方法，创建图4-45所示的5处圆角，这5处圆角可以构成同一个倒圆角集，它们的圆角半径为3mm。

8）继续使用同样的方法，创建R3规格的圆角，如图4-46所示。

13 渲染及保存文档

在功能区切换至“应用程序”选项卡，单击“Render Studio”按钮以打开“Render Studio”选项卡。在“渲染输出”溢出面板中单击“导出到KeyShot”命令，弹出“导出至.bip”对话框，设定要导出到的文件夹，输入文件名，单击“保存”按钮。然后运行第三方渲染软件KeyShot对该齿轮泵体叉架零件进行渲染，得到的渲染效果如

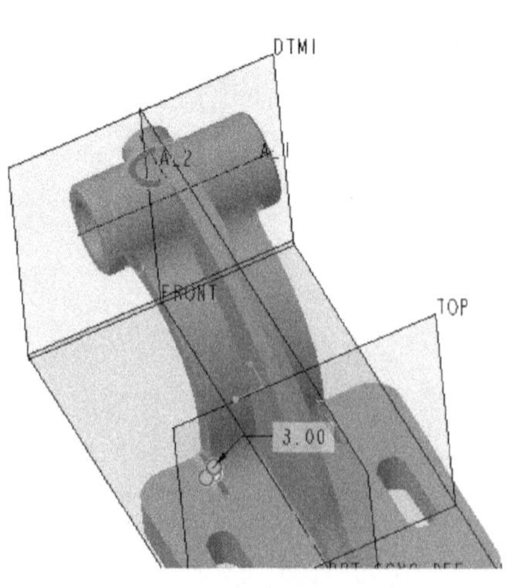

图4-45　倒圆角4操作

图4-47所示（可以复制两个零件并将其调整到相应的放置位置）。

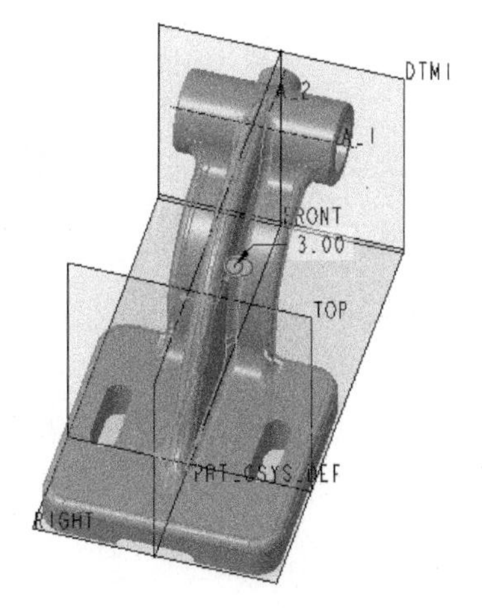

图4-46　倒圆角5操作

图4-47　泵体叉架渲染效果

返回到Creo 8.0软件，在“快速访问”工具栏中单击“保存”按钮，在指定工作目录中保存该模型文档。

4.3 醒酒器建模案例

本节介绍一个醒酒器的建模案例，其效果图如图4-48所示，模型是使用Creo 8.0建模完成的。建模的主要知识点是“旋转”“拉伸”“倒圆角”“壳”“扫描”等，学习重点在于使用扫描方式创建醒酒器的手柄，注意手柄两端的接合部位。

图4-48　醒酒器效果图

该醒酒器的建模步骤如下。

1 新建实体零件文件

启动Creo 8.0后，单击“新建”按钮，弹出“新建”对话框，选择“零件”类型，选择“实体”子类型，输入文件名为“醒酒器”，取消勾选“使用默认模板”复选框，单击“确定”按钮。接着在弹出的“新文件选项”对话框中选择“mmns_part_solid_abs”公制模板，然后单击“确定”按钮。

2 旋转操作

1）单击“旋转”按钮，打开“旋转”选项卡，默认时，“旋转”选项卡上的“实体”按钮处于被选中的状态。

2）选择FRONT基准平面作为草绘平面，进入草绘模式。在FRONT基准平面上绘制图4-49所示的闭合旋转截面，注意单击“基准”面板中的“几何中心线”按钮，在该旋转截面中绘制一条几何中心线用作默认旋转轴，只能在旋转轴的一侧草绘几何（旋转轴必须位于旋转截面的草绘平面中）。单击“确定”按钮，完成旋转截面绘制。

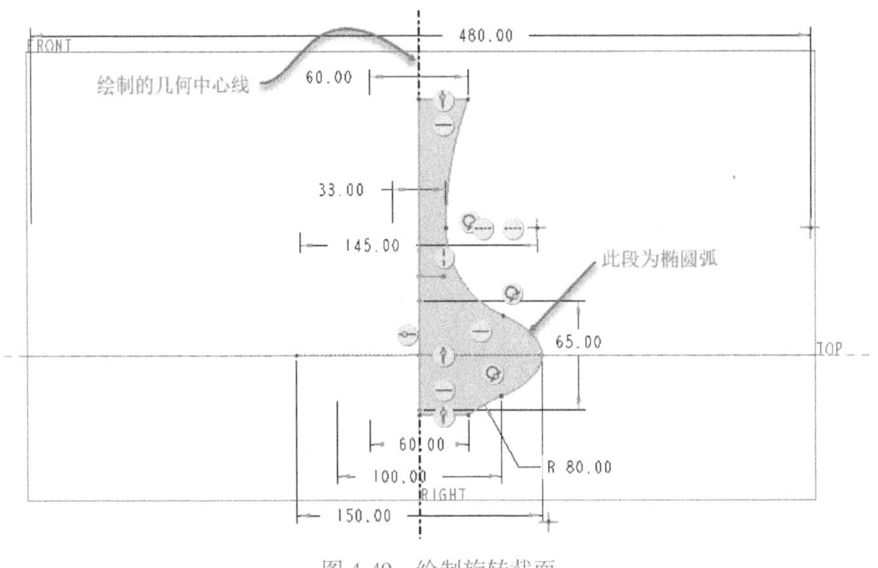

图 4-49　绘制旋转截面

知识点拨：

既可以使用外部的现有线性几何定义旋转轴，也可以在草绘器中绘制中心线来定义旋转轴。当在草绘器中绘制旋转截面时创建了一条以上的中心线，那么创建的第一条几何中心线将用作默认旋转轴。如果旋转截面草绘中不包含几何中心线，则使用创建的第一条构造中心线用作旋转轴。用户也可以手动指定用作旋转轴的中心线，其方法是选择并右击所需中心线，接着选择“指定旋转轴”命令即可。

3）默认的旋转角度为360°，单击“确定”按钮✔，得到的旋转结果如图4-50所示。

3 拉伸切除操作

1）单击“拉伸”按钮，接着在打开的“拉伸”选项卡上单击“移除材料”按钮。

2）选择FRONT基准平面作为草绘平面，自动快速地进入草绘模式，绘制图4-51所示的拉伸截面。标注好尺寸后，单击“确定”按钮✔，完成该拉伸截面绘制。

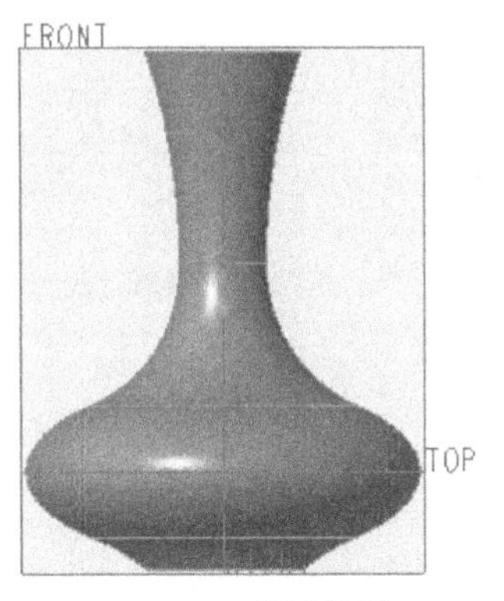

图 4-50　旋转结果

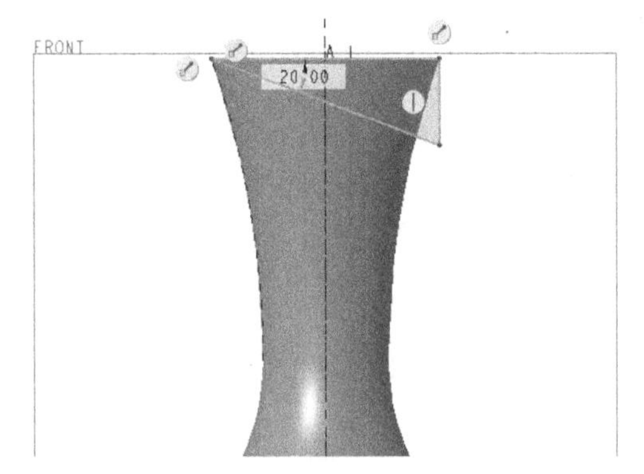

图 4-51　绘制拉伸截面

3）在“拉伸”选项卡上打开“选项”滑出面板，将“侧1”和“侧2”的深度选项均设置为“穿透”，如图4-52所示，然后单击“确定”按钮✔。

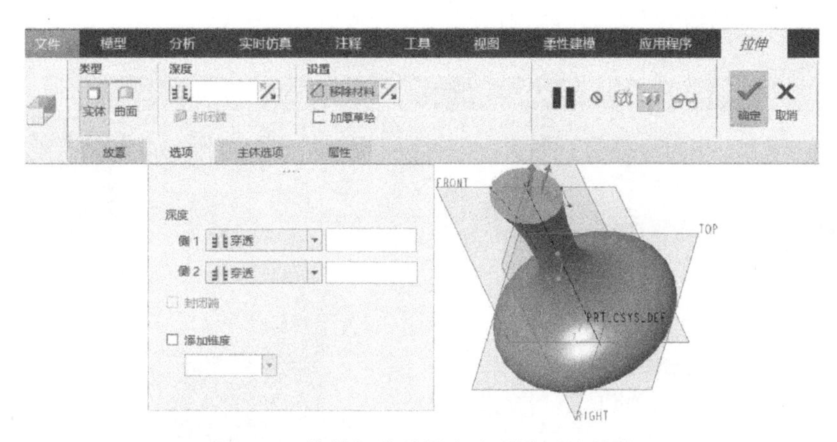

图 4-52　拉伸切除的深度选项设置及预览

4 创建倒圆角 1

1）单击“倒圆角”按钮，打开“倒圆角”选项卡。

2）设置圆角截面形状为“圆形”，半径为 20mm。

3）选择图 4-53 所示的一条边进行倒圆角，然后单击“确定”按钮✔。

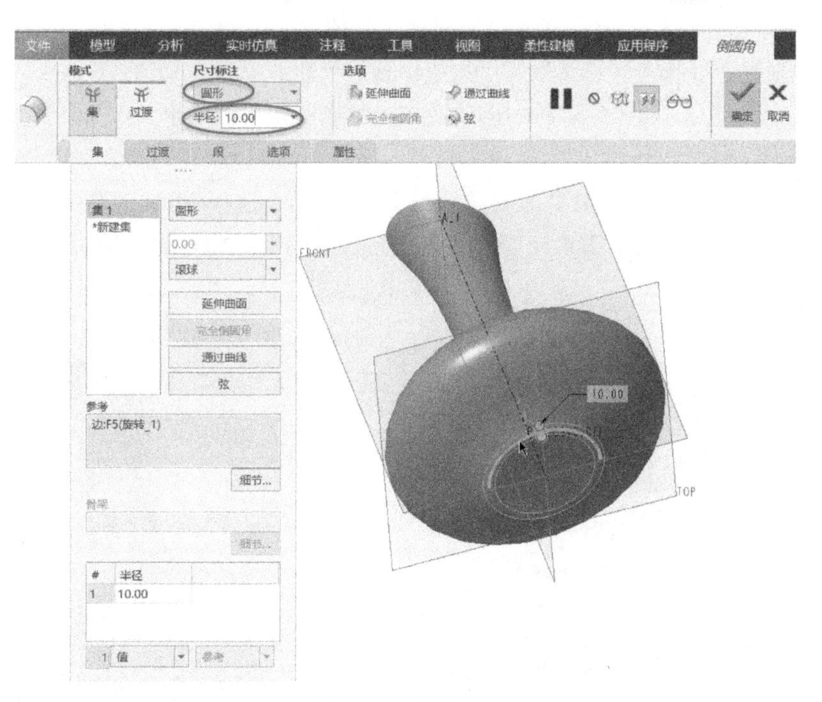

图 4-53　倒圆角 1

5 抽壳操作

1）在功能区“模型”选项卡的“工程”面板中单击“壳”按钮，打开“壳”选项卡。

2）在“壳”选项卡的“厚度”框内设置壳的厚度为 3mm，在“参考”滑出面板的“要壳化的主体”选项组中选择“全部”单选按钮。接着在“移除曲面”收集器处于激活状态的情况下，选择要移除的曲面，如图 4-54 所示。

3）在“壳”选项卡上单击“确定”按钮✔。

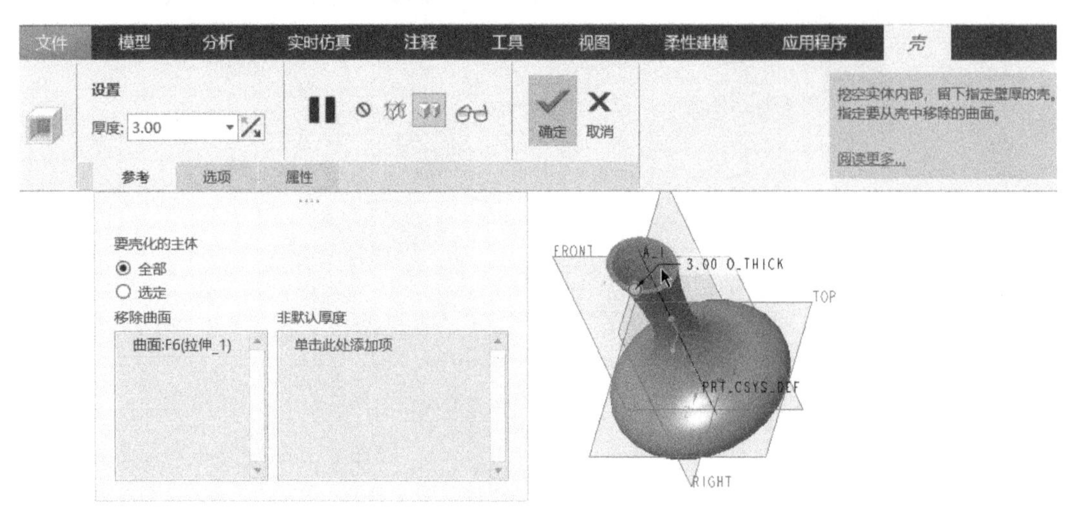

图 4-54　抽壳操作

6 创建倒圆角 2 特征

1）单击“倒圆角”按钮，打开“倒圆角”选项卡。

2）设置圆角截面形状为“圆形”，半径为 1mm。

3）结合〈Ctrl〉键选择图 4-55 所示的两条边进行倒圆角，然后单击“确定”按钮✔。

7 扫描操作

1）在创建扫描特征之前，需要单击“草绘”按钮，选择 FRONT 基准平面进入草绘器。再使用“样条”按钮，绘制图 4-56 所示的样条曲线，该曲线将作为扫描的原点轨迹。

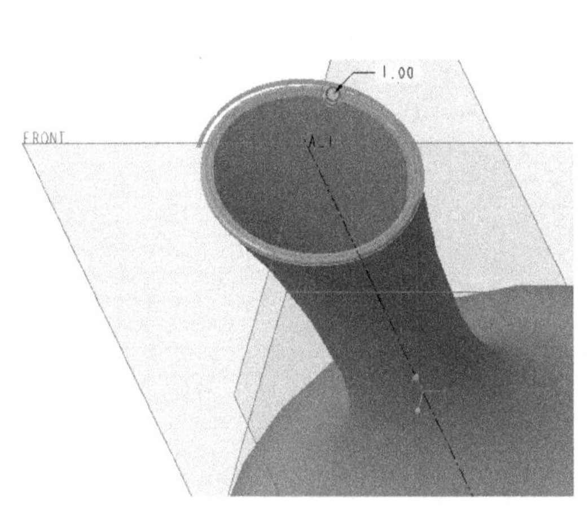

图 4-55　倒圆角 2

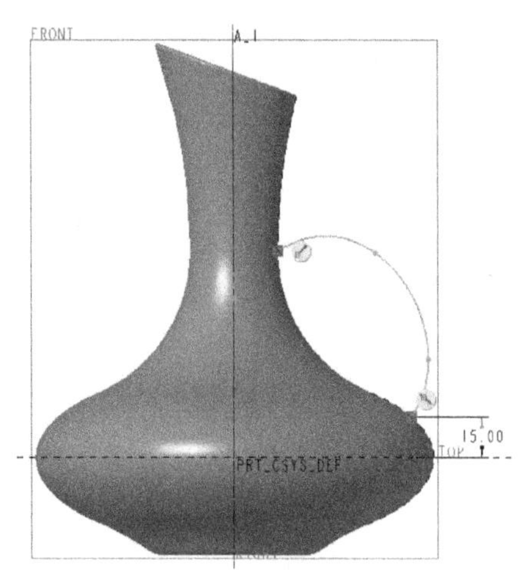

图 4-56　绘制样条曲线

2）在功能区“模型”选项卡的“形状”面板中单击“扫描”按钮，打开“扫描”选项卡，默认选中“实体”按钮。

3）确保选中样条曲线作为原点轨迹，样条曲线的下端点为轨迹起点，选中“恒定截面”图标选项，在“参考”滑出面板中设置“截平面控制”选项为“垂直于轨迹”，如图 4-57 所示。

知识点拨：

如果要更改轨迹起点箭头方向，那么可以在图形窗口中单击显示的箭头方向，即可快速地将轨迹起点切换至原点轨迹的另一个端点。

4）在“扫描”选项卡上单击“草绘”按钮，进入内部草绘器。接着单击“中心和轴椭圆”按钮，绘制扫描截面如图 4-58 所示，单击“确定”按钮。

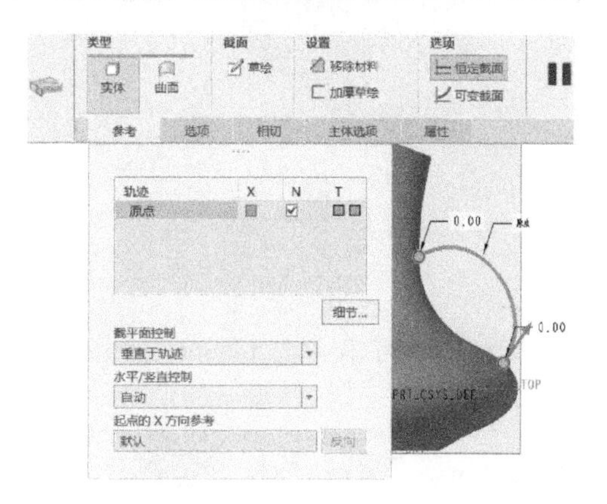

图 4-57　在“扫描”选项卡上的相关设置

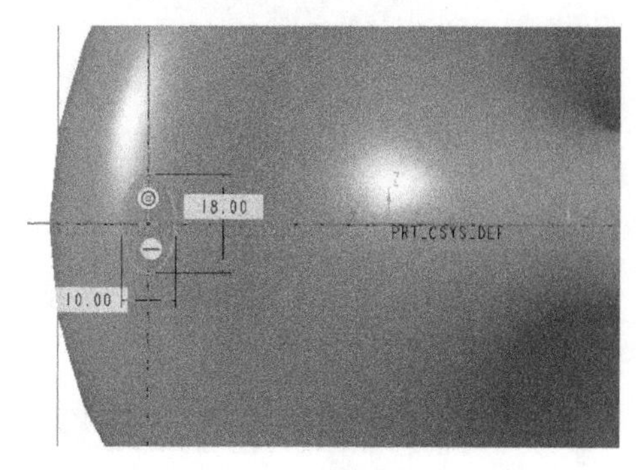

图 4-58　绘制扫描截面

5）在“扫描”选项卡的“选项”面板中勾选“合并端”复选框，如图 4-59 所示。

知识点拨：

在创建扫描实体的过程中，使用“合并端”复选框很实用，它可以封闭轨迹端点接触邻近几何时产生的间隙，是以端点截面为基础与几何接触。未勾选“合并端”复选框与勾选“合并端”复选框的对比结果如图 4-60 所示。

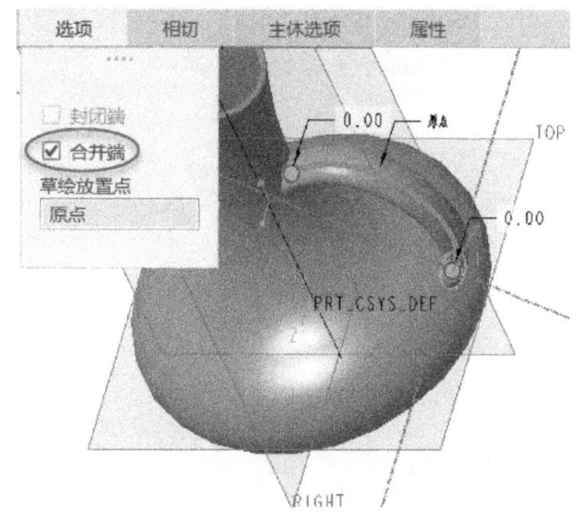

图 4-59　勾选“合并端”复选框

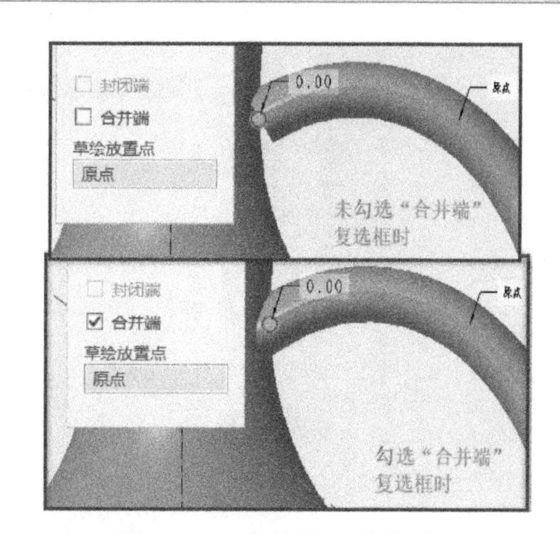

图 4-60　“合并端”设置对比

6）单击“确定”按钮，完成的手柄如图 4-61 所示。

5 创建倒圆角 3 特征

单击“倒圆角”按钮，打开“倒圆角”选项卡，选择图 4-62 所示的两处边参考创建半径为 5mm 的倒圆角特征。

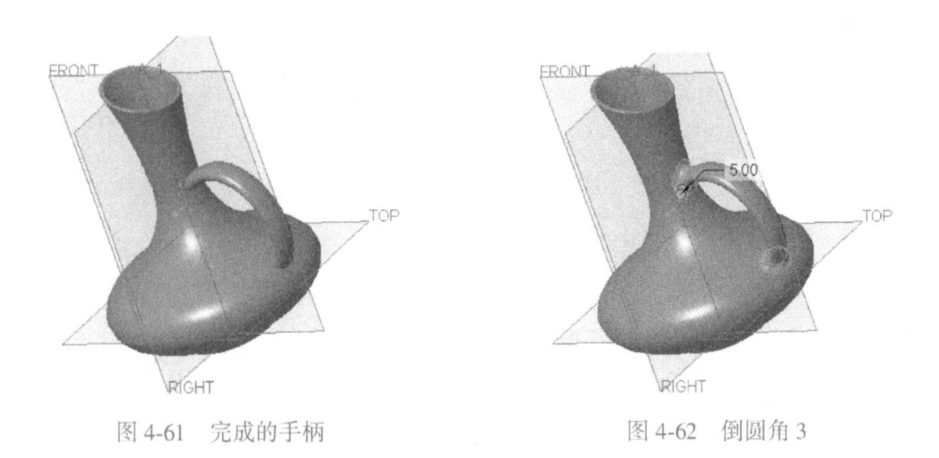

图 4-61 完成的手柄　　　图 4-62 倒圆角 3

使用渲染模块

1）在功能区打开“应用程序”选项卡，如图 4-63 所示，接着单击“Render Studio”按钮，从而进入“渲染”模块。

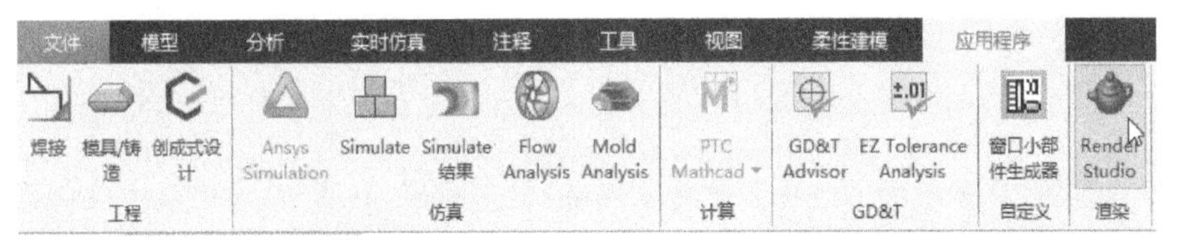

图 4-63 切换至功能区“应用程序”选项卡

2）进入渲染模块后，功能区出现“Render Studio”选项卡，此后可以为醒酒瓶赋予透明玻璃的材质等。赋予透明玻璃材质的方法是打开“外观”下拉列表，选择“Plastics-Clear. dmt”库，如图 4-64 所示。接着在位于窗口右下角的“选择”过滤器列表中选择“零件”，在图形窗口

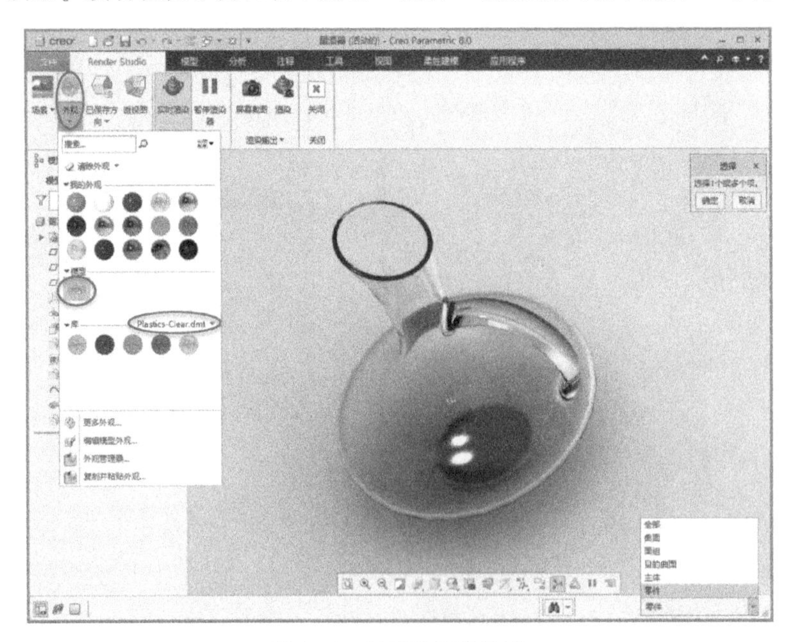

图 4-64 材质及渲染处理

中单击醒酒器模型，然后单击鼠标中键或在“选择”对话框中单击“确定”按钮。可确保选中“实时渲染”按钮。可以在“渲染输出”面板中单击“渲染”按钮，弹出“渲染”对话框，指定文件名、格式、分辨率、选项和渲染设置等。然后单击“渲染”按钮，渲染结果输出在指定的文件夹，最后单击“渲染”对话框中的“关闭”按钮。

3）在功能区“Render Studio”选项卡的“关闭”面板中单击“关闭”按钮。

4.4 白酒杯造型案例

这里，介绍使用 Creo 8.0 如何设计图 4-65 所示的白酒杯，主要知识点为混合工具等的应用。混合特征至少由一系列的两个平面截面构成，平面截面在相应顶点处用过渡曲面连接以形成一个连续造型特征。比较常见的混合特征是平行混合特征，其所有混合截面均位于平行平面上。

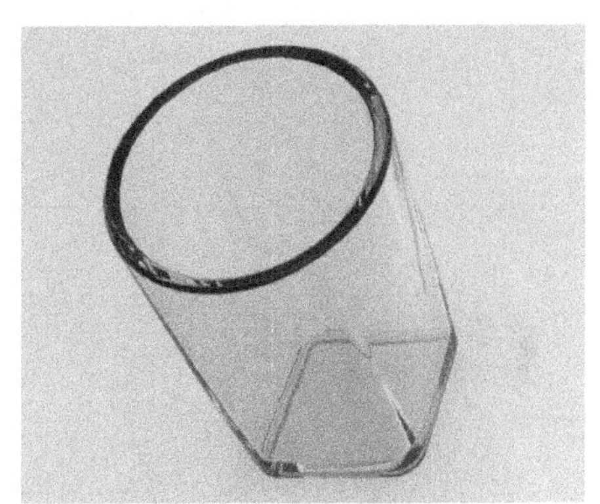

图 4-65　白酒杯

1 新建实体零件文件

启动 Creo 8.0 后，单击“新建”按钮，弹出“新建”对话框，选择“零件”类型，选择“实体”子类型，输入文件名为“HY-白酒杯”，取消勾选“使用默认模板”复选框，单击“确定”按钮。接着在弹出的“新文件选项”对话框中选择“mmns_part_solid_abs”公制模板，然后单击“确定”按钮。

2 创建混合实体特征

1）在功能区“模型”选项卡的“形状”溢出面板中单击“混合”按钮，打开“混合”选项卡，默认选中“实体”。

2）选择“草绘截面”，如图 4-66 所示。在“截面”滑出面板中单击“定义”按钮，弹出“草绘”对话框。选择 TOP 基准平面作为草绘平面，单击“草绘”对话框上的“草绘”按钮，进入内部草绘器，绘制混合截面 1 如图 4-67 所示，注意该混合截面 1 的起点方向，单击“确定”按钮，完成草绘并退出内部草绘器。

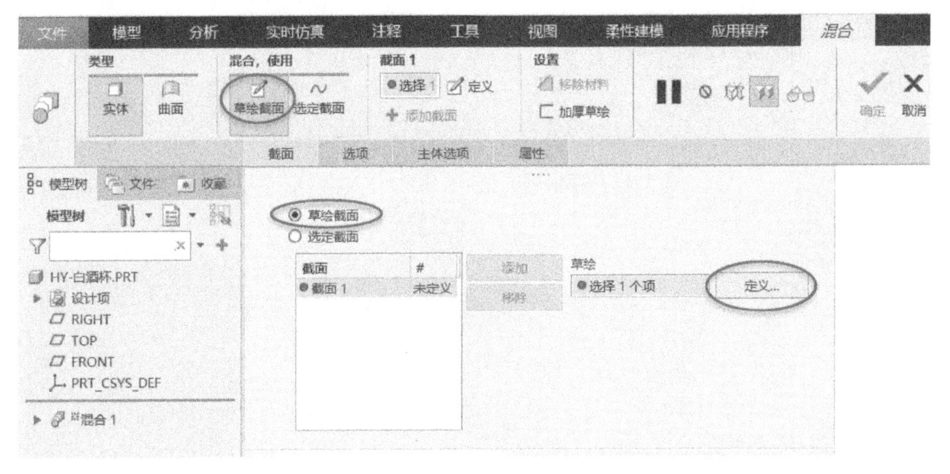

图 4-66　功能区“混合”选项卡

3）在“截面”滑出面板中设置截面 2 的草绘平面位置定义方式为“偏移尺寸”，偏置至截面 1 的距离为 60mm，单击“草绘”按钮，进入内部草绘器。绘制图 4-68 所示的混合截面 2，该混合截面 2 的圆需要被分割为 4 份，分割点分别为 1、2、3、4（使用“分割”按钮在选择点的位置处分割图元），并注意方向箭头的设置，单击“确定”按钮完成草绘并退出内部草绘器。

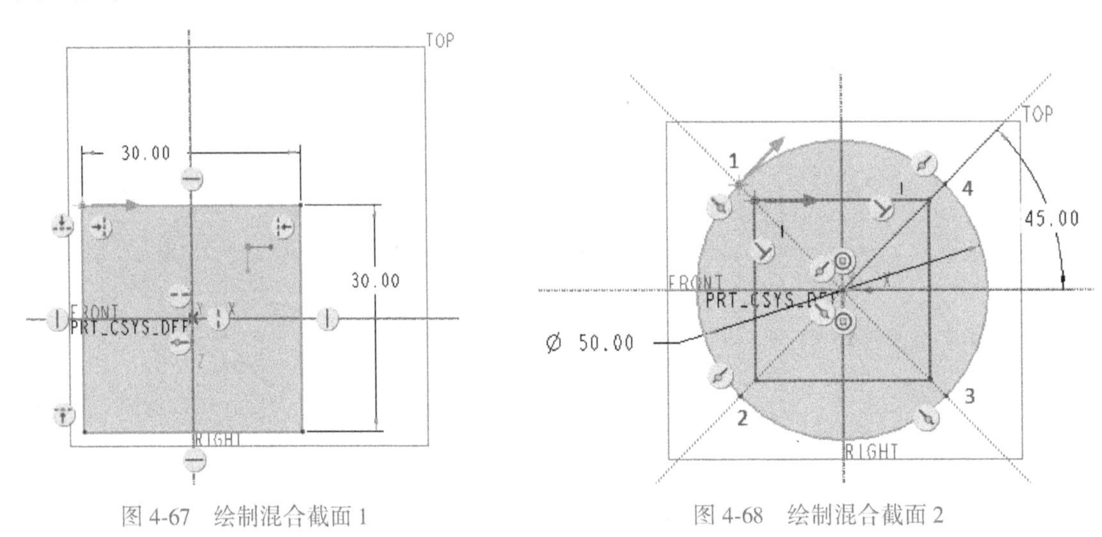

图 4-67　绘制混合截面 1　　　　图 4-68　绘制混合截面 2

知识点拨：

在混合截面中，如果法向起点的方向箭头不是所需要的，则可以使用光标选择该起点。接着在功能区“草绘”选项卡的“设置”滑出面板中选择“特征工具”|“起点”命令，即可反转该起点的方向箭头，也可以在选择该起点后，单击鼠标右键并从弹出的快捷菜单中选择“起点”选项即可。另外，用户要注意的是，平行混合的每个截面必须始终包含相同数量的图元。但封闭混合除外，可将第一个或最后一个截面定义为一个点；对于没有足够几何图元的截面，可以采用添加混合顶点的方式为截面添加一个图元。

4）在“混合”选项卡的“选项”滑出面板中选择“平滑”单选按钮，如图 4-69 所示。

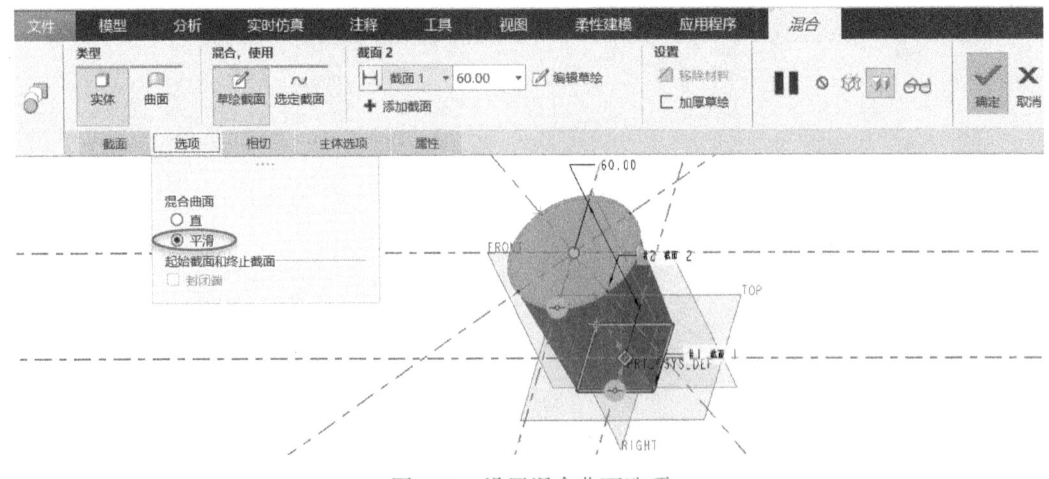

图 4-69　设置混合曲面选项

5）单击“确定”按钮✔，完成创建的混合特征如图 4-70 所示。

3 创建倒圆角

单击“倒圆角”按钮，打开“倒圆角”选项卡，设置圆形圆角半径为 5mm，选择图 4-71 所示的边线进行倒圆角，单击“确定”按钮✔。

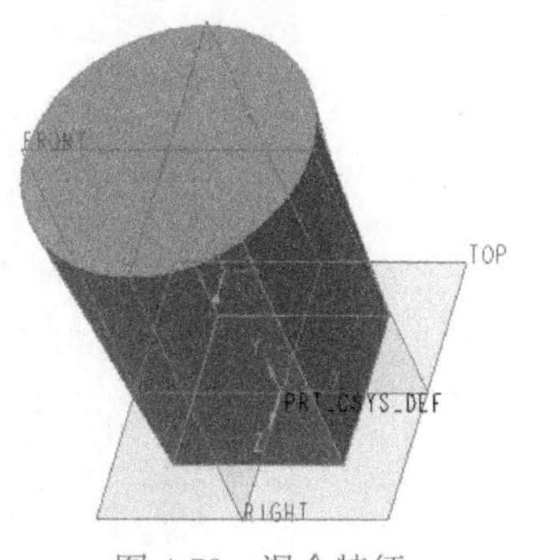

图 4-70　混合特征

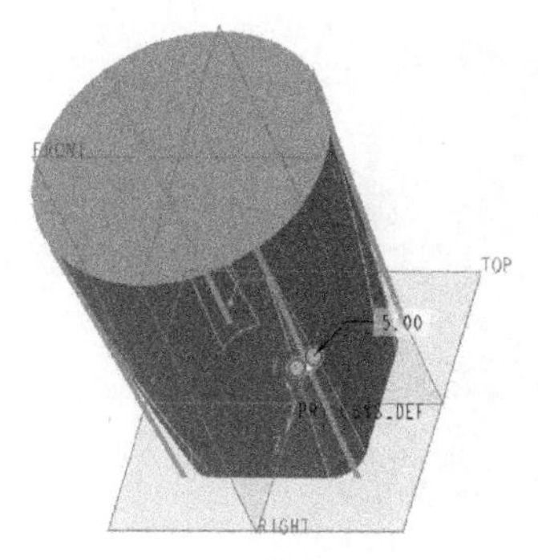

图 4-71　倒圆角 1

4 抽壳处理

1）抽壳即创建壳特征，首先单击“壳”按钮，打开“壳”选项卡。

2）设置壳的整体默认厚度为 3mm。

3）指定顶面作为移除曲面，在“参考”滑出面板上单击“非默认厚度”收集器的框内以激活它。选择白酒杯的底面，设置底面的厚度为 3. 5mm，如图 4-72 所示。

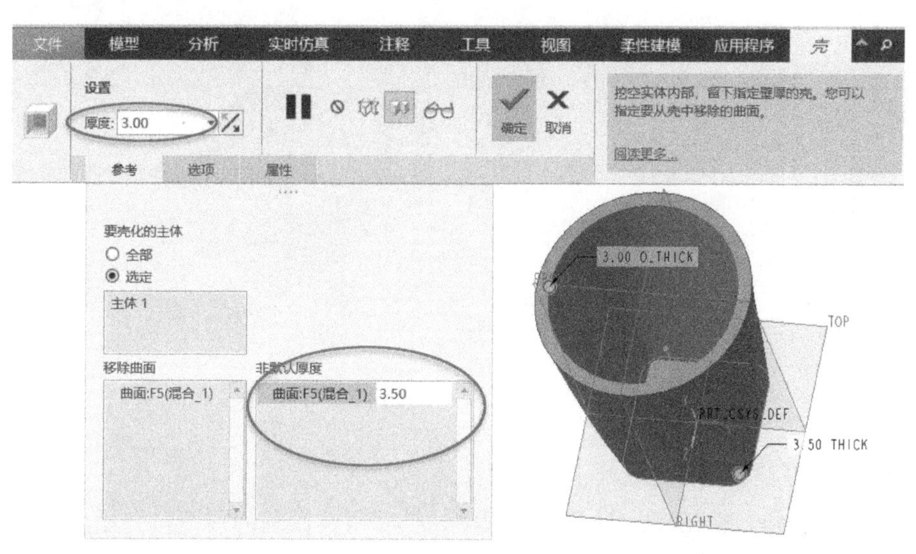

图 4-72　抽壳操作

4）单击“确定”按钮✔。

5 创建倒圆角 2 特征

单击“倒圆角”按钮，打开“倒圆角”选项卡，设置圆形圆角半径为 1mm，结合〈Ctrl〉键选择图 4-73 所示的边线进行倒圆角，单击“确定”按钮✔。

6 在杯子底部切除一点材料

1）单击“拉伸”按钮，接着在打开的“拉伸”选项卡上单击“移除材料”按钮。

2）将鼠标指针置于图形窗口的空余区域，按住鼠标中键的同时移动鼠标以翻转模型视角，选择白酒杯的底面作为草绘平面（如图 4-74 所示），进入草绘器，绘制图 4-75 所示的拉伸截面，单击“确定”按钮。

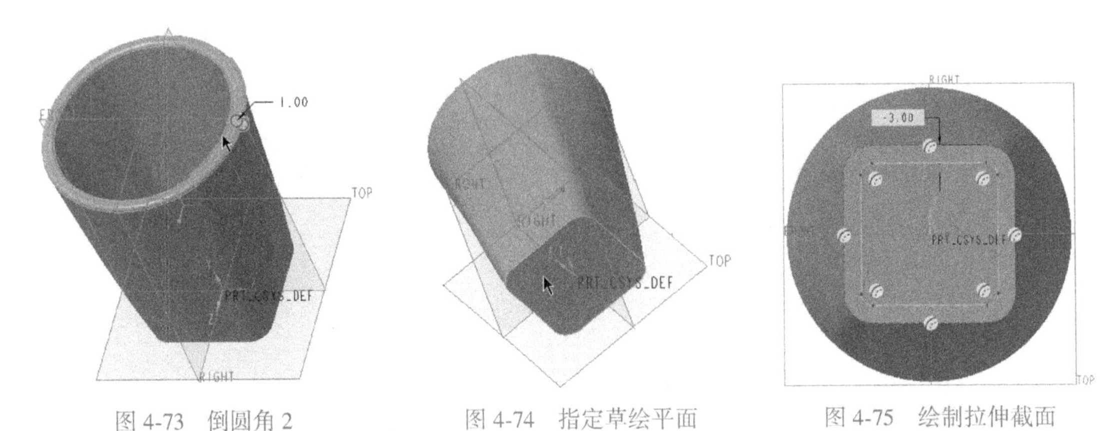

图 4-73　倒圆角 2　　图 4-74　指定草绘平面　　图 4-75　绘制拉伸截面

3）设置拉伸切除的深度为 0.5mm，深度方向指向实体，如图 4-76 所示，然后单击“完成”按钮。

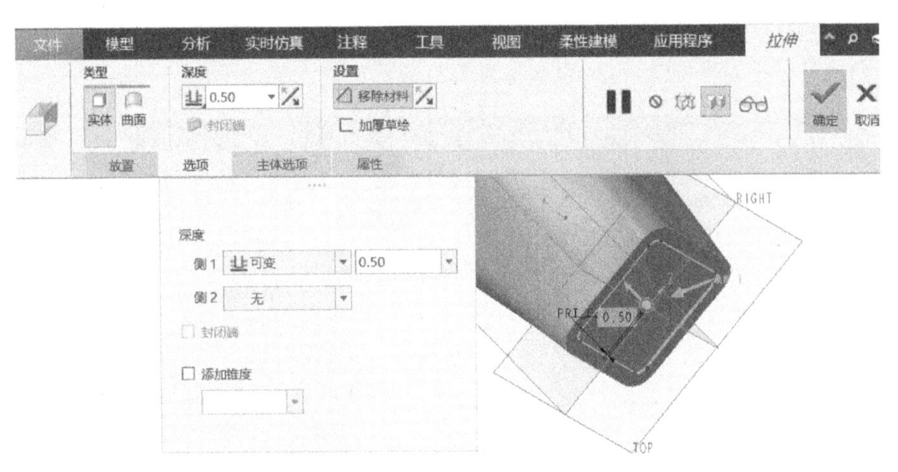

图 4-76　拉伸切除设置

7 创建其余几组倒圆角特征

1）单击“倒圆角”按钮，打开“倒圆角”选项卡，设置圆形圆角半径为 1mm，选择图 4-77 所示的边线进行倒圆角，单击“确定”按钮。

2）继续单击“倒圆角”按钮，结合〈Ctrl〉键选择图 4-78 所示的两条边链创建圆形半径为 1mm 的倒圆角特征，单击“确定”按钮。

3）继续单击“倒圆角”按钮，选择图 4-79 所示的一条边链创建圆形半径为 1mm 的倒圆角特征，单击“确定”按钮。

8 赋予材质

切换至功能区“视图”选项卡，选择合适的外观材质赋予白酒杯，如图 4-80 所示，在赋予材质时建议将“选择”过滤器的选项设置为“零件”。

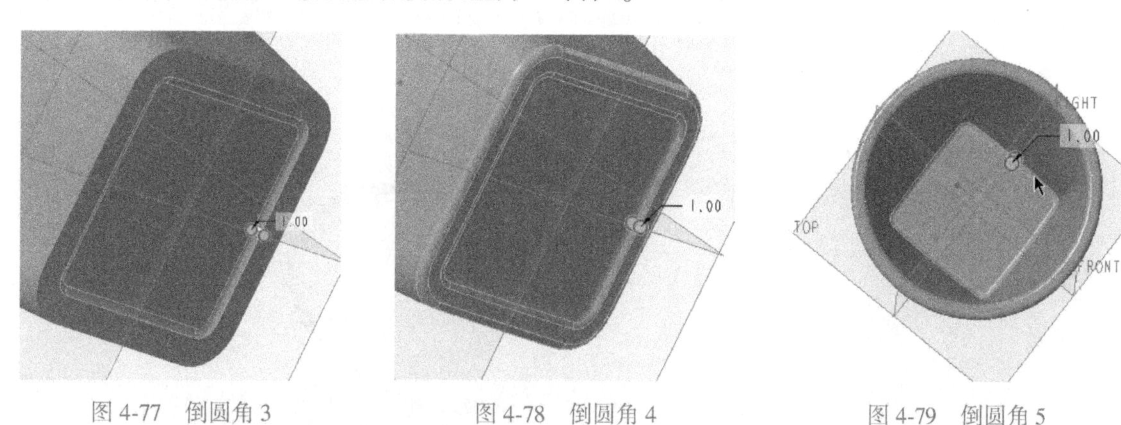

图 4-77　倒圆角 3　　图 4-78　倒圆角 4　　图 4-79　倒圆角 5

图 4-80　给白酒杯零件赋予材质

9 渲染

在功能区打开“应用程序”选项卡，单击“Render Studio”按钮，从而进入“渲染”模块，进行实时渲染操作，以及单击“渲染”按钮进行渲染输出操作，如图 4-81 所示。具体渲染的参数自行设置，这里只引导熟悉“渲染”操作。

10 保存文件

在“快速访问”工具栏中单击“保存”按钮，在指定工作目录中保存该模型文档。

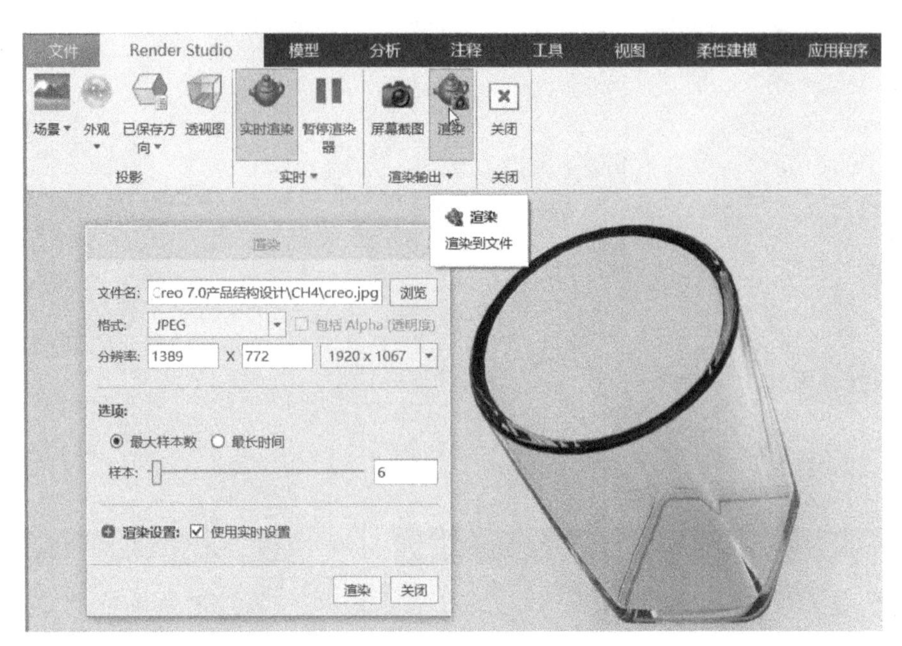

图 4-81　渲染操作

4.5 钻杆体积块螺旋扫描案例

在 Creo 8.0 的零件建模模式下，功能区“模型”选项卡的“形状”面板中提供有一个“体积块螺旋扫描”按钮。使用此按钮，可以通过沿着新的螺旋线扫描旋转对象，移除实体材料，其结果类似于旋转刀具的加工工艺。本节体积块螺旋扫描的典型实例如图 4-82 所示。

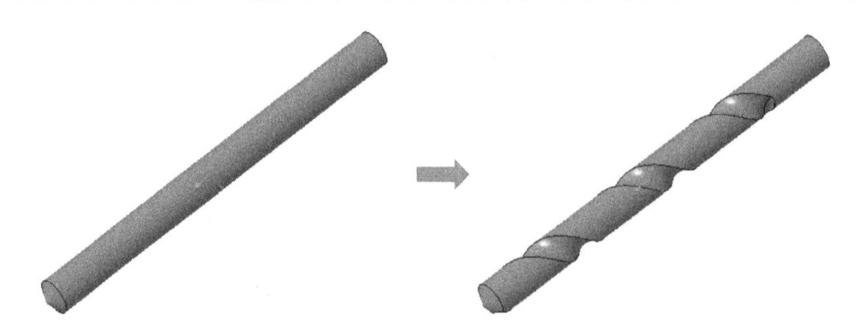

图 4-82　体积块螺旋扫描的典型实例

具体的操作步骤如下。

1 新建实体零件文件

启动 Creo 8.0 后，单击“新建”按钮，弹出“新建”对话框，选择“零件”类型，选择“实体”子类型，输入文件名为“HY-钻杆体积块螺旋扫描案例”，取消勾选“使用默认模板”复选框，单击“确定”按钮。接着在弹出的“新文件选项”对话框中选择“mmns_part_solid_abs”公制模板，然后单击“确定”按钮。

2 创建一个旋转实体

单击“旋转”按钮，打开“旋转”选项卡，选择 TOP 基准平面作为草绘平面，绘制图 4-83 所示的旋转截面（含一条竖直的几何中心线用作旋转轴），单击“确定”按钮完成草绘并退出草绘器。返回到“旋转”选项卡，旋转 360°，单击“确定”按钮，完成创建如图 4-84 所示的旋转实体。

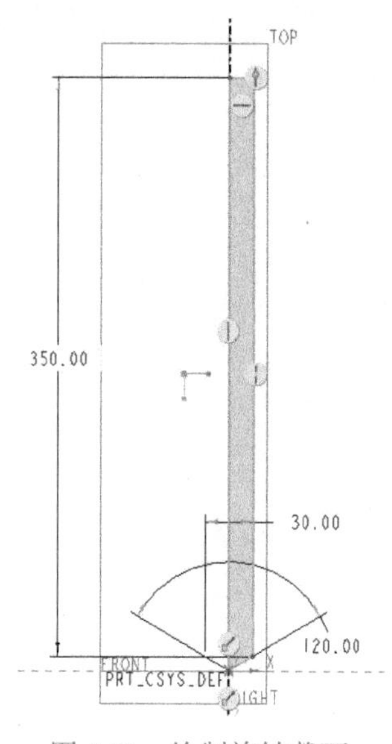

图 4-83 绘制旋转截面

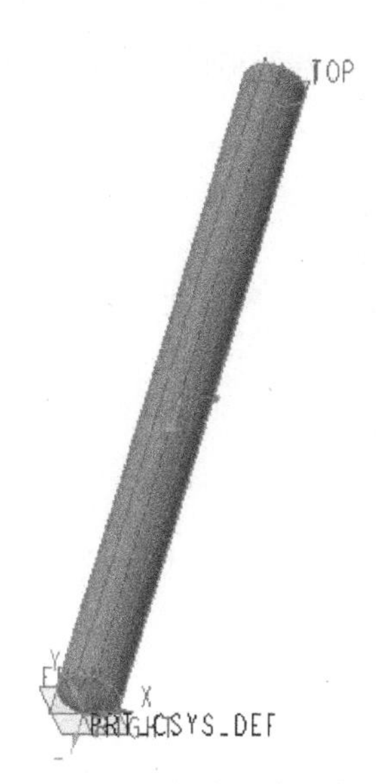

图 4-84 创建旋转实体

创建体积块螺旋扫描特征

1）在功能区“模型”选项卡的“形状”面板中单击“体积块螺旋扫描”按钮，打开图 4-85 所示的“体积块螺旋扫描”选项卡，选中“右手定则”图标选项。

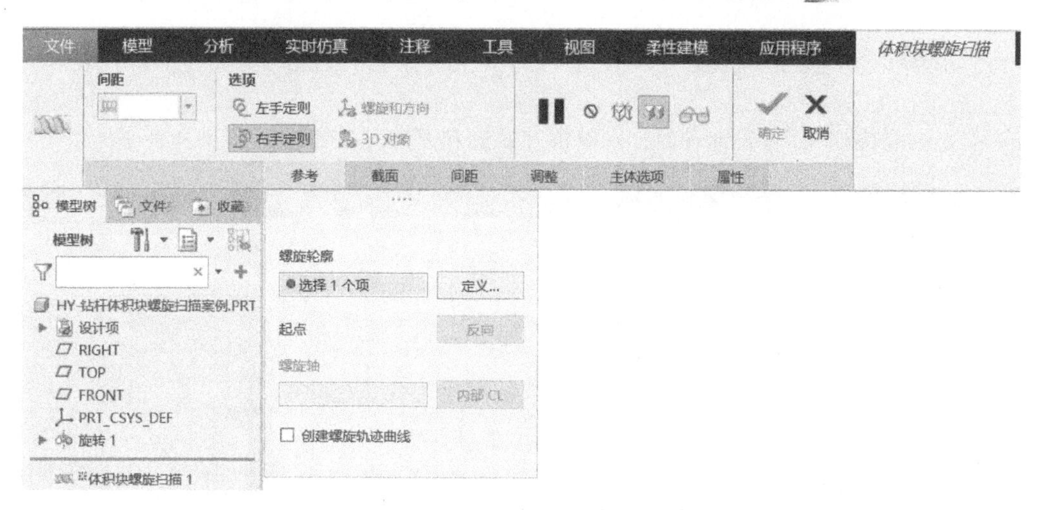

图 4-85 “体积块螺旋扫描”选项卡

2）在“参考”滑出面板中单击“定义”按钮，弹出“草绘”对话框。选择 TOP 基准平面作为草绘平面，默认以 RIGHT 基准平面为“右”方向参考，单击对话框上的“草绘”按钮，进入草绘器（草绘模式）。

3）绘制开放的图线以生成螺旋轮廓，此时可以在草绘中单击“基准”面板中的“中心线”按钮 ，来绘制一条几何中心线用作中心轴，如图 4-86 所示，单击“确定”按钮✔完成草绘并退出草绘器。

4）此时，默认的螺旋起点及螺旋间距为 100mm，如图 4-87 所示。说明：在其他一些设计案例中，如果要在螺旋轮廓的两个端点之间切换体积块螺旋扫描的起始点，那么需要在“参考”滑出面板中单击“起点”旁的“反向”按钮。

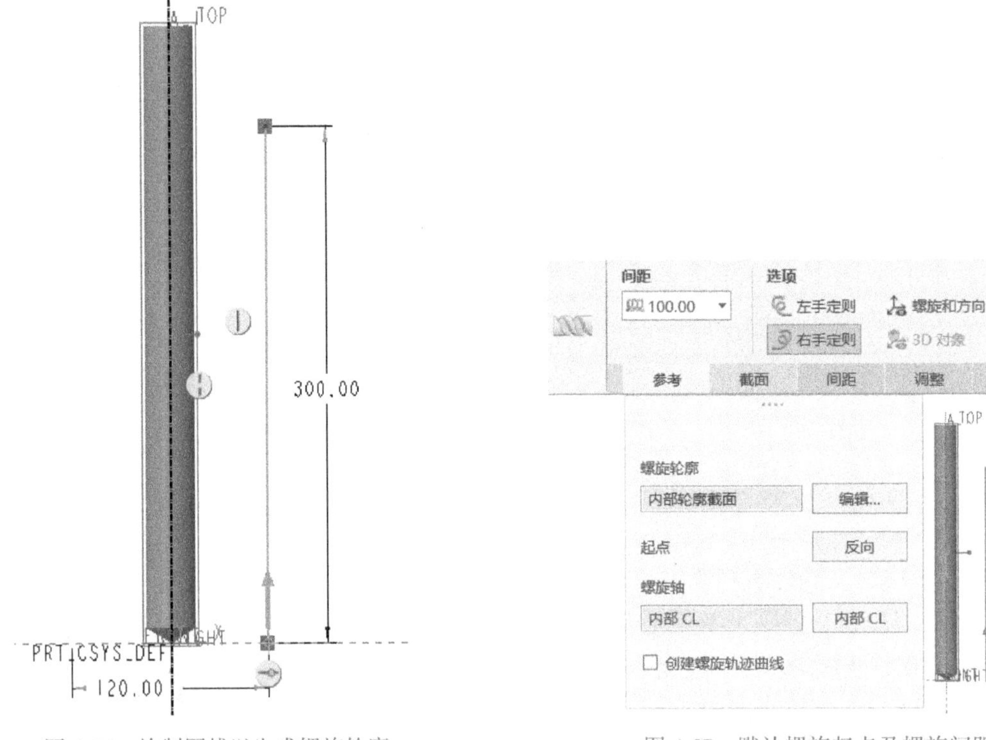

图 4-86　绘制图线以生成螺旋轮廓　　　图 4-87　默认螺旋起点及螺旋间距值

5）要显示螺旋和 3D 对象拖动器，则单击“螺旋和方向”按钮，如图 4-88 所示。

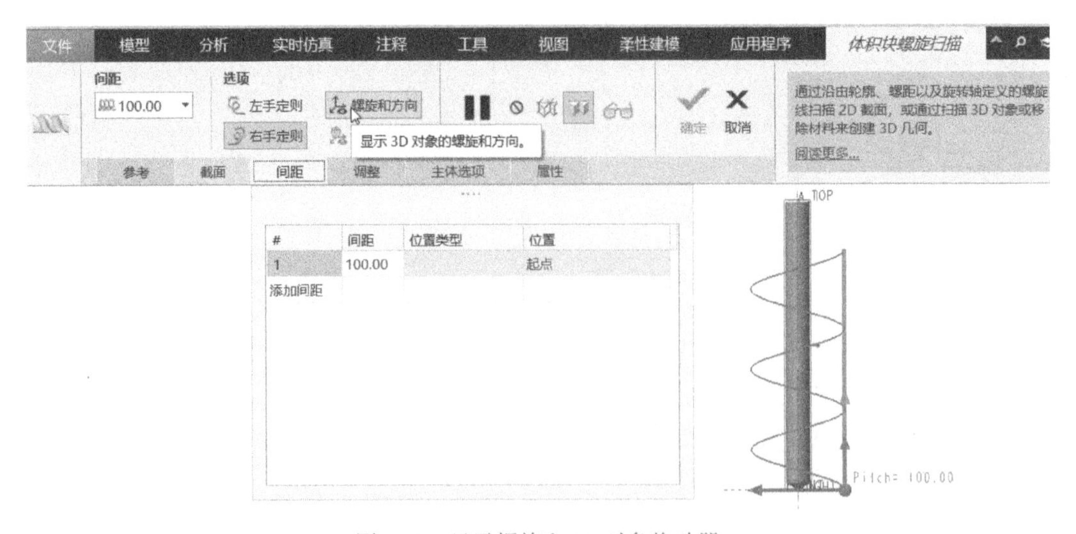

图 4-88　显示螺旋和 3D 对象拖动器

知识点：

这里需要了解什么是体积块螺旋扫描特征的 3D 对象。在体积块螺旋扫描中，通过草绘或选择一个截面可以创建一个，Creo 系统会将该草绘旋转 360°。当 3D 对象沿螺旋移动时，Creo 系统会模拟切削刀具，在沿刀具路径移动时移除材料。而 3D 对象拖动器类似于一个坐标系，会在体积块螺旋扫描工具中显示 3D 对象的方向，从而沿着螺旋方向随 3D 对象一起滑动。拖动器的轴由其他参考进行定义，拖动器的位置由附加的约束和参考来确定。

6）要草绘或选择一个截面以便通过旋转来创建 3D 对象，则打开“截面”滑出面板，选择“草绘截面”或“选定截面”单选按钮。这里选择“草绘截面”单选按钮，单击“创建/编辑截面”按钮，如图 4-89 所示。

7）图形窗口中会显示 X 轴和 Y 轴，两者在原点处相交。绘制图 4-90 所示的螺旋原点处的截面，单击“确定”按钮✔。3D 对象的截面包含一条沿 Y 轴方向的直线（用作 3D 对象的旋转轴），位于 Y 轴的一侧，仅包含直线和圆弧，是闭合的、凸形的，截面绕 Y 轴旋转而生成的 3D 对象必须呈凸形。此时，预览如图 4-91 所示。

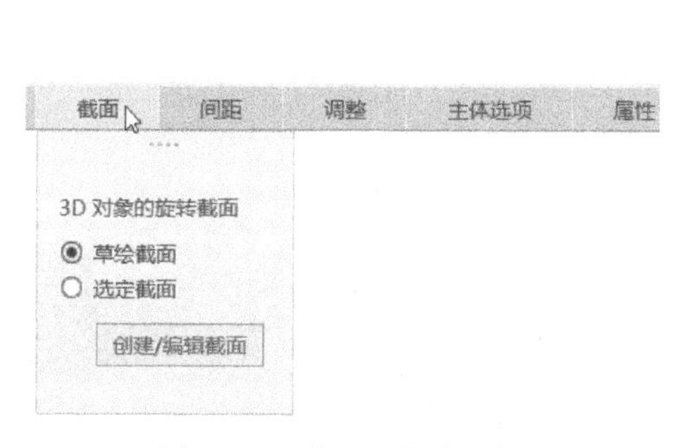

图 4-89 “截面”滑出面板

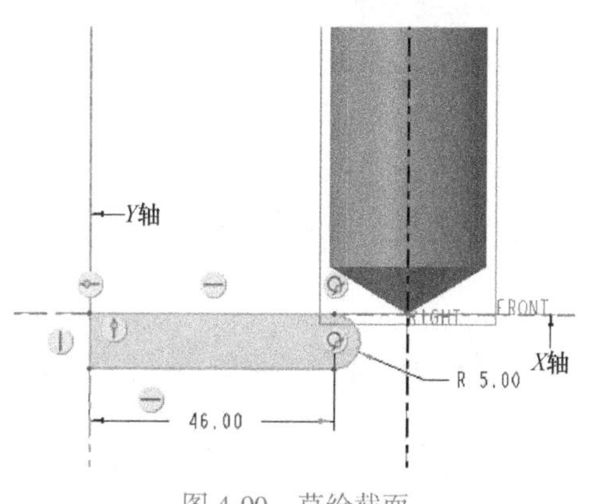

图 4-90 草绘截面

8）要显示旋转 3D 对象，单击图 4-92 所示的“3D 对象”按钮。

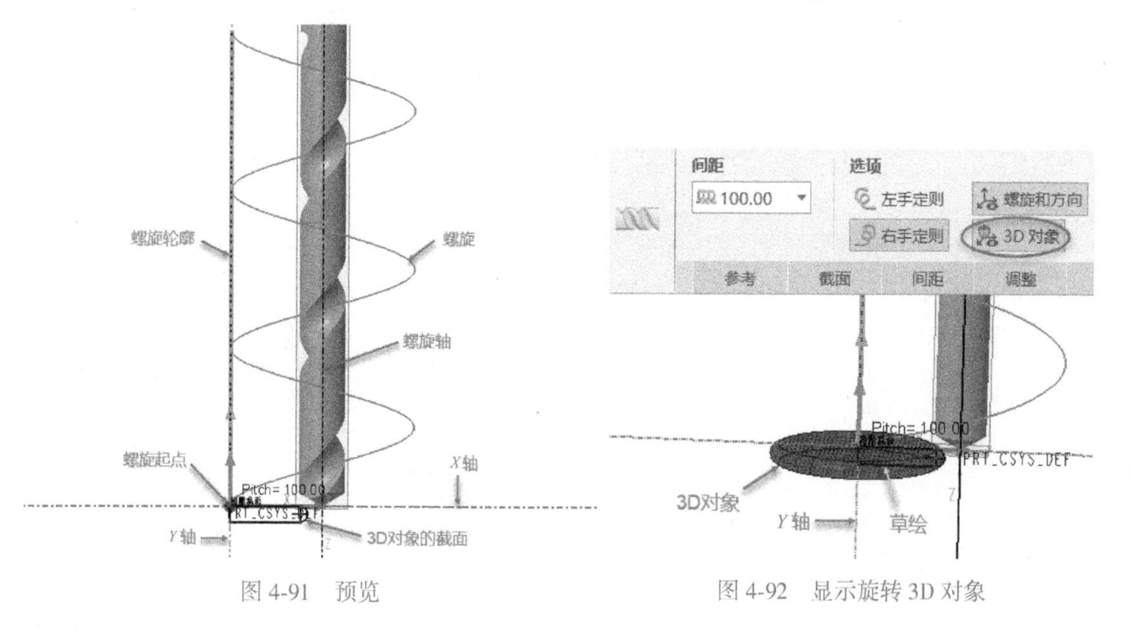

图 4-91 预览　　图 4-92 显示旋转 3D 对象

9）打开“调整”滑出面板，可以根据需要设置将3D对象绕 X 轴或 Z 轴倾斜某一恒定角度，倾斜角度为介于-90°~90°之间值。本例“倾斜绕轴”为“X轴”，倾斜角为0，如图4-93所示。

应用点拨：

如果要设置可变螺距，那么需要打开“间距”滑出面板，通过单击“添加间距”来设置指定间距点的螺距值。本例采用恒定螺距。

10）确保使用右手定则，单击“确定”按钮✔。完成此体积块螺旋扫描特征的效果如图4-94所示。

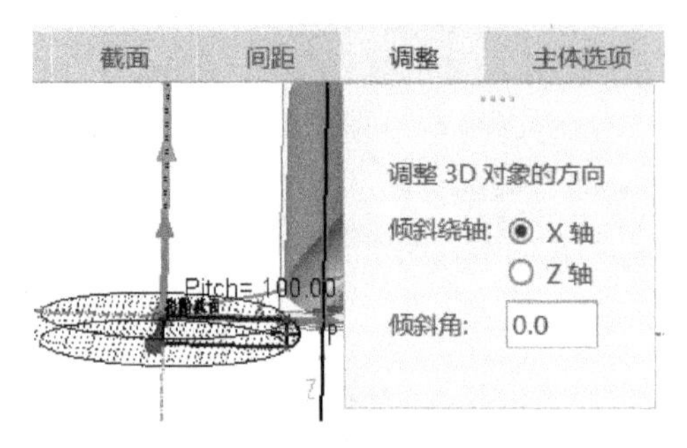

图4-93 “调整”滑出面板

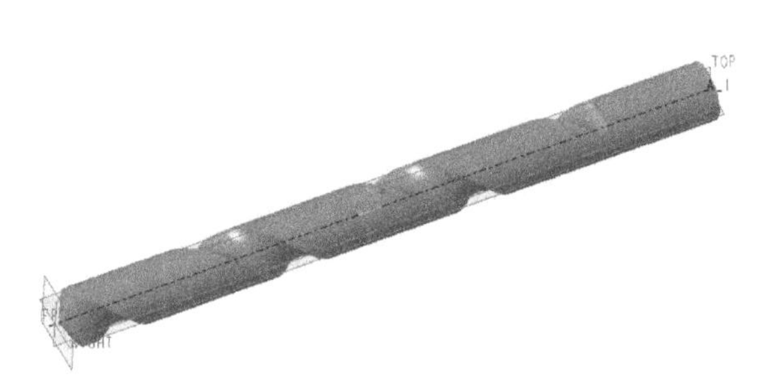

图4-94 完成此体积块螺旋扫描特征的效果

4 保存文件

在“快速访问”工具栏中单击“保存”按钮，在指定工作目录中保存该模型文档。

4.6 圆柱螺旋压缩弹簧建模案例

弹簧是一种利用自身弹性来工作的常见机械零件。弹簧的种类较多，按形状来分，主要有螺旋弹簧、板弹簧、涡卷弹簧、蝶形弹簧、扭杆弹簧、异型弹簧等；按受力性质来分，则可分为拉伸弹簧、压缩弹簧、扭力弹簧和弯曲弹簧。

所述压缩弹簧是承受轴向压力的螺旋弹簧，弹簧的圈与圈之间具有一定的间隙，当弹簧受到轴向外载荷时，可收缩变形以储存变形能。本例的压缩弹簧为变节距弹簧，圆柱螺旋压缩弹簧由支撑圈、有效圈组成，有效圈的节距是固定的，支撑圈的节距是可变的。其主要特征尺寸有弹簧钢丝直径 d、弹簧中径 D、弹簧有效圈的节距 t、弹簧有效圈的圈数 n，支承圈数通常有1.5圈、2圈和2.5圈三种，支承圈的两端并紧且磨平以便于压缩弹簧工作时受力均匀，轴线垂直于支撑端面。

本案例要完成建模的圆柱螺旋压缩弹簧，如图4-95所示，其弹簧的中径 $D=30\text{mm}$、弹簧钢丝直径 $d=4.5\text{mm}$、弹簧有效圈节距 $t=9.76\text{mm}$，弹簧有效圈 $n=6.5$。建模要求弹簧两端支承圈并紧且磨平，支承圈的圈数均取2.5圈。

图4-95 圆柱螺旋压缩弹簧

该圆柱螺旋压缩弹簧建模案例的具体操作步骤如下。

1 新建实体零件文件

启动Creo 8.0后，单击“新建”按钮，弹出

“新建”对话框，选择“零件”类型，选择“实体”子类型，输入文件名为“圆柱螺旋压缩弹簧”，取消勾选“使用默认模板”复选框，单击“确定”按钮。接着在弹出的“新文件选项”对话框中选择“mmns_part_solid_abs”公制模板，然后单击“确定”按钮。

2 创建螺旋扫描特征

1）在功能区“模型”选项卡的“形状”面板中单击“螺旋扫描”按钮，打开图4-96所示的“螺旋扫描”选项卡。

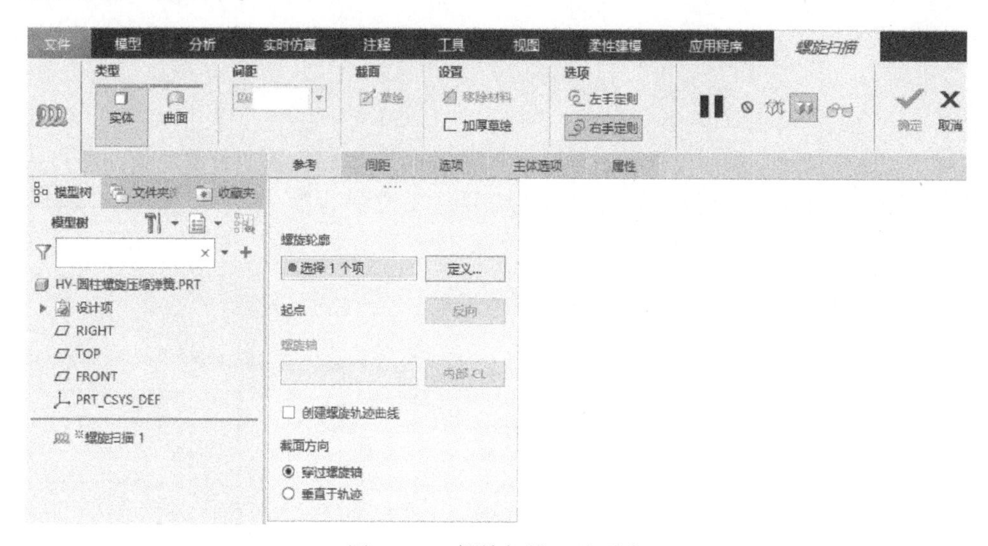

图4-96 “螺旋扫描”选项卡

2）在“参考”滑出面板中选择“穿过螺旋轴”单选按钮定义截面方向，单击位于“螺旋轮廓”收集器右侧的“定义”按钮，弹出“草绘”对话框。选择FRONT基准平面作为草绘平面，默认以RIGHT基准平面为“右”方向参考，单击“草绘”按钮。

3）绘制图4-97所示的螺旋轮廓草图线。该螺旋轮廓草图线由5个线段和一条几何中心线组成，分别为AB、BC、CD、DE和EF，其中AB线段和EF线段相等（其长度可取1倍的钢丝直径值），BC线段和DE线段相等（其长度可取1.5倍的钢丝直径值）。单击“确定”按钮。

4）选择“右手定则”按钮，接着打开“选项”滑出面板，在“沿着轨迹”选项组中选择“常量”单选按钮。

5）打开“间距”滑出面板，将起点位置的间距（节距）值设置为4.50mm。单击“添加间距”增加一个间距点，该间距点的位置为螺旋轮廓草图线的终点，并设置该终点的间距（节距）值为4.50mm，如图4-98所示。

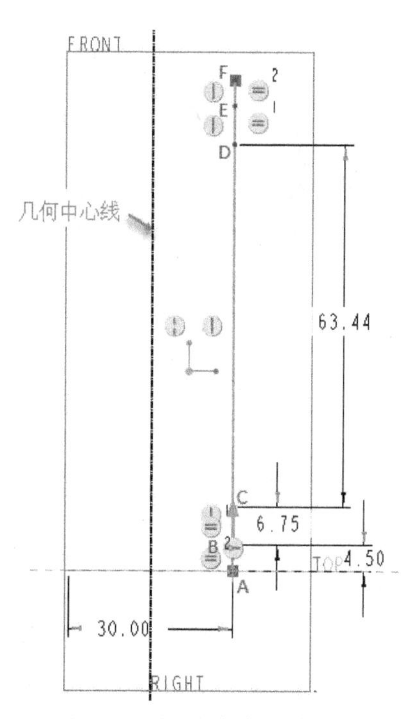

图4-97 绘制螺旋轮廓草图线

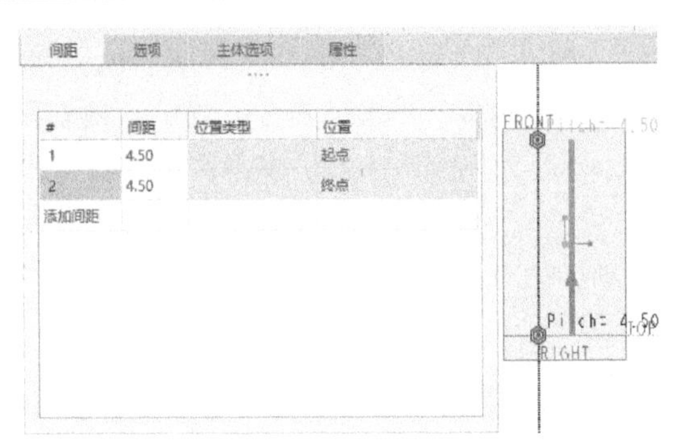

图 4-98 增加一个间距点（即第 2 个间距点）

6）在“间距”滑出面板中继续通过单击“添加间距”来添加其他所需的新间距点，本例一共定义 6 个间距点，其中 4 个新添加的间距点需要定义位置类型，位置类型的选项有“按值”“按参考”“按比率”。定义好图 4-99 所示的间距点。

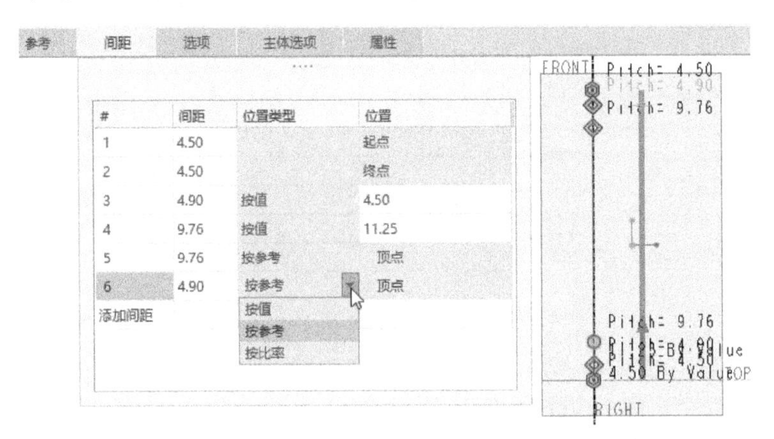

图 4-99 继续定义好所需的间距点

7）在“螺旋扫描”选项卡上单击“草绘”按钮，绘制钢丝截面圆，如图 4-100 所示。单击“确定”按钮，此时可以看到弹簧的动态预览效果如图 4-101 所示。

8）在“螺旋扫描”选项卡上单击“确定”按钮，完成创建的螺旋扫描特征如图 4-102 所示。

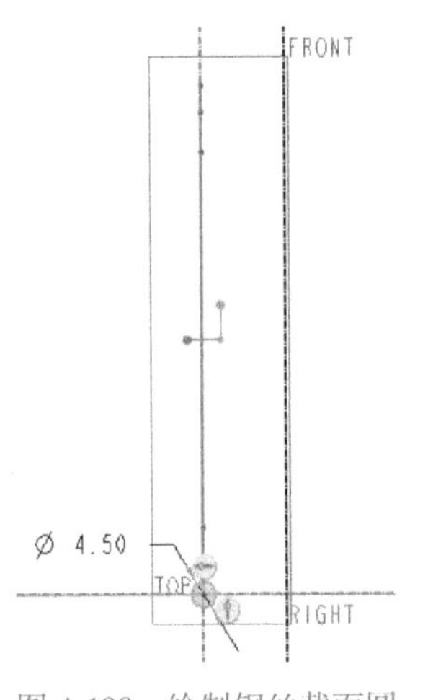

图 4-100 绘制钢丝截面圆

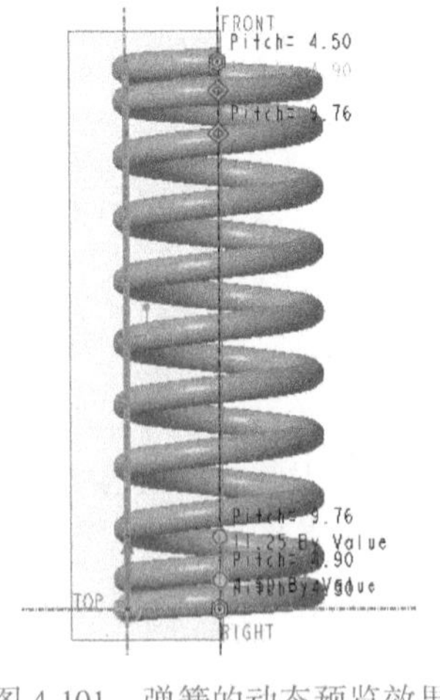

图 4-101 弹簧的动态预览效果

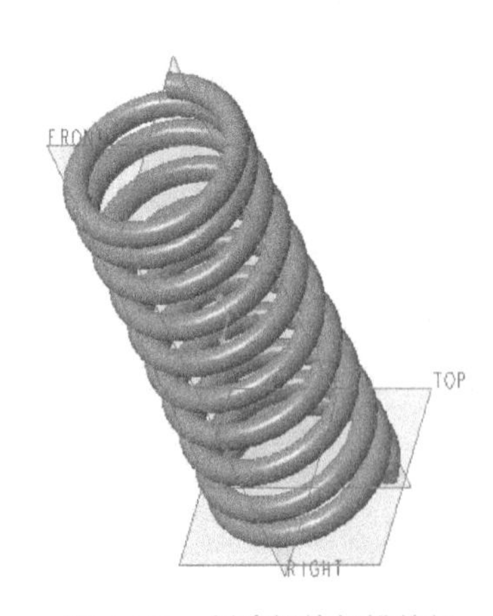

图 4-102 创建螺旋扫描特征

3 使用“拉伸”工具“磨平”两端

1）单击“拉伸”按钮，接着在打开的“拉伸”选项卡上单击“移除材料”按钮。

2）选择 FRONT 基准平面作为草绘平面，进入内部草绘器，绘制如图 4-103 所示的矩形，单击“确定”按钮。

3）单击“将材料的拉伸方向更改为草绘的另一侧”按钮，并打开“选项”滑出面板，将侧 1 和侧 2 的深度选项均设置为“穿透”，如图 4-104 所示。

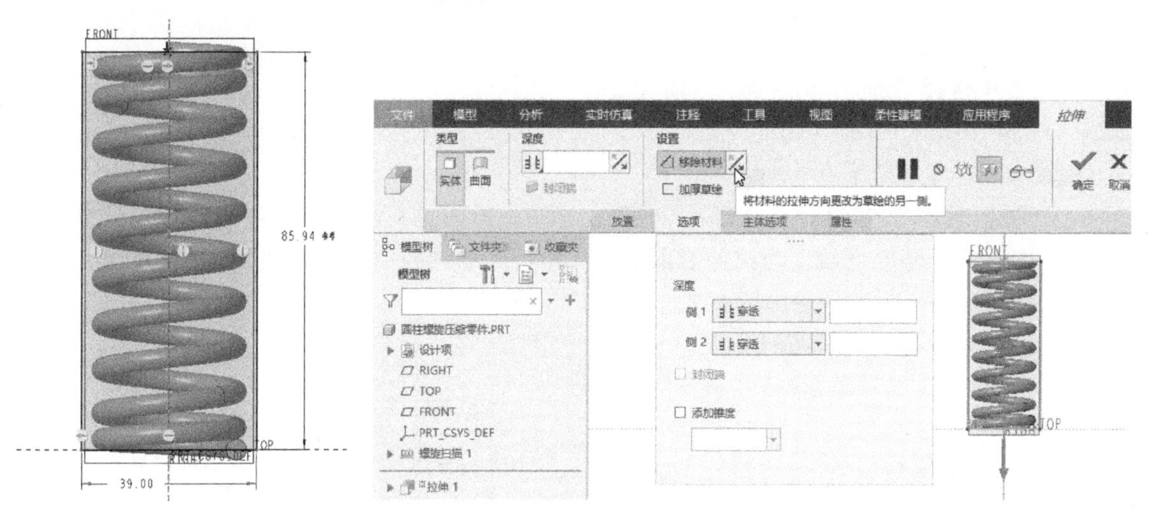

图 4-103　绘制一个矩形　　图 4-104　在“拉伸”选项卡上进行相关设置

4）单击“确定”按钮，完成创建的圆柱螺旋压缩弹簧的模型效果如图 4-105 所示。

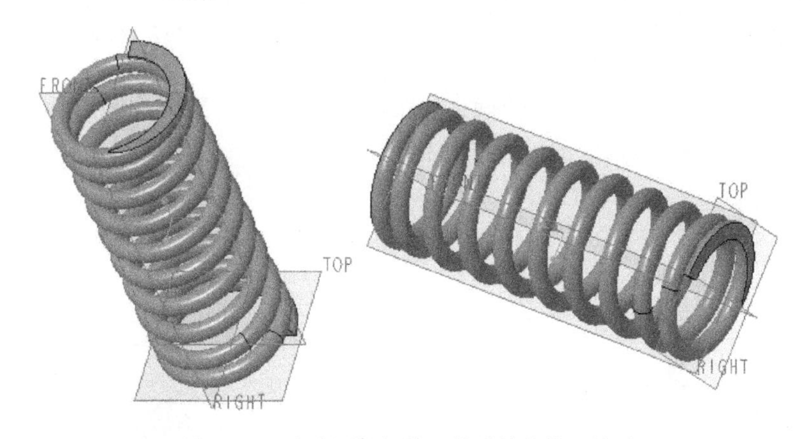

图 4-105　完成圆柱螺旋压缩弹簧的模型效果

4 保存文件

在“快速访问”工具栏中单击“保存”按钮，在指定工作目录中保存该模型文档。

4.7 阀体设计案例

本节要创建的阀体模型如图 4-106 所示。所用建模工具有“拉伸”“旋转”“孔”“轮廓筋”

“倒圆角”等。其中孔涉及多种孔类型。

本阀体设计案例具体步骤如下。

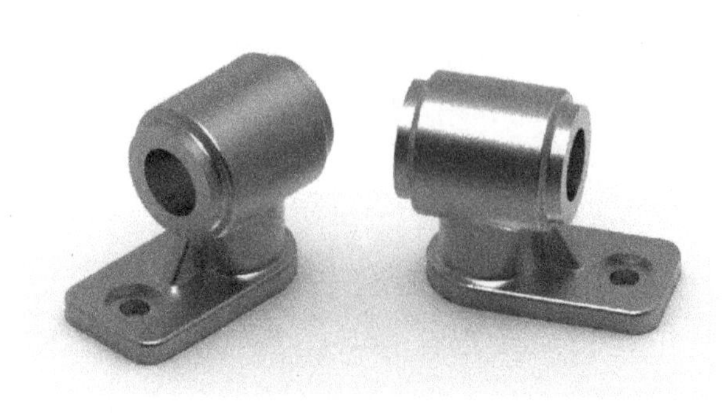

图 4-106 阀体模型

1 新建实体零件文件

启动 Creo 8.0 后，单击“新建”按钮，弹出“新建”对话框，选择“零件”类型，选择“实体”子类型，输入文件名为“HY-阀体”，取消勾选“使用默认模板”复选框，单击“确定”按钮。接着在弹出的“新文件选项”对话框中选择“mmns_part_solid_abs”公制模板，然后单击“确定”按钮。

2 创建一个拉伸实体特征

1）单击“拉伸”按钮，打开“拉伸”选项卡，默认创建实体。

2）选择 TOP 基准平面作为拉伸截面的草绘平面，绘制的拉伸截面如图 4-107 所示，单击“确定”按钮✔完成草绘并退出草绘器。

3）设置侧 1 的拉伸深度为 10mm。

4）在“拉伸”选项卡上单击“确定”按钮✔。

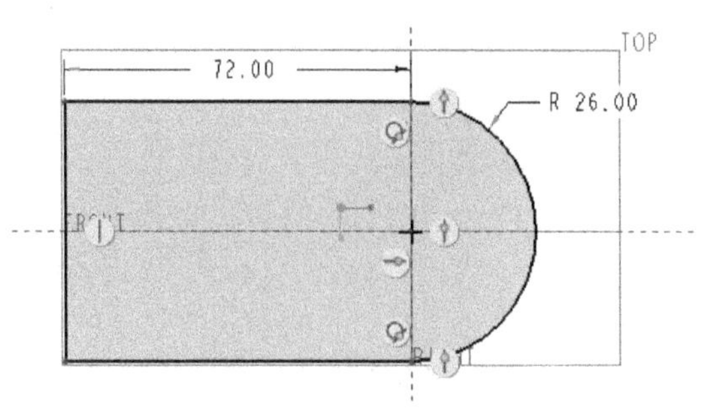

图 4-107 绘制拉伸截面

3 创建旋转特征

1）单击“旋转”按钮，打开“旋转”选项卡。

2）选择 FRONT 基准平面作为草绘平面，绘制图 4-108 所示的旋转截面，记得绘制一条水平几何中心线用作旋转轴。单击“确定”按钮✔完成草绘并退出草绘器。

3）默认的旋转角度为 360°，单击“确定”按钮✔，完成创建图 4-109 所示的旋转特征。此时可以按〈Ctrl+D〉快捷键以默认的标准方向视角显示模型。

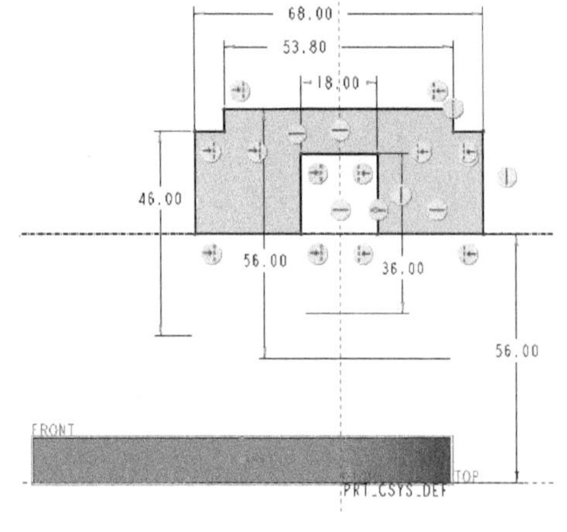

图 4-108 绘制旋转截面

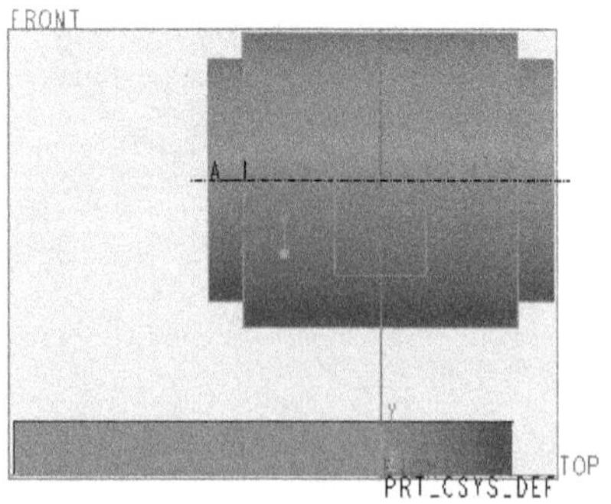

图 4-109 创建旋转特征

4 创建拉伸实体特征

1）单击“拉伸”按钮，打开“拉伸”选项卡，默认选中“实体”选项。

2）选择 TOP 基准平面为草绘平面，绘制图 4-110 所示的拉伸截面，单击“确定”按钮✔完成草绘并退出内部草绘器。

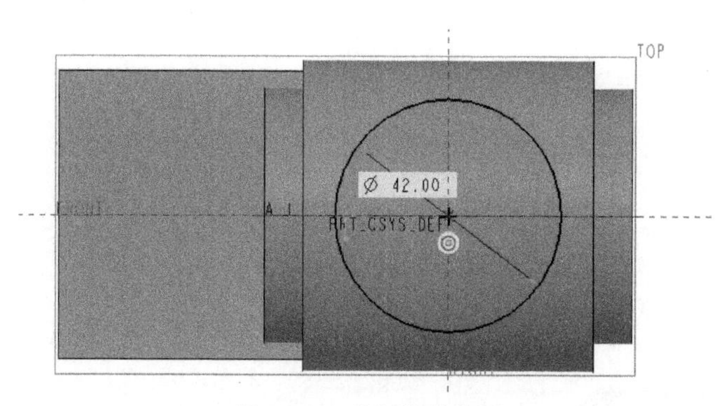

图 4-110　绘制拉伸截面

3）在“拉伸”选项卡上确保取消勾选“移除材料”按钮，将侧 1 的深度选项设置为“到参考”。在模型中选择要拉伸到的实体曲面，如图 4-111 所示，然后单击“确定”按钮✔。

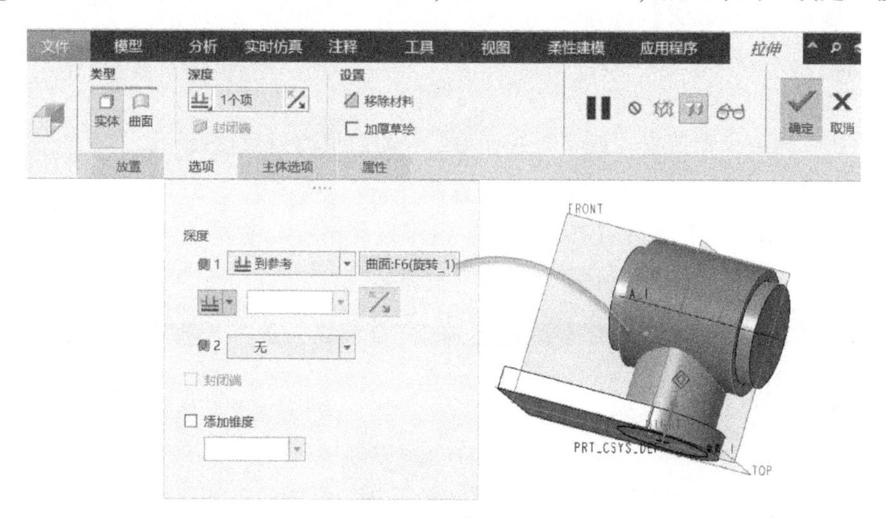

图 4-111　选择要拉伸到的实体曲面

创建一个标准螺纹孔

1）单击“孔”按钮，打开“孔”选项卡。

2）在“孔”选项卡上单击“标准”按钮，设置使用直孔轮廓，添加攻丝，从“螺纹类型”下拉列表框中选择“ISO”，从“螺钉尺寸”下拉列表框中选择“M30×1. 5”，从“深度”下拉列表框中选择“穿透”图标选项，如图 4-112 所示。

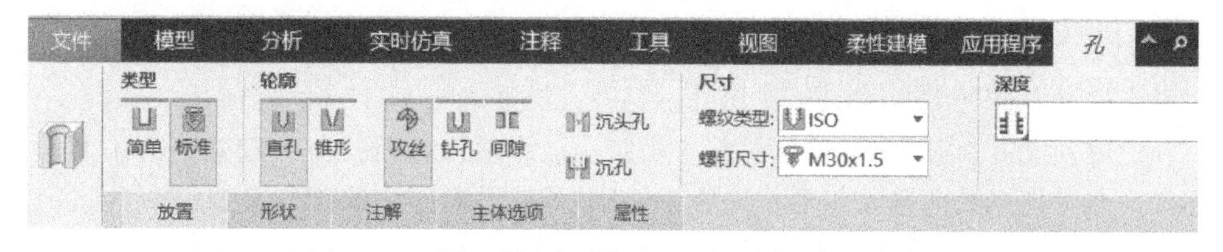

图 4-112　设置创建标准螺纹孔的相关选项及参数

3）在模型中选择 A_1 轴线，按住〈Ctrl〉键的同时选择所需的一个端面，如图 4-113 所示。

4）在“孔”选项卡上打开“注解”滑出面板，取消勾选“添加注解”复选框，如图 4-114 所示。

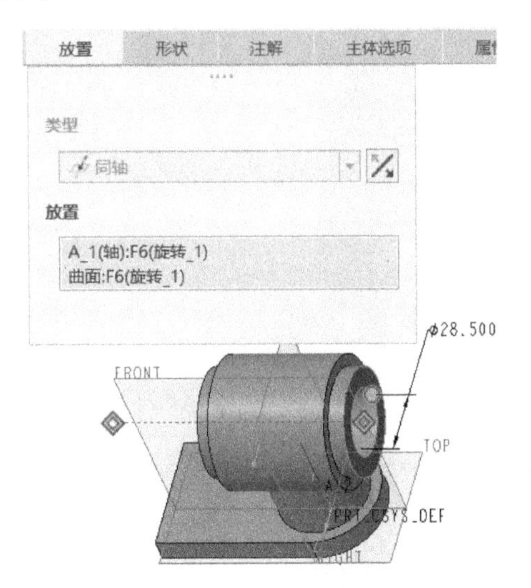

图 4-113　指定螺纹孔的放置

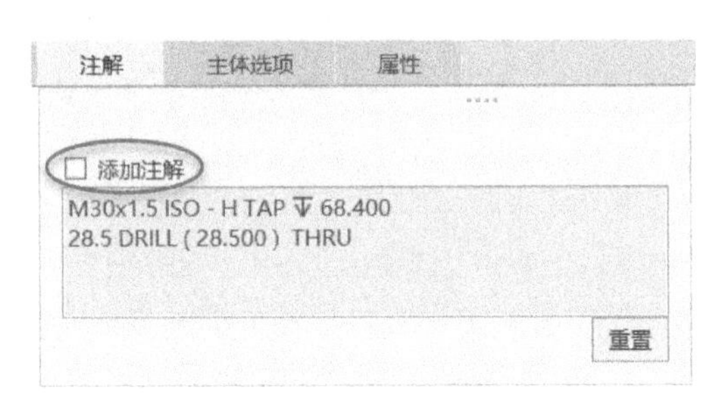

图 4-114　取消勾选“添加注解”复选框

5）在“孔”选项卡上单击“确定”按钮✔，完成创建该标准螺纹孔。

6 创建一个使用预定义矩形轮廓的简单直孔

单击“孔”按钮，打开“孔”选项卡，设置该简单直孔的相关参数、选项，以及指定其放置位置，如图 4-115 所示，然后单击“确定”按钮✔。

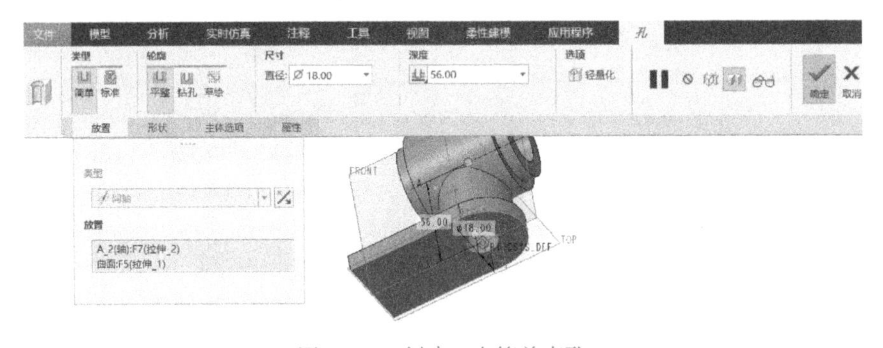

图 4-115　创建一个简单直孔

7 创建一个锥形螺纹孔

使用同样的方法创建一个锥形螺纹孔，该孔的相关设置如图 4-116 所示，同样可以设置不添加注解。

8 创建一个沉孔

1）单击“孔”按钮来创建一个沉孔，其相关设置如图 4-117 所示。

2）孔的放置设置如图 4-118 所示，其中指定主放置曲面之后，在“放置”滑出面板中单击“偏移参考”收集器以激活该收集器。选择 FRONT 基准平面作为偏移参考 1，按住〈Ctrl〉键的同时选择 RIGHT 基准平面作为偏移参考 2，然后在“偏移参考”收集器中修改相应的偏移尺寸。

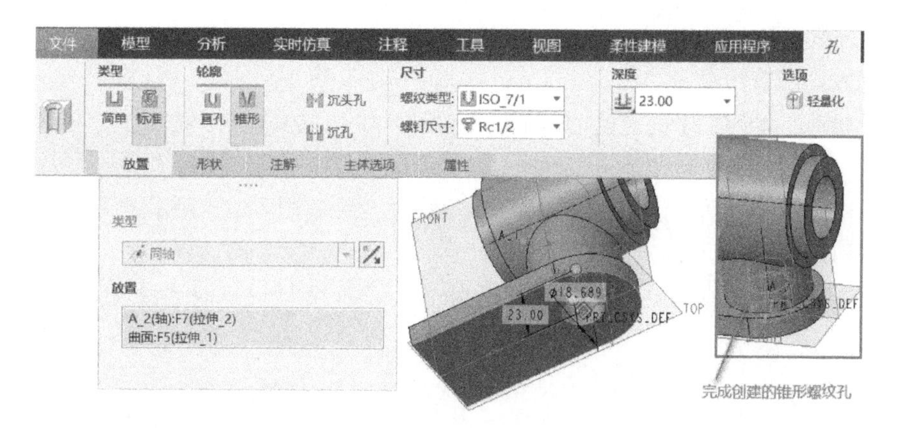

图 4-116　创建锥形螺纹孔

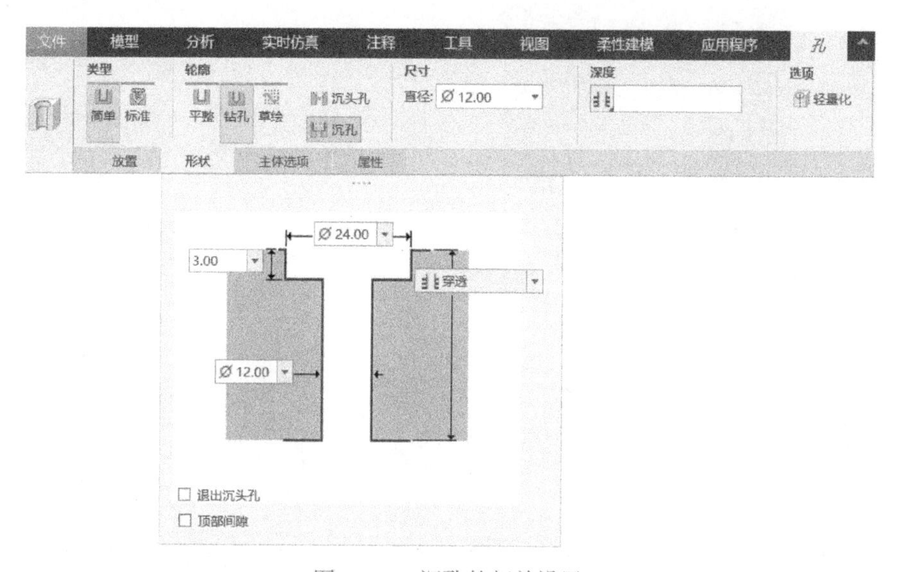

图 4-117　沉孔的相关设置

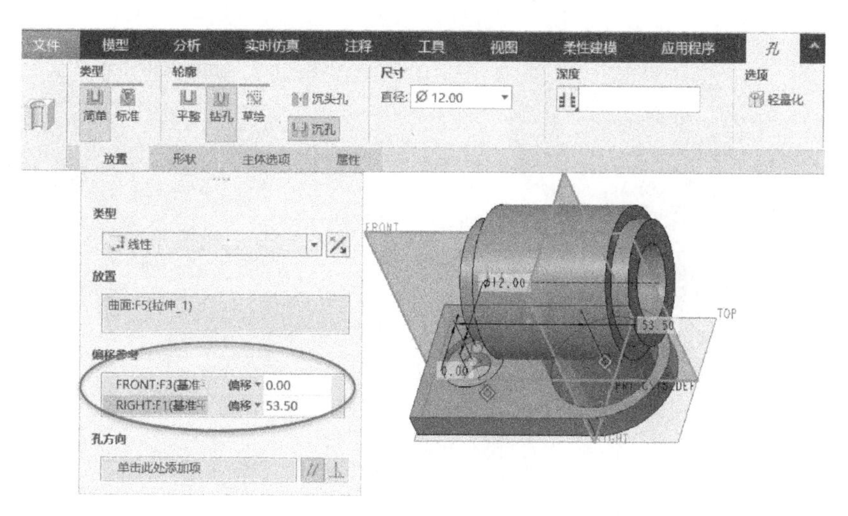

图 4-118　定义孔的主放置参考、偏移参考

3）单击“确定”按钮✔。

9 创建轮廓筋特征

1）在功能区“模型”选项卡的“工程”面板中单击“轮廓筋”按钮，打开“轮廓筋”选项卡。

2）选择 FRONT 基准平面，快速进入内部草绘器，绘制图 4-119 所示的一条线，单击“确定”按钮✔完成草绘并退出草绘器。

3）在“轮廓筋”选项卡上设置筋宽度为 8mm，确保能形成筋材料填充区域，如图 4-120 所示。

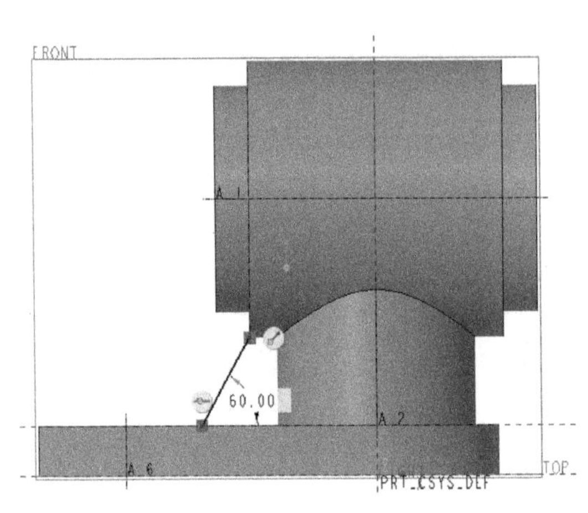

图 4-119　绘制一条线

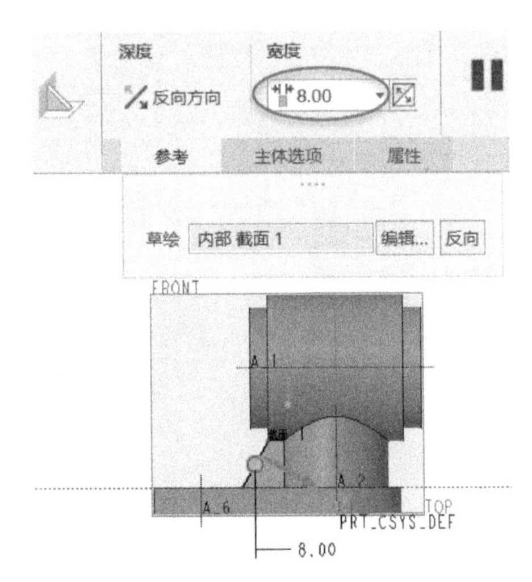

图 4-120　设置轮廓筋的宽度等

4）在“轮廓筋”选项卡上单击“确定”按钮✔，完成创建图 4-121 所示的一个轮廓筋。

10 创建倒圆角特征

单击“倒圆角”按钮，设置圆形圆角的半径为 10mm，结合〈Ctrl〉键选择图 4-122 所示的两条边进行倒圆角，单击“确定”按钮✔。

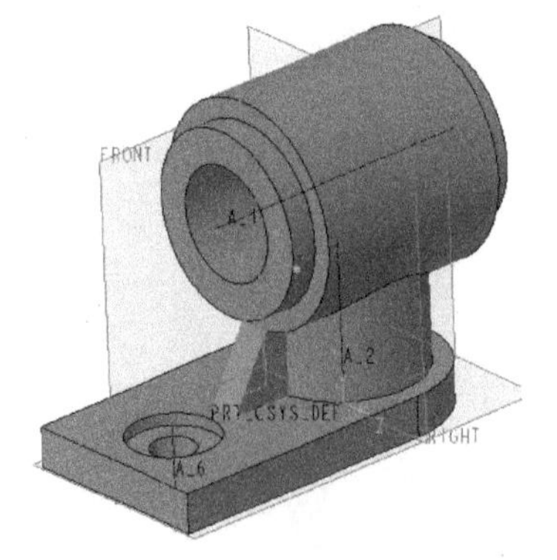

图 4-121　创建一个轮廓筋

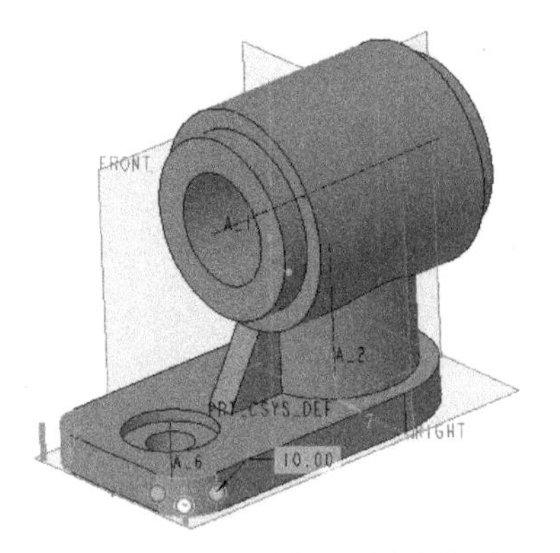

图 4-122　选择两条边进行倒圆角

11 继续创建 R2 的倒圆角

单击“倒圆角”按钮，设置圆形圆角的半径为 2mm，分别选择所需的边线进行倒圆角，如图 4-123 所示。

12 保存文件

完成设计的阀体模型如图 4-124 所示，最后在“快速访问”工具栏中单击“保存”按钮，在指定工作目录中保存该模型文档。

图 4-123　继续创建倒圆角

图 4-124　完成的阀体

4.8 回形针建模案例

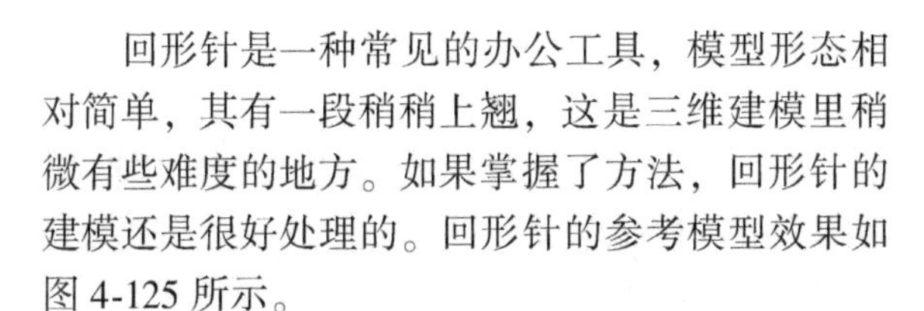

回形针是一种常见的办公工具，模型形态相对简单，其有一段稍稍上翘，这是三维建模里稍微有些难度的地方。如果掌握了方法，回形针的建模还是很好处理的。回形针的参考模型效果如图 4-125 所示。

图 4-125　回形针的参考模型效果

从回形针的结构形态进行分析，很容易就想到用“扫描”工具命令来创建，而扫描又需要一个扫描截面和一条扫描轨迹线，由此可以找到回形针建模的难度在于扫描轨迹线的搭建。在本案例中用到了“二次投影”的思想，为了获得“上翘”的空间轨迹线，可以分别在相互垂直的两个平面上各绘制一条曲线，然后将这两条曲线沿着投影方向进行逆向“相交”，从而得到“上翘”的空间轨迹线。

本回形针建模案例具体的操作步骤如下。

1 新建实体零件文件

运行 Creo 8.0 软件，设置工作目录后，单击“新建”按钮新建一个名称为“HY-回形针”、不使用默认模板而使用“mmns_part_solid_abs”公制模板的实体零件文件。

2 创建草绘 1

1）在功能区“模型”选项卡的“基准”面板中单击“草绘”按钮，弹出“草绘”选项卡。

2）选择 TOP 基准平面作为草绘平面，以 RIGHT 基准平面为“右”方向参考，单击“草绘”对话框。

3）在 TOP 平面上绘制图 4-126 所示的草绘 1，单击“确定”按钮。

3 创建草绘 2

使用和步骤 2 相同的方法，单击“草绘”按钮，在 FRONT 基准平面上绘制图 4-127 所示的草绘 2。在绘制草绘 2 时，注意思考尺寸“14. 3”是怎么来的，这一点很关键，对理解上翘曲线的二次投影思路很有帮助。

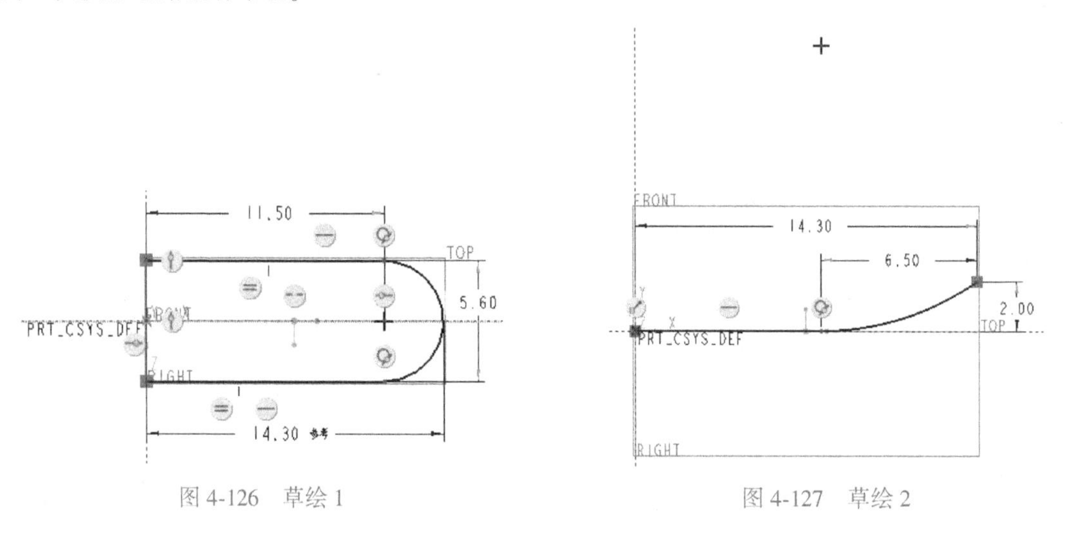

图 4-126　草绘 1　　　　图 4-127　草绘 2

4 对两个草绘进行“相交”处理

1）选择草绘 1，按住〈Ctrl〉键的同时选择草绘 2。

2）在功能区“模型”选项卡的“编辑”面板中单击“相交”按钮，生成上翘的空间曲线，同时草绘 1 曲线和草绘 2 曲线自动被隐藏，如图 4-128 所示。

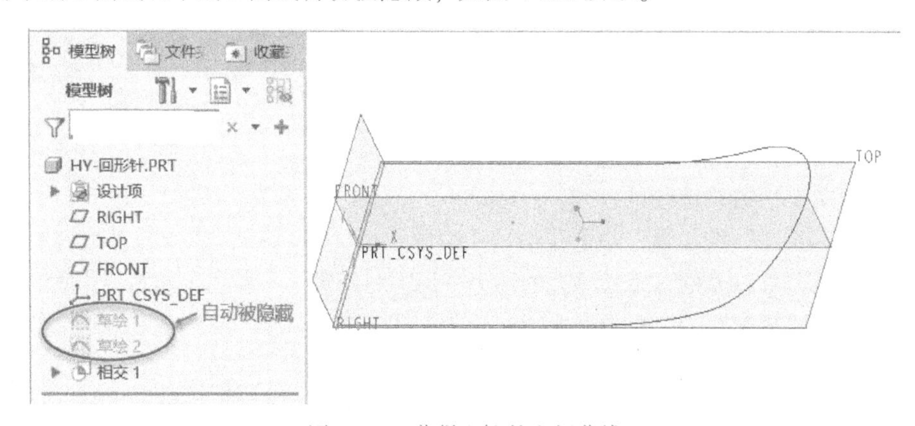

图 4-128　获得上翘的空间曲线

5 绘制草绘补齐轨迹线

单击“草绘”按钮，在 TOP 基准平面上继续绘制缺失的轨迹曲线，如图 4-129 所示。两平行线段的距离设置为 0. 8mm 是有讲究的，因为回形针的截面直径将被设置为 0. 8mm。单击“确定”按钮✔，完成草绘。

6 扫描操作

1）在功能区“形状”面板中单击“扫描”按钮，打开“扫描”选项卡。

2）选择上翘的空间曲线（相交 1 曲线），按住〈Shift〉键的同时单击草绘 3 曲线，从而选中

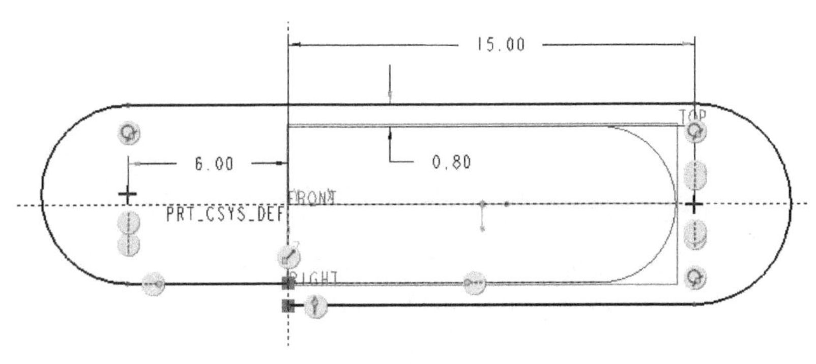

图 4-129　草绘 3

整条相连的曲线链，如图 4-130 所示（这里〈Shift〉键的应用很关键，注意把握技巧）。

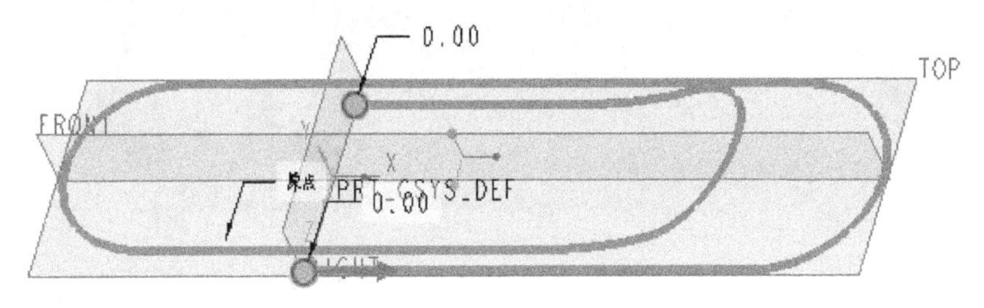

图 4-130　选定整条曲线链

3）在“扫描”选项卡上进行图 4-131 所示的操作，进入草绘器，准备绘制扫描截面。

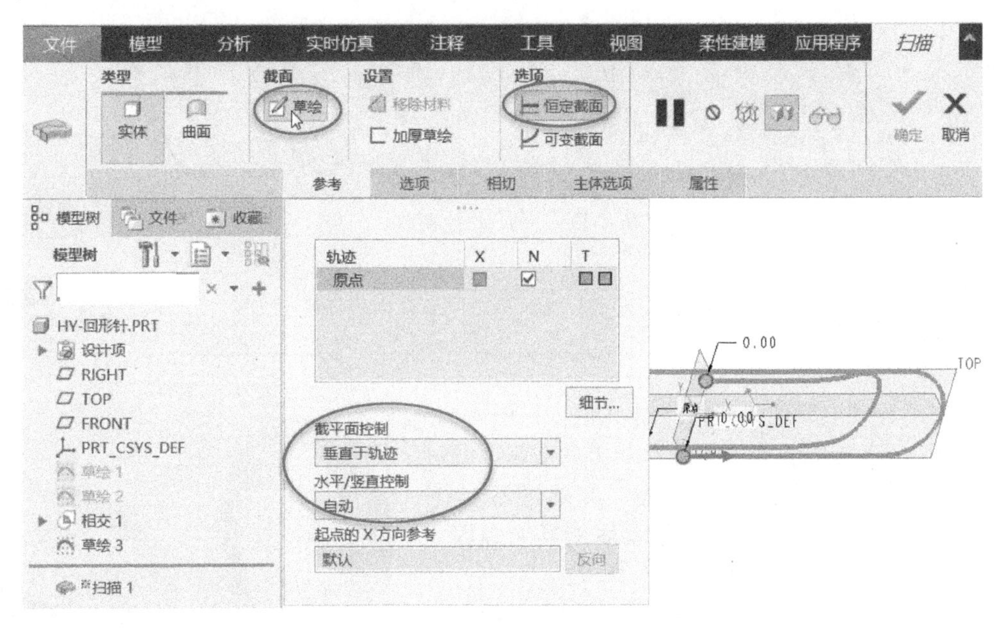

图 4-131　扫描设置操作

4）在“扫描”选项卡上单击“草绘”按钮后进入内部草绘器，绘制一个小圆作为扫描截面，如图 4-132 所示，单击“确定”按钮。

5）在“扫描”选项卡上单击“确定”按钮，确认完成扫描操作后，得到的回形针效果如图 4-133 所示。

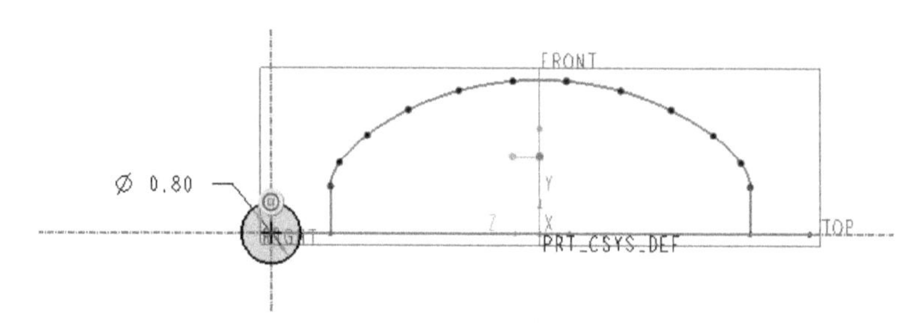

图 4-132　绘制扫描截面

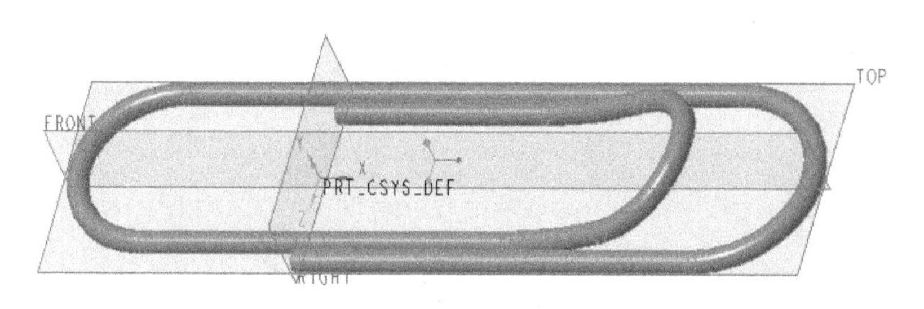

图 4-133　完成回形针的三维模型

有兴趣的读者可以继续对三维模型进行简单渲染，这里使用 KeyShot 进行渲染操作，参考效果如图 4-134 所示。

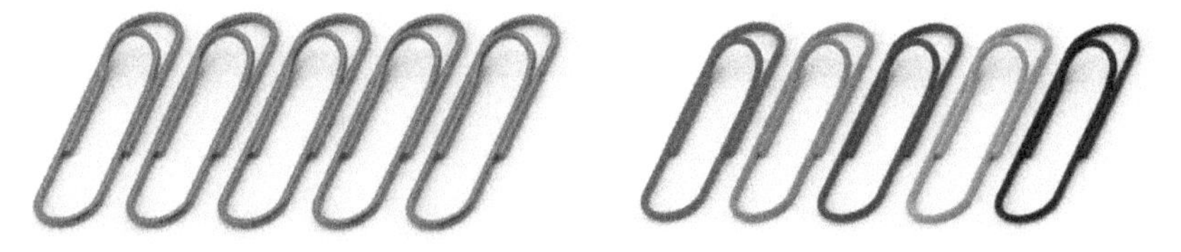

图 4-134　回形针渲染效果

4.9 指环建模案例

本节选用的建模案例是指环设计案例，如图 4-135 所示。该指环造型的特点是在圆形路径上的截面由圆过滤到椭圆，再过渡到圆，可以先创建一半的指环造型，再镜像获得整个指环造型。在介绍本案例操作步骤之前，先介绍一下关于“扫描混合”的知识点。

图 4-135　指环建模案例

“扫描混合”工具命令是一个比“拉伸”“旋转”“扫描”“混合”工具命令使用频率要低一些的建模工具。它相当于将“扫描”和“混合”两方面的应用特征组合到一起了，扫描混合同样需要截面和轨迹。其中至少有两个截面，并且可以根据需要在这两个截面间添加截面，所有截面必须包含相同的图元数；在轨迹方面，原点轨迹是必需的，而第二轨迹是可选的，轨迹可以是一条草绘曲线、基准或边链。

对于闭合轨迹轮廓，在起始点和其他位置必须至少各有一个截面。

本指环造型案例具体的操作步骤如下。

1 新建文件

运行 Creo 8.0 软件，设置工作目录后，单击“新建”按钮新建一个名称为“HY-指环”、不使用默认模板而使用“mmns_part_solid_abs”公制模板的实体零件文件。

2 创建草绘 1。

1）在功能区“模型”选项卡的“基准”面板中单击“草绘”按钮，弹出“草绘”对话框。

2）选择 FRONT 基准平面为草绘平面，默认以 RIGHT 基准平面为“右”方向参考，单击“草绘”按钮，进入草绘模式。

3）绘制图 4-136 所示的一个半圆，单击“确定”按钮。

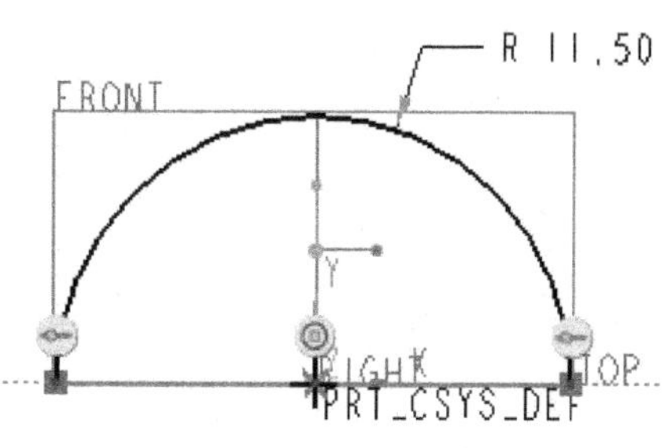

图 4-136　绘制一个半圆

3 创建扫描混合特征

1）确保刚创建的半圆处于被选中的状态，在功能区“模型”选项卡的“形状”面板中单击“扫描混合”按钮，打开“扫描混合”选项卡，默认选中“实体”，以及半圆弧默认为原点轨迹，如图 4-137 所示。“截平面控制”选项为“垂直于轨迹”，“水平/竖直控制”选项为“自动”。

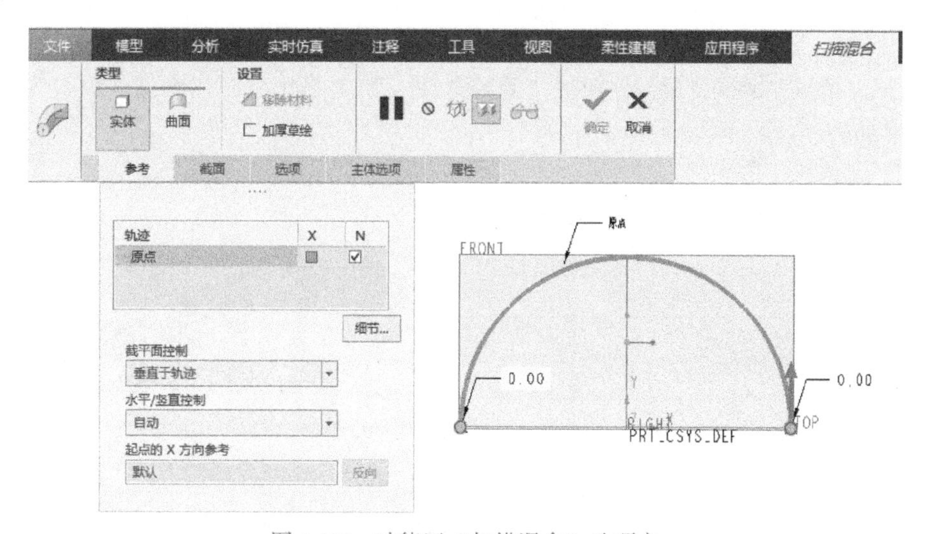

图 4-137　功能区“扫描混合”选项卡

知识点拨：

如果发现原点轨迹的起点箭头方向不是所需要的，可以通过在图形窗口中单击预览的起点箭头来进行切换。

2）在“扫描混合”选项卡上打开“截面”滑出面板，选择“草绘截面”单选按钮，如图 4-138 所示，单击“草绘”按钮，进入草绘模式。绘制开始截面（即截面 1），该开始截面由一个直径为 2mm 的小圆构成，注意将该直径尺寸转换为强尺寸，如图 4-139 所示，单击“确定”按钮✔。

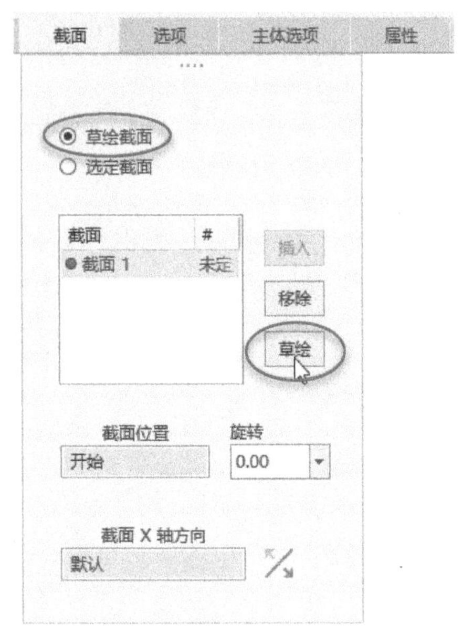

图 4-138 在“截面”滑出面板上设置

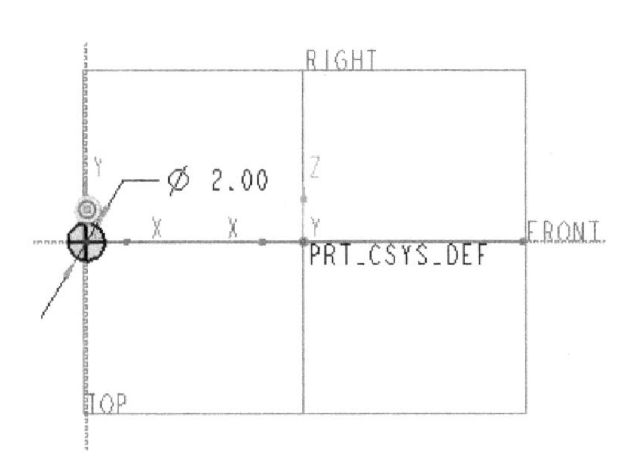

图 4-139 绘制截面 1

3）在“截面”滑出面板中单击“插入”按钮以插入截面 2，截面 2 的默认位置是轨迹的结束点，其旋转角度为 0，单击“草绘”按钮。接着单击“中心和轴椭圆”按钮，绘制图 4-140 所示的一个椭圆，单击“确定”按钮✔。

4）打开“相切”滑出面板，分别将“开始截面”和“终止截面”的条件设置为“垂直”，如图 4-141 所示。

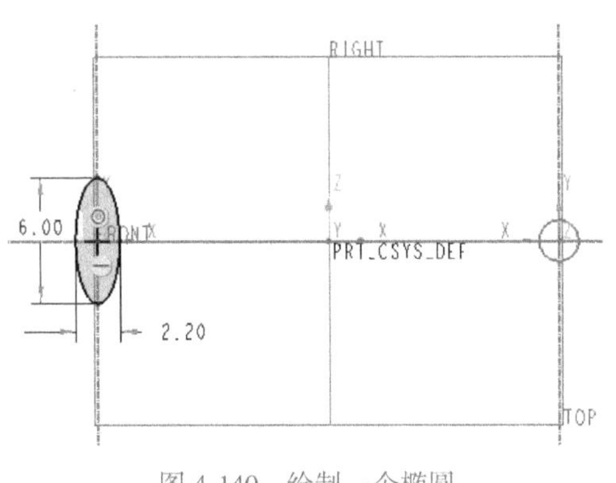

图 4-140 绘制一个椭圆

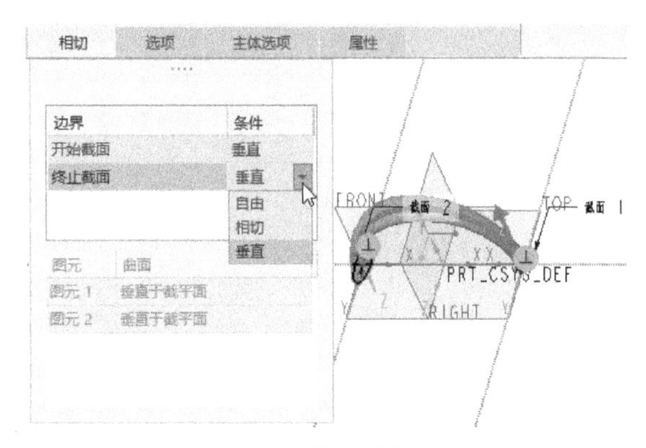

图 4-141 设置边界条件

5）打开“选项”滑出面板，勾选“调整以保持相切”复选框，选中“无混合控制”单选按钮，如图 4-142 所示。

6）单击“确定”按钮✔，完成创建图 4-143 所示的扫描混合特征。

4 镜像操作

1）确保刚创建的扫描混合特征处于被选中的状态，在功能区“模型”选项卡的“编辑”面板中单击“镜像”按钮，打开图 4-144 所示的“镜像”选项卡。

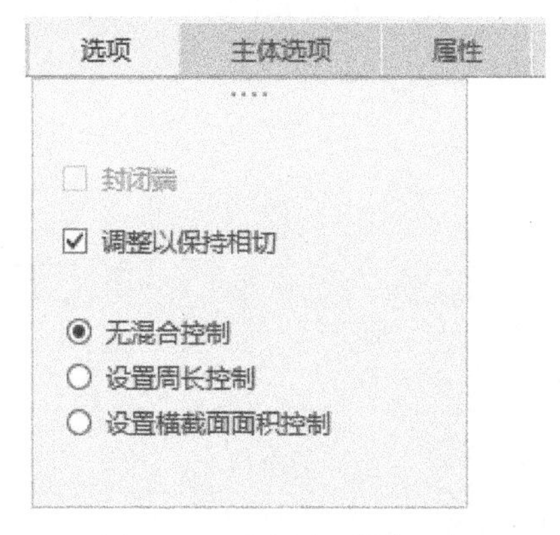

图 4-142 “选项”滑出面板

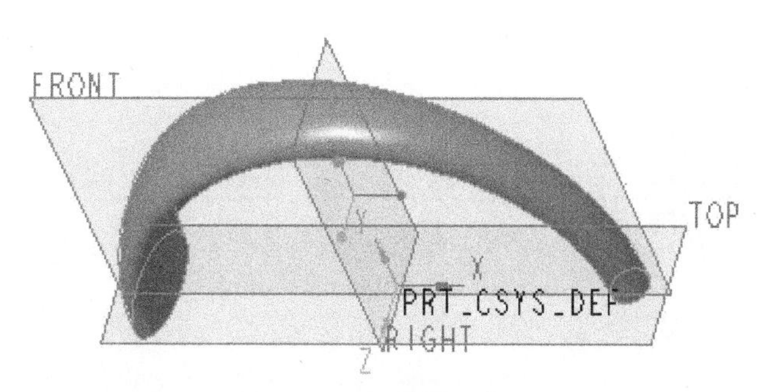

图 4-143 扫描混合特征

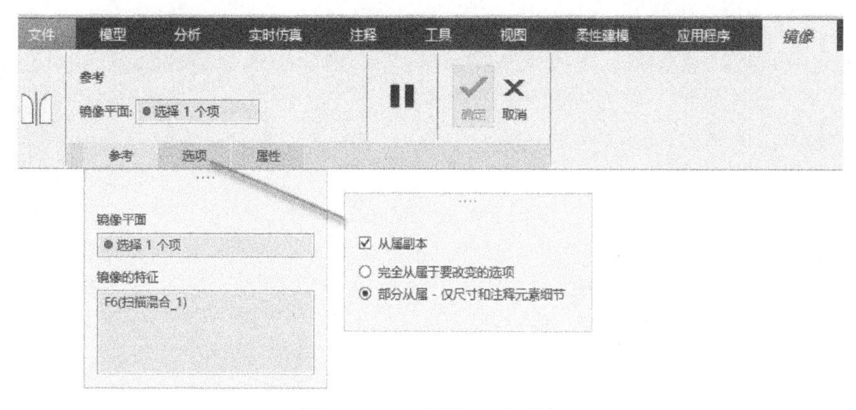

图 4-144 “镜像”选项卡

2）选择 TOP 基准平面作为镜像平面。

3）单击“确定”按钮✓，得到的指环造型如图 4-145 所示。

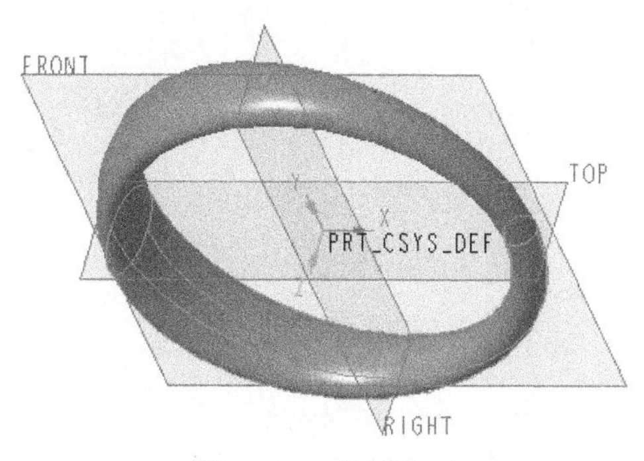

图 4-145 指环造型

保存文件

在“快速访问”工具栏中单击“保存”按钮，在指定工作目录中保存该模型文档。

第 5 章

进阶零件建模

本章导读

本章介绍进阶零件建模案例，包括金属环模型、测试盒壳体、握力器弹簧、方形绕组线圈、使用由曲线几何约束的阵列、莫比乌斯之环框架模型、吉祥中国结、旋转曲面上的孔网阵列、主动脉支架、球形曲面上的渐消面。

本章重点在于通过典型结构的案例讲解，引导读者掌握综合设计技能，提升产品结构设计思维能力。

5.1 金属环模型设计

本设计案例的主题是一个多次利用阵列操作的金属环模型设计。金属环模型效果如图 5-1 所示。

在该案例中设置了多个阵列操作，包括尺寸阵列、轴阵列和参考阵列，还涉及一个阵列可以包含多个特征的情况。在该案例中还将学习编辑定义特征的知识。

图 5-1　金属环模型效果

本案例的具体建模步骤如下。

1 设置工作目录以及新建实体零件文件

1）单击“选择工作目录”按钮，弹出“选择工作目录”对话框，选择一个所需的文件夹或在指定路径下新建一个文件夹作为工作目录，单击“确定”按钮。

2）单击“新建”按钮，弹出“新建”对话框，选择“零件”类型和“实体”子类型，输入文件名为“HY-金属环”，取消勾选“使用默认模板”复选框，单击“确定”按钮。

3）在弹出的“新文件选项”对话框中选择 mmns_part_solid_abs 公制模板，单击“确定”按钮。

2 创建一个旋转特征

1）单击“旋转”按钮，打开“旋转”选项卡，默认创建实体模型。

2）选择 FRONT 基准平面作为草绘平面，绘制图 5-2 所示的旋转截面（含一条将用作旋转轴的几何中心线），然后单击“确定”按钮✔。

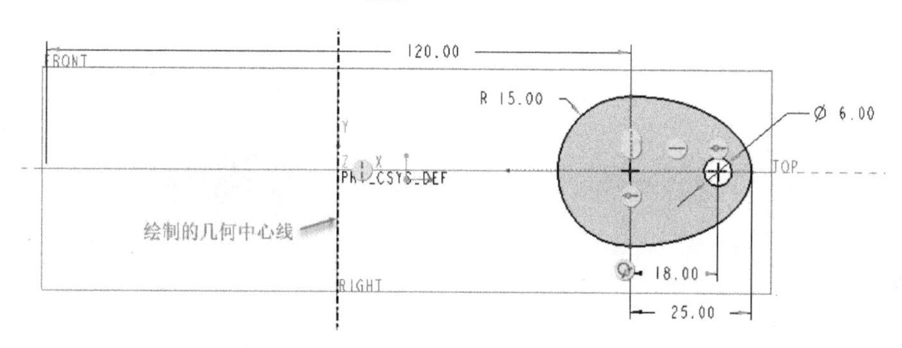

图 5-2　绘制旋转截面

3）在“旋转”选项卡上设置对称旋转，旋转角度为 6°，如图 5-3 所示。

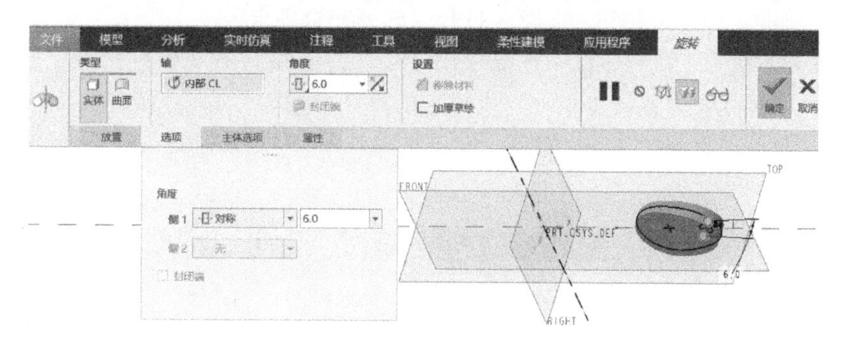

图 5-3　设置旋转角度等

4）单击“确定”按钮✔，完成第一个旋转特征，如图 5-4 所示。

3 创建第二个旋转特征

1）单击“旋转”按钮，打开“旋转”选项卡。

2）在“旋转”选项卡的“放置”滑出面板中单击“定义”按钮，接着在弹出的“草绘”对话框中单击“使用先前的”按钮，进入草绘模式。绘制图 5-5 所示的旋转截面和旋转轴中心线，这里的旋转轴中心线可以使用“草绘”面板中的“中心线”按钮 ¦ 来绘制，注意标注所需的两个尺寸，然后单击“确定”按钮✔，完成绘制旋转截面并退出草绘器。

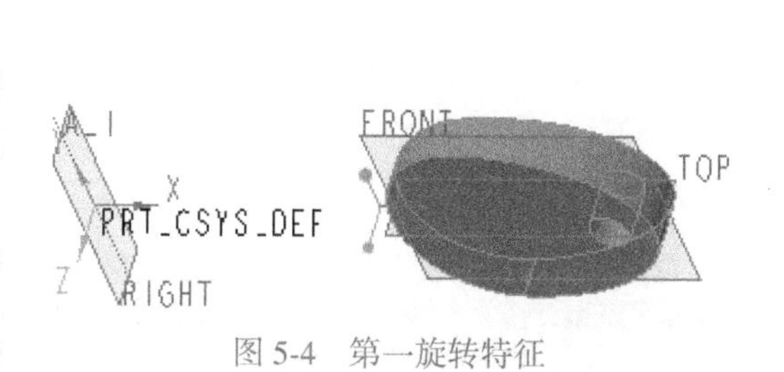

图 5-4　第一旋转特征

图 5-5　绘制旋转截面及旋转轴中心线

3）在“旋转”选项卡上确保取消选中“移除材料”按钮，选择“对称”图标选项，设置旋转角度为 12°，如图 5-6 所示，然后单击“确定”按钮✔。

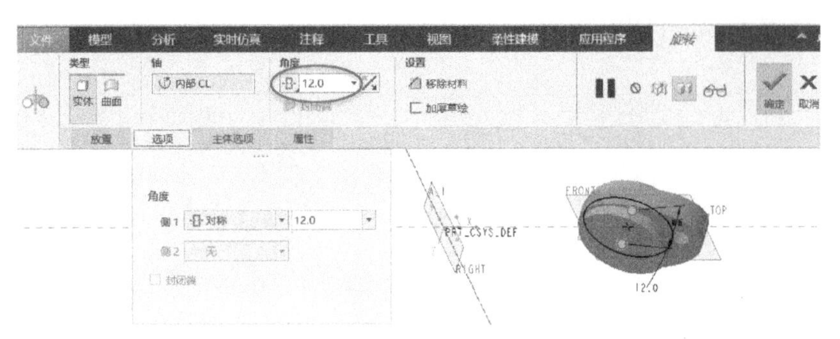

图 5-6　设置旋转选项及参数

4 创建尺寸阵列

1）确保步骤 3 所创建的第二个旋转特征处于被选中的状态，在功能区“模型”选项卡的“编辑”面板中单击“阵列”按钮/，打开“阵列”选项卡。

2）从“阵列类型”下拉列表框中选择“尺寸”，以表示将阵列类型设置为“尺寸”，选择数值为“12”的角度尺寸作为方向 1 尺寸，设置它的尺寸增量为“24”。接着按住〈Ctrl〉键的同时选择数值为“28”的直径尺寸，设置其尺寸增量为“-6. 8”，并设置第一方向的阵列成员数为“4”，如图 5-7 所示。

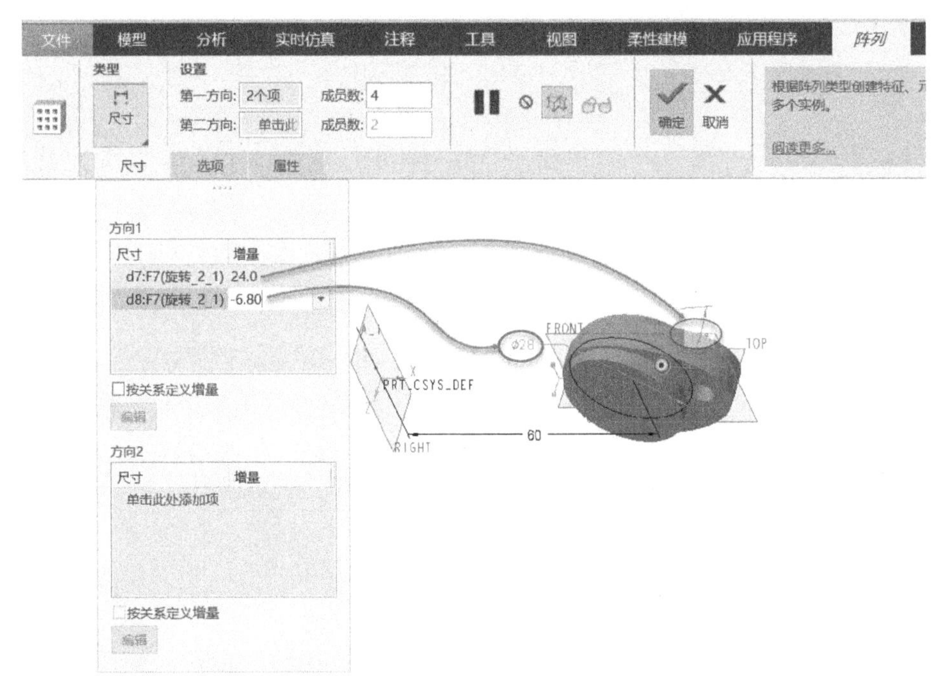

图 5-7　定义方向 1 尺寸及其增量

知识点拨：

阵列类型有“尺寸”“方向”“轴”“填充”“表”“参考”“点”“曲线”。

- “尺寸”阵列：通过使用驱动尺寸并指定阵列的增量变化来控制阵列，该阵列可以为单向的，也可以是双向的。

- “方向”阵列：通过指定方向参考并设置阵列增长的方向、增量、阵列成员数等来创建单向或双向的方向阵列。
- “轴”阵列：指定轴参考，设置角增量和径向增量来创建径向阵列，该阵列可以为圆形，也可以为螺旋形。
- “填充”阵列：通过根据选定栅格用实例填充区域来控制阵列。
- “表”阵列：通过使用阵列表并为每一个阵列实例设定尺寸值来控制阵列。
- “参考”阵列：通过参考另一个现有阵列来创建新的阵列。
- “点”阵列：将阵列成员放置在指定的几何草绘点、几何草绘坐标系或基准点上。
- “曲线”阵列：通过指定沿着曲线的阵列成员间的距离或阵列成员的数量来控制阵列。

3）在“阵列”选项卡上单击“确定”按钮✔，完成该尺寸阵列得到的模型效果如图 5-8 所示。显然通过给相关尺寸设置尺寸增量，可以让实体模型的结构形状获得一定规律的变化效果。在先前创建原始特征时，不能随意添加尺寸和任意使用由系统自动添加的弱尺寸，为特征截面添加的每一个强尺寸都是有建模逻辑的，要清楚其中哪些尺寸是必需的关键尺寸。

5 创建特征组

为了要阵列“旋转 1”（第一个旋转特征）和“阵列 1/旋转 2”（尺寸阵列）特征，则需要将两者归为一个“组”（单个组可以看作是一个单独的特征）。在模型树上选择“旋转 1”特征，按住〈Ctrl〉键的同时选择“阵列/旋转 2”特征，接着在出现的浮动工具栏中单击“分组”按钮，从而将它们归成一个组。如图 5-9 所示。

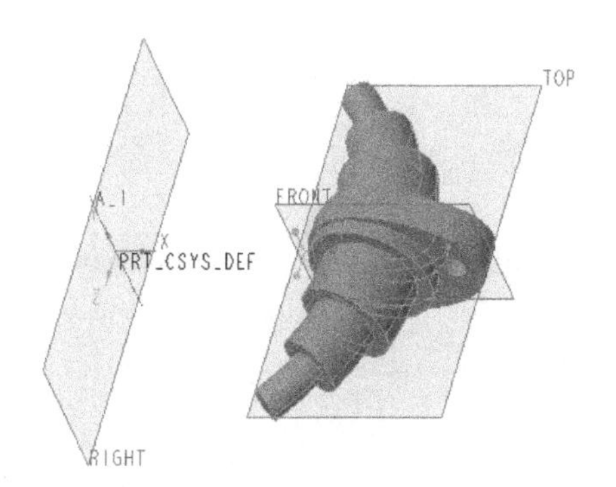

图 5-8 第一次阵列（“阵列 1/旋转 2”）

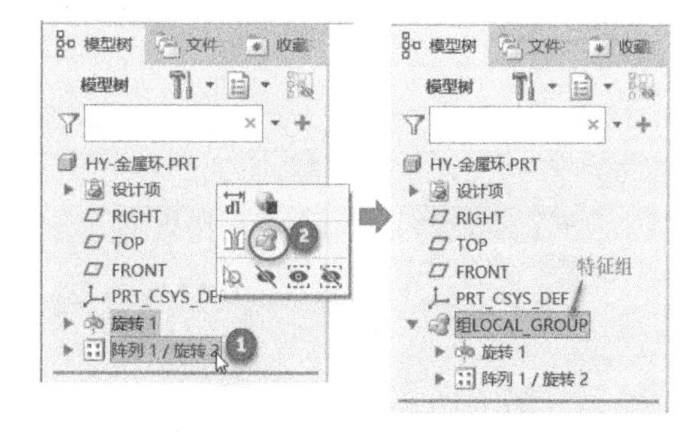

图 5-9 创建一个特征组

6 为该组创建轴阵列

1）单击“阵列”按钮 / ，打开“阵列”选项卡。

2）从“阵列类型”下拉列表框中选择“轴”，以表示将阵列类型设置为“轴”阵列。

3）该轴阵列的相关设置如图 5-10 所示，选择 Y 轴以设置绕坐标系 Y 轴旋转，第一方向成员数为 5，单击“角度范围”，设置阵列总角度为 360°。

4）在“阵列”选项卡上单击“确定”按钮✔，完成该轴阵列的模型效果如图 5-11 所示。

7 创建边倒角特征

单击“边倒角”按钮 ，打开“边倒角”选项卡，从“尺寸标注”下拉列表框中选择“O×O”形式，设置“O”值为“2”。在一个凸出半环上结合〈Ctrl〉键选择两条边创建一个边倒角集，如图 5-12 所示，然后单击“确定”按钮✔。

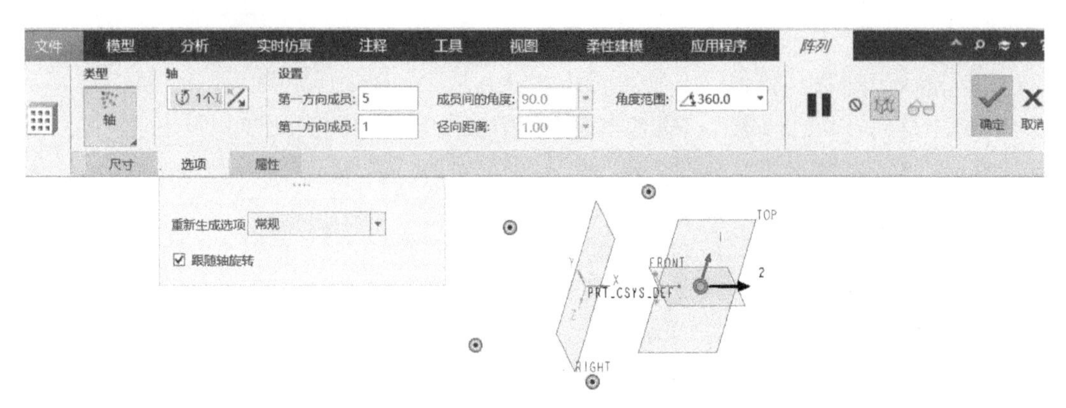

图 5-10　轴阵列的相关设置

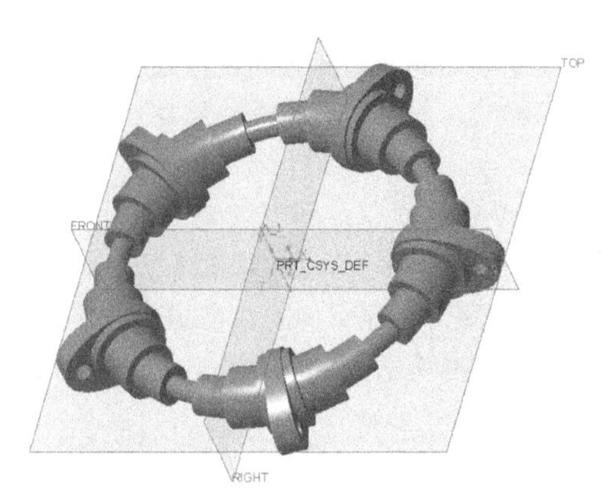

图 5-11　完成创建轴阵列

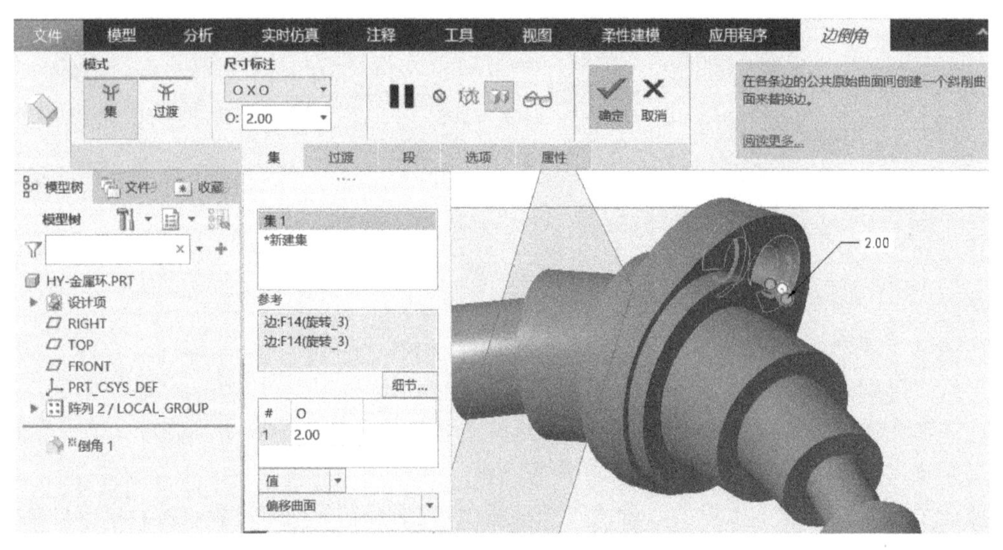

图 5-12　创建边倒角特征

8 创建参考阵列

1）确保步骤 7 创建的边倒角特征处于被选中的状态，单击“阵列”按钮 / ，打开“阵列”选项卡。

2）默认的参考类型为“参考”，如图 5-13 所示，然后单击“确定”按钮✔。

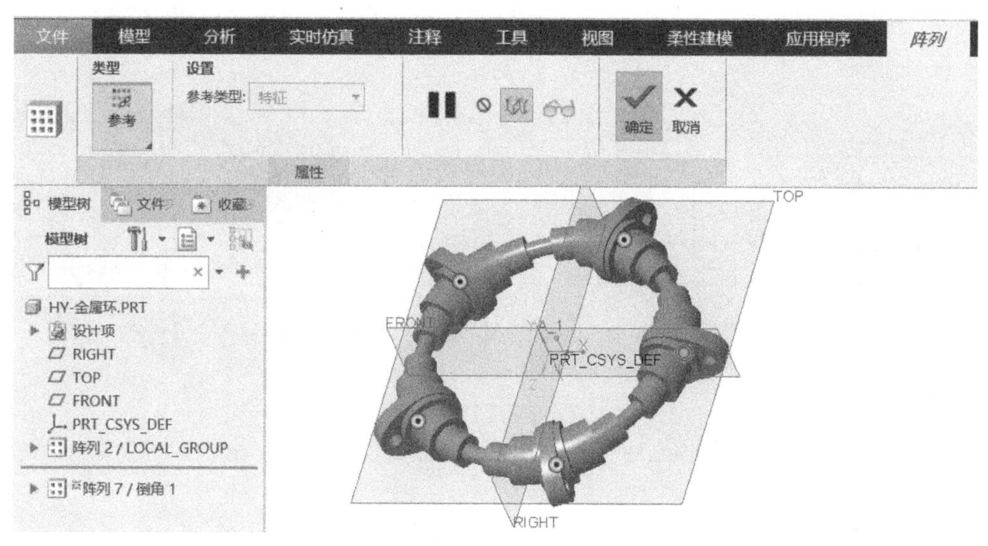

图 5-13　创建“参考”阵列

完成创建参考特征后的模型效果如图 5-14 所示。

9 修改第一个旋转特征的一个尺寸

1）在实际设计工作中，经常需要修改模型某个特征的尺寸。例如在本例中，假设需要修改第一个旋转特征的尺寸，此时可以在模型上找到“旋转 1”特征，弹出一个浮动工具栏，如图 5-15 所示，单击“编辑定义”按钮，则功能区出现用于创建或编辑“旋转 1”特征的“旋转”选项卡。

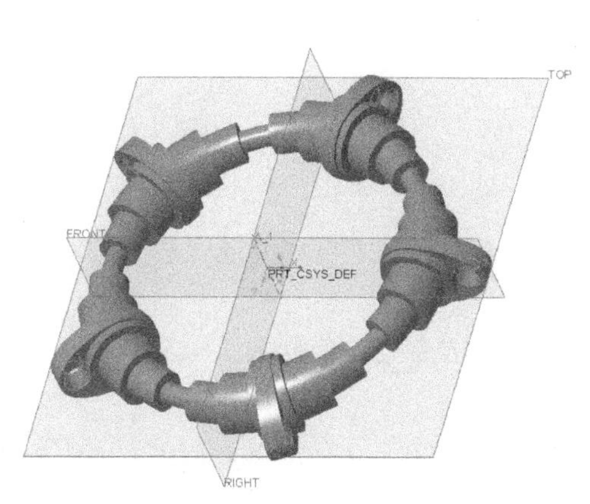

图 5-14　模型效果

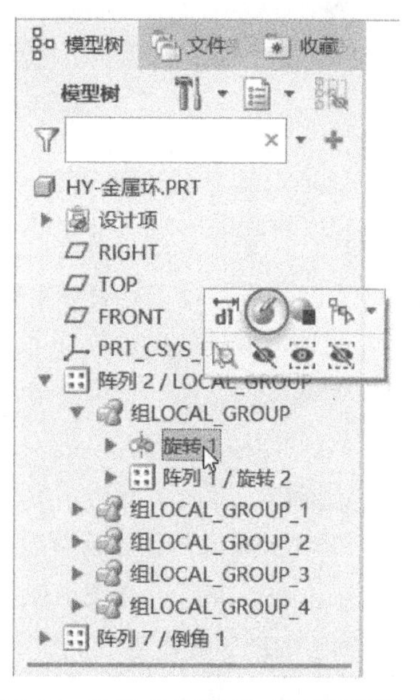

图 5-15　选择“旋转 1”特征进行操作

2）在“旋转”选项卡的“放置”滑出面板中单击“编辑”按钮，进入内部草绘器，修改两个尺寸值，如图 5-16 所示，然后单击“确定”按钮✔。

3）在“旋转”选项卡上单击“确定”按钮✔，最终得到的模型结果如图 5-17 所示。

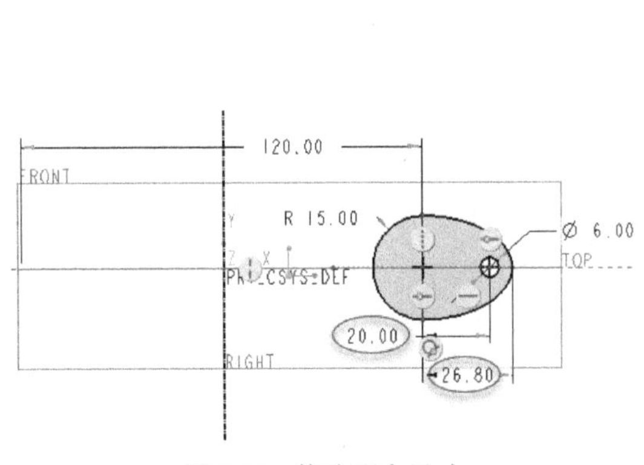

图 5-16　修改两个尺寸

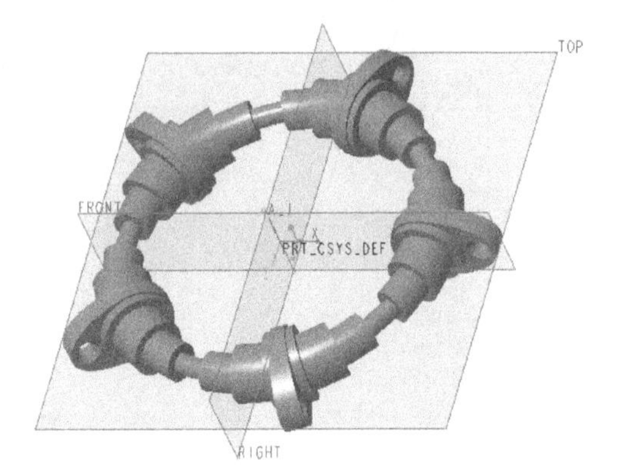

图 5-17　修改特征后的模型效果

保存文件

按快捷键〈Ctrl+S〉，保存该模型文件。

5.2 测试盒壳体设计

本节介绍测试盒壳体设计，要完成的结构模型如图 5-18 所示。

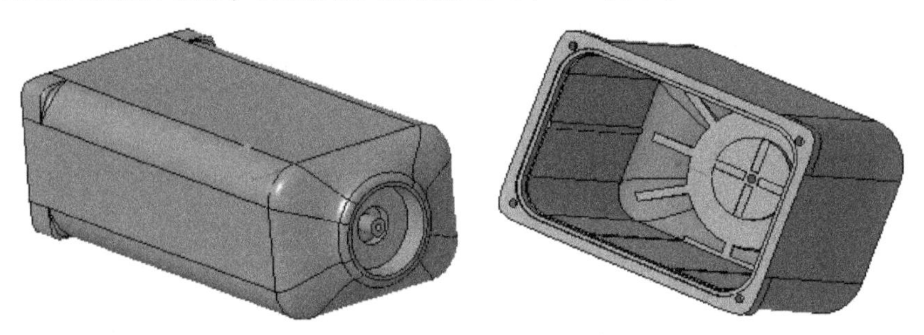

图 5-18　测试盒壳体

在该案例中，主要用到的工具有“拉伸”“混合”“倒圆角”“拔模”“壳”“轨迹筋”等，尤其“拉伸”“倒圆角”等工具会频繁地灵活应用。

该测试盒壳体的设计建模过程如下。

1 以拉伸的方式创建一个长方体

1）新建一个使用公制模板 mmns_part_solid_abs 的实体零件文件后，单击“拉伸”按钮，打开“拉伸”选项卡。

2）选择 FRONT 基准平面作为草绘平面，快速进入内部草绘器。绘制图 5-19 所示草图，单击“确定”按钮✔，完成草绘并退出草绘器。

3）设置侧 1 的拉伸深度为“95”，注意拉伸深度方向，单击“确定”按钮✔，完成创建图 5-20 所示的一个拉伸实体。

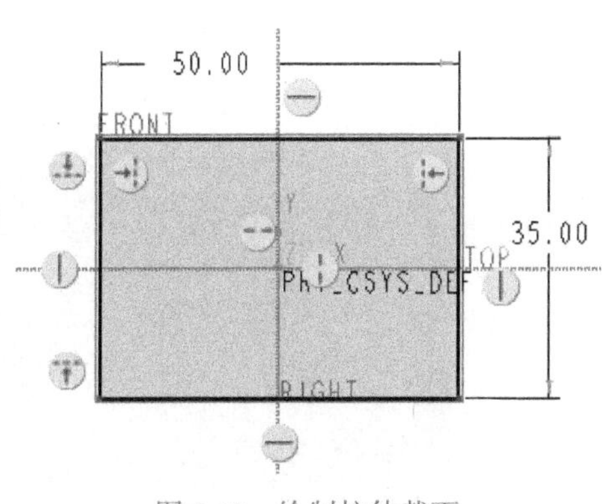

图 5-19　绘制拉伸截面

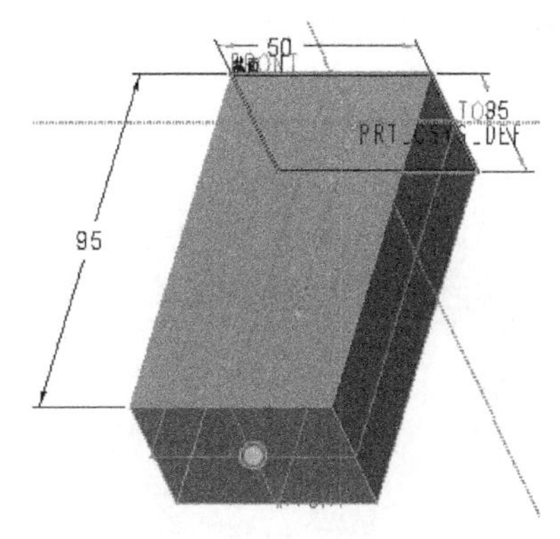

图 5-20　创建一个拉伸实体

2 创建倒圆角 1

单击“倒圆角”按钮，按照图 5-21 所示的设置与选择，去创建一组“倒圆角 1”特征。该“倒圆角 1”特征的倒圆角集由选定的 4 条边参考组成，圆角半径为 8mm。

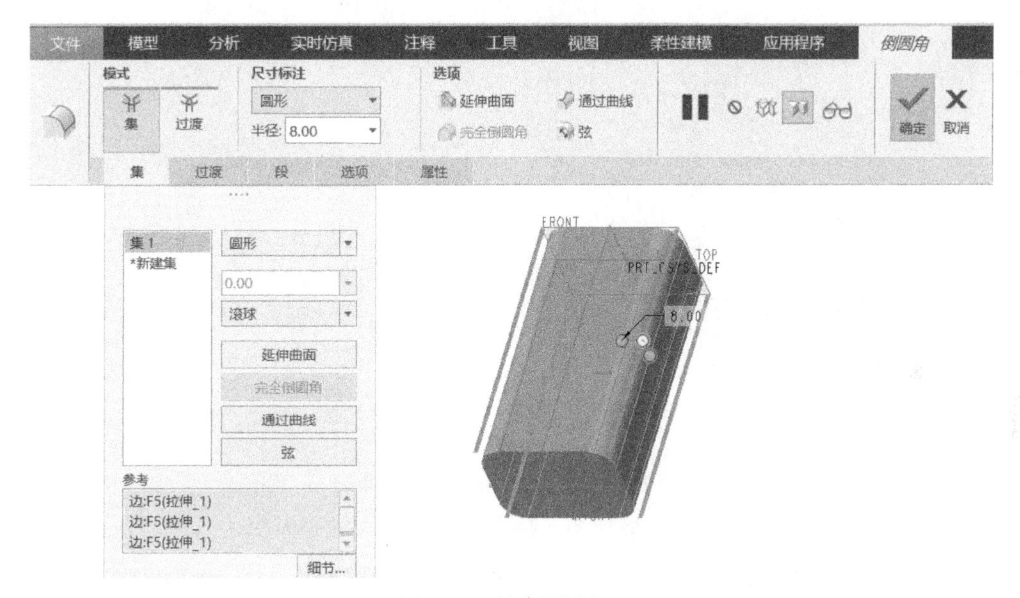

图 5-21　创建倒圆角 1

3 创建混合特征

1）在“形状”溢出面板中单击“混合”按钮，打开“混合”选项卡，默认选中“实体”按钮。

2）在“截面”滑出面板中选择“草绘截面”单选按钮，单击位于“草绘”收集器右侧的“定义”按钮，弹出“草绘”对话框。选择图 5-22 所示的实体平整面作为草绘平面，默认以 RIGHT 基准平面为“右”方向参考，单击“草绘”按钮。单击“投影”按钮，绘制图 5-23 所示的截面 1，单击“确定”按钮。

3）在“截面”滑出面板中，设置截面 2 的草绘平面位置定义方式为“偏移尺寸”，偏移自截面 1 的距离为 10mm。单击“草绘”按钮，进入草绘器，绘制一个圆并将该圆分割成 8 份，如

图 5-24 所示，单击“确定”按钮✔。

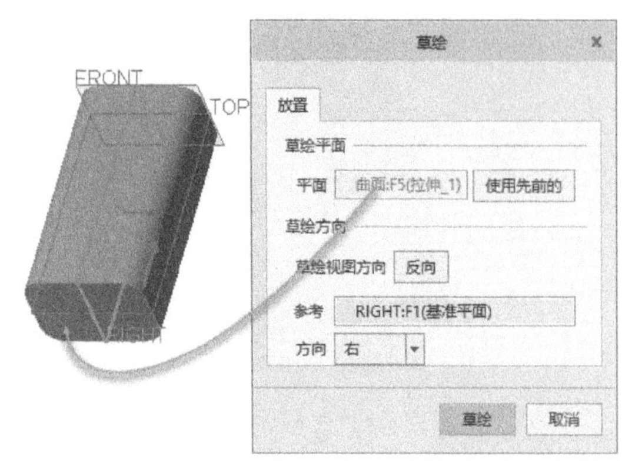

图 5-22　指定草绘平面

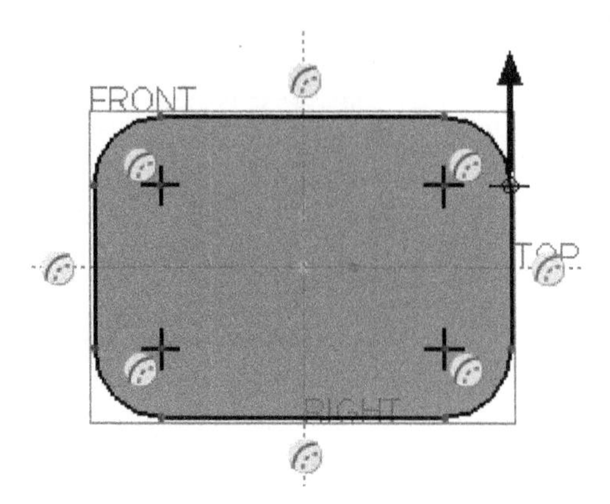

图 5-23　绘制截面 1

4）打开“选项”滑出面板，选择“平滑”单选按钮，如图 5-25 所示。

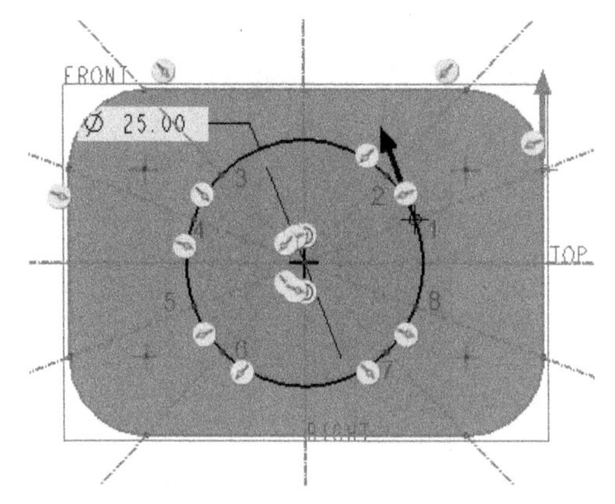

图 5-24　绘制截面 2

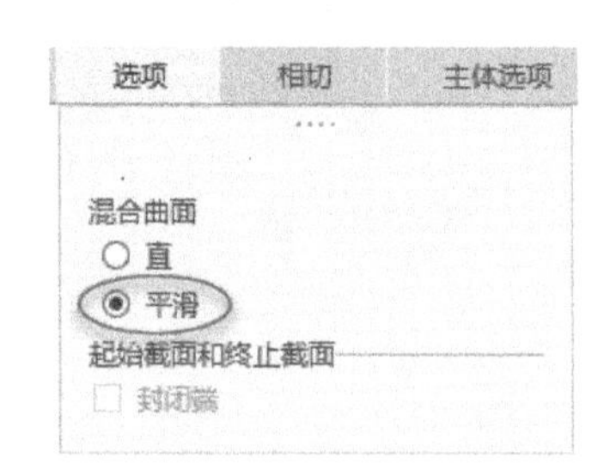

图 5-25　选择“平滑”单选按钮

5）打开“相切”滑出面板，将开始截面边界的相切条件设为“相切”，根据加亮边界选择相应的、要与之相切的曲面，如图 5-26 所示，接着将终止截面的边界相切条件设为“垂直”。

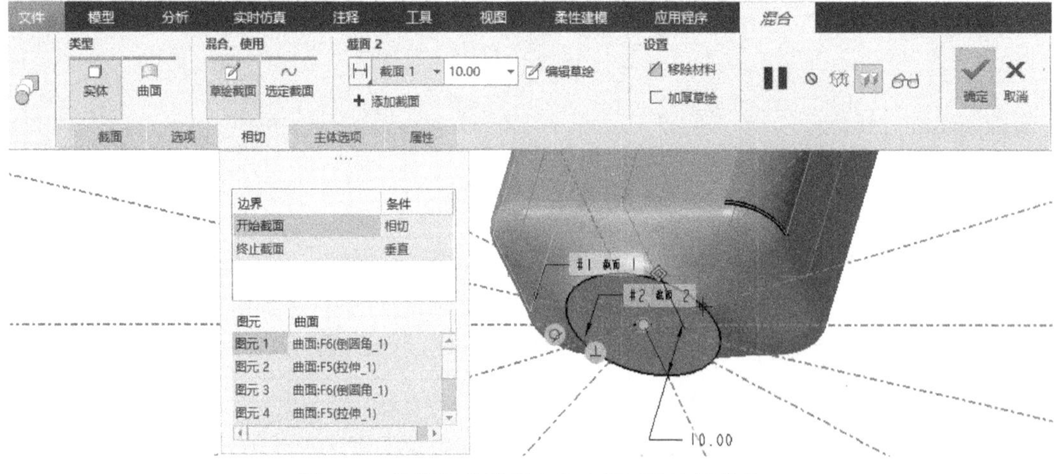

图 5-26　设置开始截面和终止截面的边界条件

6）单击“确定”按钮✓。

4 创建倒圆角 2

单击“倒圆角”按钮，打开“倒圆角”选项卡，设置圆形圆角半径为2mm，选择图5-27所示的边进行倒圆角。

5 以拉伸的方式切除圆孔材料

1）单击“拉伸”按钮，打开“拉伸”选项卡，接着在“拉伸”选项卡上单击“实体”按钮和“移除材料”按钮。

2）选择图5-28所示的实体面作为草绘平面，进入草绘器。绘制图5-29所示的一个圆，单击“确定”按钮✓。

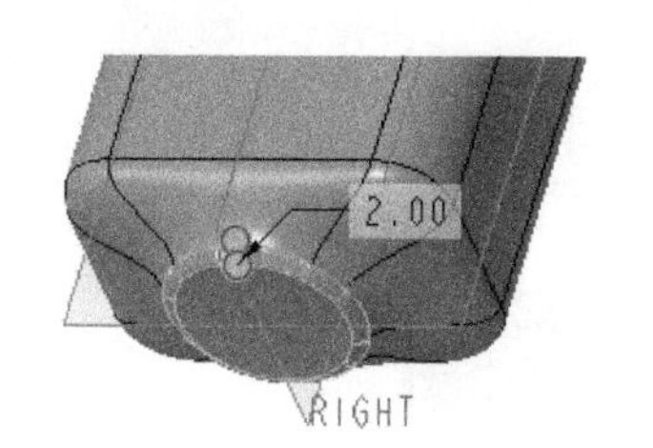

图5-27　倒圆角2

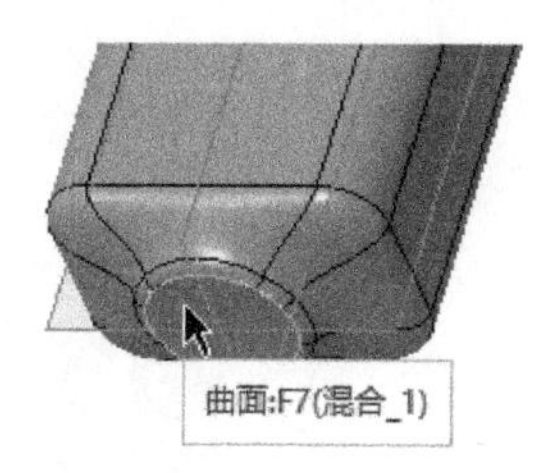

图5-28　指定草绘平面

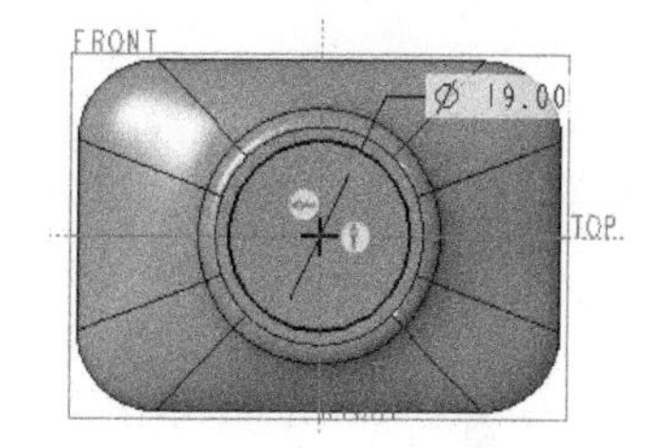

图5-29　绘制草图

3）设置侧1的深度选项为5.6mm，此时预览如图5-30所示。

4）在“拉伸”对话框上单击“确定”按钮✓。

6 继续拉伸切除

1）单击“拉伸”按钮，接着在“拉伸”选项卡上单击“实体”按钮和“移除材料”按钮。

2）选择图5-31所示的实体面作为草绘平面，绘制图5-32所示的小圆，单击“确定”按钮✓。

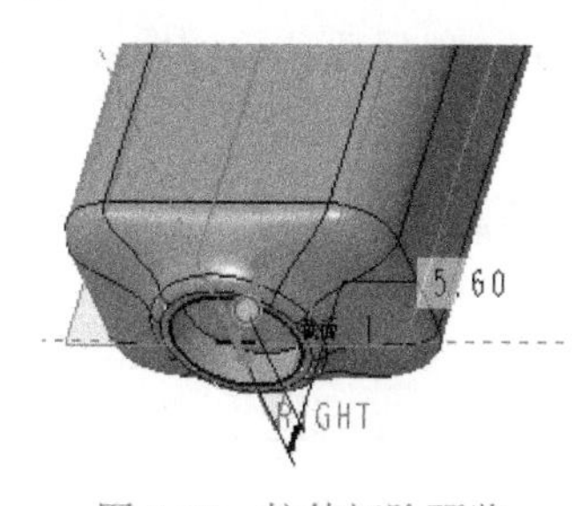

图5-30　拉伸切除预览

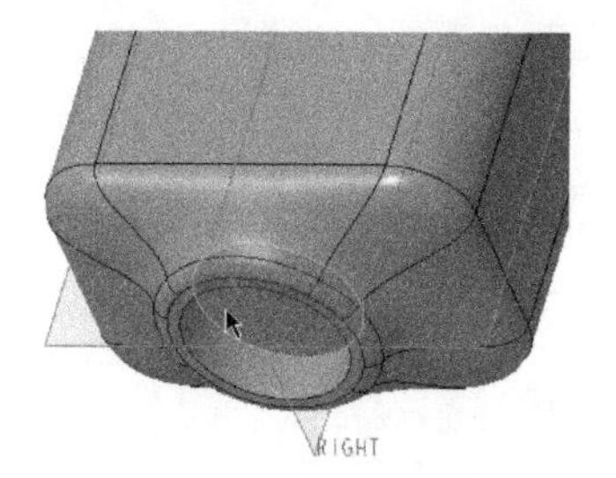

图5-31　指定草绘平面

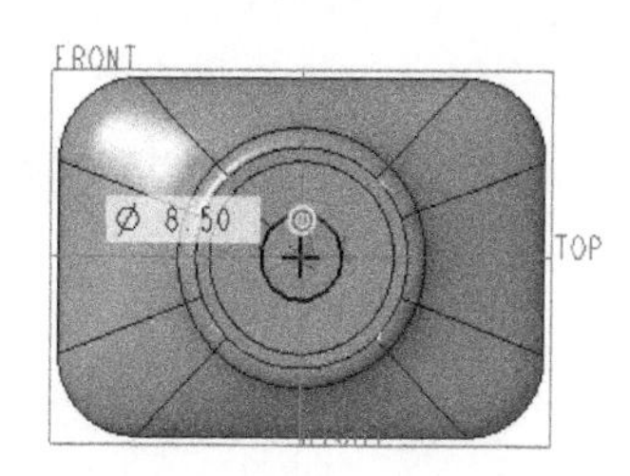

图5-32　绘制草图

3）设置侧1的深度选项为3mm，然后单击“确定”按钮✓，结果如图5-33所示。

7 拔模操作

1）单击“拔模”按钮，打开“拔模”选项卡。

2）选择图5-34所示的曲面作为拔模曲面。

3）在“拔模”选项卡上单击激活“拔模枢轴”收集器，选择一个环形面定义拔模枢轴，设置角度1为5°，单击“反转角度以添加或移除材料”按钮，此时拔模预览如图5-35所示。

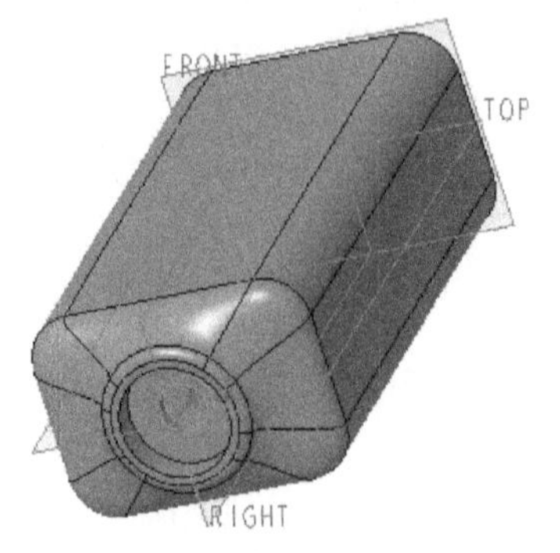

图 5-33 拉伸切除效果

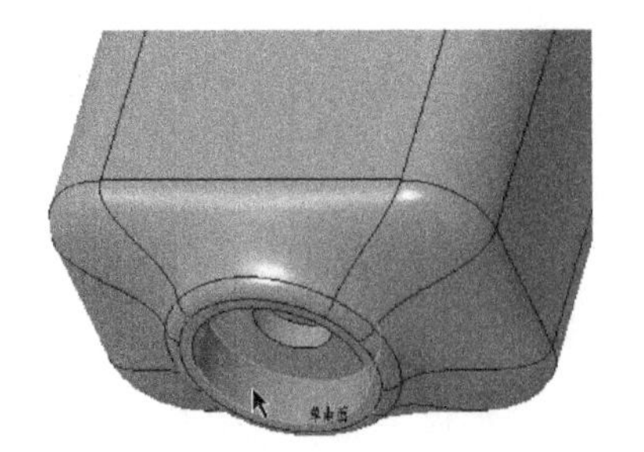
图 5-34 选择拔模曲面

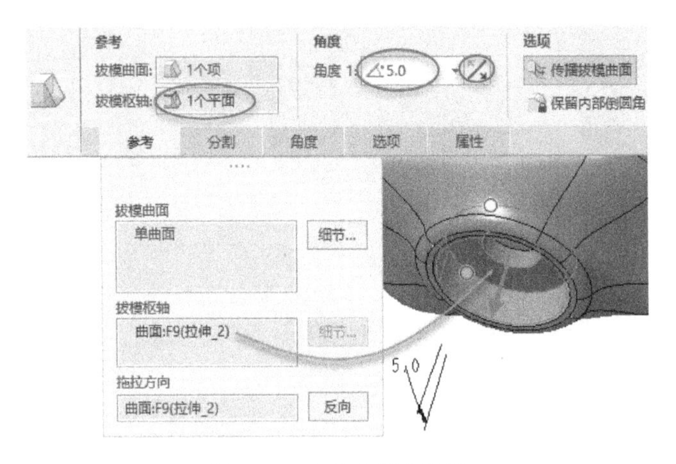

图 5-35 设置拔模参数等

4）单击“确定”按钮✓。

抽壳处理

单击“壳”按钮，打开“壳”选项卡，设置壳厚度为 2.9mm，选择要移除的曲面，如图 5-36 所示，然后单击“确定”按钮✓。

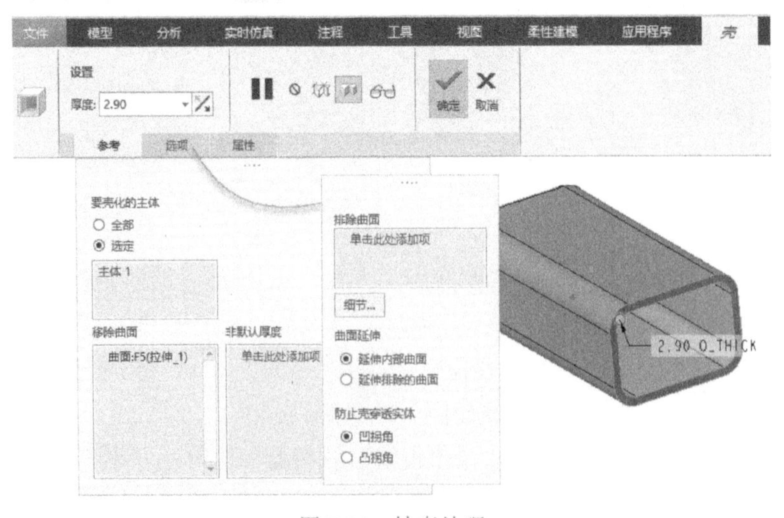

图 5-36 抽壳处理

9 拉伸切除

1）单击“拉伸”按钮，接着在“拉伸”选项卡上单击“移除材料”按钮。

2）选择图 5-37 所示的面定义草绘平面，绘制图 5-38 所示的拉伸截面，单击“确定”按钮。

3）设置拉伸的深度尺寸为“96.50”，单击“确定”按钮，此拉伸切除的结果如图 5-39 所示。

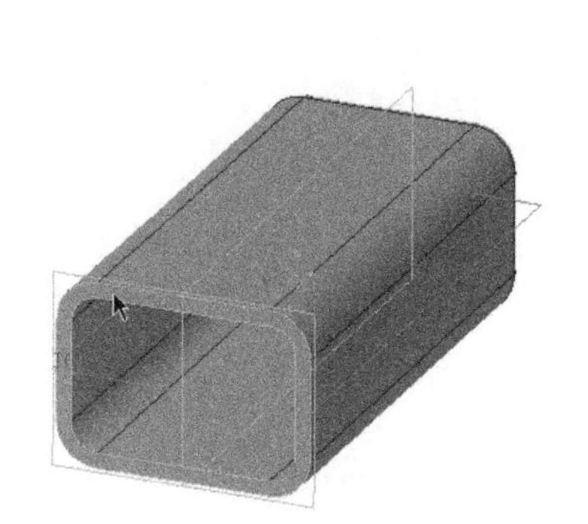

图 5-37　指定草绘平面

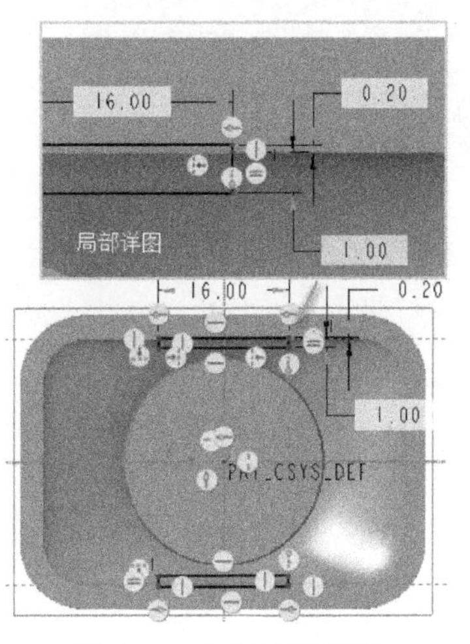

图 5-38　绘制拉伸截面

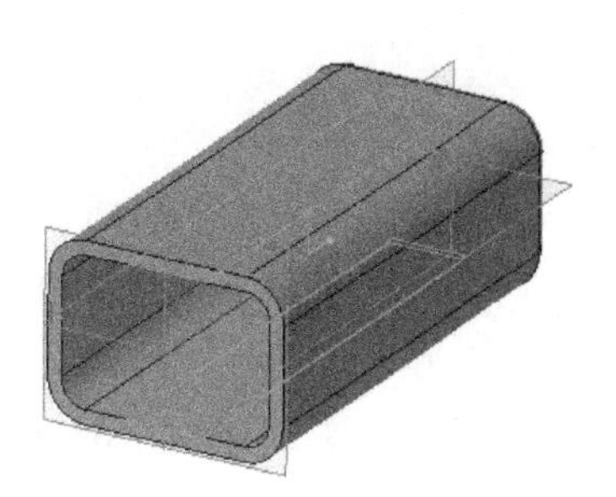

图 5-39　拉伸切除结果

10 继续拉伸切除一个小孔

1）单击“拉伸”按钮，接着在“拉伸”选项卡上单击“移除材料”按钮。

2）将鼠标指针置于图形窗口，按住鼠标中键移动鼠标以翻转模型视角，选择图 5-40 所示的面定义草绘平面，绘制如图 5-41 所示的拉伸截面，单击“确定”按钮。

3）从侧 1 的“深度”下拉列表框中选择“穿透”图标选项，单击“确定”按钮，此拉伸切除的结果如图 5-42 所示。

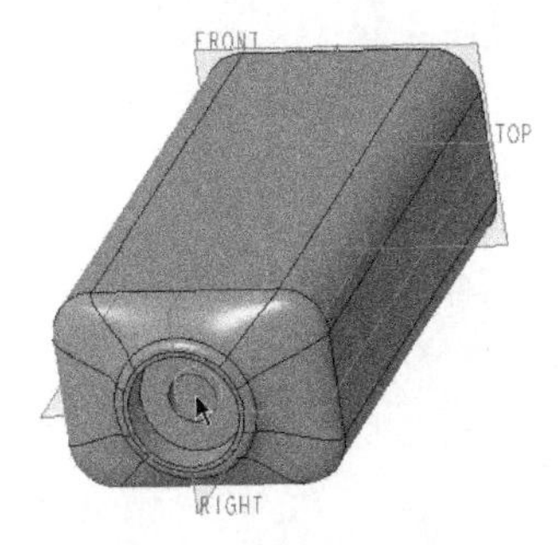

图 5-40　指定草绘平面

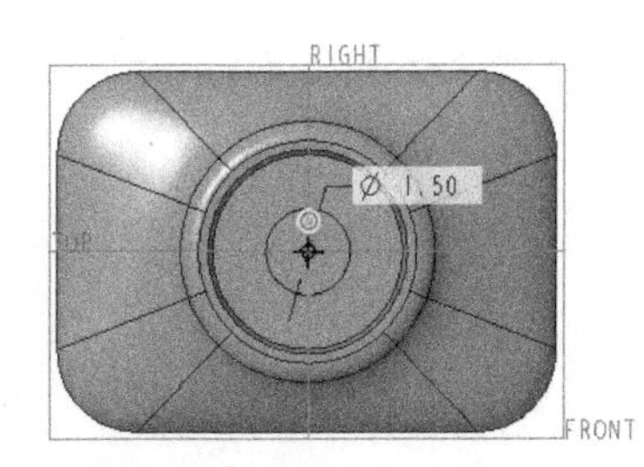

图 5-41　绘制拉伸截面

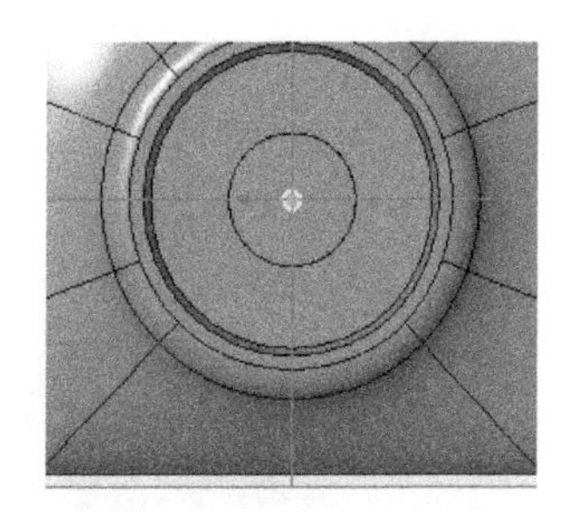

图 5-42　拉伸切除出小孔

11 以拉伸的方式创建一个圆环凸柱

1）单击“拉伸”按钮，默认创建实体。

2）选择图 5-43 所示的面定义草绘平面，绘制图 5-44 所示的拉伸截面，单击“确定”按钮。

3）在“拉伸”选项卡上打开“选项”滑出面板，从“侧 1”深度下拉列表框中选择“可变”图标选项，设置侧 1 的深度为 2mm。从“侧 2”深度下拉列表框中选择“到参考”图标选项，在模型中选择侧 2 深度要到达的参考，如图 5-45 所示。

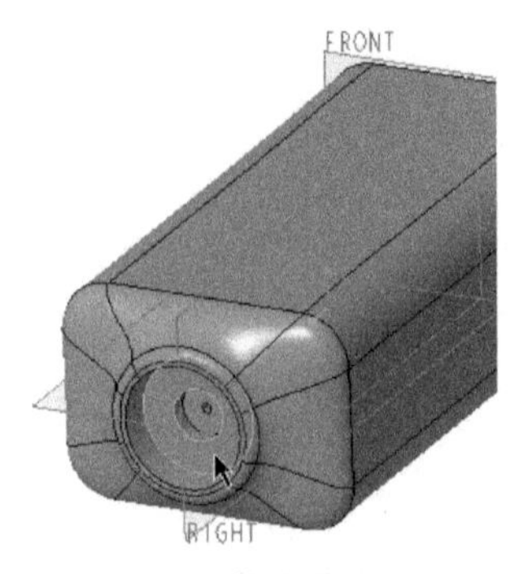

图 5-43　指定草绘平面

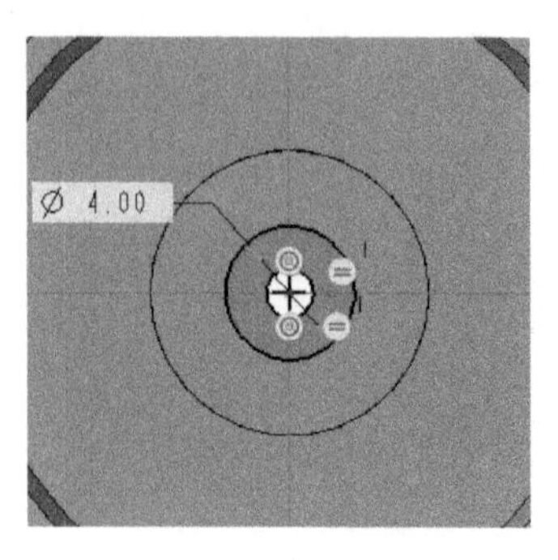

图 5-44　绘制拉伸截面

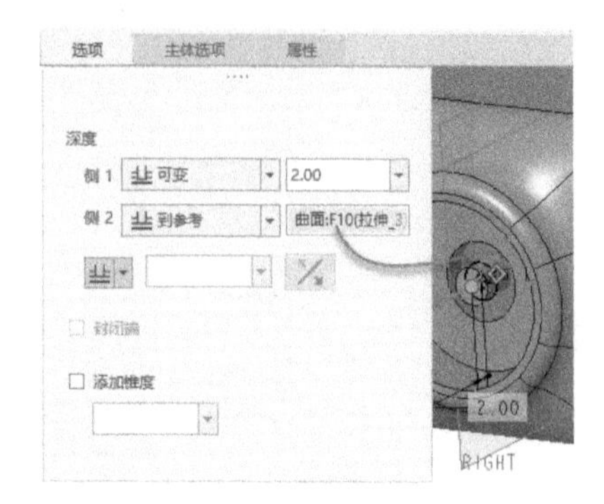

图 5-45　设置两侧的深度选项及参数

4）单击“确定”按钮。

12 以拉伸的方式在内壁两侧增加筋骨

1）单击“拉伸”按钮，打开“拉伸”选项卡，默认创建实体。

2）选择图 5-46 所示的面定义草绘平面，绘制图 5-47 所示的拉伸截面，单击“确定”按钮完成草绘并退出草绘器。

知识点拨：

有时在指定草绘平面快速进入到草绘器中，会发现自动定向与屏幕平行的草绘平面视角方向不是所需要的。此时可以在草绘器的“设置”面板中单击“草绘设置”按钮，并利用弹出的“草绘”对话框来更改草绘方向的相关设置即可，例如单击“反向”按钮可反转草绘视图方向。

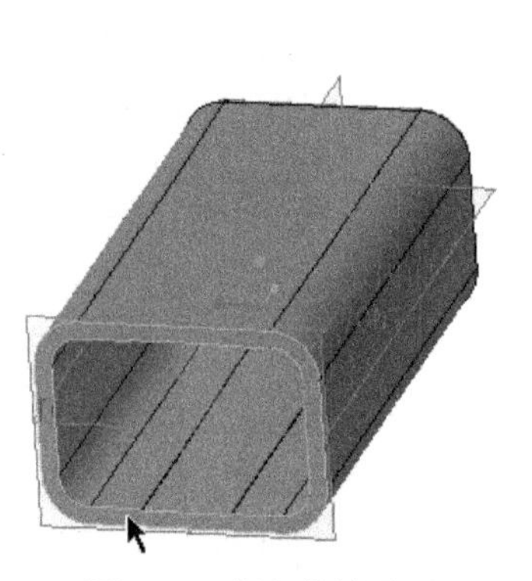
图 5-46　指定草绘平面

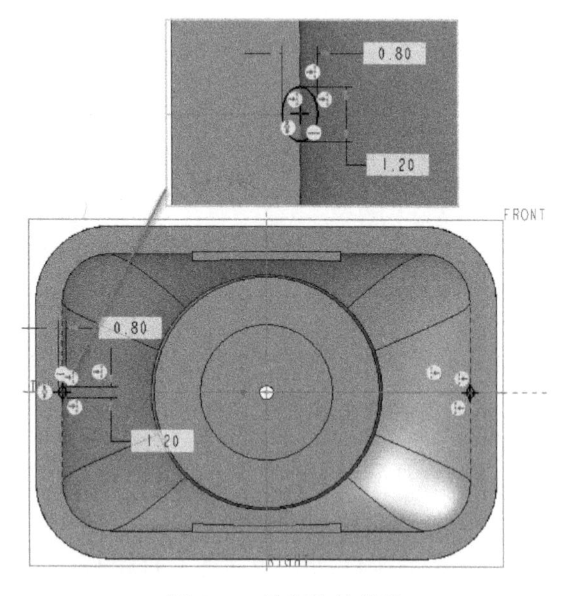

图 5-47　绘制拉伸截面

3）单击“深度方向”按钮使拉伸的深度方向指向实体内部，从“侧 1”深度下拉列表框中选择“到下一个”图标选项，然后单击“确定”按钮。

13 拉伸切除处理

1）单击“拉伸”按钮，接着在“拉伸”选项卡上单击“移除材料”按钮。

2）选择图 5-48 所示的实体平整面作为草绘平面，绘制图 5-49 所示的拉伸截面，单击“确定”按钮，完成草绘并退出草绘器。

3）设置侧 1 的拉伸深度为 0.5mm，注意确保深度方向指向切除实体材料的方向，然后单击“确定”按钮，结果如图 5-50 所示。

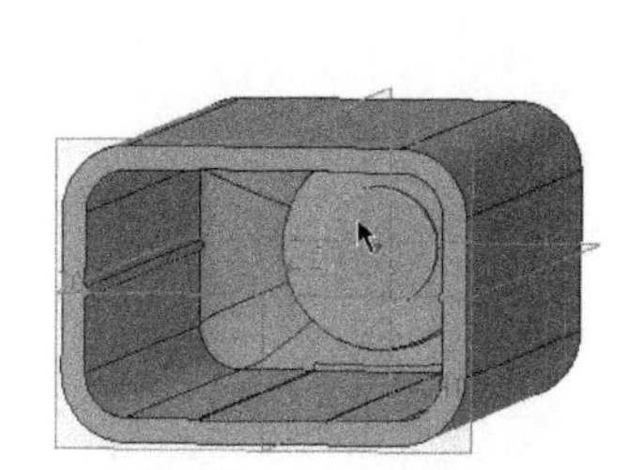

图 5-48 指定草绘平面

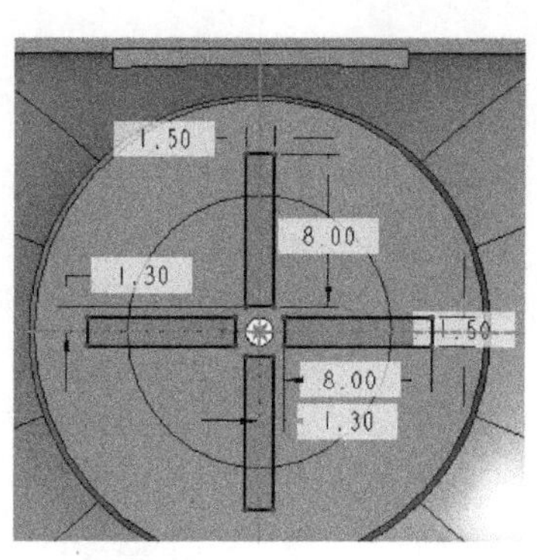

图 5-49 绘制拉伸截面

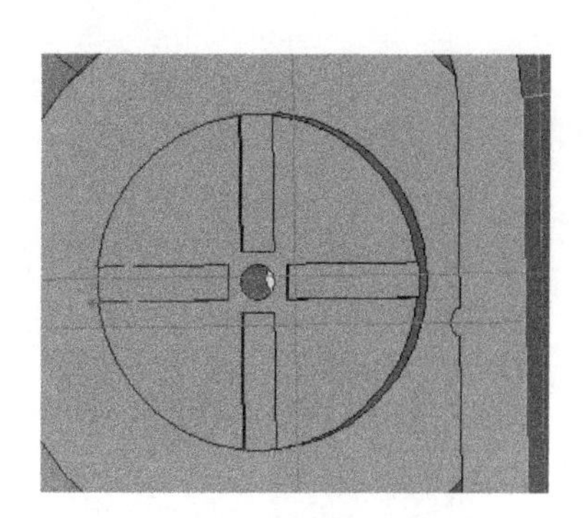

图 5-50 拉伸切除的结果

14 创建轨迹筋特征

1）在功能区“模型”选项卡的“工程”面板中单击“轨迹筋”按钮，打开图 5-51 所示的“轨迹筋”选项卡。

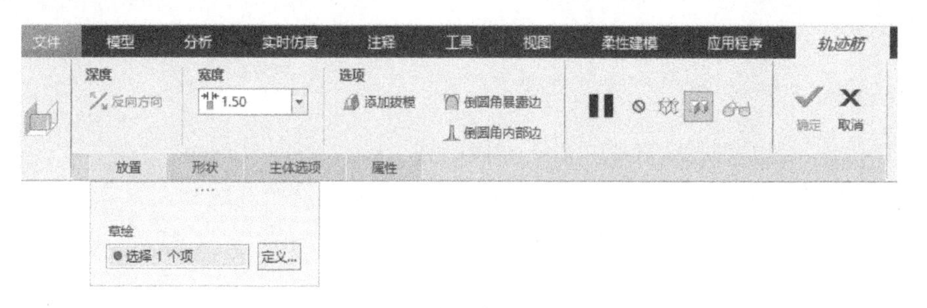

图 5-51 “轨迹筋”选项卡

2）在“放置”滑出面板中单击“定义”按钮，弹出“草绘”对话框。接着在功能区右侧单击“基准”|“基准平面”按钮，弹出“基准平面”对话框，选择参考曲面，设置平移距离值为 3mm，注意必须在参考曲面的正确一侧偏移，如图 5-52 所示。然后单击“确定”按钮，完成创建默认名称为 DTM1 的一个新基准平面。

3）刚创建的内部 DTM1 基准平面作为草绘平面，默认以 RIGHT 基准平面为“右”方向参考，单击“草绘”按钮，进入内部草绘器，绘制图 5-53 所示的轨迹筋图形，单击“确定”按钮

4）在“轨迹筋”选项卡上设置宽度为“1.5”，均未选中“添加拔模”、“倒圆角暴露边”、“倒圆角内部边”。

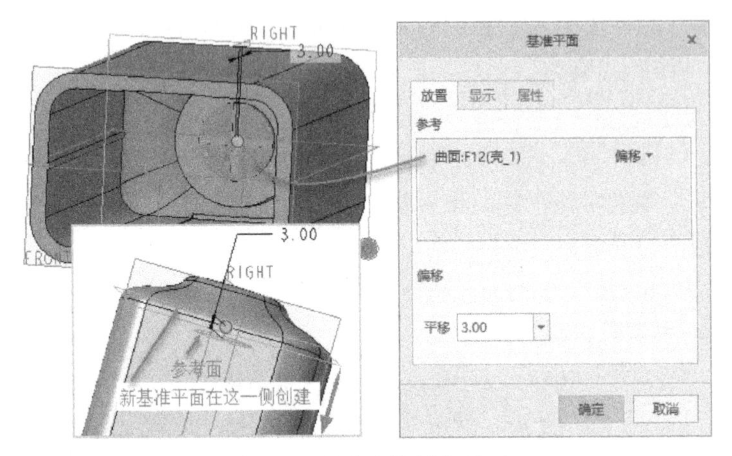

图 5-52　创建内部基准平面

5）在“轨迹筋”选项卡上单击“确定”按钮✔，完成的轨迹筋特征如图 5-54 所示。

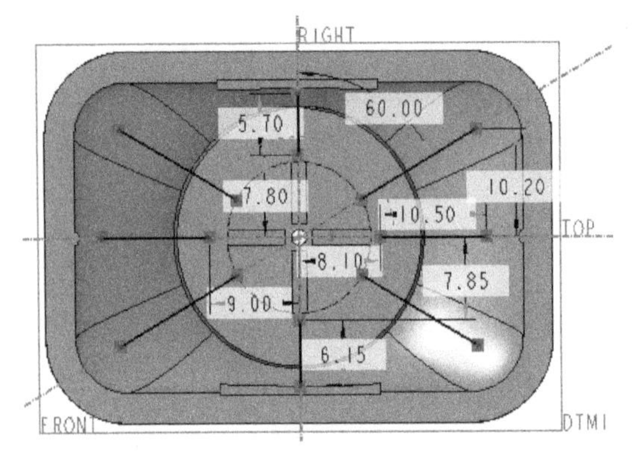

图 5-53　轨迹筋图形

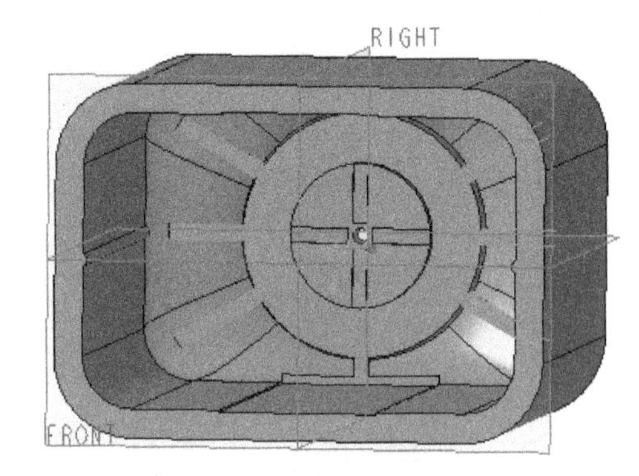

图 5-54　完成创建轨迹筋特征

15 两次拉伸，分别构建壳体端口处内台阶结构

1）单击“拉伸”按钮，接着在“拉伸”选项卡上单击“移除材料”按钮。指定草绘平面，绘制拉伸截面，设置拉伸深度选项、参数及方向等，如图 5-55 所示，然后单击“确定”按钮✔。

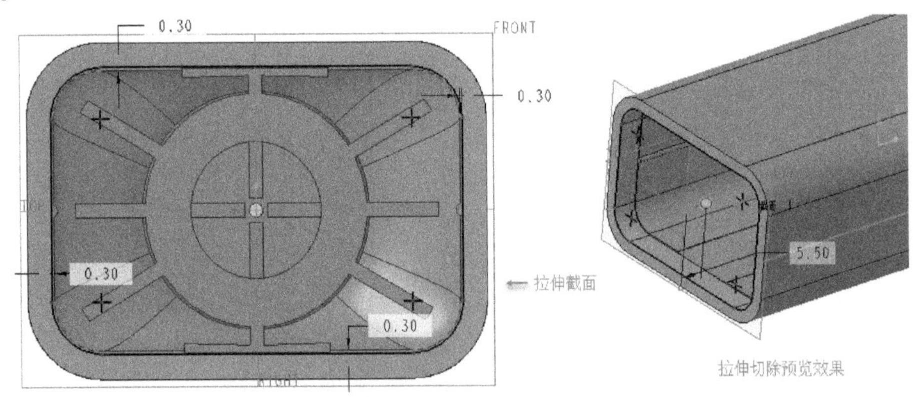

图 5-55　构建壳体端口处第一个内台阶结构

2）继续单击“拉伸”按钮，接着在“拉伸”选项卡上单击“移除材料”按钮，指定草绘平面，绘制拉伸截面，设置拉伸深度选项、参数及方向等，如图 5-56 所示，然后单击“确定”按钮。

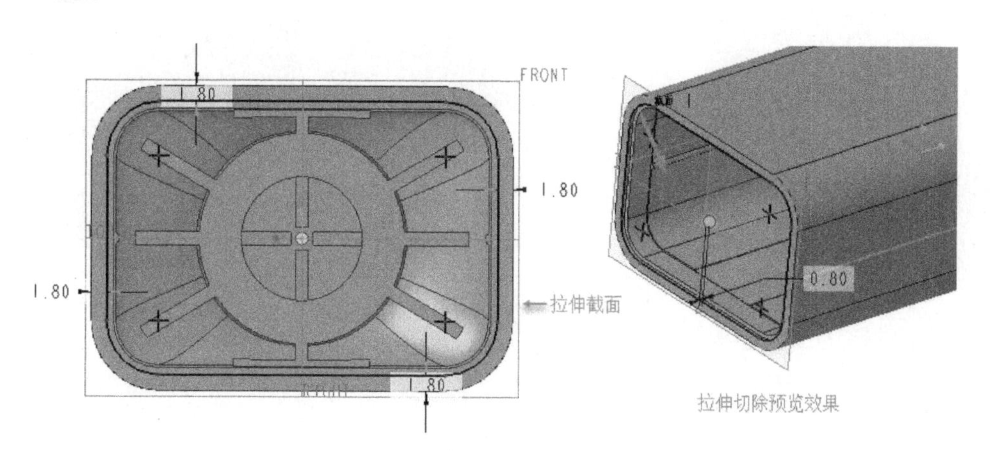

图 5-56　构建壳体端口处第二个内台阶结构

16 创建拔模特征 2

单击“拔模”按钮，打开“拔模”选项卡，选择拔模曲面，激活“拔模枢轴”收集器并选择所需曲面定义拔模枢轴，设置拔模角度 1 为 5°，并单击“反转角度以添加或移除材料”按钮确保拔模正确，如图 5-57 所示，然后单击“确定”按钮。

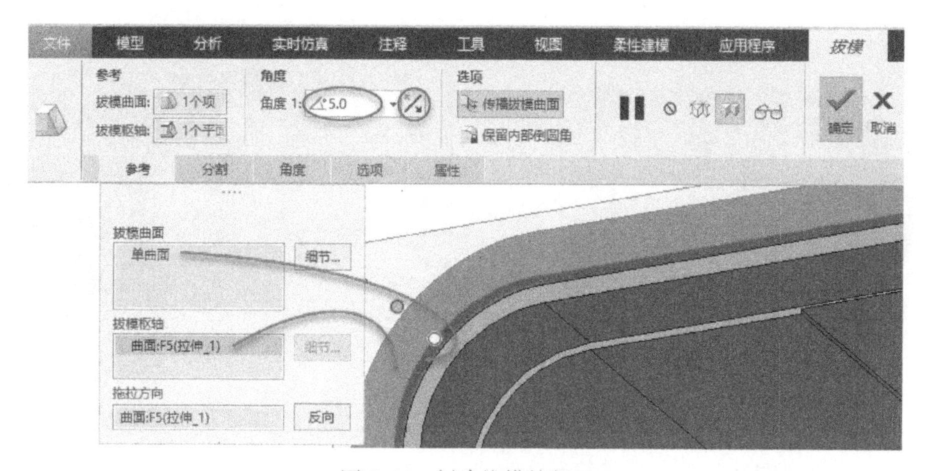

图 5-57　创建拔模特征 2

17 以拉伸的方式创建拉伸实体特征

1）单击“拉伸”按钮，打开“拉伸”选项卡，默认创建拉伸实体。

2）选择图 5-58 所示的实体平整面定义草绘平面，绘制图 5-59 所示的草图，单击“确定”按钮。注意该草图用到“圆锥”按钮来绘制圆锥曲线。

3）单击“深度方向”按钮以将拉伸的深度方向设置指向实体模型内部，将侧 1 的深度设为 8mm，如图 5-60 所示。

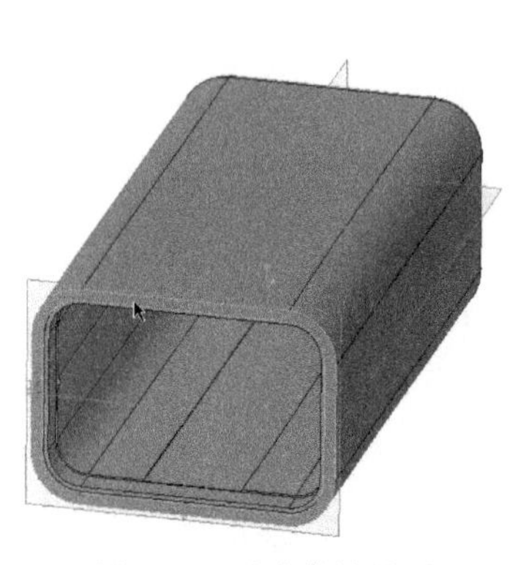
图 5-58　选定草绘平面

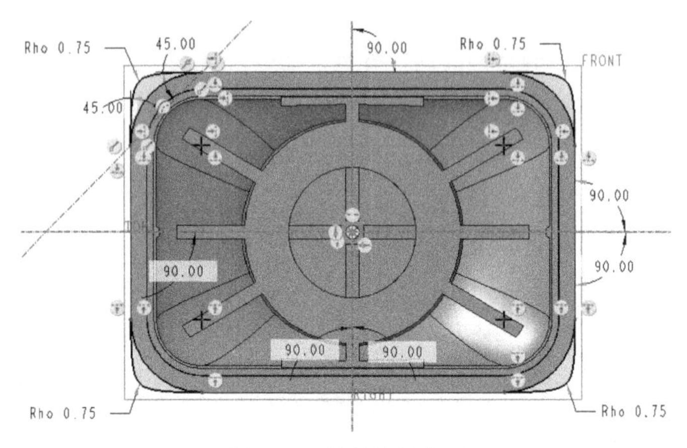

图 5-59　绘制拉伸截面

18 创建一个孔特征

1）单击“孔”按钮，打开“孔”选项卡。

2）在“孔”选项卡上设置孔类型为“简单”，在“轮廓”选项组中选中“平整”，设置直径为 1.5mm，深度为 6mm。

3）在“放置”滑出面板的“类型”下拉列表框中选择“线性”，在实体模型中选择放置参考。接着激活“偏移参考”收集器，结合〈Ctrl〉键分别选择两个实体面作为偏移参考，并设置它们相应的偏移距离，如图 5-61 所示。

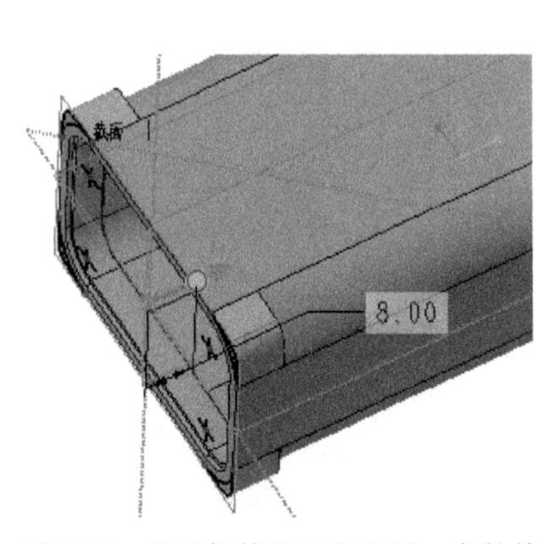

图 5-60　设置拉伸的深度选项、参数等

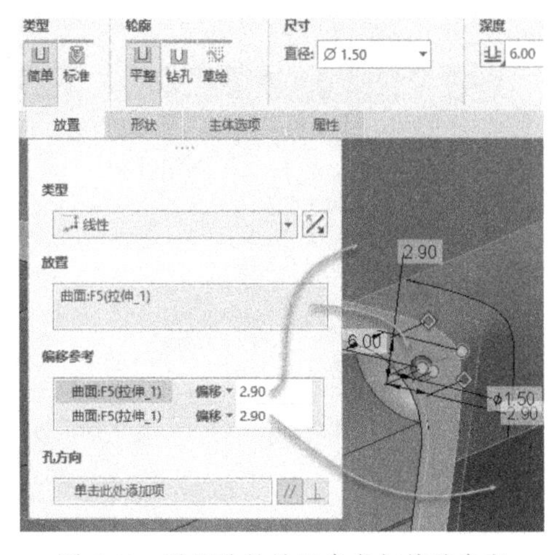

图 5-61　设置孔的放置参考与偏移参考

4）在“孔”选项卡上单击“确定”按钮。

19 两次镜像操作

1）确保选中步骤 18 所创建的孔特征（“孔 1”特征），单击“镜像”按钮。接着选择 TOP 基准平面作为镜像平面，单击“确定”按钮。

2）刚创建的镜像特征处于被选中的状态，按住〈Ctrl〉键选择先前的“孔 1”特征以将它加到同一个选择集中。接着单击“镜像”按钮，选择 RIGHT 基准平面作为镜像平面，单击“确定”按钮，完成创建这几个相同规格的孔结构，如图 5-62 所示。

20 创建倒圆角特征

1）单击“倒圆角”按钮，设置圆形圆角的半径为 1mm，结合〈Ctrl〉键选择图 5-63 所示的 4 条边进行倒圆角，单击“确定”按钮✔。

2）单击“倒圆角”按钮，设置圆形圆角的半径为 1mm，结合〈Ctrl〉键选择图 5-64 所示的另外 4 条边进行倒圆角，单击“确定”按钮✔。

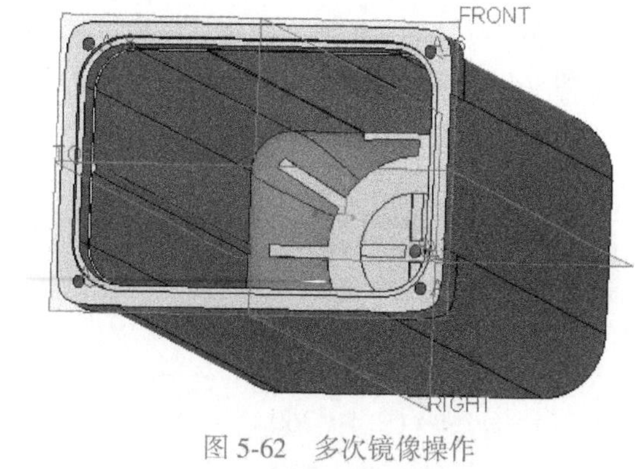

图 5-62　多次镜像操作

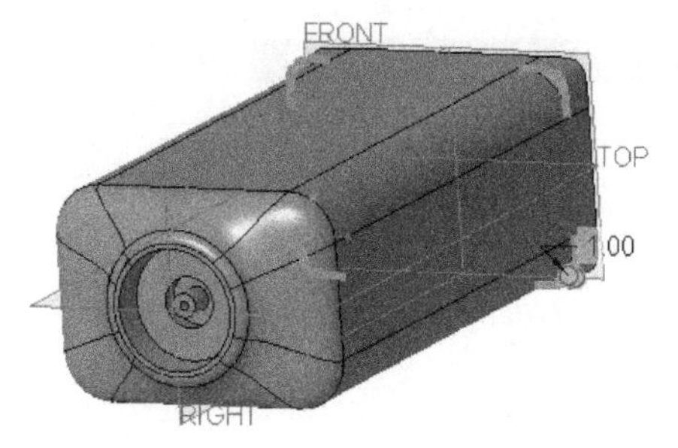

图 5-63　选择 4 条边倒圆角

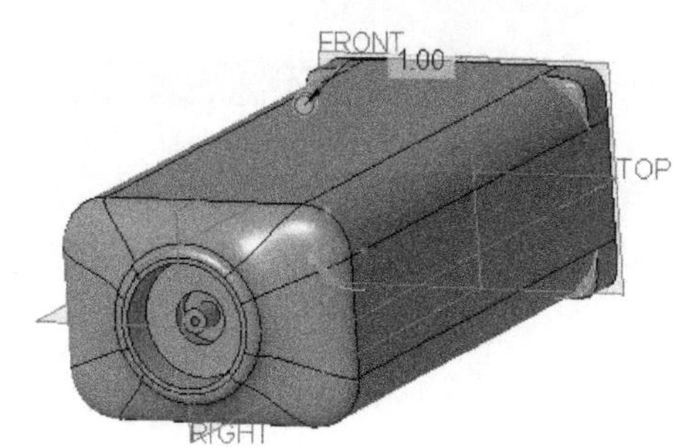

图 5-64　选择另外 4 条边倒圆角

21 保存文件

至此，该测试盒壳体设计完毕。按快捷键〈Ctrl+S〉，保存该模型文件。

5.3 握力器弹簧建模

本节选用握力器（也叫腕力器）产品模型来进行建模介绍，参考的握力器如图 5-65 所示。握力器中的主要零件是弹簧，如图 5-66 所示。

图 5-65　握力器

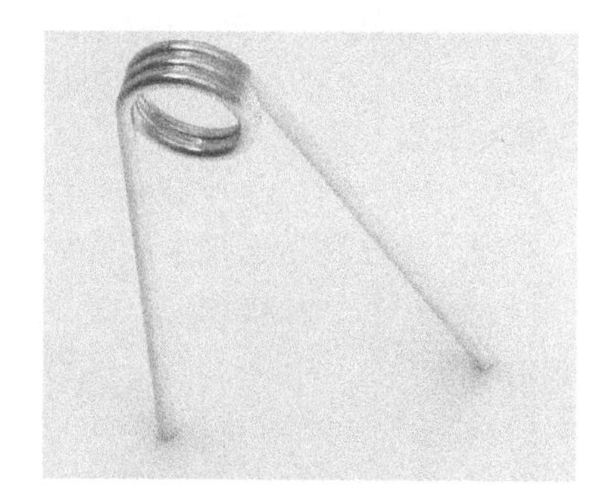
图 5-66　握力器弹簧

本案例的重点知识有来自方程的曲线、曲线几何的复制与粘贴、扫描操作等。

下面介绍该弹簧的建模步骤。

1 新建实体零件文件

启动 Creo 8.0 后设置工作目录，然后单击“新建”按钮，新建一个名称为“HY-握力器弹簧”、不使用默认模板而是使用 mmns_part_solid_abs 公制模板的实体零件文件。

2 通过方程创建曲线

1）在功能区“模型”选项卡的“基准”溢出面板中选择“曲线”|“来自方程的曲线”命令，打开“曲线：从方程”选项卡。

2）选择“笛卡儿”选项，选择 PRT_CSYS_DEF。

3）在“曲线：从方程”选项卡中单击“方程”选项组的“编辑”按钮，接着在弹出的“方程”对话框中输入以下方程式，如图 5-67 所示。

x = 14 * cos(t * (2.5 * 360))

y = 14 * sin(t * (2.5 * 360))

z = 10 * t

图 5-67 “曲线：从方程”应用之“方程”对话框

4）在“方程”对话框中单击“执行/校验关系并按关系创建新参数”按钮，系统弹出“校验关系”对话框提示“已成功校验了关系”，单击“校验关系”对话框的“确定”按钮。

5）在“方程”对话框中单击“确定”按钮。

6）在“曲线：从方程”选项卡中单击“确定”按钮✔，完成创建图 5-68 所示的螺旋线。

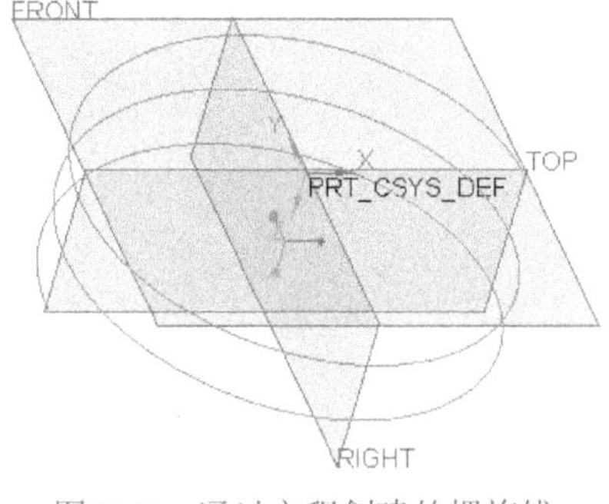

图 5-68 通过方程创建的螺旋线

3 复制粘贴操作 1

1）选择过滤器的默认选项为“几何”，在图形窗口中选择曲线，单击“操作”面板中的“复制”按钮（对应快捷键为〈Ctrl+C〉）。

2）在“操作”面板中单击“粘贴”按钮（对应快捷键为〈Ctrl+V〉），则功能区出现“曲线：复合”选项卡。此时确保选择曲线类型为“精确”，如图 5-69 所示。

3）将曲线两端圆形控制点拖到合适位置，并可通过双击尺寸来进行修改，注意将尺寸修改为“-3.00”，如图 5-70 所示。

图 5-69　功能区“曲线：复合”选项卡（一）

4）在“曲线：复合”选项卡中单击“确定”按钮✓。

4 隐藏“曲线 1”特征

在模型树上选择“曲线 1”特征，出现一个浮动工具栏。接着单击该浮动工具栏中提供的“隐藏”按钮，从而将来自方程的曲线设置为隐藏状态，如图 5-71 所示。

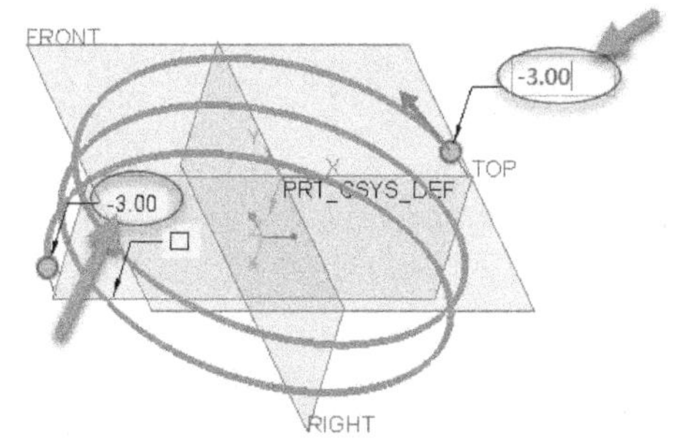

图 5-70　调整曲线两端点位置及修改其尺寸值

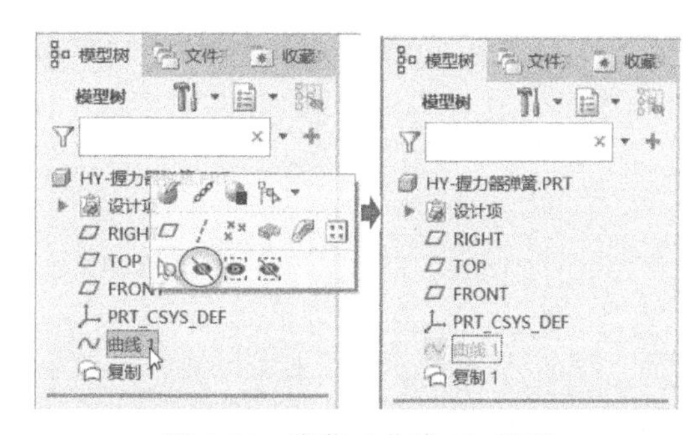

图 5-71　隐藏“曲线 1”特征

5 复制粘贴操作 2

在图形窗口中选择“复制 1”曲线图形，按〈Ctrl+C〉快捷键，接着按〈Ctrl+V〉快捷键。接着设置曲线两端的延伸值，如图 5-72 所示，然后单击“确定”按钮✓。

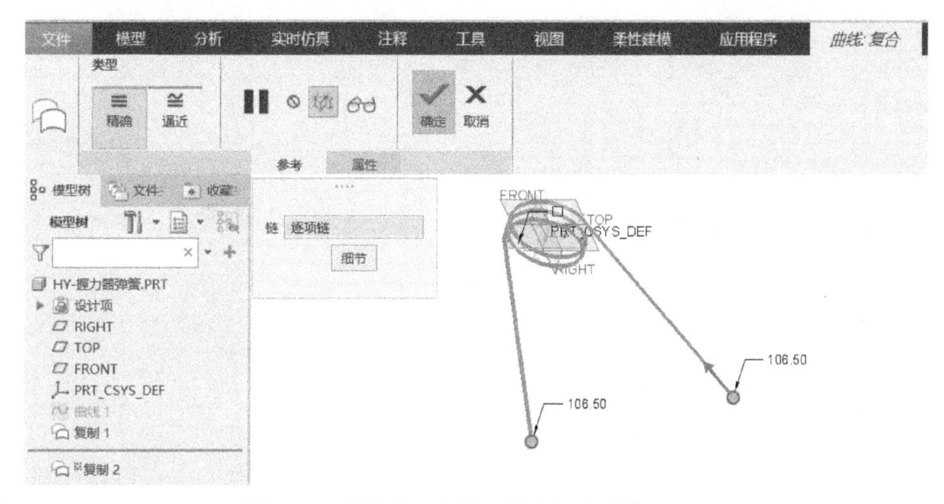

图 5-72　功能区“曲线：复合”选项卡（二）

6 隐藏“复制 1”曲线

通过模型树操作来隐藏“复制 1”曲线。

7 创建扫描特征

1）单击“扫描”按钮，打开“扫描”选项卡。

2）在“扫描”选项卡中默认选中“实体”按钮和“恒定截面”按钮，接着在图形窗口中选择“复制 2”曲线作为扫描轨迹，默认的“截平面控制”选项为“垂直于轨迹”。

3）在“扫描”选项卡中单击“草绘”按钮，绘制扫描截面如图 5-73 所示，单击“确定”按钮完成草绘。

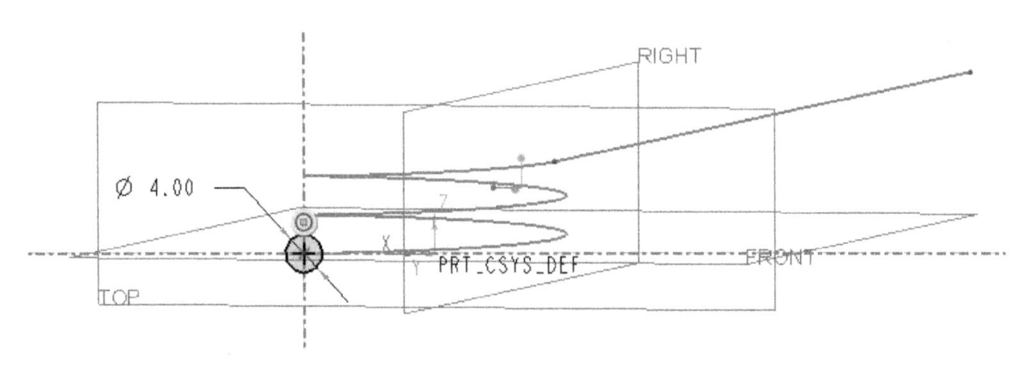

图 5-73　绘制扫描截面

此时，如图 5-74 所示，可看到动态预览效果。

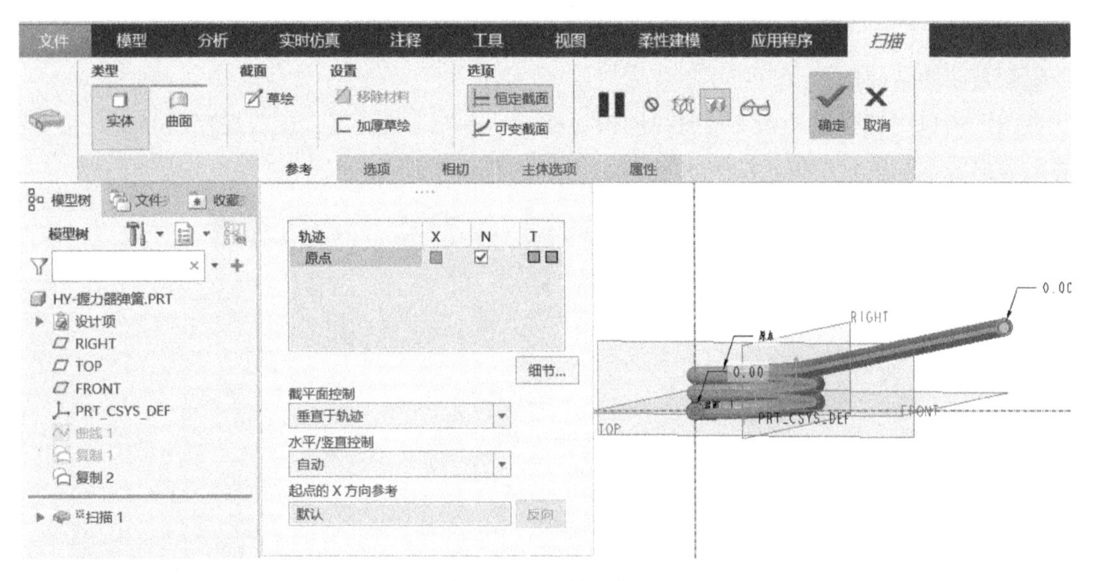

图 5-74　扫描预览

4）在“扫描”选项卡中单击“确定”按钮，按〈Ctrl+D〉快捷键以默认的标准方向视角来显示，可以看到创建好的弹簧模型如图 5-75 所示。

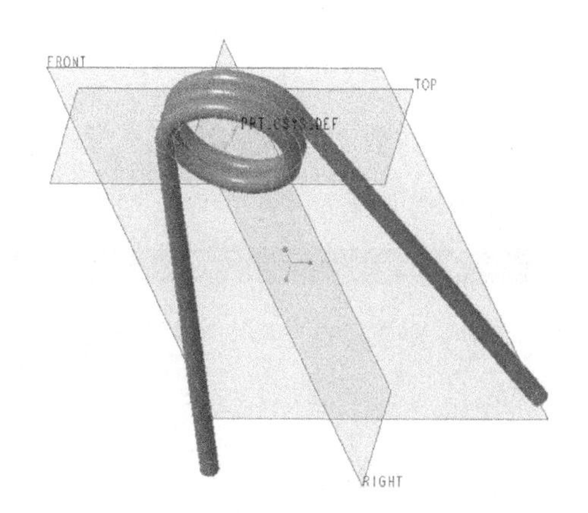

图 5-75　创建好的弹簧模型

总结：

一般情况下，常规弹簧是使用“螺旋扫描”工具命令来创建的，而在本例中却是先通过方程来创建螺旋扫描曲线，再对该扫描曲线几何进行复制与粘贴操作。其实就是为了获得所需的延伸曲线作为扫描轨迹，最后使用“扫描”工具命令来获得弹簧模型。

5.4 方形绕组线圈

在电机产品中，常见有一些线圈绕组的设计。线圈绕组有沿着圆柱曲面螺旋绕圈的（如图 5-76 所示）。也有沿着方形截面绕组的（如图 5-77 所示），前者利用“螺旋扫描”方式就可以快速实现，而后者就相对有些难度了。

图 5-76　圆形绕组线圈

图 5-77　方形绕组线圈

本节介绍创建方形绕组线圈的一种实用方法。

首先要分析方形绕组线圈如何构建。方形绕组线圈其实就是一个截面绕着方形绕组线进行变截面扫描得来的，而方形绕组线的构建是最关键的一个环节。仔细分析一下，方形绕组线可以通过拉伸曲面和螺旋扫描曲面相交来获得。本案例具体的操作步骤如下。

1 新建一个实体零件文件

启动 Creo 8.0 后设置工作目录，然后单击“新建”按钮，新建一个名称为“HY-方形绕组线圈”、不使用默认模板而是使用 mmns_part_solid_abs 公制模板的实体零件文件。

2 创建一个拉伸曲面

单击“拉伸”按钮，接着在打开的“拉伸”选项卡上单击“曲面”按钮，选择 TOP 基准平面作为草绘平面，绘制所需的拉伸截面，单击“确定”按钮完成草绘并退出草绘器；设置侧 1 的拉伸深度为“55”，如图 5-78 所示，然后单击“确定”按钮。

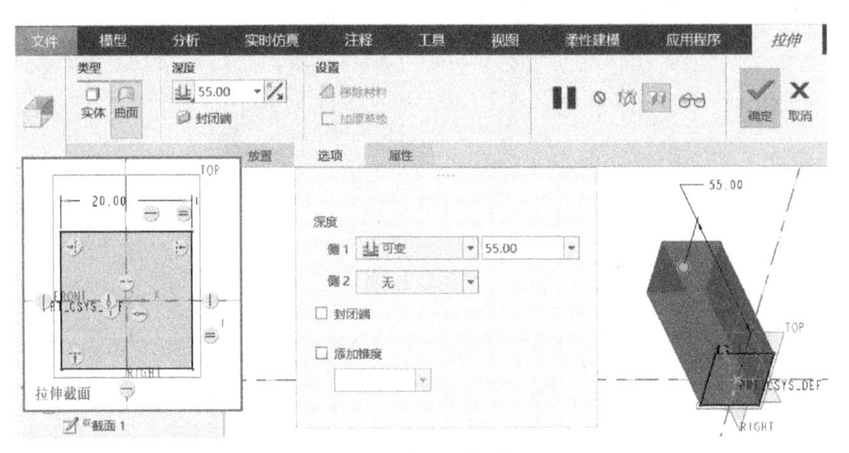

图 5-78 创建一个拉伸曲面

3 在方形拉伸曲面上进行倒圆角操作

单击“倒圆角”按钮，设置圆形圆角半径为 2mm，选择图 5-79 所示的曲面边线进行倒圆角，单击“确定”按钮。

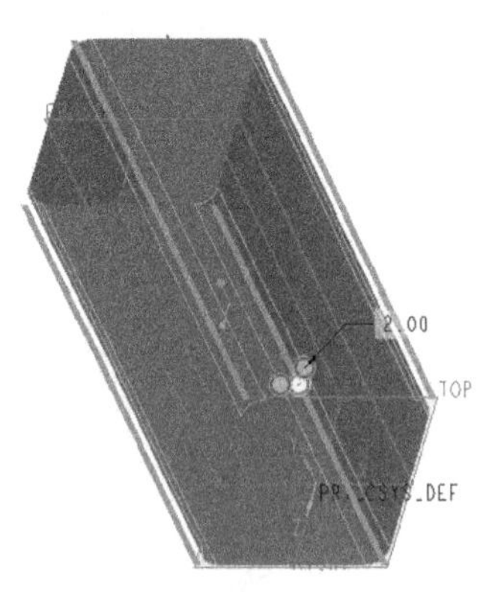

图 5-79 在曲面上倒圆角

4 创建螺旋扫描曲面

1）单击“螺旋扫描”按钮，打开“螺旋扫描”选项卡，单击“曲面”按钮和“右手定则”按钮，再打开“参考”滑出面板，从“截面方向”选项组中选择“穿过螺旋轴”单选按钮，如图 5-80 所示。

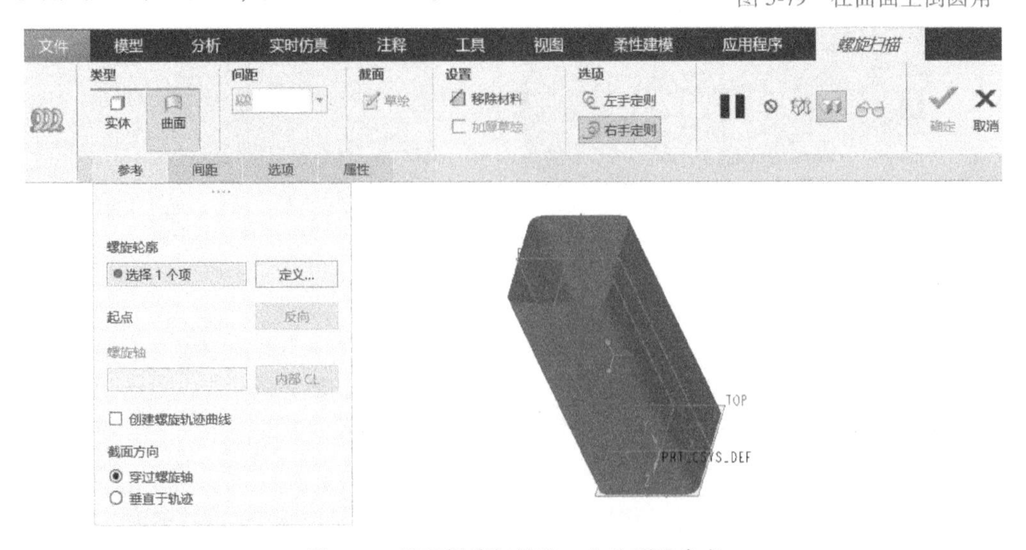

图 5-80 设置螺旋扫描的一些选项及参考

2）从“参考”滑出面板中单击“定义”按钮，选择 FRONT 基准平面作为草绘平面，默认以 RIGHT 基准平面为“右”方向参考，单击“草绘”按钮，绘制图 5-81 所示的螺旋轮廓线和几何中心线。然后单击“确定”按钮，完成草绘并退出草绘器。

3）设置间距（螺距）为 2mm，单击“草绘”按钮，绘制螺旋截面如图 5-82 所示，该截面由一条线段构成。然后单击“确定”按钮，完成螺旋截面草绘。

4）在“螺旋扫描”选项卡单击“确定”按钮，完成螺旋扫描曲面，如图 5-83 所示。

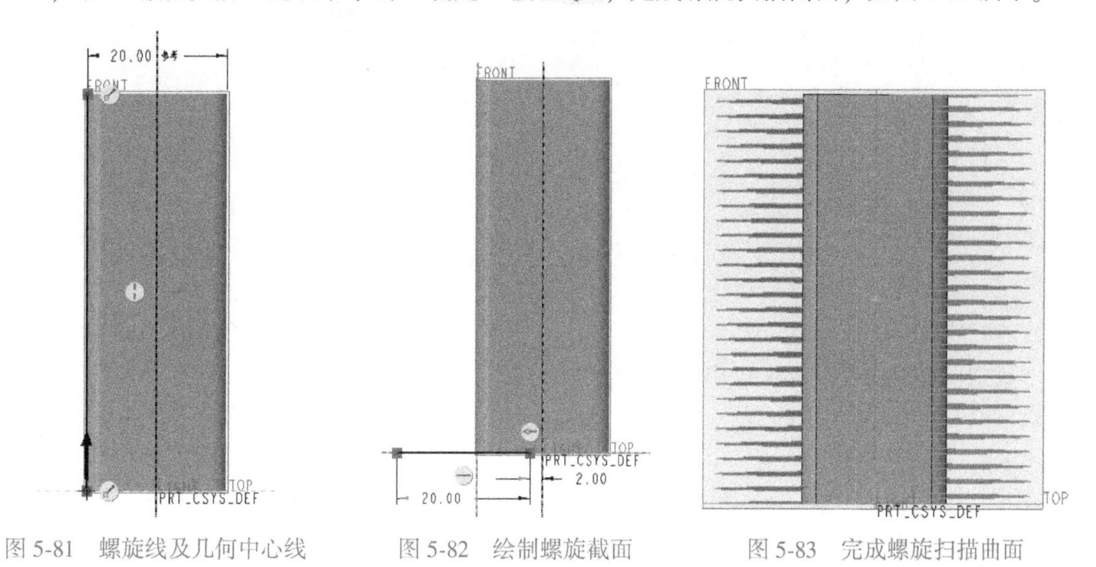

图 5-81　螺旋线及几何中心线　　图 5-82　绘制螺旋截面　　图 5-83　完成螺旋扫描曲面

5 创建相交曲线

在模型树上选择“螺旋扫描 1”特征，按住〈Ctrl〉键的同时选择“拉伸 1”曲面，接着单击“相交”按钮，从而在所选的两个曲面特征的相交处创建一条相交曲线。此时，可通过模型树，将“螺旋扫描 1”特征和“拉伸 1”特征隐藏，如图 5-84 所示。

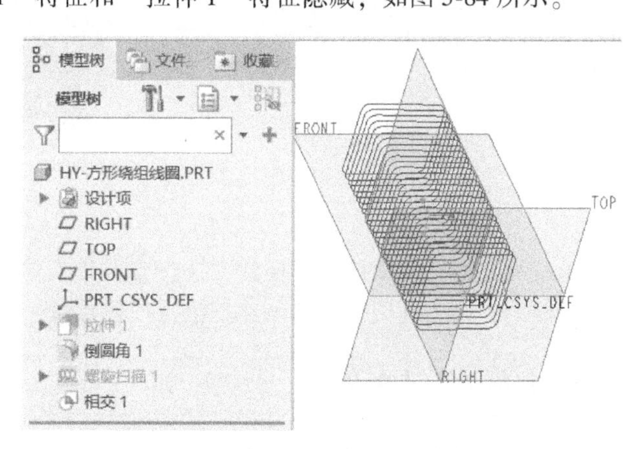

图 5-84　创建相交曲线与设置隐藏对象

6 创建可变截面扫描特征

1）单击“扫描”按钮，在弹出的“扫描”选项卡上单击“实体”按钮和“可变截面”按钮。

2）选择已有曲线作为扫描原点轨迹，单击起点箭头以切换原点轨迹的起点位置，接着从“截平面控制”下拉列表框中默认选择“垂直于轨迹”选项，此时如图 5-85 所示。

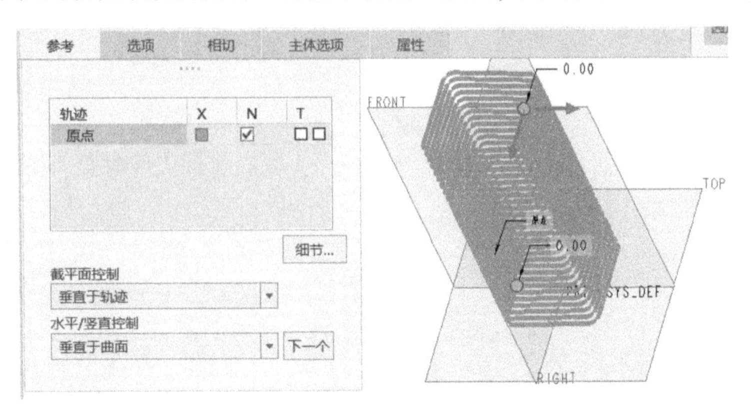

图 5-85　定义扫描原点轨迹

3）在“扫描”选项卡上单击“草绘”按钮，绘制图 5-86 所示的一个小圆定义扫描截面，单击“确定”按钮完成草绘并退出草绘器。

4）在“扫描”选项卡上单击“确定”按钮，完成创建的变截面扫描特征如图 5-87 所示，这就是方形绕组线圈。

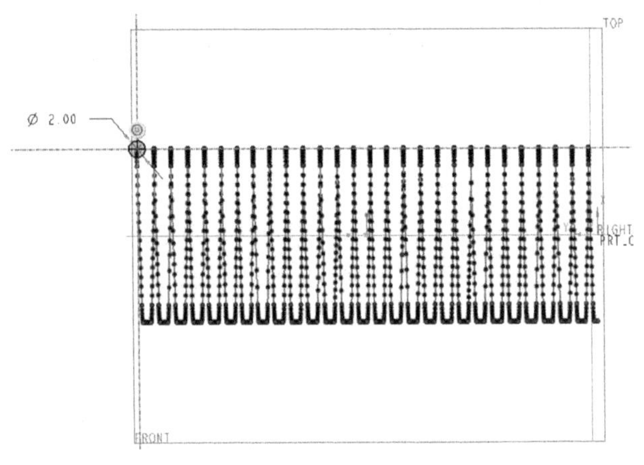

图 5-86　绘制扫描截面

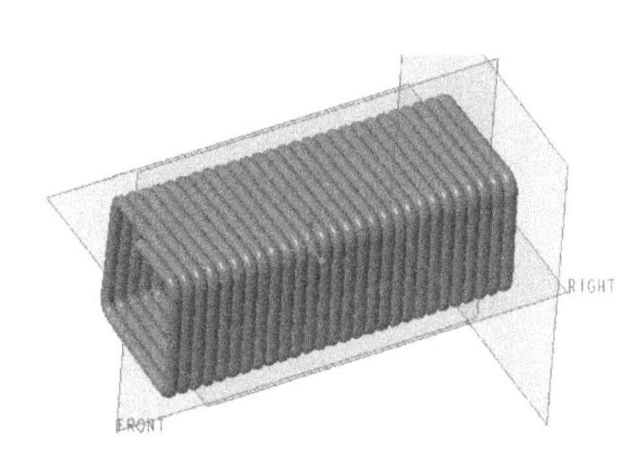

图 5-87　方形绕组线圈

如果要创建多层的方形绕组，那么可以使用同样的方法创建其他层的方形绕组实体，再利用方形绕组线创建相切的连接曲线，最后利用该曲线创建扫描特征连接每一层方形绕组实体。

5.5 使用由曲线约束的阵列案例

在 Creo 中使用由曲线约束的阵列，可以创建很多有意思的变化效果。一些产品上的图案或结构，具有一定的阵列特点，例如图 5-88 所示的产品特征。一系列 U 形孔由阵列控制，各 U 形孔的下端圆心落在一条圆弧上，上段的圆心落在另一条曲线上。

本案例具体操作步骤如下。

1 新建一个实体零件文件

单击“新建”按钮，新建一个名称为“HY-有约束的阵列案例”、不使用默认模板而是使用 mmns_part_solid_abs 公制模板的实体零件文件。

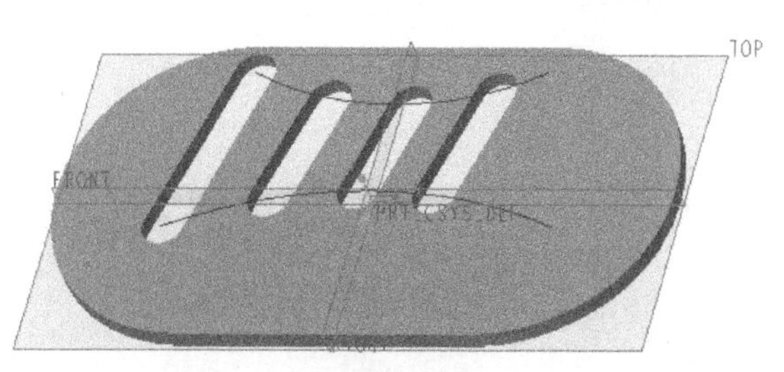

图 5-88　使用有约束的阵列案例

2 创建拉伸基本实体

1）单击“拉伸”按钮，打开“拉伸”选项卡，默认选中“实体”按钮。

2）选择 TOP 基准平面作为草绘平面，自动快速进入内部草绘器。草绘图 5-89 所示的拉伸截面，单击“确定”按钮。

知识点拨：

这些预定义图形是按照“形状”“轮廓”“星形”等来进行分类的，可以在“草绘”面板中单击“选项板”按钮，弹出“草绘器选项板”对话框，接着选择所需的预定义草图拖放到草绘器中放置并修改尺寸即可，比较方便。

3）设置侧 1 的拉伸深度为 20mm，单击“确定”按钮，完成创建的拉伸基本体如图 5-90 所示。

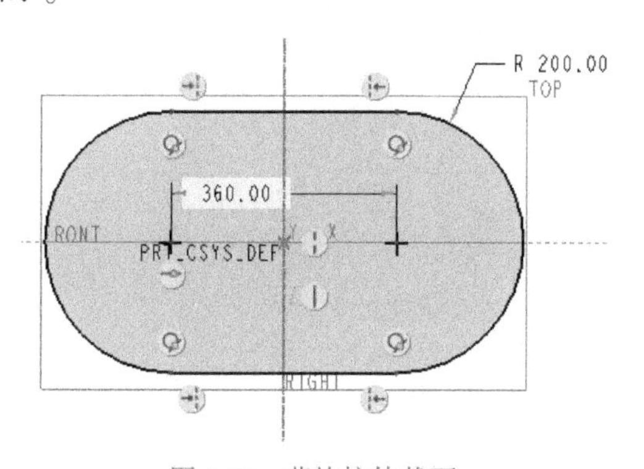

图 5-89　草绘拉伸截面

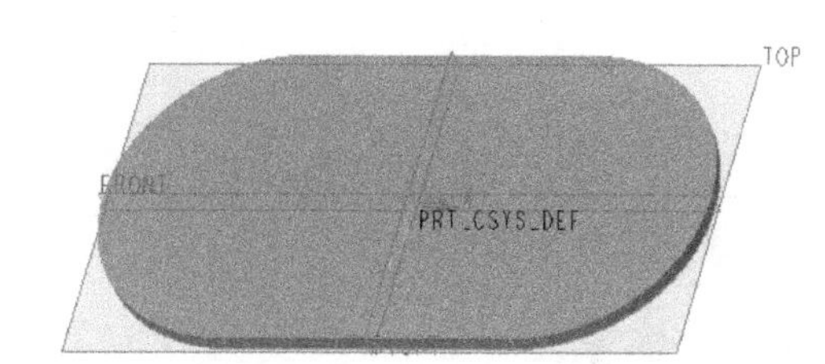

图 5-90　完成创建拉伸基本体

3 草绘两条曲线

单击“草绘”按钮，弹出“草绘”对话框，选择拉伸基本体的上顶面作为草绘平面，单击鼠标中键确认，进入草绘器，绘制图 5-91 所示的两条曲线，然后单击“确定”按钮。

4 创建第一个 U 形孔

1）单击“拉伸”按钮，打开“拉伸”选项卡，选择“移除材料”按钮，选择拉伸基本体的上顶面作为草绘平面。先绘制 U 形孔图形，上圆心被约束在上面的一条圆弧上，并标注上圆心与上圆弧左端点的水平距离尺寸，同时下圆心落在下圆弧上，标注 U 形孔直径，以及一个角度尺寸，如图 5-92 所示。

2）标注完尺寸后，确保将直径尺寸修改为“50”，角度尺寸修改为“75”，使用鼠标分别选择这两个尺寸，单击浮动工具栏中提供的“切换锁定”按钮将它们锁定。再将上圆心与圆弧左端点的水平距离尺寸修改为“0”，如图 5-93 所示。

此时，如果拖动草绘图元可以验证 U 形孔的两圆心是否在两条轨迹线上移动。确定正确后，单击“确定”按钮完成草绘并退出草绘器。

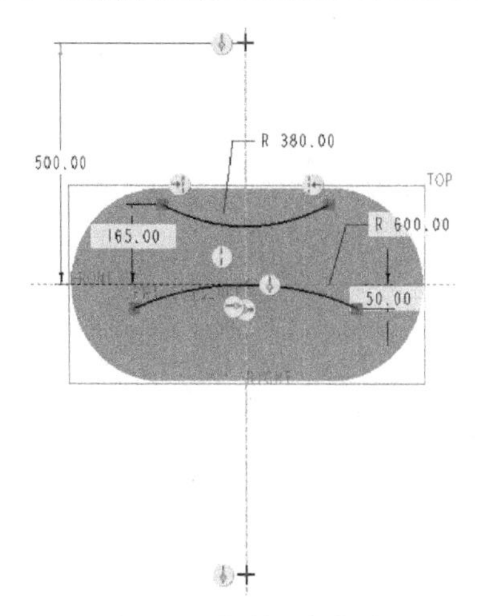

图 5-91　绘制两条曲线

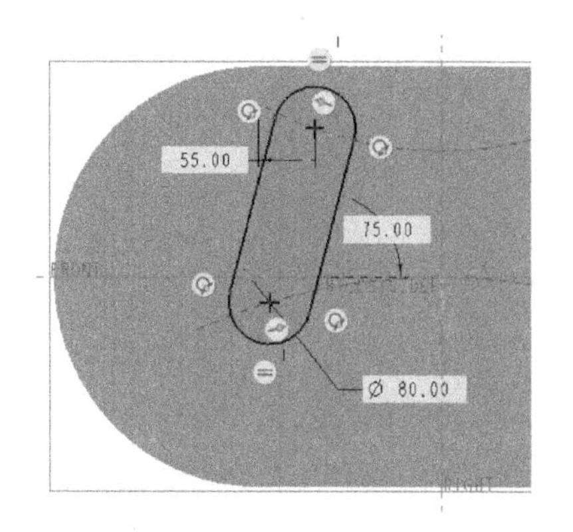

图 5-92　绘制 U 形孔图形并标注尺寸等

3）在“拉伸”选项卡上继续进行拉伸设置，将侧 1 的拉伸深度选项设置为“穿透”，然后单击“确定”按钮，得到的第一个 U 形孔结构如图 5-94 所示。

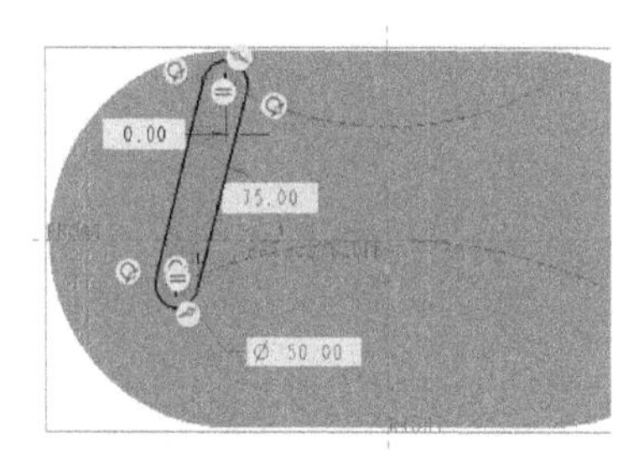

图 5-93　编辑所需尺寸

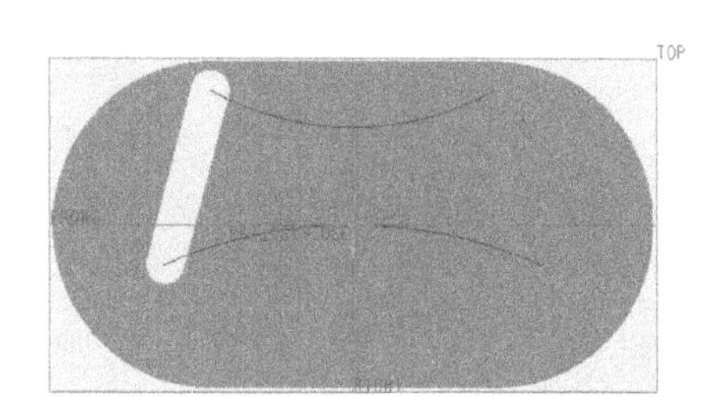

图 5-94　创建第一个 U 形孔结构

创建阵列特征

1）单击“阵列”按钮 / ，打开“阵列”选项卡。

2）将阵列类型选为“尺寸”，选择尺寸“0”定义方向 1 尺寸，其增量为 100，设定第一方向阵列成员数为 3，如图 5-95 所示。

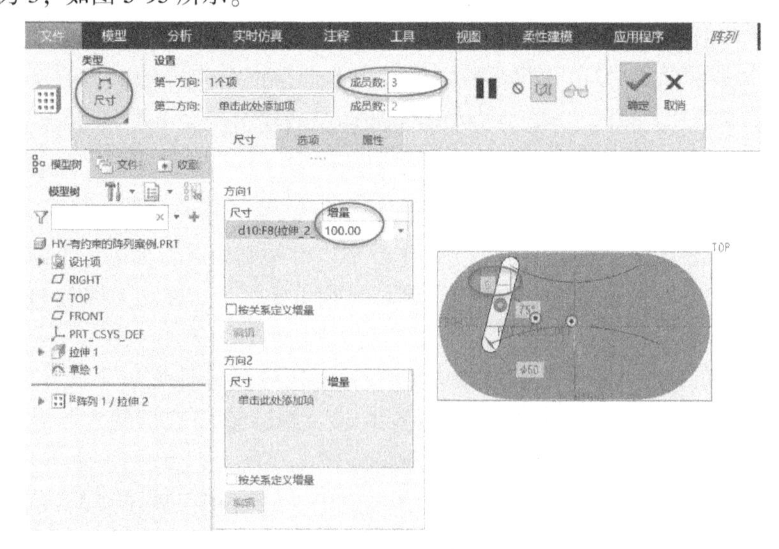

图 5-95　创建尺寸阵列

3）在“阵列”选项卡上单击“确定”按钮✔，阵列结果如图 5-96 所示。

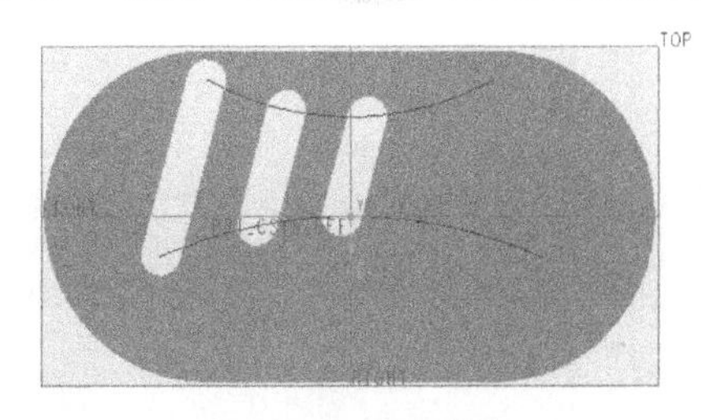

图 5-96　阵列结果

6 保存文件。

至此，该阵列案例完成。按快捷键〈Ctrl+S〉，保存该模型文件。

5.6 莫比乌斯之环框架模型

莫比乌斯环又称麦比乌斯带，是一种只有一个面和一条边界的曲面。它是一种重要的拓扑学结构，可以通过将一个纸带旋转半圈再把两端粘上之后得到这种结构。本例模型是在莫比乌斯环的基础上进行变形得到的，要完成的莫比乌斯之环框架模型如图 5-97 所示。

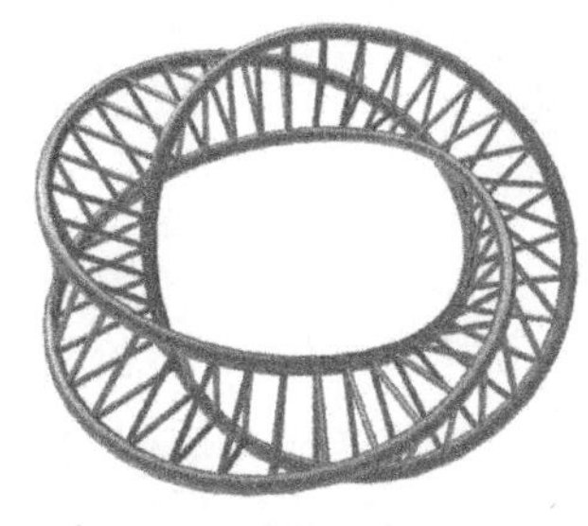

图 5-97　要完成的莫比乌斯之环框架模型

本案例具体的建模过程如下。

1 新建一个实体零件文件

启动 Creo 8.0 设计软件后，单击“新建”按钮，新建一个使用公制模板 mmns_part_solid_abs 的实体零件文件，文件名称设定为“HY-莫比乌斯之环框架模型”。

2 创建一个草绘特征

使用“草绘”按钮，在 TOP 基准平面上绘制一个直径为 60mm 的圆，如图 5-98 所示。

3 创建可变截面扫描特征

1）单击“扫描”按钮，打开“扫描”选项卡，单击“曲面”按钮和“可变截面”按钮，选择步骤 2 所创建的圆作为扫描轨迹。

2）在“扫描”选项卡上单击“草绘（创建或编辑扫描截面）”按钮，进入草绘模式，绘制图 5-99 所示的扫描截面，注意单击“尺寸”按钮标注所需的两个尺寸。

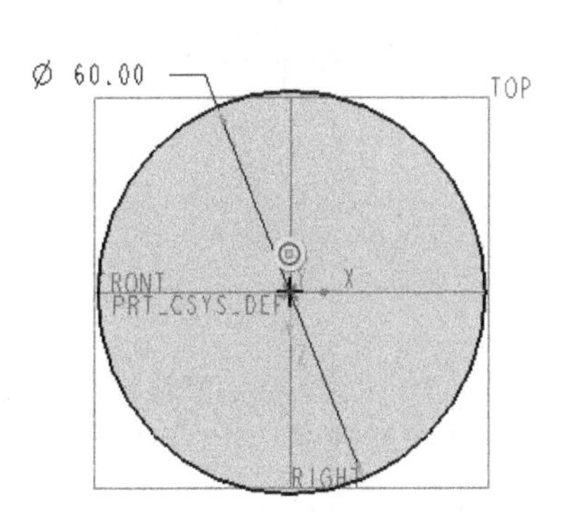

图 5-98　绘制一个圆

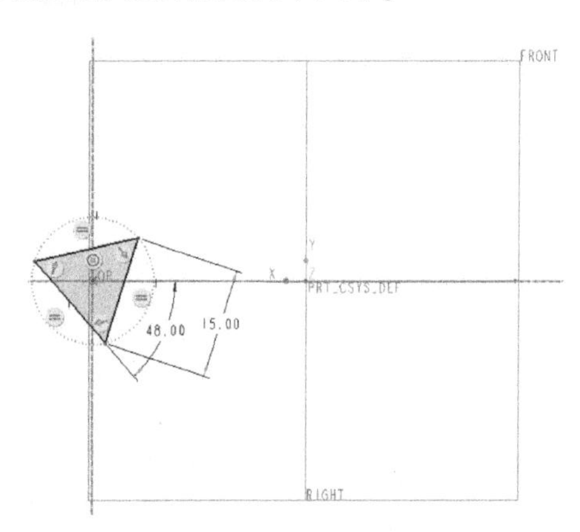

图 5-99　绘制扫描截面

3）切换至功能区“工具”选项卡，从“模型意图”面板中单击“关系”按钮 d=，弹出“关系”对话框，输入关系式“sd10 = 60+trajpar * 360”，如图 5-100 所示，然后单击“确定”按钮。

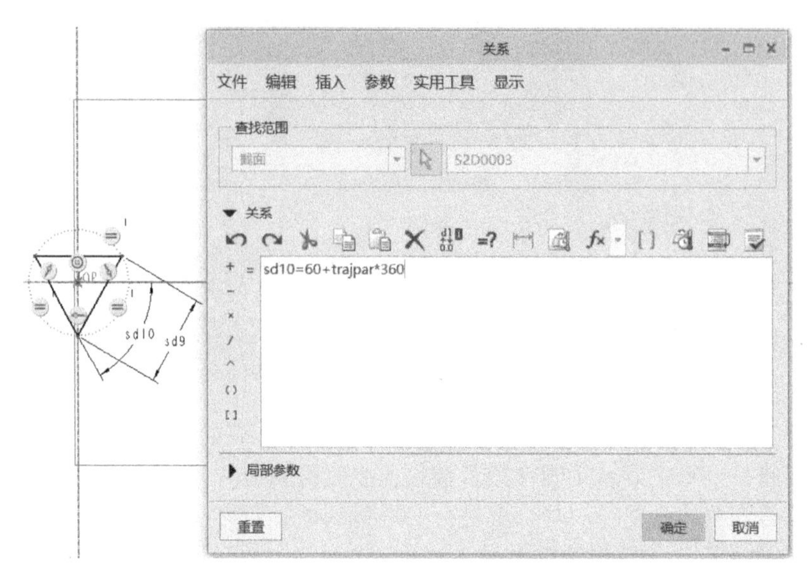

图 5-100　设定关系式

切换回功能区“草绘”选项卡，单击“确定”按钮 ✔，返回到“扫描”选项卡，如图 5-101 所示，然后单击“确定”按钮 ✔。

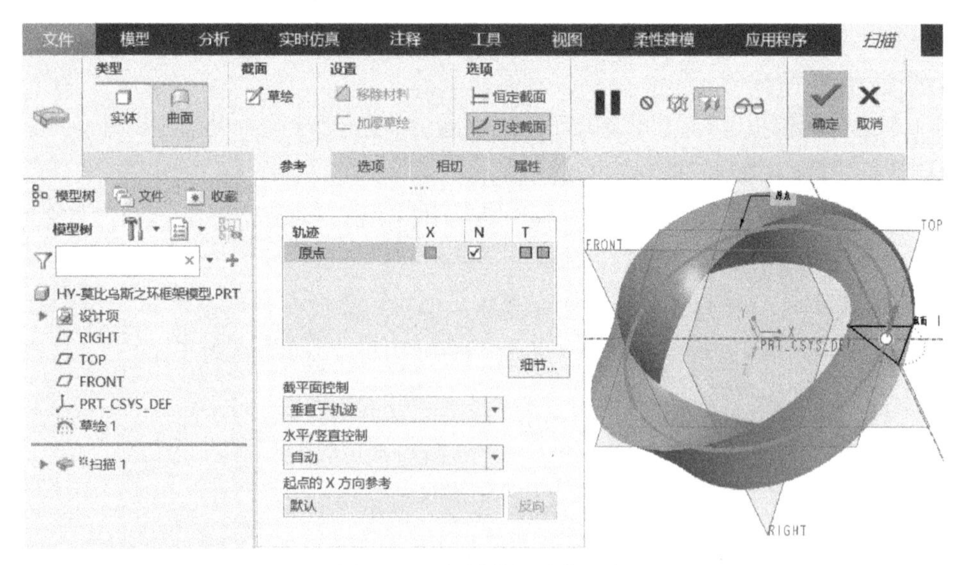

图 5-101　扫描特征动态预览

4 复制粘贴一条边线

1）选择过滤器的选项为“几何”，使用鼠标在模型中单击图 5-102 所示的曲面边界线，接着按住〈Shift〉键的同时单击相邻的另一段曲面边界线以选中整条相连相切边界线，如图 5-103 所示。注意思考如何才能选中整条曲线，而不是其中的某一段曲线。

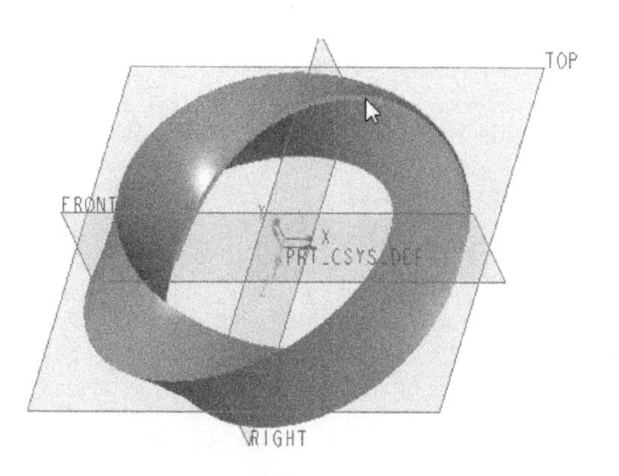

图 5-102　单击曲面边界线

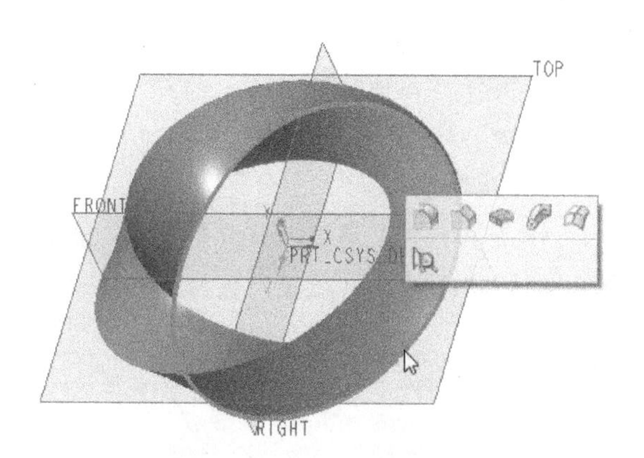

图 5-103　选中整条曲线链

2）按〈Ctrl+C〉复制，再按〈Ctrl+V〉粘贴，接着在打开的“曲线：复合”选项卡上将曲线类型设置为“逼近”，如图 5-104 所示，然后单击“确定”按钮。

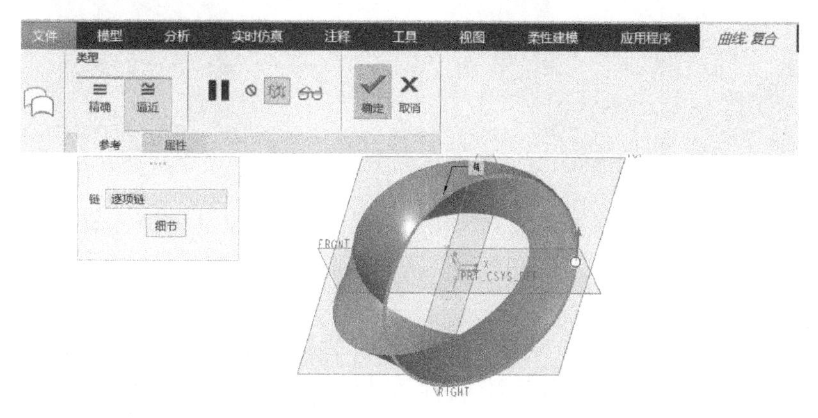

图 5-104　复制粘贴曲线几何

5 复制粘贴另两条闭合边线

使用同样的方法，分别复制、粘贴曲面的另两条类似的闭合边线，如图 5-105 所示。

6 创建倒圆角

单击“倒圆角”按钮，创建倒圆角如图 5-106 所示。

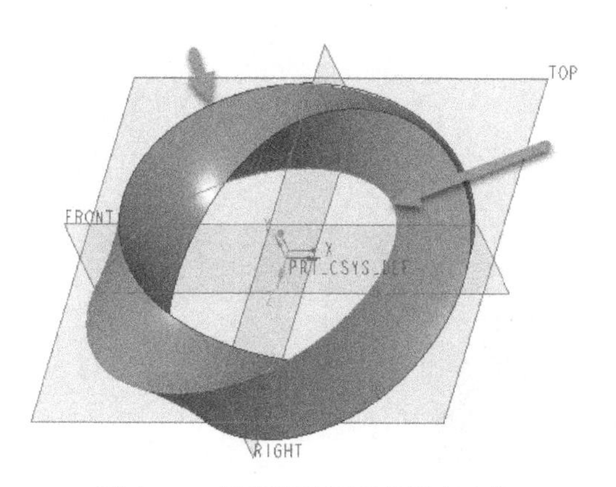

图 5-105　复制粘贴另两条闭合边线

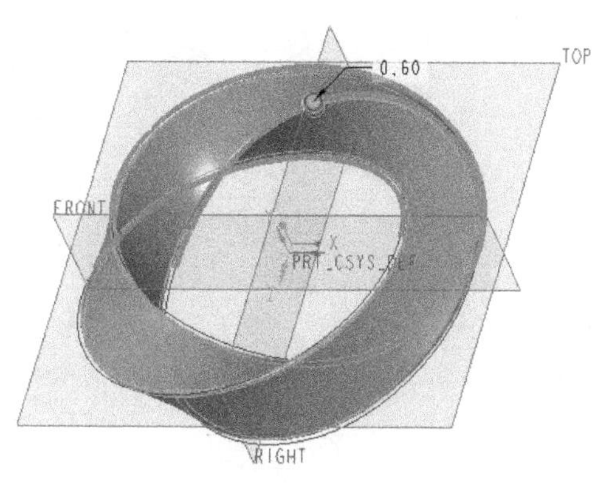

图 5-106　倒圆角

7 创建拉伸曲面

1）单击“拉伸”按钮，打开“拉伸”选项卡，接着单击“曲面”按钮，选择 TOP 基准平面作为草绘平面，绘制图 5-107 所示的一条直线，注意创建一个角度尺寸，然后单击“确定”按钮。

2）在“拉伸”选项卡上设置侧 1 的深度选项为“对称”，拉伸深度值为“30”，如图 5-108 所示，然后单击“确定”按钮。

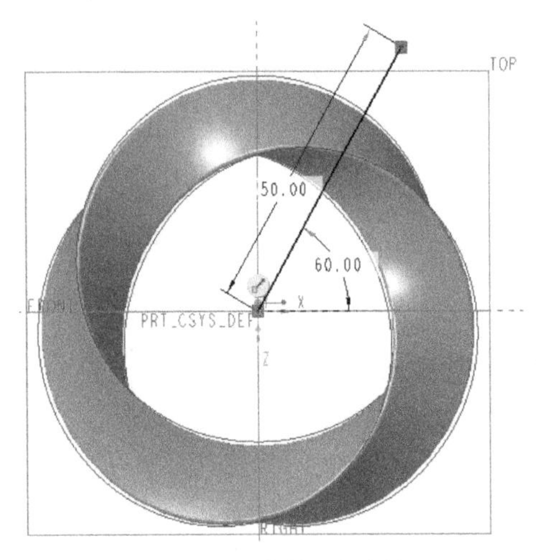

图 5-107 绘制一条直线

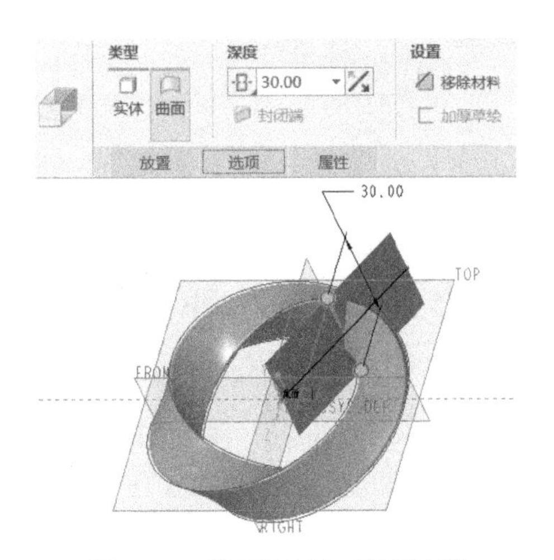

图 5-108 设置深度选项及深度值

8 创建相交曲线

选择拉伸曲面，单击“相交”按钮，接着将选择过滤器的选项设置为“面组”，按住〈Ctrl〉键的同时单击变截面扫描曲面以创建它们的相交曲线，单击“确定”按钮，结果如图 5-109 所示。注意在选定要操作的曲面时，如果选择过滤器的选项是“曲面”或其他，一定要确保选择全部的变截面扫描曲面（含其圆角曲面），不要漏掉任意一段，否则后面的阵列操作会出问题。

9 创建扫描实体

1）隐藏拉伸曲面，接着单击“扫描”按钮，选择相交曲线作为扫描轨迹，单击“草绘（创建或编辑扫描截面）”按钮，绘制图 5-110 所示的一个圆（直径为 1mm），单击“确定”按钮。

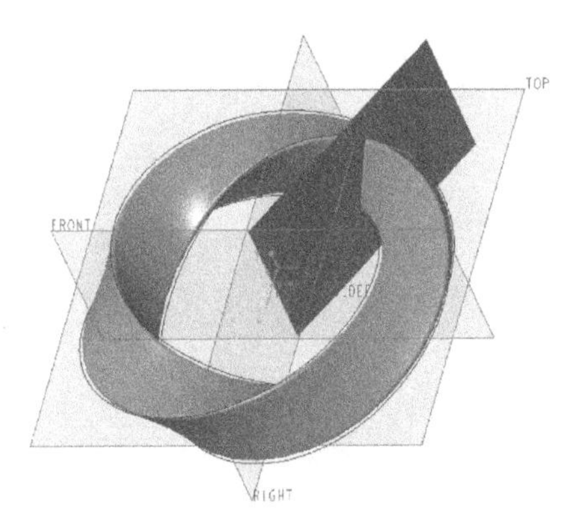

图 5-109 创建相交曲线

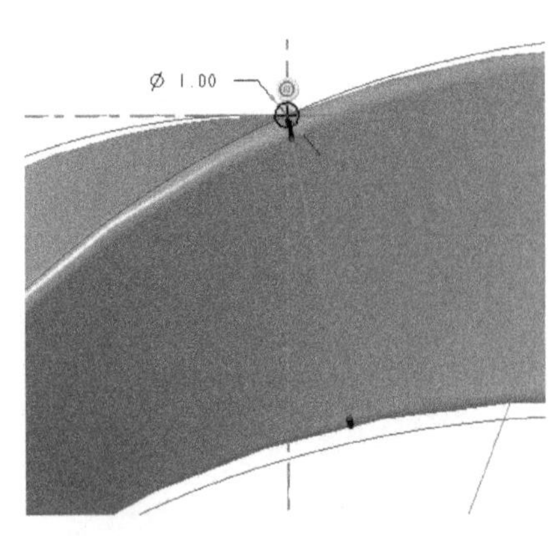

图 5-110 绘制一个小圆定义截面

2）在“扫描”选项卡上单击“确定”按钮✔，完成创建图 5-111 所示的扫描特征。

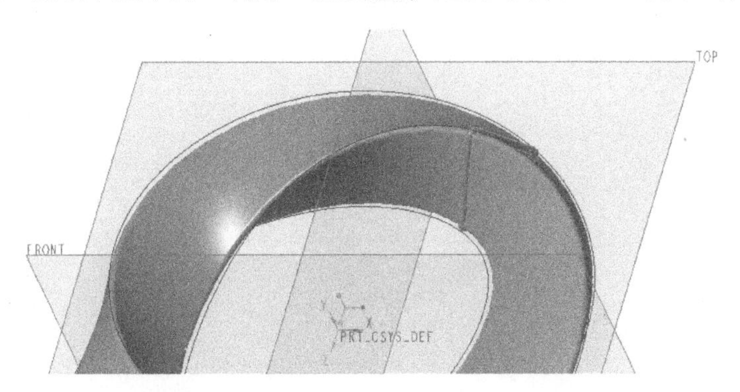

图 5-111　完成创建一个扫描实体特征

10 阵列拉伸曲面特征

在模型树上选择已经被隐藏了的“拉伸 1”曲面特征，单击“阵列”按钮，设置阵列类型为“尺寸”，打开“尺寸”滑出面板，选择角度尺寸作为方向 1 尺寸，设置其增量为“10”，然后设置方向 1 的阵列成员数为“36”，如图 5-112 所示，然后单击“确定”按钮✔。

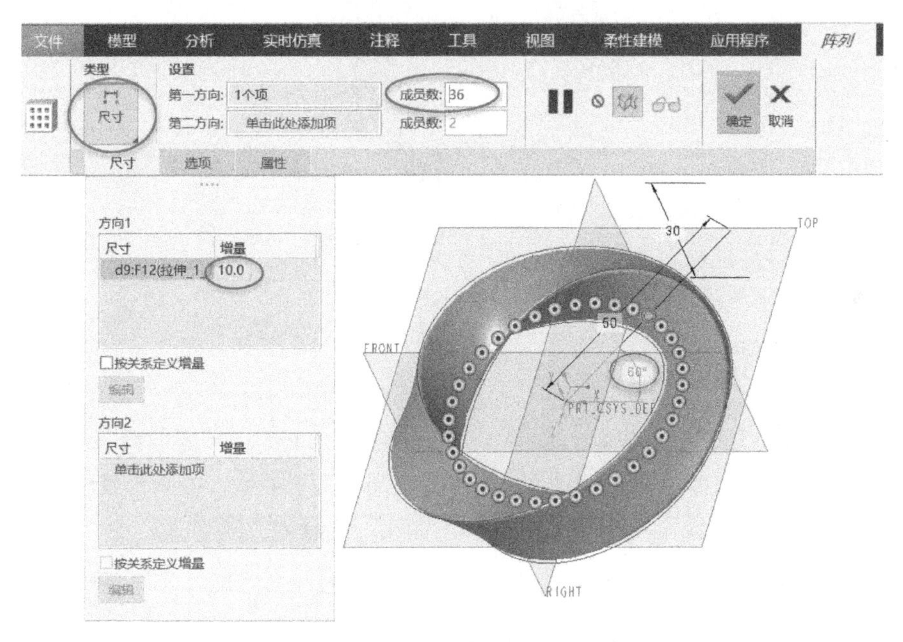

图 5-112　阵列拉伸曲面特征操作

11 创建阵列的特征组

在模型树上选择“相交 1”，按住〈Ctrl〉键的同时选择“扫描 2”特征，接着在浮动工具栏中单击“组”按钮，从而将它们组合成一个组，创建该特征组是为了阵列的需要。

12 对特征组进行阵列操作

1）确保刚创建的特征组处于被选中的状态，单击“阵列”按钮，打开“阵列”选项卡，默认的阵列类型为“参考”，如图 5-113 所示。

2）单击“确定”按钮✔，阵列结果如图 5-114 所示。

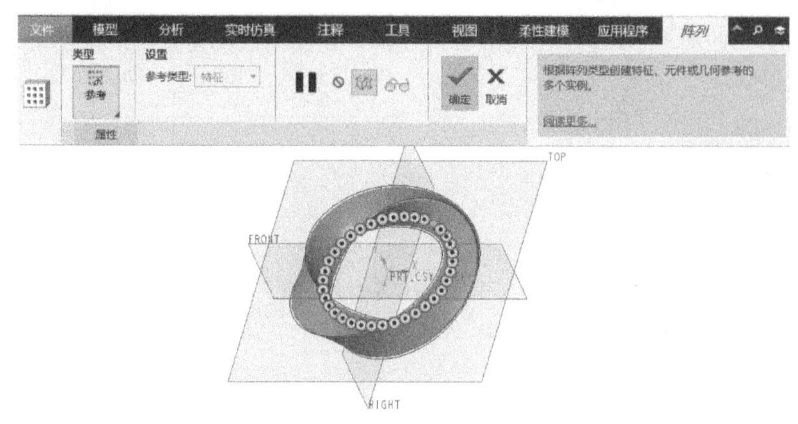

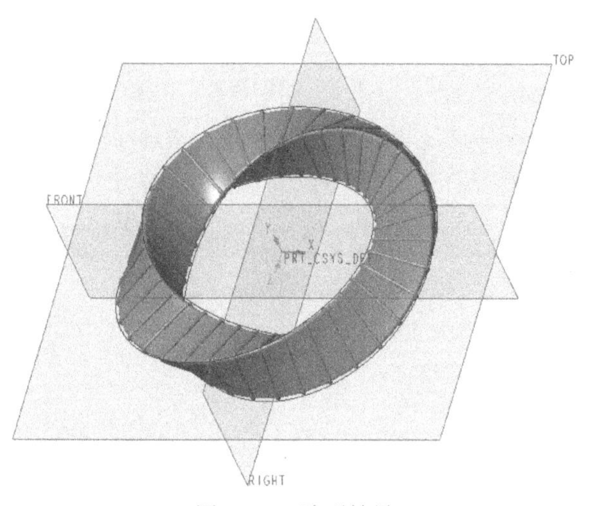

图 5-113　创建参考阵列

图 5-114　阵列结果

13 创建扫描特征

1）单击“扫描”按钮，默认选中“实体”按钮，单击“可变截面”按钮，选择一条曲线作为原点轨迹，按住〈Ctrl〉键的同时分别单击另外两条曲线，如图 5-115 所示。

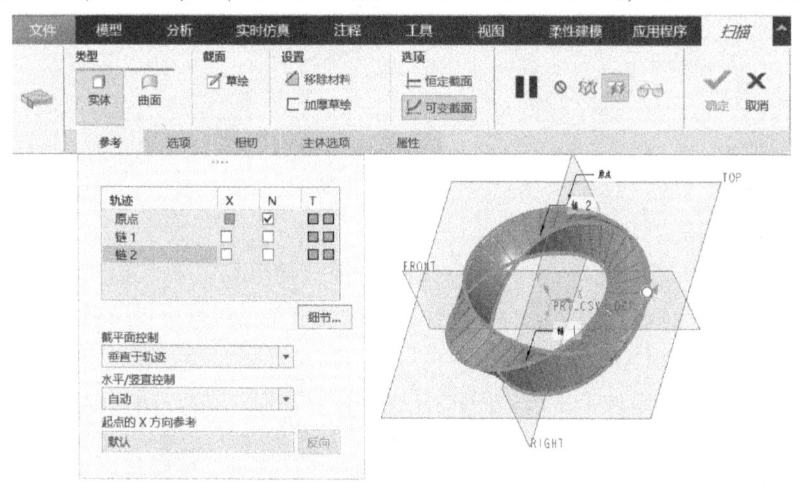

图 5-115　指定扫描特征的原点轨迹和另外的轨迹

2）在“扫描”选项卡上单击“草绘（创建或编辑扫描截面）”按钮，绘制图5-116所示的扫描截面（3个小圆），单击“确定”按钮。

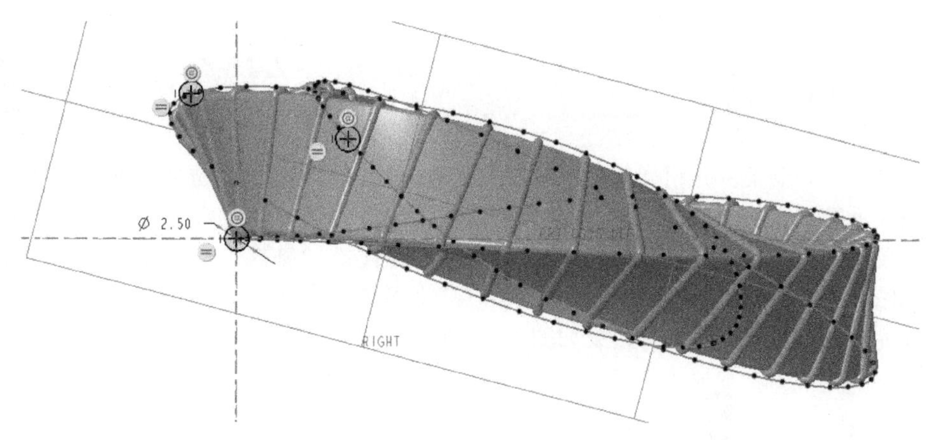

图5-116　绘制3个小圆

3）此时动态预览如图5-117所示，单击“扫描”选项卡的“确定”按钮。

4）按〈Ctrl+D〉快捷键，可以看到以标准方向视角显示的莫比乌斯之环框架模型如图5-118所示。

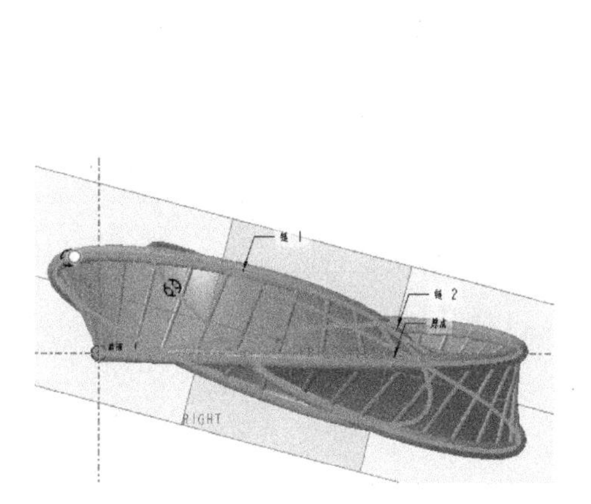

图5-117　动态预览

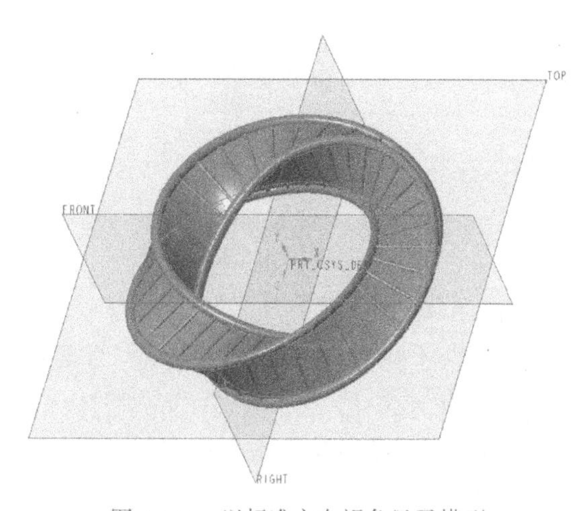

图5-118　以标准方向视角显示模型

14 隐藏曲面和曲线

将所有曲面和曲线隐藏，得到的模型效果如图5-119所示。除了可以在模型树上对选定的曲面和曲线进行逐个隐藏之外，还可以在功能区切换至“视图”选项卡，在“可见性”面板上单击“层”按钮以打开层树，对曲线层、曲面层利用右键功能里的“隐藏”命令将它们隐藏。还可以根据需要创建新图层并将所需要管理的曲面或曲线等对象添加到该层的选择集中，再对该层进行集中管理，如隐藏或取消隐藏。

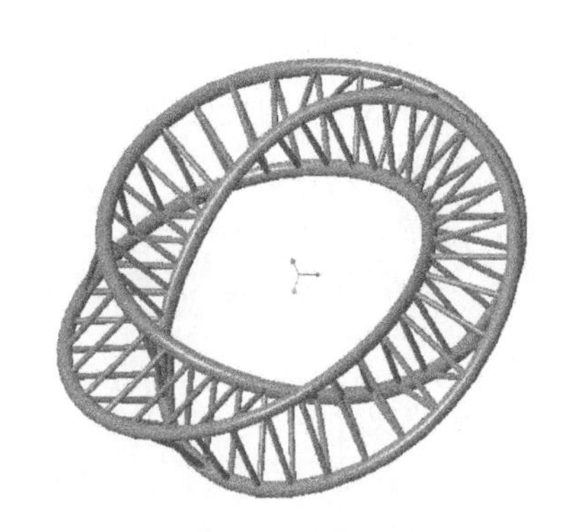

图5-119　隐藏曲面和曲线后的模型效果

15 简单渲染及保存文件

应用外观，可以切换至应用程序的渲染模块进行实时渲染，然后按〈Ctrl+S〉快捷键保存文件。

5.7 吉祥中国结建模

下面通过一个典型案例介绍如何使用 Creo 8.0 绘制吉祥中国结。首先需要说明一下，本例没有使用参数关系等高级应用功能，只是使用常用的功能来完成，注重常用功能的综合和巧妙应用。本例主要应用的工具有“拉伸”“复制”“选择性粘贴”“基准点”“基准轴”“基准平面”“草绘”“扫描”“镜像”“阵列”“倒圆角”“外观”“渲染”等。

本例要完成的吉祥中国结参考效果如图 5-120 所示，其结构造型的建模过程如下。

图 5-120　吉祥中国结参考效果

1 新建一个实体零件文件

启动 Creo 8.0 设计软件后，单击“新建”按钮，新建一个使用公制模板 mmns_part_solid_abs 的实体零件文件，文件名称设定为“HY-吉祥中国结”。

2 草绘一条曲线（草绘 1）

单击“草绘”按钮，在 RIGHT 基准平面上绘制一条曲线，如图 5-121 所示，单击“确定”按钮。

3 创建方向阵列

确保“草绘 1”处于被选中的状态，单击“阵列”按钮，选择“方向”阵列类型，创建一个方向阵列以获得在一个方向上更完整的曲线，结果如图 5-122 所示。该方向阵列的相关设置：选择 FRONT 基准平面作为第一方向参考，并注意第一方向的阵列方向为所需的，成员数为 6，间距为 20mm。阵列成员间的间距需要计算准确，与第一条草绘曲线的相关尺寸有关。

4 创建草绘 2

单击“草绘”按钮，选择 RIGHT 基准平面作为草绘平面，在 RIGHT 基准平面上根据阵列后的整条曲线来获得一条所需的草绘曲线，如图 5-123 所示，单击“确定”按钮。

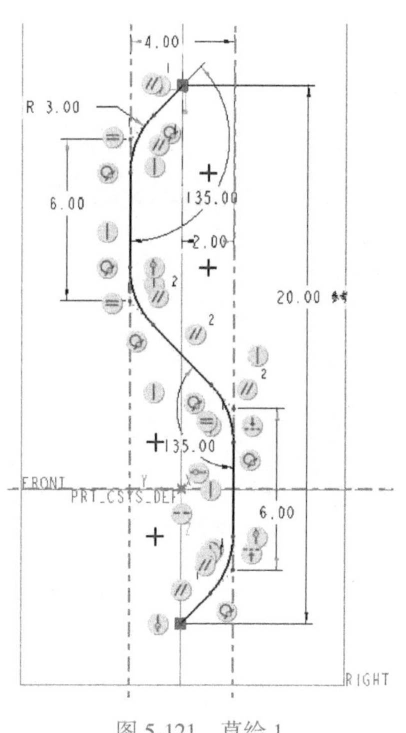

图 5-121　草绘 1

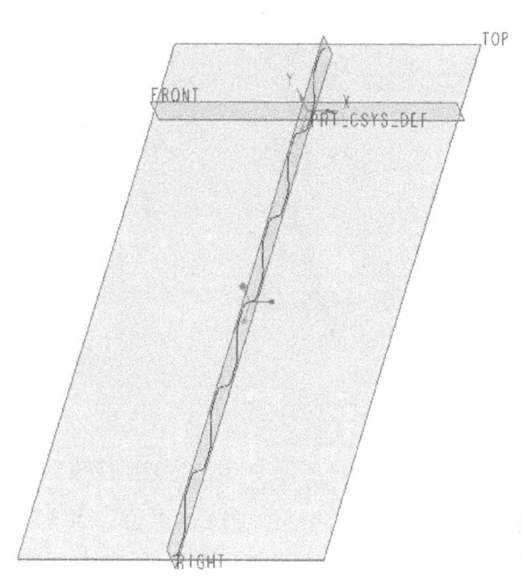

图 5-122　对草绘 1 的阵列 1

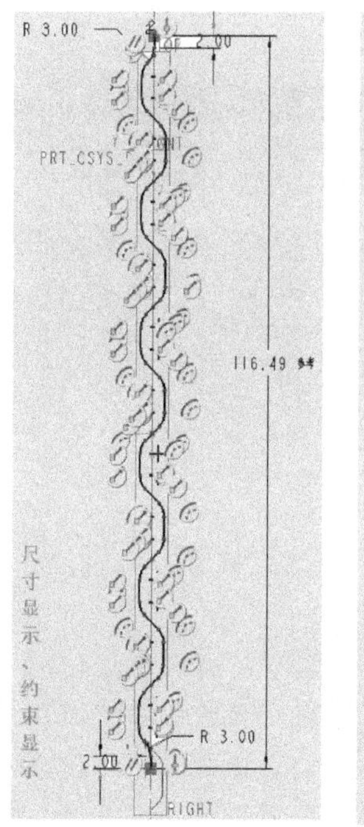

图 5-123　草绘 2

阵列 2 操作

在模型树上将“阵列 1”特征隐藏，对步骤 4 完成的草绘曲线进行方向阵列操作，结果如

图 5-124 所示。

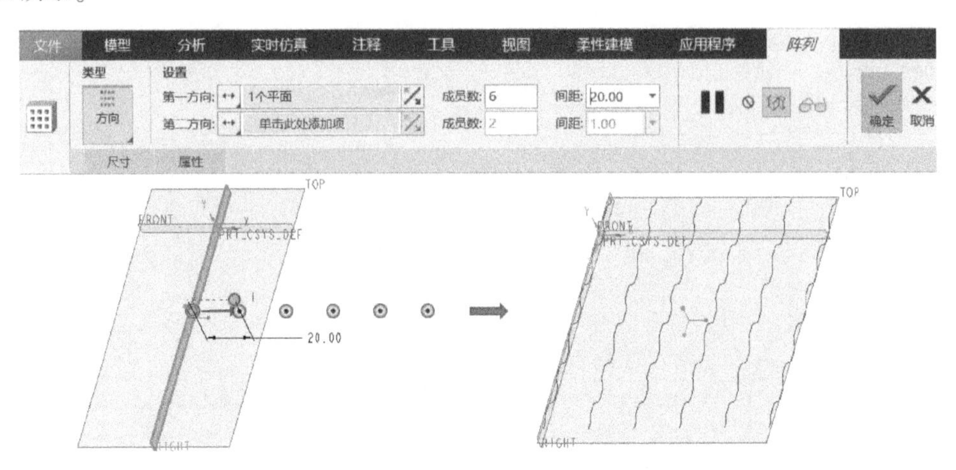

图 5-124　阵列 2 操作示意

6 对最左边的一条曲线进行移动复制操作

1）选择最左边的一条曲线，单击“复制”按钮或者按〈Ctrl+C〉快捷键。

2）单击“选择性粘贴”按钮，或者按〈Ctrl+Shift+V〉快捷键，打开“移动（复制）”选项卡。

3）类型选定“平移”，选择 RIGHT 基准平面作为参考平面，设置偏移距离为“10”，如图 5-125 所示。

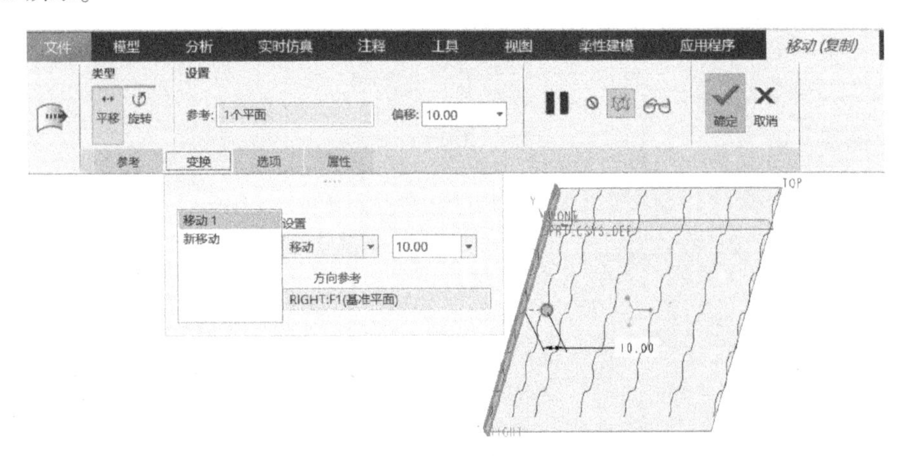

图 5-125　移动（复制）操作

4）在“选项”滑出面板中勾选“复制原始几何”复选框，取消勾选“隐藏原始几何”复选框。

5）单击“确定”按钮✔。

7 对刚才移动复制得到的曲线进行镜像操作

单击“镜像”按钮，选择 TOP 基准平面作为镜像平面，如图 5-126 所示，单击“确定”按钮✔，完成创建“镜像 1”特征。

8 通过阵列操作构建另一组曲线

图 5-126 镜像操作

1）先隐藏“已移动副本 1”特征，也就是隐藏步骤 6 完成的移动复制特征。

2）确保选中“镜像 1”特征，单击“阵列”按钮，打开“阵列”选项卡，阵列类型为“参考”，在图形窗口中单击最右侧的显示点以取消（跳过）该阵列成员，如图 5-127 所示。然后单击“确定”按钮，完成“阵列 3”特征操作。

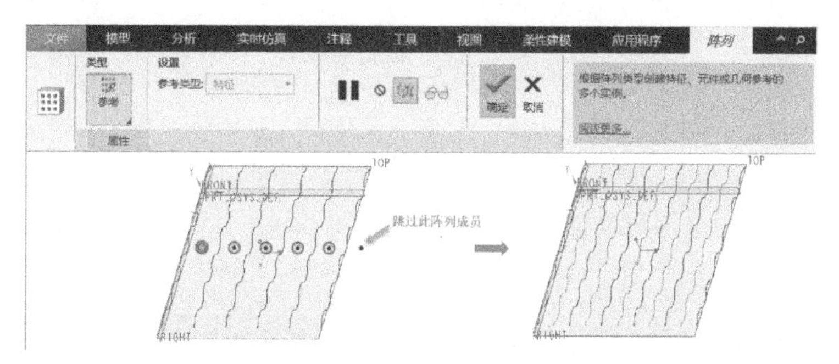

图 5-127 创建参考阵列（取消一个阵列成员）

9 创建一个基准点 PNT0

在功能区“模型”选项卡的“基准”面板中单击“点”按钮，弹出“基准点”对话框。选择图 5-128 所示的一段线段，设置新基准点位于该线段的 0. 5 比率位置处，然后单击“确定”按钮。新创建的基准点的名称默认为 PNT0。

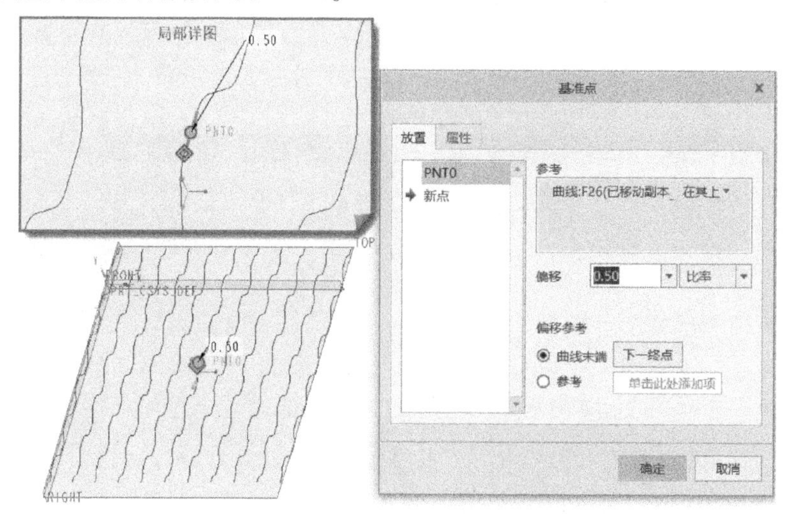

图 5-128 创建基准点 PNT0

10 创建一个基准轴 A_1

在功能区“模型”选项卡的“基准”面板中单击“轴”按钮，弹出“基准轴”对话框。选择 PNT0 基准点，按住〈Ctrl〉键的同时选择 TOP 基准平面作为“法向”放置约束，如图 5-129 所示，然后单击“确定”按钮。所创建的该基准轴的名称默认为“A_1”，如果要修改基准特征的名称，可以在其“属性”选项卡中进行修改。

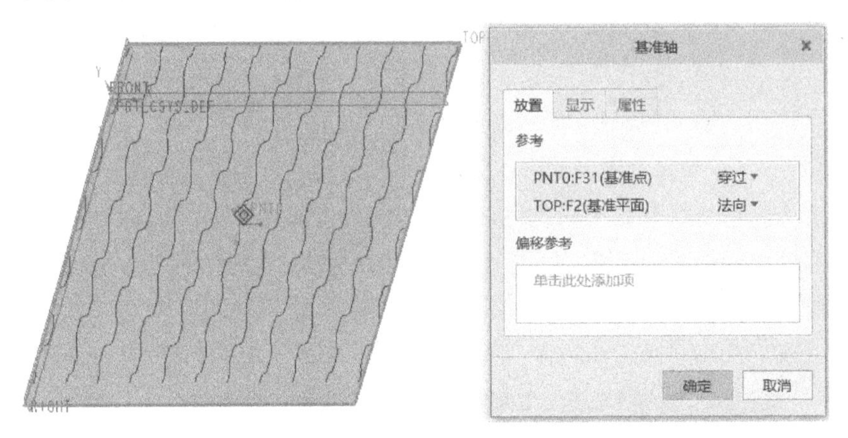

图 5-129　创建基准轴 A_1

11 旋转移动复制操作

对已有一个方向上的全部所需曲线进行移动复制操作（注意是使用“选择性粘贴”工具命令来启用移动复制的），这次是旋转移动复制。

1）在模型树上选择“阵列 2”特征，按住〈Ctrl〉键的同时选择“阵列 3”特征，单击“复制”按钮。接着单击“选择性粘贴”按钮，弹出“选择性粘贴”对话框，增加勾选“对副本应用移动/旋转变换”复选框，如图 5-130 所示，单击“确定”按钮，则功能区出现“移动（复制）”选项卡。

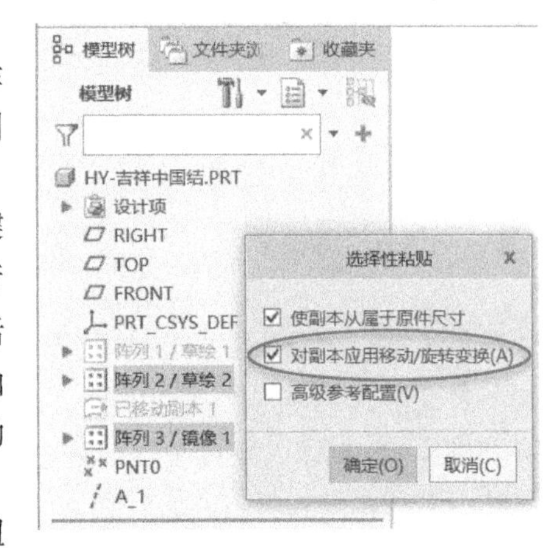

图 5-130　选择性粘贴操作

2）在“移动（复制）”选项卡上单击“旋转”按钮，选择 A_1 基准轴作为旋转方向参考，设置旋转（偏移）角度为 90°，如图 5-131 所示。

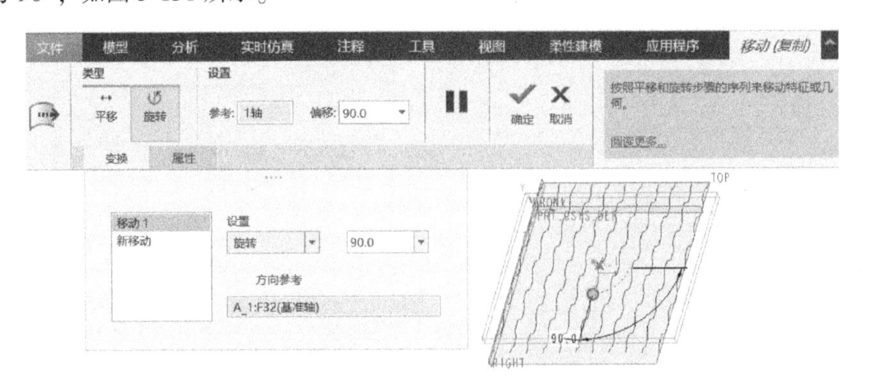

图 5-131　旋转移动复制

3）在“移动（复制）”选项卡上单击“确定”按钮✔，操作结果如图5-132所示。

知识点拨：

也可以采用旋转移动复制曲线几何的方式来进行操作，此时选择的不是特征，而是曲线几何，使用的工具命令同样是“选择性粘贴”按钮。

12 镜像

显然这次移动复制的曲线与先前方向上的曲线没有形成合理的配合，需要镜像换一个方位，镜像平面为TOP基准平面。操作方法是将选择过滤器的选项设置为“几何”，从步骤11的结果曲线中选择其中一条曲线几何，再按住〈Ctrl〉键分别选择同方向的其余所有曲线几何，单击“镜像”按钮，选择TOP基准平面作为镜像平面，然后单击“确定”按钮✔，镜像结果如图5-133所示。

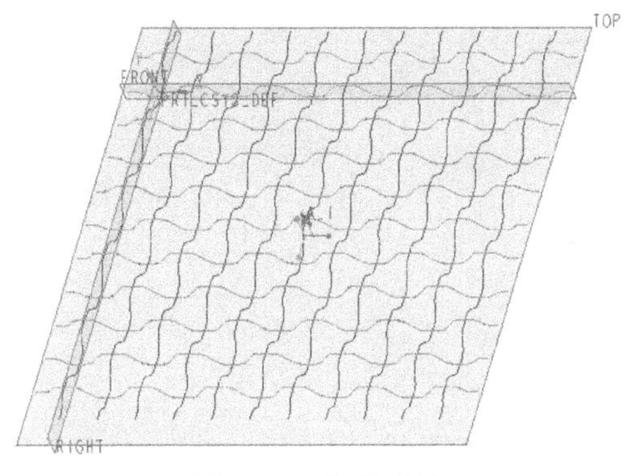

图5-132 操作结果

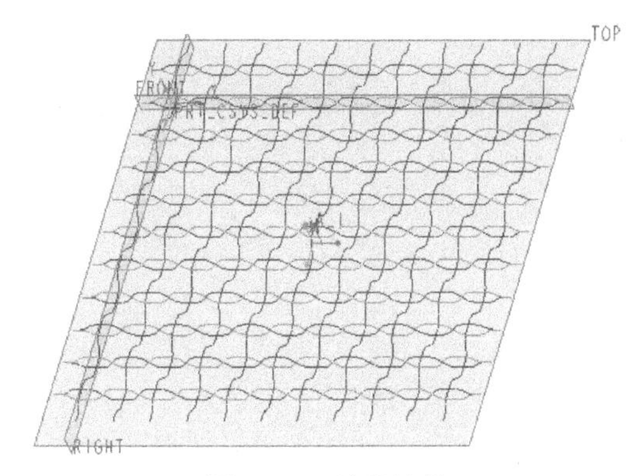

图5-133 镜像结果

13 隐藏

镜像后隐藏步骤11的移动副本特征，此时可以在图形窗口中看到已经获得图5-134所示的相关曲线。注意确保一些不需要的曲线要先隐藏。

14 在TOP基准平面上绘制一些曲线

单击“草绘”按钮，弹出“草绘”对话框，选择TOP基准平面作为草绘平面，单击鼠标中键，进入草绘器，绘制图5-135所示的曲线图形，单击“确定”按钮✔。

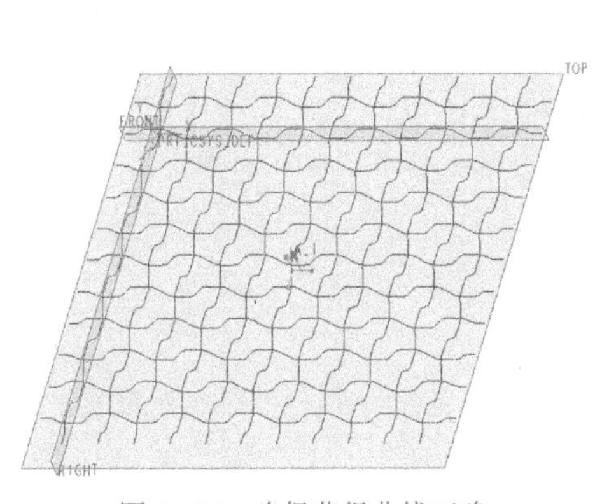

图5-134 确保获得曲线正确

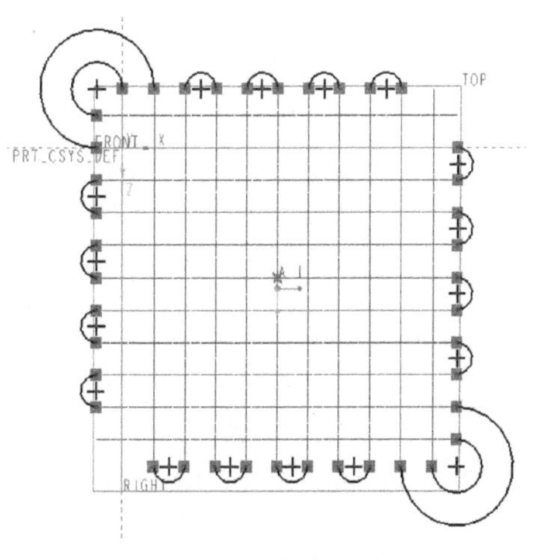

图5-135 绘制曲线图形

15 绘制曲线

继续单击“草绘”按钮，在TOP基准平面上绘制一条曲线，如图5-136所示。

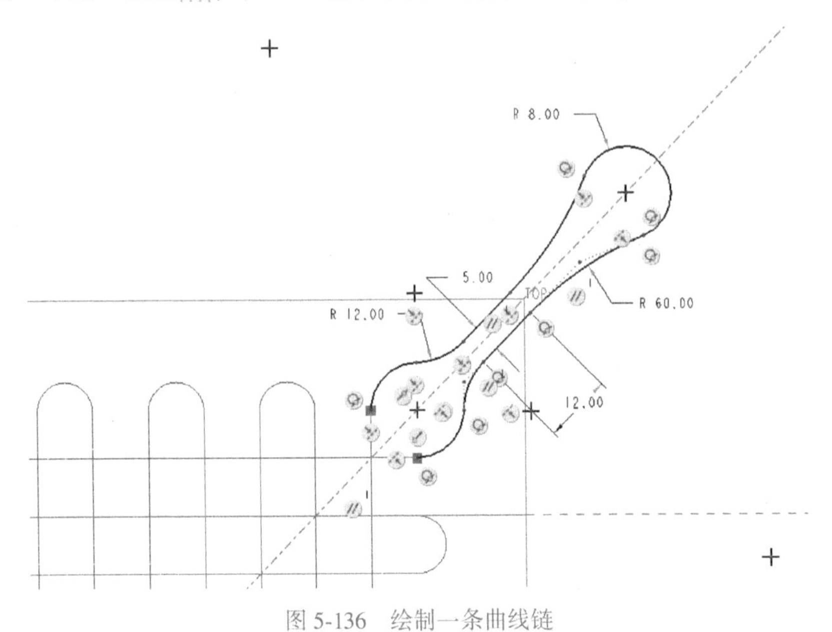

图5-136 绘制一条曲线链

16 创建扫描特征

创建一个扫描特征，如图5-137所示。在选择扫掠轨迹曲线时，注意巧用〈Shift〉键来将相连相切的相关线段添加进来。

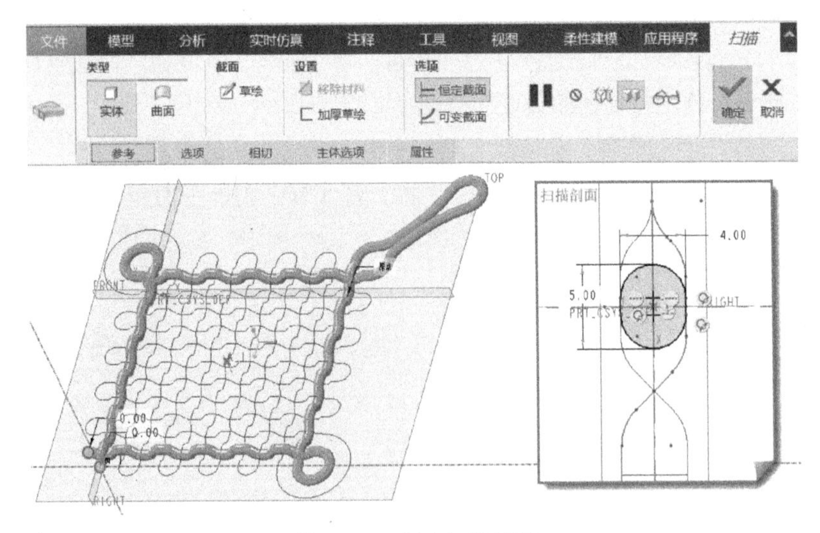

图5-137 创建扫描特征

17 创建第2个扫描特征

单击“扫描”按钮，指定扫描轨迹，注意扫描轨迹的起点设置在位于TOP基准平面的曲线段节点上，单击“草绘（创建或编辑扫描截面）”按钮绘制所需的扫描截面等。该扫描特征的操作示意如图5-138所示。

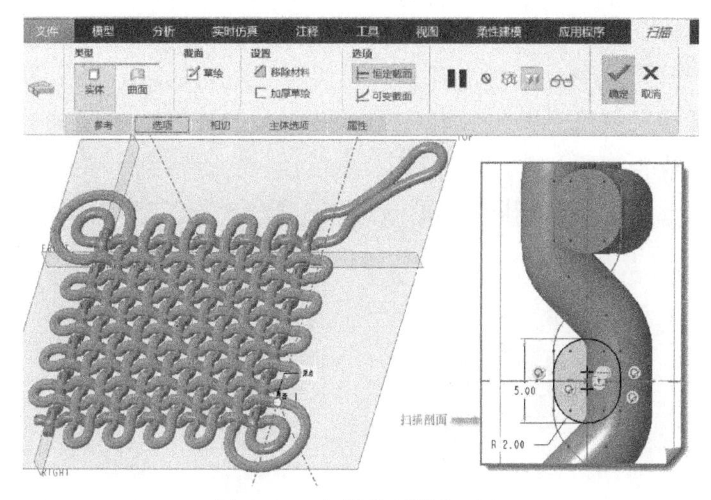

图 5-138　扫描特征操作示意

18 为中国结的下方垂帘线绘制辅助曲线

单击“草绘”按钮，选择 TOP 基准平面作为草绘平面，单击鼠标中键进入草绘器，绘制图 5-139 所示的图形，单击“确定”按钮。

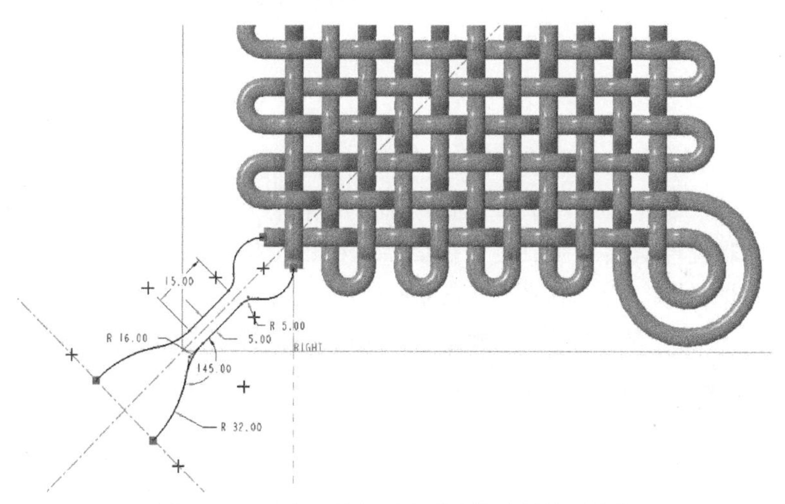

图 5-139　为中国结的下方垂帘线绘制辅助曲线

19 创建两个扫描特征

分别以刚绘制的两条曲线作为扫描轨迹，各绘制一个扫描特征，完成效果如图 5-140 所示。

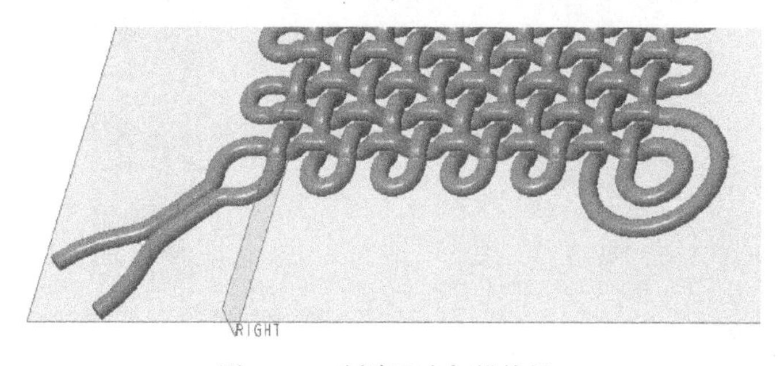

图 5-140　创建两个扫描特征

20 创建 DTM1 基准平面

单击“平面”按钮，弹出“基准平面”对话框，选择图 5-141 所示的外观表面上的圆弧轮廓边线，单击“确定”按钮，从而完成创建默认名称为 DTM1 的一个新基准平面。

21 创建 DTM2 基准平面

使用同样的方法，创建 DTM2 基准平面，如图 5-142 所示。

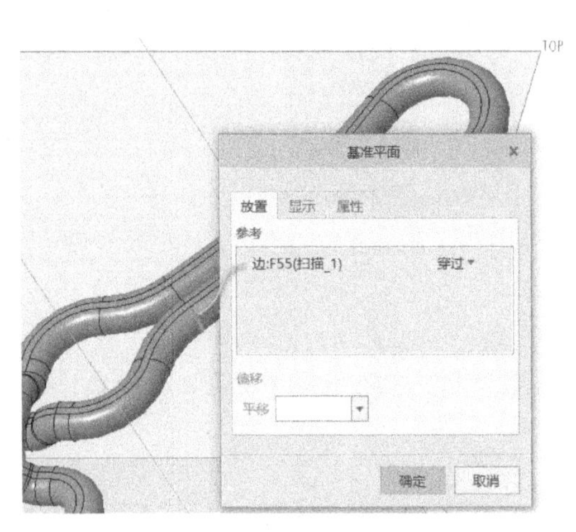

图 5-141　创建 DTM1 基准平面

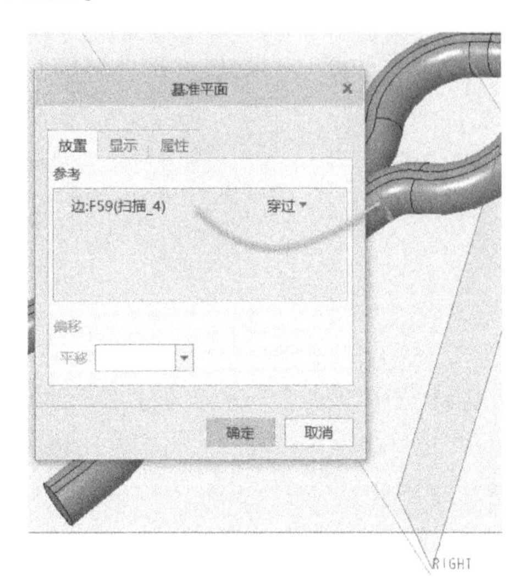

图 5-142　创建 DTM2 基准平面

22 创建一个拉伸特征

单击“拉伸”按钮，选择 DTM1 基准平面作为草绘平面，快速自动地进入内部草绘器，指定绘图参考，绘制拉伸截面；完成拉伸截面后，在“拉伸”选项卡上设置拉伸深度等，如图 5-143 所示，单击“确定”按钮，从而完成创建一个拉伸特征。

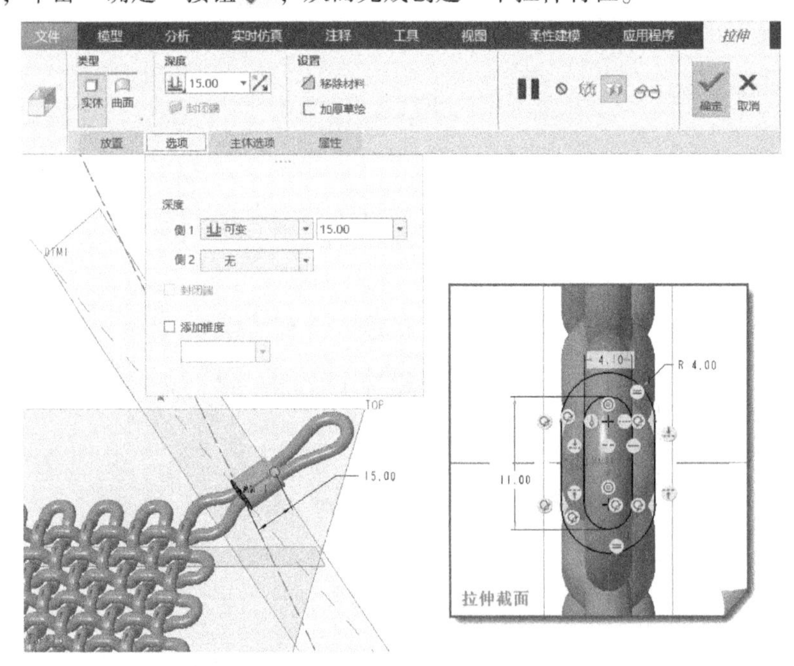

图 5-143　创建一个拉伸实体特征

23 继续创建一个拉伸特征

使用同样的方法，单击“拉伸”按钮，选择 DTM2 基准平面作为草绘平面，进入内部草绘器，指定绘图参考，绘制拉伸截面；完成拉伸截面后，在“拉伸”选项卡上设置拉伸深度及其深度方向，如图 5-144 所示，单击“确定”按钮完成创建该拉伸特征。

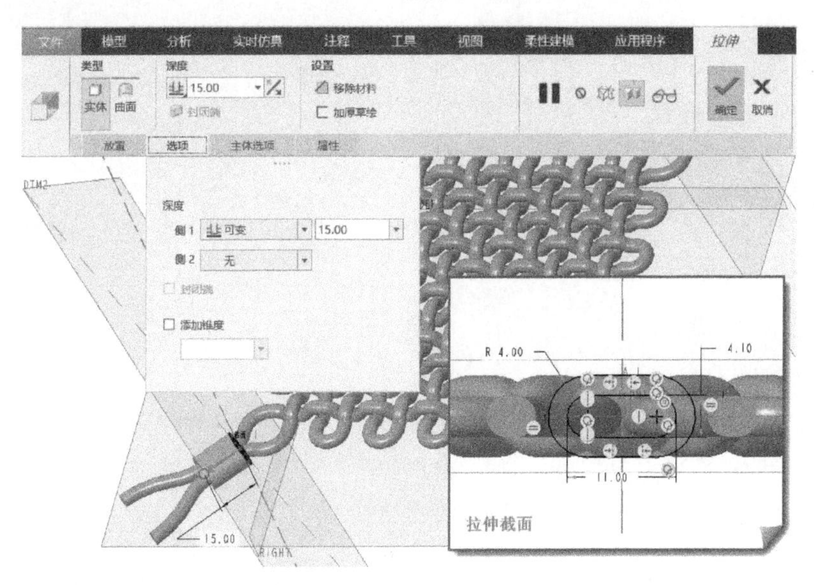

图 5-144　继续创建拉伸特征

24 再创建拉伸特征

再创建一个拉伸特征，如图 5-145 所示。

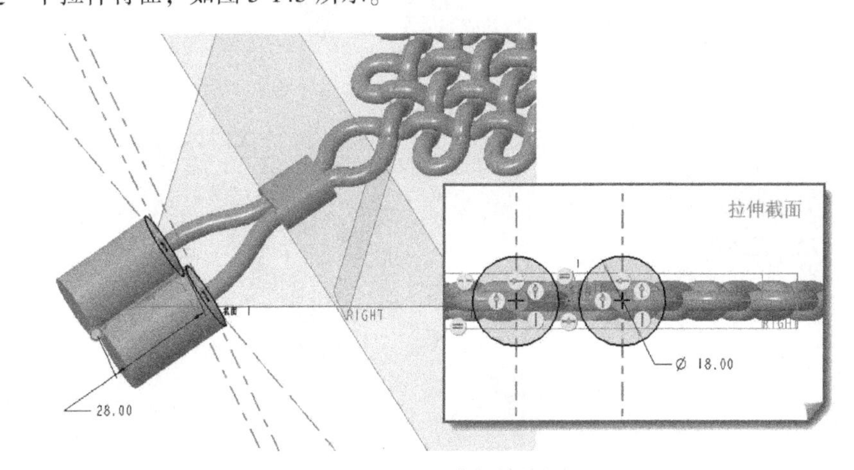

图 5-145　再创建拉伸特征

25 创建拉伸特征并阵列 1

创建一个小圆柱形的拉伸特征，再对其进行轴阵列操作，如图 5-146 所示，具体参数尺寸自行设定。

26 创建拉伸特征并阵列 2

使用和步骤 25 相同的方法，完成图 5-147 所示的效果，具体参数尺寸自行设定。

27 创建倒圆角特征

单击“倒圆角”按钮，设置圆形圆角半径为2mm，选择图5-148所示的两条边线进行倒圆角，单击“确定”按钮。

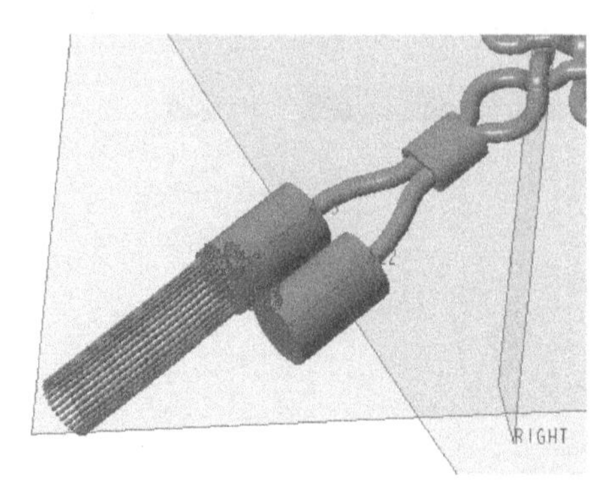

图5-146 创建拉伸特征并阵列（一）

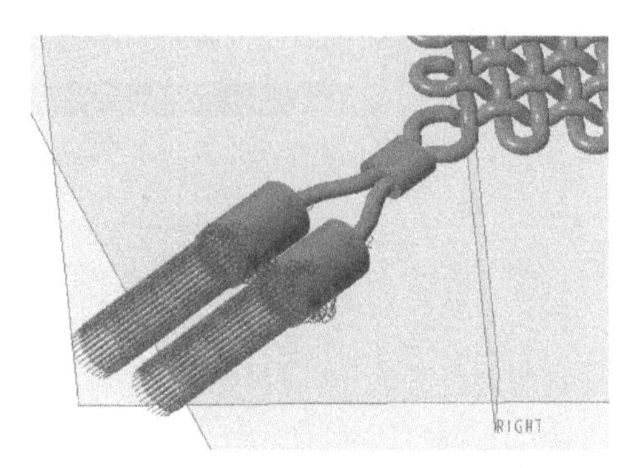

图5-147 创建拉伸特征并阵列（二）

28 赋予材质并实时渲染

1）切换至功能区“视图”选项卡，利用“外观”材质工具对吉祥中国结的指定目的曲面进行外观赋予操作。

2）切换至功能区“应用程序”选项卡，单击“渲染”按钮切换至“渲染”选项卡，选中“实时渲染”方式。此时可以选用不同的视图方向来获得相应的实时渲染效果，如图5-149、图5-150、图5-151所示。然后单击“关闭”按钮，关闭渲染模式。

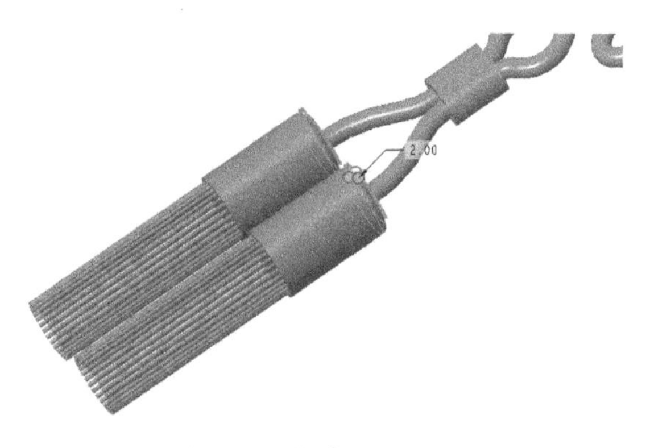

图5-148 创建倒圆角特征

图5-149 实时渲染（一）

图5-150 实时渲染（二）

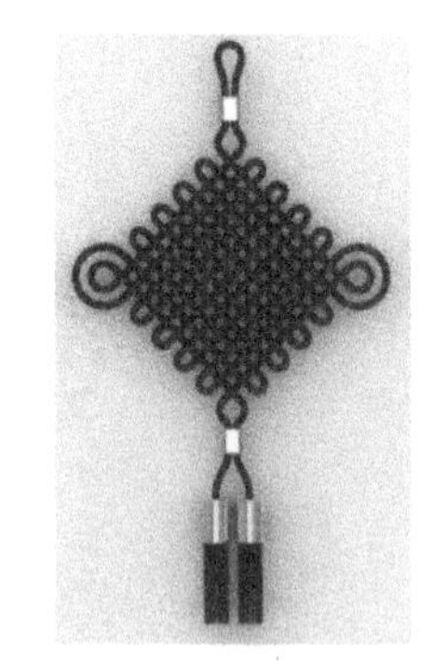

图5-151 实时渲染（三）

3）最后按〈Ctrl+S〉快捷键保存文件。

5.8 旋转曲面上的孔网阵列案例

在产品设计工作中，有时需要在旋转曲面上创建有一定渐变孔径的网孔结构，如图5-152所示。这种孔网在蓝牙音箱和具有散热需求的产品上比较常见，有些孔大小不一，或者是有规律变

化的，布局有抛物线、螺旋线形式，也有其他形式。

图 5-152　旋转曲面上的孔网阵列结构

下面介绍网孔结构设计案例，其具体的建模步骤如下。

1 新建一个实体零件文件

在 Creo 8.0 设定工作目录后，单击“新建”按钮，新建一个使用公制模板 mmns_part_solid_abs 的实体零件文件，文件名称设定为“HY-孔网阵列”。

2 创建旋转曲面

1）单击“旋转”按钮，接着在打开的“旋转”选项卡上单击“曲面”按钮。

2）选择 FRONT 基准平面作为草绘平面，进入草绘器后绘制一条用作旋转轴的几何中心线。再单击“圆锥”按钮，在该草绘平面上绘制图 5-153 所示的圆锥曲线定义旋转截面，单击“确定”按钮。

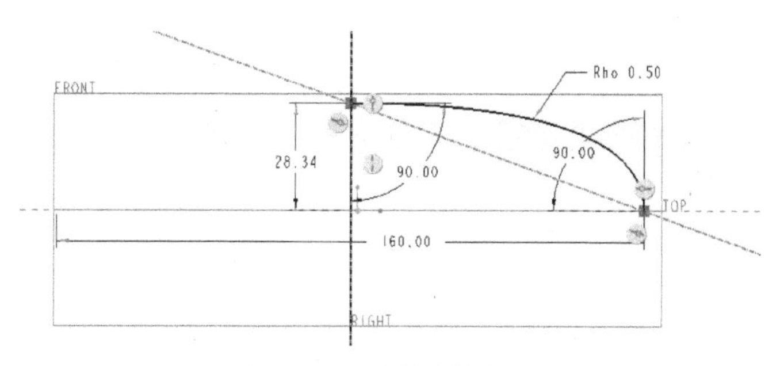

图 5-153　绘制旋转截面

3）默认的旋转角度为 360°，单击“确定”按钮，完成的旋转截面如图 5-154 所示。

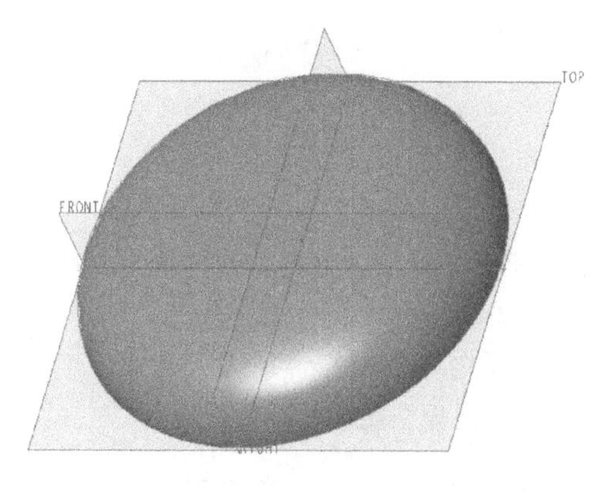

图 5-154　完成创建的旋转截面

3 创建一个基准点

单击“基准点”按钮，在曲面顶部的中心处创建一个基准点 PNT0，如图 5-155 所示。基准点的名称可以在“基准点”对话框的“属性”选项卡上查看和编辑。

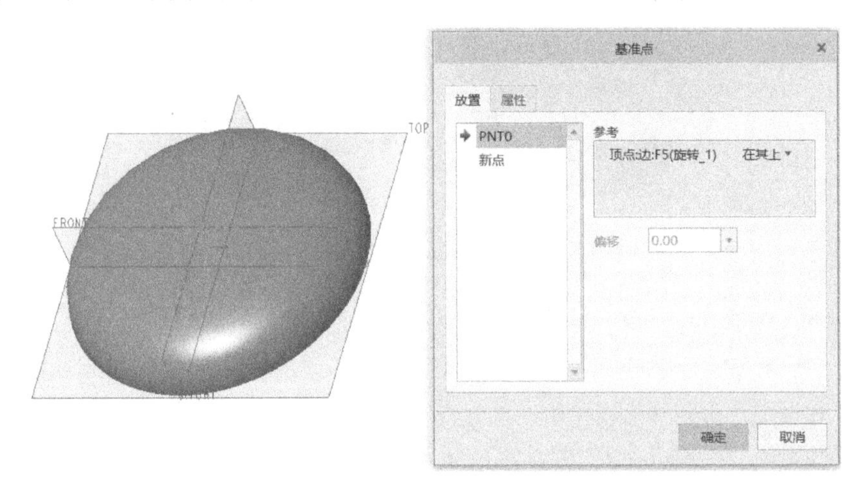

图 5-155 创建基准点

4 展平面组

在功能区“模型”选项卡的“曲面”溢出面板中选择“展平面组”工具命令，打开“展平面组”选项卡。结合〈Ctrl〉键选择要展平的全部曲面，接着在“展平面组”选项卡上单击激活“原点”收集器，再在模型中选择 PNT0 基准点作为展平原点，如图 5-156 所示，然后单击“确定”按钮。

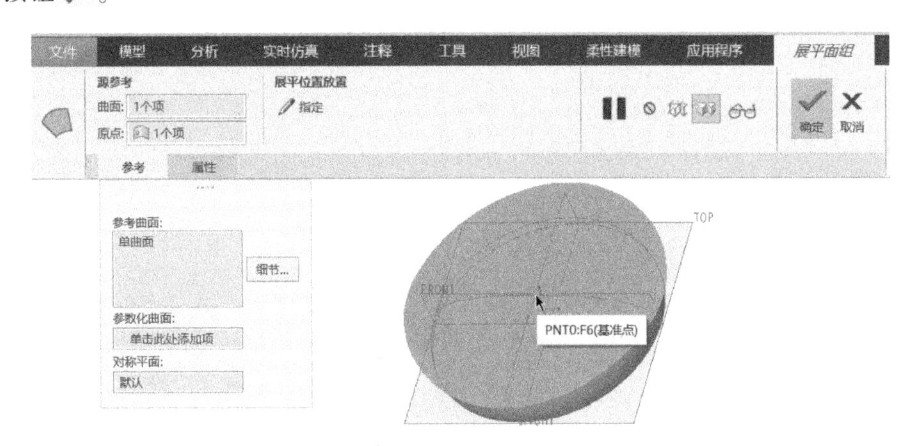

图 5-156 展平面组

5 隐藏“旋转 1”曲面特征

在模型树上单击“旋转 1”曲面特征，接着在出现的浮动工具栏中单击“隐藏”按钮。

6 在展平的曲面面组上创建一个小孔

1）单击“拉伸”按钮，打开“拉伸”选项卡，设置选中“曲面”按钮和“移除材料”按钮，并单击展平的曲面面组作为要修剪的面组。

2）打开“放置”滑出面板，单击“定义”按钮，选择展平后的曲面面组作为草绘平面，单击鼠标中键进入内部草绘器。先绘制图 5-157a 所示的一个圆和倾斜直线段，可预先将倾斜角度设置为 60°，接着在按住〈Ctrl〉键的同时选择倾斜直线段，在出现的浮动工具栏中单击“构造”按钮（对应的快捷键为〈Shift+G〉）以将选定图元转换为构造线，如图 5-157b 所示。然后在倾斜直线段与构造圆的交点处创建一个直径为 1. 5mm 的小圆，如图 5-157c 所示。

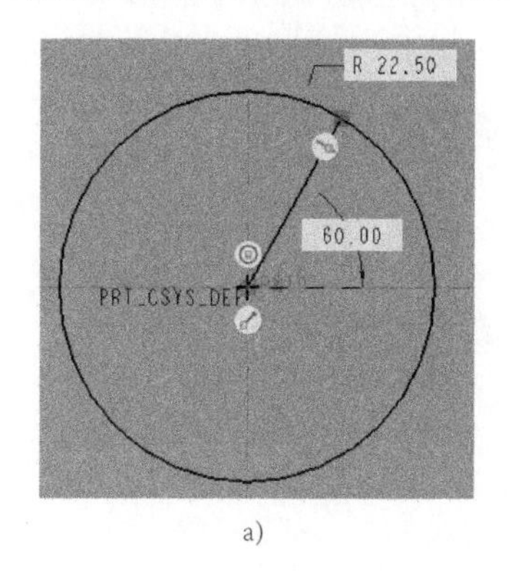

a)

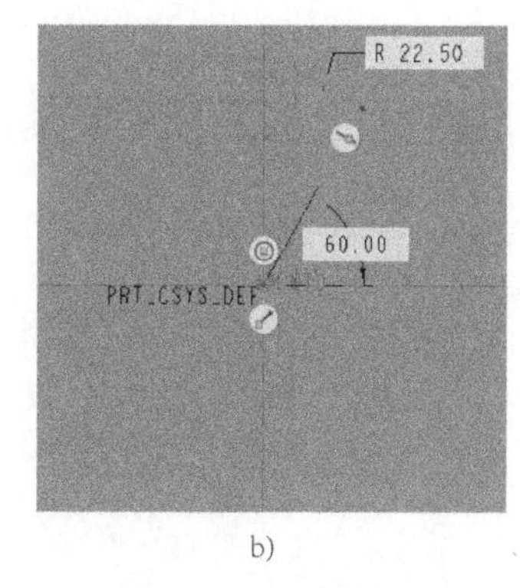

b)

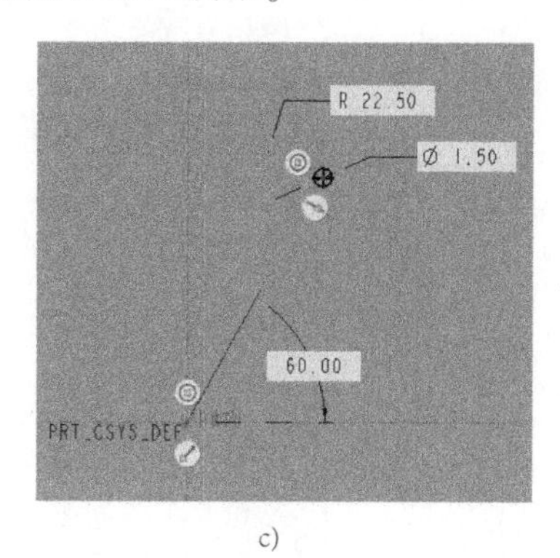

c)

图 5-157　绘制草图

3）将角度值重新设置为 90°，如图 5-158 所示。所创建的 3 个尺寸将用来创建尺寸阵列，以使孔网具有所需的阵列变化效果。单击“确定”按钮，完成草绘并退出草绘器。

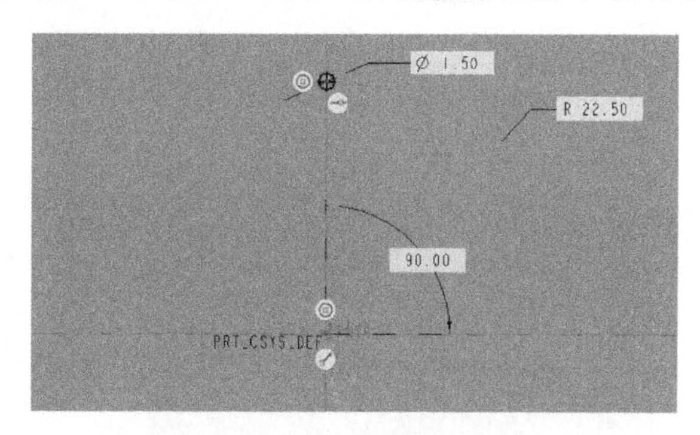

图 5-158　将角度值修改为 90°

4）设置拉伸深度方向和深度选项如图 5-159 所示，然后单击“确定”按钮。

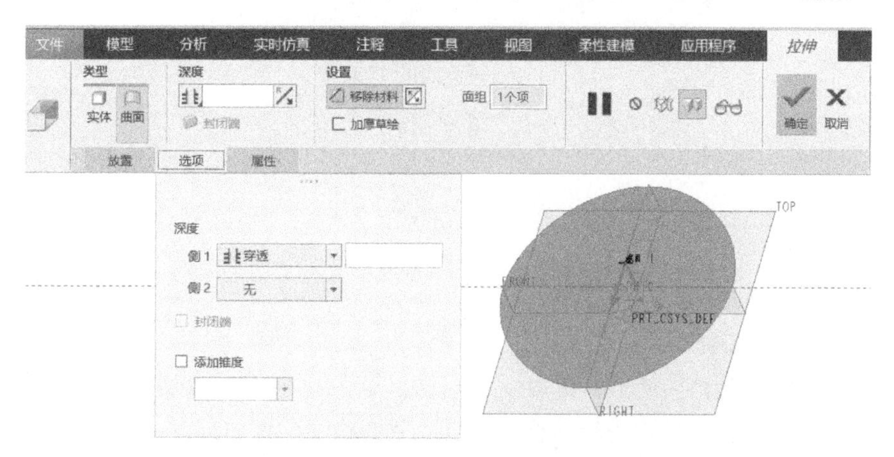

图 5-159　设置拉伸深度方向和深度选项

7 创建尺寸阵列

1）单击“阵列”按钮对小孔进行阵列操作，阵列类型为“尺寸”，结合〈Ctrl〉键为方向 1 选择 3 个尺寸来定义尺寸变量。其中，方向 1 的第一个尺寸变量选择角度尺寸，设置角度尺寸增量为“90/16”，按〈Enter〉键确认后显示为“5.6”，设置第一方向的成员数为“16”，如图 5-160 所示。

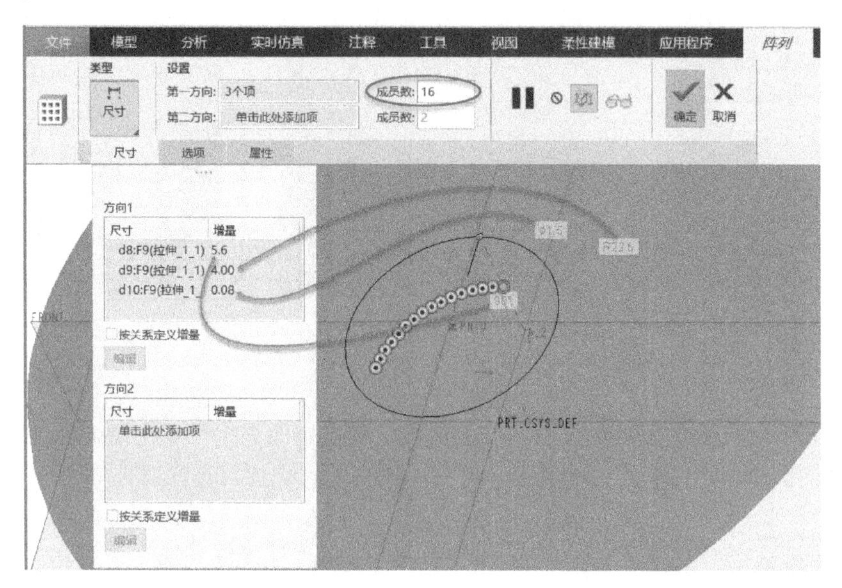

图 5-160　创建尺寸阵列

2）单击“确定”按钮，得到的尺寸阵列结果如图 5-161 所示。

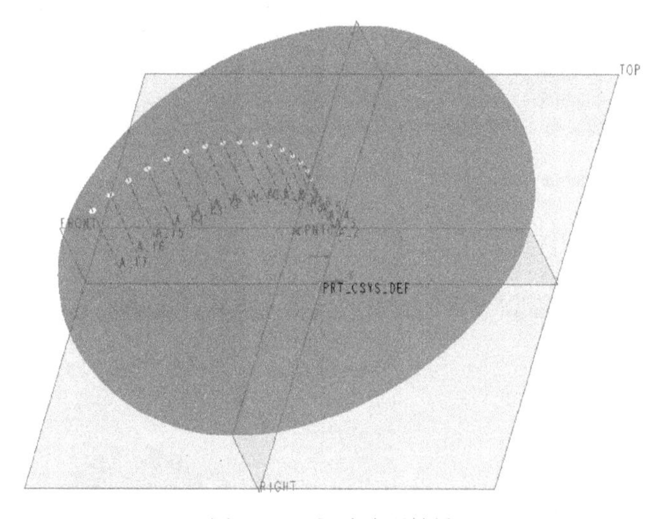

图 5-161　尺寸阵列结果

8 继续创建阵列特征

1）确保刚创建的尺寸阵列处于被选中的状态，单击“阵列”按钮，设置阵列类型为“轴”，选择基准坐标系的 Y 轴作为旋转轴。单击“角度范围”按钮标签并设置第一方向的阵列角度范围为 360°，设置第一方向阵列成员数为“32”，如图 5-162 所示。

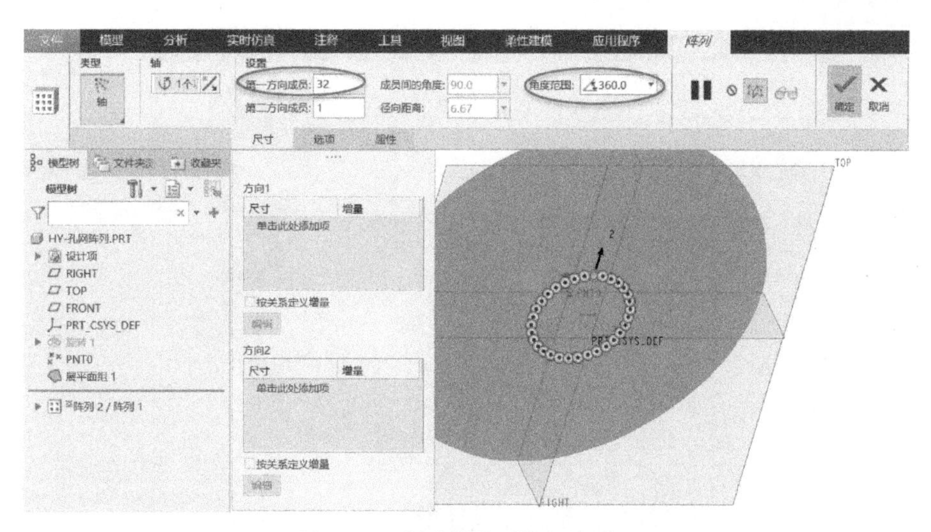

图 5-162　创建轴阵列的相关设置

2）单击“确定”按钮✔，阵列结果如图 5-163 所示。

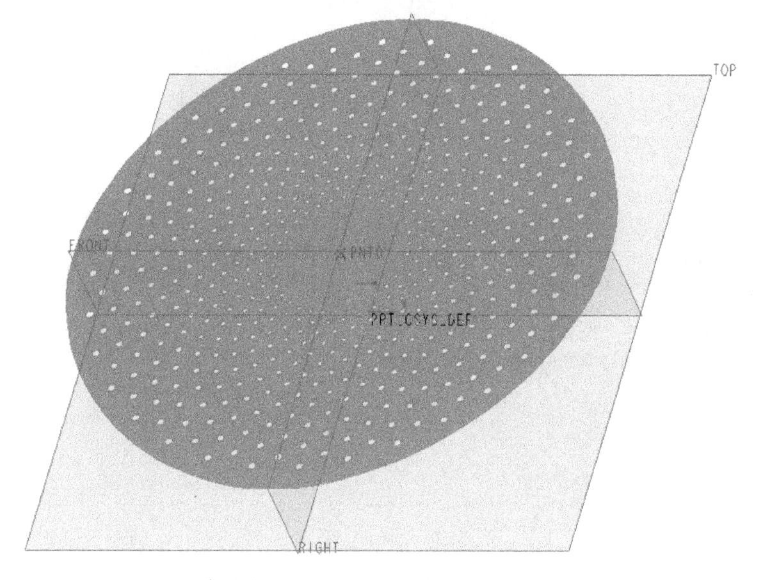

图 5-163　完成创建轴阵列

9 展平面组变形

1）在功能区“模型”选项卡的“曲面”溢出面板中，选择“展平面组变形”工具命令，打开“展平面组变形”选项卡，在模型中单击展平面组特征以将其用于定义几何变形。接着在“展平面组变形”选项卡的“参考”滑出面板上，激活“面组和/或实体主体”收集器，在模型窗口中选择要折弯或展平的面组，如图 5-164 所示。

2）在“展平面组变形”选项卡上单击“确定”按钮✔，结果如图 5-165 所示。

10 加厚曲面

1）单击“加厚”按钮，打开“加厚”选项卡。

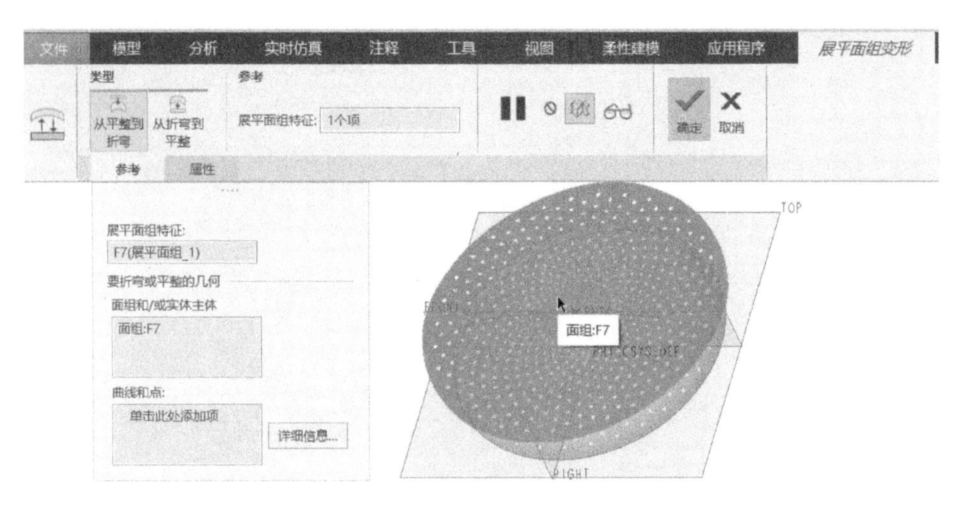

图 5-164　展平面组变形操作（从平整到折弯）

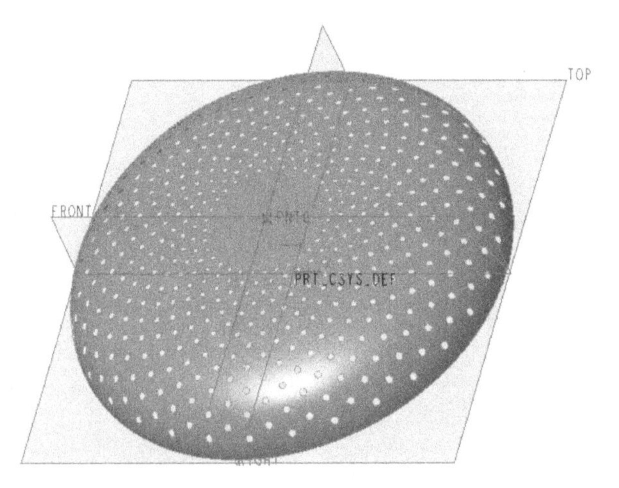

图 5-165　展平面组变形的结果

2）选择要加厚的曲面或面组。

3）设置加厚曲面的厚度为“1”，如图 5-166 所示。

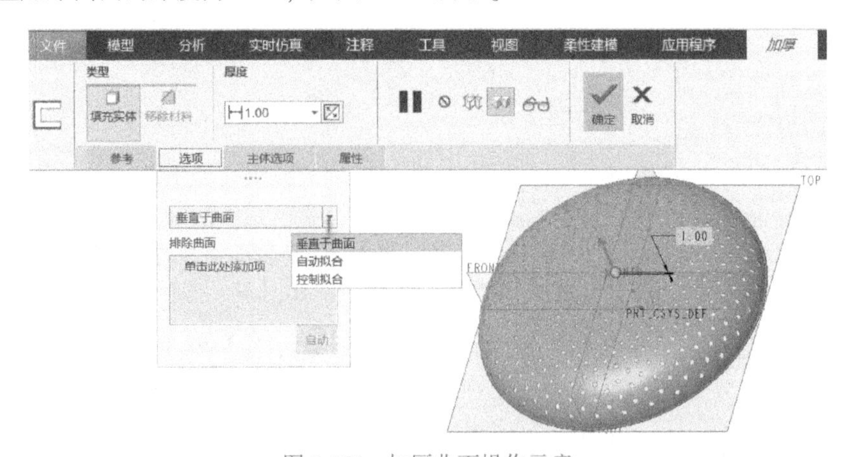

图 5-166　加厚曲面操作示意

4）单击“确定”按钮✔。

11 创建一个草绘

单击“草绘”按钮，选择 TOP 基准平面作为草绘平面，单击鼠标中键进入草绘器；单击“文字”按钮，指定行的起点和第二点来初步确定文本高度和方向。接着在弹出的“文本”对话框中输入文本，选择字体，设置对齐选项、长宽比、倾斜角、间距等，该草绘文字特征为“HUAYI”几个英文字母，如图 5-167 所示，单击“文本”对话框中的“确定”按钮后，修改文本尺寸，再单击“确定”按钮✔完成草绘。

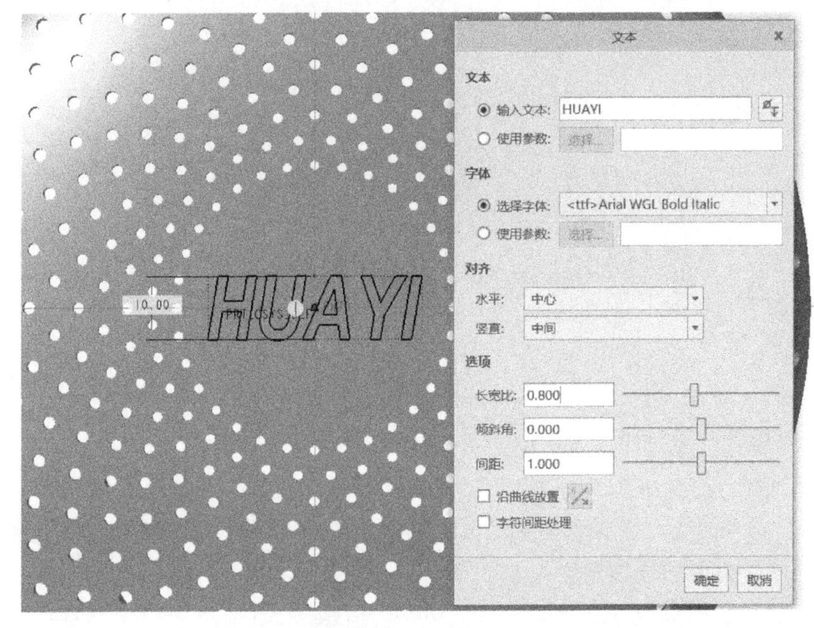

图 5-167　草绘文字

12 创建偏移特征

1）单击“偏移”按钮，打开“偏移”选项卡，选择“曲面”类型，从“偏移类型”下拉列表框中选择“具有拔模”图标选项，如图 5-168 所示。

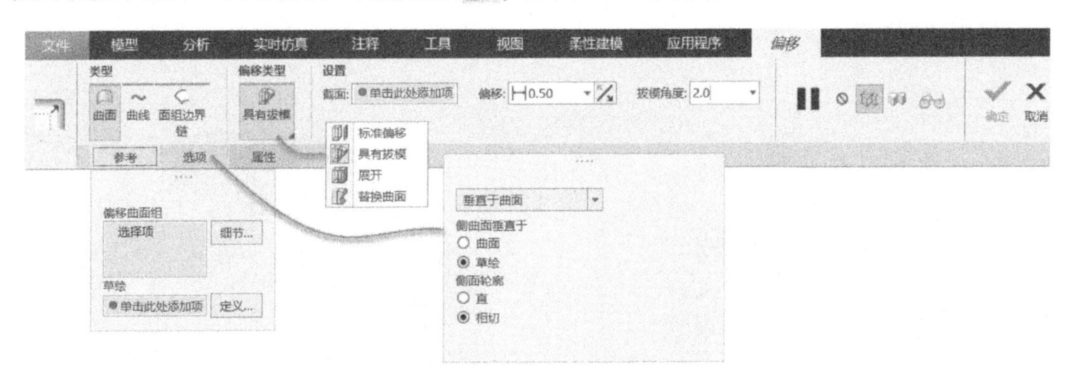

图 5-168　功能区“偏移”选项卡

2）选择要偏移的曲面组，多选时结合使用〈Ctrl〉键辅助选择；在“参考”滑出面板中单击位于“草绘”收集器右侧的“定义”按钮，弹出“草绘”对话框，单击“使用先前的”按钮，进入内部草绘器。将显示样式临时设定为“隐藏线”显示样式（对应快捷键为〈Ctrl+5〉），单击“投影”按钮并在弹出的“类型”对话框中选择“环”单选按钮，分别选择先前创建的文字曲线以生成相应的文字链环曲线，如图5-169所示。最后单击“类型”对话框的“关闭”按钮，以及单击“确定”按钮完成草绘并退出草绘器。

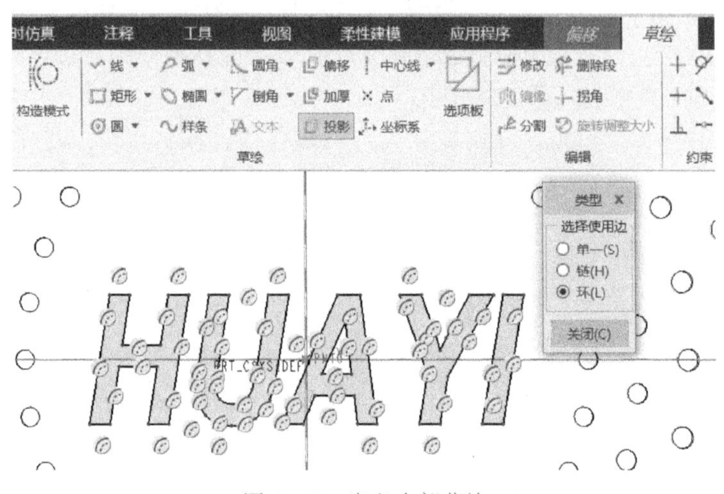

图5-169　定义内部草绘

3）返回到“偏移”选项卡，在“选项”滑出面板中选择“垂直于曲面”选项，设置侧曲面垂直于“草绘”，侧面轮廓选项为“相切”，按〈Ctrl+3〉快捷键将显示样式重新设定为“着色”。在“偏移”选项卡上设置偏移距离为0.5mm，单击“将偏移方向更改为其他侧”按钮以将偏移方向指向实体外侧，拔模角度为2°，偏移预览如图5-170所示。

知识点拨：

常用显示样式的切换可以使用快捷键来操作，即〈Ctrl+1〉用于打开“带反射着色”显示样式、〈Ctrl+2〉用于打开“带边着色”显示样式、〈Ctrl+3〉用于打开“着色”显示样式、〈Ctrl+4〉用于打开“消隐”显示样式、〈Ctrl+5〉用于打开“隐藏线”显示样式、〈Ctrl+6〉用于打开“线框”显示样式。

4）单击“偏移”选项卡的“确定”按钮，得到图5-171所示的偏移曲面结果。

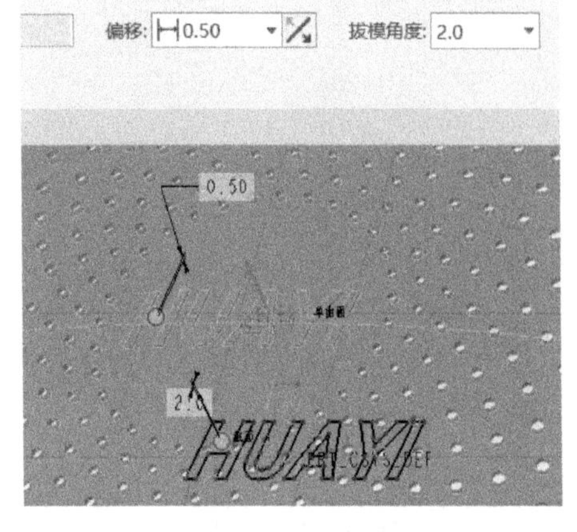

图5-170　偏移预览

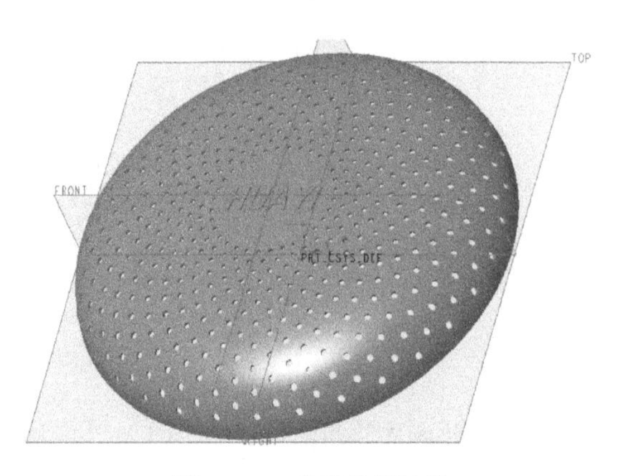

图5-171　偏移曲面结果

13 查看最终效果并保存

本例最终完成的孔网罩模型如图 5-172 所示，保存文件。

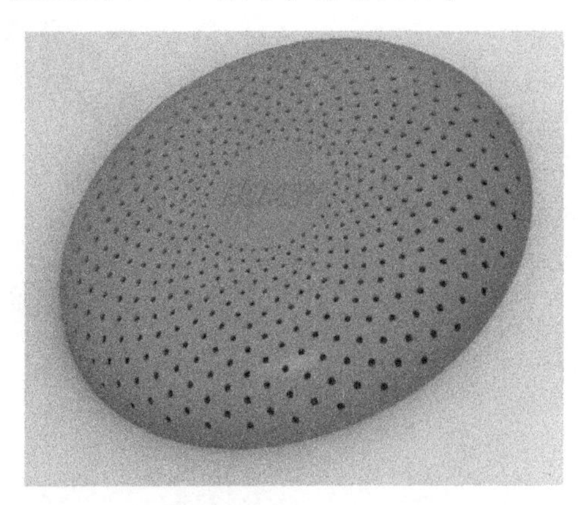

图 5-172　孔网罩模型

5.9 主动脉支架模型

主动脉支架模型，有人说很难建模，真的很难吗？在设计任何产品之前，必须要对产品外观与结构要求深入剖析，建模难不难关键在于有无思路，有思路很多方法都可以实现。主动脉支架其实相当于围绕一个圆锥曲面形成，完成效果如图 5-173 所示。

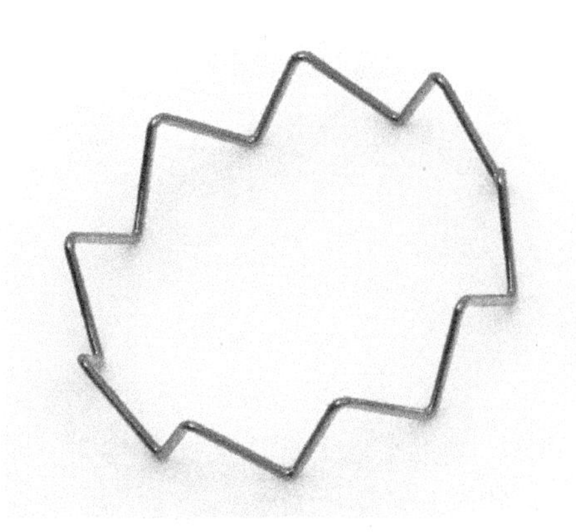

图 5-173　主动脉支架模型

下面是主动脉支架模型的操作步骤，以 Creo 8.0 为例。

1 新建一个实体零件文件

在 Creo 8.0 设定工作目录后，单击“新建”按钮，新建一个使用公制模板 mmns_part_solid_abs 的实体零件文件，文件名称设定为“HY-主动脉支架”。

2 创建一个旋转曲面特征

1）单击“旋转”按钮，打开“旋转”选项卡，接着在该“旋转”选项卡上单击“曲面”按钮。

2）选择 FRONT 基准平面作为草绘平面，绘制图 5-174 所示的旋转截面及几何中心线，单击“确定”按钮。

3）设置旋转角度为 360°，单击“确定”按钮，完成创建图 5-175 所示的旋转曲面。

3 创建基准点

单击“基准点”按钮，弹出“基准点”对话框，选择图 5-176 所示的顶点来创建一个基准点特征 PNT0，然后单击“确定”按钮。

4 创建拉伸曲面以分割旋转曲面

1）单击“拉伸”按钮，打开“拉伸”选项卡，接着单击“曲面”按钮，单击“移除材料”按钮，选择单击已有的旋转曲面面组。

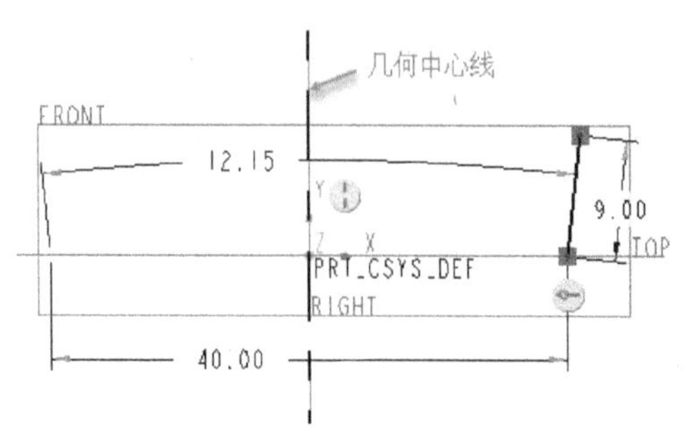

图 5-174　绘制旋转截面、几何中心线

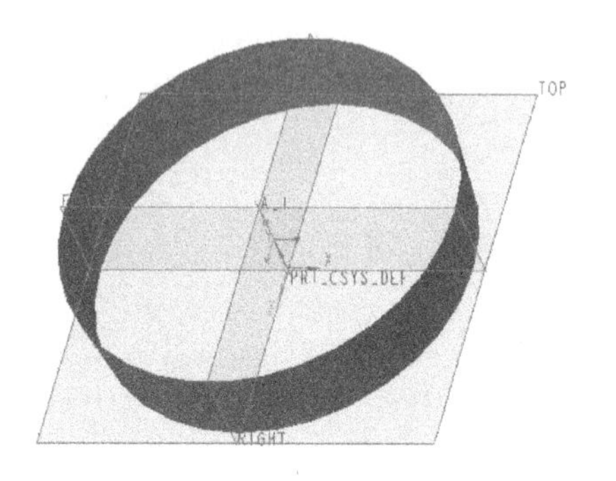

图 5-175　创建旋转曲面

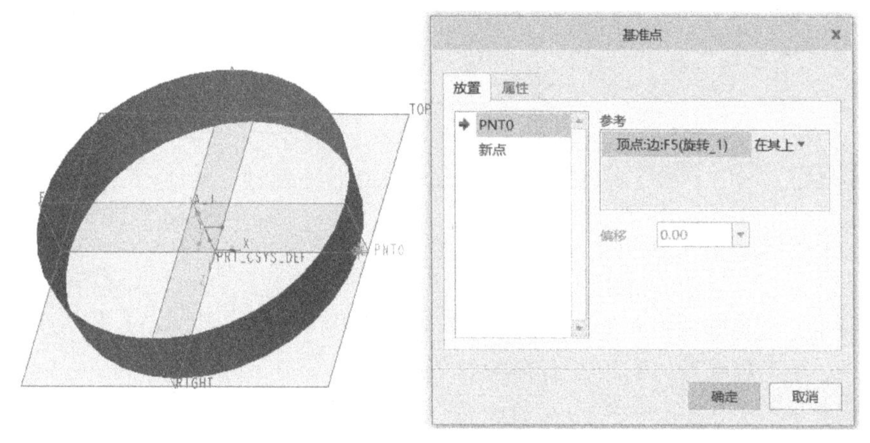

图 5-176　创建基准点

2）在“拉伸”选项卡的“放置”滑出面板上单击“定义”按钮，选择 TOP 基准平面，以 RIGHT 基准平面为“右”方向参考。单击鼠标中键确认，进入草绘模式，绘制图 5-177 所示的一条直线段，单击“确定”按钮完成草绘并退出草绘模式。

3）设置拉伸深度为“17.5”或其他合适的尺寸，并注意单击“深度方向”按钮来设置拉伸的深度方向指向能分割切除到旋转曲面面组的方向，如图 5-178 所示，单击“确定”按钮。

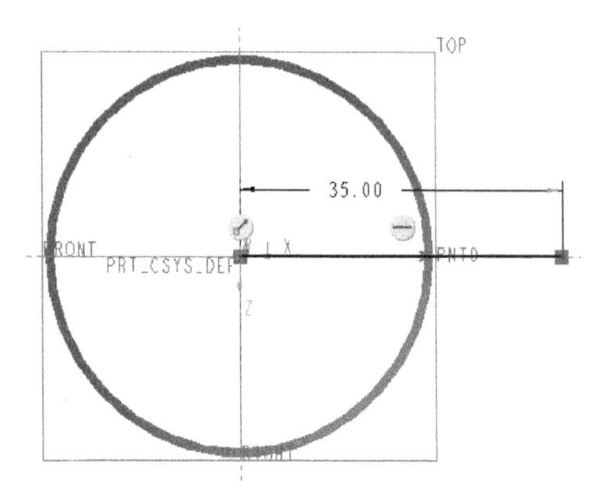

图 5-177　绘制一条直线段

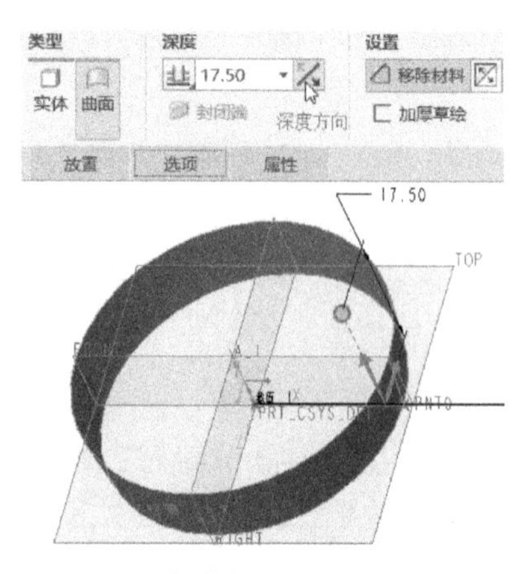

图 5-178　拉伸深度及深度方向设置

5 展平曲面

1）在功能区“模型”选项卡的“曲面”溢出面板中单击“展平曲面”按钮，打开“展平面组”选项卡。

2）选择要展平的面组，接着在“原点”收集器的框内单击以激活该收集器。选择 PNT0 基准点作为展平平面组与源面组相切的点，如图 5-179 所示，然后单击“确定”按钮。

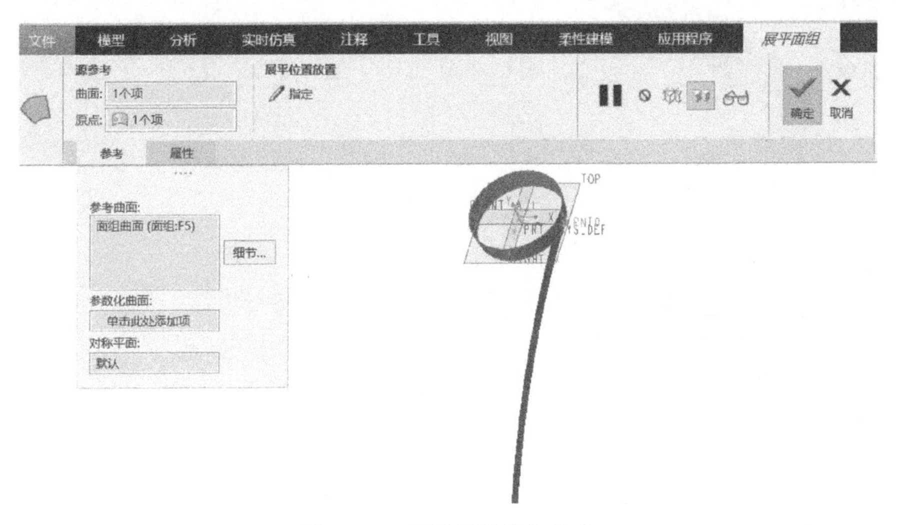

图 5-179　展平面组操作示意

6 创建草绘曲线

1）单击“草绘”按钮，弹出“草绘”对话框，选择展平后的曲面作为草绘平面，如图 5-180 所示。以 FRONT 基准平面为“左”方向参考，单击“草绘”按钮，进入草绘模式。

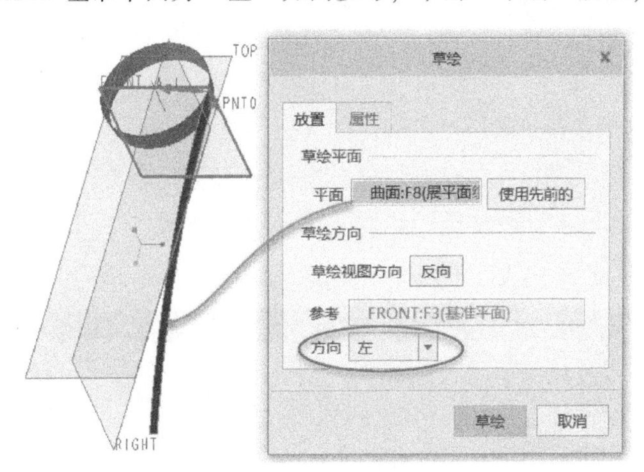

图 5-180　指定草绘平面与草绘方向参考

在“草绘”面板中单击“投影”按钮，绘制图 5-181 所示的曲线，单击“确定”按钮。

7 创建一个基准点

此时可以先将 PNT0（该基准点之前主要是为了展平面组而创建的）隐藏。单击“基准点”

按钮 ，在 PNT0 相同的位置创建一个基准点 PNT1，如图 5-182 所示。

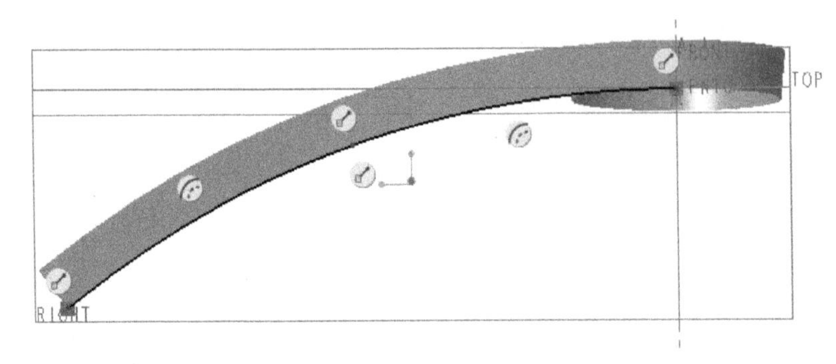

图 5-181　绘制曲线

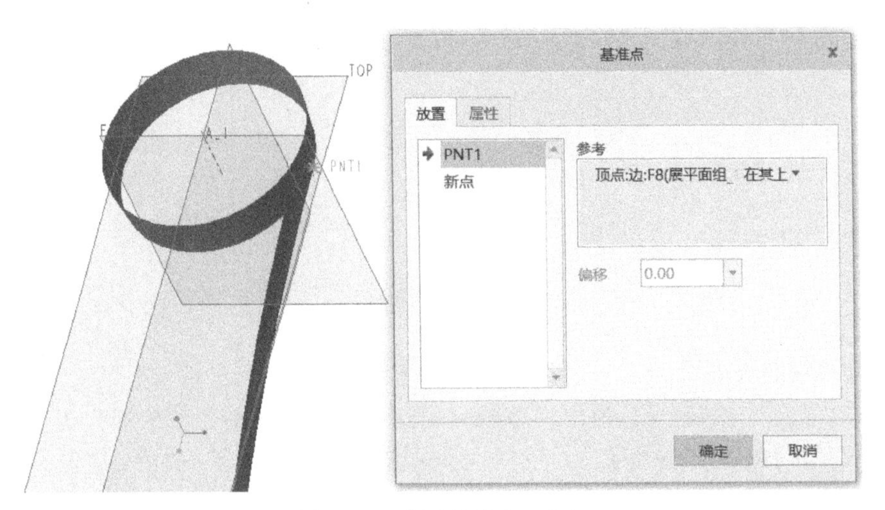

图 5-182　创建基准点 PNT1

8 创建曲线阵列来获得所需的点

单击“阵列”按钮 ，打开“阵列”选项卡，选择阵列类型为“曲线”。在曲面模型中选择步骤 **6** 所绘制的曲线，单击“成员数”按钮 ，设置阵列成员数为“10”，如图 5-183 所示，然后单击“确定”按钮 。完成后可以将旋转曲面隐藏。

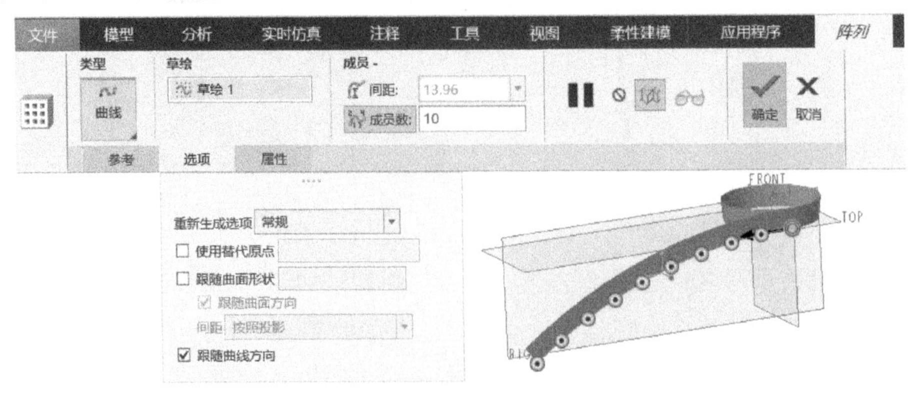

图 5-183　创建曲线阵列

9 创建一个基准点

单击“基准点”按钮，在展平面组另一条边的起点处创建一个基准点，如图 5-184 所示。

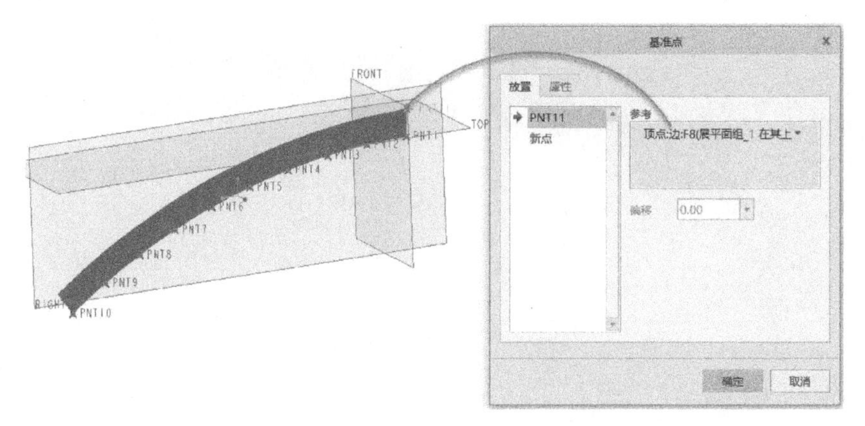

图 5-184　创建一个新基准点 PNT11

10 创建曲线阵列

1）单击“阵列”按钮，打开“阵列”选项卡，选择阵列类型为“曲线”。接着打开“参考”滑出面板，单击“定义”按钮，如图 5-185 所示。

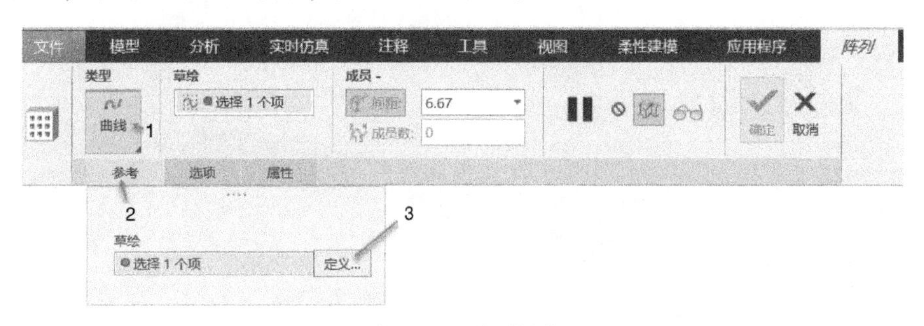

图 5-185　阵列操作

2）系统弹出“草绘”对话框，单击展平后的面组作为草绘平面并指定草绘方向，如图 5-186 所示，单击“草绘”按钮，进入草绘平面。

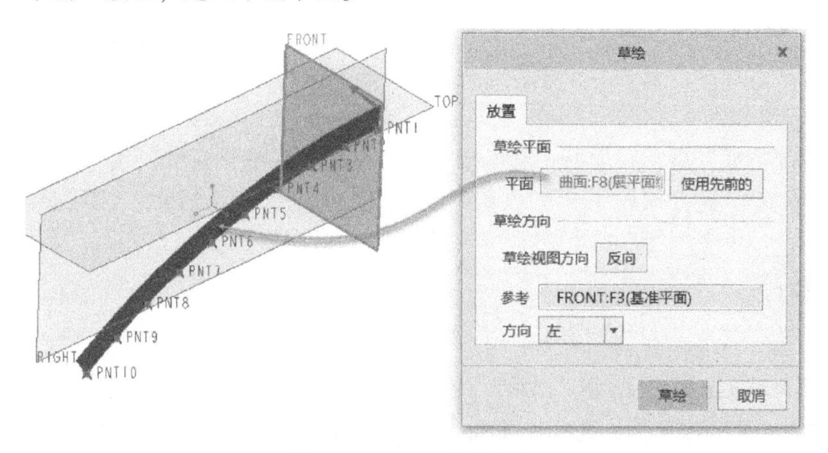

图 5-186　定义草绘平面

3）单击“投影”按钮，绘制一条曲线如图 5-187 所示，单击“确定”按钮。

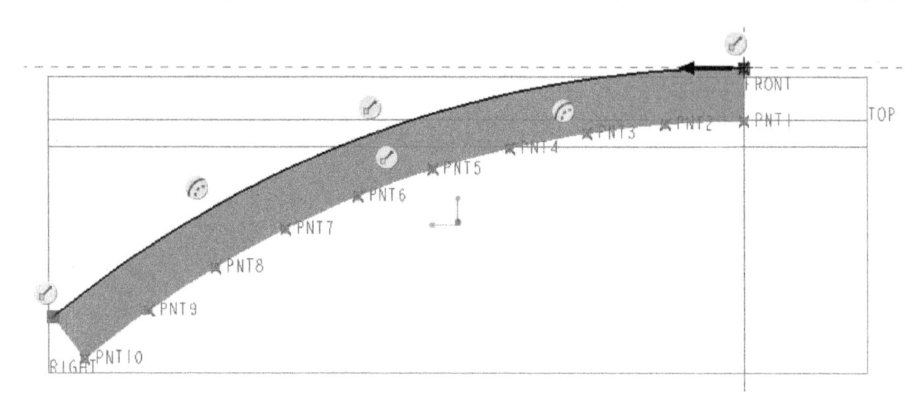

图 5-187　绘制一条曲线

4）单击“成员数”按钮，设置阵列成员数为“19”，按照规律每隔一个点取消（逃过）一个阵列成员，如图 5-188 所示。第一个阵列成员取消不了就保留，不影响后面操作，然后单击“确定”按钮。

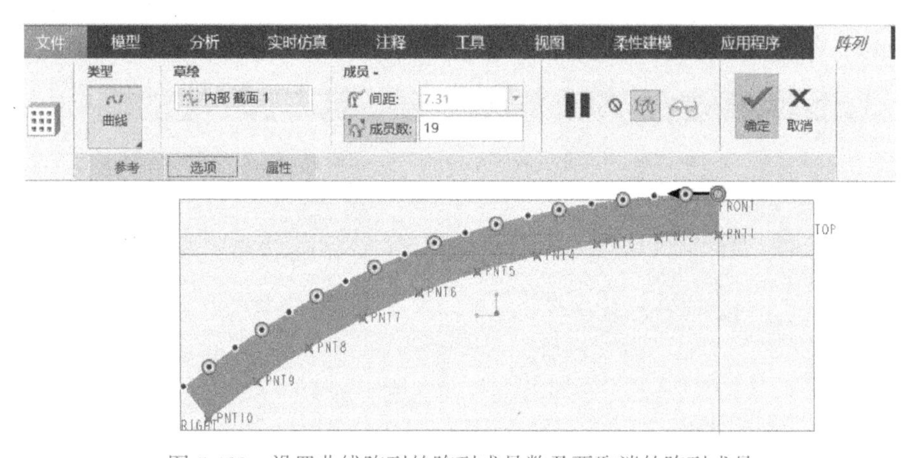

图 5-188　设置曲线阵列的陈列成员数及要取消的阵列成员

11 创建通过点的曲线

1）在功能区“模型”选项卡上单击“基准”|“曲线”|“通过点的曲线”命令，打开“曲线：通过点”选项卡。

2）依据顺序选择各点，后续每一点连接到前一点的方式都是直线。设置添加圆角，圆角半径均为“1”，勾选“具有相同半径的点组”复选框，如图 5-189 所示，然后单击“确定”按钮。

12 曲面修剪

1）在“编辑”面板中单击“修剪”按钮，打开“修剪”选项卡。

2）在“修剪”选项卡上选中“面组”类型，选择展平后的曲面面组作为要修剪的面组，单击激活“修剪对象”收集器，选择步骤 11 所创建的基准曲线作为修剪对象，并单击“在要保留的修剪面组的一侧、另一侧或双侧之间反向”按钮，以使箭头指向如图 5-190 所示。

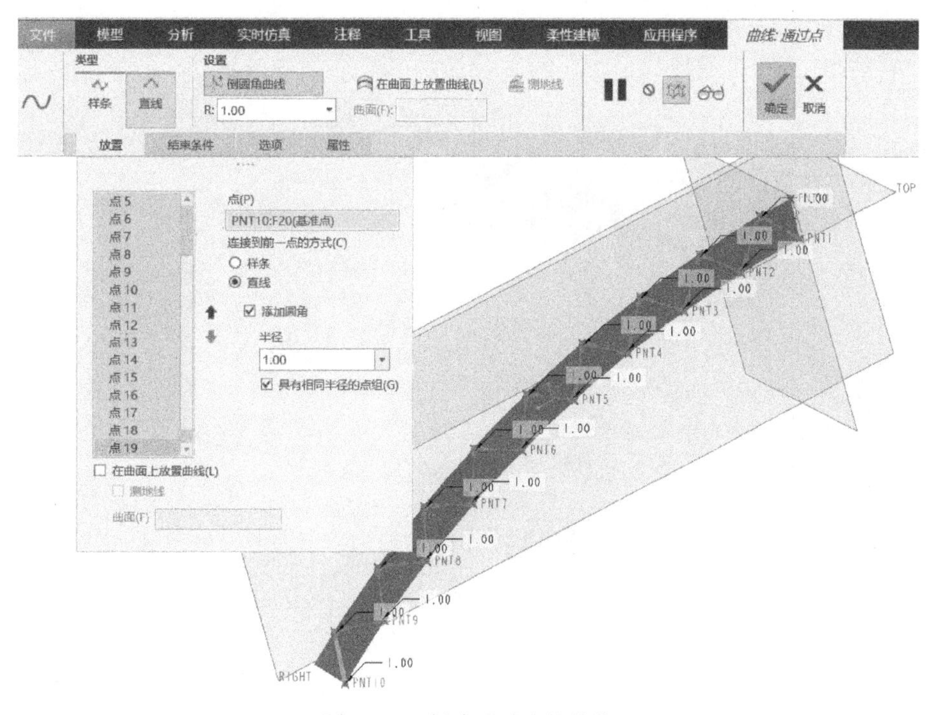

图 5-189　创建通过点的曲线

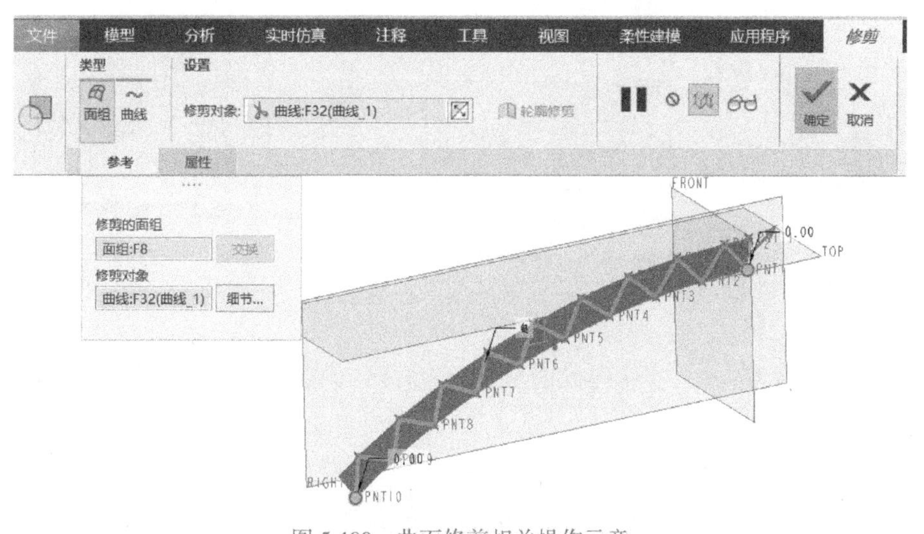

图 5-190　曲面修剪相关操作示意

3）单击“确定”按钮，曲面修剪的结果如图 5-191 所示。显然，修剪后的曲面面组在两端均形成尖角，可以使用“拉伸”工具将这两处尖角修剪成圆角过渡。

13 拉伸切除曲面

1）单击“拉伸”按钮，接着在打开的“拉伸”选项卡上单击“曲面”按钮和“移除材料”按钮，选择要修剪的面组。

2）在“拉伸”选项卡的“放置”滑出面板中单击“定义”按钮，弹出“草绘”对话框。选

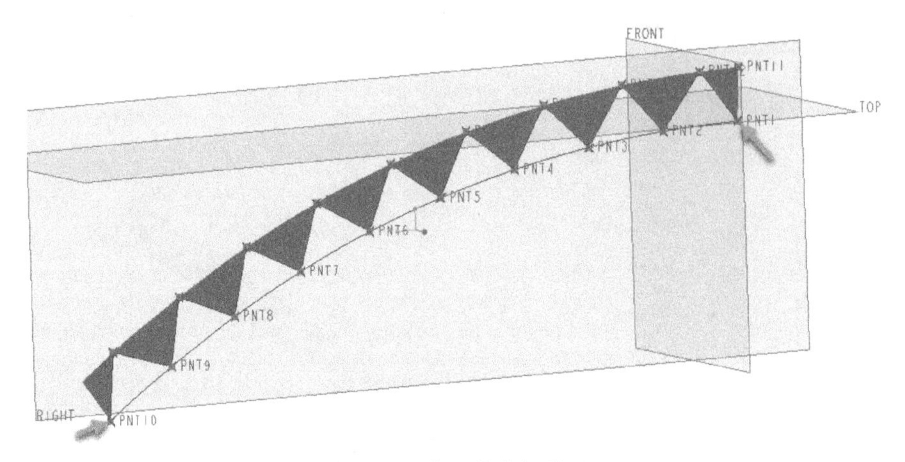

图 5-191　曲面修剪的结果

择展平曲面定义草绘平面，以 FRONT 基准平面作为“左”方向参考，单击鼠标中键进入草绘器。绘制图 5-192 所示的拉伸切除截面，注意相关的约束关系，单击“确定”按钮✔完成草绘并退出草绘器。

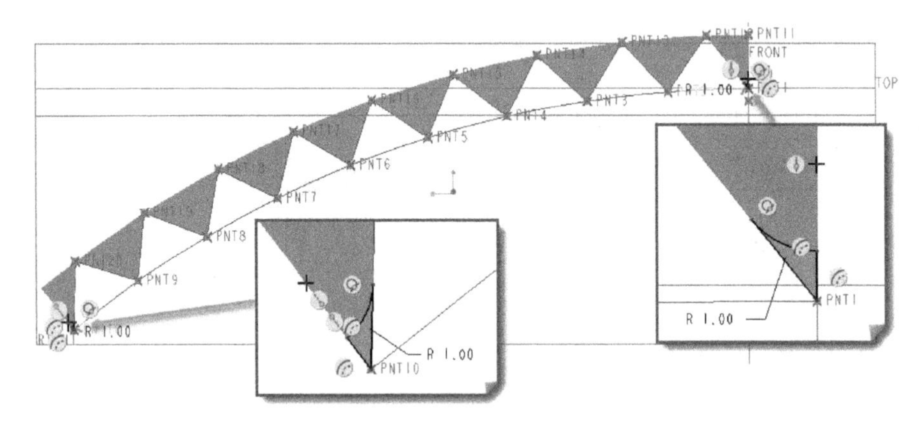

图 5-192　绘制拉伸切除截面

3）图 5-193 所示为其中一个尖角处的圆弧切除效果。注意设置所需的切除方向，然后单击“确定”按钮✔。

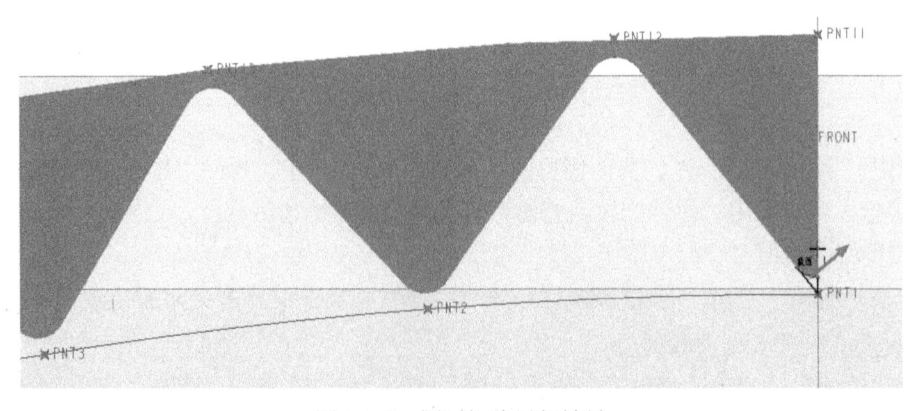

图 5-193　圆弧切除局部效果

14 展平面组变形操作

1）在功能区“模型”选项卡的“曲面”溢出面板中选择“展平面组变形”工具命令，打开“展平面组变形”选项卡，默认选中“从平整到折弯”类型。

2）选择展平面组特征，再单击激活“面组和/或实体主体”收集器，选择要展平的面组，如图 5-194 所示，然后单击“确定”按钮将展平面组变形回到未展平时状态。

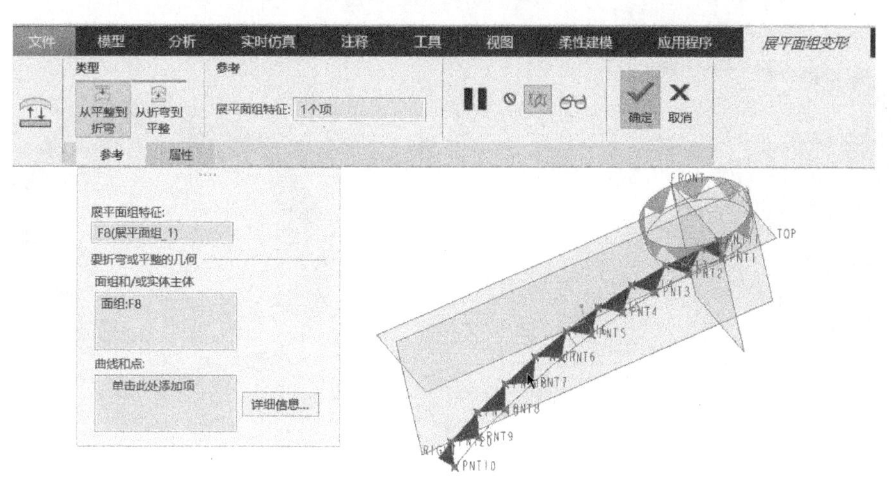

图 5-194　展平面组变形操作示意

15 隐藏相关的曲线和基准点等

隐藏相关的对象，使得图形窗口的模型显示如图 5-195 所示。

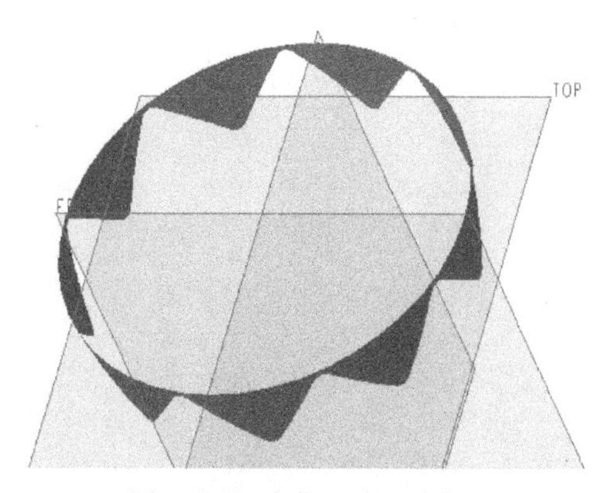

图 5-195　隐藏相关的对象后

16 扫描操作

1）单击“扫描”按钮，打开“扫描”选项卡，选中“实体”按钮、“恒定截面”按钮。

2）选择原点轨迹，原点轨迹为连续波浪形的曲面边缘（可结合〈Shift〉键选择），如图 5-196 所示。

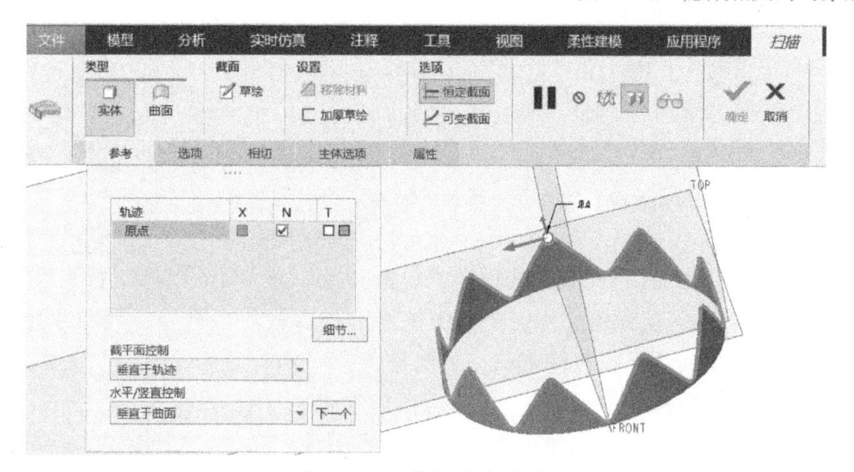

图 5-196　指定原点轨迹

3）在“扫描”选项卡上单击“草绘”按钮，在十字叉丝处绘制扫描截面如图 5-197 所示，然后单击“确定”按钮完成草绘并退出草绘器。

4）在“扫描”选项卡上单击“确定”按钮，完成的扫描特征结果如图 5-198 所示。

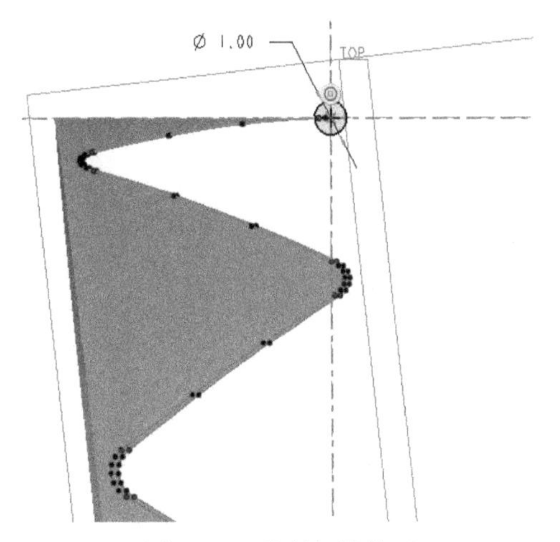

图 5-197　绘制扫描截面

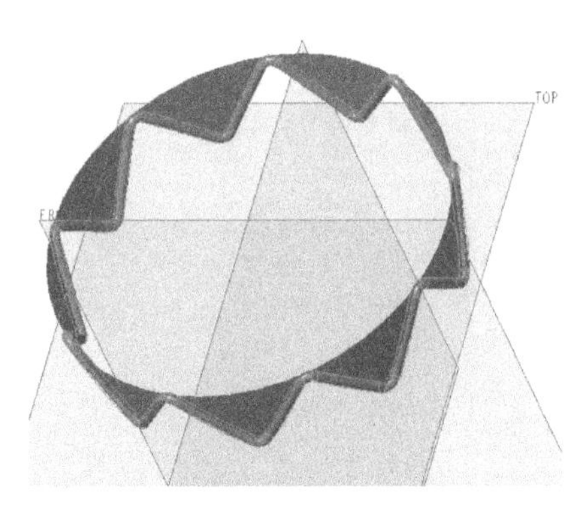

图 5-198　完成的扫描特征

17 在模型树上隐藏“展平面组变形 1”特征

在模型树上选择“展平面组变形 1”特征，接着从出现的浮动工具栏中选择“隐藏”图标选项，将它隐藏，最后得到的模型效果如图 5-199 所示。

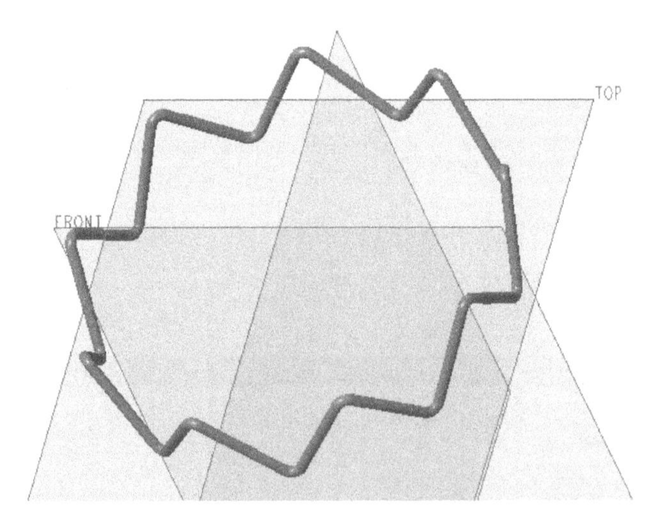

图 5-199　隐藏“展开面组变形 1”特征后的模型效果

此时，可以切换至功能区“视图”选项卡，单击“层”按钮以选中它来打开层树。接着在层树的合适空白区右击，从弹出的快捷菜单中选择“保存状况”命令，如图 5-200 所示。图层有一个“隐藏层”，该层收集了设置隐藏状态的对象。

18 保存文件

按〈Ctrl+S〉快捷键在指定目录下保存文件。

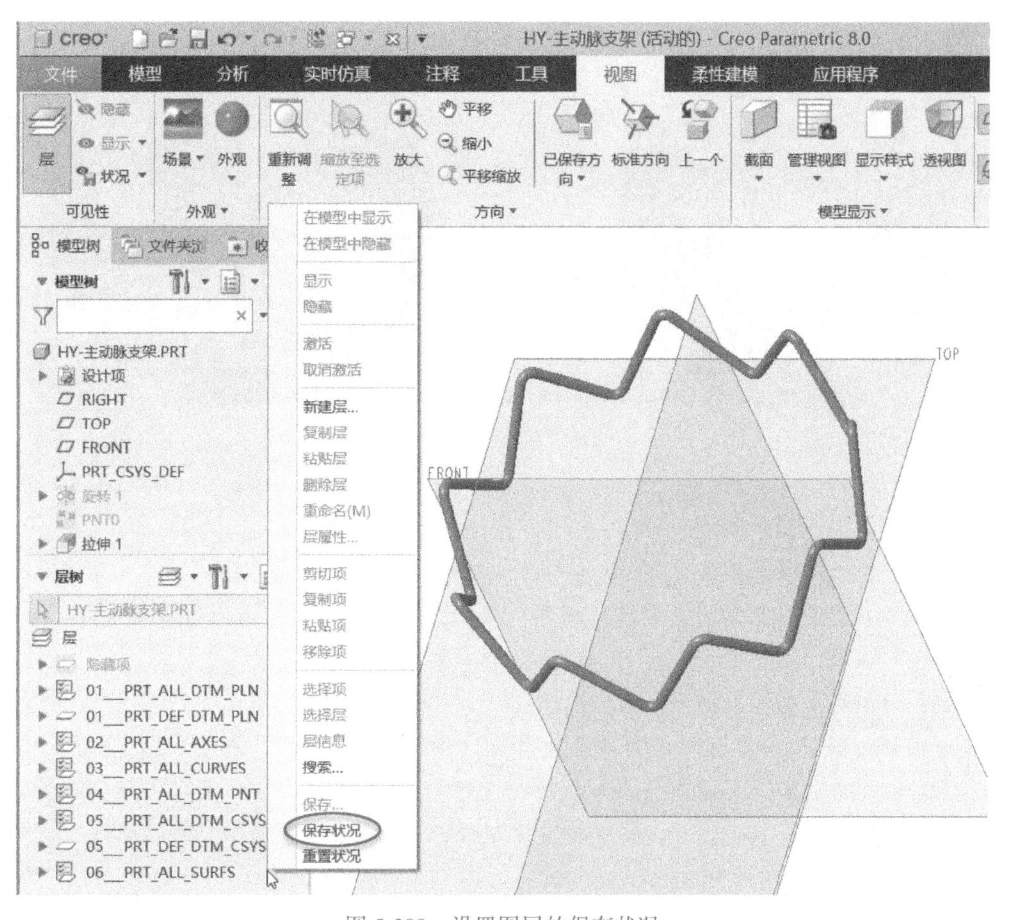

图 5-200　设置图层的保存状况

5.10 在球形曲面上创建渐消面案例

本节介绍的主要知识点是如何使用 Creo 在球形曲面上创建渐消面，这是非常实用的产品设计技巧。在网上曾经看到一个关于使用 Creo、Pro/ENGINEER 在球形曲面上创建渐消面的案例，但是觉得它的方法及步骤较为复杂且不够详尽，对初学者来说可操作性不强。参考此渐消面的形状特点，优化了相关的方法及操作步骤，做出了一个类似的效果，如图 5-201 所示。

事实上，在 Creo、Pro/ENGINEER 中，设计一些渐消面的常规思路就是，先在主曲面上切出渐消面的产生区域，以及创建出渐消面的另一个配合面，再在配合面与主曲面之间切出一个或多个四边面的间隙空间。然后使用“边界混合”工具命令在配合面与主曲面之间创建边界混合曲面，这些边界混合曲面的四条边界均可以根据设计要求设置相应的边界约束条件（如相切），从而使配合面与主曲面形成渐消过渡效果。这就是此类渐消面的设计思路。当然，渐消面也还有其他的方法和技巧来创建，其他的方法和技巧不在本节案例的介绍范畴之内，希望读者多思考、多总结，丰富渐消面设计思路和技巧。

下面开始介绍如何在一个球形曲面上创建图 5-202 所示的渐消面效果。在该案例中，使用到的工具主要有“旋转”“拉伸”“草绘”“修剪”“边界混合”“合并”“几何阵列”等。

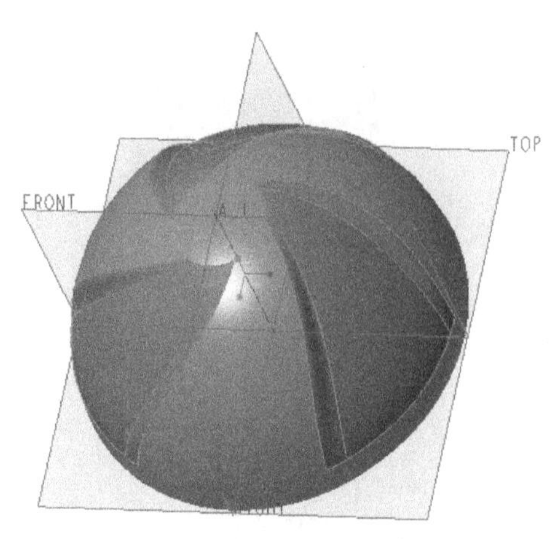

图 5-201　在球形曲面上创建渐消面

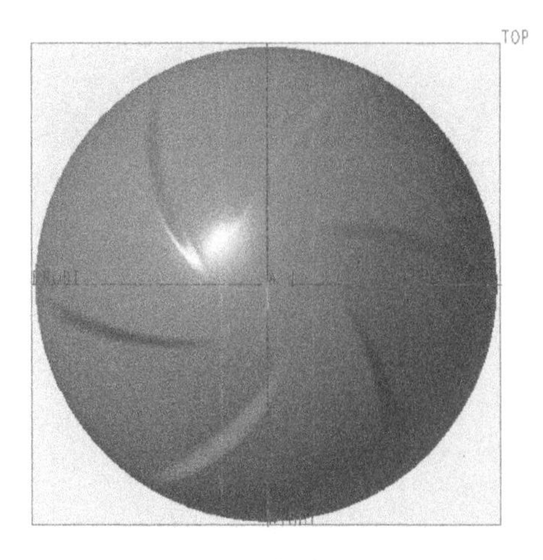

图 5-202　渐消面效果

本案例具体的操作步骤如下。

1 新建一个实体零件文件

在 Creo 8.0 设定工作目录后，单击“新建”按钮，新建一个使用公制模板 mmns_part_solid_abs 的实体零件文件，文件名称设定为“HY-渐消面案例”。

2 创建部分球形旋转曲面

单击“旋转”按钮，打开“旋转”选项卡，接着单击“曲面”按钮；选择 FRONT 基准平面作为草绘平面，进入草绘器中在草绘平面上绘制旋转截面（含一条将用作旋转轴的中心线）；设置向两侧对称旋转（），旋转总角度为 180°，如图 5-203 所示。最后单击“确定”按钮完成创建该“旋转 1”曲面。

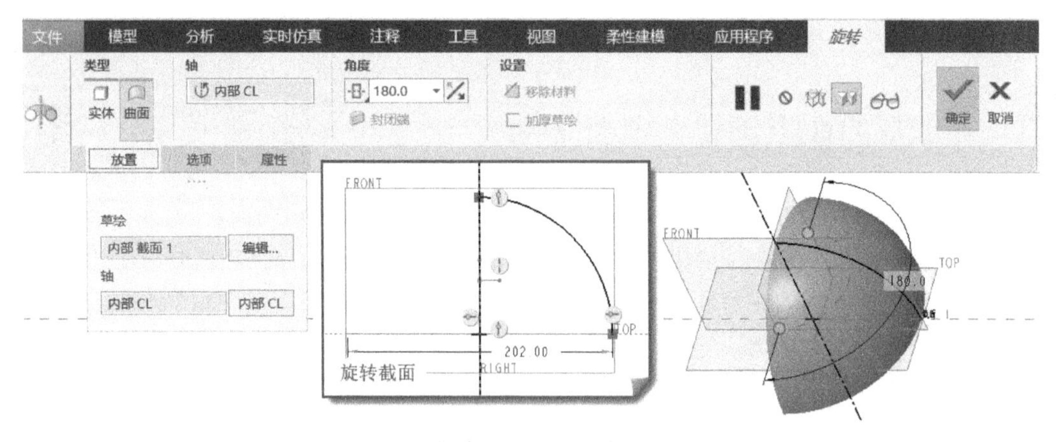

图 5-203　创建部分球形“旋转 1”曲面

3 继续创建一个“旋转 2”曲面

使用和步骤**2**同样的方法创建“旋转 2”曲面，其旋转截面同样位于 FRONT 基准平面上，旋转角度方式为“对称”，其总的旋转角度为 180°。该旋转曲面是作为渐消面的配合曲面使用的，在创建该旋转曲面时一定要注意旋转截面线（圆锥曲线）两端的约束关系，两个端点相切角度均为 90°，如图 5-204 所示。配合曲面一般是有一部分以一定的方式稍微偏移主曲面的。

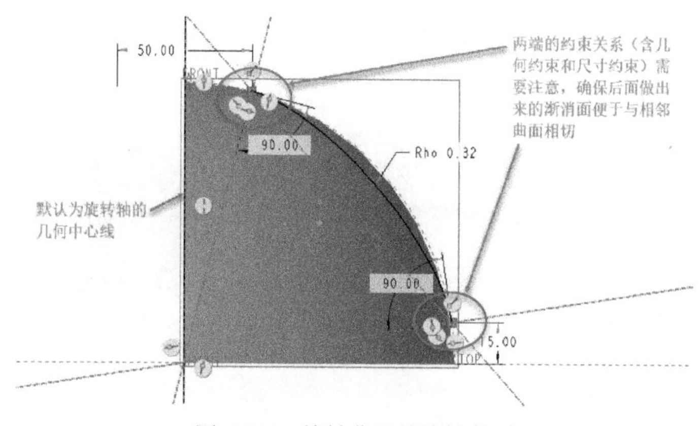

图 5-204　旋转曲面的旋转截面

完成创建“旋转 2”曲面后的模型效果如图 5-205 所示。

4 在 TOP 基准平面上草绘辅助曲线

1）单击“草绘”按钮，弹出“草绘”对话框。

2）选择 TOP 基准平面作为草绘平面，以 RIGHT 基准平面为“右”方向参考，单击“草绘”按钮，进入草绘器（草绘模式）。

3）绘制图 5-206 所示的草图，单击“确定”按钮。注意小圆直径值“50”与“旋转 2”曲面的旋转截面中的尺寸值“50”是有关系的，取值有时需要考虑上下特征之间的逻辑关系，这里是特意使小圆的参考直径取值为“50”的。

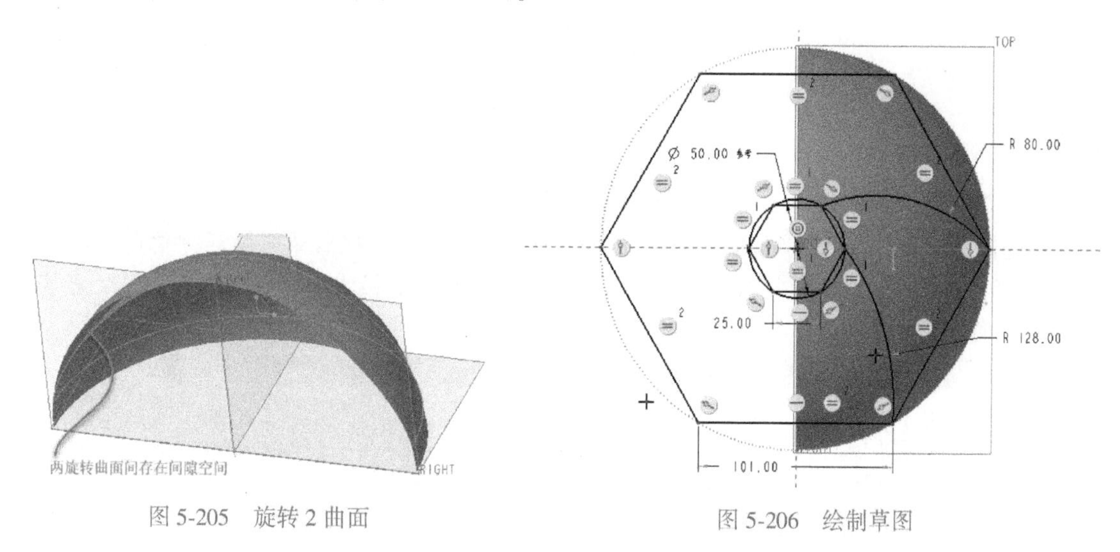

图 5-205　旋转 2 曲面

图 5-206　绘制草图

5 创建“拉伸 1”曲面

1）单击“拉伸”按钮，并在“拉伸”选项卡上选中“曲面”按钮。

2）选择 TOP 基准平面作为草绘平面，主要使用“投影”按钮和“删除段”按钮来辅助绘制图 5-207 所示的拉伸截面，单击“确定”按钮完成草绘并退出草绘器。

3）在“拉伸”选项卡上定义拉伸的深度选项、深度方向等，如图 5-208 所示，然后单击“确定”按钮。

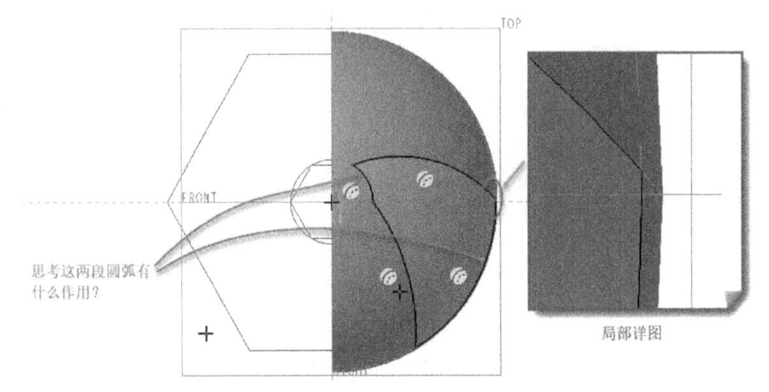

图 5-207　拉伸截面

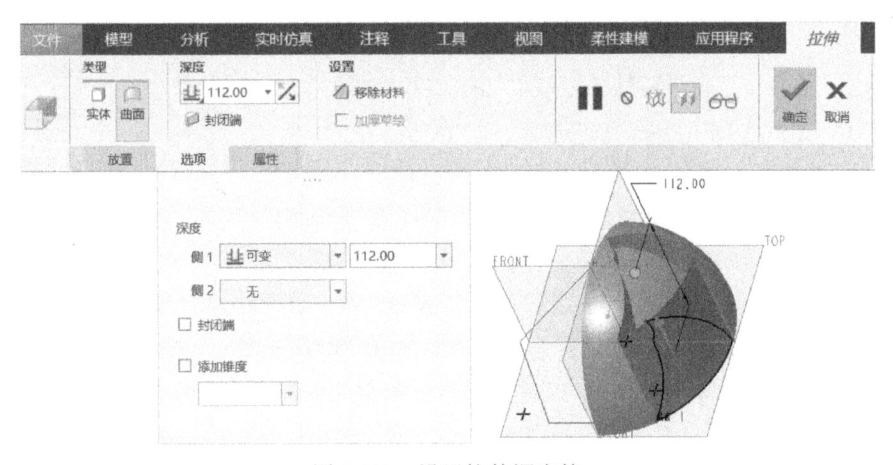

图 5-208　设置拉伸深度等

修剪曲面操作

1）在“编辑”面板中单击“修剪”按钮，打开“修剪”选项卡，选中“面组”类型。

2）选择“旋转 1”曲面（球形主曲面）作为要修剪的面组，接着单击激活“修剪对象”收集器，选择“拉伸 1”曲面作为修剪对象，打开“选项”滑出面板勾选“保留修剪面组”复选框以设置保留修剪曲面，如图 5-209 所示。

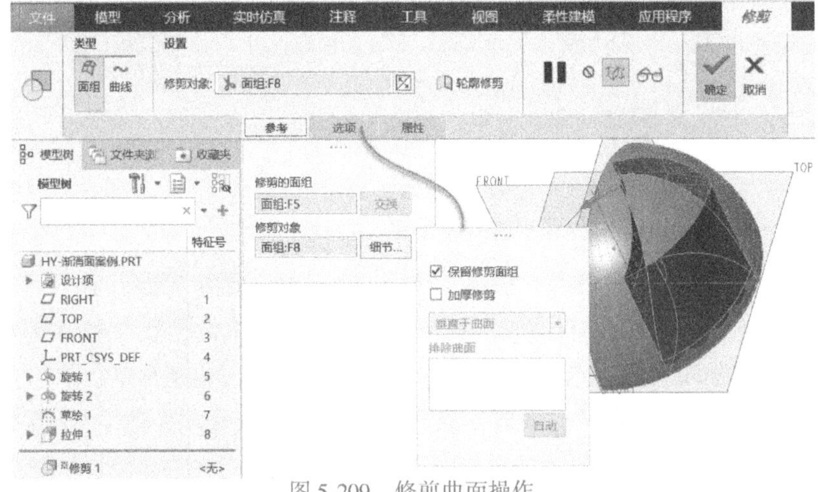

图 5-209　修剪曲面操作

知识点拨：

为了便于辨认和标识特征，可以设置模型树显示“特征号”树列。其方法是在模型树上方工具行中单击“设置”按钮，选择“树列”命令，弹出“模型树列”对话框，从“不显示”选项组的“类型”下拉列表框中选择“信息”选项。再在其列表中选择“特征号”，单击“添加列”按钮>>，从而将“添加列”添加到“显示”列表中，可设置“特征号”的宽度（默认宽度为“8”），单击“确定”按钮即可。从图5-209中可以看出，选定“面组：F5”表示修剪的面组选定特征号为“5”的“旋转1”曲面。同样地，修剪对象“面组：F8”对应的是特征号为“8”的“拉伸1”曲面。

3）在“修剪”选项卡上单击“确定”按钮。

7 修剪配合曲面

1）在“编辑”面板中单击“修剪”按钮，打开“修剪”选项卡，选中“面组”类型。

2）调整模型视角，在图形窗口中选择“旋转2”曲面（配合曲面）作为要修剪的面组。接着单击激活“修剪对象”收集器，选择“拉伸1”曲面作为修剪对象，单击“在要保留的修剪面组的一侧、另一侧或双侧之间反向”按钮以确保内侧曲面为要保留的区域，打开“选项”滑出面板取消选中“保留修剪面组”复选框以设置不保留修剪曲面，如图5-210所示。

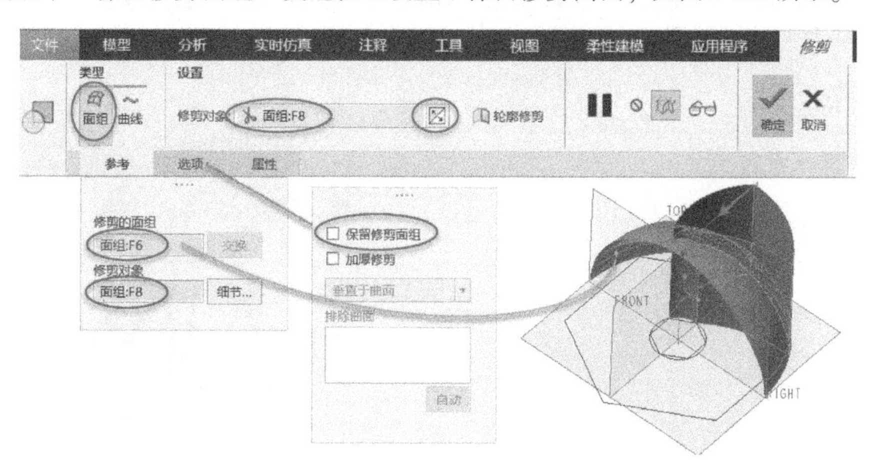

图5-210 修剪配合曲面操作

3）在“修剪”选项卡单击“确定”按钮，修剪内侧配合曲面的结果如图5-211所示。

8 对配合曲面进行拉伸切除操作

单击“拉伸”按钮，以使用“拉伸”方式在剩下的配合曲面上再切除一小部分，在配合曲面和主曲面之间留出合理的空间，为制作两者之间的过渡曲面做准备。参考的拉伸剖面如图5-212所示，拉伸剖面位于TOP基准平面上，注意剖面两个狭窄段均落在配合曲面的边界上。

拉伸移除材料的相关设置如图5-213所示。

9 创建边界曲面1

利用一个缺口的4条边来创建一个边界混合曲面，并设置它们的边界约束条件。

1）在功能区“模型”选项卡的“曲面”面板中单击“边界混合”按钮，打开“边界混合”选项卡。

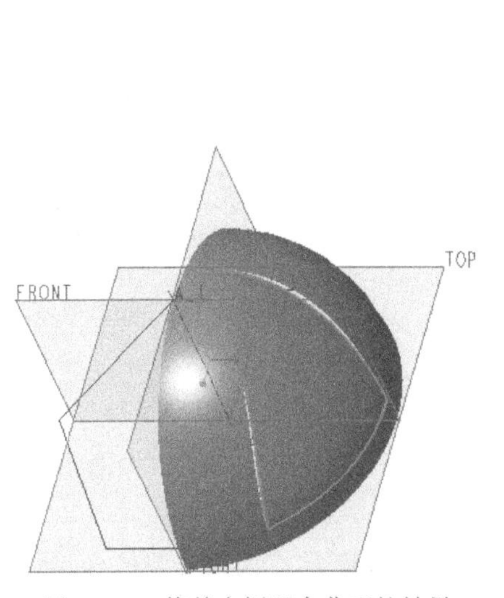

图 5-211　修剪内侧配合曲面的结果

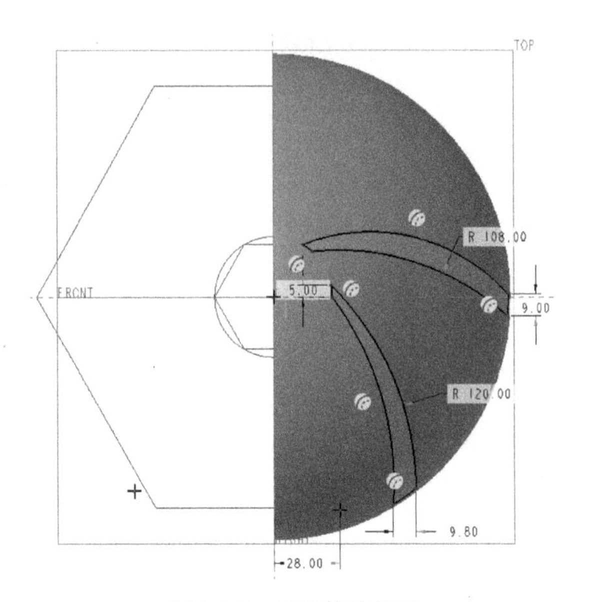

图 5-212　绘制拉伸截面

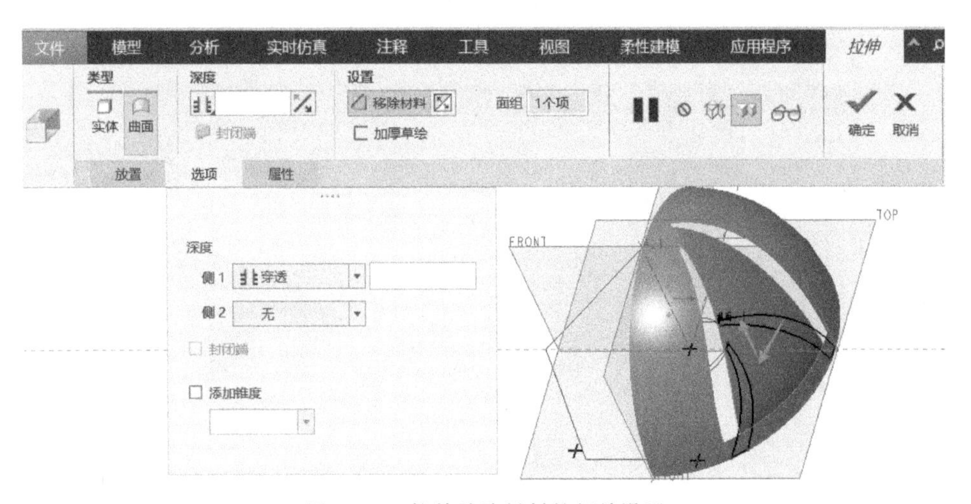

图 5-213　拉伸移除材料的相关设置

2）“第一方向”收集器处于活动状态，选择图 5-214 所示的一条边线作为第一方向曲线，再按住〈Ctrl〉键选择另一条边线作为第二方向曲线。

3）单击激活“第二方向”收集器，选择另一方向的一条短边线作为第二方向曲线，再按住〈Ctrl〉键选择对面一条短边线作为第二方向曲线，如图 5-215 所示。在选择该方向曲线时，如果发现只需要该曲线中的某一段，那么可以拖动该方向曲线的相应端点图柄结合〈Shift〉键去捕捉所需的段端点。也可以在该方向收集器中选定该曲线链，单击“细节”按钮，利用弹出的“链”对话框去编辑定义所需的曲线链（更灵活）。

4）在“边界混合”选项卡切换至“约束”滑出面板，将“方向 1：第一条链”“方向 1：第二条链”“方向 2：第一条链”“方向 2：第二条链”的边界约束条件均设置为“相切”，并激活相应的曲面收集器来指定要与之相切的参考曲面，如图 5-216 所示。

5）在“边界混合”选项卡上单击“确定”按钮✔。

10 创建边界混合曲面 2

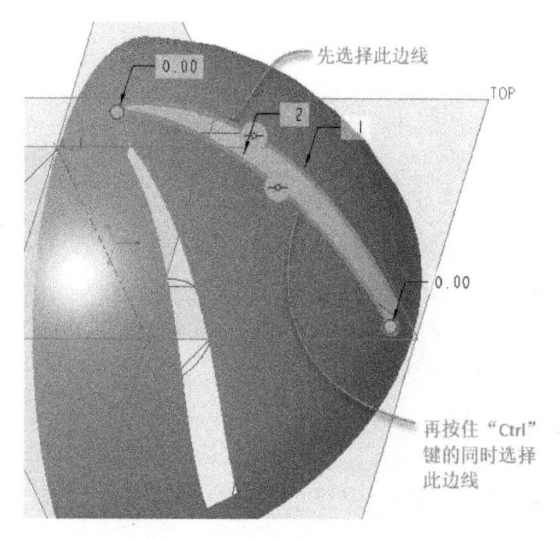

图 5-214　指定第一方向曲线

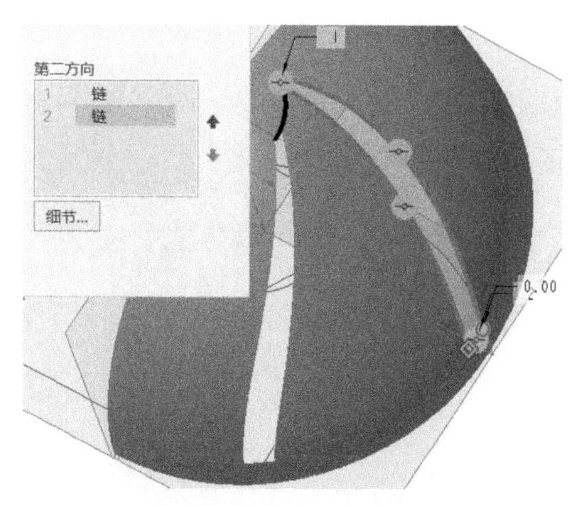

图 5-215　指定第二方向曲线

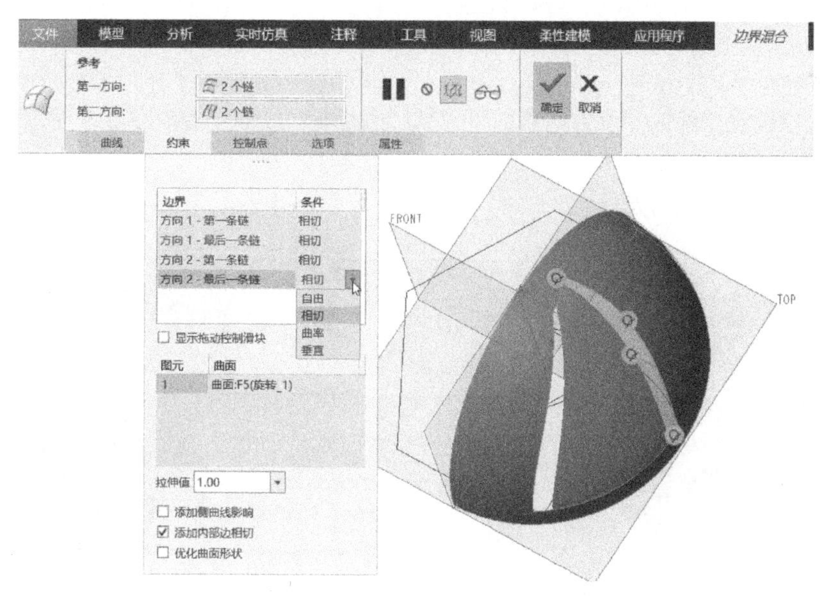

图 5-216　设置边界约束条件

使用同样的方法，在第二个 4 边缺口处创建边界混合曲面，注意相应的边界约束条件，如图 5-217 所示。

11 以拉伸的方式切除主曲面，为阵列做准备

1）单击“拉伸”按钮，接着在打开的“拉伸”选项卡上单击“曲面”按钮和“移除材料”按钮，单击“旋转 1”曲面（主曲面）作为要修剪的面组。

2）在“拉伸”选项卡的“放置”滑出面板中单击“定义”按钮，选择 TOP 基准平面作为草绘平面，以 RIGHT 基准平面为“右”方向参考。单击鼠标中键进入内部草绘器，绘制拉伸剖面如图 5-218 所示。

3）在“拉伸”选项卡的“侧 1”的“深度”下拉列表框中选择“穿透”，单击“深度

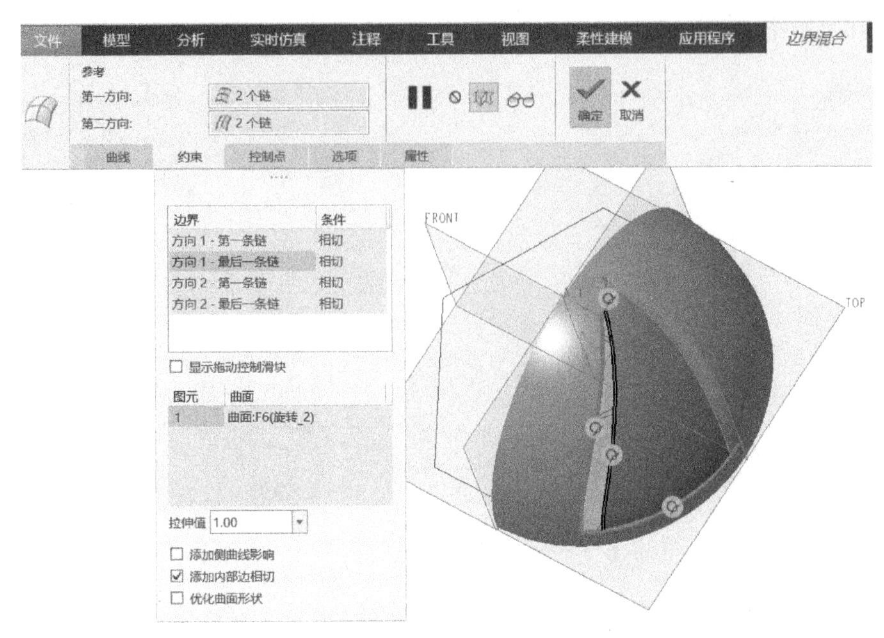

图 5-217　创建边界混合曲面 2

方向”按钮以设置拉伸的深度方向指向可以切除主曲面的方向，如图 5-219 所示。

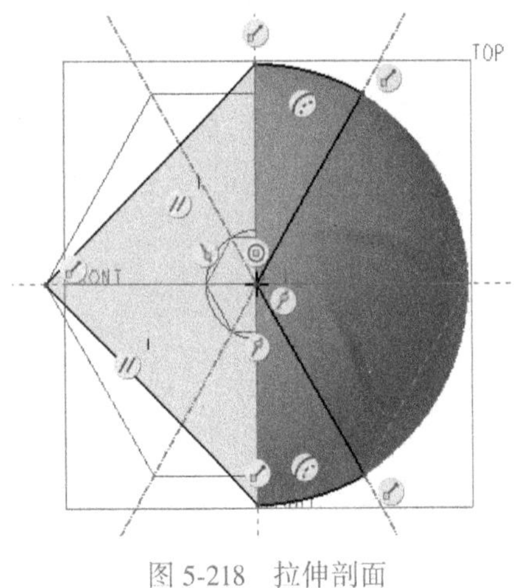

图 5-218　拉伸剖面

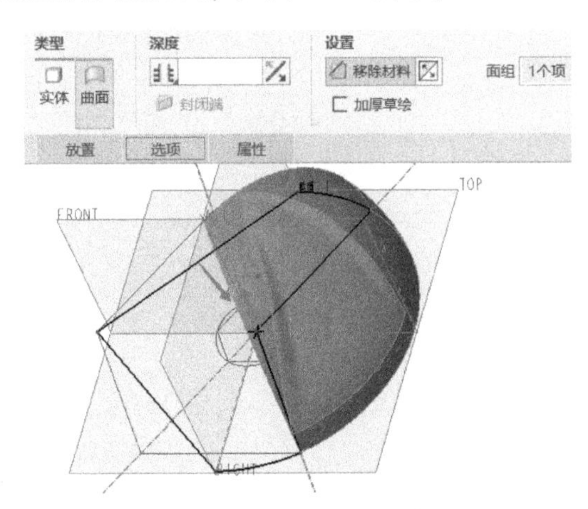

图 5-219　设置拉伸深度及其方向

4）单击“确定”按钮。

12 将全部曲面合并成一个单一的面组

1）在“编辑”面板中单击“合并”按钮，打开“合并”选项卡。

2）选择主曲面，接着按住〈Ctrl〉键的同时分别去选择其他 3 个曲面，如图 5-220 所示。

3）在“合并”选项卡上单击“确定”按钮，完成面组合并。

13 进行几何阵列操作

1）在“选择”过滤器的下拉列表框中选择“面组”选项，接着在图形窗口中单击选择已有面组，在功能区“模型”选项卡的“编辑”面板中单击“阵列”|“几何阵列”按钮，打开“几何阵列”选项卡。

2）选择阵列类型为“轴”，接着选择 A_1 特征轴作为旋转轴，以及指定第一方向的阵列成员数为“3”，单击“角度范围”并设置总的阵列角度为 360°，如图 5-221 所示。

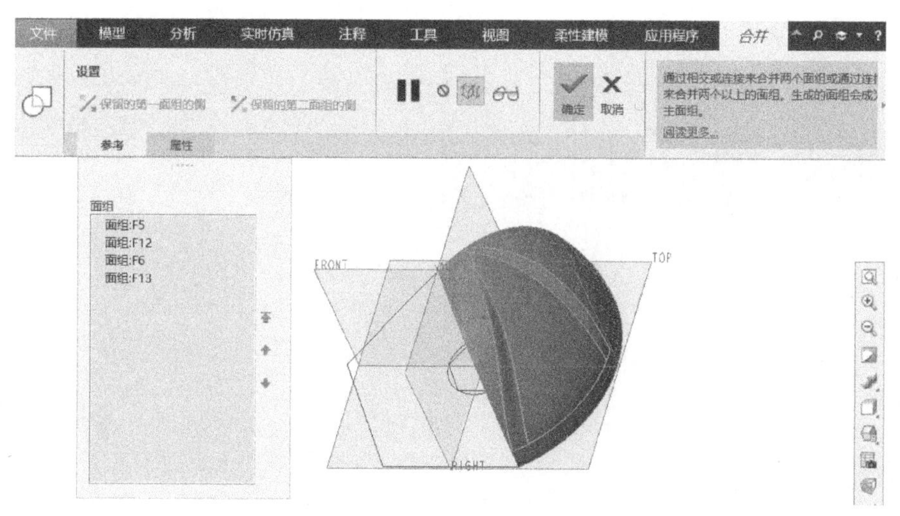

图 5-220　合并曲面

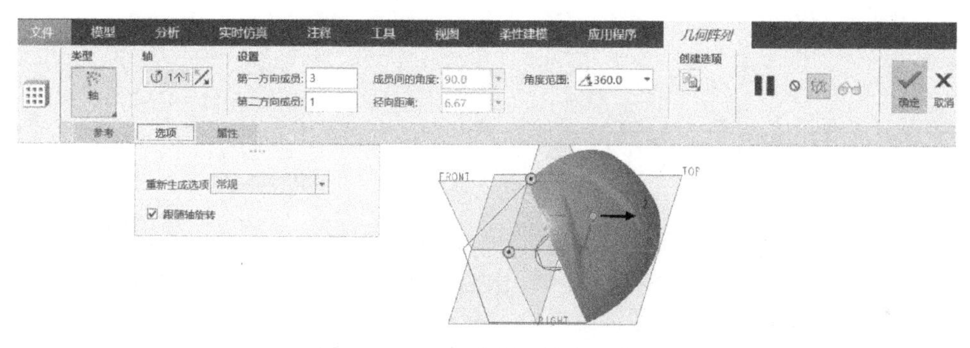

图 5-221　几何阵列的轴阵列设置

3）在“几何阵列”选项卡上单击“确定”按钮✔，完成该几何阵列的创建，完成效果如图 5-222 所示。

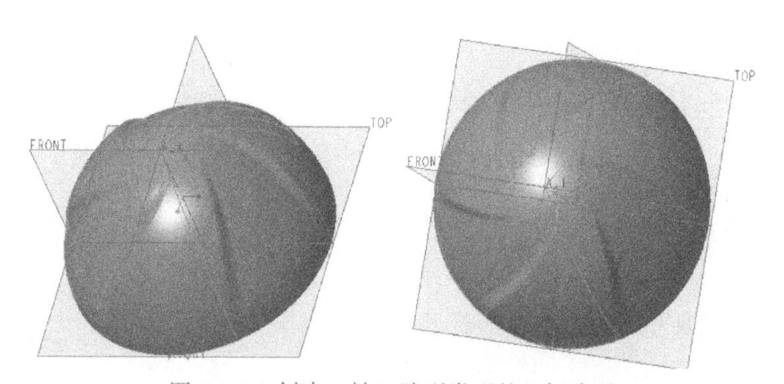

图 5-222　创建“轴”阵列类型的几何阵列

14 保存文件

按〈Ctrl+S〉快捷键在指定目录下保存文件。

第6章

玩转方程式和参数

本章导读

要想成为Creo产品结构设计高手，必须要懂方程式和参数应用的知识和技巧。在生活中经常看到一些产品上存在一些比较有意思的结构造型，而这些结构造型是通过方程式和参数来控制产生的。本章精选一些涉及方程式和参数的典型案例，通过案例的操练和学习，带领读者进入玩转方式和参数建模的晋级之路。每个案例都侧重不同的知识点和应用场合，可以在实际产品结构设计中参考使用。

6.1 创建具有渐变阵列孔的模型

渐变形式的阵列孔如何创建？在Creo 8.0中，使用IF函数就可以轻松搞定。

在生活中，我们会发现有不少产品的外壳上设计有渐变形式的小圆孔，尤其在一些音箱产品的外壳上较为常见。在本节，针对此类渐变形式的阵列孔，以实例的形式介绍如何在Creo Parametric 8.0中进行创建操作。通常可以利用IF函数来辅助完成。

本案例要完成的模型效果如图6-1所示。

本案例具体的操作步骤如下。

1 新建一个实体零件文件

启动Creo 8.0后设置工作目录，然后单击“新建”按钮，新建一个名称为“HY-具有渐变阵列孔的模型”、不使用默认模板而是使用mmns_part_solid_abs公制模板的实体零件文件。

图6-1　具有渐变阵列孔的模型

2 新建草绘特征

单击“草绘”按钮，选择TOP基准平面作为草绘平面，绘制图6-2所示的草图。该草图由4段圆锥曲线相切连接，注意将所有尺寸都转换为强尺寸，单击“确定”按钮✔。如果有读者草绘能力差些，也可以自行绘制一个长和宽均为108mm的、带有大圆角（半径自己设定）的“矩形”。

3 绘制一个拉伸实体

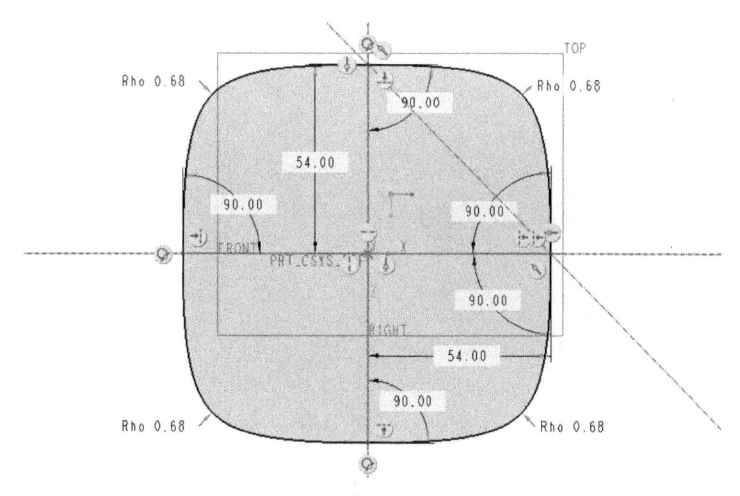

图 6-2 草绘闭合图形

确保选中刚绘制的草绘特征，单击“拉伸”按钮，打开“拉伸”选项卡，设置拉伸深度为 2.1mm，单击“深度方向”按钮为反向拉伸深度方向，如图 6-3 所示，单击“确定”按钮。

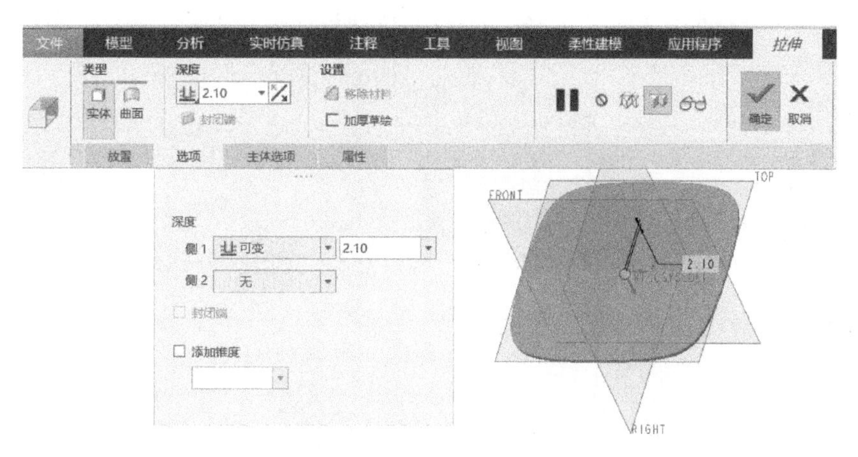

图 6-3 创建一个拉伸实体

4 创建基准点

单击“基准点”按钮，系统弹出“基准点”对话框，在图形窗口中单击 TOP 基准平面的左上显示边界线以在该基准平面上创建一个基准点 PNT0。接着使用鼠标拖动该基准点的主放置图柄将该点拖动到坐标原点附近，并分别拖动相应的偏移控制图柄选择 FRONT 基准平面和 RIGHT 基准平面。此时，偏移参考的距离尺寸暂时不用理会，如图 6-4 所示，单击“确定”按钮。

5 创建测量特征

1）在功能区中打开“分析”选项卡，从“测量”面板中选择“测量”|“距离”工具命令，在模型树上选择先前创建的草绘特征，按住〈Ctrl〉键的同时选择 PNT0 基准点。接着在“测量：距离”对话框（需要在该对话框中先单击“展开选项”按钮以展开显示更多选项）上选择

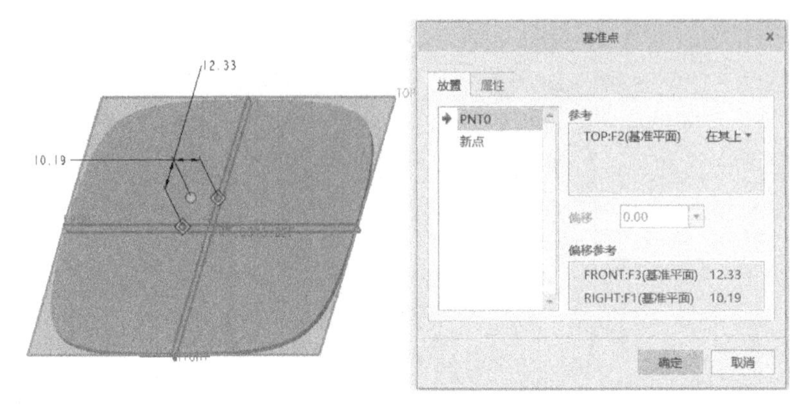

图 6-4 创建基准点

“特征”选项卡，在“基准：”列表中选中第一图元上点，如图 6-5 所示。这里确保测量的是草绘线上的点与基准点 PNT0 之间的对齐距离。

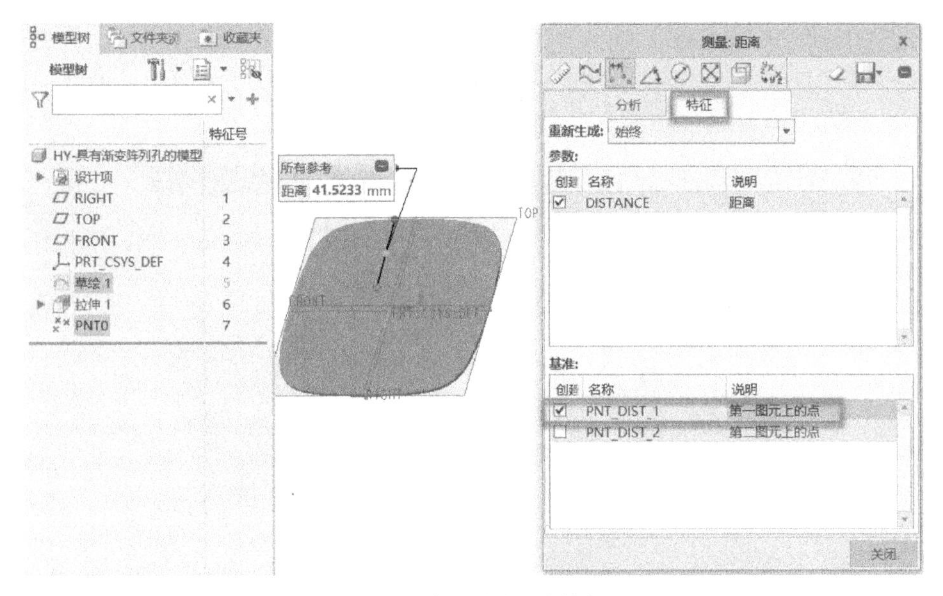

图 6-5 建立测量距离特征

2）在“测量：距离”对话框中单击“保存”按钮，如图 6-6 所示，确保选中“生成特征”单选按钮，单击“确定”按钮，从而保存此测量特征。然后单击“测量：距离”对话框的“关闭”按钮。

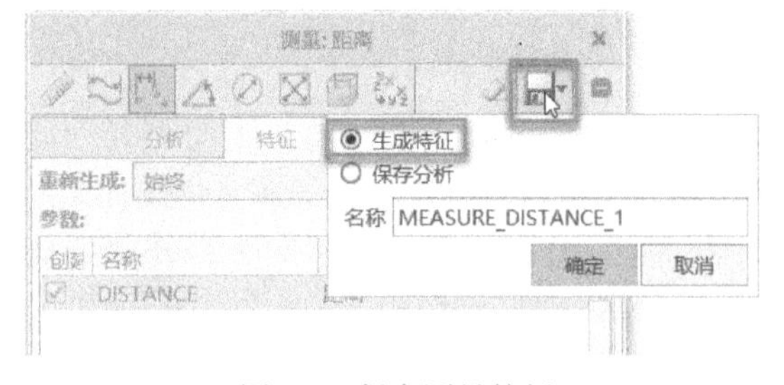

图 6-6 保存测量特征

6 以拉伸的方式并应用关系式切出一个小孔

1）在功能区的“模型”选项卡上单击“拉伸”按钮，选择 TOP 基准平面作为草绘平面，单击“尺寸”按钮，选择 PNT0 基准点并按住〈Ctrl〉键选择草绘特征上的测量点 PNT_DIST_1 来创建一个最短距离尺寸，如图 6-7 所示。切记：这里创建的不能是水平或垂直方向上的距离尺寸，而是“倾斜”的距离尺寸。

2）单击“圆：圆心和点”按钮，以 PNT0 基准点作为圆心参考点，绘制一个圆，此时可以不用管该圆的直径尺寸，如图 6-8 所示。

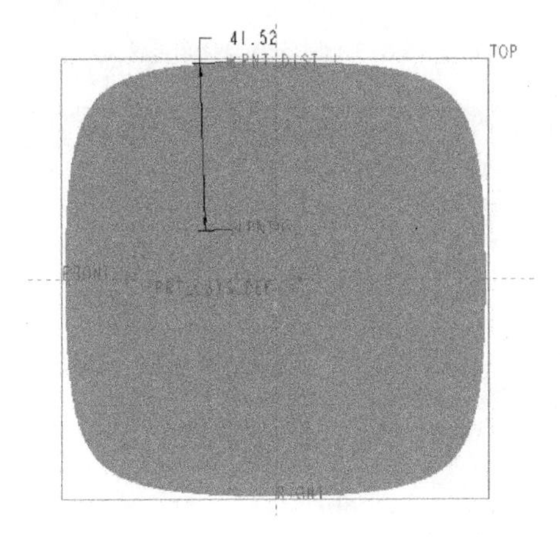

图 6-7　创建两点间一个最短距离尺寸

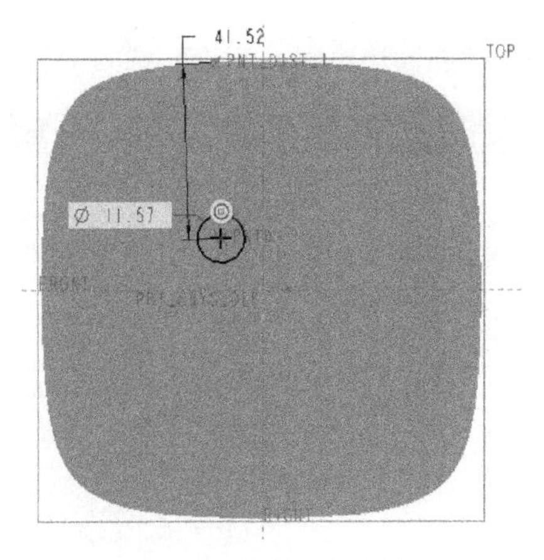

图 6-8　绘制一个小圆

3）在功能区切换至“工具”选项卡，单击“关系”按钮 d=，输入以下关系式，如图 6-9 所示。验证关系式后单击“确定”按钮。

```
if kd0>=20
sd1=2. 5
else
if kd0<20
sd1=kd0^0. 4 * 0. 68
endif
endif
```

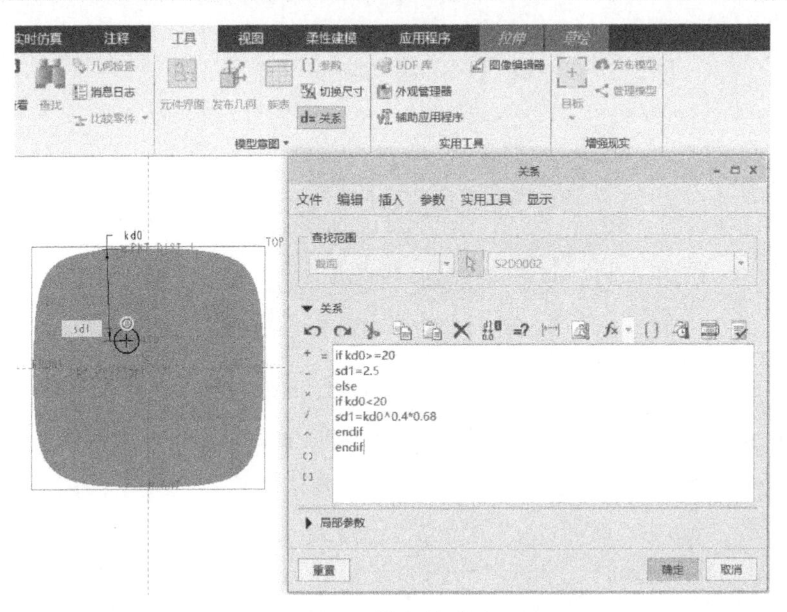

图 6-9　输入关系式

说明：

上述关系式的含义是，当 kd0 大于 20 时，圆直径 sd1 等于 2.5；当 kd0 小于 20 时，圆直径 sd1 等于 kd0 的 0.4 次幂 * 0.68。

4）在功能区切换回“草绘”选项卡，如图 6-10 所示，单击“确定”按钮✔。

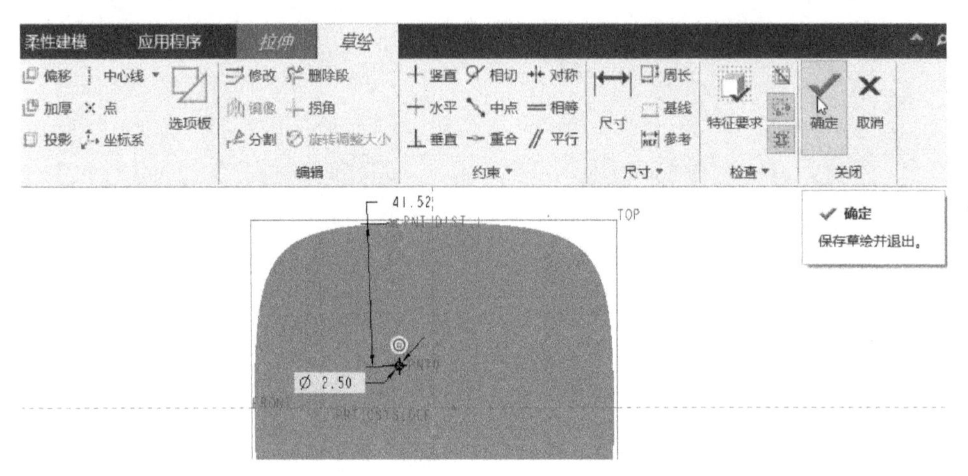

图 6-10　切换回“草绘”选项卡确定保存草绘并退出

5）在“拉伸”选项卡上单击“移除材料”按钮，并单击“深度方向”按钮（靠近“深度”下拉列表框的一个方向按钮）来设置合理的拉伸去除材料方向，拉伸深度选项为“穿透”，如图 6-11 所示，然后单击“确定”按钮✔。

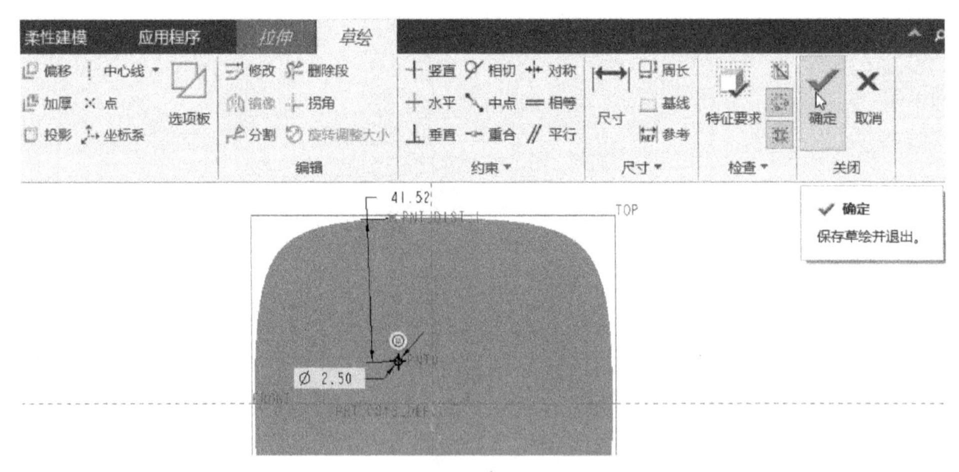

图 6-11　拉伸移除材料的相关设置

7 对基准点进行属性定义

在模型树上单击 PNT0 基准点，接着从弹出的浮动工具栏中单击“属性定义”按钮，将两个偏移参考的相应距离尺寸均修改为“0”，如图 6-12 所示，单击“确定”按钮。

8 创建填充阵列

确保选择 PNT0 基准点特征，单击“阵列”按钮，接着选择“填充”阵列类型，在模型树上选择“草绘 1”特征，并设置图 6-13 所示的填充参数。例如栅格阵列方式为“菱形”，“间距”值为“4.2”，“边界”值为“3”，“旋转”值为“0”，然后单击“完成”按钮✔。

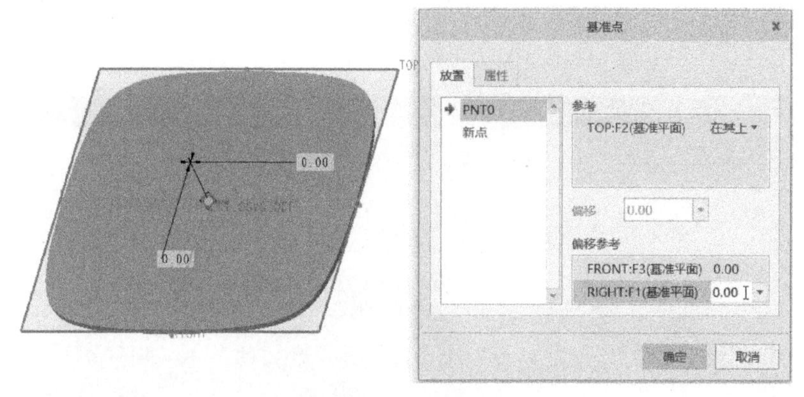

图 6-12　对基准点 PNT0 进行属性定义

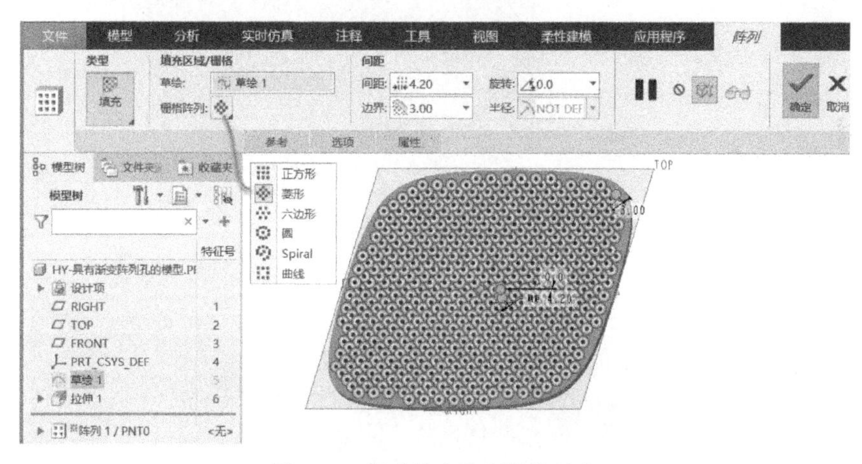

图 6-13　创建填充阵列操作示意

⓫ 选择所需特征来创建局部组

在模型树中选择“拉伸 2”特征，按住〈Ctrl〉键选择测量特征，从浮动工具栏中单击“分组”按钮，如图 6-14 所示。

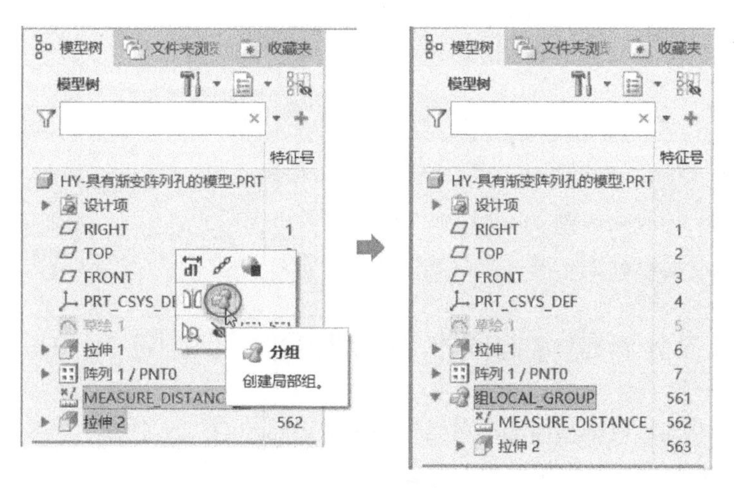

图 6-14　创建局部组

10 创建参考阵列

单击“阵列”按钮，默认阵列类型为“参考”，如图 6-15 所示，然后单击“完成”按钮✔。

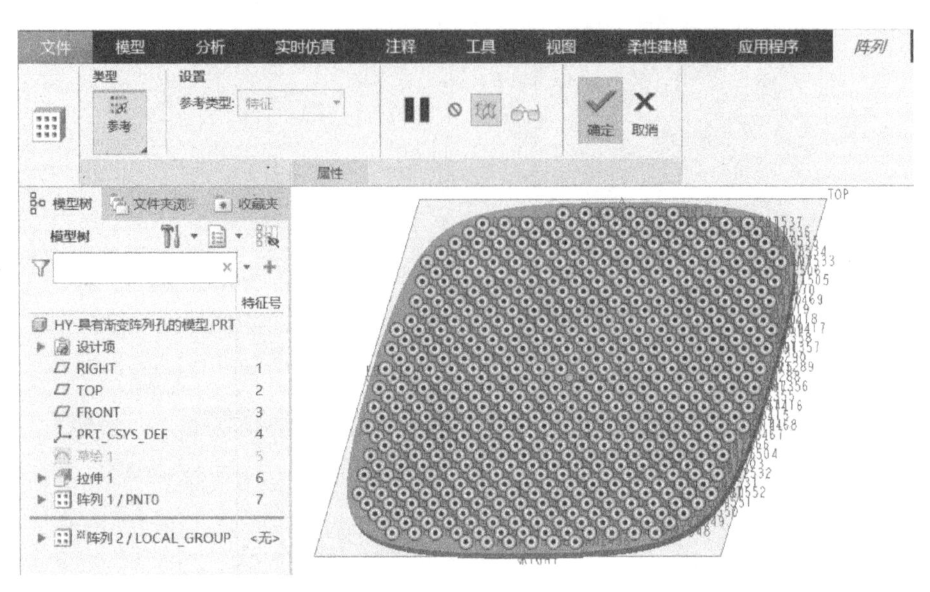

图 6-15　创建参考阵列

完成的具有渐变效果的阵列圆如图 6-16 所示。

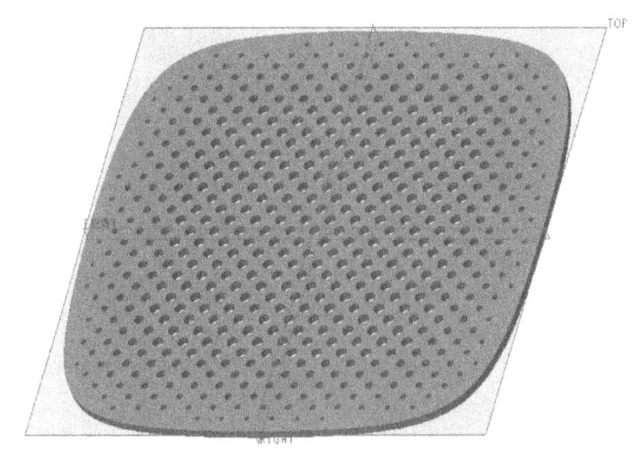

图 6-16　具有渐变效果的阵列圆

11 保存文件

在“快速访问”工具栏上单击“保存”按钮，或者按〈Ctrl+S〉快捷键，弹出“保存对象”对话框，指定要保存到的文件夹，单击“确定”按钮。

6.2 依据曲线分布的可处理不等间距的阵列案例

本书主要讲解 Creo 8.0 依据曲线分布的可处理不等间距的阵列案例。在该阵列案例中可以学到一些实用的设计技巧，注重实用性和学以致用。

本节以图 6-17 所示的实体模型为例，介绍一种依据曲线分布的、又可以处理不同间距的阵列操作方法及技巧。本案例使用的主要工具命令有“草绘”“组”“阵列”“扫描”“倒圆角”等，难点在于如何处理间距不等且分布在指定线段上的阵列曲线。该阵列曲线将用于构建形成一定规律的肋条。

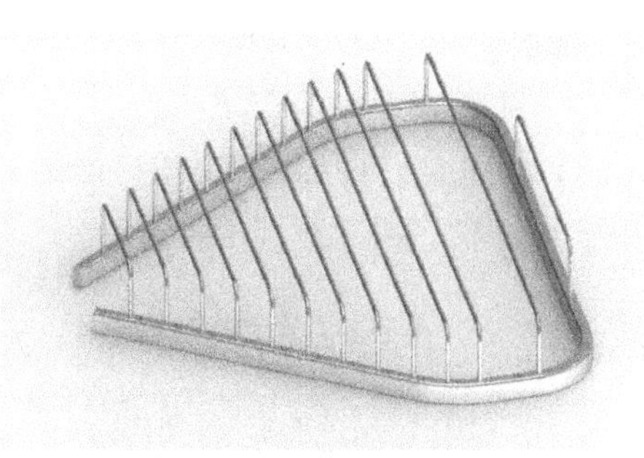

图 6-17　本案例要完成的模型效果

本案例的阵列关系为：在此尺寸阵列上，一共有 13 个阵列成员（共 12 个间距（idx）），对于 idx1 ~ 10，memb_i = -20mm（在指定方向上的距离为 20mm，负值表示反方向），idx11、idx12 的 memb_i = -40，函数如下，示意如图 6-18 所示。

```
if idx1<11
memb_i=-20
else
memb_i=-40
endif
```

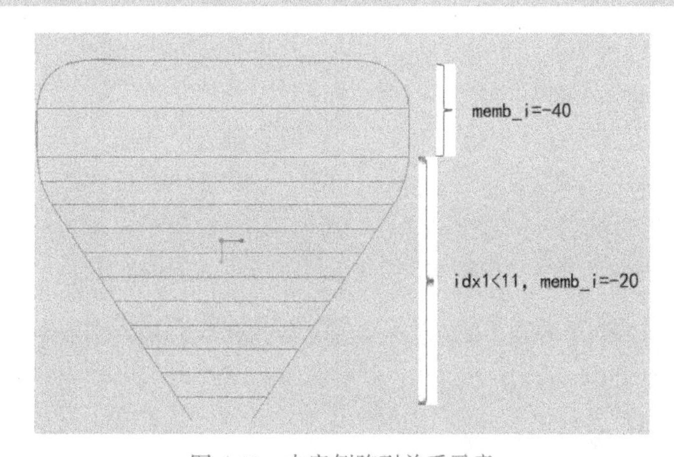

图 6-18　本案例阵列关系示意

要想在尺寸阵列上获得关系定义增量，而且要使得陈列成员落在指定的线段上，本例采取的方法是在一条样条曲线上创建一个基准点，为该基准点创建一个基准距离尺寸。本例的连续线段如何转化成一条单一的样条曲线也是一个关键点。初学者对上述分析是否觉得很抽象，不容易理解？没有关系，跟着下面的步骤一步一步进行操作，慢慢地就会明白了。

本案例具体的步骤如下。

1 新建一个实体零件文件

在 Creo 8.0 中单击“新建”按钮，新建一个名称为“HY-分组特殊阵列”、使用 mmns_part_solid_abs 公制模板的实体零件文件。

2 创建“草绘 1”曲线

单击“草绘”按钮，弹出“草绘”对话框，选择 TOP 基准平面作为草绘平面，单击鼠标中键确认，进入草绘模式。在 TOP 平面上绘制图 6-19 所示的连续曲线，然后单击“确定”按钮。

3 创建“草绘 2”曲线并通过复制粘贴获得逼近的单一曲线。

1）单击“草绘”按钮，接着在弹出的“草绘”对话框中单击“使用先前的”按钮，继续在TOP基准平面上绘制曲线，绘制工具主要使用“投影”按钮和“线链”按钮，最后单击“确定”按钮完成草绘。

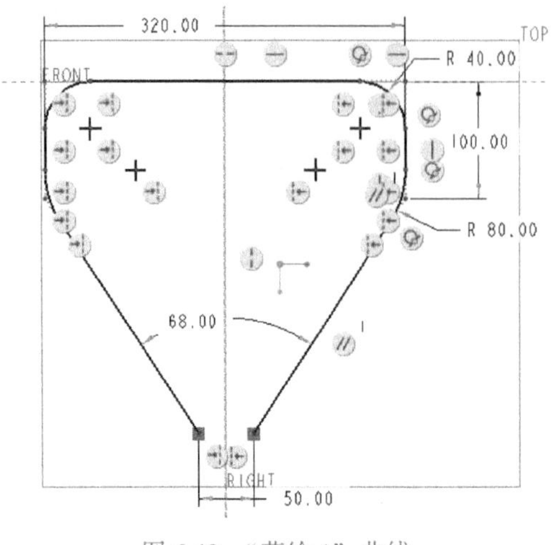

图 6-19 “草绘 1”曲线

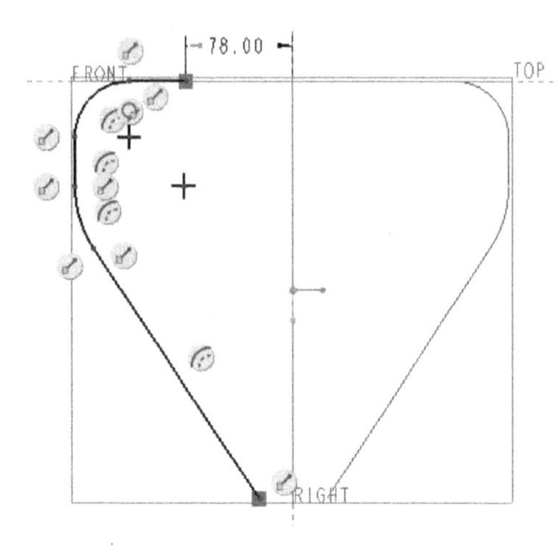

图 6-20 “草绘 2”曲线

2）此时，可以将第一个草绘（草绘 1）隐藏起来。

3）注意“选择”过滤器的选项为“几何”，在图形窗口中选择“草绘 2”曲线，单击“复制”按钮或按〈Ctrl+C〉快捷键。接着单击“粘贴”按钮或按〈Ctrl+V〉快捷键，则在功能区出现“曲线：复合”选项卡，选择“逼近”类型，如图 6-21 所示。然后单击“确定”按钮，从而将复制的几段组成的“草绘 2”曲线生成逼近的单一基准曲线（“复制 1”曲线）。

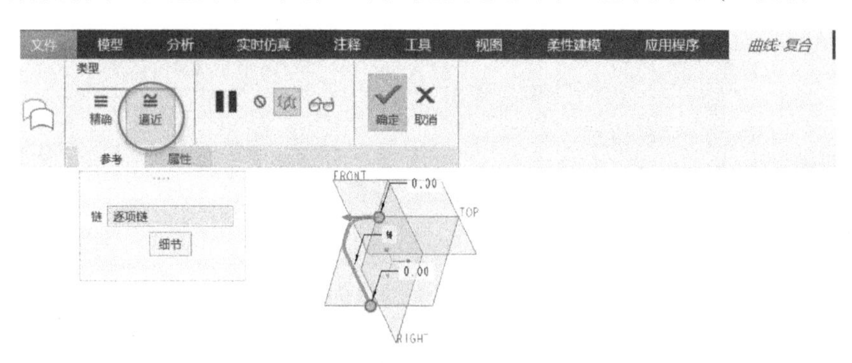

图 6-21 创建逼近的单一基准曲线

知识点：

“精确”类型用于创建选定曲线或边的精确副本，原曲线由几段组成，创建后的精确曲线仍然由几段组成；“逼近”类型用于创建通过单一连续曲率（C2 连续）样条逼近相切（C1 连续）曲线链的基准曲线。这里操作的目的是获得一条单一的连续基准曲线，所以选用“逼近”类型。

4）此时，将“草绘 2”曲线特征隐藏起来。

4 在单一基准曲线上创建一个基准点 PNT0

1）单击“基准点”按钮，弹出“基准点”对话框。

2）在步骤3所创建的单一基准曲线上选择一点，在“偏移参考”选项组中选择“参考”单选按钮，选择 FRONT 基准平面作为点偏移参考平面，在“偏移”框中输入“280”，如图 6-22 所示。基准点 PNT0 便落在距离 FRONT 基准平面 280mm 的位置且位于所选单一基准曲线上。

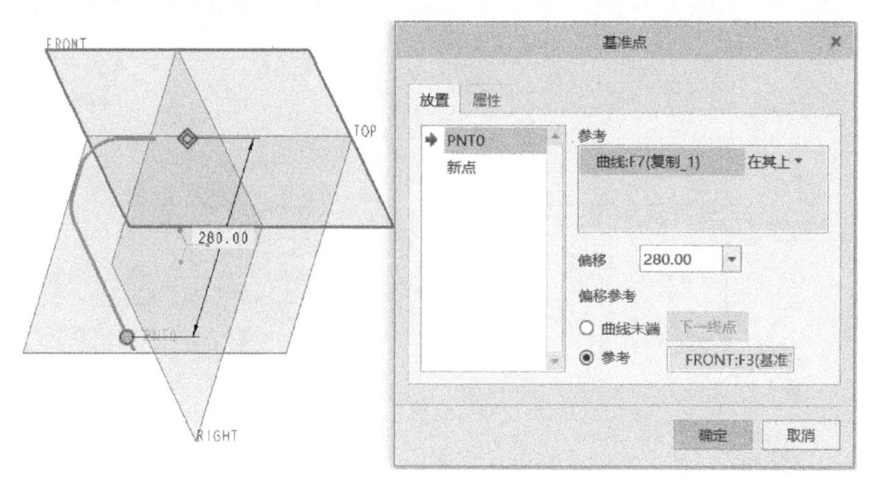

图 6-22　创建基准点 PNT0

3）在“基准点”对话框上单击“确定”按钮。

5 创建基准平面 DTM1

单击“平面”按钮，弹出“基准平面”对话框，选择 PNT0 基准点，按住〈Ctrl〉键的同时选择 FRONT 基准平面作为平行约束参考，如图 6-23 所示。单击“确定”按钮，从而经过 PNT0 基准点创建与 FRONT 基准平面平行的一个基准平面 DTM1。

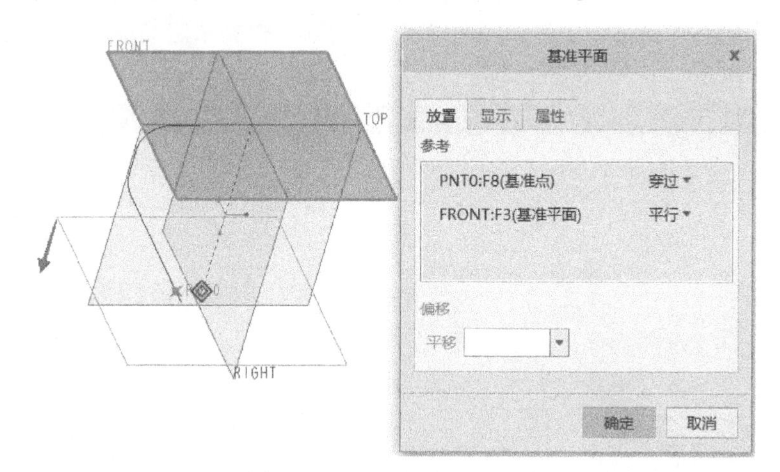

图 6-23　创建基准平面 DTM1

6 在新基准平面 DTM1 上绘制曲线（草绘 3）

单击“草绘”按钮，在新基准平面 DTM1 上绘制图 6-24 所示的曲线，单击“确定”按钮。

7 创建用于阵列操作的特征组

在模型树上选择“草绘 3”特征，接着按住〈Ctrl〉键的同时选择 DTM1 和 PNT0 特征，然后在出现的浮动工具栏上单击“分组”按钮，如图 6-25 所示。从而将所选的这 3 个特征归到创建的一个局部组里。

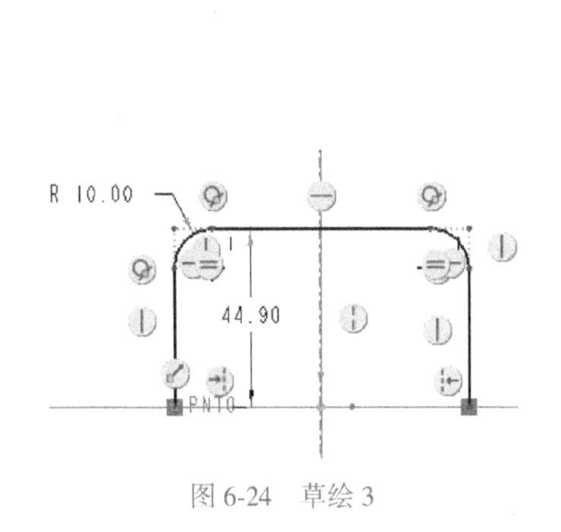

图 6-24　草绘 3

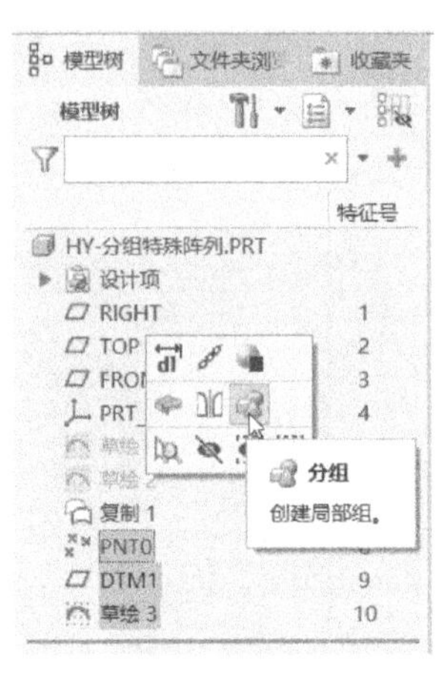

图 6-25　创建局部组

知识点：

将多个特征归成一个局部组，主要是为了接下来能应用阵列工具。阵列工具主要用于阵列单一对象，局部组可以当成一个单独的对象来使用。

8 阵列操作

1）单击“阵列”按钮，打开“阵列”选项卡。

2）从“类型”下拉列表框中选择“尺寸”以建立尺寸阵列。本例选择基准点 PNT0 与基准平面参考的距离作为方向 1 的尺寸，在“方向 1”下勾选“按关系定义增量”复选框，此时该尺寸增量自动变为“关系”，如图 6-26 所示。

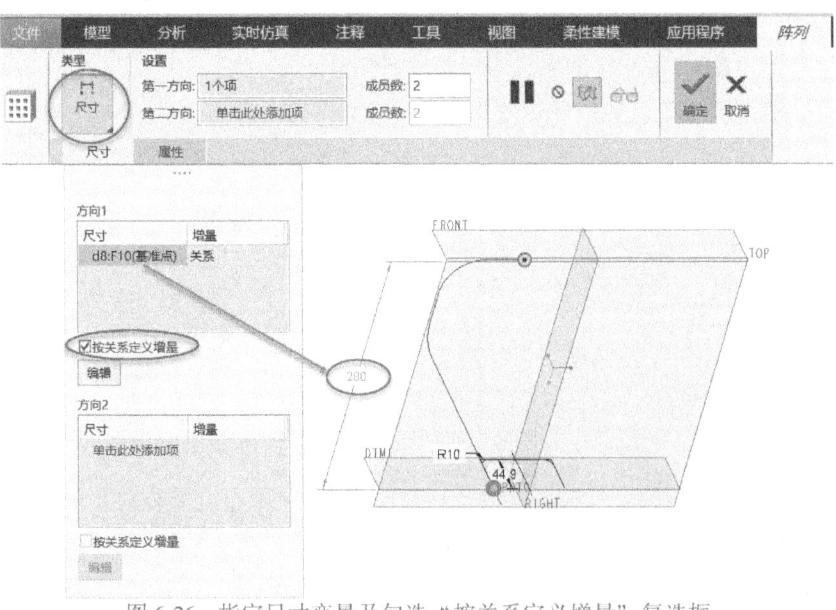

图 6-26　指定尺寸变量及勾选“按关系定义增量”复选框

3）在“尺寸”滑出面板的“方向 1”选项组中单击“编辑”按钮，弹出“关系”对话框，输入增量关系式，如图 6-27 所示。检验关系正确后，在“关系”对话框中单击“确定”按钮，返回到“阵列”选项卡。

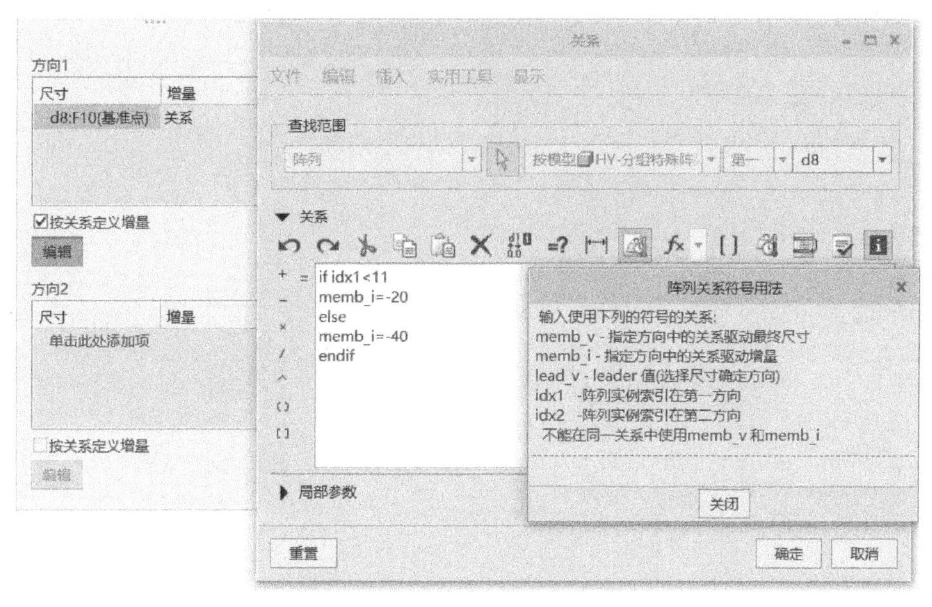

图 6-27　增量关系的编辑定义

4）在“阵列”选项卡上设置第一方向的成员数为“13”，此时如图 6-28 所示。

5）在“阵列”选项卡上单击“确定”按钮✔，得到的阵列结果如图 6-29 所示。

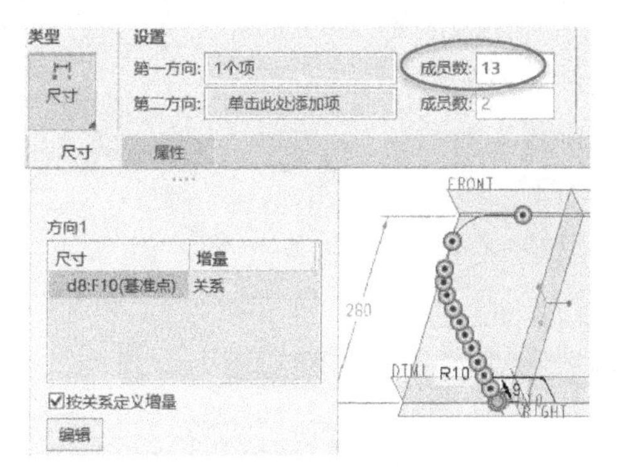

图 6-28　设置第一方向的阵列成员数

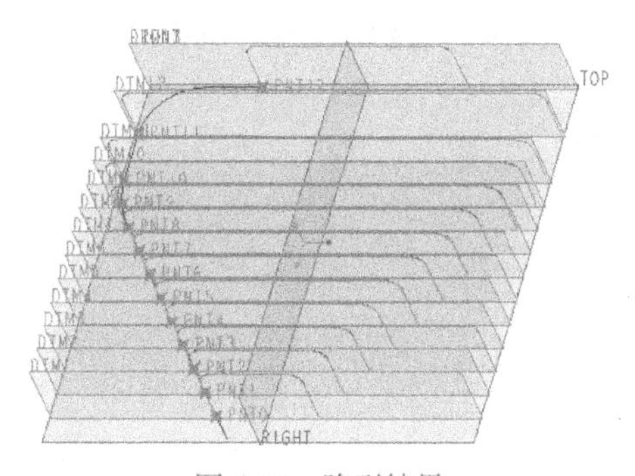

图 6-29　阵列结果

❹ 创建扫描特征

1）在模型树上选择“草绘 1”特征，接着在出现的浮动工具栏中单击“显示”按钮，以设置显示（取消隐藏）该曲线特征；在模型树上选择“复制 1”（单一基准曲线），接着在出现的浮动工具栏中单击“隐藏”按钮以将该曲线特征隐藏。

2）单击“扫描”按钮，接着在打开的“扫描”选项卡上单击“实体”按钮和“恒定截面”按钮，选择“草绘 1”特征曲线作为扫描轨迹（具体为扫描的原点轨迹），如图 6-30 所示。

3）在“扫描”选项卡上单击“草绘”按钮，绘制图 6-31 所示的扫描截面，然后单击“确定”按钮，完成草绘并退出草绘模式。

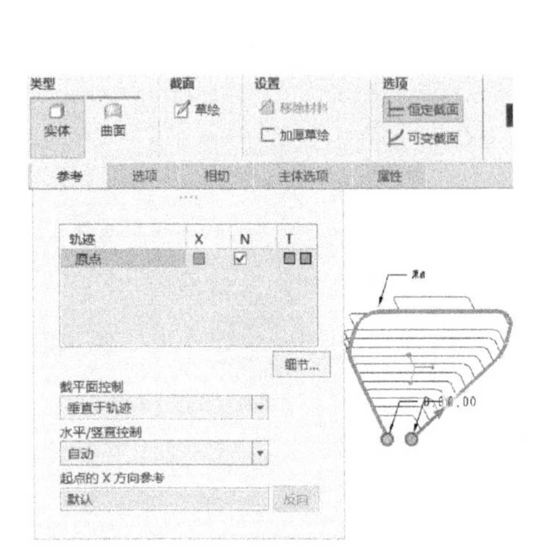

图 6-30　指定扫描的原点轨迹

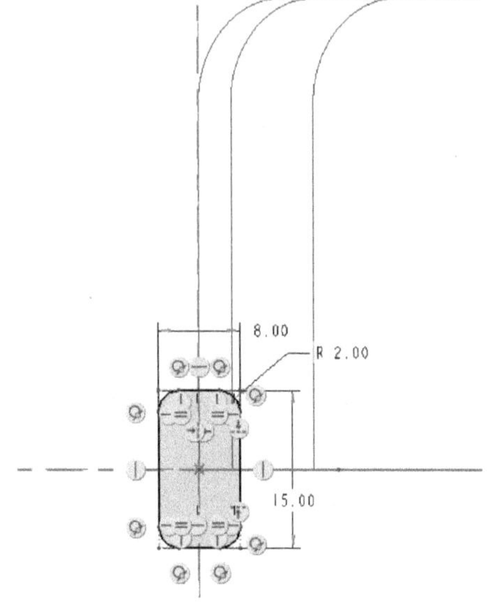

图 6-31　绘制扫描截面

4）在“扫描”选项卡上单击“确定”按钮，完成创建一个扫描实体特征，如图 6-32 所示。

10 创建“扫描 2”特征

单击“扫描”按钮，接着在“扫描”选项卡上确保选中“实体”按钮和“恒定截面”按钮，选择最下方的一条曲线链作为扫描轨迹，单击“草绘”按钮绘制相应的扫描截面，扫描截面为直径为 3mm 的小圆。创建“扫描 2”特征的操作示意如图 6-33 所示，然后单击“确定”按钮，完成创建“扫描 2”特征。

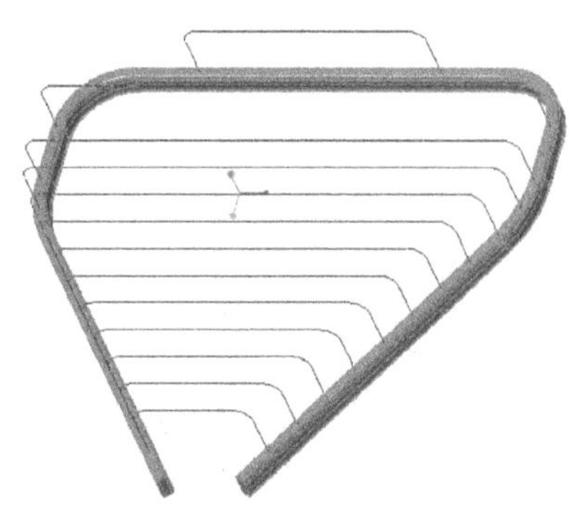

图 6-32　创建一个扫描实体特征

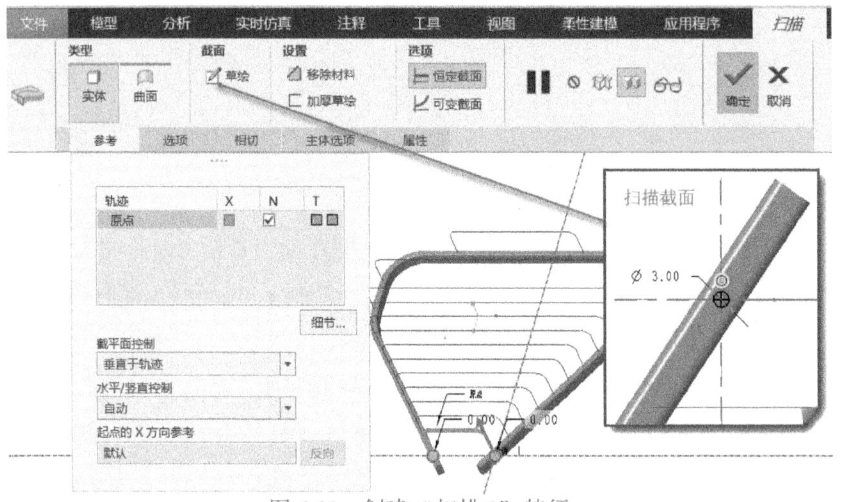

图 6-33　创建“扫描 2”特征

11 创建参考阵列

1）刚创建的“扫描 2”特征处于被选中的状态，单击“阵列”按钮，打开“阵列”选项卡，默认类型是“参考”阵列，如图 6-34 所示。

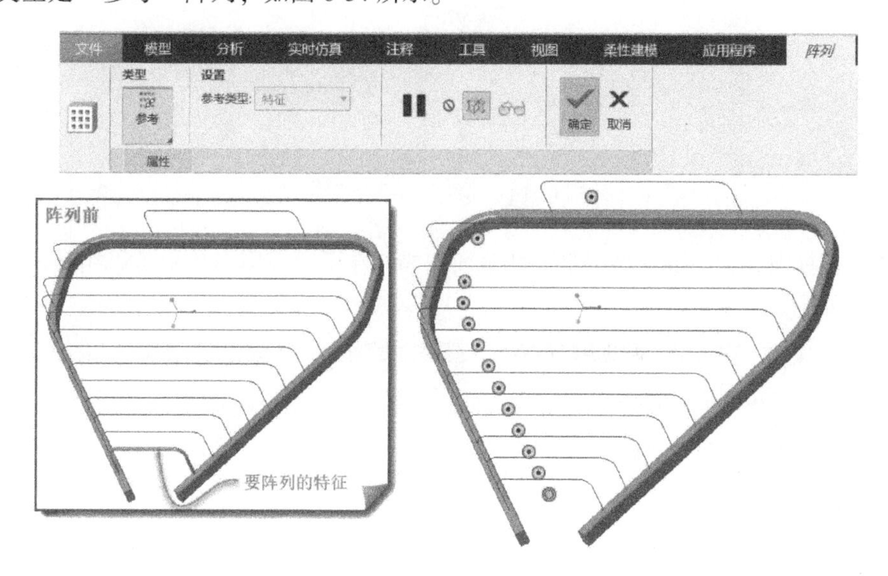

图 6-34　创建参考阵列

2）单击“确定”按钮，最后得到的模型效果如图 6-35 所示。

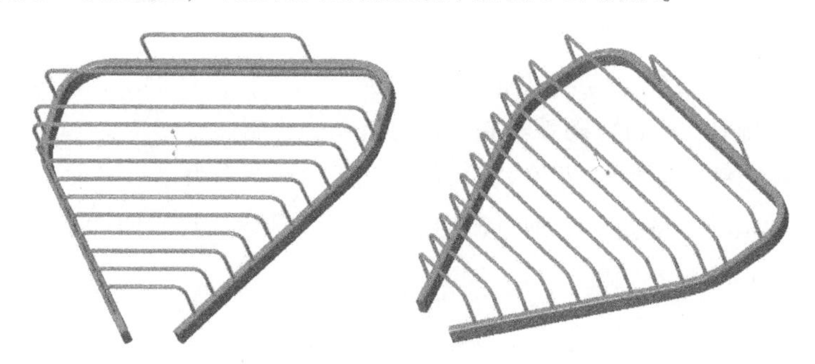

图 6-35　最后的模型效果

12 保存文件

在“快速访问”工具栏上单击“保存”按钮，或者按〈Ctrl+S〉快捷键，弹出“保存对象”对话框，指定要保存到的文件夹，单击“确定”按钮。

6.3 三芯花线建模

在本案例教程中，首先了解一下什么是三芯花线。这是传统的电线，三芯其实就是俗称的火线、零线和地线。本案例要完成的三芯花线参考模型如图 6-36 所示。

1. 建模思路

在设计建模之前，首先要认真思考一下三芯花线的特点，很明显线体有扫描的特点。那么具

图 6-36　三芯花线参考模型

体是什么样的扫描呢？进一步推敲出是可变截面扫描。在可变截面扫描中可以用 trajpar 参数来控制三条线的角度位置。

知识加油站：

trajpar 是 Creo 中的一个重要参数，它表示轨迹路径，其值范围介于 0~1 之间，其中 0 表示轨迹起点，1 表示轨迹终点。trajpar 参数在关系中用作 0~1 的自变量。

2. 建模步骤

1 新建实体零件文件

启动 Creo 8.0，单击“新建”按钮新建一个使用 mmns_part_solid_abs 公制模板的实体零件文件，文件名为“HY-三芯花线”。

2 创建一条定义电线走向的曲线链

可以使用草绘工具绘制，也可以使用“通过点的曲线”工具绘制，还可以通过样式造型里的造型曲线工具来绘制等。既可以随手绘制，也可以精确绘制。

在本案例中，单击“草绘”按钮，选择 TOP 基准平面作为草绘平面，单击鼠标中键进入草绘模式。单击“选项板”按钮，通过调用“波形 1”预定义形状图形来快速绘制较为精确的曲线，曲线尺寸如图 6-37 所示。

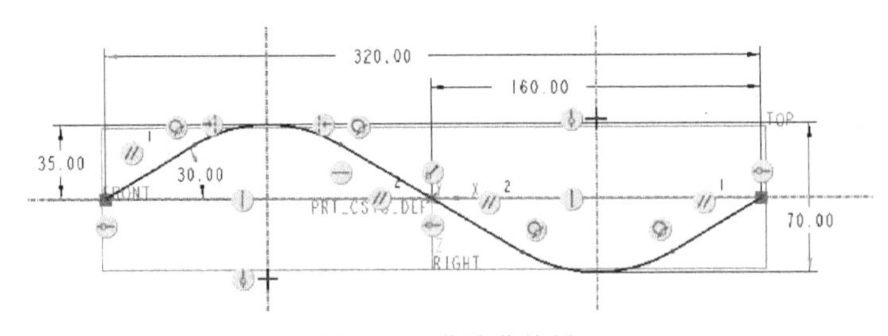

图 6-37　草绘曲线链

单击“确定”按钮完成草绘，按〈Ctrl+D〉快捷键以默认的标准方向视角显示，可以看到完成绘制的基准曲线如图 6-38 所示。

3 创建可变截面扫描特征

1）在“形状”面板中单击“扫描”按钮，选择刚绘制的曲线链作为扫描原点轨迹线，并在“扫描”选项卡上设置图 6-39 所示的一些选项。

2）在“扫描”选项卡上单击“草绘（创建或编辑扫描截面）”按钮，在草绘模式下绘

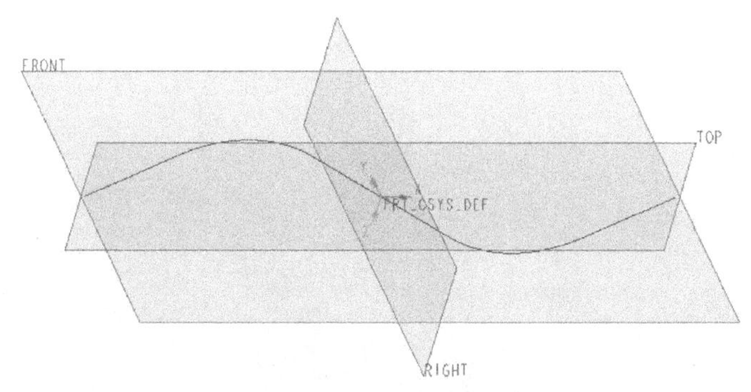

图 6-38　完成绘制的基准曲线（仅供参考）

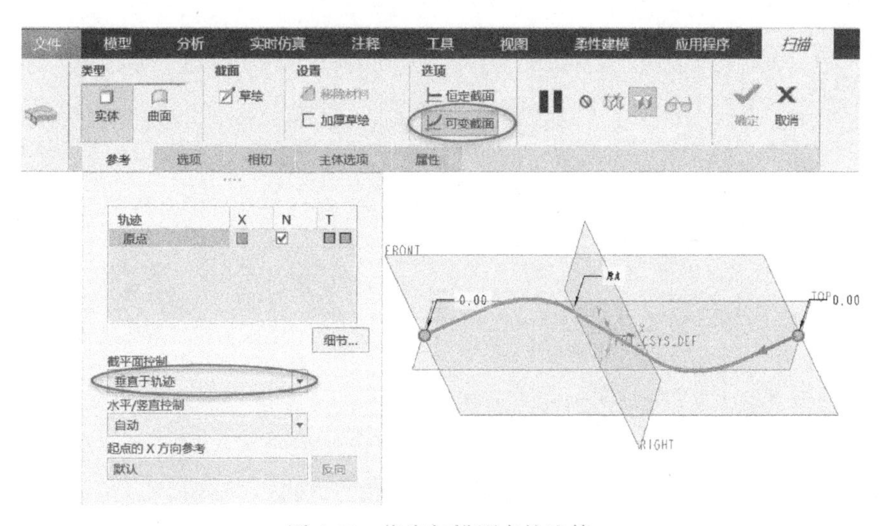

图 6-39　指定扫描原点轨迹等

制图 6-40 所示的扫描截面。注意要先绘制一个构造圆和位于构造圆内的等边三角形构造图形，在等边三角形的三个顶点各绘制一个半径相等的圆，然后在其中一个实线圆的中心点与构造圆的中心点之间绘制一条直线段，并将该直线段转化为构造线。

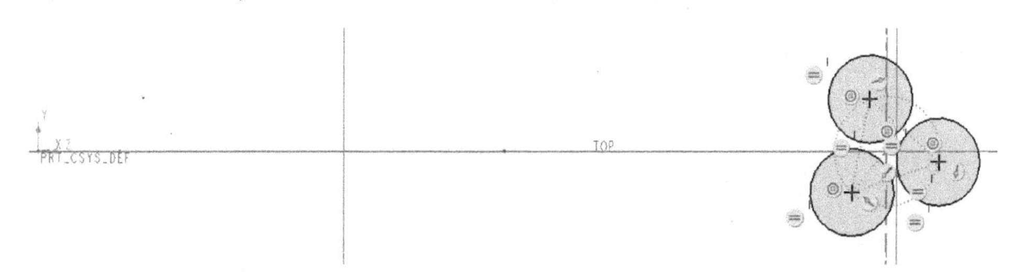

图 6-40　绘制扫描截面

3）实线圆和构造圆的直径尺寸均要转换为强尺寸。另外单击“尺寸”按钮，标注构造线段与水平参考之间的角度尺寸，如图 6-41 所示。

4）在功能区切换“工具”选项卡，单击“关系”按钮 d=，打开“关系”对话框，为角度尺寸设置关系式为“sd11 = 30+trajpar * 360 * 5”，如图 6-42 所示。关系式校验成功后，单击“关系”对话框的“确定”按钮。

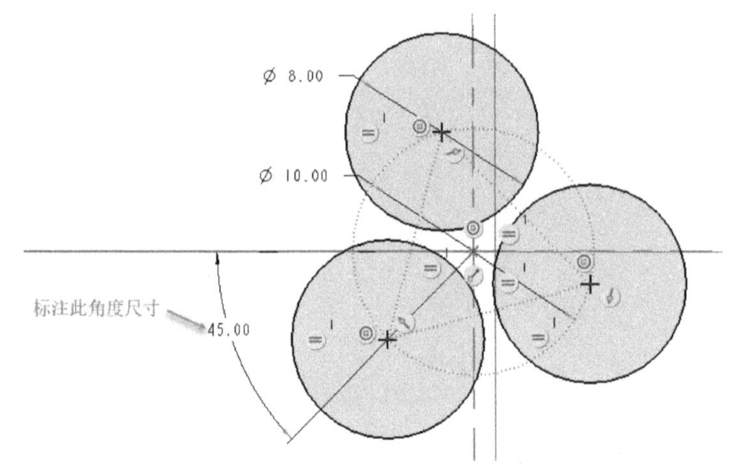

图 6-41　标注一个角度尺寸

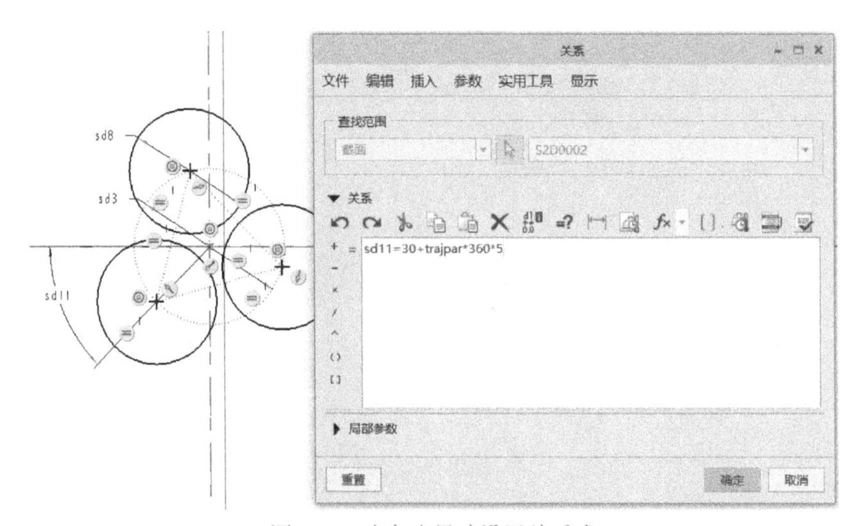

图 6-42　为角度尺寸设置关系式

注意：

此角度尺寸的格式为：sd#=初始角度值+trajpar * 360 * 圈数。

此时可以看到图形被关系式驱动，如图 6-43 所示。

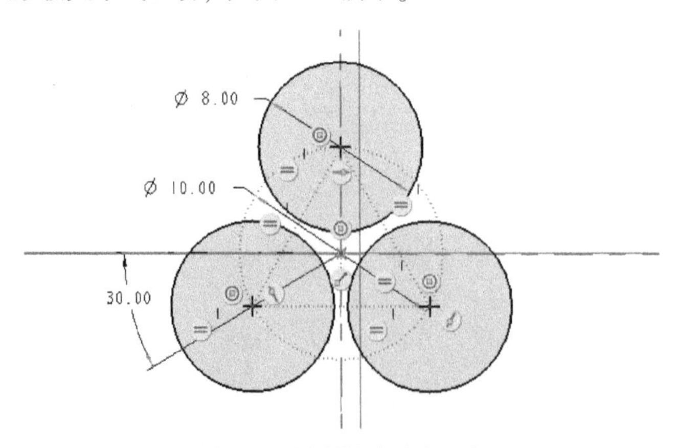

图 6-43　图形被关系式驱动

5）在功能区中切换回“草绘”选项卡，单击“确定”按钮✔。此时动态预览如图 6-44 所示。

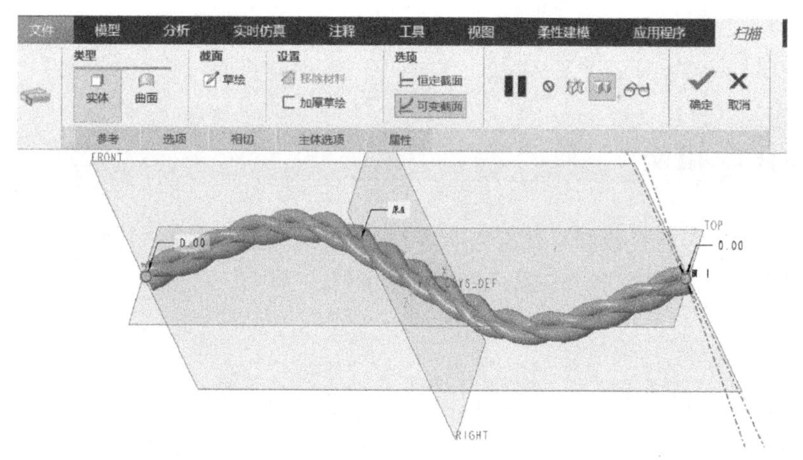

图 6-44　扫描动态预览

6）在“扫描”选项卡上单击“确定”按钮✔，完成此三芯花线建模，效果如图 6-45 所示。

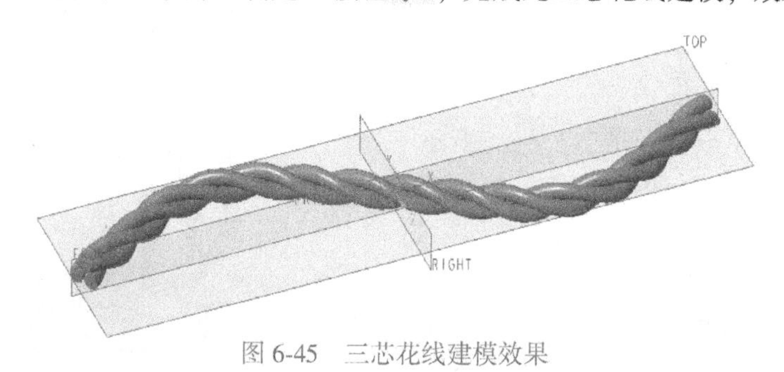

图 6-45　三芯花线建模效果

4 隐藏草绘曲线

在模型树上单击要隐藏的草绘 1 特征，接着在浮动工具栏中单击“隐藏”按钮，操作示意如图 6-46 所示。

5 保存文件

可以通过单击“基准显示过滤器”按钮来关闭全部基准显示设置，至此，完成的三芯花线效果如图 6-47 所示。在“快速访问”工具栏上单击“保存”按钮，或者按〈Ctrl+S〉快捷键，弹出“保存对象”对话框，指定要保存到的文件夹，单击“确定”按钮。

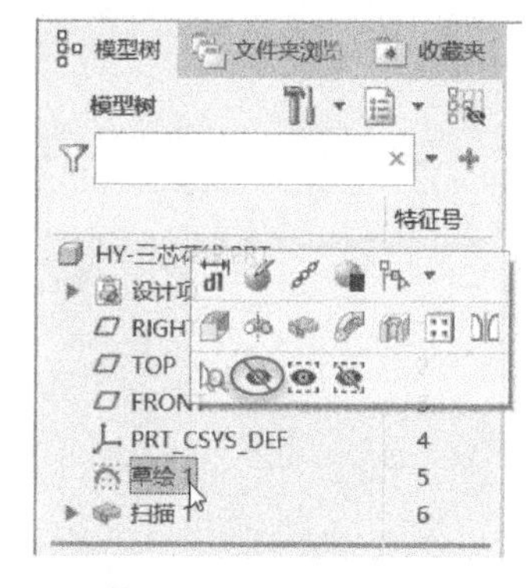

图 6-46　隐藏草绘曲线

图 6-47　完成的三芯花线效果

总结：

在该案例中，使用带 trajpar 参数的关系式来控制线体的扭转是重点。如果是两芯或四芯的扭转型电线呢？设计建模思路还是一样的，注意可变截面扫描的截面关系即可。

6.4 四芯花线建模

6.3 小节介绍过三芯花线建模，那么四芯花线建模又是如何的呢？其实，不管是三芯花线建模还是四芯花线建模，其建模方法和思路都可以是一样的。

1. 建模思路

先绘制好曲线作为扫描轨迹，再使用扫描工具来进行“花线”建模，重点在于扫描剖面，如何为扫描剖面添加关系式是难点。另外，本例的扫描轨迹曲线采用方程式来生成。

2. 建模案例

该案例要完成的四芯花线模型效果如图 6-48 所示。具体操作步骤如下。

图 6-48　四芯花线模型效果

1 新建实体零件文件

启动 Creo 8.0，单击“新建”按钮新建一个使用 mmns_part_solid_abs 公制模板的实体零件文件，文件名为“HY-四芯花线”。

2 创建一条定义电线走向的曲线链

这里使用“来自方程的曲线”命令来创建一条螺旋曲线。

1）在功能区“模型”选项卡的“基准”溢出面板中选择“曲线▶”|“来自方程的曲线”命令，打开“曲线：从方程”选项卡。

2）从“坐标系”下拉列表框中选择“笛卡儿”选项，选择 PRT_CSYS_DEF:F4 坐标系作为方程要参考的坐标系，范围默认为“0”～“1”，如图 6-49 所示。

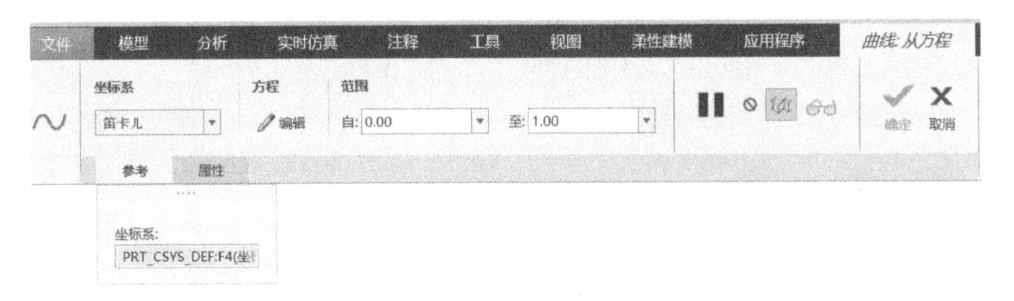

图 6-49　“曲线：从方程”选项卡

3）在“曲线：从方程”选项卡上单击“编辑”按钮，弹出“方程”窗口，输入以下方程：

$x=50*\cos(t*360*6)$
$y=50*\sin(t*360*6)$
$z=20*6*t$

此时，“方程”窗口如图 6-50 所示，确认所输入方程正确后，单击“确定”按钮。

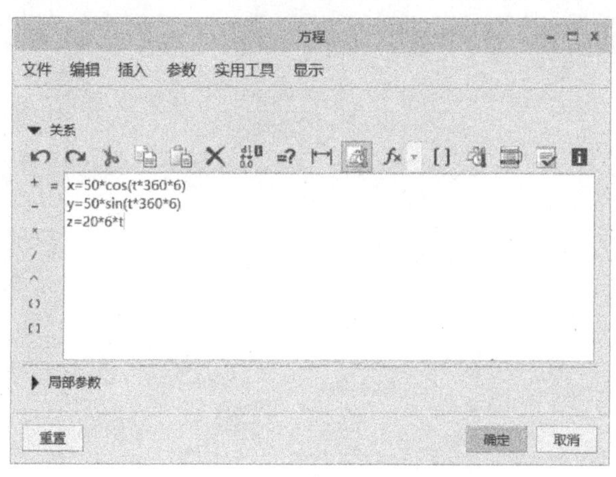

图 6-50 “方程”窗口

知识点拨：

若将此螺旋曲线参数使用圈数（n）、半径（R）和节距（P）来表示，则可以写成以下方程形式。

$x=R*\cos(t*360*n)$
$y=R*\sin(t*360*n)$
$z=P*n*t$

4）在“曲线：从方程”选项卡上单击“确定”按钮✔，完成创建图 6-51 所示的螺旋曲线。

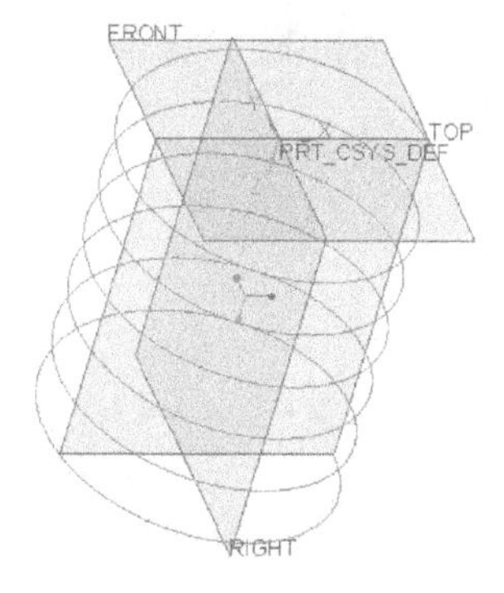

图 6-51 由方程式生成的螺旋曲线

知识点拨：

在 Creo 8.0 中，也可以使用“螺旋扫描”按钮来创建螺旋轨迹曲线，需要在打开的“螺旋扫描”选项卡的“参考”滑出面板中勾选“创建螺旋轨迹曲线”复选框。类似地，还可以使用“体积块螺旋扫描”按钮来创建螺旋轨迹曲线。

3 创建扫描特征

1）单击“扫描”按钮，打开“扫描”选项卡，默认创建的扫描特征是“实体”的。

2）选择步骤2所创建的螺旋曲线作为扫描轨迹，设定该扫描轨迹的起点箭头方向如图6-52所示，“截平面控制”选项为“垂直于轨迹”，并单击“可变截面”按钮。

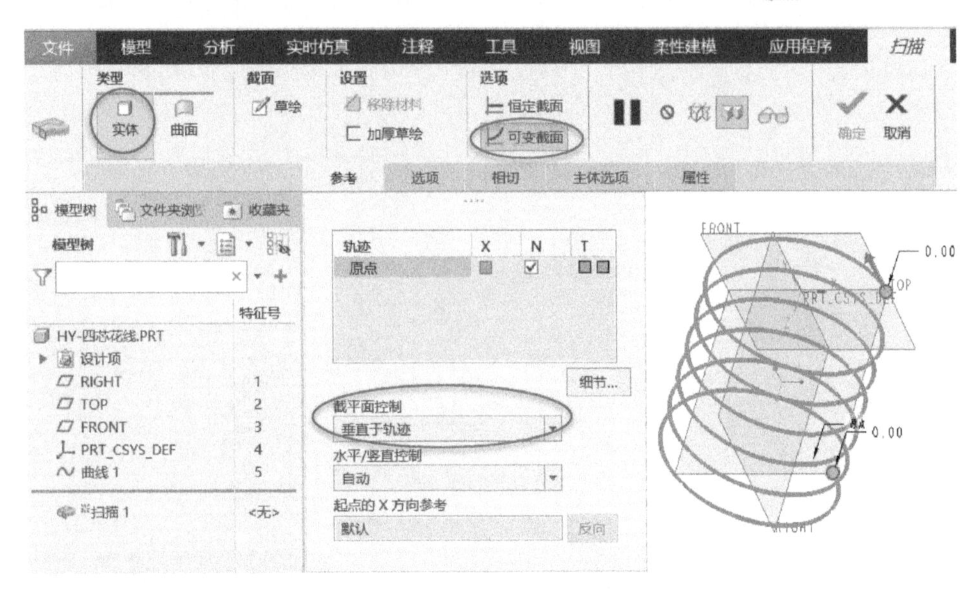

图6-52 指定扫描轨迹及设置相关选项

3）在“扫描”选项卡上单击“草绘（创建或编辑扫描截面）”按钮，进入内部草绘模式。

4）使用“斜矩形”按钮在十字叉丝（草绘原点）附近绘制一个倾斜的矩形，约束该矩形的4条边均相等，相关的尺寸先任意选定。为矩形其中的两个对角画一条对角线，该对象线不要有水平约束或垂直约束，如图6-53所示。

5）在“约束”面板中单击“中点”按钮，将草绘原点约束为对角线的中点，并可以为对角线标注一个角度尺寸，如图6-54所示。

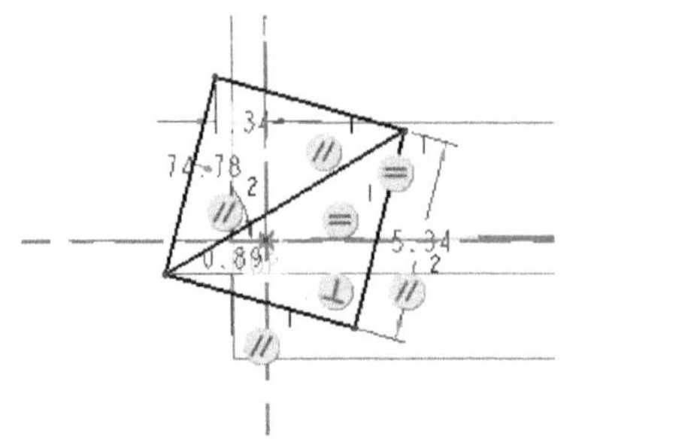

图6-53 绘制一个斜矩形和一条斜线段

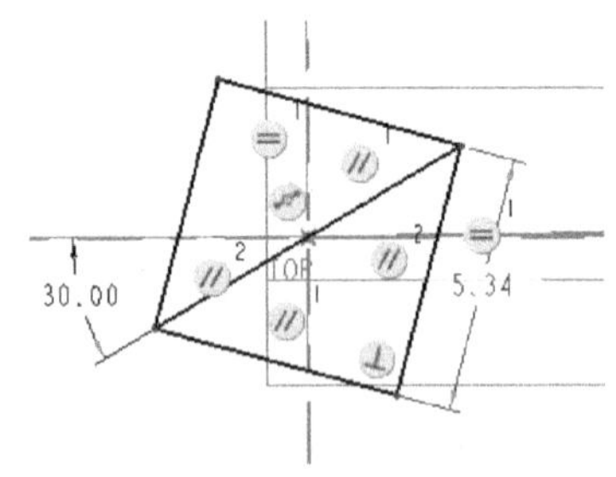

图6-54 中点约束和角度约束

6）在斜矩形（在本例中形成倾斜正方形）的4个顶点各绘制一个小圆，这些小圆的半径均相等，可以将小圆的直径设置为3mm，正方形的边长设定为3.05mm（稍微比圆的直径要大一点点），如图6-55所示。

7）选择正方形其中的一条边，按住〈Ctrl〉键的同时分别选择正方形的其他三条边和对角线，在浮动工具栏中单击“构造”按钮 （对应的快捷键为〈Shift+G〉），将它们转换为构造线，如图 6-56 所示。

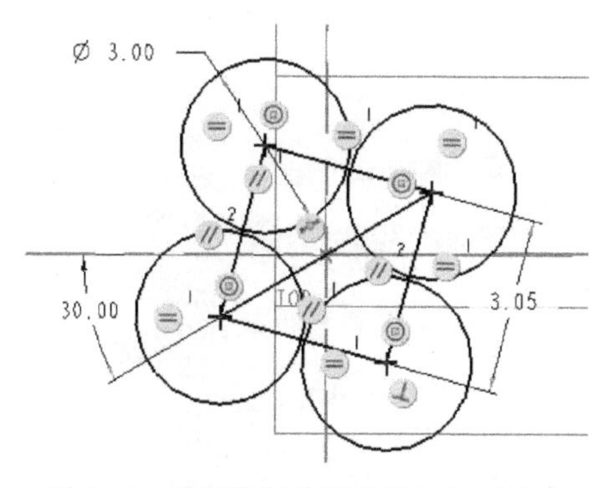

图 6-55　继续绘制草图及施加尺寸约束

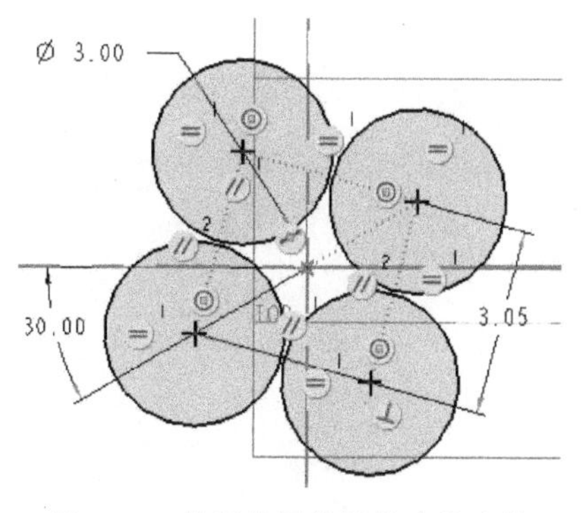

图 6-56　将部分图线转换为构造线

8）在功能区切换至“工具”选项卡，单击“关系”按钮 d=，打开“关系”对话框。为该角度添加关系式“sd11=45+trajpar＊360＊50”，如图 6-57 所示。关系验证成功后，单击“关系”对话框的“确定”按钮。

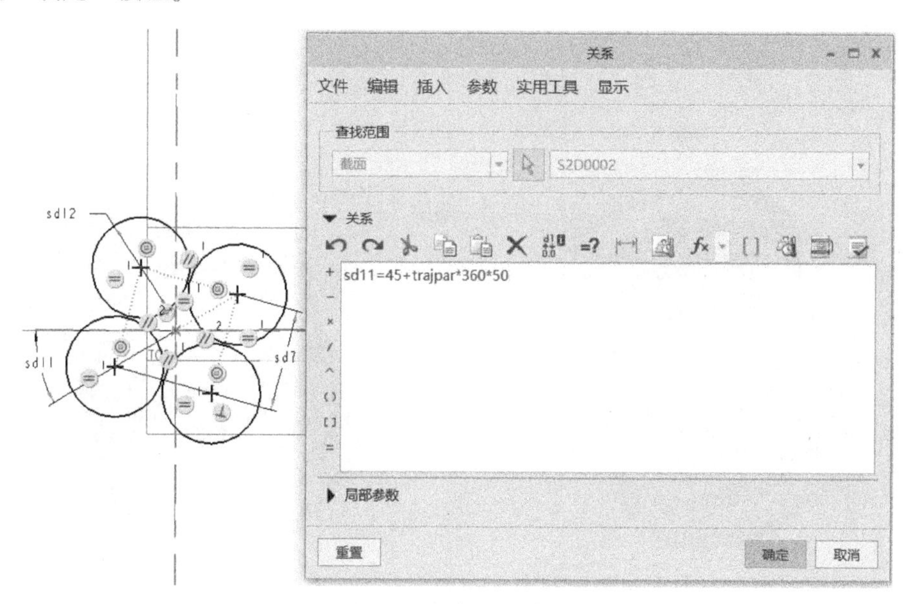

图 6-57　输入关系式

知识点拨：

在上述关系式中，45 表示初始角度位置。这是因为 trajpar 是一个从 0 变化到 1 的自变量参数，当 trajpar=0 时，表示位于轨迹起点，此时 sd11=45，而 trajpar＊360＊50 表示旋转 50 周。

9）返回到功能区“草绘”选项卡，单击“确定”按钮 完成草绘并退出草绘器。

此时扫描特征的动态预览效果如图 6-58 所示。

10）在“扫描”选项卡上单击“确定”按钮 ，完成创建扫描特征，该四芯花线的建模完成了。按〈Ctrl+D〉快捷键调整模型视角，如图 6-59 所示。

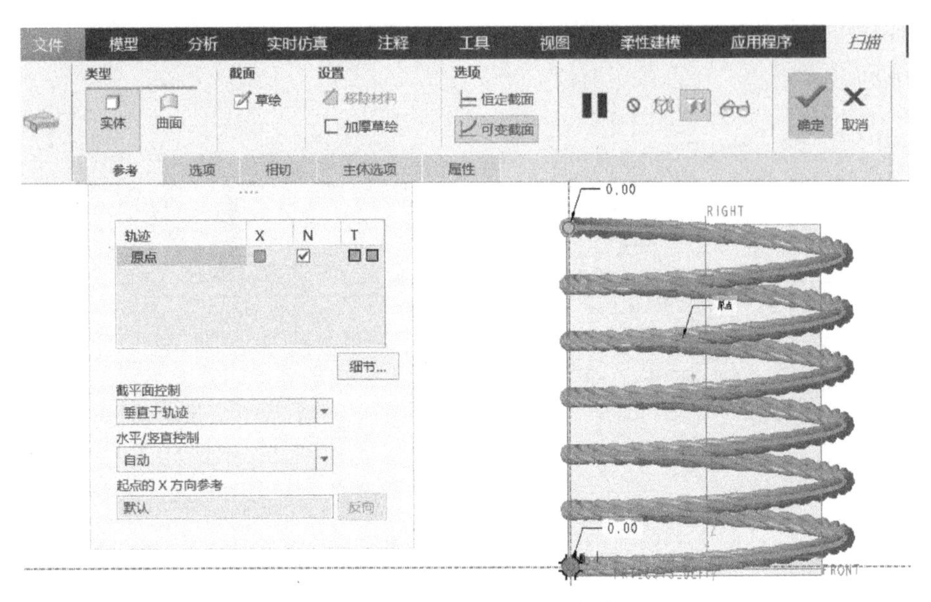

图 6-58 扫描特征的动态预览效果

4 赋予材质颜色

切换至功能区“视图”选项卡，为指定线体曲面赋予相应的选定材质颜色，参考效果如图 6-60 所示。

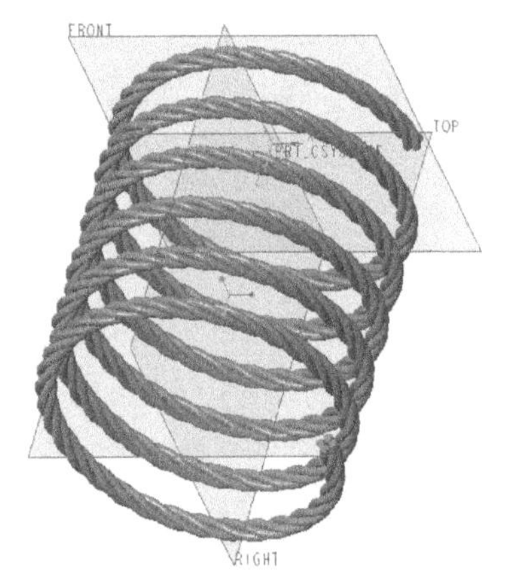

图 6-59 完成四芯花线建模

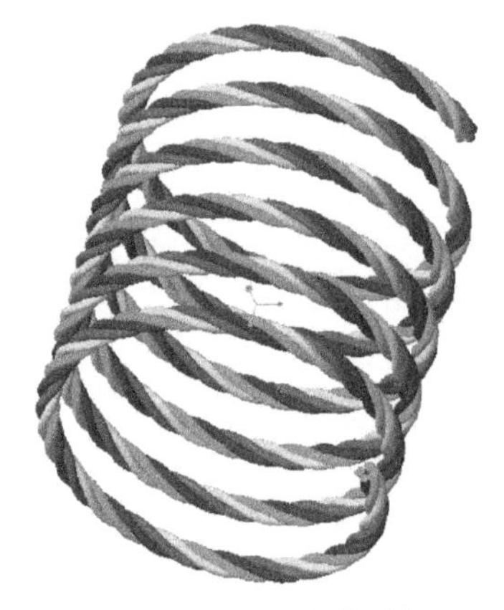

图 6-60 赋予材质颜色

5 保存文件

按〈Ctrl+S〉快捷键执行保存文件的操作。

6.5 羽毛球建模

Creo 软件在产品结构设计领域具有立足之地是有一定道理的。在进行建模之前，产品的建模思路一定要较为清晰，否则遇到问题很可能无从下手。在本节中，介绍一个有意思的建模案例，这就是羽毛球三维模型设计案例，完成的效果如图 6-61 所示。该案例用到了图形关系、扫描、关系式、多主体等实用知识和技巧。

该案例建模步骤如下。

1 新建实体零件文件

启动 Creo 8.0，单击“新建”按钮新建一个使用 mmns_part_solid_abs 公制模板的实体零件文件，文件名为“HY-羽毛球”。

图 6-61　羽毛球三维模型设计

2 创建旋转实体模型（特征号 F5）

1）单击“旋转”按钮，选择 FRONT 基准平面作为草绘平面，绘制图 6-62 所示的旋转截面，单击“确定”按钮完成草绘并退出草绘器。

2）返回到“旋转”选项卡，设置旋转角度为 360°，单击“确定”按钮，完成创建图 6-63 所示的旋转实体特征。

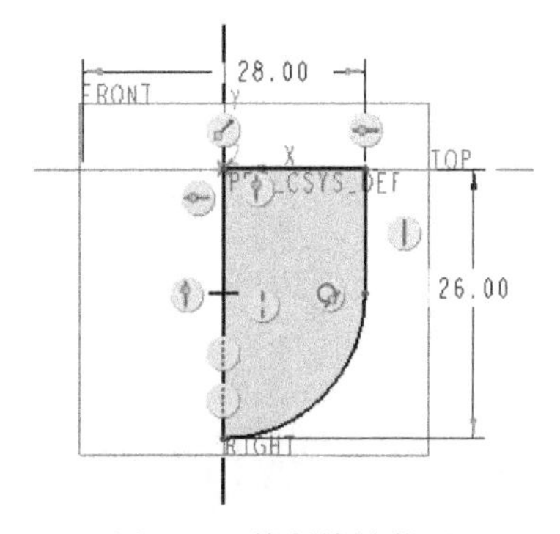

图 6-62　绘制旋转截面

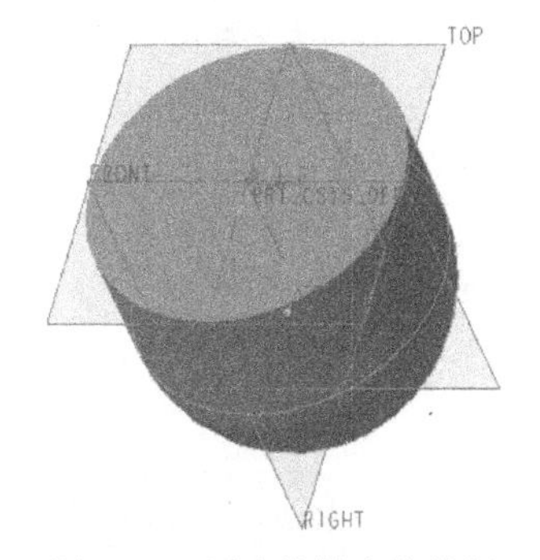

图 6-63　创建旋转实体特征

3 创建草绘 1（特征号 F6）

1）单击“草绘”按钮，弹出“草绘”对话框，选择 FRONT 基准平面作为草绘平面，以 RIGHT 基准平面为“右”方向参考，单击鼠标右键进入草绘器。

2）绘制图 6-64 所示的两段相连的线段，单击“确定”按钮。

4 创建一个名为“图形_1”的图形关系特征（特征号 F7）

1）在功能区“模型”选项卡的“基准”溢出面板，单击“图形”按钮。

2）为本特征（feature）输入一个名字为“图形_1”，单击“接受”按钮。

3）分别绘制一个坐标系、两个正交轴和一条样条曲线，如图 6-65 所示，单击“确定”按钮，完成建立该图形关系。

5 创建可变截面扫描特征（特征号 F8）

1）单击“扫描”按钮，打开“扫描”选项卡。

2）在“扫描”选项上选中“实体”按钮，单击“可变截面”按钮。

3）选择“草绘 1”曲线作为扫描原点轨迹，如图 6-66 所示。

4）在“扫描”选项卡上单击“草绘（创建或编辑扫描截面）”按钮，进入内部草绘器，单击“圆：圆心和点”按钮绘制图 6-67 所示的一个小圆。

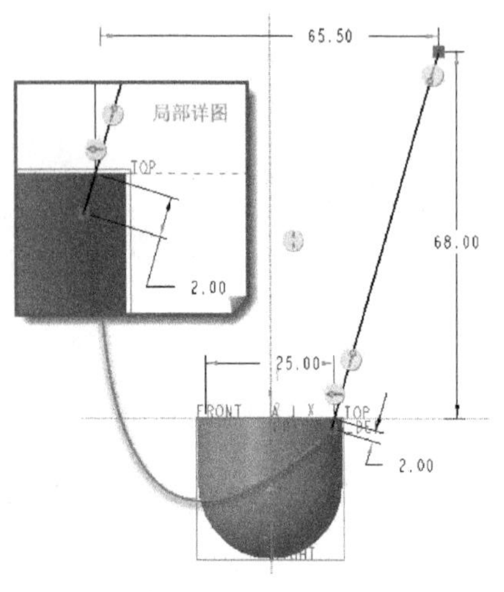

图 6-64　绘制两段相连的线段

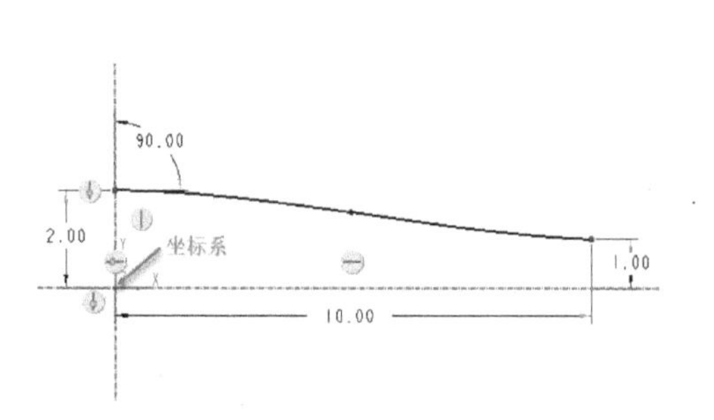

图 6-65　建立图形关系

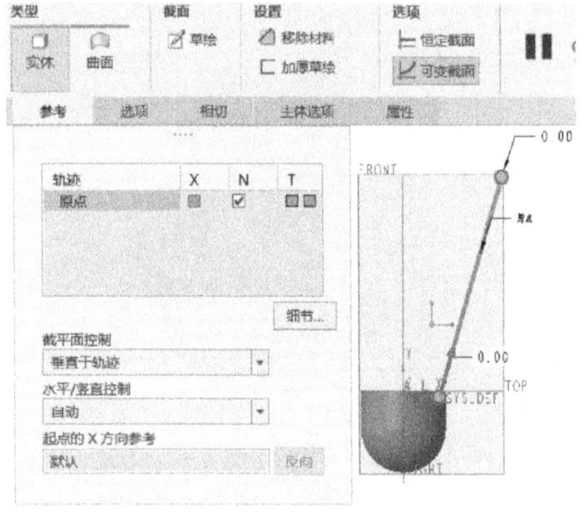

图 6-66　指定扫描原点轨迹

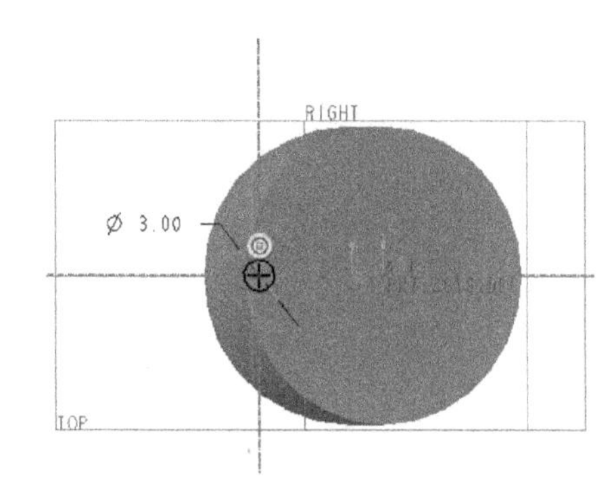

图 6-67　绘制一个圆

5）切换至“工具”选项卡，在“模型意图”面板中单击“关系”按钮 d=，系统弹出“关系”对话框，输入关系式为“sd3 = evalgraph（"图形_1"，trajpar * 10）”，如图 6-68 所示。可以

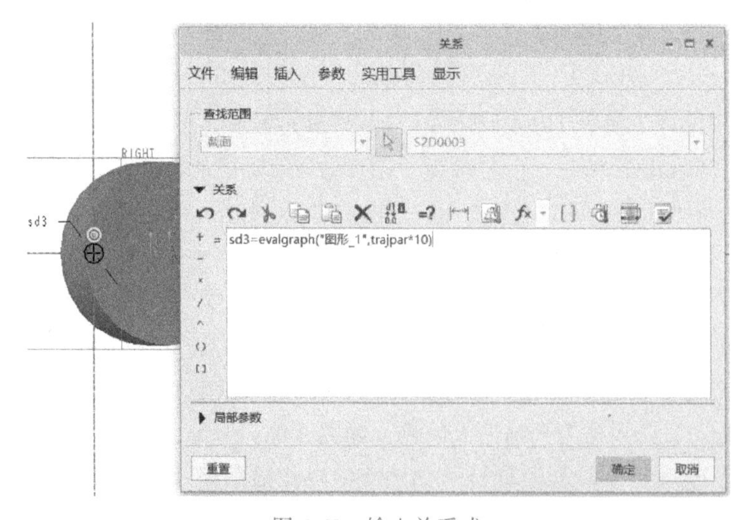

图 6-68　输入关系式

单击“执行/校验关系并按关系创建新参数”按钮来校验关系。确定输入的截面关系式正确无误后，单击“关系”对话框的“确定”按钮。

6）切换至“草绘”选项卡，单击“确定”按钮✔。

7）在“扫描”选项卡上单击“确定”按钮✔，完成创建该可变截面扫描特征，如图6-69所示。在沿着指定扫描轨迹线扫描时，扫描截面是根据关系式随着“图形_1”图形关系进行变化的。

6 创建DTM1基准平面（特征号F9）

单击“平面”按钮，选择步骤5刚创建的可变截面扫描特征对象，如图6-70所示，参考约束选项为“穿过”，单击“确定”按钮，完成创建默认名称为“DTM1”的基准平面。

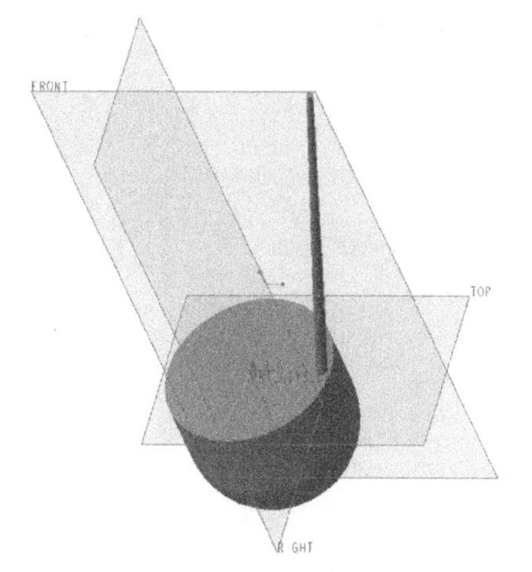

图6-69　创建可变截面扫描特征

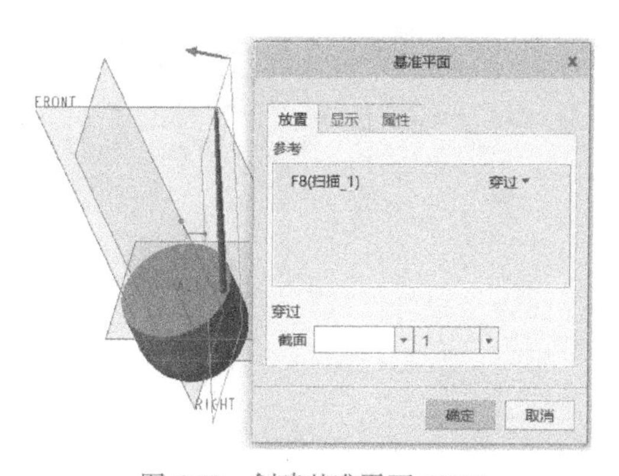

图6-70　创建基准平面DTM1

7 继续创建两个基准平面

1）单击“平面”按钮，选择放置参考及设置相应的选项参数来创建DTM2基准平面（特征号F10），如图6-71所示。

2）单击“平面”按钮，选择放置参考及设置相应的选项参数来创建DTM3基准平面（特征号F11），如图6-72所示。

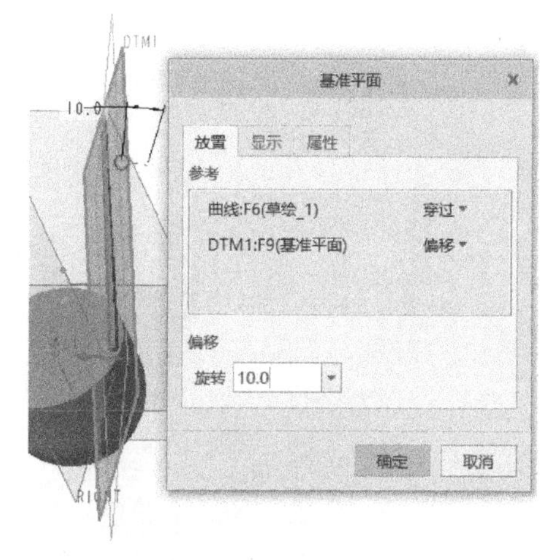

图6-71　创建DTM2基准平面

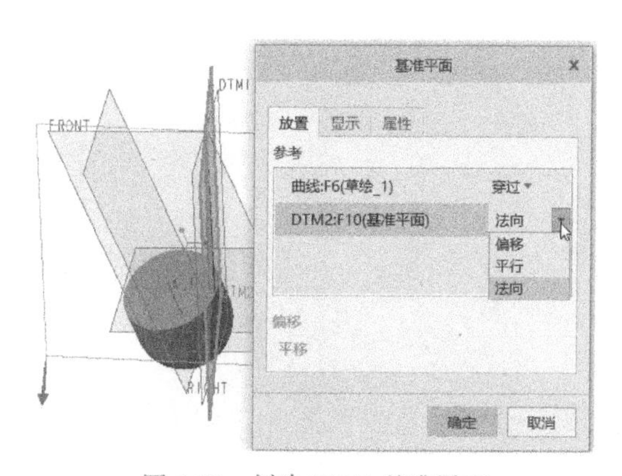

图6-72　创建DTM3基准平面

5 创建拉伸实体特征（特征号 F12）

创建的基准平面 DTM1、DTM2、DTM3 是为了便于绘制羽毛球的羽毛结构和造型的。

1）单击“拉伸”按钮，打开“拉伸”选项卡，默认选中“实体”按钮。

2）选择 DTM2 基准平面作为草绘平面，可以单击“参考”按钮在图形中定义绘图参考，接着绘制图 6-73 所示的草图，单击“确定”按钮。

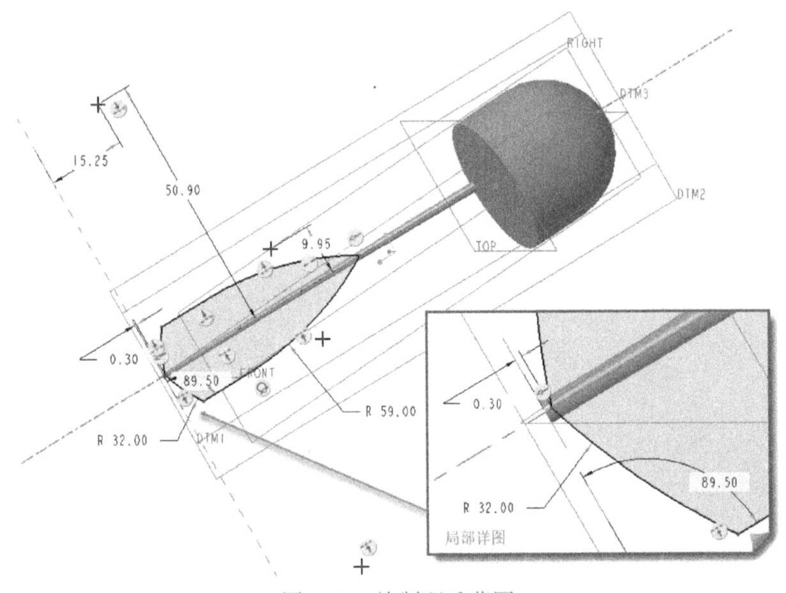

图 6-73　绘制羽毛草图

3）在“拉伸”选项卡的“侧 1 深度”下拉列表框中选择“对称”图标选项，设置总深度为 1mm，单击“确定”按钮，完成该步骤得到的羽毛拉伸基本体如图 6-74 所示。

6 创建分割拔模（特征号 F13）

1）单击“拔模”按钮，打开“拔模”选项卡。

2）选择羽毛拉伸基本体两侧的扇状曲面（多选时需按〈Ctrl〉键来配合选择）作为拔模曲面，接着单击激活“拔模枢轴”收集器，在图形窗口中选择 DTM3 基准平面定义拔模枢轴，此时 DTM3 指定定义了拖拉方向，如图 6-75 所示。

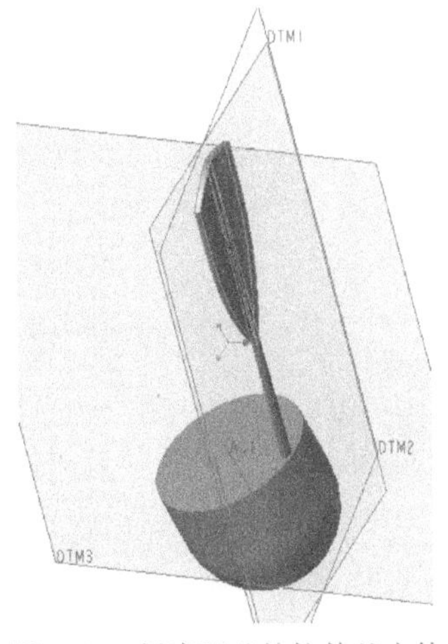

图 6-74　创建羽毛的拉伸基本体

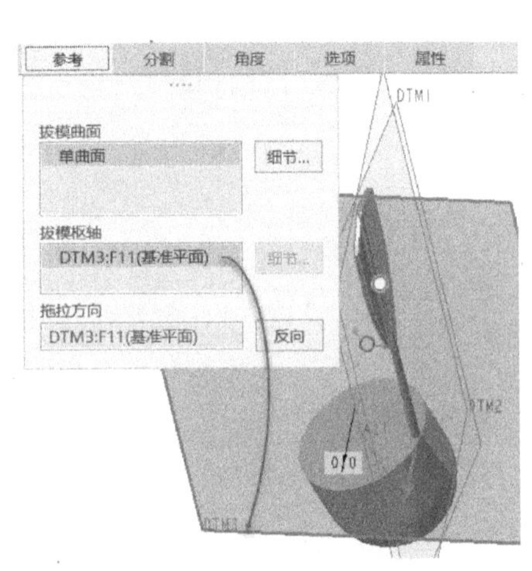

图 6-75　指定拔模曲面和拔模枢轴

3）在“拔模”选项卡上打开“分割”滑出面板，从“分割选项”下拉列表框中选择“根据拔模枢轴分割”选项，从“侧选项”下拉列表框中选择“独立拔模侧面”选项，将角度 1 和角度 2 均设置为 2°，如图 6-76 所示。

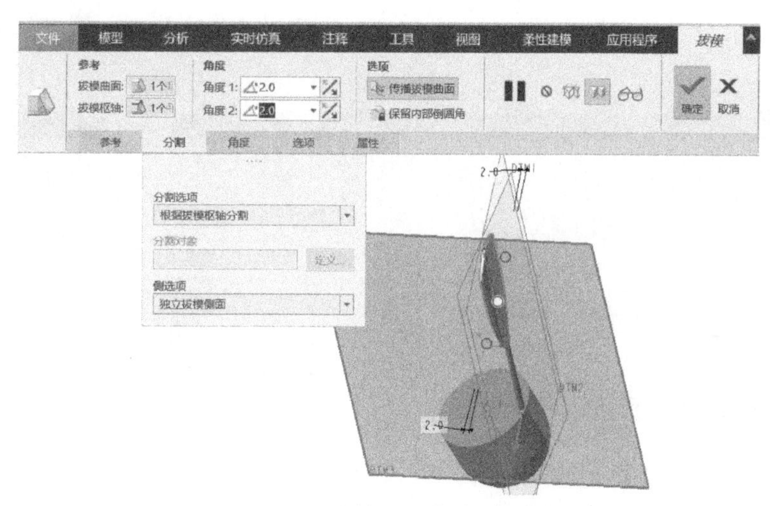

图 6-76　根据拔模枢轴分割之拔模设置

4）在“拔模”选项卡上单击“确定”按钮✔，完成拔模操作。此时可以将 DTM1、DTM2、DTM3 隐藏起来。

10 进行挠性阵列操作（特征号 F14）

1）在功能区切换至“柔性建模”选项卡，如图 6-77 所示。

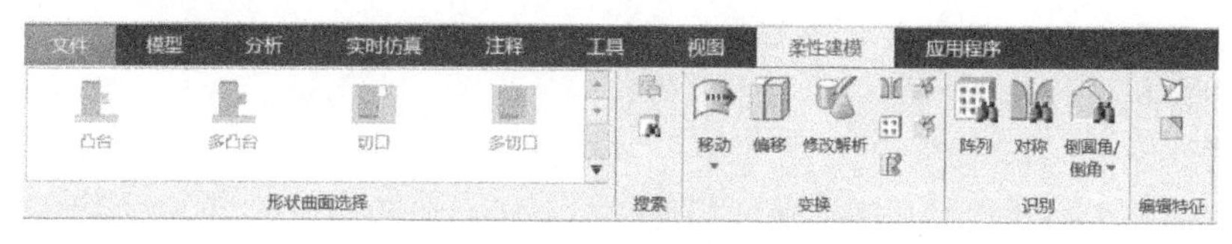

图 6-77　功能区“柔性建模”选项卡

2）在模型中选择图 6-78 所示的一曲面，此时“柔性建模”选项卡的“形状曲面选择”面板上的工具可用，单击“凸台”按钮，从而选择形成凸台的曲面，如图 6-79 所示。

图 6-78　选择一曲面

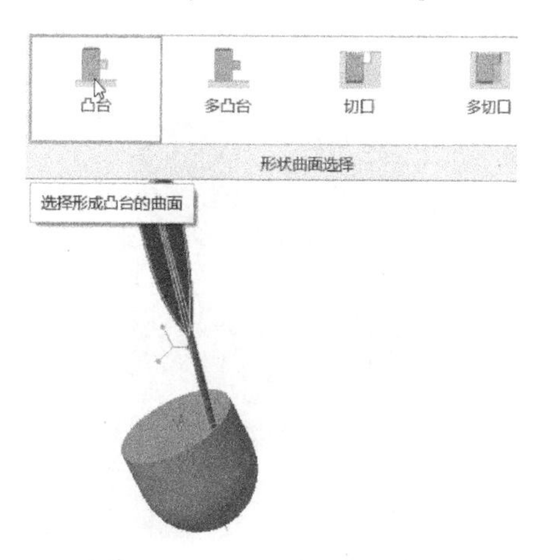

图 6-79　选择形成凸台的曲面

3）在功能区“柔性建模”选项卡的“变换”面板中单击“挠性阵列”按钮，打开“阵列”选项卡。

4）选择“轴”阵列类型，在模型中选择 A_1 特征轴，设置第一方向成员数为“16”，单击“角度范围”标签，设置角度范围为 360°。在“选项”滑出面板中勾选“跟随轴旋转”复选框，如图 6-80 所示。

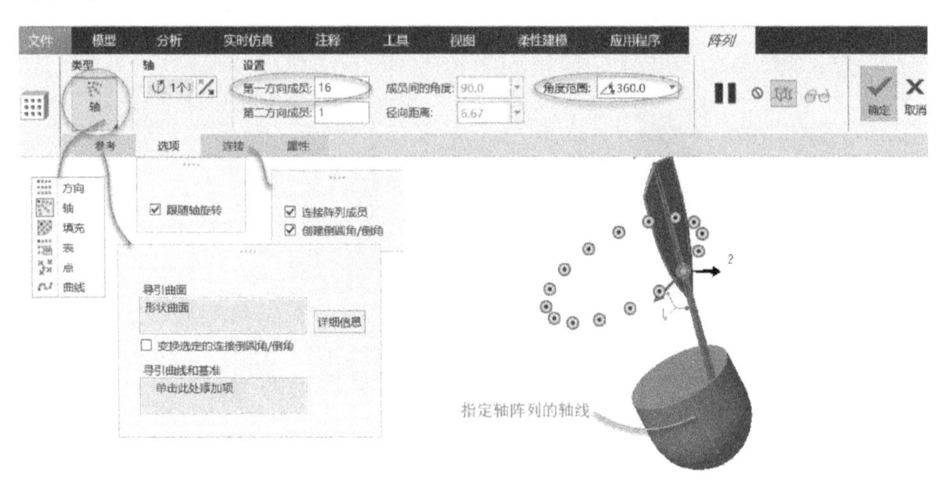

图 6-80 挠性阵列的相关设置

5）单击“确定”按钮，完成创建羽毛球的全部羽毛结构，如图 6-81 所示。

操作技巧：

上述全部羽毛结构也可以采用“几何阵列”命令来完成，但选择“几何阵列”需要的曲面几何的操作比较烦琐，而“阵列”命令只能单一特征或由相应特征组成的特征组，也比较烦琐。相对而言，在本例中使用柔性建模中的“挠性阵列”方法，就高效很多。事实上，在很多设计场景下，使用柔性建模工具去修改编辑模型有时可以获得意想不到的收获，尤其用于处理非参数化的模型对象。

11 创建基准平面 DTM4（特征号 F31）

设置显示 RIGHT 基准平面、TOP 基准平面、FRONT 基准平面，单击“平面”按钮，选择 TOP 基准平面作为偏移参考来创建新基准平面 DTM4，如图 6-82 所示。

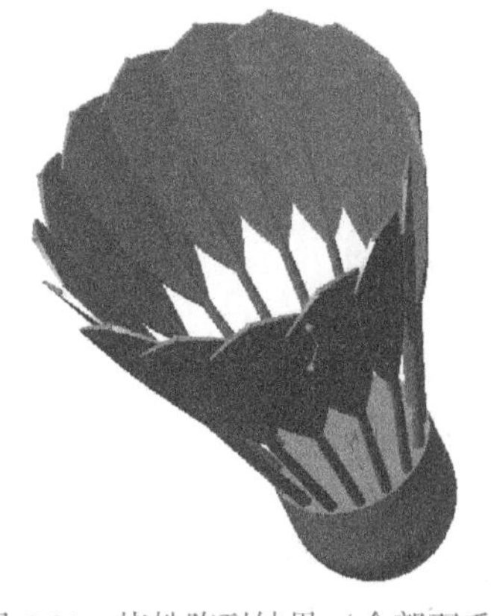

图 6-81 挠性阵列结果（全部羽毛）

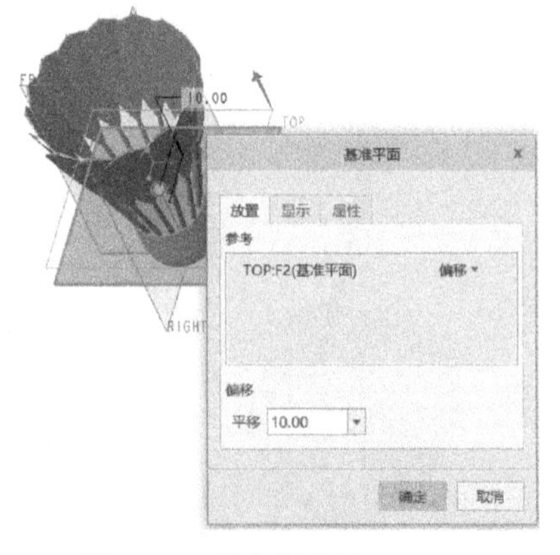

图 6-82 创建基准平面 DTM4

12 创建一个基准点 PNT0（特征号 F32）

单击“基准点”按钮，打开“基准点”对话框，选择“草绘 1”曲线，按住〈Ctrl〉键的同时选择基准平面 DTM4，在它们的相交处创建一个基准点 PNT0，如图 6-83 所示，单击“确定”按钮。

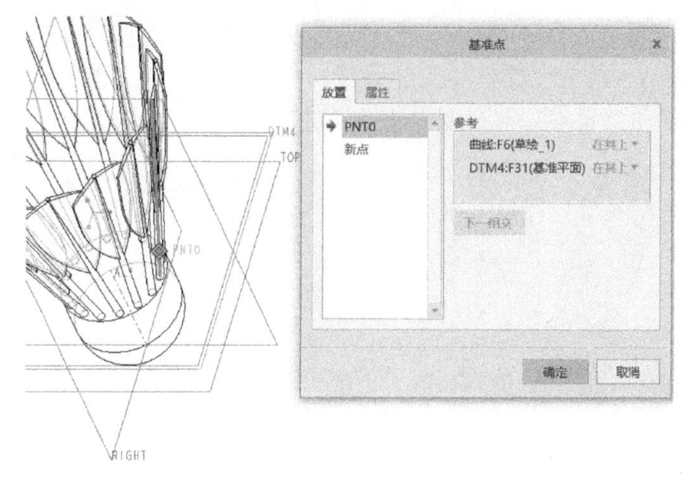

图 6-83　创建基准点 PNT0

13 创建“草绘 2”（特征号 F33）

单击“草绘”按钮，选择基准平面 DTM4 作为草绘平面，单击鼠标中键进入草绘器，绘制图 6-84 所示的一个圆。该圆的圆周经过基准点 PNT0，单击“确定”按钮。

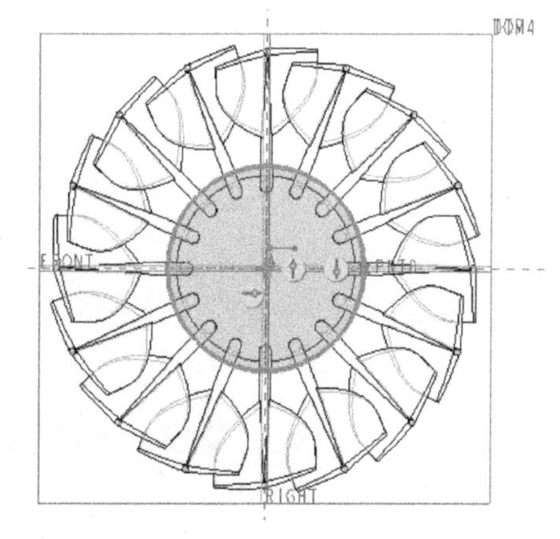

图 6-84　在基准平面 DTM4 上绘制一个圆

14 创建可变截面扫描特征（特征号 F34）

1）单击“扫描”按钮，打开“扫描”选项卡，默认时“实体”按钮处于被选中的状态，接着单击“可变截面”按钮。

2）选择“草绘 2”曲线（步骤 **13** 所创建的圆）作为扫描轨迹。

3）在“扫描”选项卡上单击“草绘（创建或编辑扫描截面）”按钮，绘制一个圆作为扫描截面，注意标注所需的 3 个尺寸约束，如图 6-85 所示。

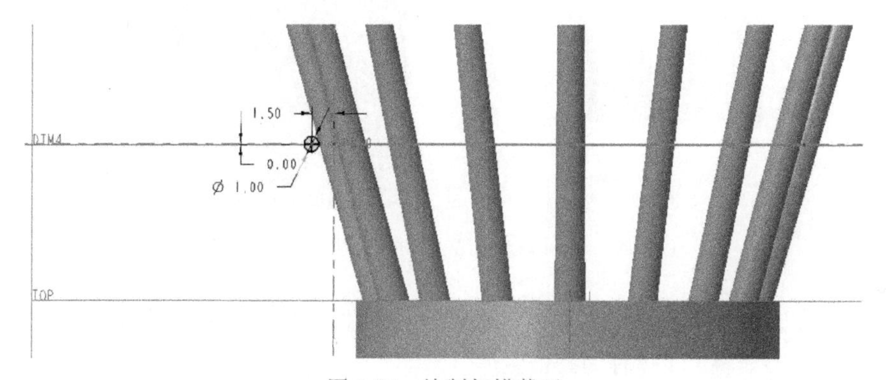

图 6-85　绘制扫描截面

4）切换至功能区“工具”选项卡，单击“模型意图”面板中的“关系”按钮 d=，弹出“关系”对话框，输入以下关系式。

```
sd4=0.5*sin(8*360*trajpar)
sd5=1.5*cos(8*360*trajpar)
```

此时如图 6-86 所示，单击“校验”按钮成功校验关系式后，单击“校验关系”对话框的“确定”按钮，接着单击“关系”对话框中的“确定”按钮。

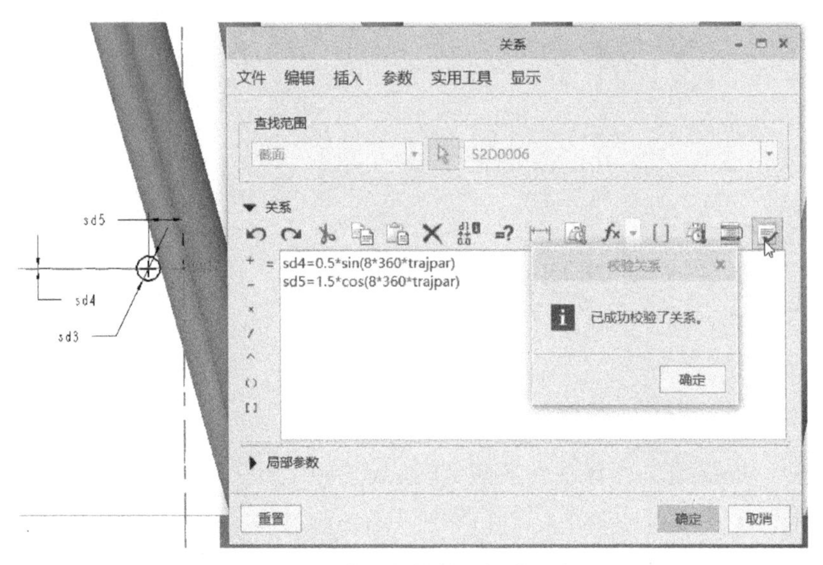

图 6-86　定义扫描截面的关系式

5）切换回“草绘”选项卡单击“确定”按钮，返回到“扫描”选项卡。打开“主体选项”滑出面板，勾选“创建新主体”复选框，如图 6-87 所示。

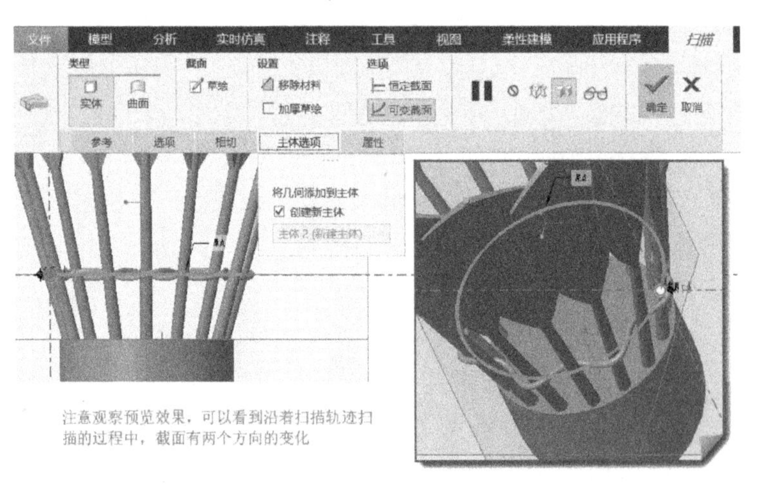

图 6-87　可变截面扫描的主体选项设置及预览

6）在“扫描”选项卡上单击“确定”按钮，从而创建一个新主体（主体 2）。该主体的组成是扫描特征，不妨将该主体称为扫描主体。

15 扫描主体的复制-选择性粘贴（特征号 F35）

1）将“选择”过滤器的选项设置为“主体”，在图形窗口中选择刚创建的扫描主体（主体 2）。

2）单击“复制”按钮，接着单击“选择性粘贴”按钮，打开“移动（复制）”选项卡。

3）在“类型”选项组中单击“旋转”类型，在模型中选择特征轴 A_1 作为旋转轴，设置旋转偏移角度为“360/16”，即 22.5°，如图 6-88 所示。

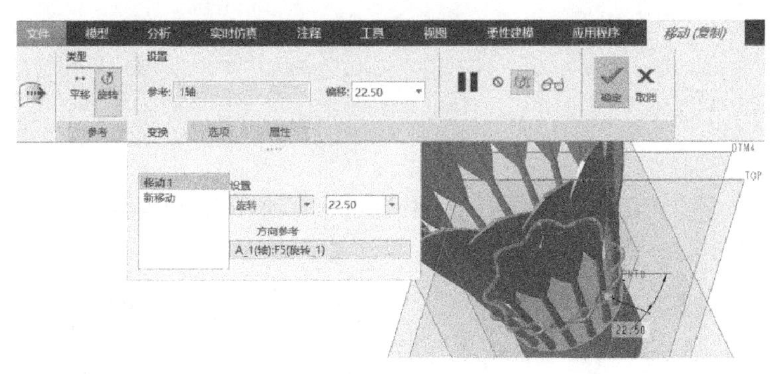

图 6-88　旋转移动复制操作

4）打开“选项”滑出面板，勾选“复制原始几何”复选框，如图 6-89 所示。

5）单击“确定”按钮，完成创建移动副本 1，同时产生主体 3，如图 6-90 所示。

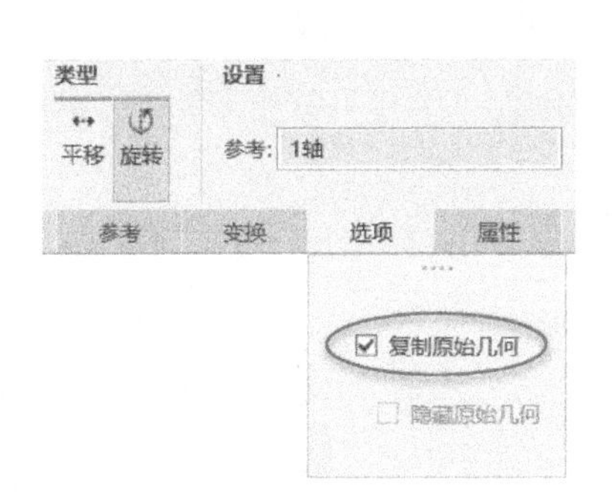

图 6-89　选中“复制原始几何”复选框

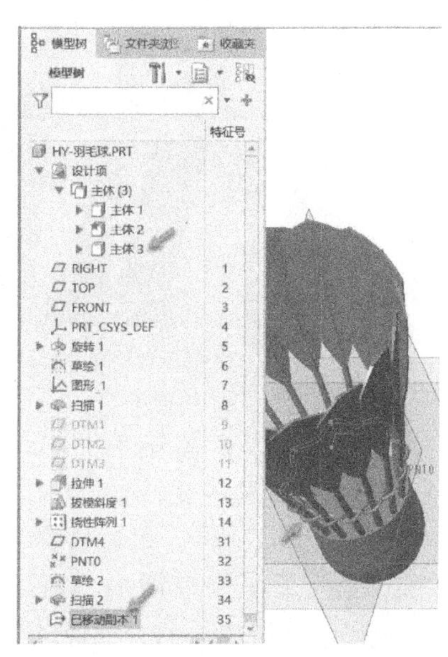

图 6-90　完成创建移动副本 1

16 在主体 1 中创建一个旋转特征（特征号 F36）

1）在模型树的“主体”节点下选择“主体 1”，接着从出现的浮动工具栏中单击“设置为默认主体”按钮，从而将主体 1 设置为默认主体，默认主体左上角带星标识，如图 6-91 所示。

2）单击“旋转”按钮，打开“旋转”选项卡。

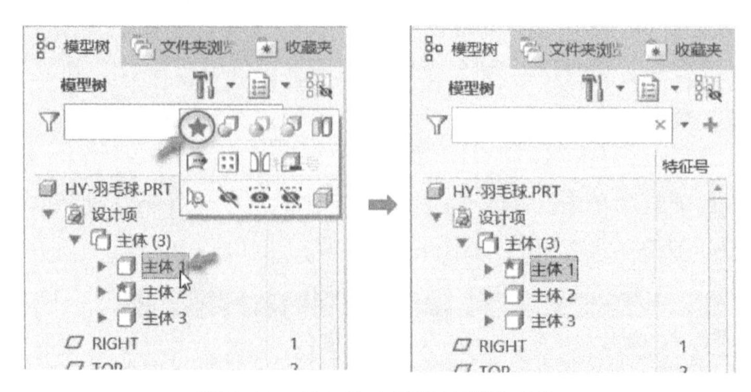

图 6-91　将主体 1 设置为默认主体

3）选择 FRONT 基准平面作为草绘平面，快速进入草绘器，绘制图 6-92 所示的旋转截面，单击“确定”按钮✔。

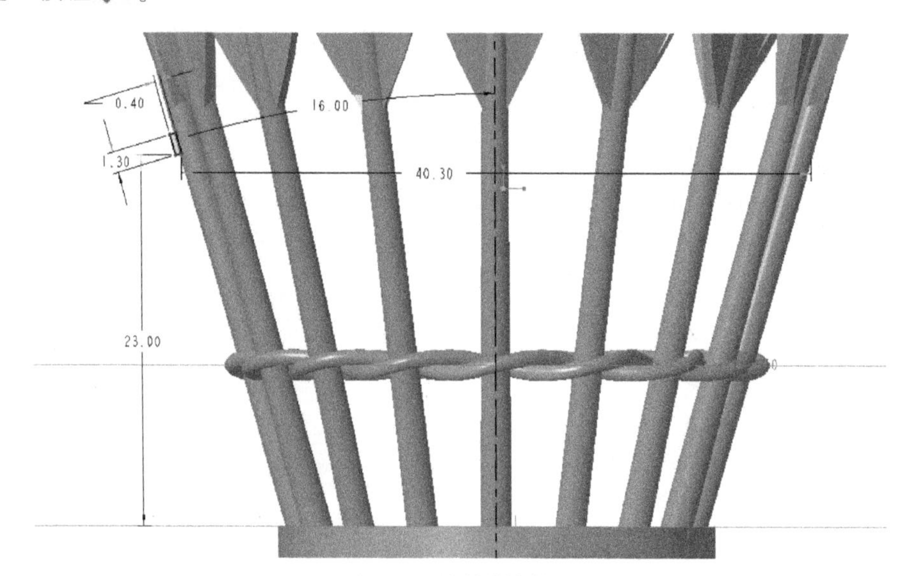

图 6-92　绘制旋转截面

4）在“旋转”选项卡上单击“确定”按钮✔，结果如图 6-93 所示。所创建的旋转实体特征属于默认的活动主体 1。

17 再创建旋转特征并生成新主体（特征号 F37）

1）单击“旋转”按钮，打开“旋转”选项卡。

2）选择 FRONT 基准平面作为草绘平面，快速进入草绘器，绘制图 6-94 所示的旋转截面，单击“确定”按钮✔。

3）默认的旋转角度为 360°，在“旋转”选项卡上打开“主体选项”滑出面板，勾选“创建新主体”复选框，单击“确定”按钮✔，从而创建了一个旋转特征，并且创建了一个新主体。该旋转特征属于该新主

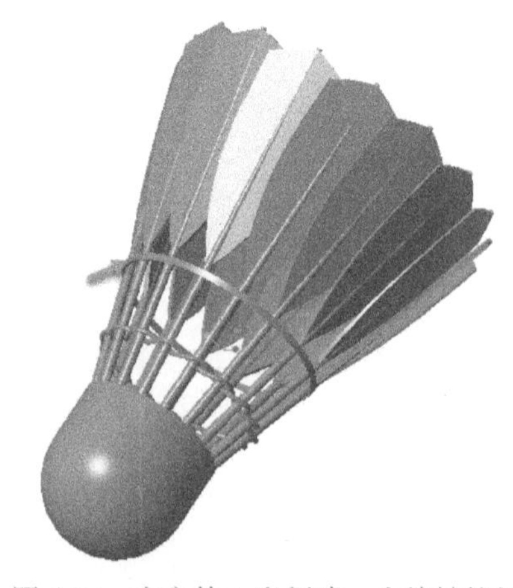
图 6-93　在主体 1 中创建一个旋转特征

体，如图 6-95 所示，图中已将黑色材质赋予该主体。

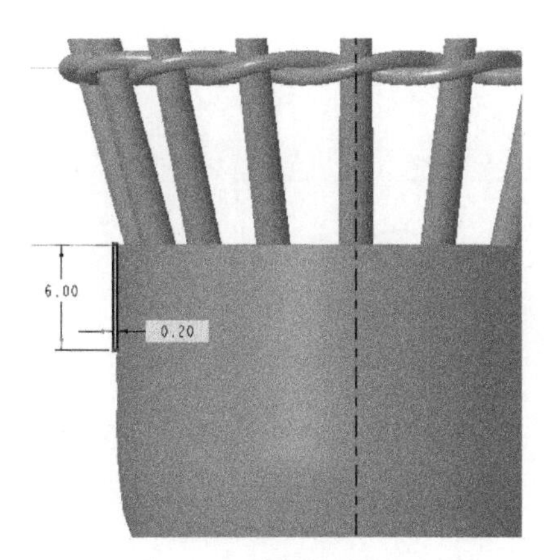

图 6-94　绘制旋转截面

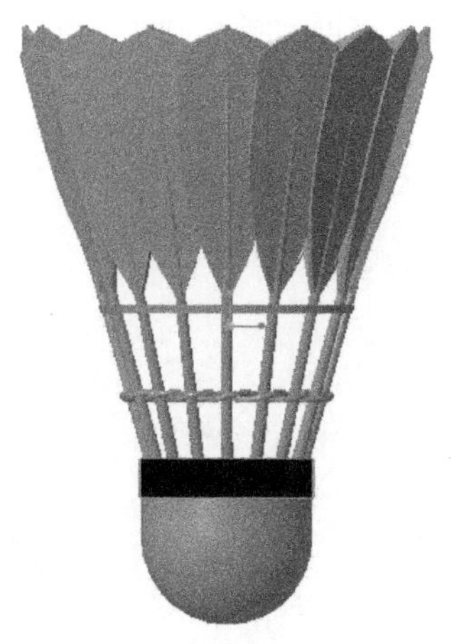

图 6-95　完成新主体

18 保存文件

按〈Ctrl+S〉快捷键执行保存文件的操作。

总结：

此案例涉及旋转、草绘、图形关系、可变截面扫描、基准平面、拉伸、拔模、挠性阵列、基准点、复制-选择性粘贴、主体等知识点。软件命令的单纯应用是基础，但如果没有设计思路往往会陷入无从下手的困境。因此，在平时的练习和学习中要不断地培养设计思路，多思考，设计涉及的很多知识和经验是环环相扣的。

有兴趣的读者，还可以使用“修饰草绘”工具命令在羽毛球底部的圆柱曲面上创建类似于商标移印的文字效果。

6.6 使用变截面扫描方式进行波纹管设计

在很多行业里，都会见到形式相同或相似的波纹管产品结构，图 6-96 所示为两端具有一小段光管的波纹管。

波纹管的设计方法有多种，不同的设计师可能会采用不尽相同的创建方法。

本节介绍一种相对简单的设计波纹管的方法——使用扫描工具创建波纹管。扫描工具既可以创建恒定截面扫描特征，也可以创建变截面扫描特征。很显然，创建波纹管采用的是变截面扫描方式。

图 6-96　波纹管设计

下面以图 6-96 所示的波纹管进行介绍。

1 新建实体零件文件

新建一个实体零件文件，名称为“HY-波纹管”，采用公制模板 mmns_part_solid_abs。

2 绘制一条样条曲线

准备好用作扫描轨迹的曲线，可以是直线、样条曲线、造型曲线或其他空间曲线。在本例，单击“草绘”按钮，选择 FRONT 基准平面作为草绘平面，单击鼠标中键进入草绘模式，单击“样条”按钮绘制图 6-97 所示的一条样条曲线。

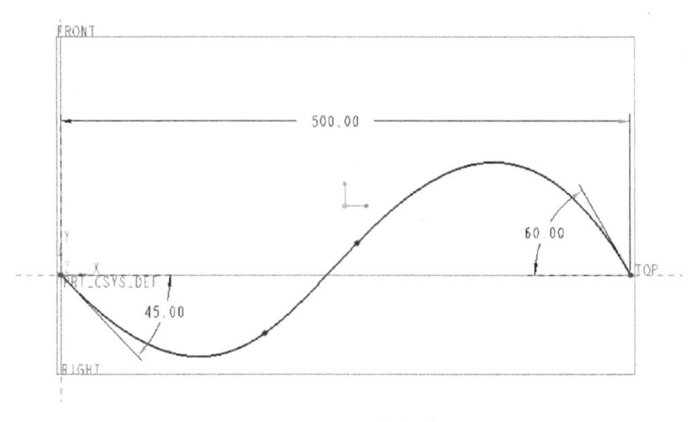

图 6-97 绘制一条样条曲线

技巧：

要想标注样条端点的相切角度尺寸，可以单击“尺寸”按钮，接着选择样条曲线、参考基准线和样条端点（不分先后），然后单击鼠标中键放置尺寸即可，可修改尺寸值。

3 创建变截面扫描特征

1）单击“扫描”按钮，以草绘样条曲线为扫描轨迹，在“扫描”选项卡上设置扫描为实体，并单击“加厚草绘”按钮设置其厚度值，单击“可变截面”按钮（即设置为变截面扫描），如图 6-98 所示。

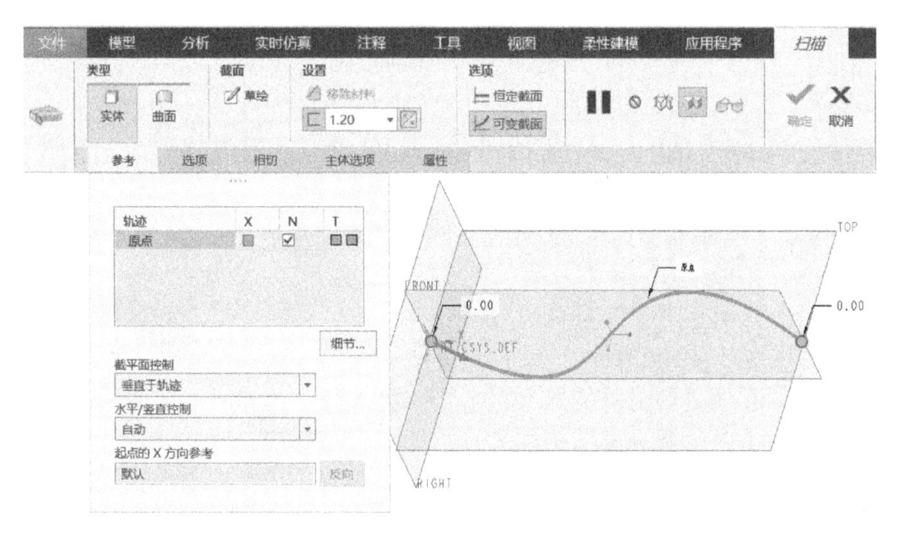

图 6-98 设置可变截面扫描并加厚草绘

2）在“扫描”选项卡上单击“草绘（创建或编辑扫描截面）”按钮，绘制图 6-99 所示的扫描截面。

3）在功能区切换至“工具”选项卡，从“模型意图”面板中单击“关系”按钮d=，为扫描截面的直径尺寸设置关系式，如图 6-100 所示。

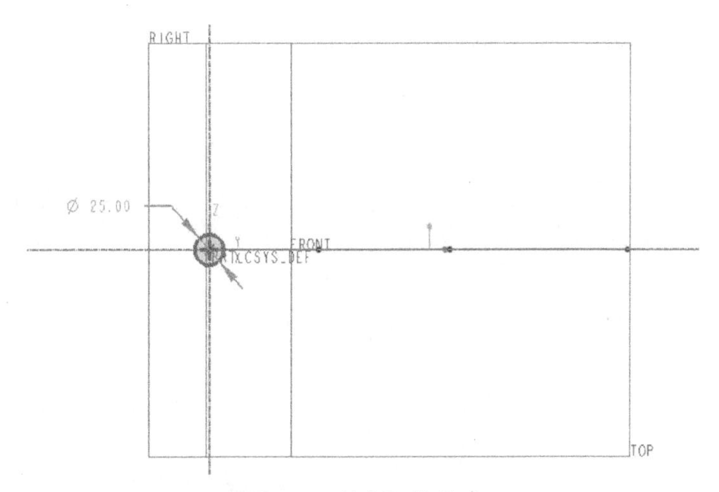

图 6-99　绘制扫描截面

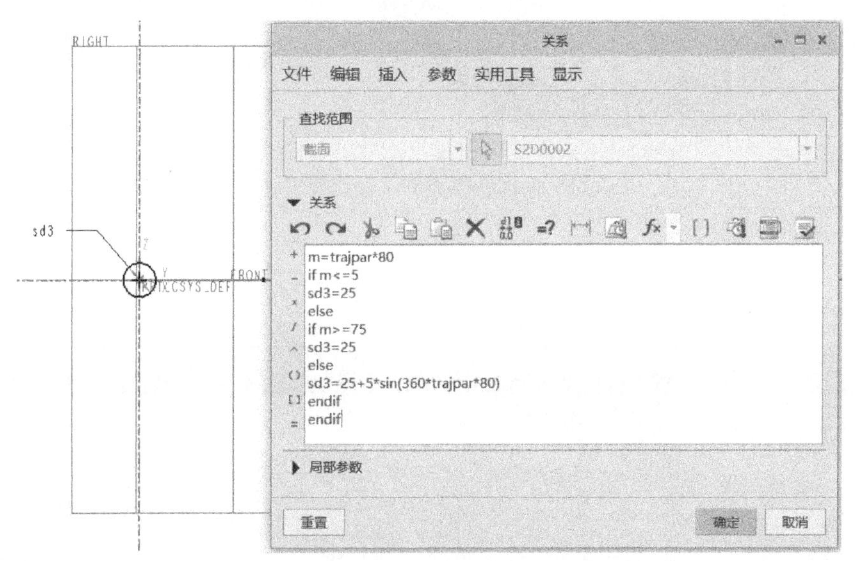

图 6-100　为扫描截面的直径尺寸设置关系式

知识点：

扫描截面轮廓为一个圆形，而波纹管要求在扫描的过程中，该截面轮廓会发生一定规律的变化，因而采用了轨迹函数变量 trajpar。该轨迹函数变量 trajpar 的取值范围为 0~1，其中 0 和 1 分别定义轨迹的起点和终点，在轨迹函数中加入变量 trajpar 实际上将这个扫描轨迹“数字化”，可以轻松实现波纹管的“波纹”结构。本例的波纹主体变化是“sd3=25+5 * sin（360 * trajpar * 80）”，为了实现波纹管两端的光管段，加入了 if 函数语句来实现，即定义该波纹管 3 段相应的扫描截面轮廓的不同赋值。

```
m=trajpar * 80
if m<=5
sd3=25
else
```

```
if m>=75
sd3=25
else
sd3=25+5*sin(360*trajpar*80)
endif
endif
```

4）在“关系”对话框中单击“确定”按钮后，切换至“草绘”选项卡，单击“确定”按钮✔完成扫描截面草绘。

5）在“扫描”选项卡上单击“确定”按钮✔，完成的波纹管效果如图 6-101 所示。

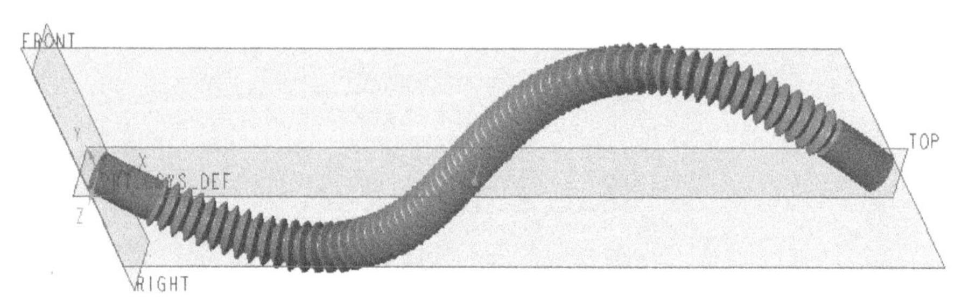

图 6-101　完成的波纹管效果

4 渲染

赋予材质，实时渲染，如图 6-102 所示。

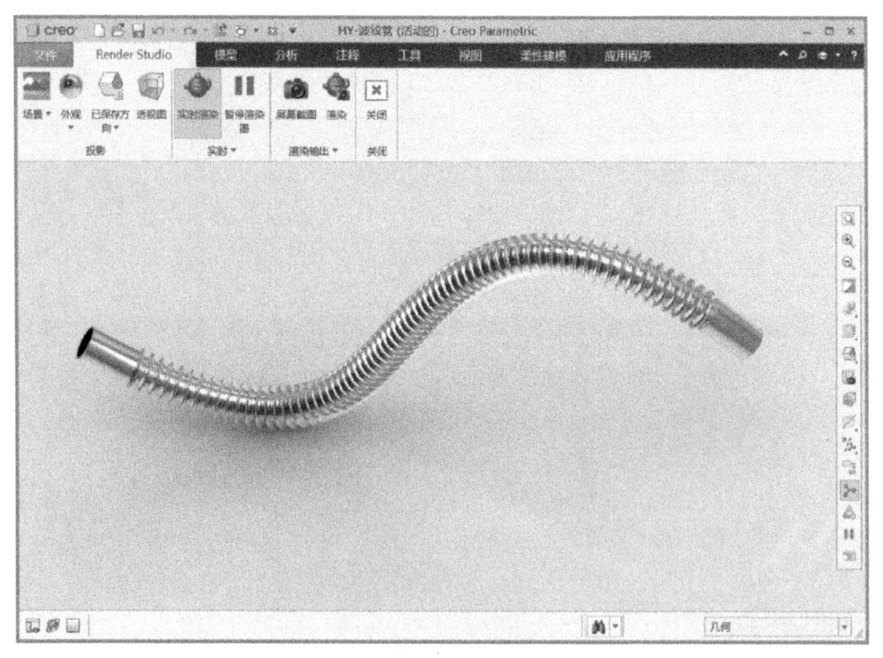

图 6-102　实时渲染

5 保存文件

按〈Ctrl+S〉快捷键执行保存文件的操作。

如果两端没有光管，不用加入 if 语句，关系式直接为“sd3 = 25 + 5 * sin（360 * trajpar * 80）”，那么最后完成的波纹管效果如图 6-103 所示。注意关系式需要根据设计要求不断地调试确定系数。

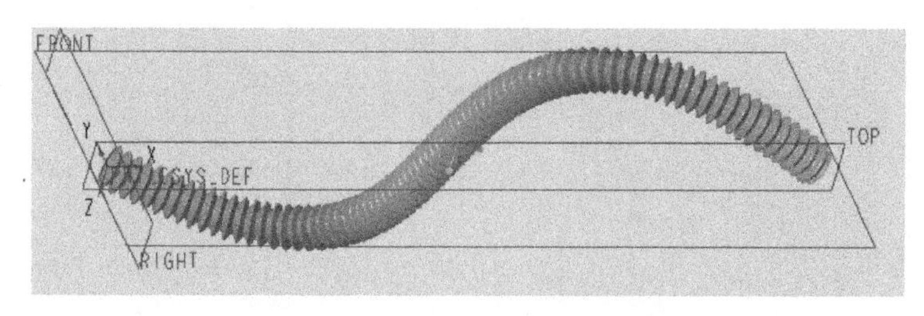

图 6-103　两端没有光管的波纹管

6.7 带可弯曲伸缩段的吸管建模

喝饮料时，人们时常要用到吸管，而且是那种具有可弯曲伸缩段的吸管，如图 6-104 所示。如果要用 Creo 设计一个具有可弯曲伸缩段的吸管，该怎么下手呢？其实很简单，用“扫描”工具的可变截面扫描功能即可。细心的读者可能已经发现，在多个案例中都巧妙地应用了“扫描”工具，该工具结合各种参数和关系式在设计一些具有规律变化的形状结构是很有用的。下面跟着教程学做一个具有可弯曲伸缩段的吸管，可以进一步加深对可变截面扫描和关系式的学习印象。本案例要完成的吸管模型如图 6-105 所示。

图 6-104　具有可弯曲伸缩段的吸管

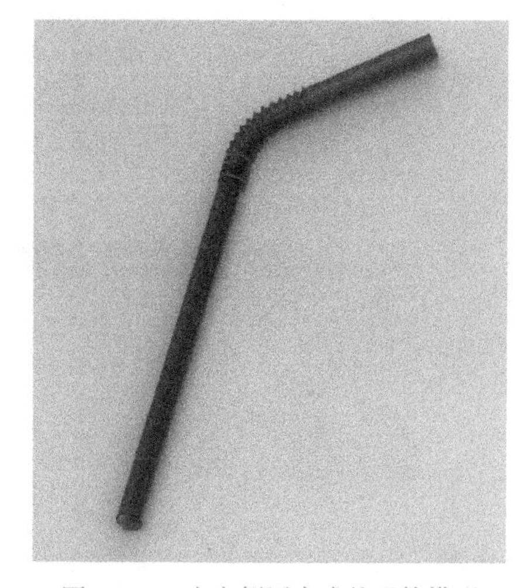

图 6-105　本案例要完成的吸管模型

本案例的具体操作步骤如下。

1 新建实体零件文件

启动 Creo 8.0，单击“新建”按钮新建一个使用 mmns_part_solid_abs 公制模板的实体零件文件，文件名为“HY-吸管模型”。

2 创建草绘 1

1）在图形窗口中选择 TOP 基准平面，单击“草绘”按钮，快速进入草绘模式，草绘平面自动与屏幕平行。

2）单击“线链”按钮和“圆形”按钮，在TOP基准平面上绘制一条相切曲线，接着单击“尺寸”按钮为草绘曲线创建所需的尺寸，如图6-106所示。

3）单击“确定”按钮，按〈Ctrl+D〉快捷键以默认的标准方向视角显示，如图6-107所示。

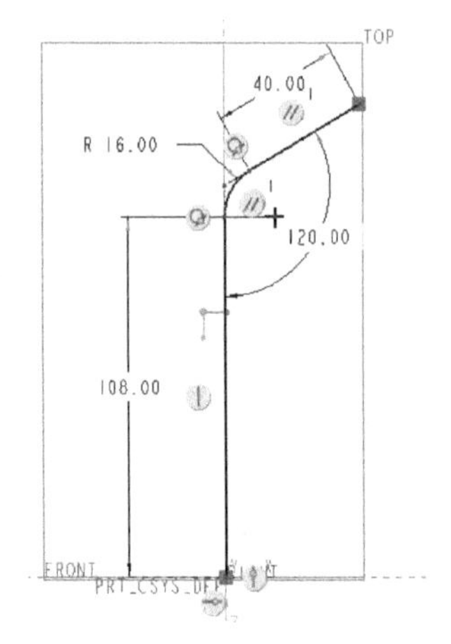

图6-106　绘制相切曲线

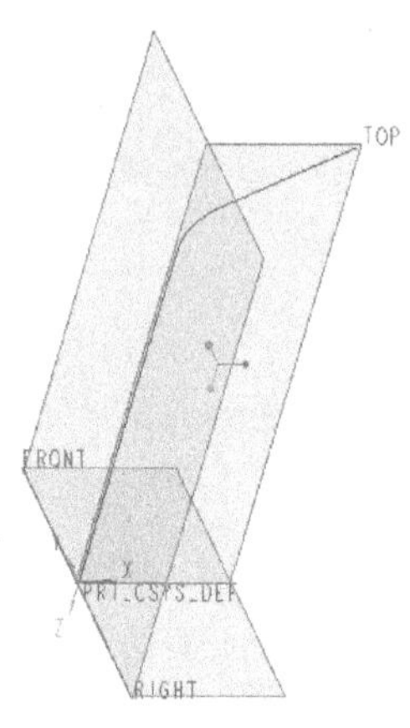

图6-107　完成草绘1

3 创建可变截面扫描特征

1）单击“扫描”按钮，打开“扫描”选项卡，选择步骤2绘制的草绘曲线作为扫描轨迹。接着单击“实体”按钮、“加厚草绘”按钮和“可变截面”按钮，设置薄板（加厚）厚度为“0.25”，注意设置扫描轨迹的起点如图6-108所示。如果发现扫描轨迹的起点箭头方向不是所需要的，那么可以通过在图形窗口中单击预览的起点箭头来将其切换至轨迹的另一个端点。

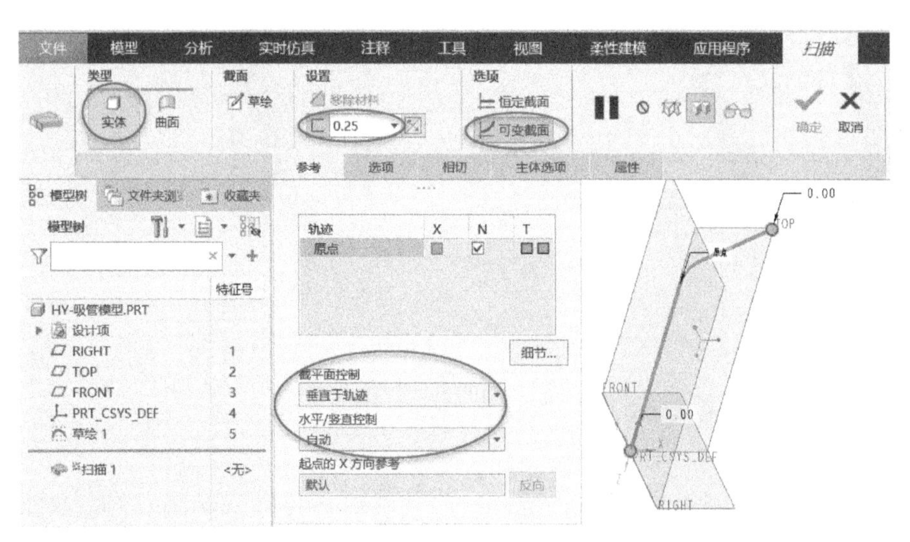

图6-108　可变截面扫描相关设置

2）在“扫描”选项卡上单击“草绘”按钮，绘制图6-109所示的一个圆。

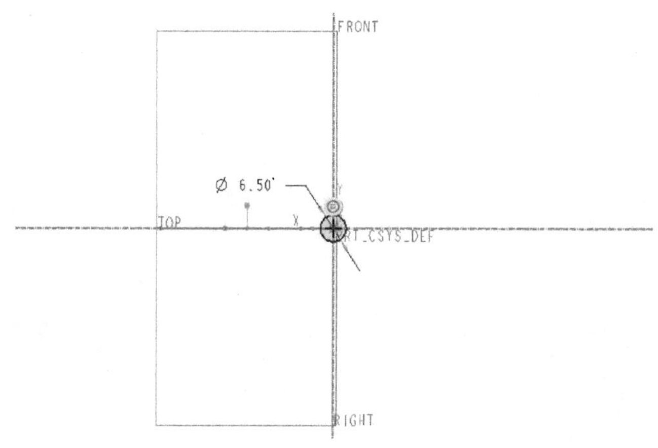

图 6-109　绘制一个圆作为扫描截面的基本图形

3）在功能区切换至“工具”选项卡，单击“关系”按钮 d=，输入以下关系式。

```
if trajpar>0. 6&trajpar<0. 8
sd3=6. 5-0. 012 * asin( sin( trajpar * 360 * 80) )
else
sd3=6. 5
endif
```

如图 6-110 所示，sd3 表示扫描截面的直径。

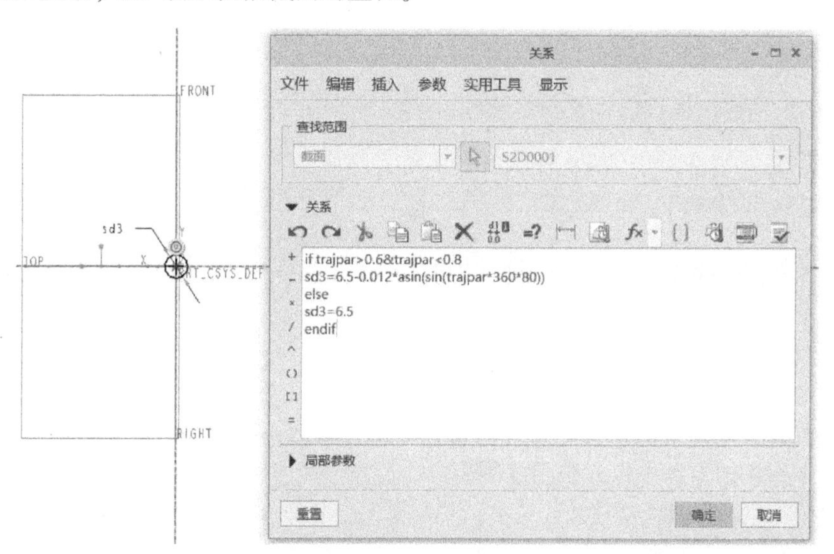

图 6-110　输入关系式

知识点拨：

这里用到了 if...else 条件语句。trajpar 是一个从 0~1 的变量参数，相当于将整个扫描轨迹看作从起点 0 变化到终点 1，trajpar>0. 6&trajpar<0. 8 表示的是从整个扫描轨迹的 0. 6 到 0. 8 这一段。这一段的截面圆直径的变化规律是随 6. 5-0. 012 * asin(sin(trajpar * 360 * 80)) 关系式而变化的，而其他 else 段，截面圆直径是一个直径为 6. 5 的圆，最后 endif 表示条件语句的结束。

4）单击“关系”对话框的“确定”按钮，切换至功能区的“草绘”选项卡，单击“确定”按钮✔完成扫描截面草绘，此时返回到“扫描”选项卡，预览如图 6-111 所示。

5）在“扫描”选项卡上单击“确定”按钮✔，完成该变截面扫描特征的创建，得到的吸管模型如图 6-112 所示。

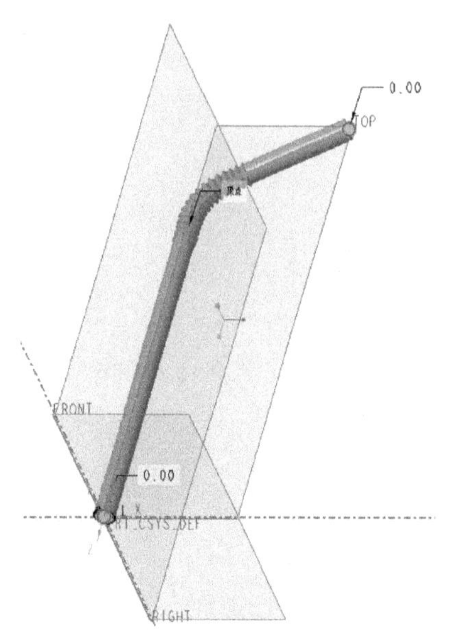

图 6-111　可变截面扫描预览

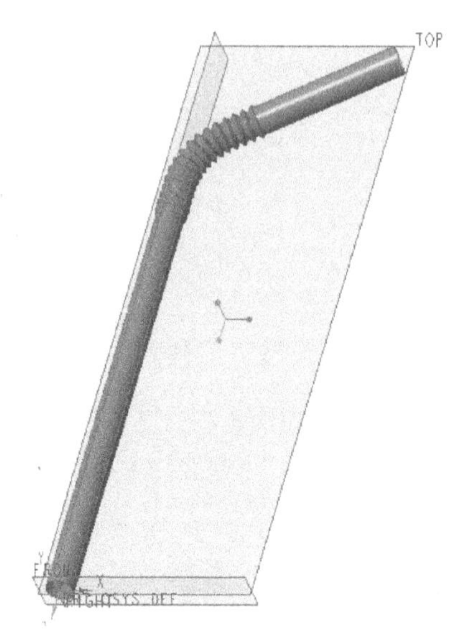

图 6-112　完成的吸管模型

4 保存文件

按〈Ctrl+S〉快捷键执行保存文件的操作。

6.8 创建铁丝网

本节介绍使用 Creo 8.0 软件绘制一种常见的铁丝网，要完成的铁丝网结构模型如图 6-113 所示。本案例主要知识点为可变截面扫描曲面的应用、移动复制、关系式等。铁丝的扫描轨迹是通过可变截面扫描曲面来获得的，这一点与前面的一些案例有很大的不同。

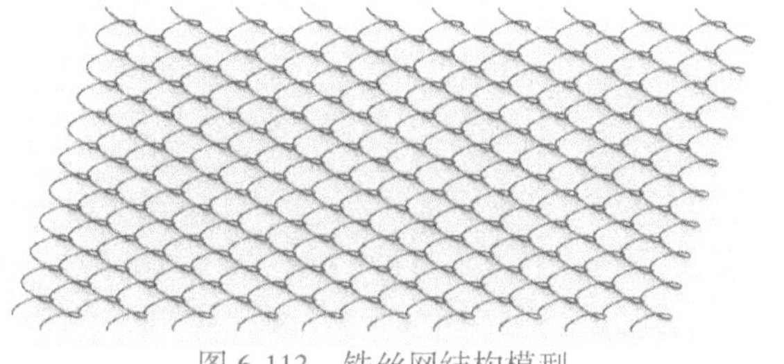
图 6-113　铁丝网结构模型

下面介绍本案例的具体操作方法与步骤。

1 新建一个实体零件文件

启动 Creo 8.0 并设置所需的工作目录之后，单击“新建”按钮，新建一个名称为“HY-铁丝网”、使用 mmns_part_solid_abs 公制模板的实体零件文件。

2 绘制一条将作为扫描轨迹的直线

1）单击“草绘”按钮，弹出“草绘”对话框，选择 TOP 基准平面作为草绘平面，单击“草绘”对话框的“草绘”按钮，进入草绘模式。

2）单击“线链”按钮绘制图 6-114 所示的直线，单击“确定”按钮✔。

3 创建可变截面扫描曲面

1）单击“扫描”按钮，接着在“扫描”选项卡上单击“曲面”按钮和“可变截面”按钮，并选择步骤 2 创建的直线作为扫描轨迹，如图 6-115 所示。

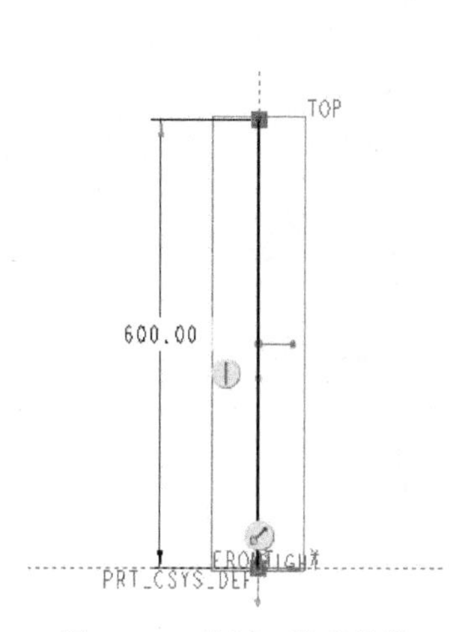

图 6-114　绘制一段直线段

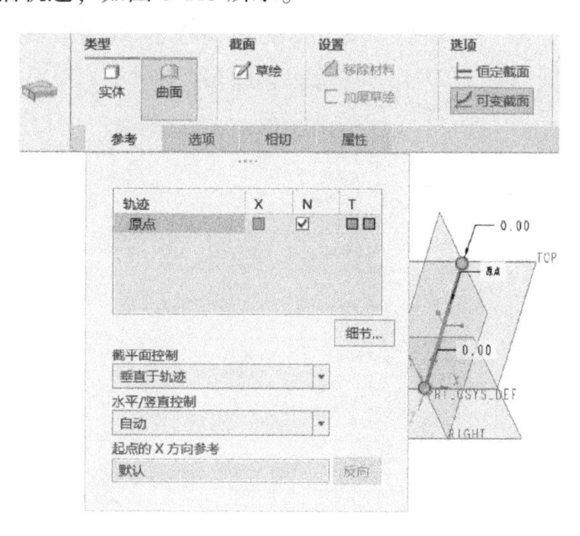

图 6-115　可变截面扫描设置

2）在“扫描”选项卡上单击“草绘”按钮，进入内部草绘器，绘制一个椭圆。接着将其设置为构造线，然后使用“线链”按钮，选择椭圆圆心和椭圆边缘上的一点来绘制一条直线，并建立图 6-116 所示的一个角度尺寸。

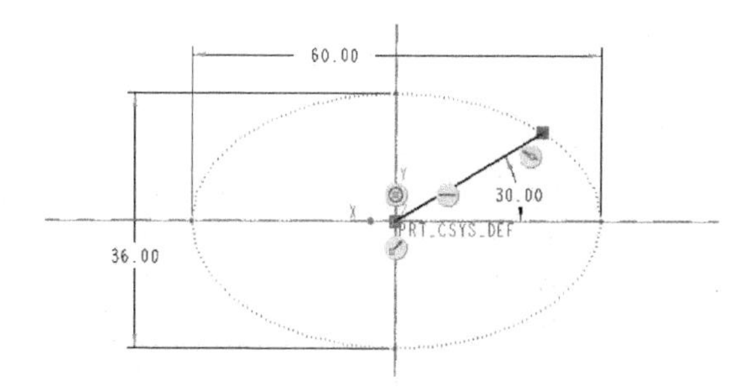

图 6-116　绘制可变截面扫描的截面

3）在功能区切换至“工具”选项卡，单击“关系”按钮 d=，在弹出的“关系”对话框的关系文本框中输入关系式“sd8 = trajpar * 360 * 10”，如图 6-117 所示，单击“确定”按钮。

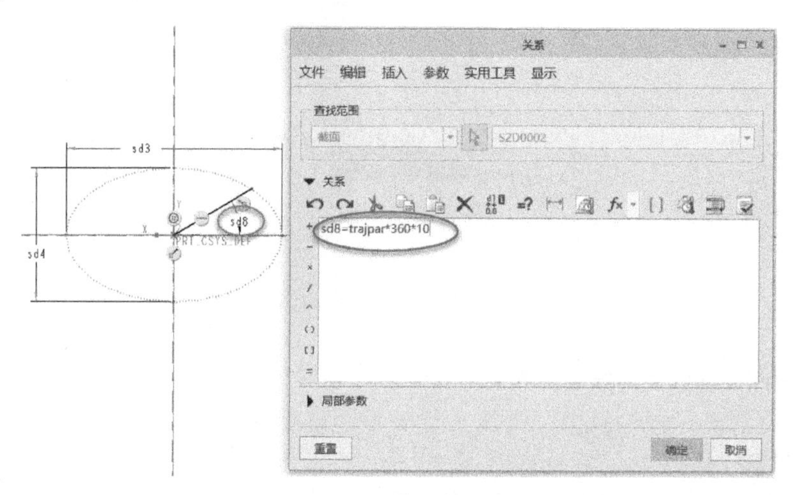

图 6-117　输入关系式

4）返回到功能区“草绘”选项卡，单击“确定”按钮✔，然后在“扫描”选项卡上单击“确定”按钮✔，完成绘制的变截面扫描曲面如图 6-118 所示。

4 创建可变截面扫描实体特征

1）单击“扫描”按钮，接着单击“实体”按钮和“可变截面”按钮，选择步骤 3 曲面的边缘线作为扫描轨迹，如图 6-119 所示。

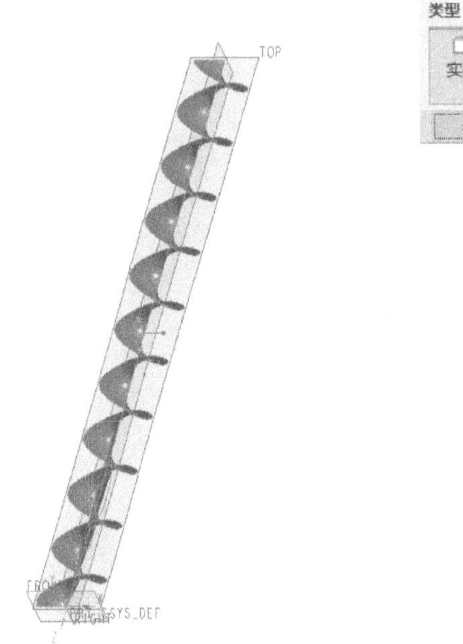

图 6-118　完成绘制的变截面扫描曲面

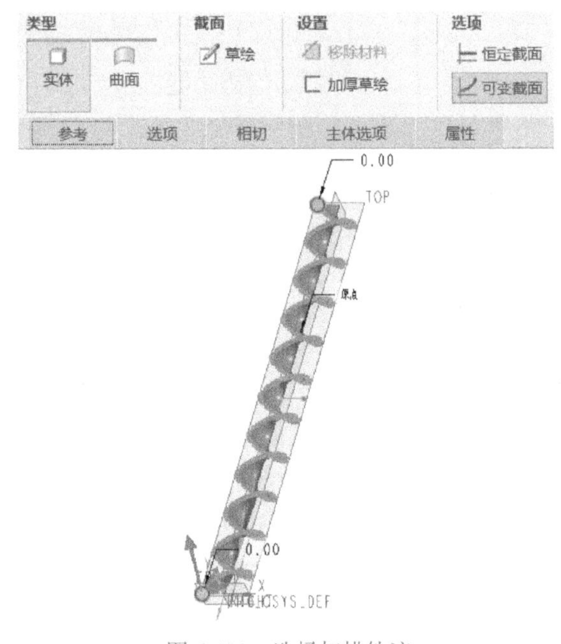

图 6-119　选择扫描轨迹

2）在“扫描”选项卡上单击“草绘”按钮，绘制图 6-120 所示的铁丝截面，单击“确定”按钮✔。

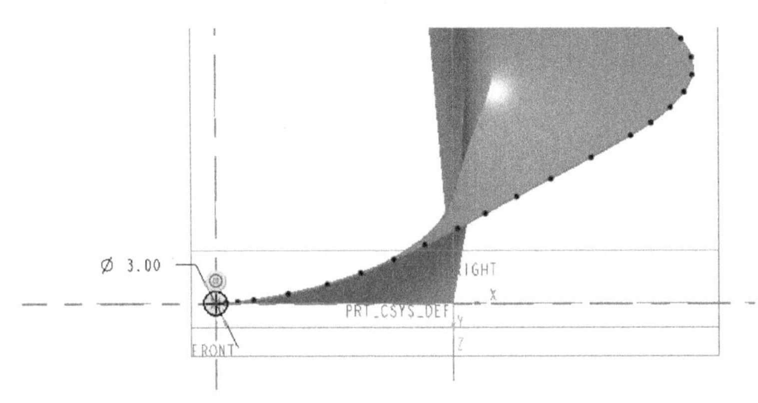

图 6-120　绘制铁丝截面

3）在“扫描”选项卡上单击“确定”按钮✔，完成创建一个变截面扫描实体特征，如图 6-121 所示。

5 隐藏两个对象

通过模型树将“草绘 1”和“扫描 1”（第一个变截面扫描曲面特征）隐藏，如图 6-122 所示。

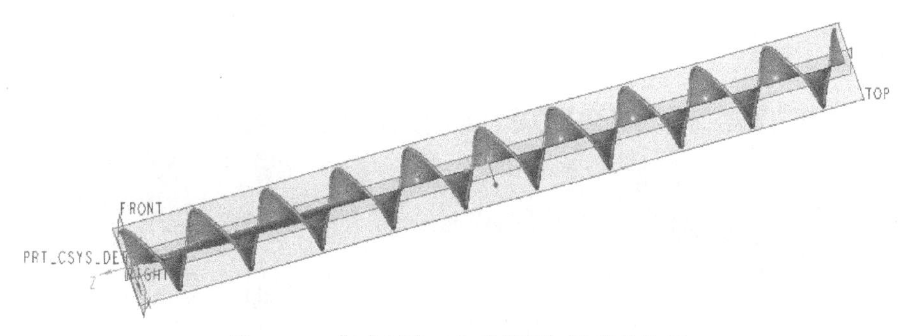

图 6-121　完成创建一个变截面扫描实体特征

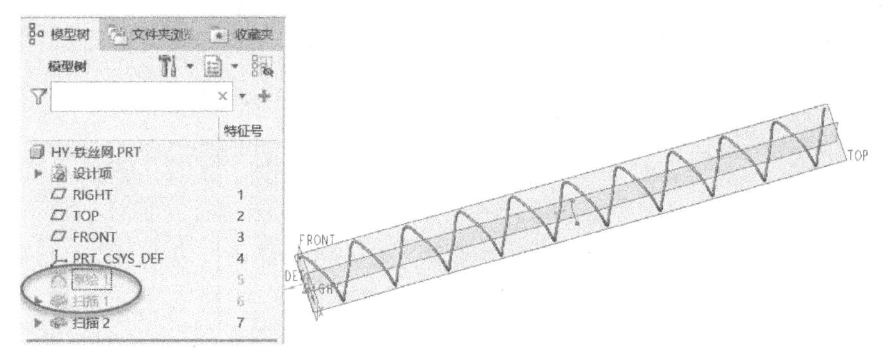

图 6-122　隐藏变截面扫描曲面操作示意

6 对可变截面扫描实体特征进行选择性粘贴

1）在模型树上选择可变截面扫描实体特征（即“扫描 2”特征），单击“复制”按钮（快捷键为〈Ctrl+C〉），接着单击“选择性粘贴”按钮（快捷键为〈Ctrl+Shift+V〉），系统弹出“选择性粘贴”对话框，增加勾选图 6-123 所示的“对副本应用移动/旋转变换”复选框，单击“确定”按钮。

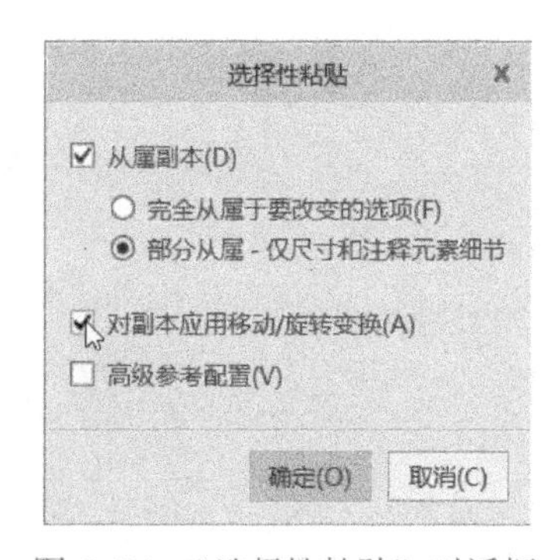

图 6-123　“选择性粘贴”对话框

2）在“移动（复制）”选项卡上设置移动 1 方向参考与平移距离，如图 6-124 所示。

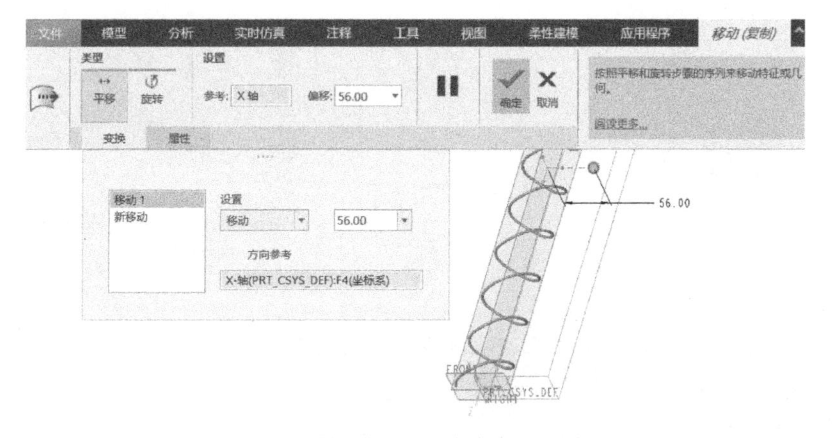

图 6-124　设置移动 1 方向参考与平移距离

3）在“变换”滑出面板中单击“新移动”，接着指定方向 2 的方向参考及其移动距离值，如图 6-125 所示。

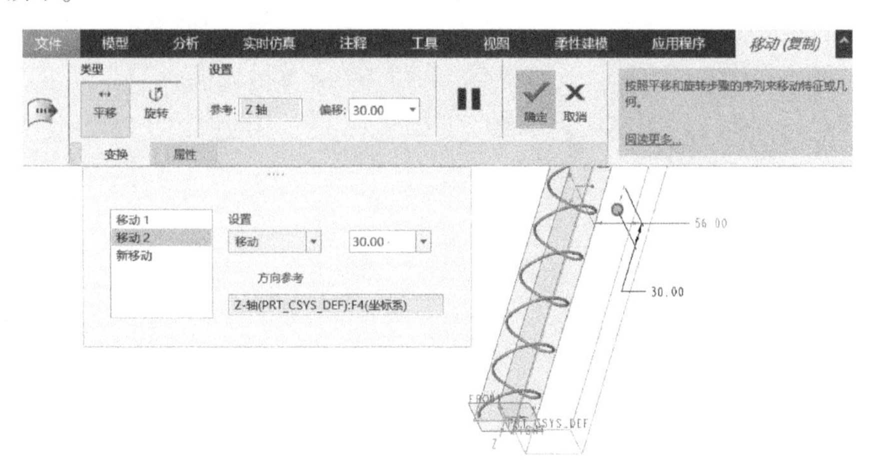

图 6-125 设置移动 2 方向参考与平移距离

4）在“移动（复制）”选项卡上单击“确定”按钮，结果（完成创建“已移动副本 1”特征）如图 6-126 所示。

7 创建局部特征组

在模型树上选择“扫描 2”特征，按住〈Ctrl〉键的同时选择“已移动副本 1”特征。接着在出现的浮动工具栏中单击“分组”按钮，从而创建一个局部特征组，如图 6-127 所示。

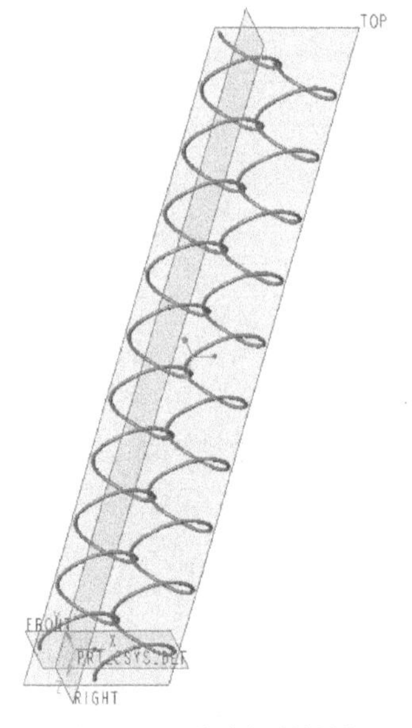

图 6-126 移动复制结果

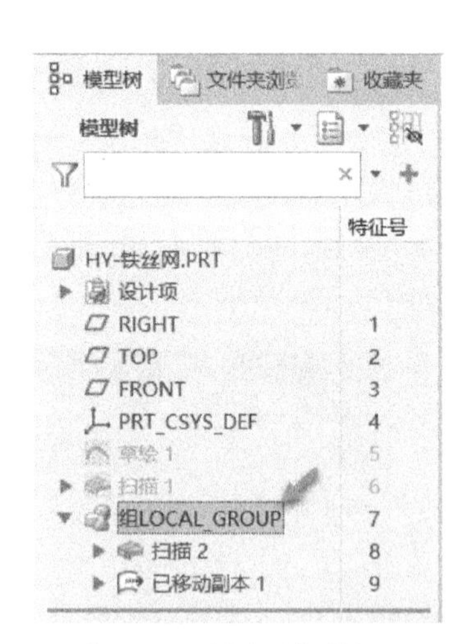

图 6-127 创建局部特征组

知识点拨：

阵列特征操作只能对单个特征进行阵列，如果要阵列多个特征，则可将多个特征创建一个局部组（局部特征组），然后阵列这个组，这个组视同单个特征。

8 对局部特征组进行阵列

1）确保选中刚创建的局部特征组（视同一个对象），单击“阵列”按钮⁝⁝，打开“阵列”选项卡。

2）在“阵列”选项卡的“类型”下拉列表框中选择“方向”类型，选择 RIGHT 基准平面作为第一方向的参考，设置第一方向的成员数为“10”，其间距为“112”，如图 6-128 所示。

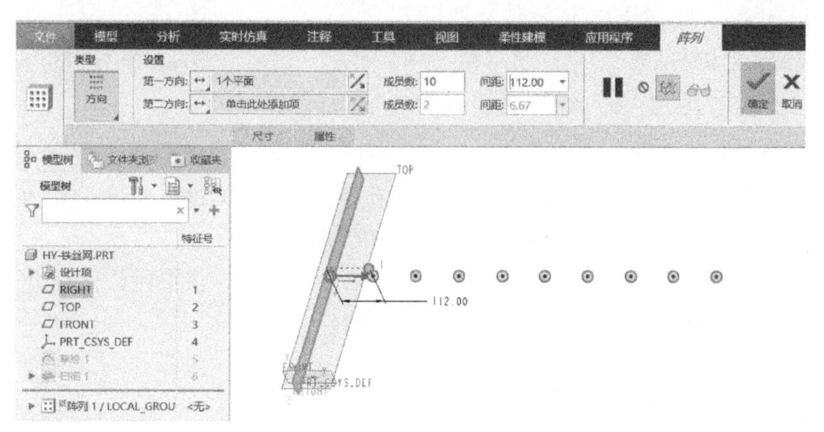

图 6-128　创建方向阵列

3）单击“确定”按钮✔，完成阵列的铁丝网结构模型如图 6-129 所示。

9 保存文件

按〈Ctrl+S〉快捷键执行保存文件的操作。

课后练习：

想一想，如果要创建图 6-130 所示的铁丝网，应该如何进行设计呢？

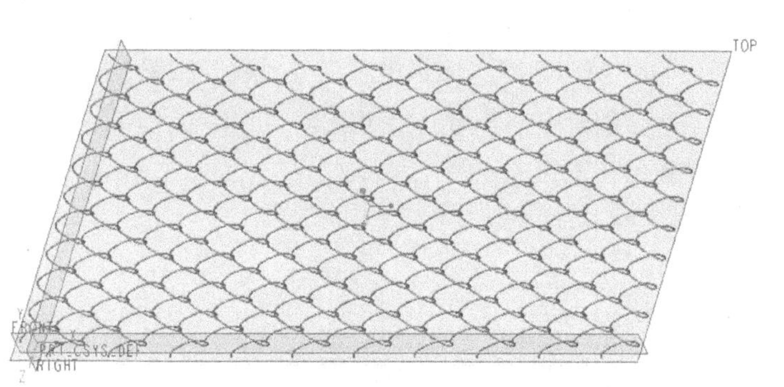

图 6-129　完成阵列的铁丝网结构模型

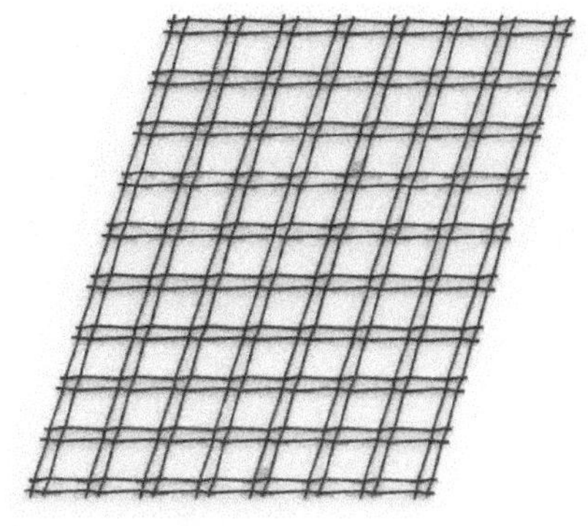

图 6-130　铁丝网练习参考图

6.9 过程巧用 itos 函数完成时钟数字建模

本节设计案例为过程巧用 itos 函数完成时钟数字建模。

在 Creo 产品设计中，使用一些函数可以创建一些有意思的模型特征，如图 6-131 所示的时钟数字模型。想想这些数字是如何创建的？有没有想过用 itos 函数呢？Itos 函数是将括号内的数值转换为字符串的函数，如果 itos 函数控制的值是非整数，则会先将其四舍五入变成整数再转换成字符串。

下面介绍具体的创建步骤。

1 新建一个实体零件文件

启动 Creo 8.0 并设置所需的工作目录之后，单击“新建”按钮，新建一个名称为“HY-时钟数字建模”、使用 mmns_part_solid_abs 公制模板的实体零件文件。

2 创建旋转实体特征

1）单击“旋转”按钮，打开“旋转”选项卡，默认选中“实体”按钮。

图 6-131　时钟数字模型

2）选择 FRONT 基准平面作为草绘平面，进入内部草绘器。绘制一条竖直的几何中心线作为旋转轴，在该几何中心线的右侧绘制一个封闭的截面图形，如图 6-132 所示。

3）旋转角度为 360°，单击“确定”按钮，按〈Ctrl+D〉快捷键以默认的标准方向视角显示模型，此时旋转实体特征的视角显示如图 6-133 所示。

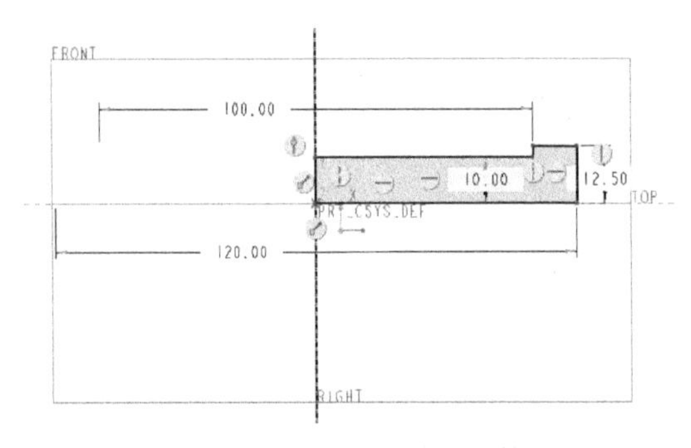

图 6-132　绘制旋转截面等

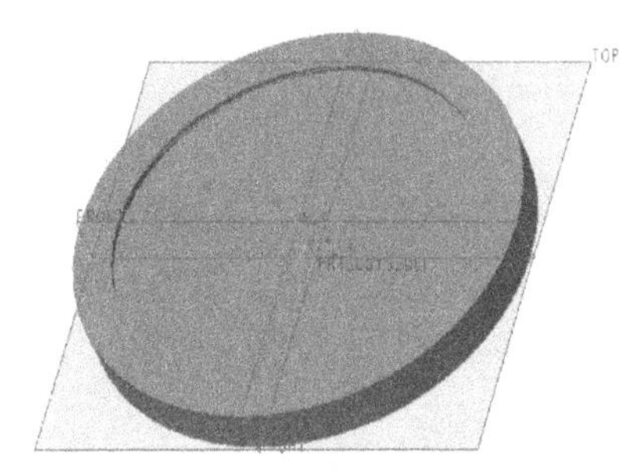

图 6-133　创建旋转实体特征

3 建立一个参数

在功能区中打开“工具”选项卡，接着从“模型意图”面板中单击“参数”按钮，弹出“参数”对话框。单击“添加新参数”按钮，创建一个名为“NUMBER”的字符串，设置其初始值为“1”，如图 6-134 所示，然后单击“确定”按钮。

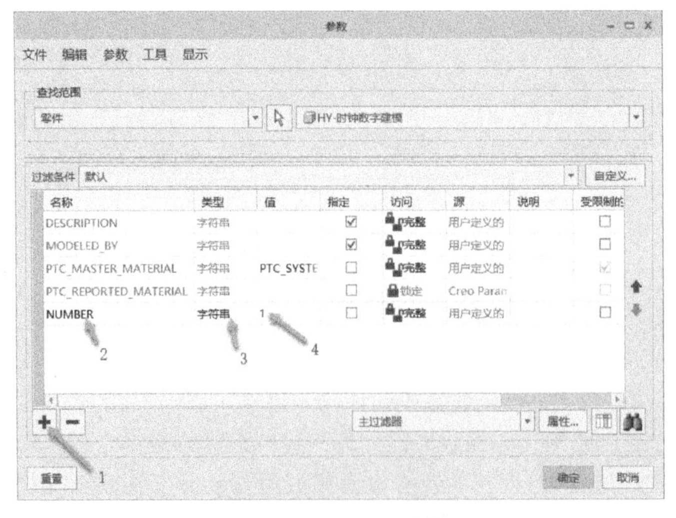

图 6-134　添加新参数

4 创建一个草绘

1）在功能区切换回“模型”选项卡，从“基准”面板中单击“草绘”按钮，弹出“草绘”对话框。选择图6-135所示的实体面作为草绘平面，单击对话框中的“草绘”按钮。

2）单击“草绘”面板中的“中心线”按钮，绘制一条与垂直线角度为30°的中心线，如图6-136所示。

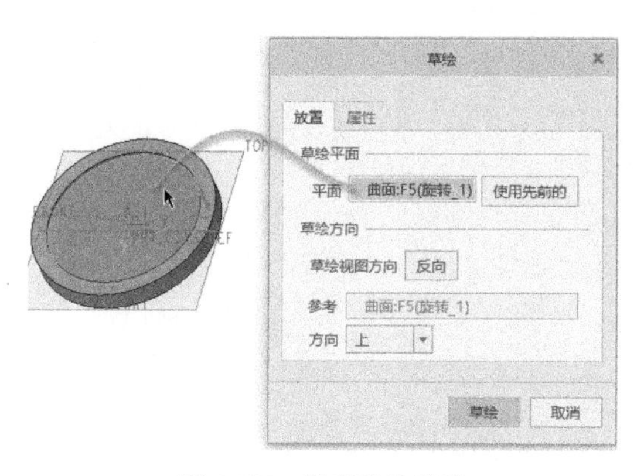

图6-135　指定草绘平面

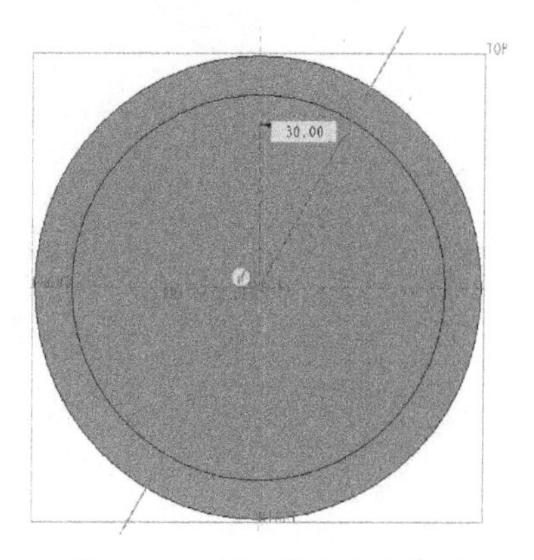

图6-136　创建旋转实体特征

3）在“草绘”面板中单击“文本”按钮，在绘制的倾斜中心线上选择一点并沿着该中心线向远离坐标系原点的方向移动一定距离，以确定文本高度和方向，系统弹出“文本”对话框，选择“使用参数”单选按钮，如图6-137所示，系统弹出“选择参数”对话框。

4）在“选择参数”对话框中，从参数列表中选择“NUMBER”参数，如图6-138所示，单击“插入选定项”按钮。此时，“选择参数”对话框自动消失，返回到“文本”对话框。

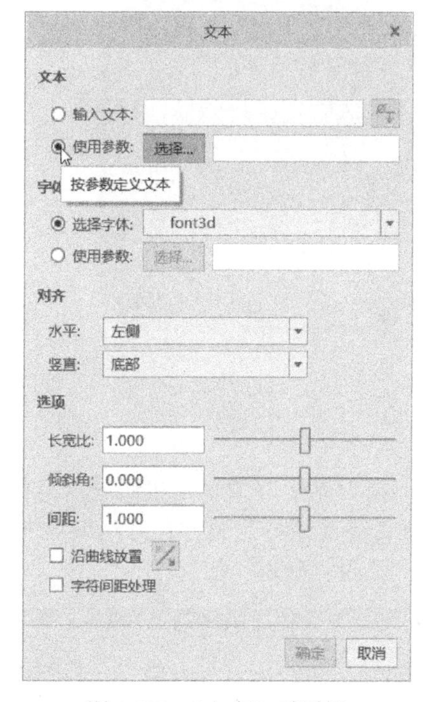

图6-137　“文本”对话框

图6-138　“选择参数”对话框

5）选择字体，设置水平对齐和竖直对齐选项，以及设置长宽比等，如图6-139所示，然后单击“确定”按钮。

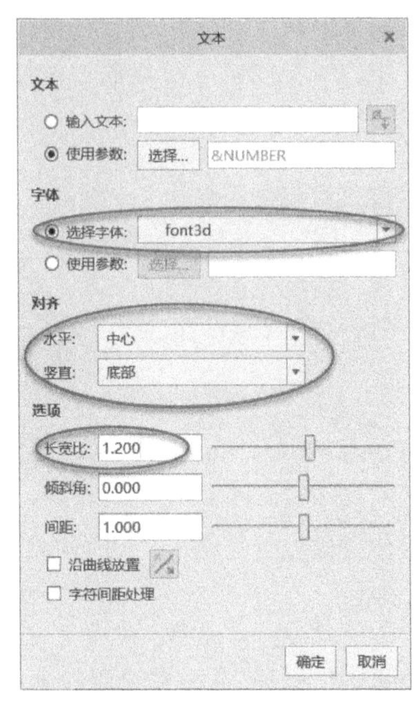

图6-139　设置字体、对齐选项、长宽比等

6）单击“草绘”面板中的“点”按钮添加一个点，该点位于文字底部放置点下方且被约束在倾斜的直线上，接着创建和修改相关的尺寸，如图6-140所示。

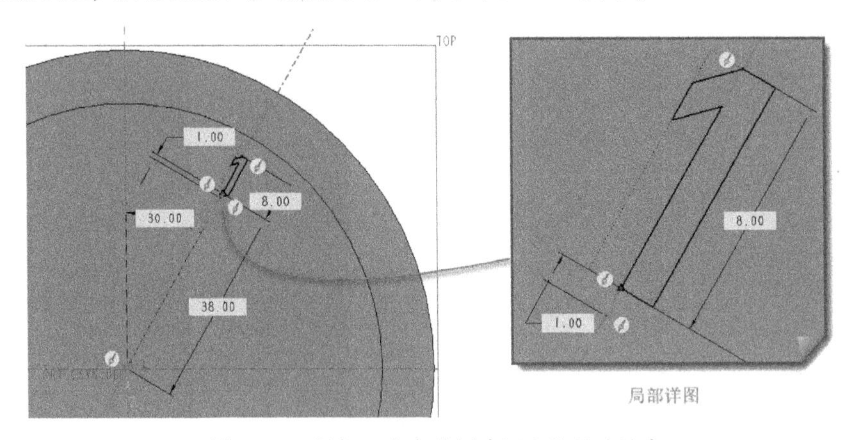

图6-140　添加一个点并创建相应的尺寸约束

7）切换至“工具”选项卡，接着从“模型意图”面板中单击“关系”按钮，弹出“关系”对话框，添加一个关系：number=itos（sd7），sd7要以系统实际为指定尺寸约束提供的编号为准，如图6-141所示。校验成功后单击“关系”对话框中的“确定”按钮。

知识点拨：

在Creo中，itos（int）的功能是将整数转换为字符串，其中，int可以是一个数字或表达式，对非整数进行四舍五入。

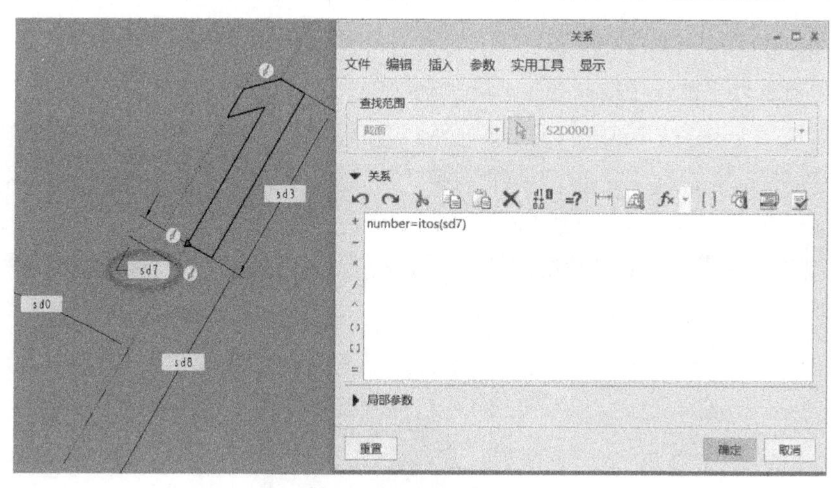

图 6-141　输入关系式

8）切换至功能区“草绘”选项卡，单击“确定”按钮✔，完成草绘。

5 拉伸数字

确保上一个草绘处于被选中的状态，单击“拉伸”按钮，接着在“拉伸”选项卡上设置侧 1 的拉伸深度值为“1. 8”，如图 6-142 所示，然后单击“确定”按钮✔。

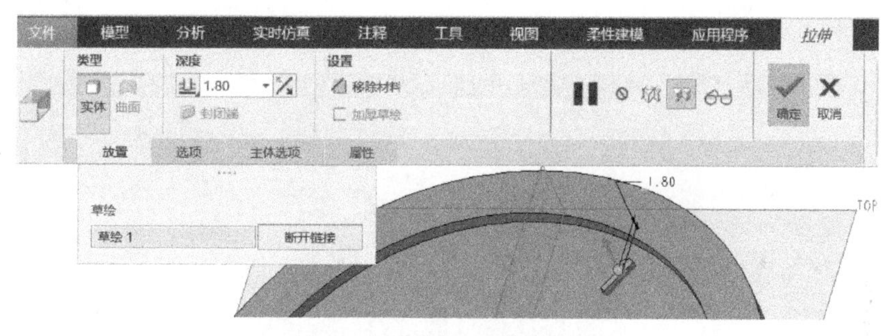

图 6-142　创建一个拉伸数字

6 创建一个组

确保“拉伸 1”特征处于被选中的状态，按住〈Ctrl〉键，同时在模型树上增加选择“草绘 1”特征，在浮动工具栏中单击“分组”按钮，从而将所选的两个特征组合成一个组对象，如图 6-143 所示。

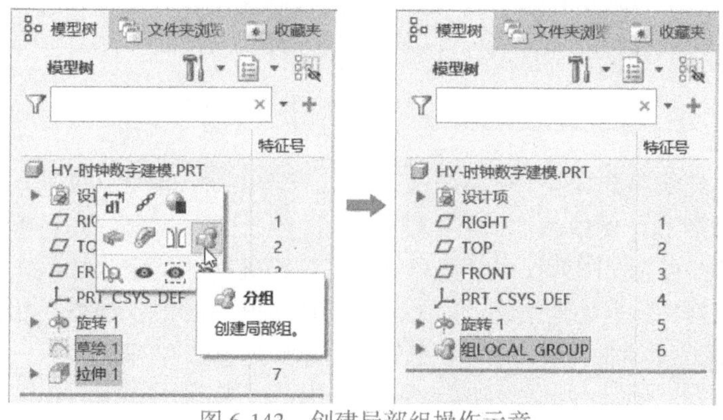

图 6-143　创建局部组操作示意

7 阵列组

1）确保组对象处于被选中的状态，单击“阵列”按钮，打开“阵列”选项卡。

2）从“类型”下拉列表框中选择“轴”阵列类型，在模型中选择 A_1 旋转轴作为旋转中心线，设置阵列成员数为“12”，成员间的角度为“30”，默认勾选“跟随轴旋转”复选框，如图 6-144 所示。

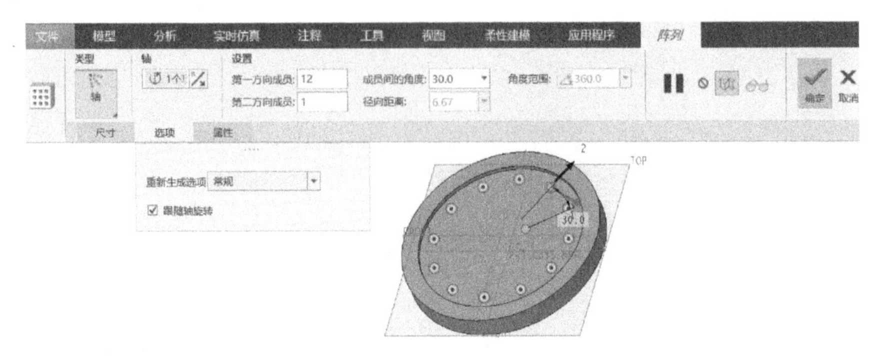

图 6-144　设置轴阵列参数、选项

3）在“阵列”选项卡的“尺寸”滑出面板上，在“方向 1”尺寸收集器的框内单击将其激活，此时在模型中显示组成员特征的尺寸，在模型中选择数值为“1”的尺寸（即草绘点与文本底部放置的一个距离尺寸），默认增量为“1”，如图 6-145 所示。

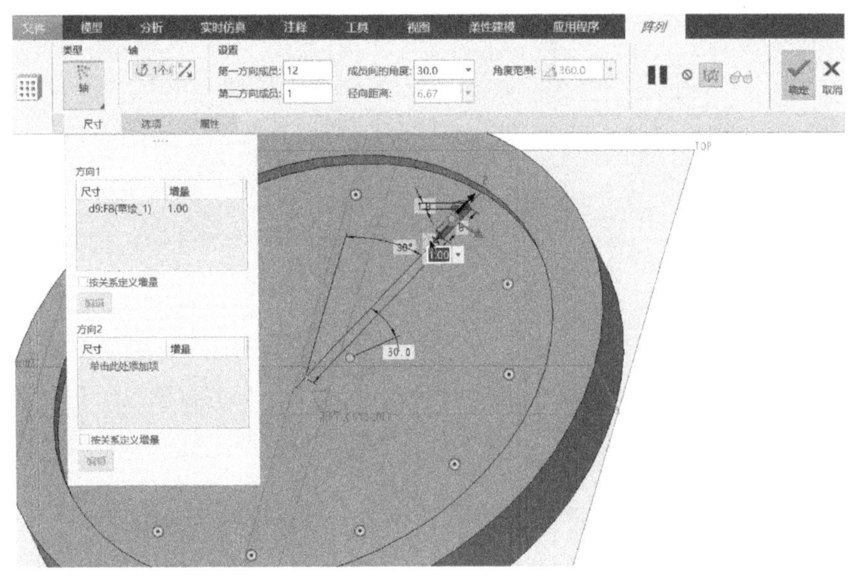

图 6-145　方向 1 添加尺寸增量

4）在“阵列”选项卡上单击“确定”按钮✔，阵列结果如图 6-146 所示。

操作技巧：本案例在草图中添加一个草绘点并建立一个距离尺寸，还特意将该距离尺寸设定为“1”是有讲究的。在后面阵列操作时又巧妙地将该距离尺寸选定为方向 1 的尺寸变量，设置其尺寸增量为 1，这样在阵列处理中就产生了从初始值 1 开始的加 1 递增的相应数值。读者可以尝试一下，如果将该尺寸增量设置为 2，看看最后的结果是怎么样的呢？

8 保存文件

图 6-146　阵列结果

按〈Ctrl+S〉快捷键执行保存文件的操作。

6.10 渐开线直齿圆柱轮建模

本实例介绍一个渐开线直齿圆柱齿轮的设计方法及步骤。该齿轮的模数 m 为 2，齿数 z 为 42，齿宽为 24mm，压力角 α 为 20°。完成的渐开线直齿圆柱齿轮如图 6-147 所示。

在该实例中，重点学习设置尺寸关系、由渐开线方程创建曲线、设置基本参数等知识。

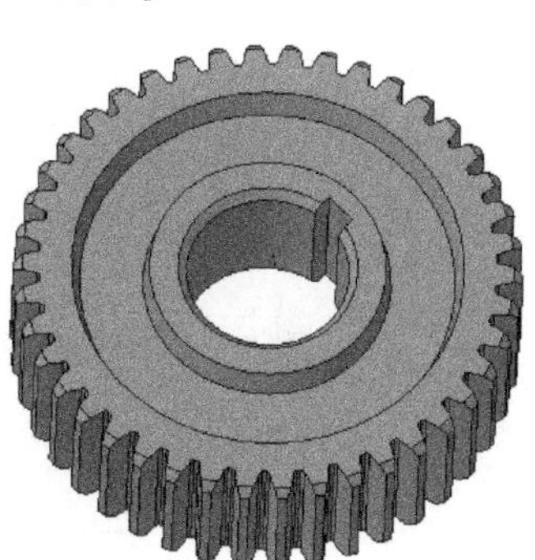

图 6-147　渐开线直齿圆柱齿轮

下面介绍该实例的建模方法及步骤。

1 新建一个实体零件文件

启动 Creo 8.0 并设置所需的工作目录之后，单击“新建”按钮，新建一个名称为“HY-渐开线圆柱直齿轮”、使用 mmns_part_solid_abs 公制模板的实体零件文件。

2 定义参数

1）在功能区的“模型”选项卡中单击“模型意图”|“参数”按钮，此时系统弹出“参数”对话框。

2）单击 4 次“添加新参数”按钮，从而增加 4 个参数。

3）分别修改新参数名称和相应的数值，如图 7-2 所示。新参数分别为 m、Z、WIDTH 和 PA，其中 m 为模数、Z 为齿数、WIDTH 为齿宽、PA 为压力角，其值分别为 2、42、24 和 20。

4）在“参数”对话框上单击“确定”按钮，完成用户自定义参数的建立。

3 创建旋转特征

1）单击“旋转”按钮，打开“旋转”选项卡，默认选中“实体”按钮。

2）选择 FRONT 基准平面作为草绘平面，进入内部草绘器。单击“基准”面板中的“中心线（几何）”按钮，绘制一条水平的几何中心线作为旋转轴，接着单击“草绘”面板中的“中

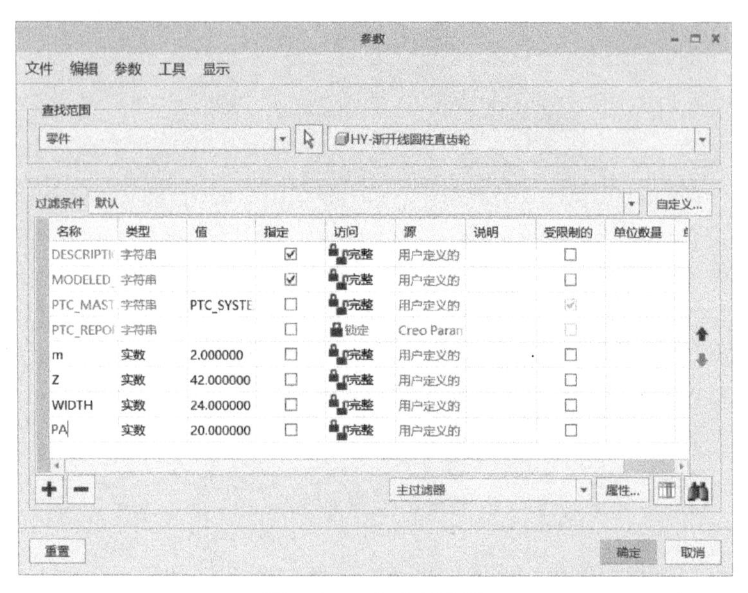

图 6-148 定义新参数

心线”按钮 ，绘制一条竖直的中心线。然后单击“草绘”面板中的“线链”按钮 ，草绘如图 6-149 所示的旋转截面。

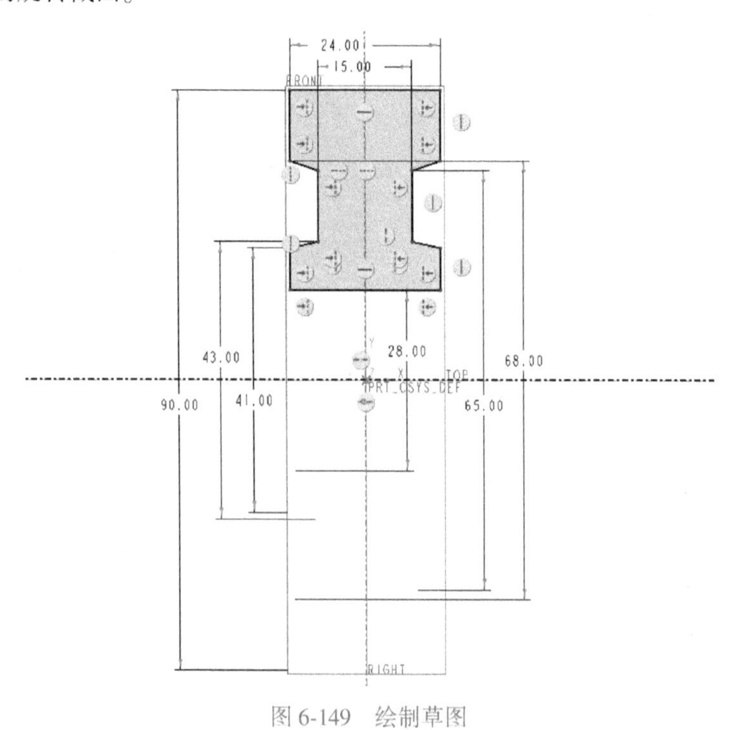

图 6-149 绘制草图

说明：

绘制的第一条几何中心线将作为旋转轴。

3）在功能区中切换至“工具”选项卡，接着从“模型意图”组中单击“关系”按钮 d=，弹出“关系”对话框。此时草绘截面的各尺寸以变量符号显示，在对话框中输入如下关系式（尺寸代号需与实际显示的为准）。

```
sd16 = WIDTH
sd17 = 0.625 * WIDTH
sd14 = m * Z+2 * m
```

输入完成后的“关系”对话框如图 6-150 所示，然后在“关系”对话框上单击“确定”按钮。

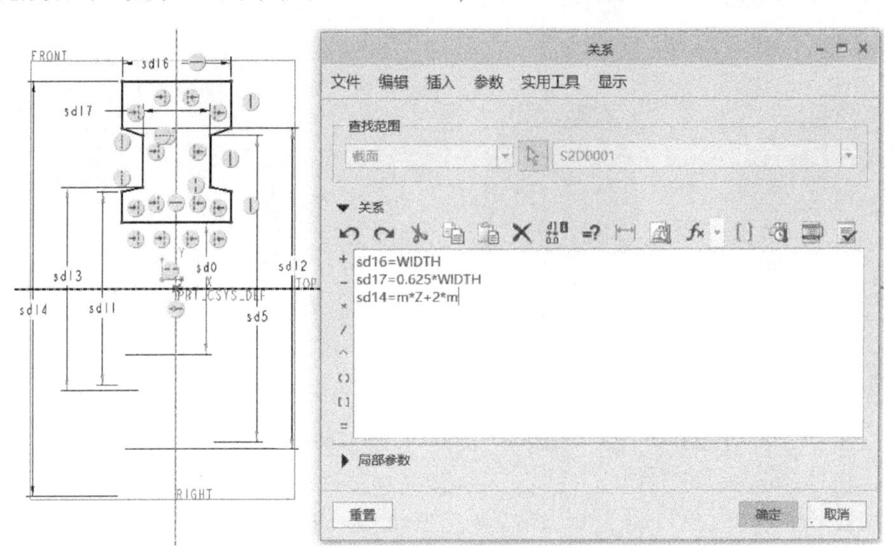

图 6-150　设置关系式

4）在功能区中重新切换回“草绘”选项卡，单击“确定”按钮，完成草绘并退出草绘模式。

5）接受默认的旋转角度为 360°，在“旋转”选项卡中单击“确定”按钮，完成的旋转特征如图 6-151 所示（按〈Ctrl+D〉快捷键以默认的标准方向视角显示）。

4 建立键槽结构

1）单击“拉伸”按钮，打开“拉伸”选项卡，单击“移除材料”按钮。

2）选择 RIGHT 基准平面作为草绘平面，系统自动进入草绘模式。绘制图 6-152 所示的剖面，单击“确定”按钮。

图 6-151　创建的旋转特征

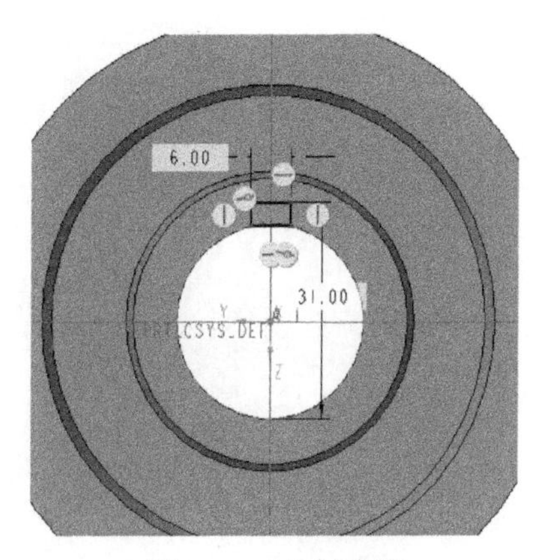

图 6-152　绘制草图

3）打开“选项”滑出面板，从“侧 1”和“侧 2”下拉列表框中均选择“穿透”。

4）单击“拉伸”选项卡中的“确定”按钮，得到的键槽结构如图 6-153 所示。

草绘曲线

1）单击“草绘”按钮，弹出“草绘”对话框，选择 RIGHT 基准平面为草绘平面，接受默认的草绘方向参考（如以 TOP 基准平面为“左”方向参考），单击“草绘”按钮。

2）分别绘制 4 个圆，如图 6-154 所示。

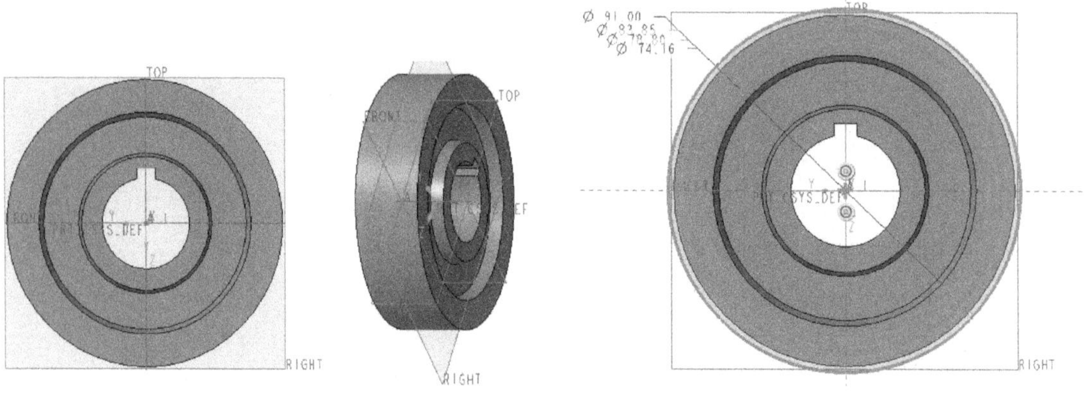

图 6-153 创建键槽结构　　图 6-154 绘制 4 个同心的圆

3）在功能区中切换至“工具”选项卡，从“模型意图”组中单击“关系”按钮，打开“关系”对话框（窗口）。此时草绘截面的各尺寸以变量符号显示，在该对话框中输入如下关系式。

```
sd0=m*(Z+2)           //*齿顶圆直径
sd1=m*Z               //*分度圆直径
sd2=m*Z*cos(PA)       //*基圆直径
sd3=m*Z-2.5*m         //*齿根圆直径
DB=sd2
```

完成后的“关系”对话框如图 6-155 所示。在“关系”对话框上单击“确定”按钮。

图 6-155 定义关系式

4）在功能区中切换到“草绘”选项卡，然后单击“确定”按钮✔。

6 创建渐开线

1）在功能区的“模型”选项卡中打开“基准”组溢出列表，接着单击“曲线”旁的小三角按钮▸，然后选择“来自方程的曲线”命令，则功能区出现“曲线：从方程”选项卡。

2）从“坐标系”下拉列表框中选择“笛卡儿”选项，在图形窗口或模型树中选择 PRT_CSYS_DEF 坐标系。

3）在“曲线：从方程”选项卡中单击“方程”选项组的“编辑”按钮，弹出一个“方程”编辑窗口（对话框），在其文本框中输入下列函数方程。

```
r=DB/2                                      /*r 为基圆半径
theta=t*60                                  /*设置渐开线展角为从 0~60°
x=0
z=r*sin(theta)-r*(theta*pi/180)*cos(theta)
y=r*cos(theta)+r*(theta*pi/180)*sin(theta)
```

输入关系式后的“方程”编辑窗口如图 6-156 所示。

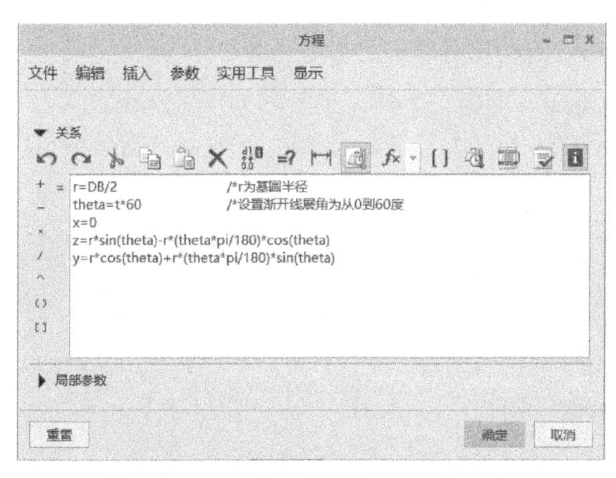

图 6-156 “方程”编辑窗口（对话框）

4）在“方程”编辑窗口中单击“执行/校验关系并按关系创建新参数”按钮，弹出图 6-157 所示的“校验关系”对话框，从中单击“确定”按钮。

5）在“方程”编辑窗口中单击“确定”按钮。

6）在“曲线：从方程”选项卡中单击“确定”按钮✔，创建图 6-158 所示的渐开线。

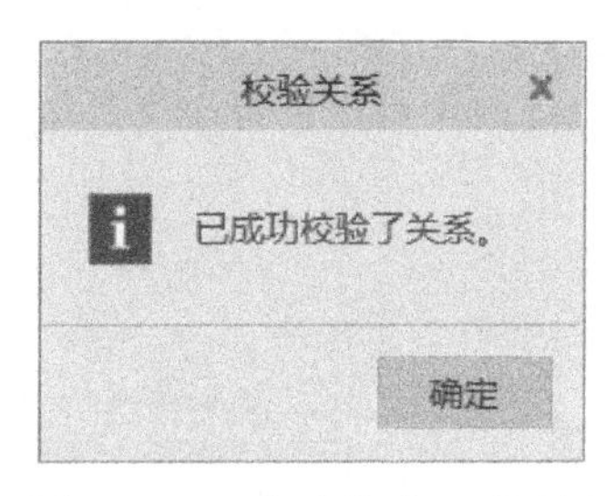

图 6-157 “校验关系”对话框

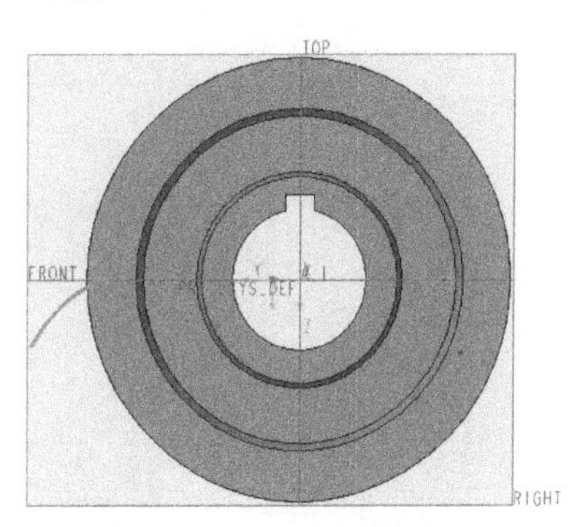

图 6-158 完成一条渐开线

7 创建基准点

单击“基准点”按钮，打开“基准点”对话框。选择渐开线，按住〈Ctrl〉键的同时选择分度圆曲线，如图 6-159 所示，在它们的交点处产生一个基准点 PNT0，单击“确定”按钮。

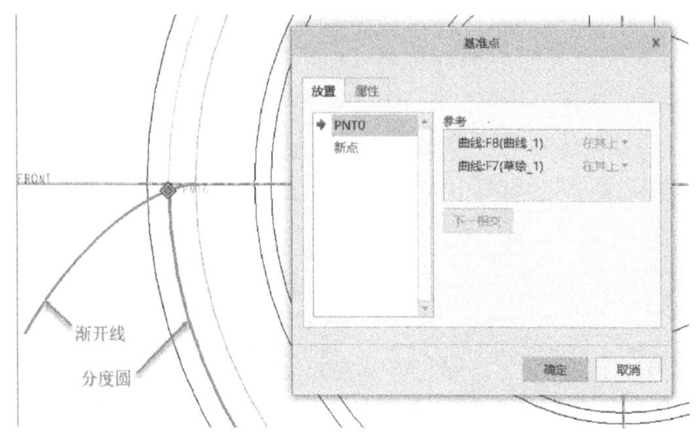

图 6-159 创建基准点

8 创建通过基准点 PNT0 与圆柱轴线的参考平面

1）单击“平面”按钮，打开“基准平面”对话框。

2）基准点 PNT0 处于被选中的状态，按〈Ctrl〉键的同时选择圆柱轴线 A_1，如图 6-160 所示。单击“确定”按钮，创建基准平面 DTM1。

9 创建基准平面 M_DTM

1）单击“平面”按钮，打开“基准平面”对话框。

2）DTM1 基准平面处于被选中的状态，按住〈Ctrl〉键的同时选择圆柱轴线 A_1。接着在“基准平面”对话框的“旋转”框中输入“-360/（4＊Z）”，如图 6-161 所示，按〈Enter〉键，系统自动计算该关系式。

3）切换到“属性”选项卡，在“名称”文本框中输入“M_DTM”，如图 6-162 所示，然后单击“确定”按钮。

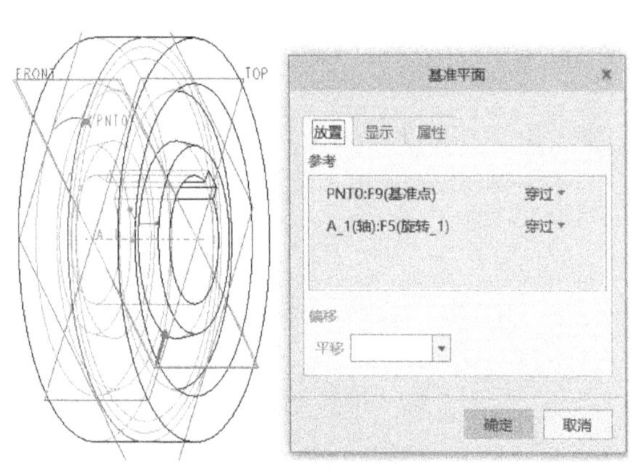

图 6-160 创建基准平面 DTM1

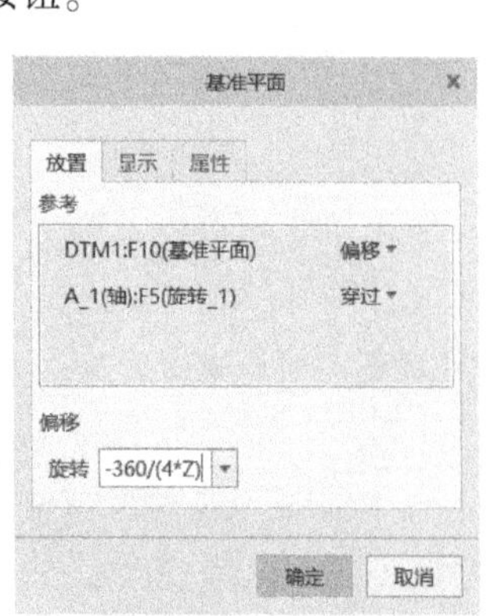

图 6-161 输入旋转角度

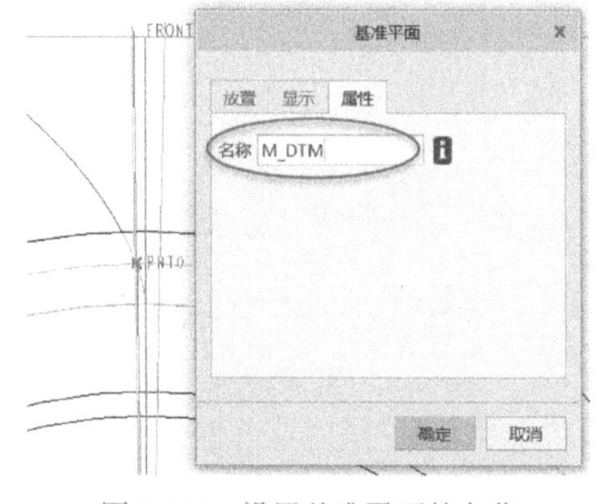

图 6-162 设置基准平面的名称

10 镜像渐开线

1）选择渐开线，单击“镜像”按钮，打开“镜像”选项卡。

2）选择 M_DTM 基准平面作为镜像平面。

3）单击“镜像”选项卡上的“确定”按钮，由镜像操作产生的渐开线如图 6-163 所示。

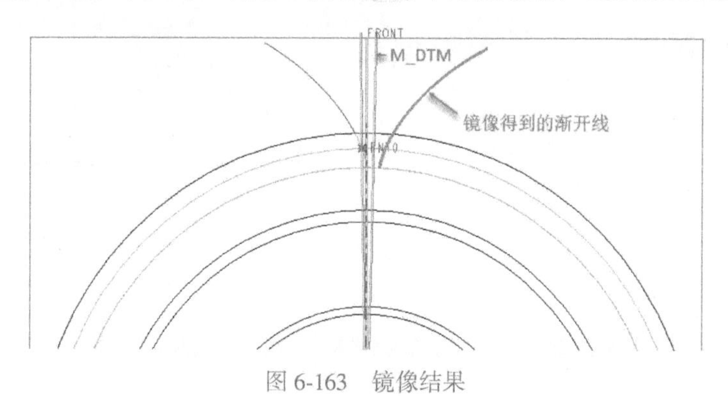

图 6-163　镜像结果

11 创建倒角特征

1）单击“边倒角”按钮，打开“边倒角”选项卡。

2）在“边倒角”选项卡中，选择边倒角尺寸标注形式为“45×D”，在 D 尺寸框中输入“1. 5”，即设置当前倒角集的尺寸为 C1. 5（即 45°×1. 5）。

3）按住〈Ctrl〉键的同时选择图 6-164 所示的 4 条轮廓边。

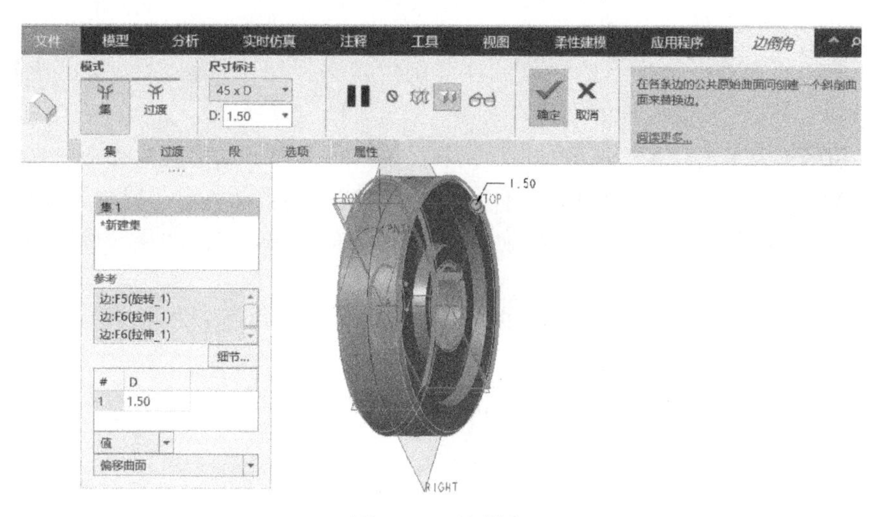

图 6-164　边倒角

4）单击“边倒角”选项卡的“确定”按钮。

12 以拉伸的方式切出第一个齿槽

1）单击“拉伸”按钮，打开“拉伸”选项卡，指定要创建的模型特征为“实体”，单击“移除材料”按钮。

2）选择 RIGHT 基准平面作为草绘平面，快速进入内部草绘器。绘制图 6-165 所示的图形，注意选择齿根圆来与渐开线构成该开放图形，单击“确定”按钮。

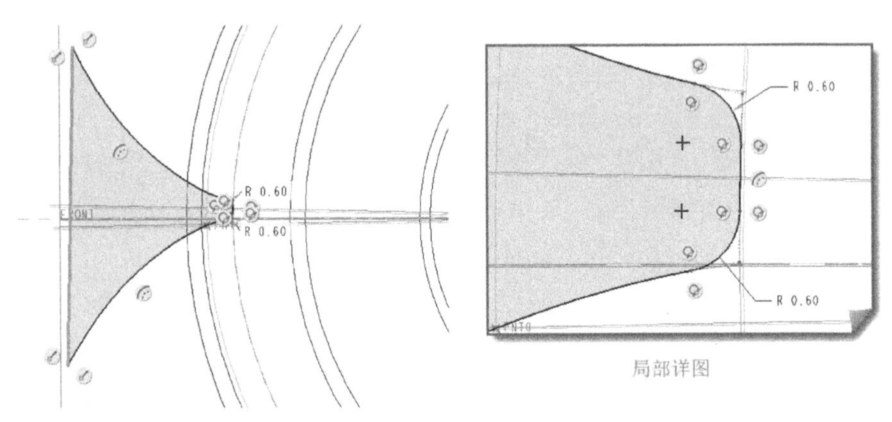

图 6-165　绘制草图

知识点拨：

注意分析哪个是齿根圆曲线以及齿根圆圆角的大小如何选定。齿根过渡圆角对齿根应力有重要的影响，较大的齿根应力容易导致齿根出现疲劳裂纹。一般齿根圆角半径可取 0.38 * m、0.3 * m、0.25 * m 等比较常见。

3）在“拉伸”选项卡中，打开“选项”滑出面板，在“侧 1”和“侧 2”下拉列表框中均选择“穿透”。

4）单击“拉伸”选项卡中的“确定”按钮，完成创建的一个齿槽如图 6-166 所示。

13 建立曲线图层并隐藏该图层

1）在功能区“视图”选项卡的“可见性”组中单击“层”按钮，从而使导航区出现层树。

2）在层树的上方单击“层”按钮，从下拉菜单中选择“新建层”命令，在弹出的“层属性”对话框上输入名称为“CURVE”，将“选择”过滤器的选项临时设置为“曲线”。框选模型以选择其所有曲线（包括渐开线等）作为 CURVE 图层的项目，单击“层属性”对话框的“确定”按钮。

3）在层树上右击 CURVE 图层，从出现的快捷菜单中选择“隐藏”命令，此时模型显示如图 6-167 所示。

4）在层树窗口的空白区域右击，接着从出现的快捷菜单中选择“保存状况”命令。

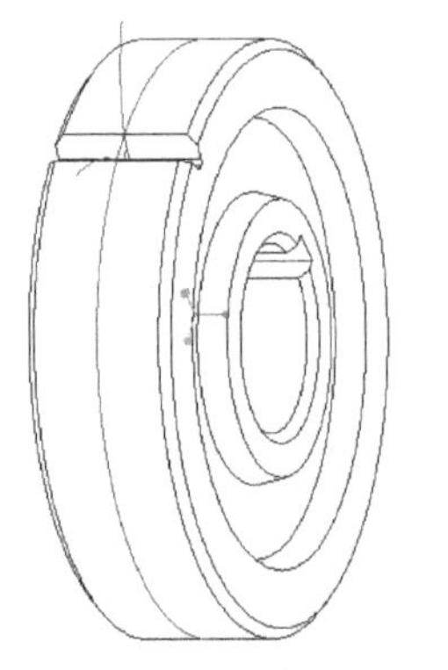

图 6-166　创建的第 1 个齿槽

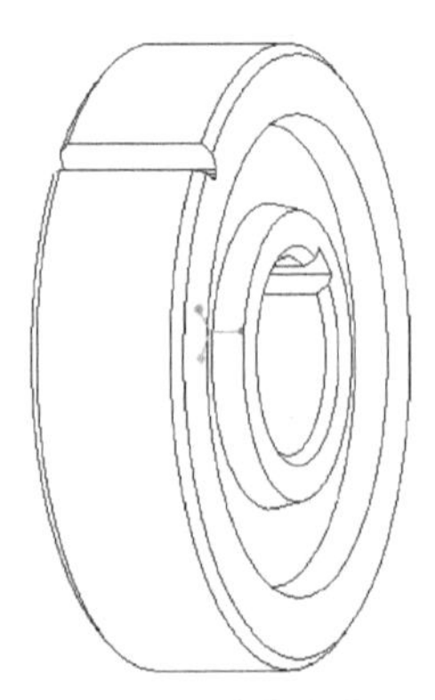

图 6-167　隐藏曲线层

14 阵列齿槽

1）选择创建的第一个齿槽，从功能区“模型”选项卡的“编辑”组中单击“阵列”按钮 ，打开“阵列”选项卡。

2）从“类型”下拉列表框中选择“轴”阵列类型选项，接着在零件模型中选择齿轮零件的中心特征轴（圆柱轴线）A_1。

3）在“阵列”选项卡上设置第一方向阵列成员数为“42”，成员间的角度增量为 360/Z。当输入角度增量为 360/Z 并按〈Enter〉键时，系统会弹出图 6-168 所示的对话栏来询问是否增加该特征关系，单击“是”按钮。

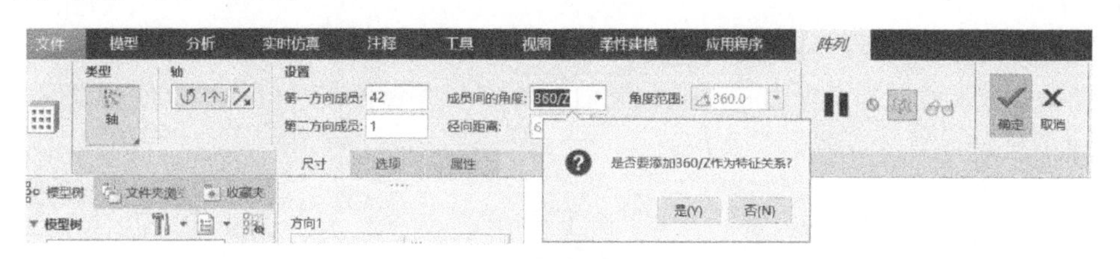

图 6-168　确定添加特征关系

4）单击“确定”按钮，阵列齿槽的效果如图 6-169 所示。

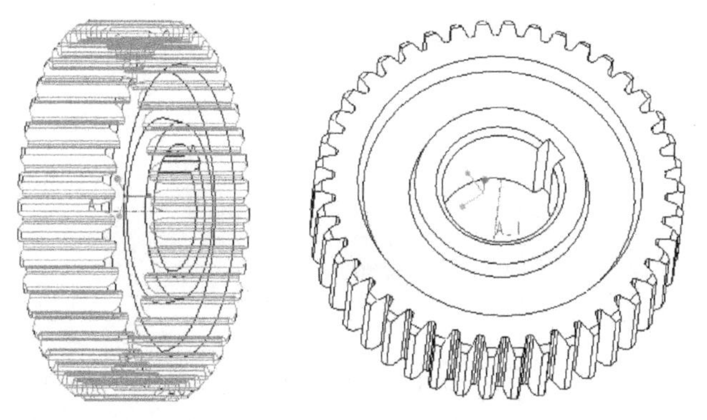

图 6-169　阵列齿槽的效果

15 保存文件

按〈Ctrl+S〉快捷键执行保存文件的操作。

6.11 阿基米德蜗杆轴实例

本节介绍一个阿基米德蜗杆轴零件的建模方法及过程。阿基米德蜗杆轴零件的主要参数为：轴向模数为 8、蜗杆头数为 2、蜗杆直径系数为 12. 5、螺杆螺旋线方向为右旋、轴向剖面内齿形角为 20°。本案例要完成的阿基米德蜗杆轴零件如图 6-170 所示。

图 6-170　阿基米德蜗杆轴

本案例的主要目的是掌握设计阿基米德蜗杆轴的方法及其步骤，熟悉蜗杆轴零件的结构特点等，具体的设计方法及步骤如下。

1 新建一个实体零件文件

启动 Creo 8.0 并设置所需的工作目录之后，单击“新建”按钮，新建一个名称为“HY-阿基米德蜗杆轴”、使用 mmns_part_solid_abs 公制模板的实体零件文件。

2 定义参数

1）在功能区“工具”选项卡的“模型意图”面板中单击“参数”按钮 [ ]，系统弹出“参数”对话框。

2）单击 4 次“添加新参数”按钮 +，增加 4 个参数。

3）将新参数名称分别设置为 Q、M、ALPHA 和 Z1，并设置其对应的初始值和说明文字，如图 6-171 所示（Creo 对参数名称不分大小写）。

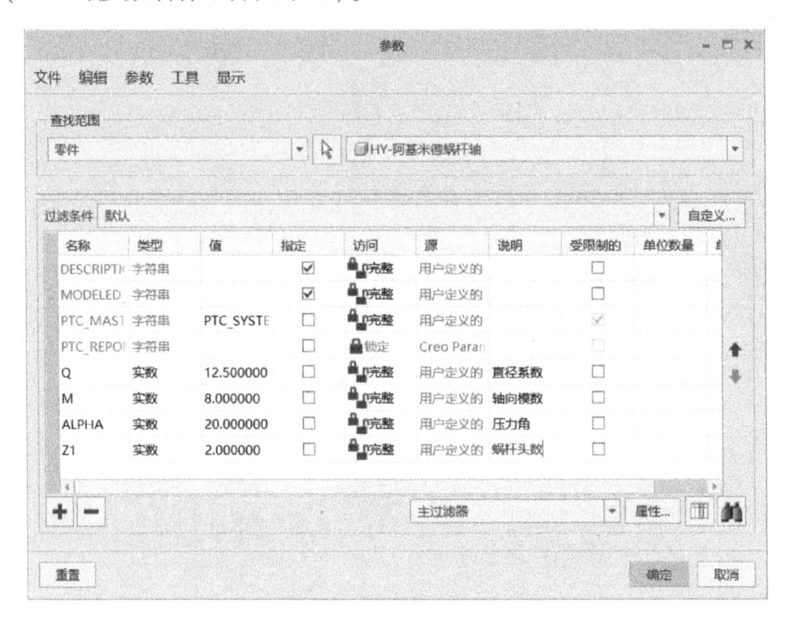

图 6-171　定义新参数

4）在“参数”对话框上单击“确定”按钮，完成用户自定义参数的建立。

3 创建旋转特征

1）在功能区“模型”选项卡的“形状”面板中单击“旋转”按钮，打开“旋转”选项卡，默认将创建实体特征。

2）选择 FRONT 基准平面作为草绘平面，进入草绘器。绘制图 6-172 所示的旋转剖面和用作旋转轴的一条几何中心线。图中数值为“116”的尺寸是齿顶圆直径尺寸，由蜗杆齿顶圆直径公式 d_{a1} = 模数×(齿数+2) = $m(q+2)$ 计算而得。标注好相关尺寸和几何约束后单击“确定”按钮 ✔。

3）接受默认的旋转角度为 360°，在“旋转”选项卡上单击“确定”按钮 ✔，创建的旋转实体如图 6-173 所示。

4 以旋转的方式切除出退刀槽

1）单击“旋转”按钮，打开“旋转”选项卡，默认创建实体，单击“移除材料”按钮。

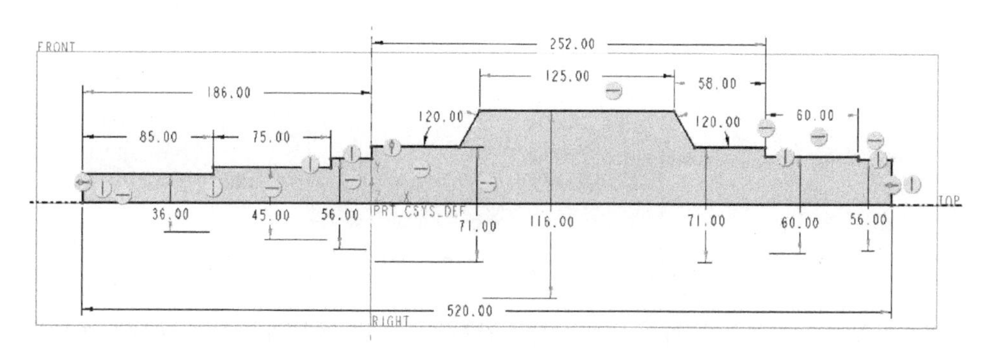

图6-172　绘制旋转剖面

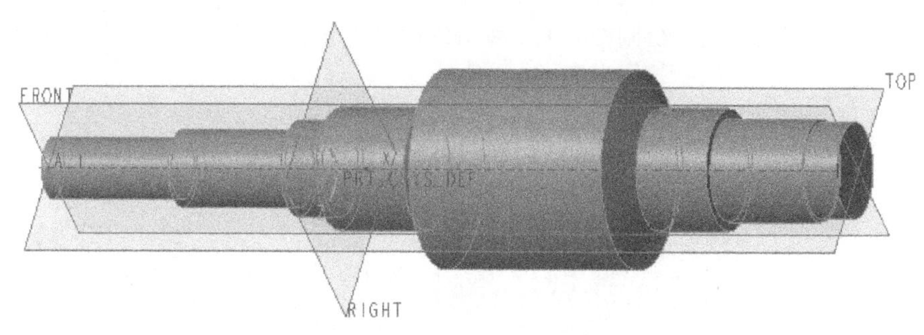

图6-173　创建的旋转实体

2）选择FRONT基准平面作为草绘平面，进入草绘模式。绘制图6-174所示的旋转轴线和剖面，单击“确定”按钮✔。

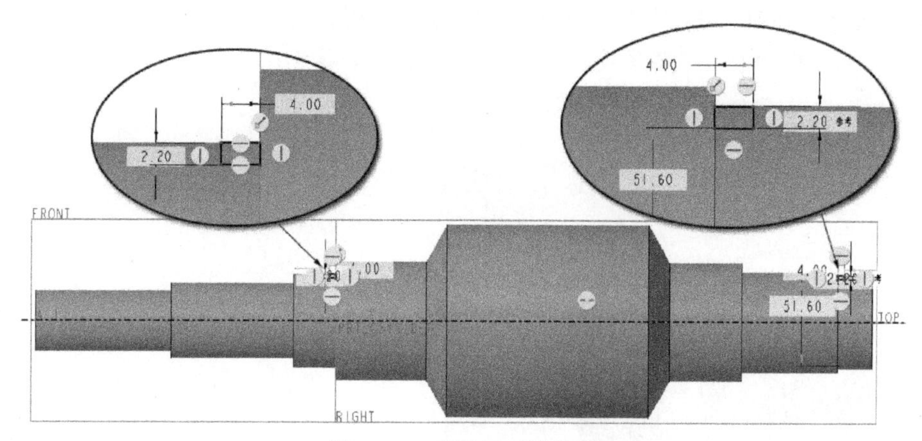

图6-174　草绘退刀槽截面

3）接受默认的旋转角度为360°，单击“确定”按钮✔，以旋转方式切除出两个退刀槽，其效果如图6-175所示。

5 创建蜗杆齿槽

1）在功能区“模型”选项卡的“形状”面板中找到并单击“螺旋扫描”按钮，打开“螺旋扫描”选项卡。默认时，“实体”按钮和“右手定则”按钮处于被选中的状态，单击“移除材料”按钮。

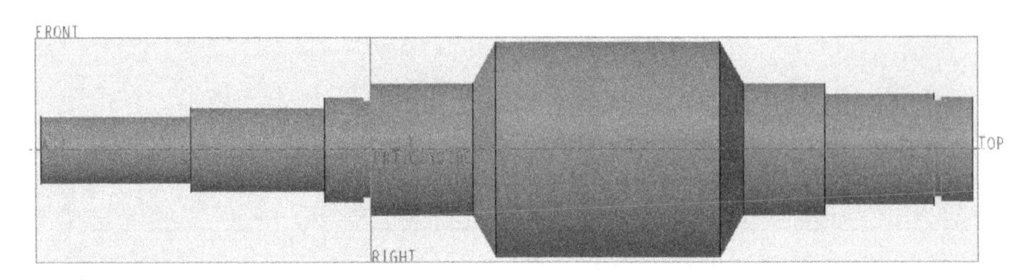

图 6-175　切除出退刀槽的模型效果

2）在“螺旋扫描”选项卡的“参考”滑出面板中，从“截面方向”选项组中选择“穿过螺旋轴”单选按钮，接着单击位于“螺旋轮廓”收集器右侧的“定义”按钮，系统弹出“草绘”对话框。选择 FRONT 基准平面作为草绘平面，以 RIGHT 基准平面作为“右”方向参考，单击“草绘”按钮，进入草绘模式，绘制图 6-176 所示的图形，包含一条用作螺旋轴的几何中心线和一条直线段。

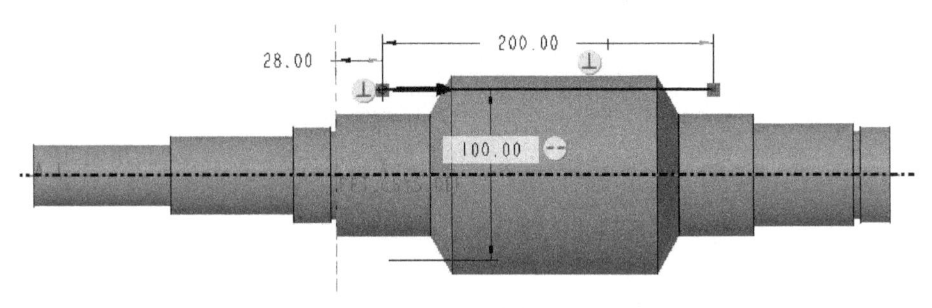

图 6-176　绘制图形

3）在功能区中切换至“工具”选项卡，接着从“模型意图”面板中单击“关系”按钮 d=，弹出“关系”对话框。输入的关系式如图 6-177 所示，注意模型中显示的尺寸符号。完成剖面关系式的设置后，单击“关系”对话框中的“确定”按钮。

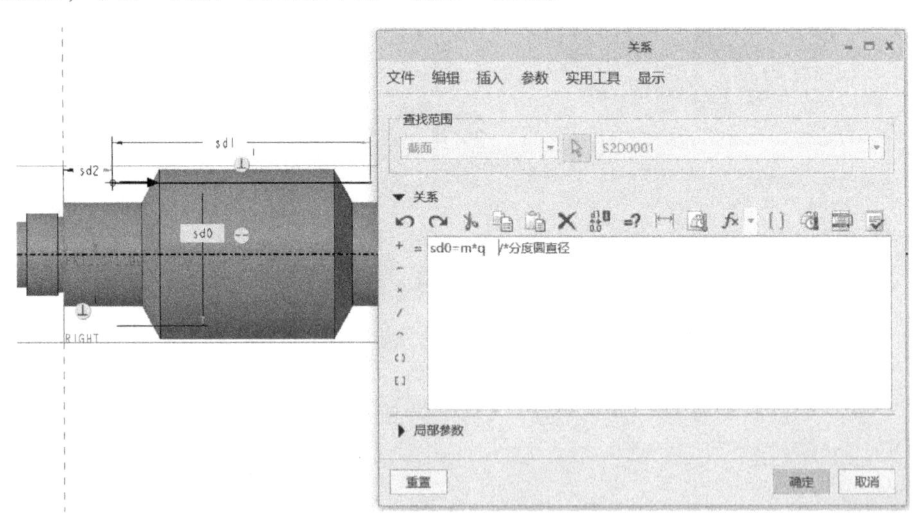

图 6-177　输入关系式

4）此时系统自动更新剖面尺寸，切换回“草绘”选项卡，单击“确定”按钮 ✔，完成螺旋扫描轨迹的绘制。

5）输入的间距值（螺距）为蜗杆头数乘以蜗杆轴向齿距，即输入“z1 * pi * m”，按〈Enter〉键确认。此时系统提示“是否要添加 z1 * pi * m 作为特征关系”，如图 6-178 所示，单击“是”按钮。

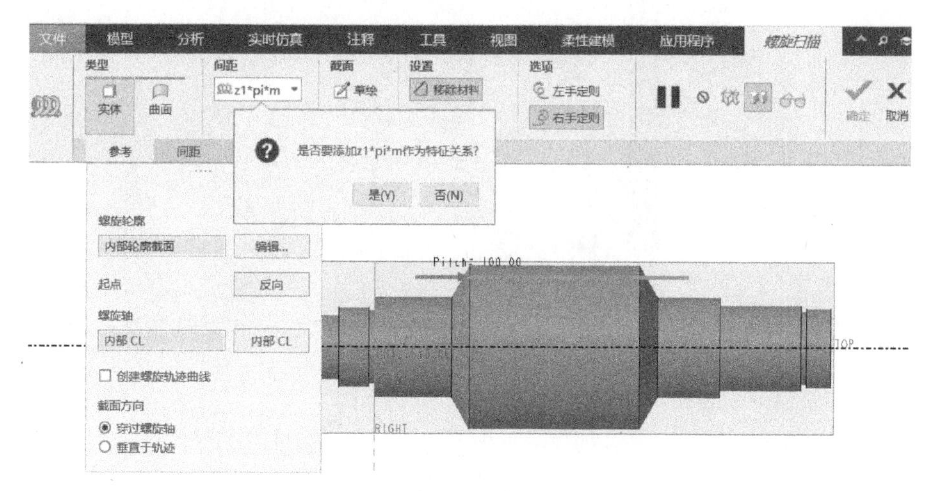

图 6-178　输入螺距关系式并确定

6）在“螺旋扫描”选项卡中单击“截面”下的“草绘”按钮，进入草绘器中绘制图 6-179 所示的螺旋扫描剖面。其中的尺寸可以不必直接修改为图 6-179 所示的精确数值，只需保持相同形状的图形和标注所需的尺寸，而尺寸的最终值将通过设置蜗杆关系式来计算驱动。

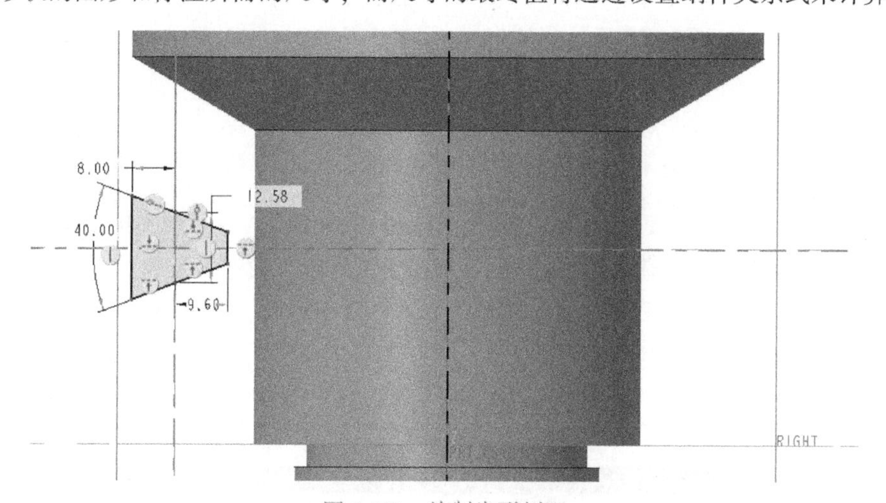

图 6-179　绘制齿形剖面

7）在功能区中切换至“工具”选项卡，单击“关系”按钮，系统弹出“关系”对话框。输入的关系式如图 6-180 所示，注意与模型中显示的尺寸符号相对应。完成剖面关系式的设置后，单击“关系”对话框中的“确定”按钮。

8）在功能区中切换回“草绘”选项卡，单击“确定”按钮。

9）单击“螺旋扫描”选项卡中的“确定”按钮，按〈Ctrl+D〉快捷键以默认的标准方向视角显示模型，此时模型效果如图 6-181 所示。

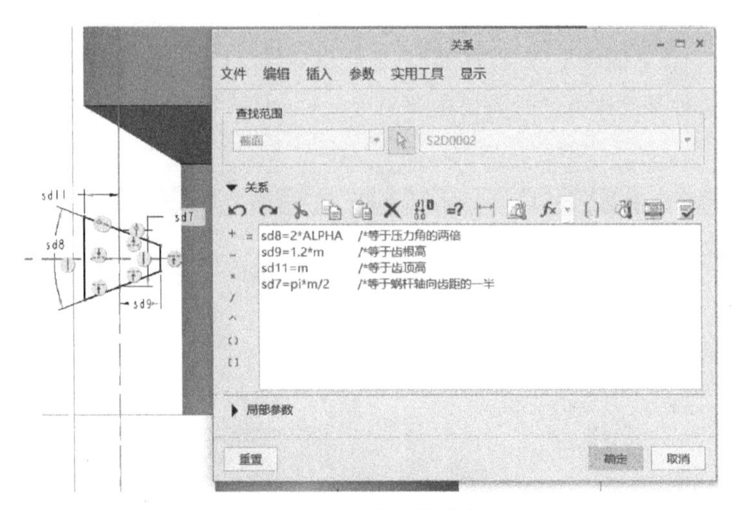

图 6-180 输入关系式

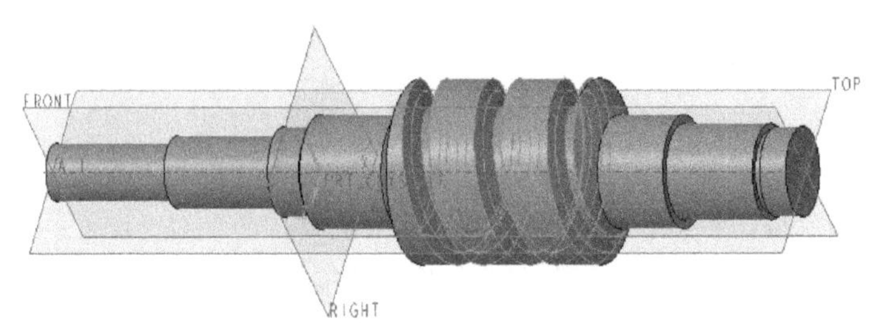

图 6-181 创建一个螺旋扫描切口特征后的模型效果

6 移动复制

1）确保选中刚创建好的“螺旋扫描 1”特征作为要复制的特征，单击“复制”按钮（快捷键为〈Ctrl+C〉）。

2）单击“选择性粘贴”按钮（快捷键为〈Ctrl+Shift+V〉），系统弹出“选择性粘贴”对话框，增加勾选“对副本应用移动/旋转变换”复选框，单击“确定”按钮。

3）功能区出现“移动（复制）”选项卡，单击“平移”按钮，在图形窗口中选择 RIGHT 基准平面，输入平移距离为“pi * m”，按〈Enter〉键，此时系统弹出一个对话栏询问“是否添加 pi * m 作为特征关系”，如图 6-182 所示。从中单击“是”按钮，接受添加“pi * m”作为特征关系。

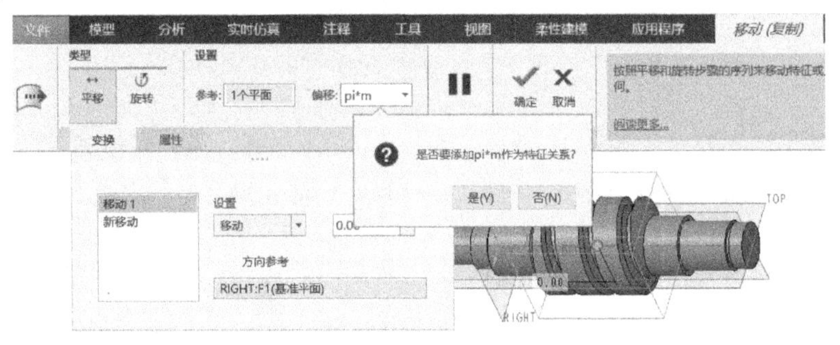

图 6-182 指定平移参数

4）在“移动（复制）”选项卡中单击“确定”按钮✔，此时模型效果如图 6-183 所示。

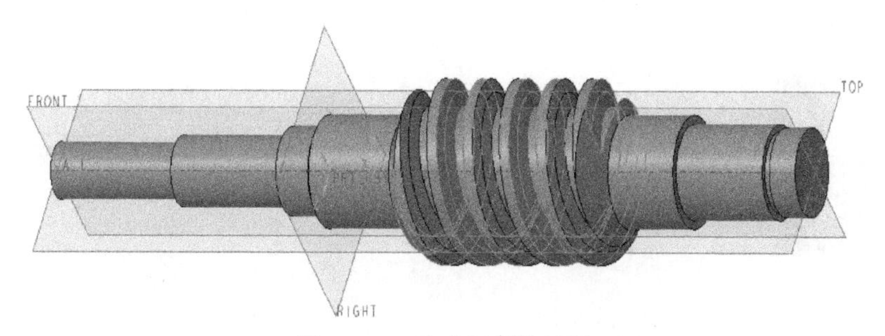

图 6-183　移动复制的效果

7 创建边倒角特征

1）单击“边倒角”按钮，打开“边倒角”选项卡。

2）在“边倒角”选项卡中，选择倒角的标注形式为“45×D”，并输入 D 值为“2”。

3）选择图 6-184 所示的边参考。

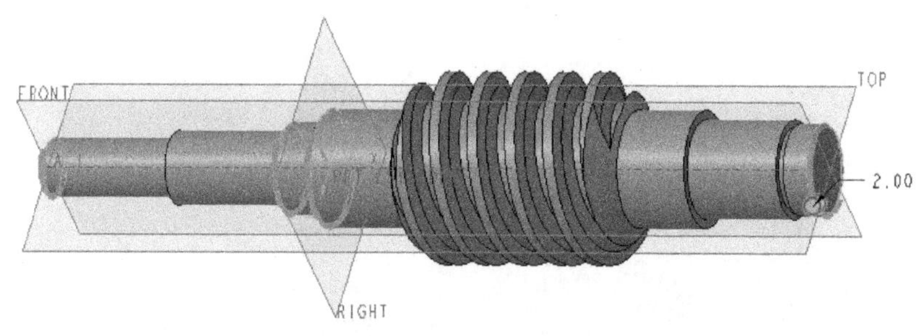

图 6-184　倒角操作

4）单击“边倒角”选项卡中的“确定”按钮✔。

8 创建一处“修饰螺纹”特征

1）在功能区“模型”选项卡的“工程”溢出面板中单击“修饰螺纹”按钮，打开图 6-185 所示的“螺纹”选项卡，选中“简单螺纹”类型。

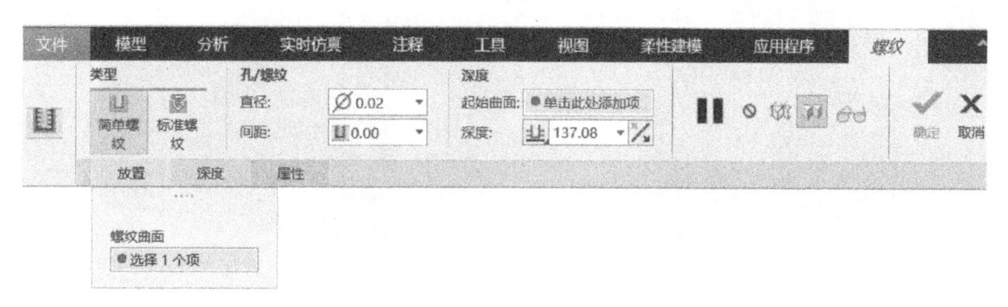

图 6-185　“螺纹”选项卡

2）选择图 6-186 所示的一处圆柱曲面作为螺纹曲面。

3）在“螺纹”选项卡中打开“深度”滑出面板，确保激活“螺纹起始自”收集器，该收集器与“深度”下的“起始曲面”收集器关联，如图 6-187 所示。选择图 6-188 所示的零件端面作为螺纹的起始面。

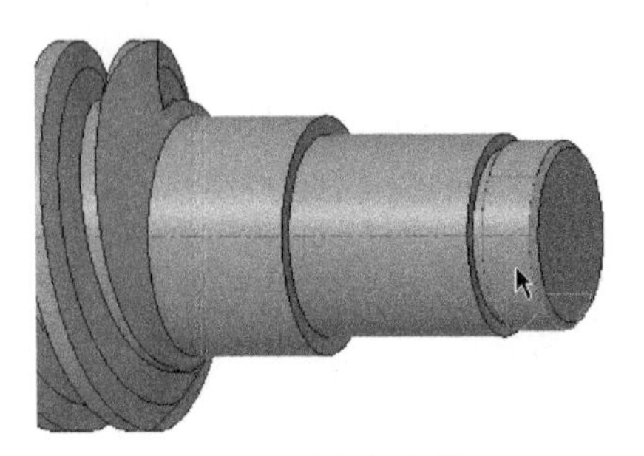

图 6-186　选择螺纹曲面

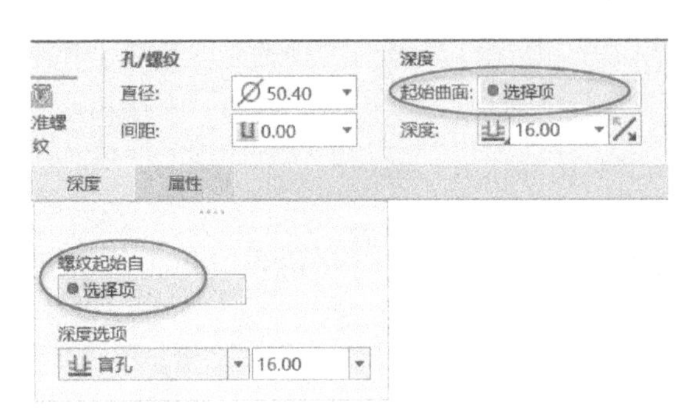

图 6-187　激活“螺纹起始自”收集器

4）从“深度选项”下拉列表框中选择“到参考”图标选项，如图 6-189 所示，选择图 6-190 所示的退刀槽上的一个环形面作为螺纹的终止面。

5）在“直径”框中输入螺纹直径（这里指内径，即外螺纹的内径）为 53mm，间距为 3mm，如图 6-191 所示。

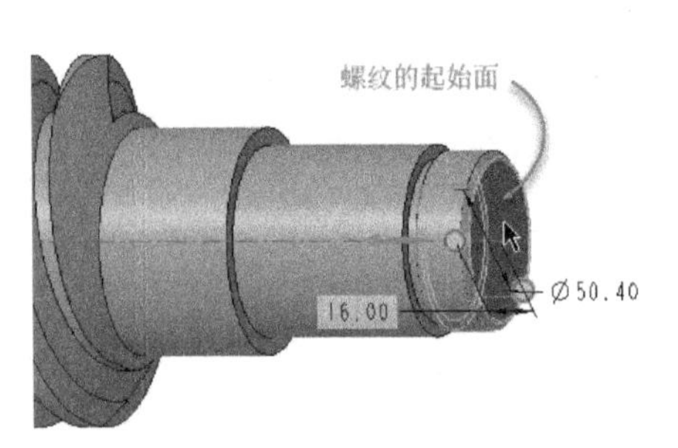

图 6-188　指定螺纹的起始面

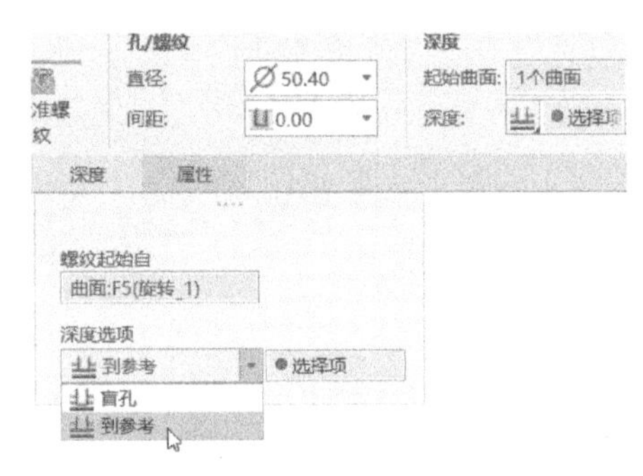

图 6-189　指定深度选项

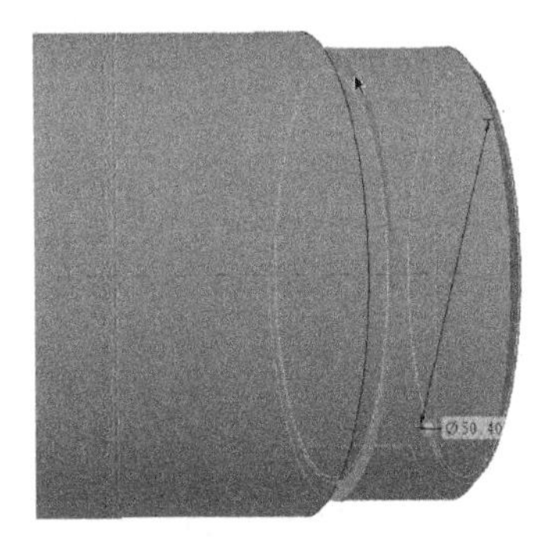

图 6-190　指定终止面

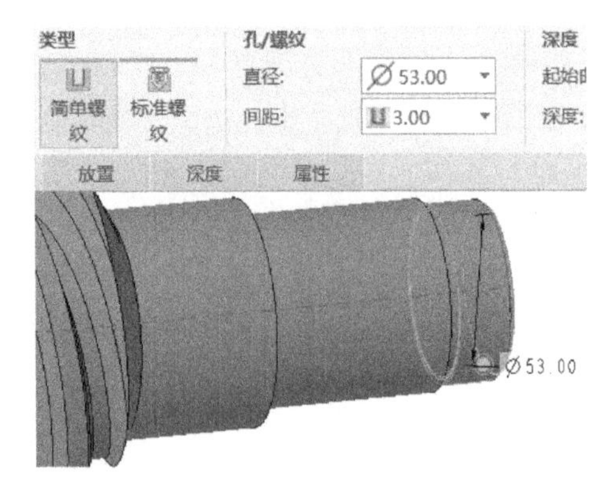

图 6-191　输入螺纹直径（小径）和间距

6）如果在“螺纹”选项卡中打开“属性”滑出面板，则可以对特征名称进行重命名，以及参看相关参数，如图 6-192 所示。

7）在“螺纹”选项卡中单击“确定”按钮✔，创建的“修饰螺纹 1”特征在模型中的显示如图 6-193 所示。

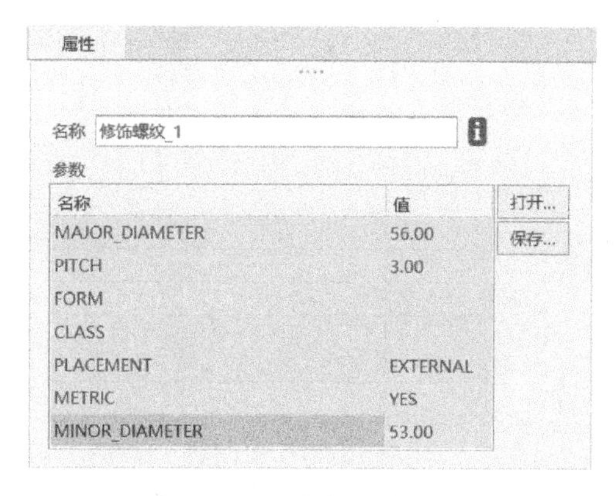

图 6-192 “属性”滑出面板

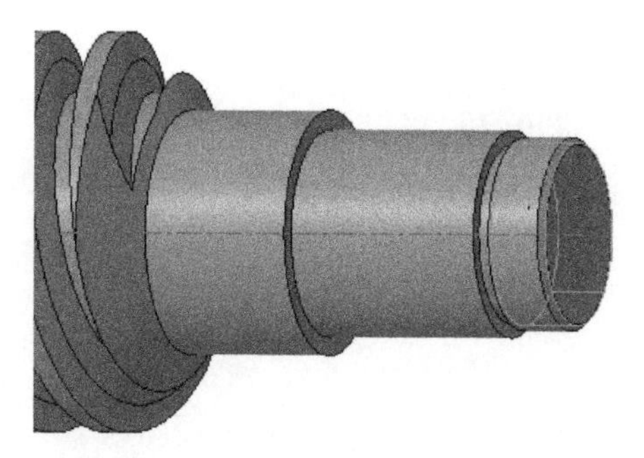

图 6-193 完成一处“修饰螺纹”特征

知识点拨：

修饰螺纹是一种表示螺纹直径的修饰特征，可以选择圆柱、圆锥、样条和平面作为参考来创建修饰螺纹，修饰螺纹可以为简单螺纹或标准螺纹。对于标准螺纹，用户可根据所选参考曲面创建与标准表中的螺纹相匹配的修饰螺纹特征。

9 创建一处键槽结构

1）单击“拉伸”按钮，打开“拉伸”选项卡，单击“移除材料”按钮。

2）在“放置”滑出面板中单击“定义”按钮，弹出“草绘”对话框。此时，需要创建一个基准平面作为其内部基准平面，用来辅助建立键槽结构。在功能区右侧单击“基准”|“平面”按钮，弹出“基准平面”对话框，选择 TOP 基准平面作为偏移参考，设置偏移距离为“13”，如图 6-194 所示，单击“确定”按钮，创建基准平面 DTM1。

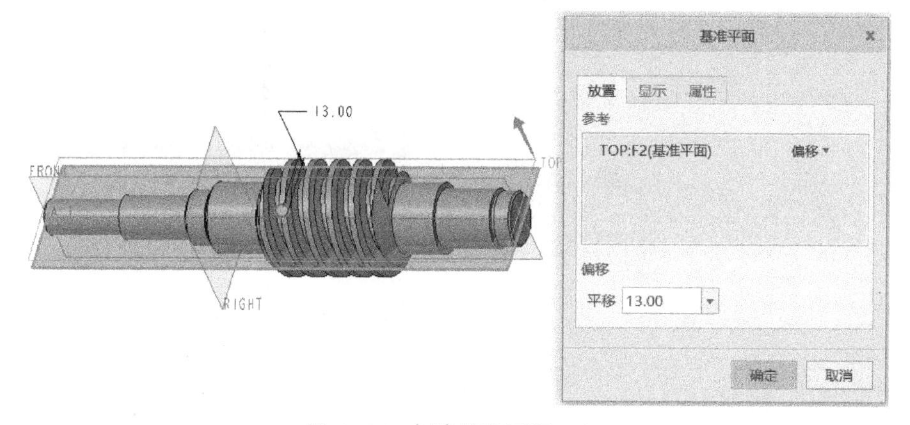

图 6-194 创建基准平面 DTM1

3）系统自动以 DTM1 基准平面作为草绘平面，以 RIGHT 基准平面作为“右”方向参考，单击“草绘”对话框上的“草绘”按钮，进入草绘模式。绘制图 6-195 所示的剖面，单击“确定”按钮。

4）按〈Ctrl+D〉快捷键调整视角，接着在“拉伸”选项卡中单击“深度方向”按钮，并从深度选项下拉列表框中选择“穿透”，此时模型显示如图 6-196 所示。

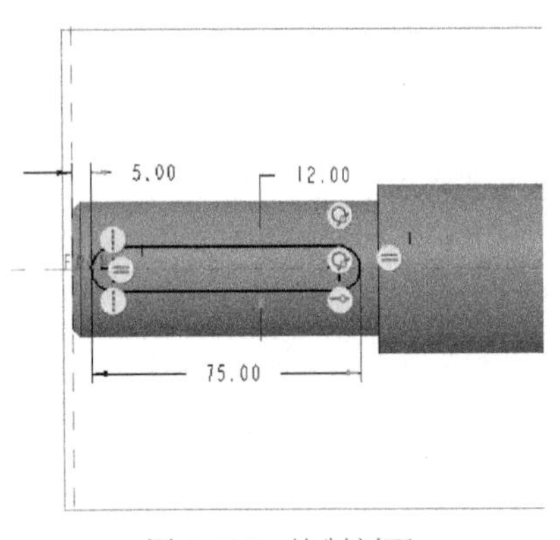

图 6-195　绘制剖面

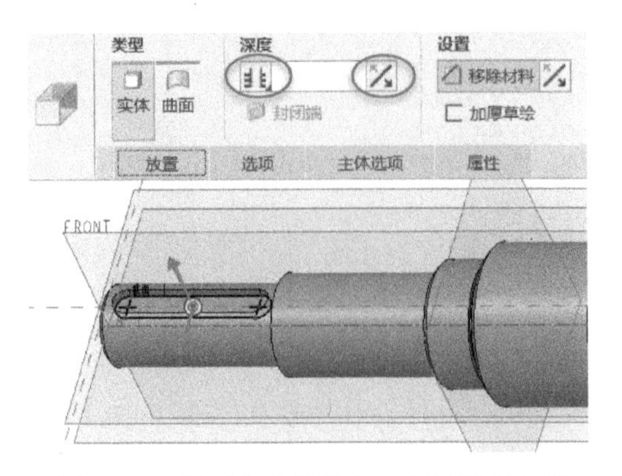

图 6-196　设置拉伸的深度方向及深度选项

5）在“拉伸”选项卡中单击“确定”按钮，完成第一个键槽结构的创建，效果如图 6-197 所示。

10 创建另两处键槽结构

1）单击“拉伸”按钮，打开“拉伸”选项卡，单击“移除材料”按钮。

2）在“放置”滑出面板中单击“定义”按钮，弹出“草绘”对话框，接着在功能区右侧单击“基准”|“平面”按钮，弹出“基准平面”对话框。选择 TOP 基准平面作为偏移参考，设置偏移距离为“23.8”，如图 6-198 所示，单击“确定”按钮，创建基准平面 DTM2。

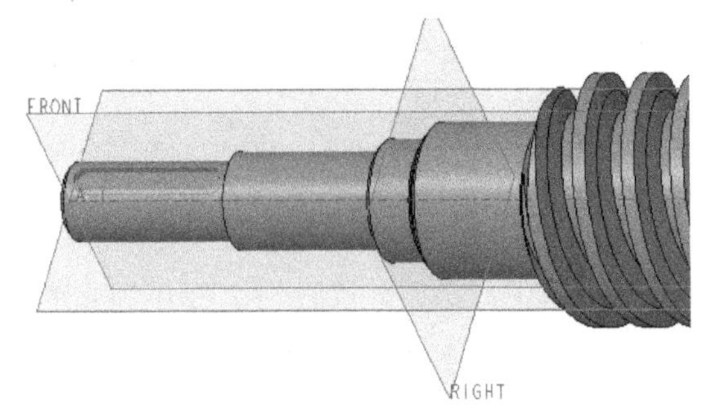

图 6-197　完成第一个键槽

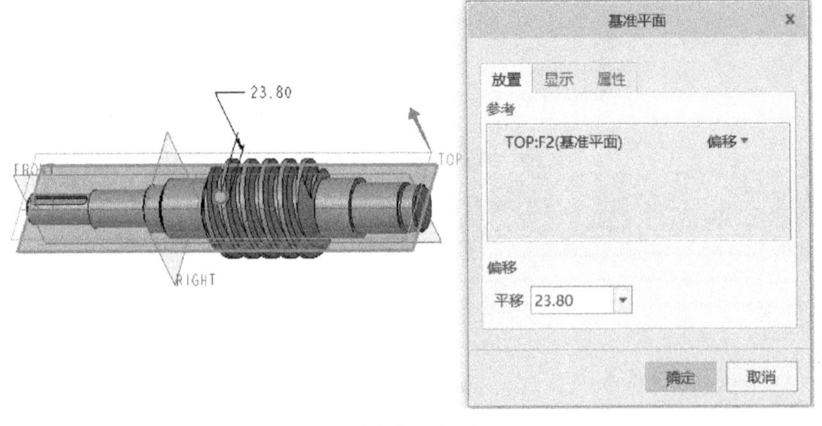

图 6-198　创建基准平面 DTM2

3）系统自动以 DTM2 基准平面作为草绘平面，以 RIGHT 基准平面作为“右”方向参考，单击“草绘”对话框上的“草绘”按钮，进入草绘模式。绘制图 6-199 所示的剖面，单击“确定”按钮。

4）按〈Ctrl+D〉快捷键调整视角，接着在拉伸选项卡中单击“深度方向”按钮，并从“深度”选项下拉列表框中选择“穿透”。

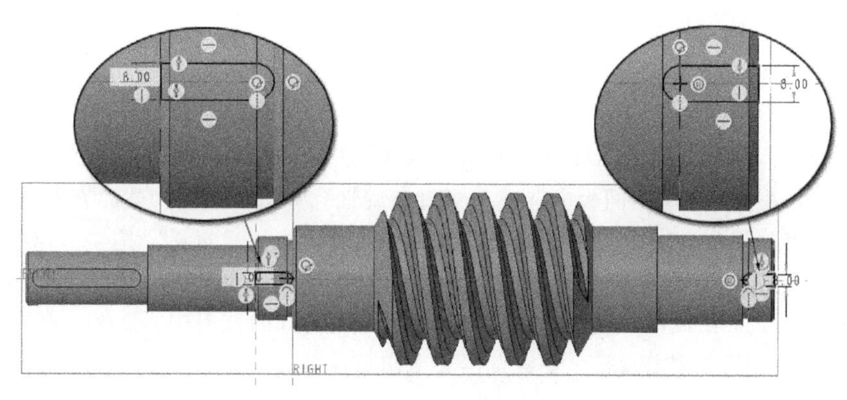

图 6-199　绘制剖面

5）在“拉伸”选项卡中单击“确定”按钮，完成两个键槽结构的创建，如图 6-200 所示。

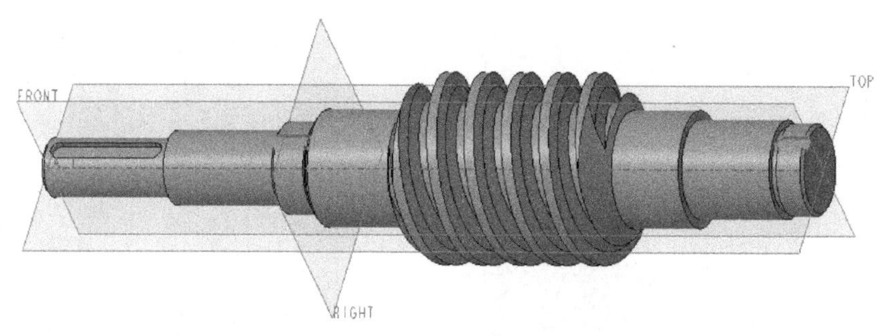

图 6-200　完成两个键槽的模型效果

11 修改一处倒角尺寸

1）切换至功能区“柔性建模”选项卡，从“变换”面板中单击“编辑倒角”按钮，打开“编辑倒角”选项卡。在模型中选择要编辑的倒角曲面，如图 6-201 所示，将其倒角值“D”更改为“7”，然后单击“确定”按钮。

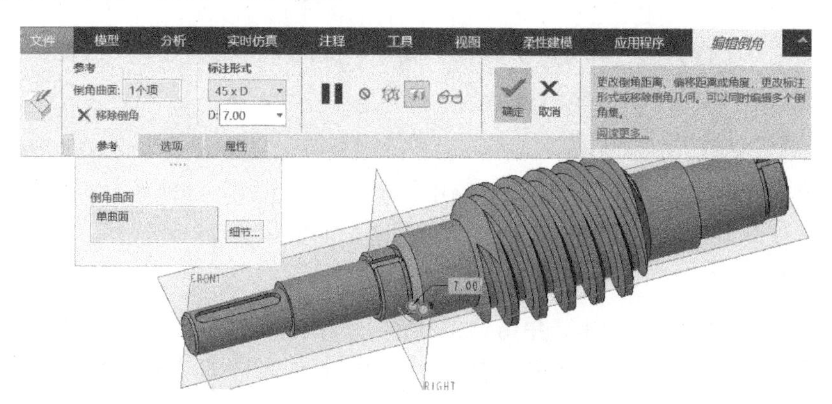

图 6-201　编辑倒角尺寸

2）接下去补充漏掉的一处细牙螺纹结构，之前是采用修饰螺纹的方法来表达螺纹结构，此处采用螺旋扫描的方式来创建真实效果的螺纹结构，两者表达的结构都是一样的。

12 使用螺旋扫描方式来构建一处真实的螺纹结构

1）切换至功能区“模型”选项卡，在“形状”面板中单击“螺旋扫描”按钮，打开“螺旋扫描”选项卡。

2）在“螺旋扫描”选项卡上选中“实体”按钮、“右手定则”按钮，单击“移除材料”按钮；在“参考”滑出面板中选择“穿过螺旋轴”单选按钮定义截面方向。

3）在“参考”滑出面板中单击“螺旋轮廓”收集器旁边的“定义”按钮，弹出“草绘”对话框，选择TOP基准平面作为草绘平面，以RIGHT基准平面为“右”方向参考，单击“草绘”按钮，进入草绘模式。绘制图6-202所示的一条将用作旋转轴的几何中心线和一条定义螺旋轮廓的直线段，单击“确定”按钮，完成草绘并退出草绘器。

4）在“螺旋扫描”选项卡上单击“截面”下的“草绘”按钮，绘制图6-203所示的细牙牙形截面，然后单击“确定”按钮，完成草绘并退出草绘器。

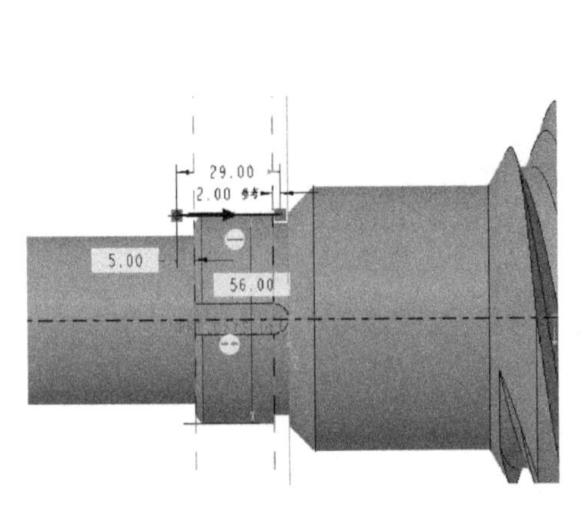

图6-202　绘制螺旋轮廓线

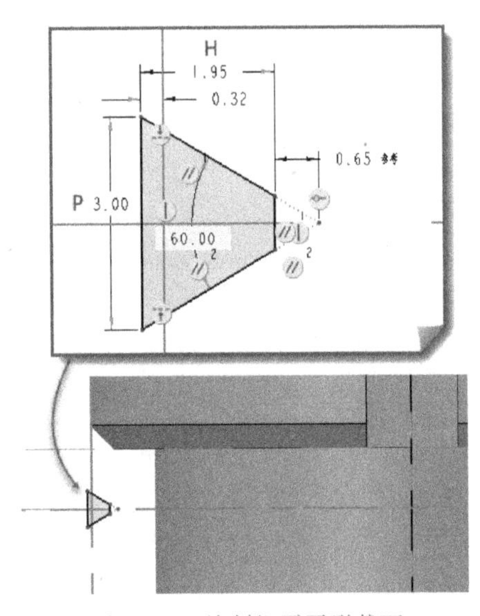

图6-203　绘制细牙牙形截面

知识点拨：

普通螺纹的牙型角为60°，其横截面H=1.95 ≈ 0.866P（P为螺距，这里将螺距设置为3mm），而0.65≈H/4，0.32≈H/8。

5）在“螺旋扫描”选项卡的“间距”框中设置螺距为3mm，如图6-204所示。

6）单击“确定”按钮，完成创建图6-205所示的细牙螺纹。

13 创建倒圆角特征

切换回功能区“模型”选项卡，单击“倒圆角”按钮，打开“倒圆角”选项卡，设置当前倒圆角集的圆形圆角半径为5mm，按〈Ctrl〉键的同时依次选择图6-206所示的两处边线，然后单击“确定”按钮。

至此，完成了阿基米德蜗杆轴的创建。

14 保存文件

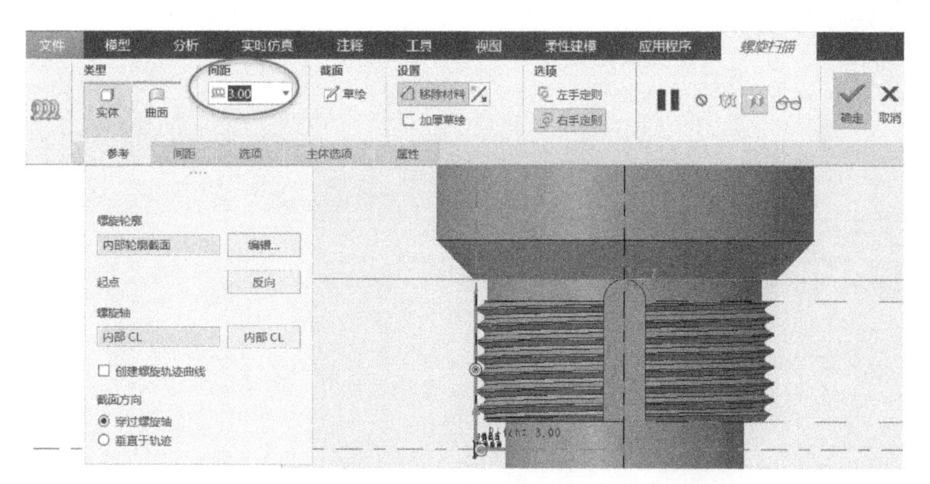

图 6-204　设置螺距为 3mm

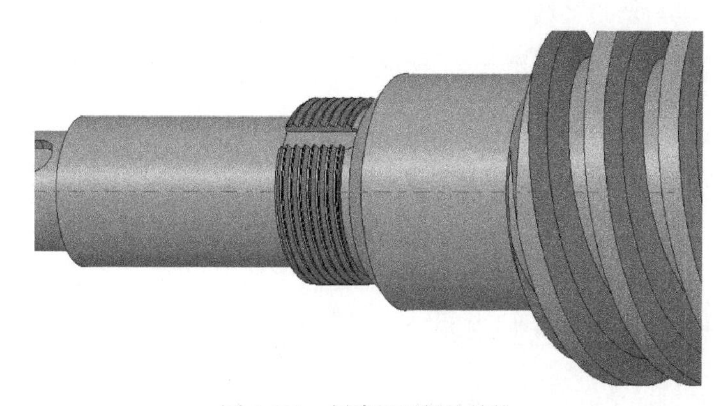

图 6-205　创建细牙螺纹结构

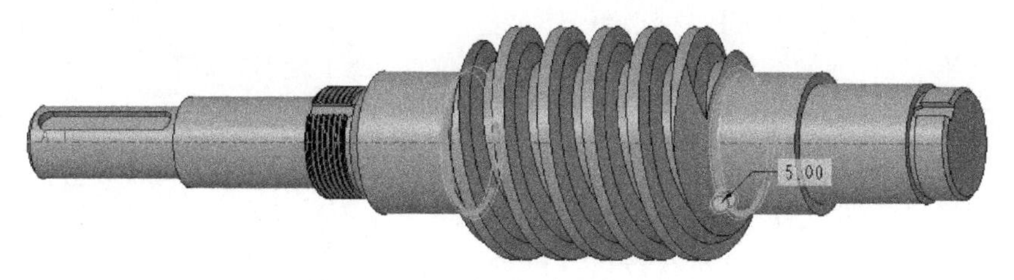

图 6-206　选择要倒圆角的边参考

第 7 章

钣金件设计

本章导读

钣金件设计是产品结构设计的一个重要组成部分。钣金是一种针对金属薄板（通常厚度为6mm以下）的综合冷加工工艺，主要包括冲压、剪切、折弯、铆接、焊接、拼接、成型等，所形成的零件具有厚度一致的显著特征。

本章精选三个典型的钣金件设计案例，深入浅出地介绍如何使用 Creo 8.0 进行钣金件设计，注重钣金件设计的思路和技巧。在设计钣金件的时候，一定要考虑金属板材的材料属性和钣金加工工艺等相关因素。

7.1 显示器钣金安装支架零件

使用 Creo 钣金件设计显示器安装支架的一个零件，可以学到不少常用钣金工具的应用知识。要完成的钣金零件如图 7-1 所示，在该钣金件中主要应用拉伸壁、法兰壁（凸缘）、平整壁、拉伸切除、草绘成型特征、修饰螺纹（标准螺纹）等。

图 7-1　显示器钣金安装支架零件

该支架零件的建模步骤如下。

1 新建一个钣金件文件

1）启动 Creo 8.0 并设置工作目录后，单击“新建”按钮，弹出“新建”对话框。

2）在“新建”对话框的“类型”选项组中选择“零件”单选按钮，在“子类型”选项组中选择“钣金件”单选按钮，在“文件名”框中输入“HY-显示器钣金安装支架”，取消勾选“使用默认模板”复选框，如图 7-2 所示，单击“确定”按钮，弹出“新文件选项”对话框。

3）在“新文件选项”对话框的“模板”列表中选择“mmns_part_sheetmetal_abs”，如图 7-3 所示，然后单击“确定”按钮，此时功能区提供“钣金件”选项卡。

2 设置默认的钣金内折弯半径等属性

由实际的钣金加工经验得知，对厚度不大于 6mm 的金属板材进行折弯时，钣金内折弯半径可以采用板厚尺寸作为钣金。事实上，钣金折弯半径与折弯磨具槽宽的大小具有一定的关系。

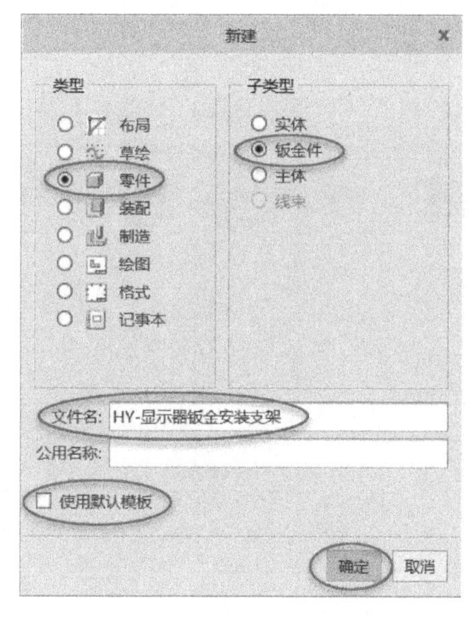

图 7-2 “新建”对话框

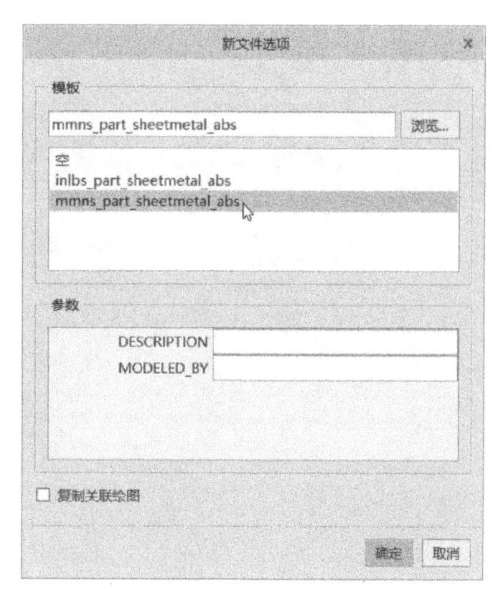

图 7-3 “新文件选项”对话框

1）在功能区选择“文件”|“准备”|“模型属性”命令，打开图 7-4 所示的“模型属性”对话框，在该对话框中可以查看并编辑材料、单位、厚度、精度、质量属性、折弯余量、折弯、止裂槽、接缝、斜切口等模型属性。

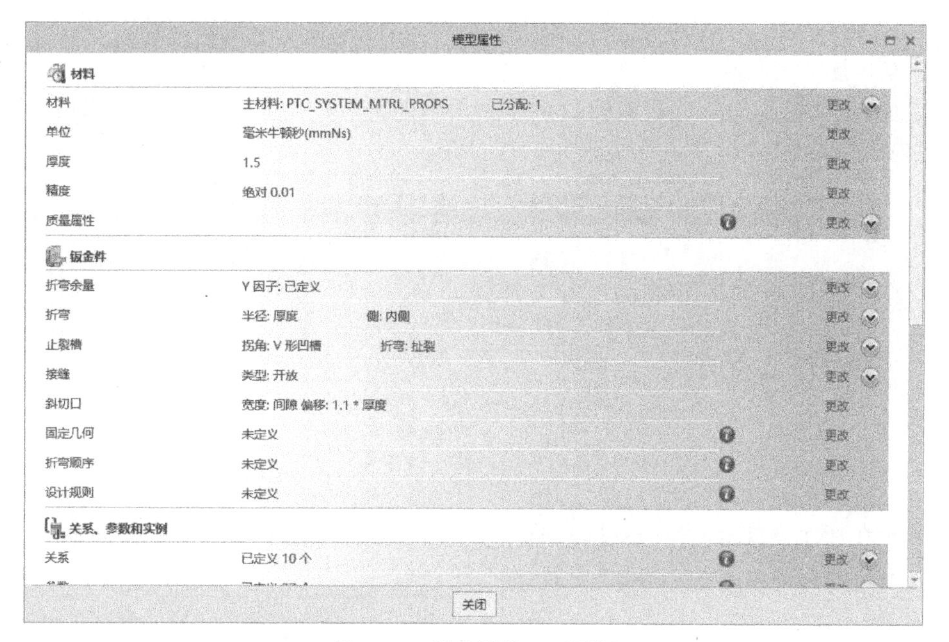

图 7-4 “模型属性”对话框

2）例如，要修改默认的折弯半径，则可以在“模型属性”对话框的“钣金件”选项组中单击“折弯”行中的“更改”选项，系统弹出“钣金件首选项”对话框，可以设置默认的折弯属性。从“折弯半径”下拉列表框中选择“厚度”选项，在“折弯半径侧”选项组中选择“内侧”单选按钮，设置默认的折弯角为 90°，如图 7-5 所示。此外，利用“钣金件首选项”对话框，还可以对折弯余量（如图 7-6 所示）、止裂槽、接缝和斜切口方面的钣金件首选项进行设置。设置好相关钣金件首选项后单击“应用”按钮或“确定”按钮。

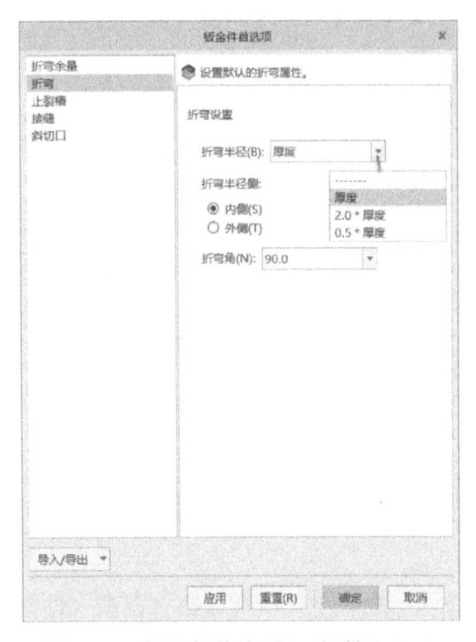

图 7-5 “钣金件首选项”对话框（一）

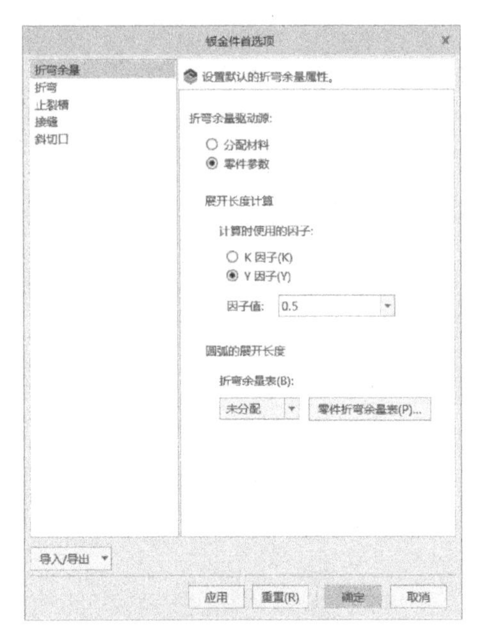

图 7-6 “钣金件首选项”对话框（二）

3）在“模型属性”对话框中单击“关闭”按钮。

3 创建拉伸壁作为第一壁

1）在功能区“钣金件”选项卡的“壁”面板中单击“拉伸”按钮，弹出图 7-7 所示的“拉伸”选项卡。

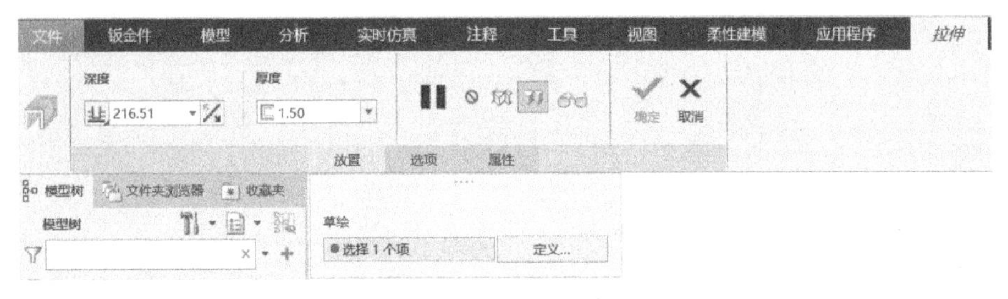

图 7-7 “拉伸”选项卡

2）选择 FRONT 基准平面作为草绘平面，在该草绘平面上绘制图 7-8 所示的拉伸壁截面线，单击“确定”按钮完成草绘并退出草绘器。

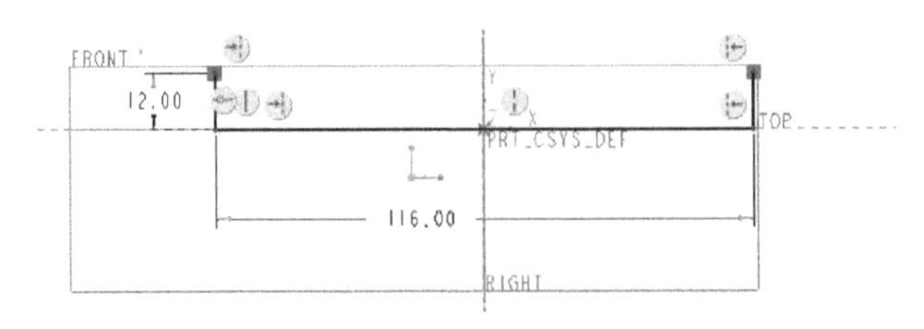

图 7-8 绘制拉伸壁截面线

3）在“拉伸”选项卡上设置侧 1 的拉伸深度为 120.2mm，如图 7-9 所示，可以在“选项”滑出面板中看到默认选中“在锐边上添加折弯”复选框，半径默认为“［厚度］”、“内侧”。

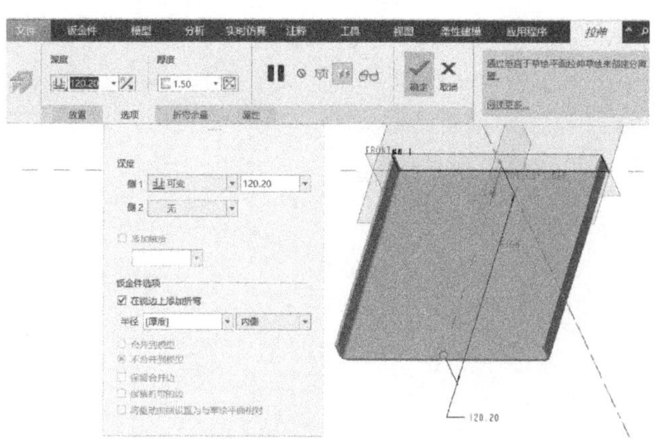

图 7-9　设置拉伸深度和钣金件选项等

4）在“拉伸”选项卡上单击“确定”按钮，完成创建一个拉伸壁作为钣金第一壁。

4 创建法兰壁 1（凸缘 1）

1）在功能区“钣金件”选项卡的“壁”面板中单击“法兰”按钮，打开如图 7-10 所示的“凸缘”选项卡。

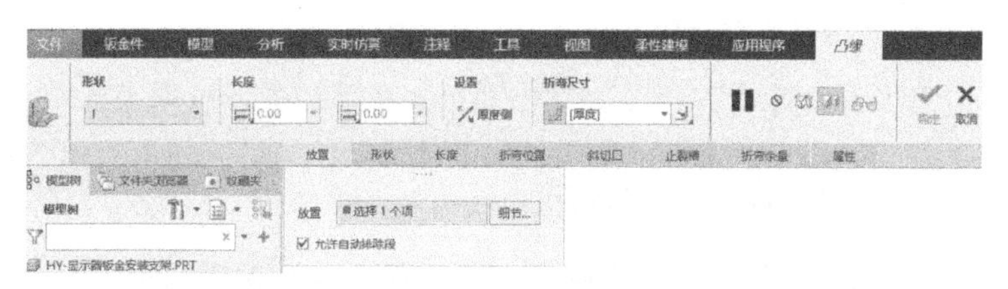

图 7-10　“凸缘”选项卡

2）选择要连接到薄壁的边，从“形状”下拉列表框中选择“I”形状，打开“形状”滑出面板，选择“高度尺寸包括厚度”单选按钮，在截面预览中可双击修改尺寸，如图 7-11 所示。

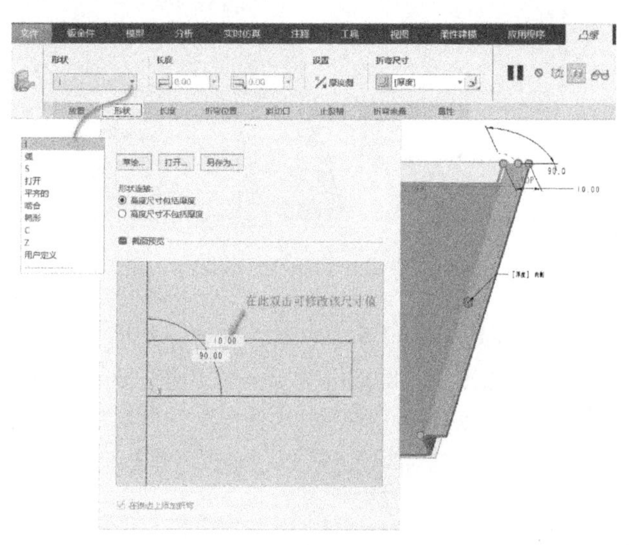

图 7-11　选择要连接到薄壁的边及指定形状

知识点拨：

对于法兰壁（凸缘），从“形状”下拉列表框中可以选择“I”“弧”“S”“打开”“平齐的”“啮合”“鸭形”“C”“Z”中的一种，它们的形状示意如图 7-12 所示，还可以选择“用户定义”选项并由用户在“形状”滑出面板中单击“草绘”按钮进入草绘器绘制所需的法兰壁形状。

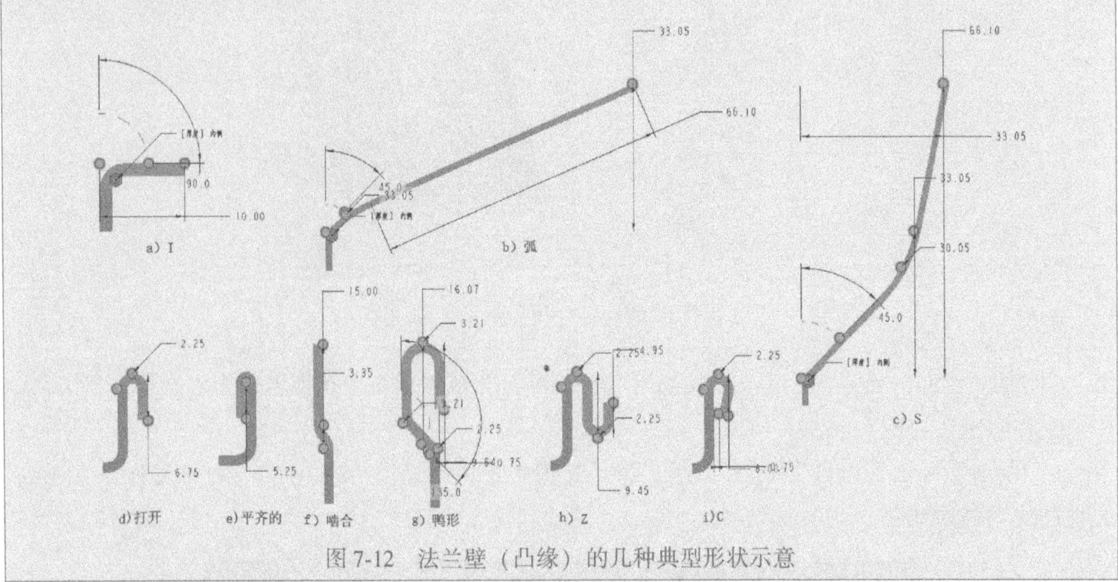

图 7-12　法兰壁（凸缘）的几种典型形状示意

3）在“凸缘”选项卡上打开“长度”滑出面板，在第二个下拉列表框中选择“盲”选项，输入“-26.5”并按〈Enter〉键（确认后显示的是其绝对值），输入负值表示向长度内延伸减少凸缘生成长度，如图 7-13 所示，另一端为“链端点”设置。

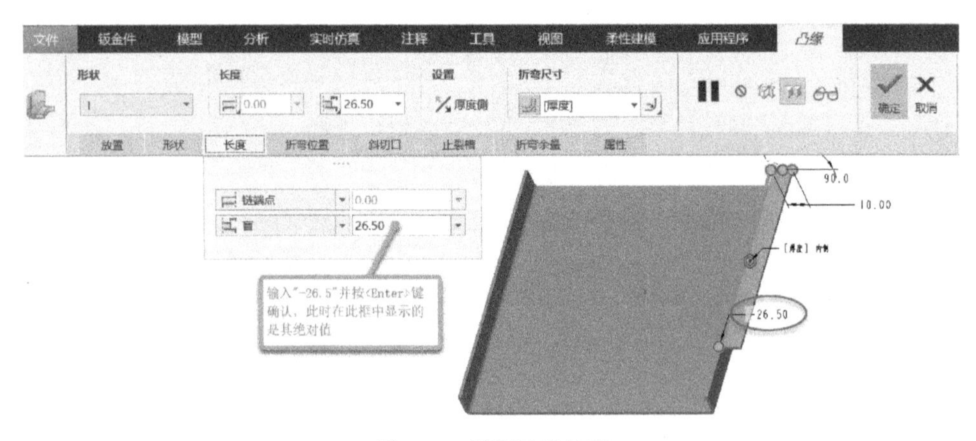

图 7-13　设置法兰长度

4）折弯位置和止裂槽的设置如图 7-14 所示，其中在“止裂槽”滑出面板中选择“折弯止裂槽”，从“类型”下拉列表框中选择“长圆形”类型，并结合图例设置所选止裂槽类型的相关选项及参数。折弯止裂槽的类型主要有“无止裂槽”“扯裂”“拉伸”“矩形”“长圆形”。

5）在“凸缘”选项卡上单击“确定”按钮，完成创建第一个凸缘（法兰壁 1）。

创建法兰壁 2（凸缘 2）

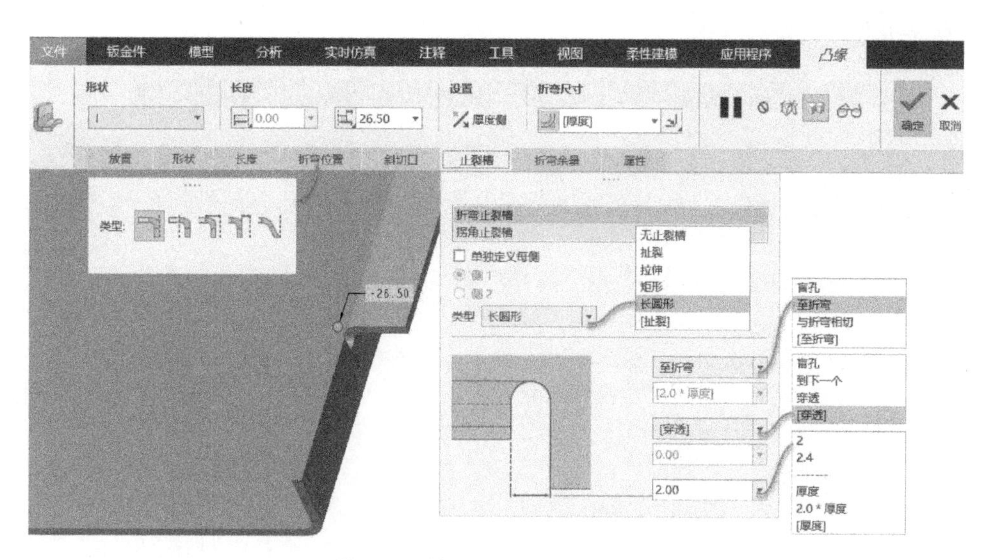

图 7-14　设置折弯位置和止裂槽

单击“法兰”按钮，在 RIGHT 另一侧的薄壁边上创建第二个凸缘（法兰壁 2）。该凸缘 2（法兰壁 2）的形状规格及在止裂槽等方面的设置和法兰壁 1 是一样的，如图 7-15 所示。

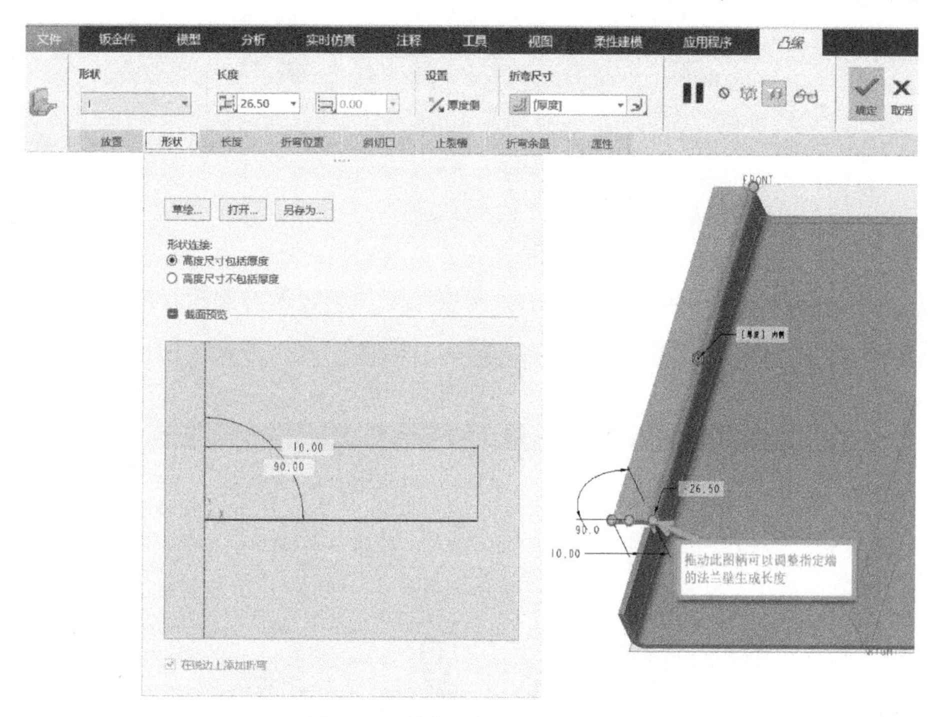

图 7-15　创建凸缘 2（法兰壁 2）

6 拉伸切口

1）在功能区“钣金件”选项卡的“工程”面板中单击“拉伸切口”按钮，打开图 7-16 所示的“拉伸切口”选项卡。

2）选择 TOP 基准平面作为草绘平面，绘制图 7-17 所示的拉伸切口截面，单击“确定”按钮

✔完成草绘并退出草绘器。

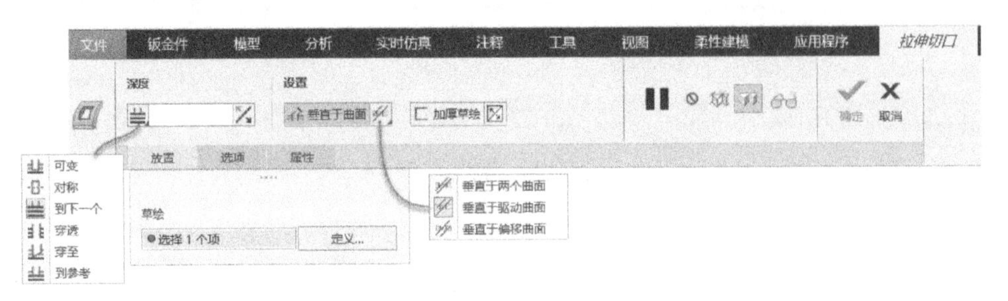

图 7-16 “拉伸切口”选项卡

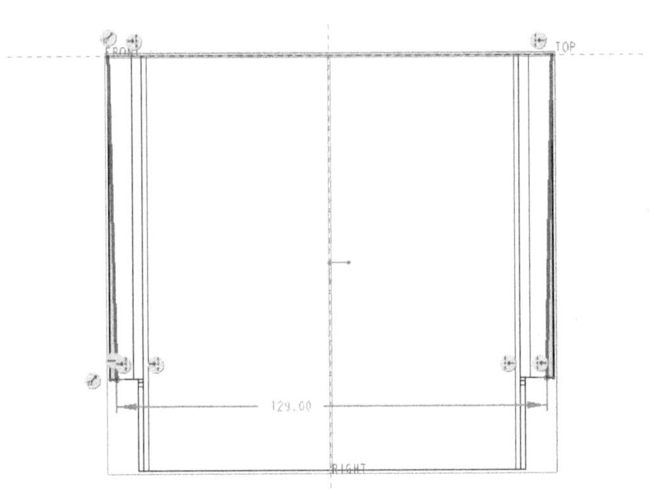

图 7-17 绘制拉伸切口截面

3）在“拉伸切口”选项卡上单击位于“深度”下拉列表框右侧的“深度方向”按钮，深度选项默认为“到下一个”图标选项，默认“设置”为“垂直于曲面”，此时如图 7-18 所示。

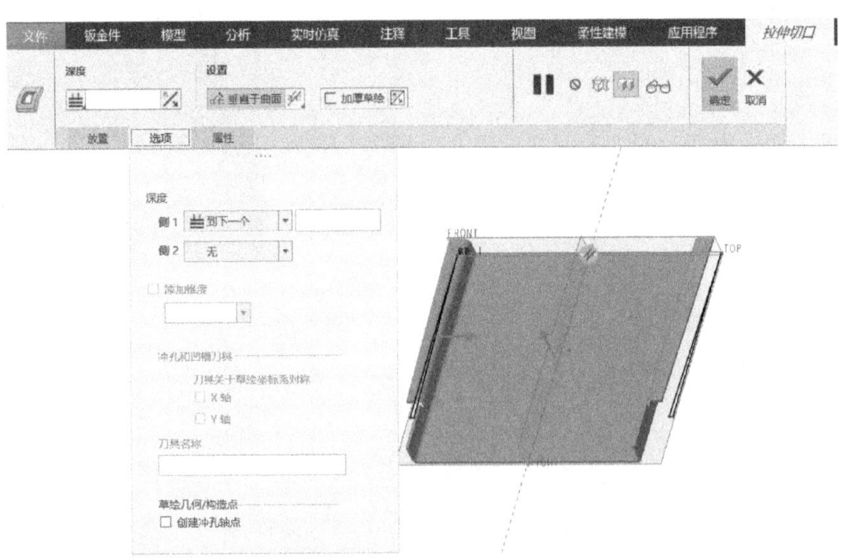

图 7-18 拉伸切口的深度设置等

4）在“拉伸切口”选项卡上单击“确定”按钮✔，完成创建拉伸切口1。

7 继续创建拉伸切口

1）单击“拉伸切口”按钮，单击图7-19所示的实体面作为草绘平面，绘制图7-20所示的拉伸切口截面，单击“确定”按钮✔。然后在“拉伸”选项卡上单击“确定”按钮✔，创建的拉伸切口2如图7-21所示。

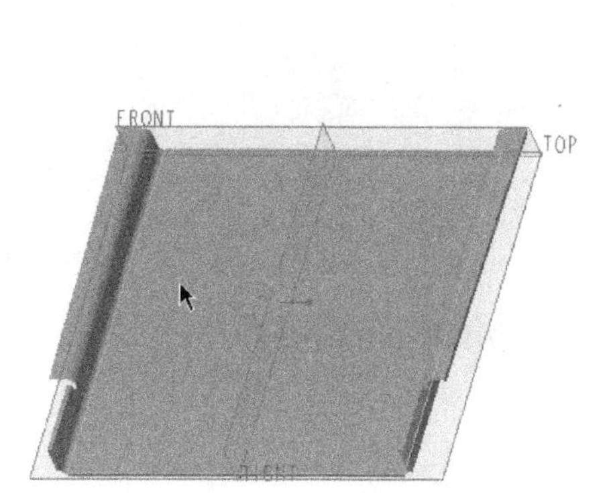

图7-19　指定草绘平面

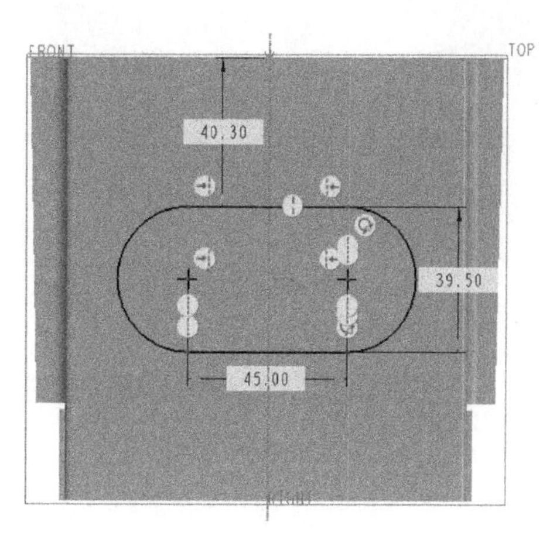

图7-20　绘制拉伸切口截面

2）单击“拉伸切口”按钮，打开“拉伸切口”选项卡，在“放置”滑出面板中单击“定义”按钮，弹出“草绘”对话框，如图7-22所示。单击“使用先前的”按钮，进入草绘模式，绘制图7-23所示的拉伸切口截面，单击“确定”按钮✔完成草绘并退出草绘模式。然后在“拉伸切口”选项卡上单击“确定”按钮✔，完成创建图7-24所示的拉伸切口3。

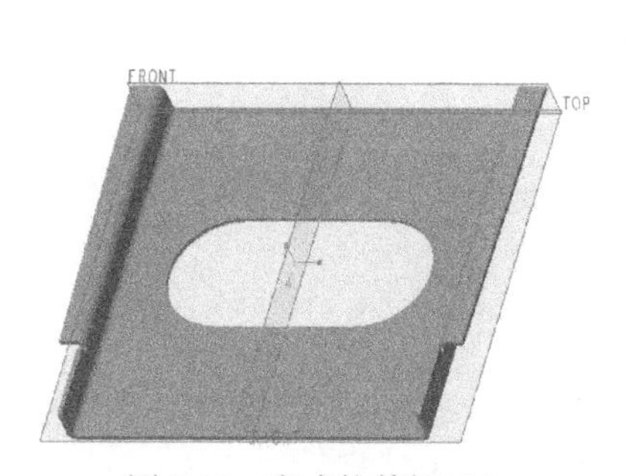

图7-21　完成拉伸切口2

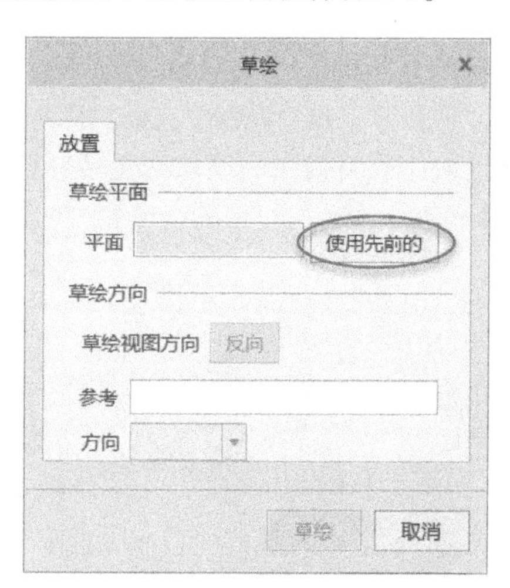

图7-22　单击“使用先前的”按钮

8 创建用户定义的平整壁

1）在功能区“钣金件”选项卡的“壁”面板中单击“平整”按钮，打开“平整”选项卡，可选的平整壁形状有“矩形”“梯形”“L”“T”和“用户定义”，默认为“矩形”。

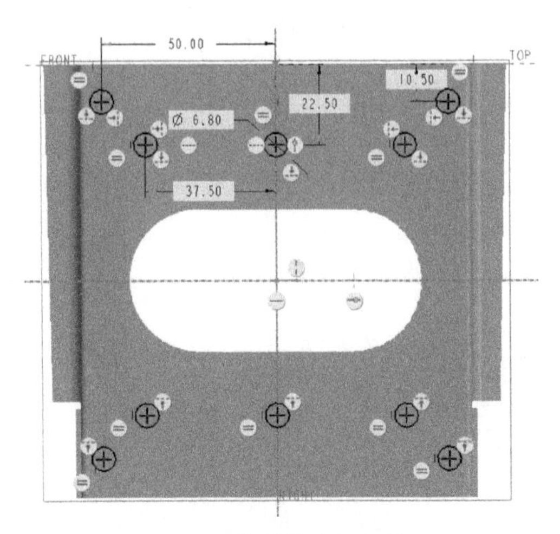

图 7-23 绘制拉伸切口截面

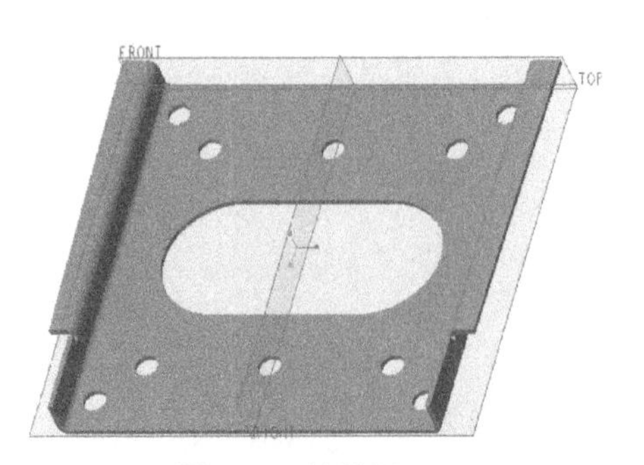

图 7-24 拉伸切口 3

图 7-25 “平整”选项卡

2）选择图 7-26 所示的一条边以放置平整壁。

3）从“形状”下拉列表框中选择“用户定义”，接着打开“形状”滑出面板，如图 7-27 所示，“形状连接”设置为“高度尺寸包括厚度”单选按钮。然后单击“草绘”按钮，弹出“草绘”对话框。

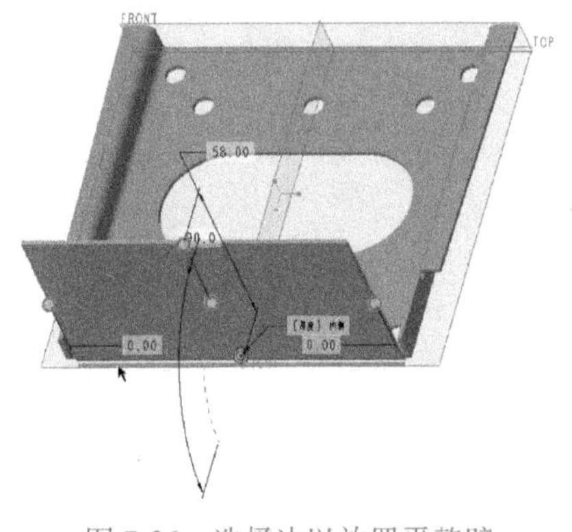

图 7-26 选择边以放置平整壁

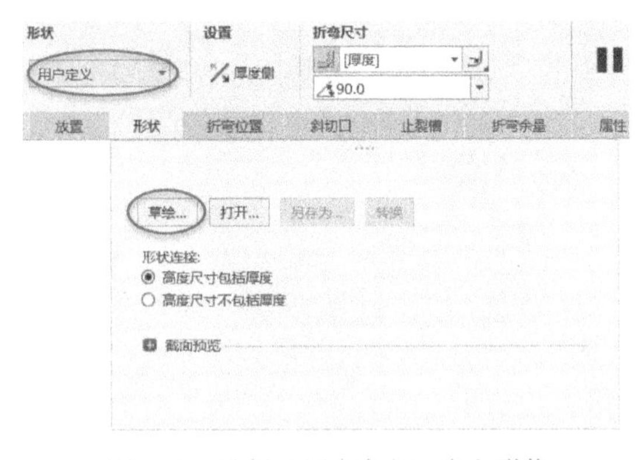

图 7-27 选择“用户定义”定义形状

4）如图 7-28 所示，从“方向”下拉列表框中选择“上”选项，单击“草绘”按钮，进入草绘模式。绘制平整壁形状图形，如图 7-29 所示，然后单击“确定”按钮✔。

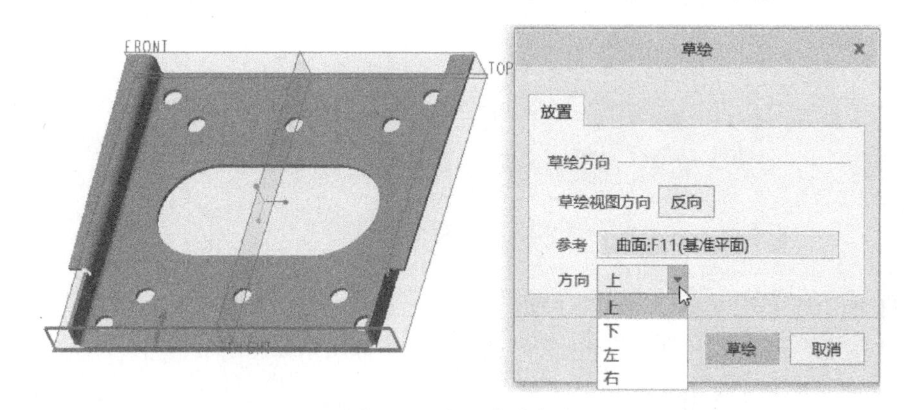

图 7-28　定义草绘方向

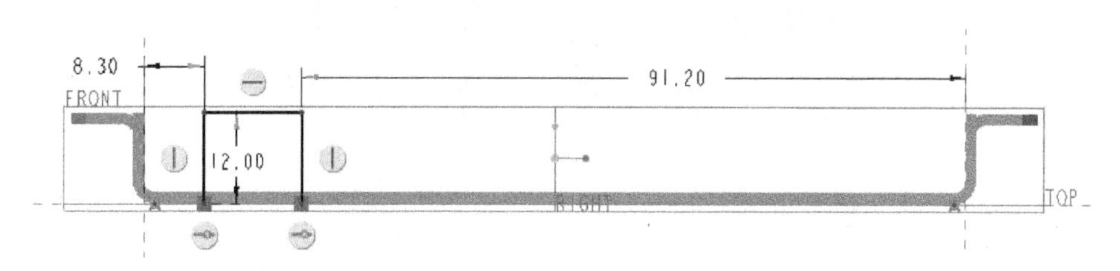

图 7-29　绘制平整壁形状图形

5）打开“折弯位置”滑出面板，可以看到折弯位置类型默认为 。再打开“止裂槽”滑出面板，选择“折弯止裂槽”类别，选择“长圆形”类型，如图 7-30 所示。

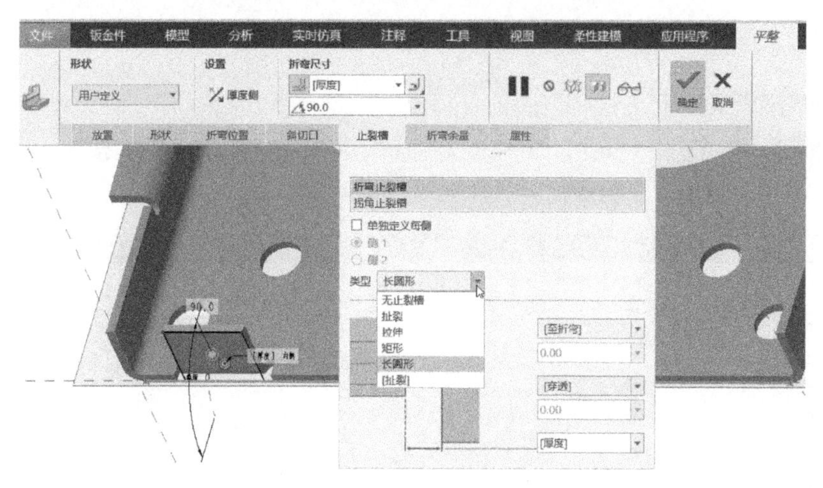

图 7-30　定义止裂槽等

6）在“平整”选项卡上单击“确定”按钮✔，完成创建平整 1 特征。

镜像平整壁

1）在功能区“钣金件”选项卡的“编辑”溢出面板中单击“镜像”按钮 ，打开图 7-31 所示的“镜像”选项卡。

图 7-31 “镜像”选项卡

2）选择 RIGHT 基准平面作为镜像平面。

3）在“镜像”选项卡上单击“确定”按钮✔，镜像结果如图 7-32 所示。

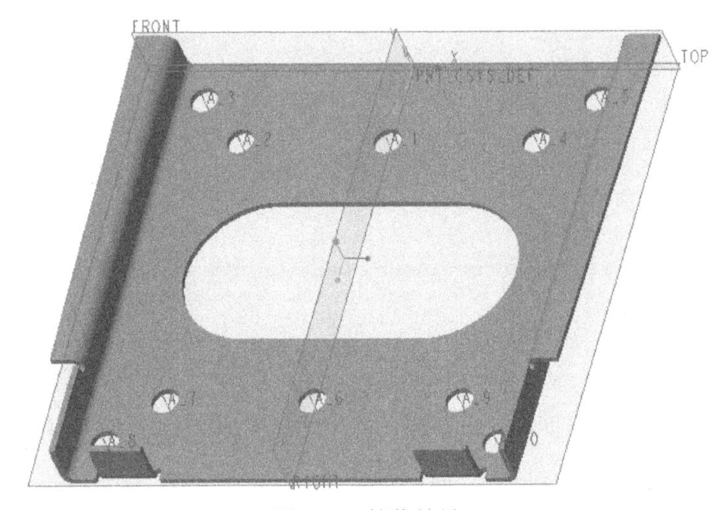

图 7-32 镜像结果

10 创建草绘成型特征

1）在功能区“钣金件”选项卡的“工程”面板中单击“草绘成型”按钮，打开图 7-33 所示的“草绘成型”选项卡，默认选中“冲孔”类型。

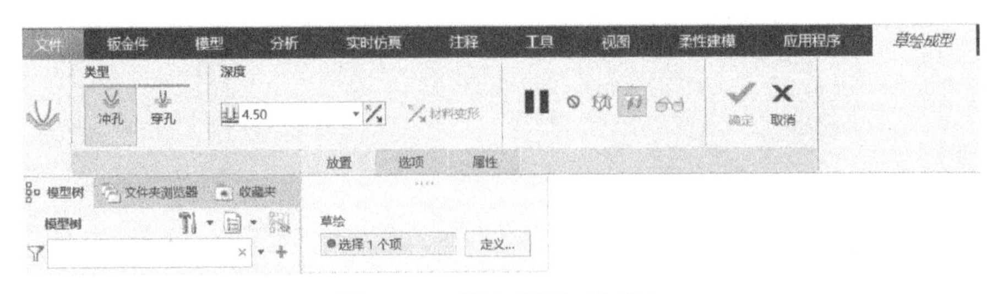

图 7-33 “草绘成型”选项卡

2）选择图 7-34 所示的实体面作为草绘平面，绘制图 7-35 所示的一个圆，单击“确定”按钮✔完成草绘并退出草绘模式。

3）在“深度”选项组中单击“更改成型方向”按钮，以设置成型方向从草绘平面指向钣金件实体，设置成型深度为“3.5”。在“选项”滑出面板中取消勾选“封闭端”复选框和“添加锥度”复选框，勾选“倒圆角锐边”选项组的“非放置边”复选框，设置其半径为“［厚度]”“内侧”，以及勾选“放置边”复选框，设置放置边的半径为“厚度”“外侧”，如图 7-36 所示。

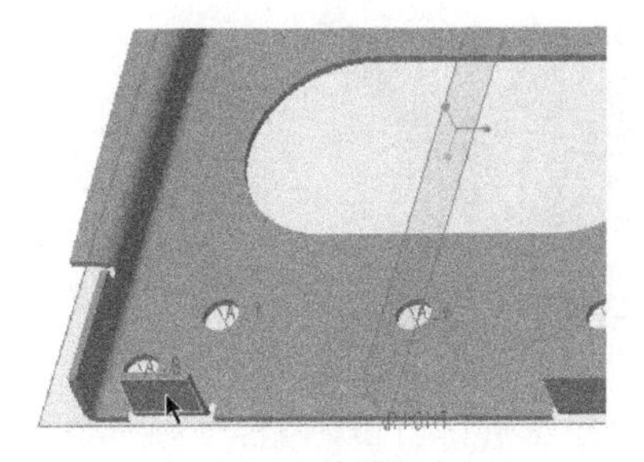

图 7-34 指定草绘平面

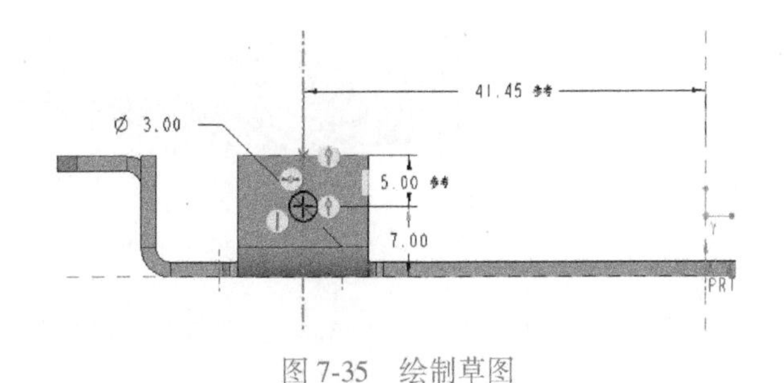

图 7-35 绘制草图

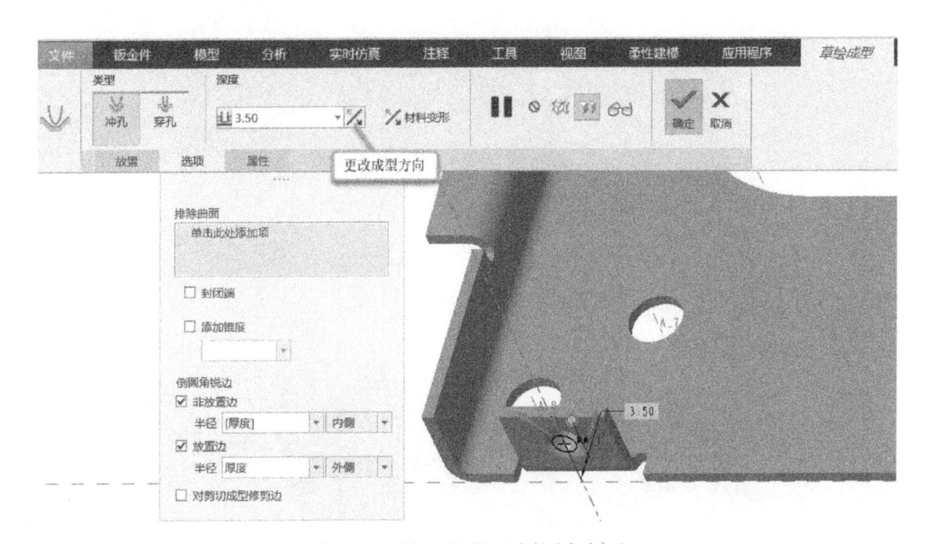

图 7-36 设置深度及倒圆角锐边

4）在“草绘成型”选项卡上单击“确定”按钮✔，创建图 7-37 所示的草绘成型 1 特征。

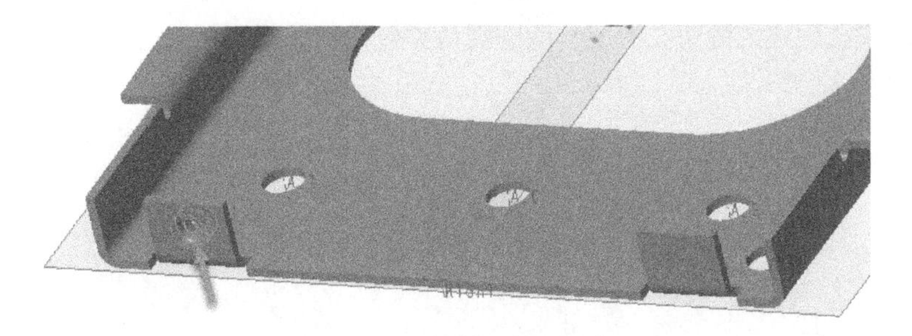

图 7-37 创建草绘成型 1 特征

11 镜像草绘成型特征

确保选中刚创建的草绘成型 1 特征，在“编辑”溢出面板中单击“镜像”按钮，选择 RIGHT 基准平面作为镜像平面，单击“确定”按钮✔，镜像结果如图 7-38 所示。

12 创建倒圆角 1

在功能区“钣金件”选项卡的“工程”溢出面板中单击“倒圆角”按钮，设置圆角的尺

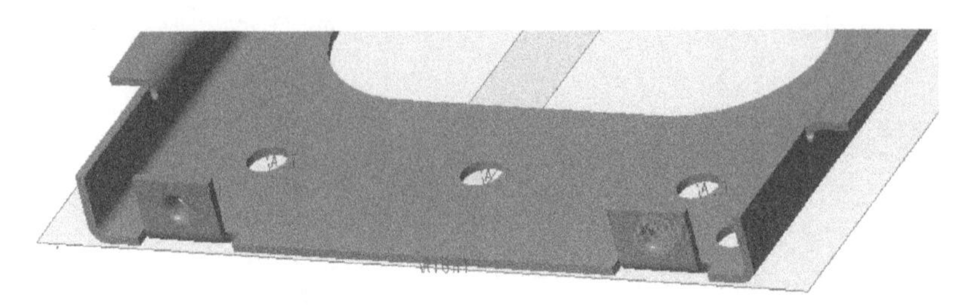

图 7-38　镜像草绘成型特征的结果

寸标注类型为“圆形”，半径为 5mm，选择图 7-39 所示的两处短边进行倒圆角，然后单击“确定”按钮✔。

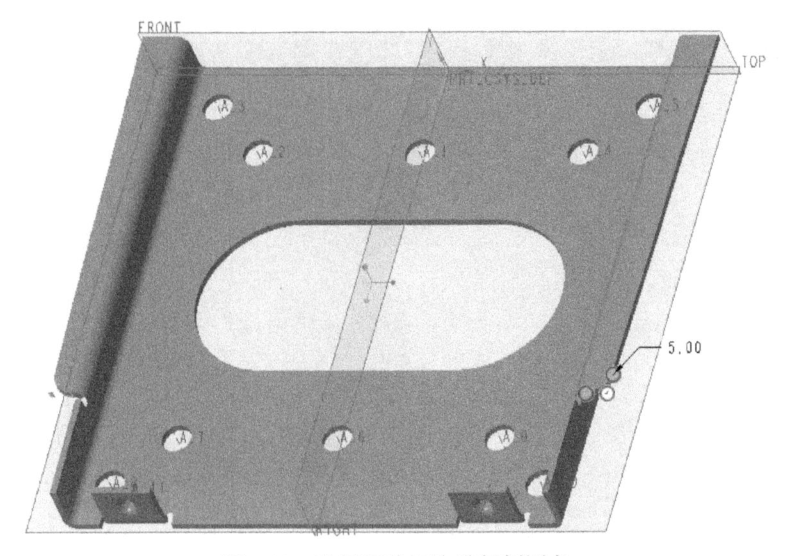

图 7-39　选择两处短边进行倒圆角

13 创建倒圆角 2

使用同样的方法创建倒圆角 2 特征，该倒圆角集包括两条倒圆角边，如图 7-40 所示。

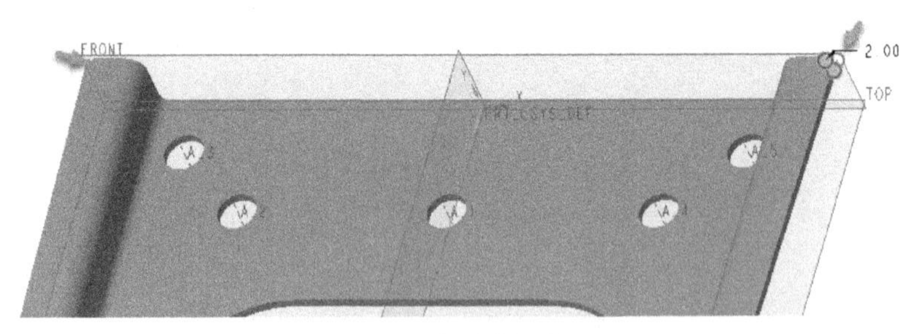

图 7-40　创建倒圆角 2

14 为一个草绘成型的孔添加修饰螺纹

1）在功能区“钣金件”选项卡的“工程”溢出面板中单击“修饰螺纹”按钮，接着在打开的“螺纹”选项卡中单击“标准螺纹”按钮以设置创建标准螺纹类型，此时“螺纹”选项卡如图 7-41 所示。

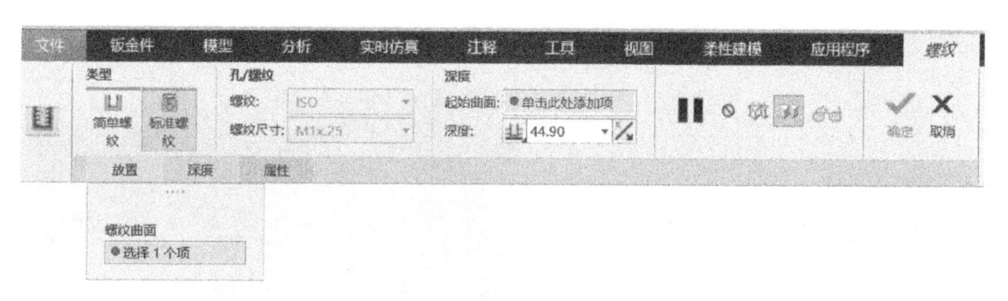

图 7-41 “螺纹”选项卡

2）选择图 7-42 所示的一个曲面来放置螺纹。

3）在“孔/螺纹”选项组的“螺纹”下拉列表框中默认选择“ISO”选项，从“螺纹尺寸”下拉列表框中选择“M4×.5”，如图 7-43 所示。

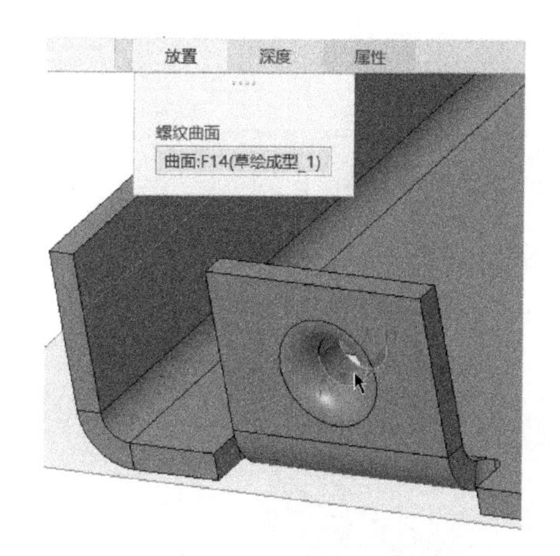

图 7-42 选择一个孔圆柱曲面放置螺纹

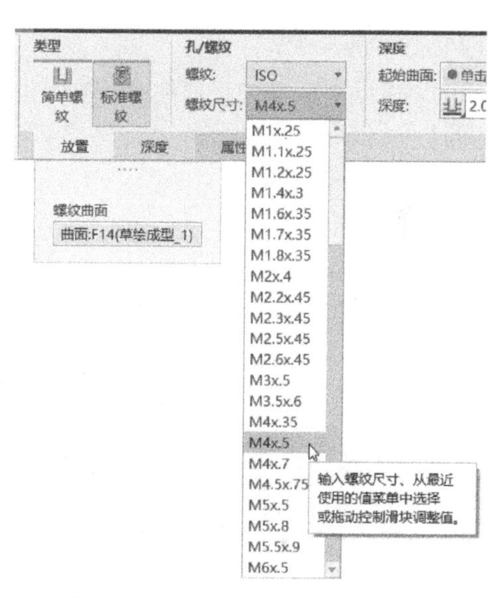

图 7-43 选定孔螺纹类型及螺纹尺寸

4）在“深度”选项组中激活“起始曲面”收集器，或打开“深度”滑出面板并激活“螺纹起始自”收集器，选择图 7-44 所示的平整曲面作为螺纹的起始位置；接着设置深度选项为“到参考”，并激活其参考收集器，翻转模型视角选择图 7-45 所示的曲面参考来定义螺纹深度。也可以设置螺纹深度为“盲孔”，设置深度尺寸为“3.5”。

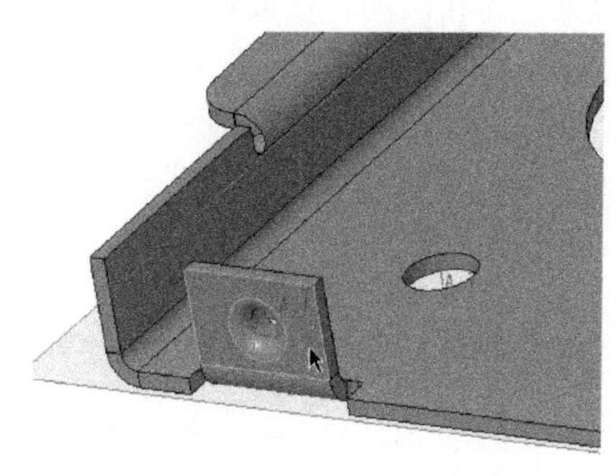

图 7-44 指定孔螺纹的起始位置

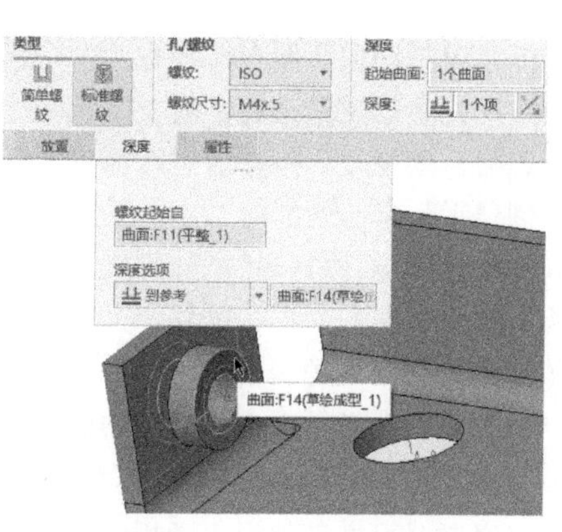

图 7-45 选择参考来定义螺纹深度

5）在“螺纹”选项卡上单击“确定”按钮✔，完成创建图 7-46 所示的修饰螺纹 1 特征。

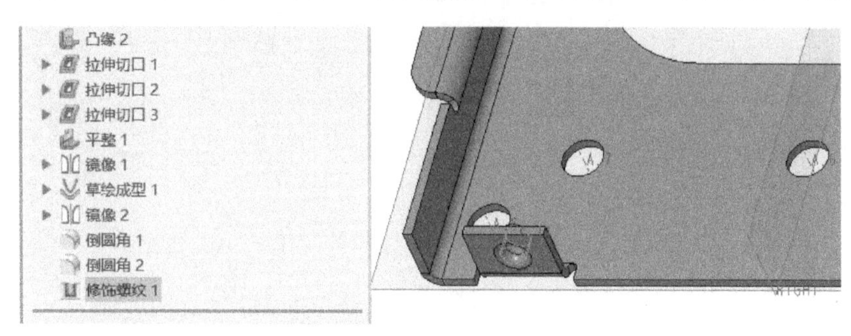

图 7-46　完成创建修饰螺纹 1 特征

15 创建修饰螺纹 2 特征

使用同样的方法，在另一处草绘成型孔处创建相同规格（M4×.5 标准螺纹孔）的修饰螺纹 2 特征，如图 7-47 所示。

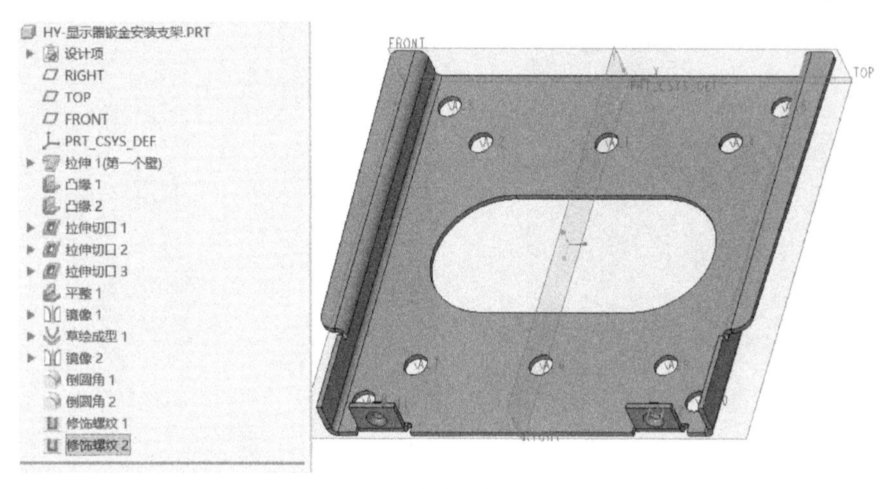

图 7-47　创建修饰螺纹 2 特征

16 保存文件

按〈Ctrl+S〉快捷键保存文件。

在本案例完成创建的显示器安装支架钣金件中，可以使用“平整形态”按钮创建平整版的钣金件，为制造模型做参考准备。一个钣金件模型只能有一个平整形态特征，当在钣金件设计中添加特征或重新定义某特征时，平整形态会被隐含起来。而在添加特征或编辑定义特征之后，平整形态会自动恢复，平整形态特征仍然是模型树中的最后一个特征，并且总是保持平整模型视图。在创建平整形态特征时，不能手动去选择某个折弯几何，不能为含有多个不同分离几何的钣金件创建平整形态，可以将添加到成形的切口投影到平整形态。执行“平整形态”命令时，如果系统检测钣金件曲面后提示需要定义变形区域，那么可以使用“展平”工具根据设计需要去指定变形区域进行必要处理。

创建平整形态特征的方法是在功能区“钣金件”选项卡的“折弯”面板中单击“平整形态”按钮，打开图 7-48 所示的“平整形态”选项卡。接受默认的固定几何参考或手动指定固定几何参考，必要时可在其他滑出面板中进行相应的设置。然后单击“确定”按钮✔，从而完成创建该钣金件的平整形态，如图 7-49 所示（该示意图显示的是显示器安装支架钣金件的平整形态效果）。

图 7-48 “平整形态”选项卡

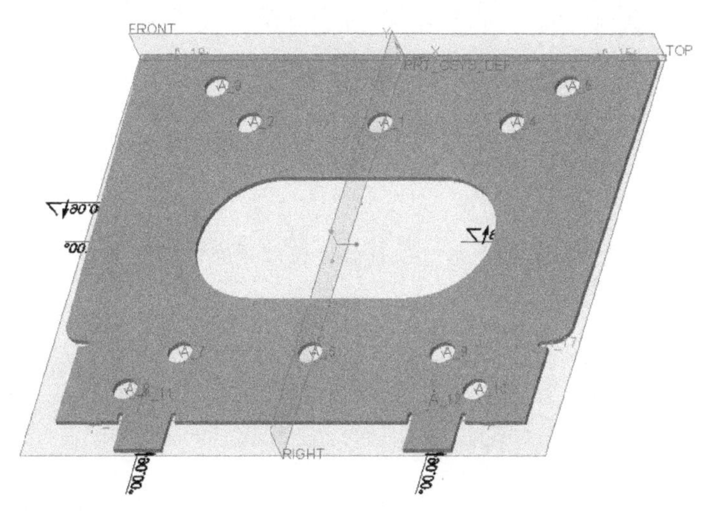

图 7-49 显示器安装支架钣金件的平整形态

7.2 圆弧圆锥钣金曲面上的百叶窗

本案例的重点是在圆柱圆弧曲面或圆锥曲面上创建百叶窗结构。

不管是环形圆柱钣金曲面还是其他圆弧圆锥钣金曲面，创建百叶窗的常规方法都是一样的。思路是将钣金件展平后，在展平的钣金件上创建一个百叶窗结构，再通过阵列获得均匀分布的百叶窗结构，然后再将钣金件折弯即可。是不是很简单呢？建模思路清晰了，后面的建模设计工作就变得轻松多了。

请看下面一个构建百叶窗钣金建模案例。首先看该案例要完成的钣金效果，如图 7-50 和图 7-51 所示，从图 7-51 可以看出百叶窗有一面是洞穿钣金件的，可以让空气流通。

本案例设计步骤如下。

1 新建一个钣金件文件。

启动 Creo 8.0 并设置工作目录后，单击“新建”按钮，选择“零件”类型、“钣金件”子类型，输入文件名为“HY-百叶窗案例”，取消勾选“使用默认模板”复选框，确认后再使用 mmns_part_sheetmetal_abs 模板来完成创建一个钣金件文件。

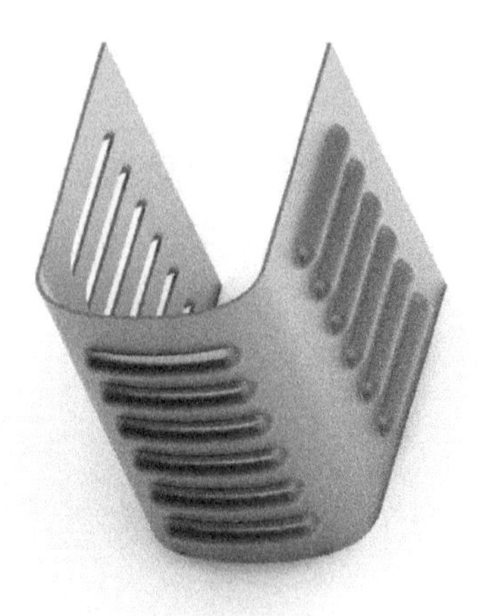
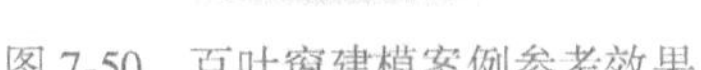

图 7-50　百叶窗建模案例参考效果

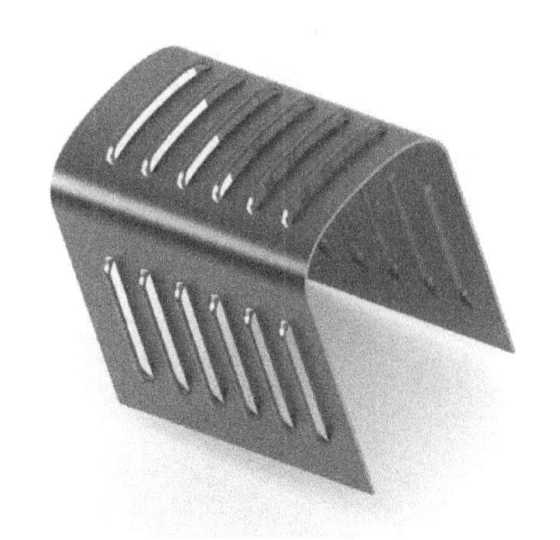

图 7-51　百叶窗建模案例另一视角效果

此时，可以通过“文件”|“准备”|“模型属性”命令去修改默认的钣金件属性设置。

2 创建拉伸壁

1）在功能区“钣金件”选项卡的“壁”面板中单击“拉伸”按钮，打开“拉伸”选项卡。

2）选择 TOP 基准平面作为草绘平面，绘制钣金拉伸截面线如图 7-52 所示，单击“确定”按钮完成草绘并退出草绘器。

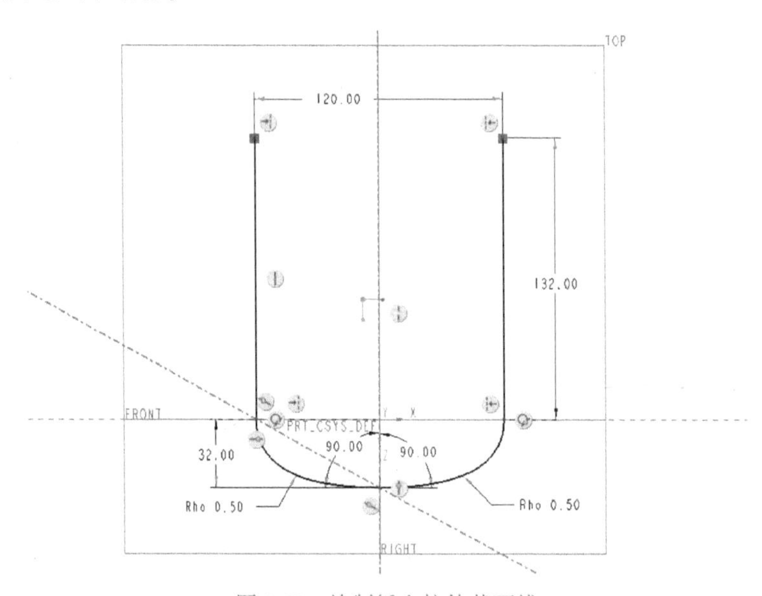

图 7-52　绘制钣金拉伸截面线

3）在“厚度”内设置钣金厚度为 2mm，拉伸深度为 181mm，钣金件选项设置如图 7-53 所示。

4）在“拉伸”选项卡上单击“确定”按钮。

3 展平钣金件

在功能区“钣金件”选项卡的“折弯”面板中单击“展平”按钮，打开“展平”选项卡，折弯选择采用“手动”，固定几何采用默认设置，如图7-54所示，然后单击“确定”按钮✔。

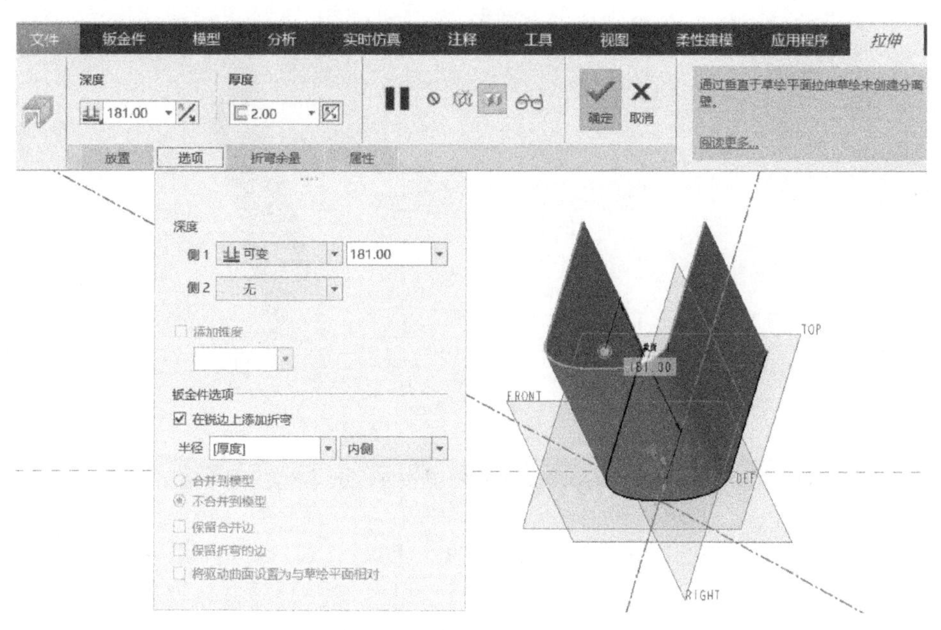

图7-53　拉伸壁相关设置

图7-54　展平钣金件操作

4 使用凸模方式创建第一个百叶窗结构

1）在功能区“钣金件”选项卡的“工程”面板中单击“成型”|“凸模”按钮，打开“凸模”选项卡，然后从凸模成型库的“源模型”下拉列表框中选择百叶窗凸模“CLOSE_ROUND_LOUVER_FORM_MM”。接着单击“使用坐标”按钮和“使用继承”按钮，如图7-55所示。当单击“使用继承”按钮后，源模型选项组变成不可用，显示为灰色。

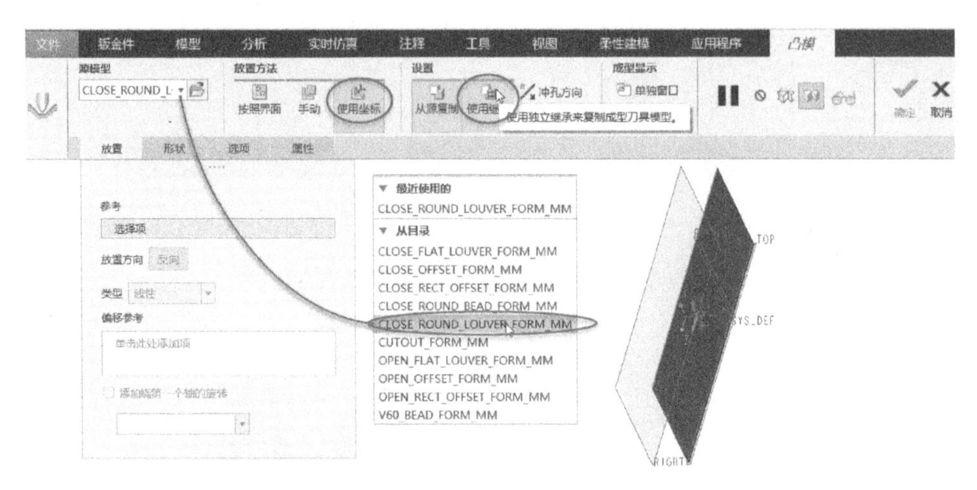

图 7-55 “凸模”选项卡操作（1）

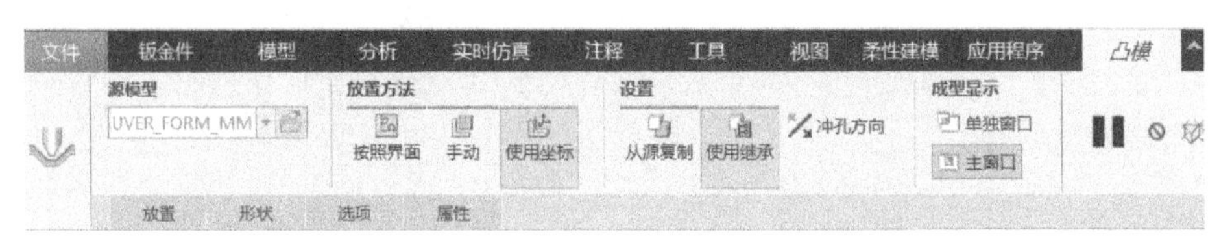

图 7-56 单击“使用继承”按钮后

知识点拨：

“凸模”选项卡上提供有3种放置方法（分别为“按照界面”、“手动”、“使用坐标”），成型设置选项有“从源复制”和“使用继承”。类似地，单击“凹模”按钮打开的“凹模”选项卡也提供一样的放置方法和成型设置选项。

- “按照界面”：使用此放置方法，可选择“界面至几何”或“界面至界面”的放置选项，然后借助成型界面放置凸模或凹模。
- “手动”：此放置方法用于使用手动方式参考放置凸模或凹模。
- “使用坐标”：此放置方法用于使用坐标系放置带有成型界面的凸模或凹模。
- “从源复制”：使用此成型设置选项，将创建从属于已保存零件的凸模或凹模的新实例。当更改保存的凸模或凹模零件时，新实例将随之发生更新变化，但要保证已保存的凸模或凹模零件必须仍然可用于该零件，才能正确重新生成。
- “使用继承”：此成型设置选项使用继承创建新的凸模或凹模实例，用户可以设置在保存的凸模或凹模零件发生更改时更新凸模或凹模特征。

2）在“凸模”选项卡上打开“形状”滑出面板，如图 5-57 所示。选择“手动更新”单选按钮，接着单击“改变冲孔模型”按钮，弹出一个显示凸模参考模型的窗口和“可变项”对话框，如图 7-58 所示。

3）在单独的窗口中单击凸模参考模型的百叶窗凸起的任意曲面，则百叶窗凸模显示相关的尺寸。接着分别添加选择要设置新值的尺寸并对新值进行输入，如图 7-59 所示，然后单击“确定”按钮，则百叶窗凸模按照设定的新值驱动尺寸发生变化。

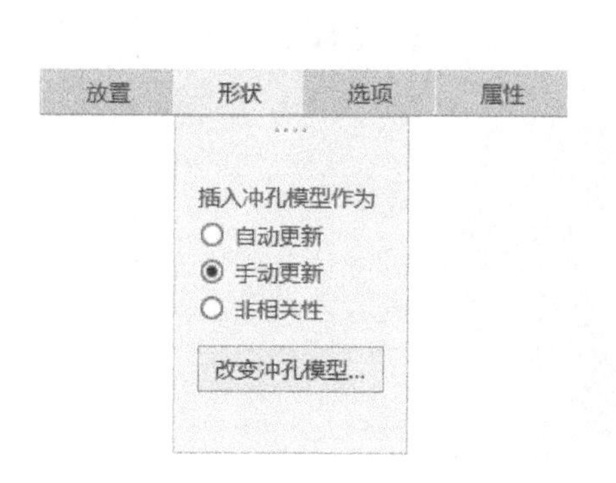

图 7-57 “形状”滑出面板

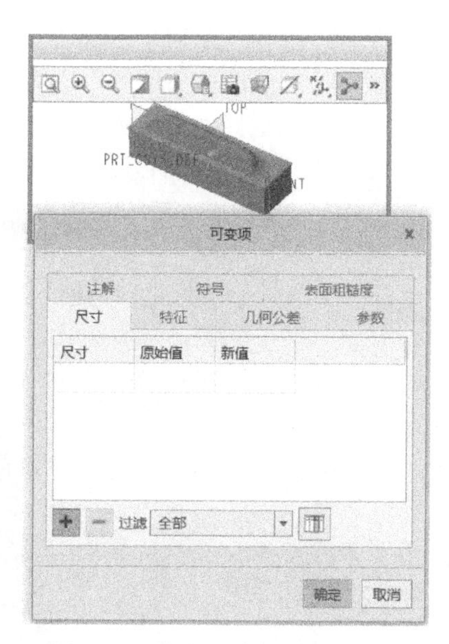

图 7-58 单独显示窗口和可变项

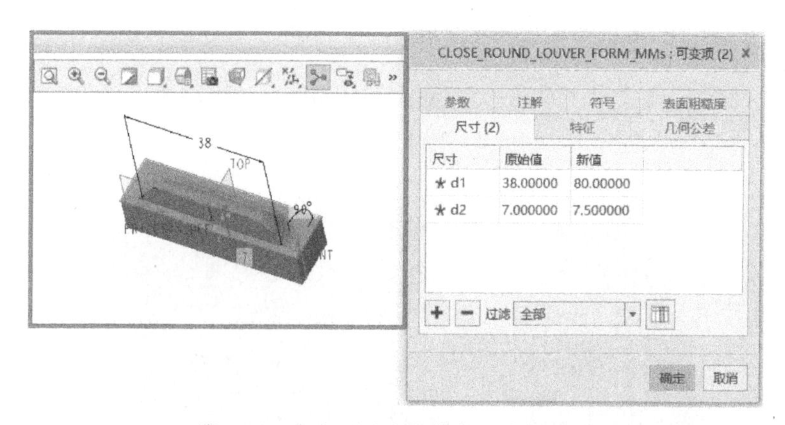

图 7-59 定义百叶窗凸模的可变尺寸项

4）打开“放置”滑出面板，“参考”收集器处于激活状态时，将鼠标指针置于图 7-60 所示

图 7-60 将鼠标置于当前模型前

的金属板材模型前，前面的曲面不是所需要的。单击鼠标右键遍历查询到当前鼠标位置处的下一个曲面，即切换至金属板材模型的另一侧曲面（该曲面同样处于该鼠标指针当前位置下）且该曲面高亮显示，此时单击鼠标左键即可选择它作为放置面。接着，激活“偏移参考”收集器，分别指定偏移参考以及设置它们的偏移尺寸，如图 7-61 所示，就如同放置基准点一样的操作。

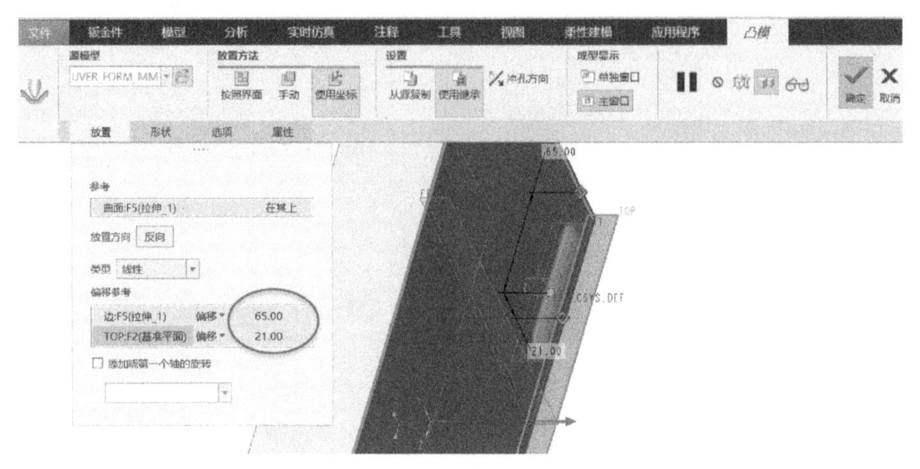

图 7-61　指定偏移参考及其偏移尺寸

5）最后在“凸模”选项卡上单击“确定”按钮✔，创建的第一个百叶窗结构如图 7-62 所示。

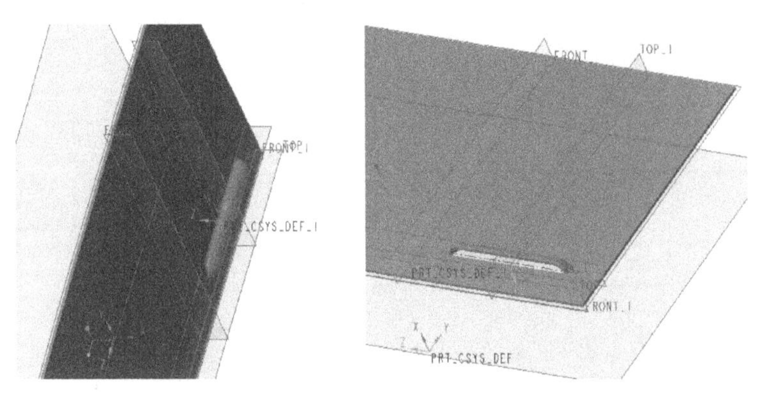

图 7-62　创建第一百叶窗结构

5 创建尺寸阵列

1）确保选中刚创建的第一个百叶窗凸模成型特征，在功能区“钣金件”选项卡的“编辑”溢出面板中单击“阵列”按钮，打开“阵列”选项卡。

2）从“类型”下拉列表框中选择“方向”阵列类型，分别定义第一方向和第二方向的相关参照、成员数和间距，如图 7-63 所示。

3）单击“确定”按钮✔，阵列结果如图 7-64 所示。

6 折回（折弯回来）操作

1）在功能区“钣金件”选项卡的“折弯”面板中单击“折回”按钮，打开图 7-65 所示的“折回”选项卡。

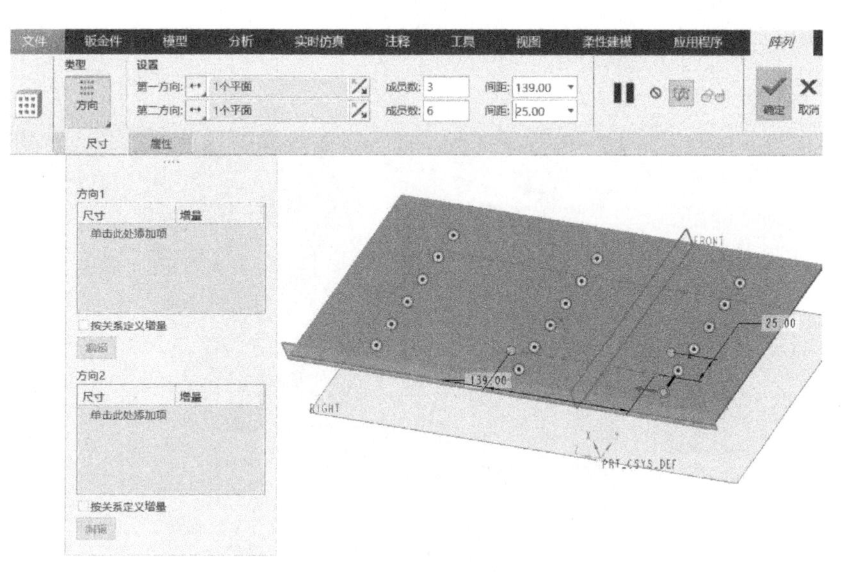

图 7-63　方向阵列操作

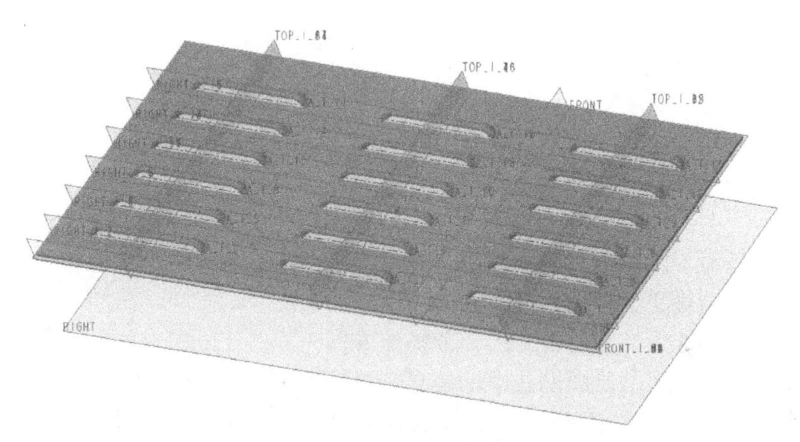

图 7-64　方向阵列的结果

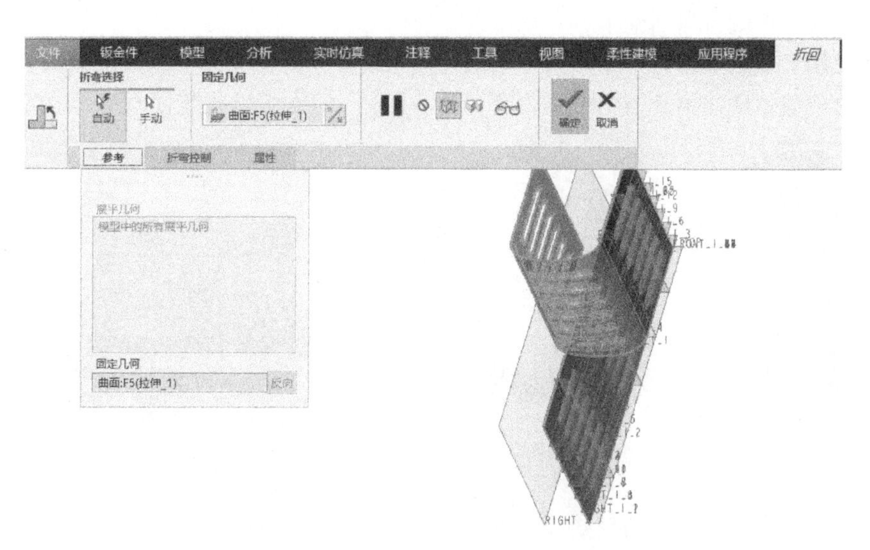

图 7-65　“折回”选项卡

2）折弯选择类型为“自动”，默认固定几何，单击“确定”按钮✔，创建折回特征的效果如图 7-66 所示。

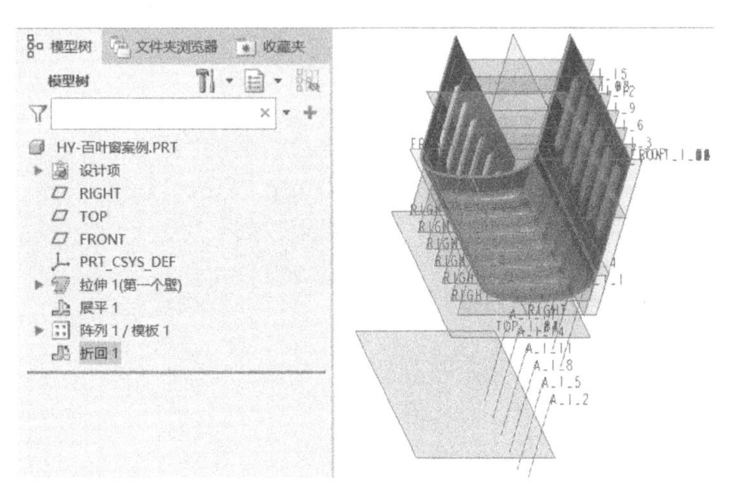

图 7-66　创建折回特征

 保存文件

按〈Ctrl+S〉快捷键保存文件。

7.3 金属外罩网孔案例

在进行产品设计时，不仅要考虑合理的建模思路和设计技巧，还要考虑相关的加工工艺，这样设计出来的产品制造性更合理。

在音箱产品中，网孔设计是有讲究的。音箱外罩有些被设计成塑料件，有些被设计成金属材质。塑料件外罩网孔和金属材质的网孔设计是有区别的，如果是塑料外罩网孔，那么需要考虑模具复杂程度及脱模等相关因素；而金属材质则要认真考虑钣金加工工艺对网孔的影响，冲压成型可能会造成网孔在圆弧面上的表现会有一些变形。当然，对于金属材质的网孔还有采用激光等精密数控加工方式，那就另当别论了。

本案例使用 Creo 8.0 进行一个金属外罩网孔模型设计，要完成的模型效果如图 7-67 和图 7-68 所示，该金属外罩顶部并不是一个平整的面，而是具有一定圆弧的视觉面。

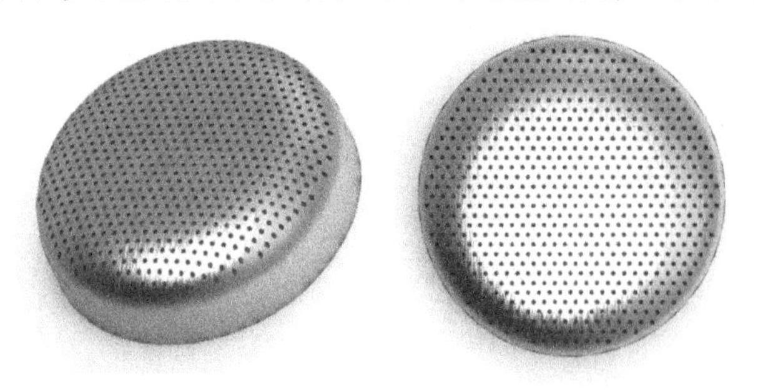

图 7-67　金属外罩网孔模型（两个视角）

图 7-68　金属外罩网孔模型的前视图

根据该金属外罩网孔模型的形状，可以采用 Creo 钣金设计模块来进行设计，先设计一个平面壁，接着在该平面壁上创建一个小孔，并创建填充类型的阵列孔。然后冲压、模压成型出外罩曲

面形状，这个成型模型可以事先设计好。这就是本案例的设计思路，具体操作步骤如下。

1. 构建一个成型模型

1 新建实体零件文件

启动 Creo 8.0 并设定工作目录后，单击“新建”按钮新建一个使用 mmns_part_solid_abs 公制模板的实体零件文件，文件名为“HY-ZWCX”。

2 创建旋转实体

单击“旋转”按钮，选择 FRONT 基准平面作为草绘平面来绘制旋转截面，旋转角度为 360°。最后单击“旋转”选项卡上的“确定”按钮，完成创建该旋转实体，如图 7-69 所示。

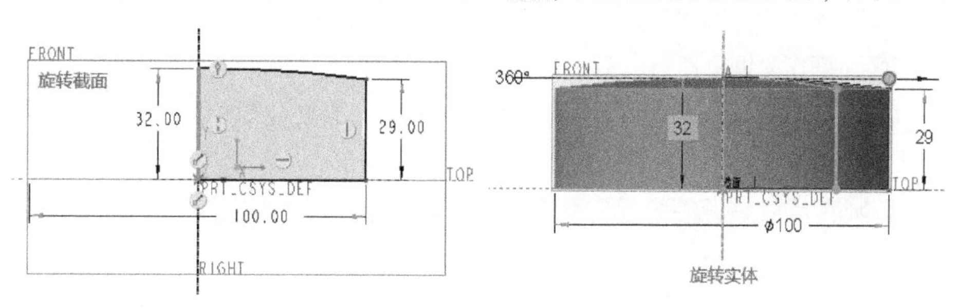

图 7-69　创建旋转实体

3 创建倒圆角

单击“倒圆角”按钮，选择圆角尺寸标注形式为“D1×D2 C2”，设置其相应的参数、尺寸值，如图 7-70 所示，单击“确定”按钮。

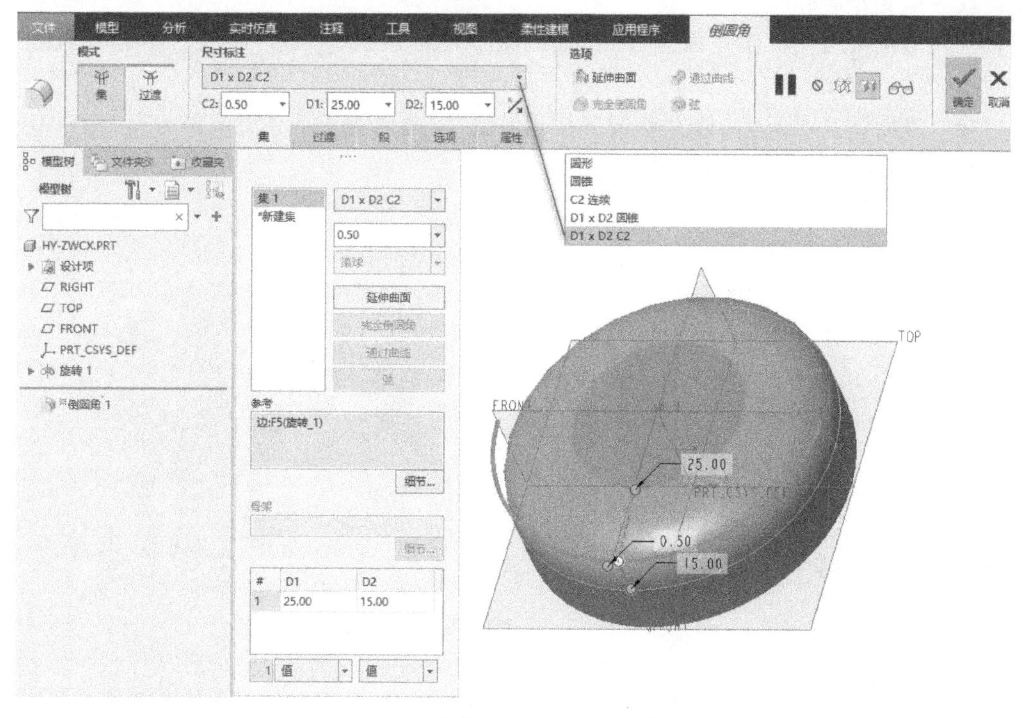

图 7-70　创建“D1×D2 C2”倒圆角

4 保存该实体零件文件

按〈Ctrl+S〉快捷键，弹出“保存对象”对话框，单击“确定”按钮，即可在当前设定的工作目录下保存该实体零件文件。

2. 使用钣金件设计模块设计金属外罩网孔模型

1 新建一个钣金件文件

启动 Creo 8.0 并设置工作目录后，单击“新建”按钮，选择“零件”类型、“钣金件”子类型，输入文件名为“HY-金属外罩网孔模型”，取消勾选“使用默认模板”复选框，确认后再使用 mmns_part_sheetmetal_abs 模板来完成创建一个钣金件文件。

此时，可以通过“文件”|“准备”|“模型属性”命令去修改默认的钣金件属性设置。

2 创建平面壁作为钣金件第一壁

1）在功能区“钣金件”选项卡的“壁”面板中单击“平面”按钮，打开图 7-71 所示的“平面”选项卡。

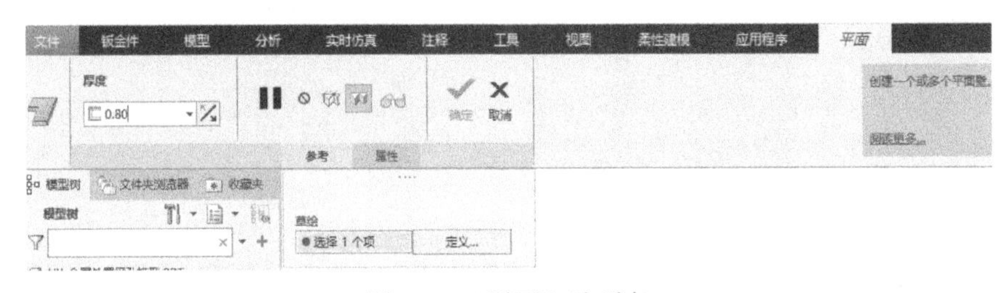

图 7-71 “平面”选项卡

2）设置厚度为 0.8mm。

3）选择 TOP 基准平面作为草绘平面，绘制图 7-72 所示的一个圆。单击“确定”按钮完成草绘并退出草绘模式。

4）在“平面”选项卡上单击“确定”按钮，完成创建一个平面壁作为钣金第一壁，如图 7-73 所示。

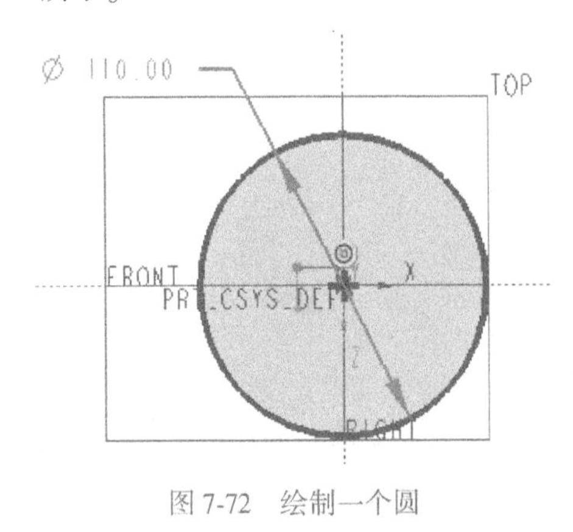

图 7-72 绘制一个圆

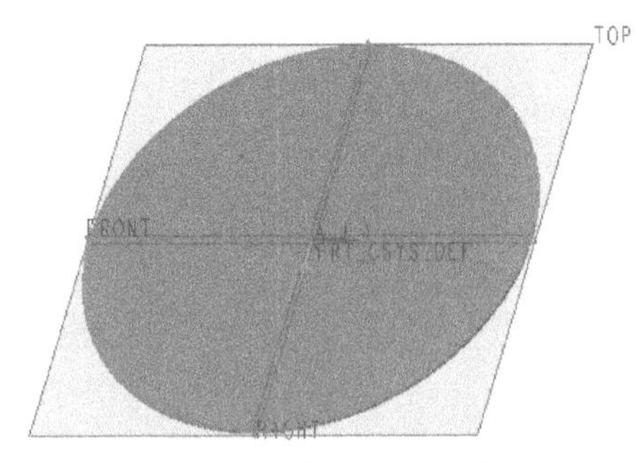

图 7-73 创建第一个壁（平面壁）

3 创建圆形拉伸切口

1）在功能区“钣金件”选项卡的“工程”面板中单击“拉伸切口”按钮，打开“拉伸切口”选项卡。

2）在平整壁的顶面单击以指定该面作为草绘平面，单击“圆：圆心和点”按钮在平面壁的中心位置创建一个直径为1.5mm的圆形拉伸切口，如图7-74所示，单击“确定”按钮完成草绘并退出草绘模式。

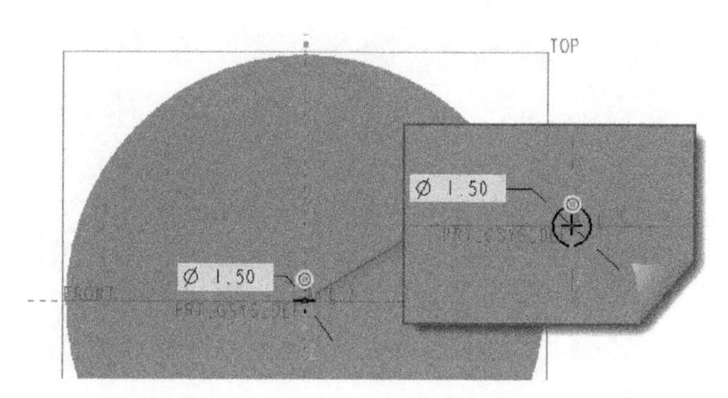

图7-74　绘制一个圆形拉伸切口

3）在“设置”选项组默认选中“垂直于曲面”选项，单击“拉伸切口”选项卡的“确定”按钮，完成创建一个圆形拉伸切口特征（“拉伸切口1”特征）。

4 创建填充类型的阵列特征（对拉伸切口孔进行阵列）

1）确保选中“拉伸切口1”特征，在功能区“钣金件”选项卡的“编辑”溢出面板中单击“阵列”按钮，打开“阵列”选项卡。

2）从“类型”下拉列表中选择“填充”阵列类型，打开“参考”滑出面板，单击“定义”按钮，弹出“草绘”对话框，如图7-75所示。单击“使用先前的”按钮使用前一个草绘平面，绘制图7-76所示的填充区域图形，然后单击“确定”按钮完成草绘并退出草绘模式。

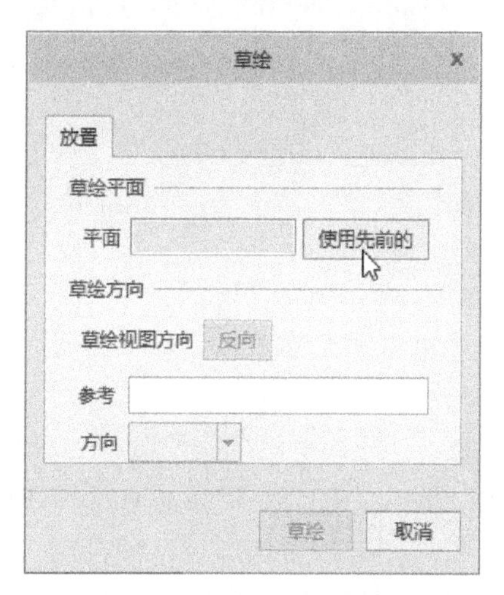

图7-75　“草绘”对话框

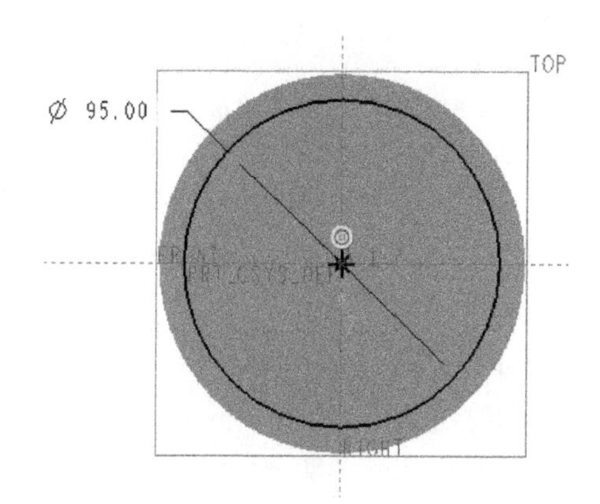

图7-76　绘制填充区域图形

3）在“填充区域/栅格”选项组的“栅格阵列”下拉列表框中选择“六边形”栅格阵列，接着在“间距”选项组中设置间距、旋转、边界参数，如图7-77所示。

4）打开“选项”滑出面板，设置图7-78所示的重新生成选项等。

5）单击“确定”按钮，阵列结果如图7-79所示。

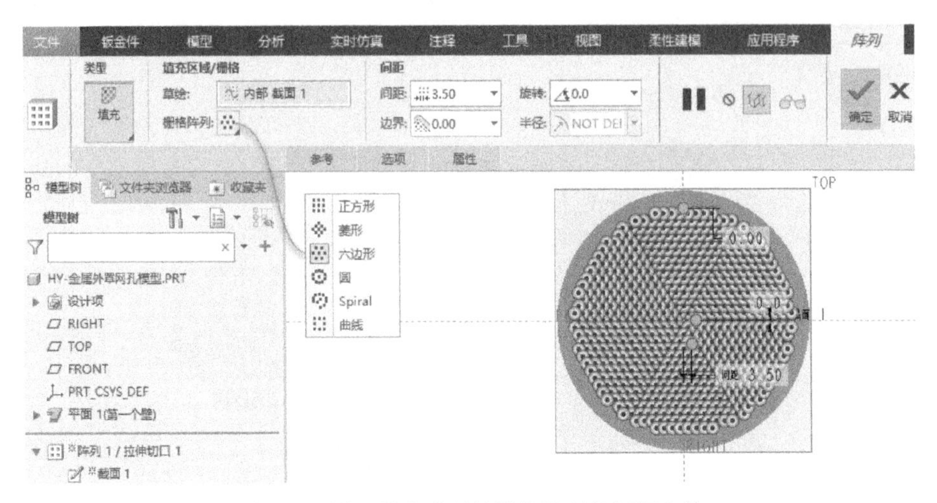

图 7-77　设置填充阵列的栅格阵列及间距参数

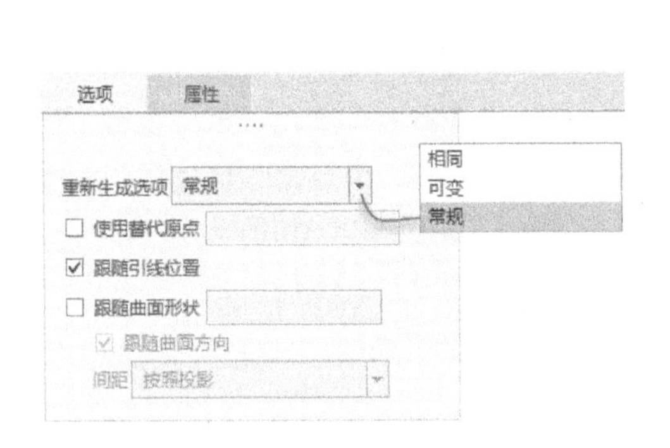

图 7-78　“选项”滑出面板

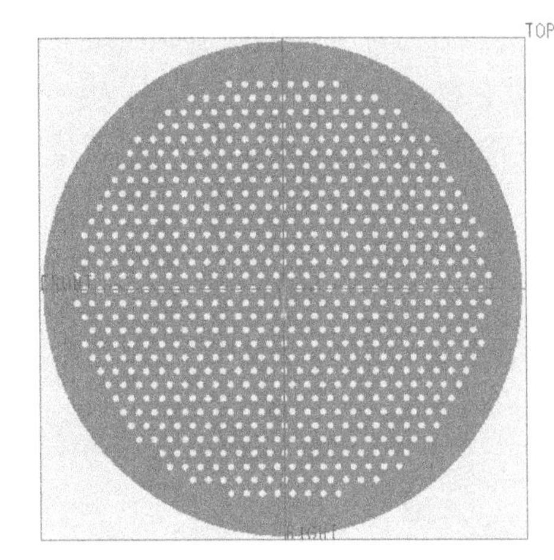

图 7-79　填充阵列结果

使用“凸模”功能创建凸模成型特征

1）在功能区“钣金件”选项卡的“工程”面板中单击“凸模”按钮，打开“凸模”选项卡。

2）在“凸模”选项卡的“源模型”选项组中单击“打开冲模模型”按钮，弹出“打开”对话框。选择先前建立并保存的“hy-zwcx. prt”模型，单击“打开”对话框上的“打开”按钮，此时“凸模”选项卡如图 7-80 所示。默认选中“手动”放置方法和“从源复制”成型设置选项，在“成型显示”选项组中选中“主窗口”按钮以设置指定约束时在装配窗口中显示元件。

3）打开“放置”滑出面板，设置凸模参考零件在钣金件中的放置约束集，共两组重合约束，如图 7-81 所示。

4）在“凸模”选项卡上单击“冲孔方向”按钮，冲孔方向设置如图 7-82 所示。

5）在“凸模”选项卡上单击“确定”按钮，完成凸模成型的结果如图 7-83 所示。

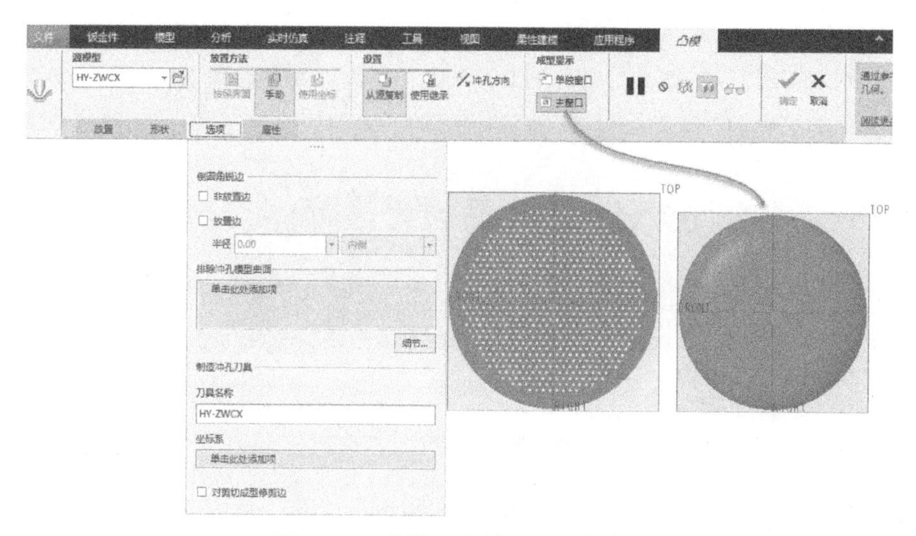

图 7-80 “凸模”选项卡及相关设置

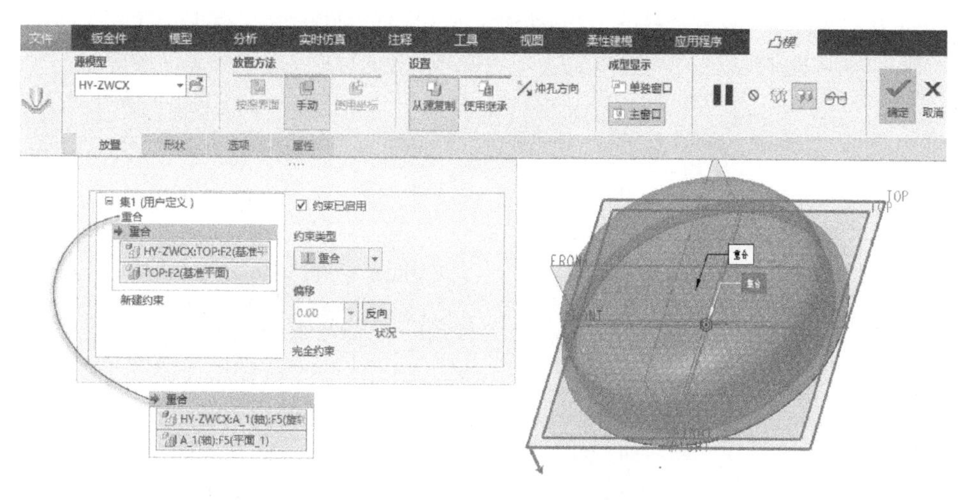

图 7-81 定义放置约束集（含两组重合约束）

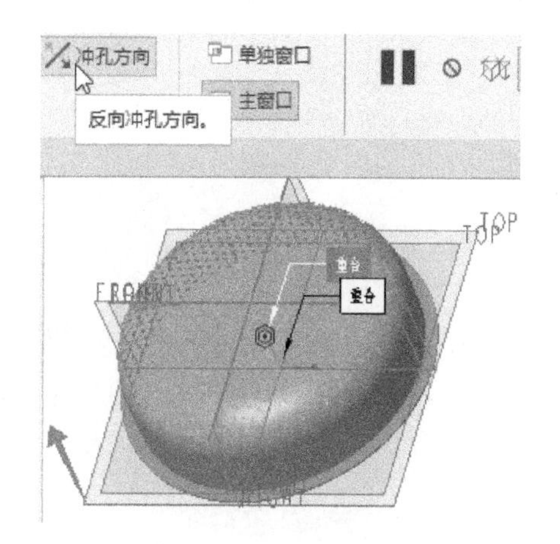

图 7-82 更改冲孔方向

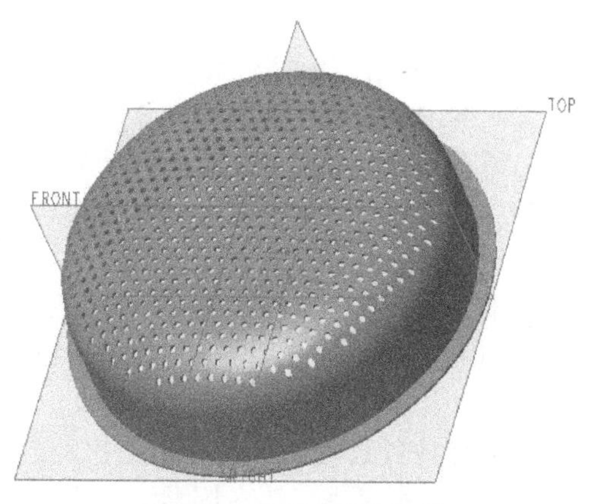

图 7-83 凸模成型的结果

6 拉伸切除

1）单击“拉伸切口”按钮，选择 FRONT 基准平面作为草绘平面，绘制图 7-84 所示的拉伸切口截面，单击“确定”按钮✔完成草绘并退出草绘模式。

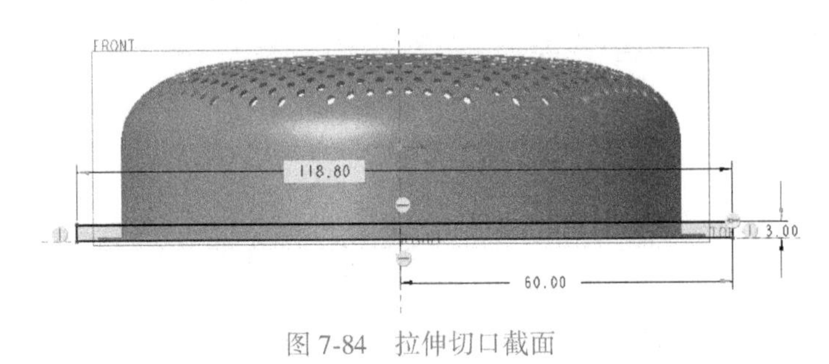

图 7-84 拉伸切口截面

2）在“拉伸切口”选项卡上设置图 7-85 所示的内容。

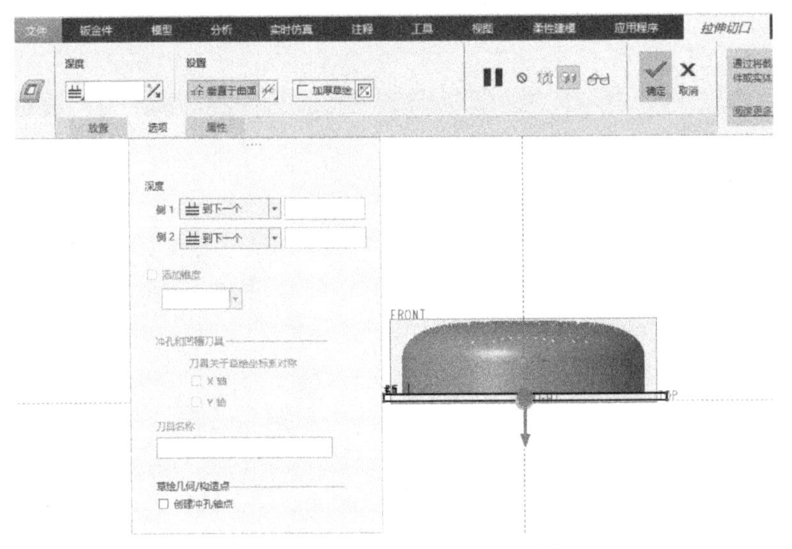

图 7-85 拉伸切口的相关设置内容

3）在“拉伸切口”选项卡上单击“确定”按钮✔，最终得到的金属外罩网孔模型如图 7-86 所示。

7 保存文件，本案例结束

本案例选用的钣金件模型结构比较简单，但在使用自定义凸模、凹模参考模型在钣金件上的设计应用却是比较典型、实用的，使用此方法可以在钣金件曲面上模压出各种结构造型。

结合本章几个案例进行总结一下，在进行产品设计练习的过程中，要有正确和全面的设计思维，包括要考虑零件材料、加工工艺、模具成型等因素。一些“花里胡哨”的设计技巧如果脱离了实际应用，也会变得一文不值。只有在综合考虑了诸多因素，“花里胡哨”的设计技巧才会显得更有价值。

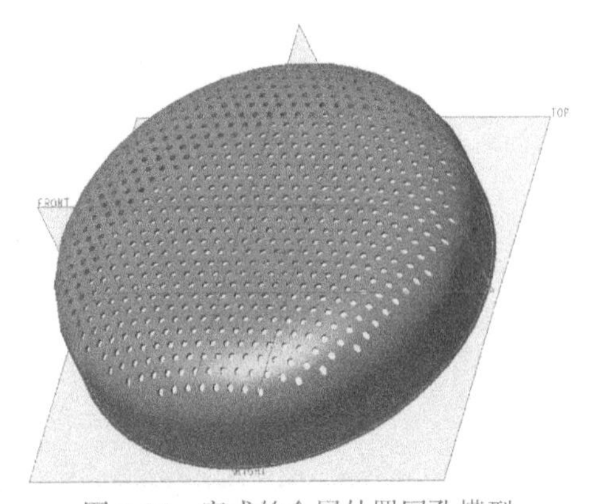

图 7-86 完成的金属外罩网孔模型

第 8 章

产品设计综合应用

本章导读

一款产品通常是由若干个零部件构成的，因此产品结构设计不仅针对单个零件。产品设计的方法有自底向上和自顶向下两种思路。

本章主要介绍3个典型的产品结构设计案例，兼顾常用设计方法和技巧的应用，并通过案例，深入浅出地介绍 Creo 8.0 装配设计模块的常用功能和技巧。

8.1 金属注射器产品建模

本节介绍一款金属注射器产品的建模设计，如图 8-1 所示。该金属注射器虽然比较小，但里面的零部件却并不少。

该金属注射器的爆炸图如图 8-2 所示。该爆炸图基本能把该产品的零部件清楚地表达出来，有金属外壳、透明管状玻璃、金属注射嘴、密封圈、可伸缩密封组件、旋钮、长螺杆、金属托耳零件、金属旋帽等。

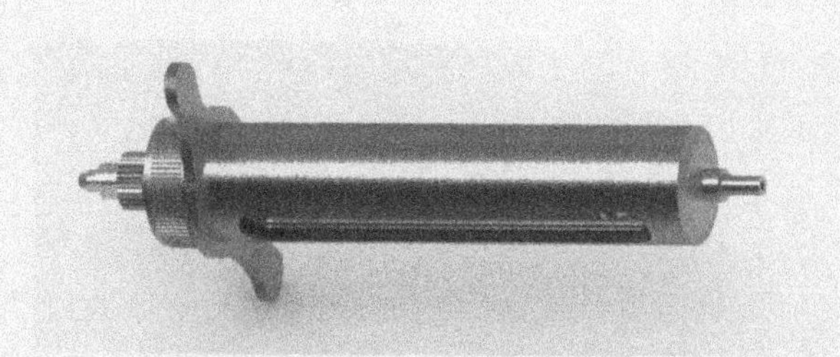

图 8-1　金属注射器

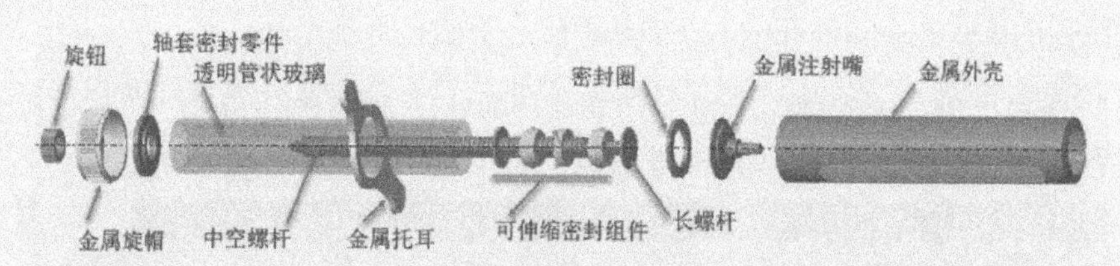

图 8-2　金属注射器的爆炸图

下面简单地介绍该金属注射器的建模步骤。

1. 设计金属外壳零件

1 新建一个零件设计文件

启动 Creo 8.0 设置工作目录之后，单击“新建”按钮，新建一个名称为“ZSQ-Z1”、使用

mmns_part_solid_abs 公制模板的实体零件文件。

2 创建旋转基本体

单击“旋转”按钮，创建图 8-3 所示的旋转基本体。

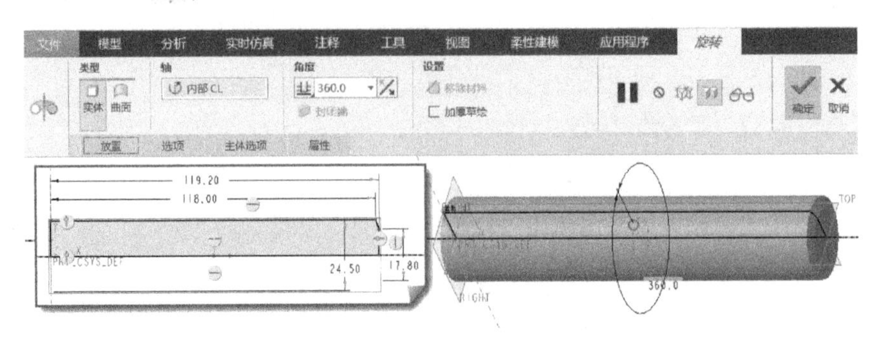

图 8-3　创建旋转基本体

3 创建壳特征

单击“壳”按钮，设置壳厚度为 1mm，选择要移除的曲面，如图 8-4 所示，然后单击“确定”按钮。

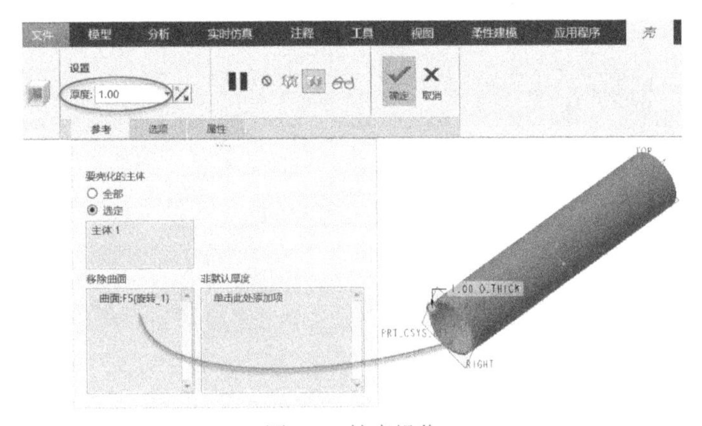

图 8-4　抽壳操作

4 以拉伸的方式在金属外壳的右端面切除出一个圆孔

单击“拉伸”按钮，选中“移除材料”按钮，选择金属外壳右端面作为草绘平面，绘制一个圆形截面后设置拉伸深度，如图 8-5 所示，最后单击“确定”按钮。

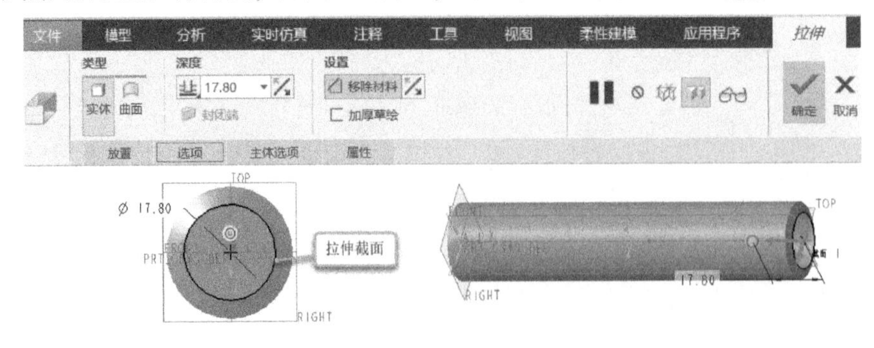

图 8-5　拉伸切除操作

5 继续进行拉伸切除操作

单击“拉伸”按钮，选中“移除材料”按钮，进行图 8-6 所示的拉伸切除操作。注意拉伸截面是在 FRONT 基准平面上绘制的，该截面是跑道型，“深度”选项在“侧 1”和“侧 2”上均是“穿透”。

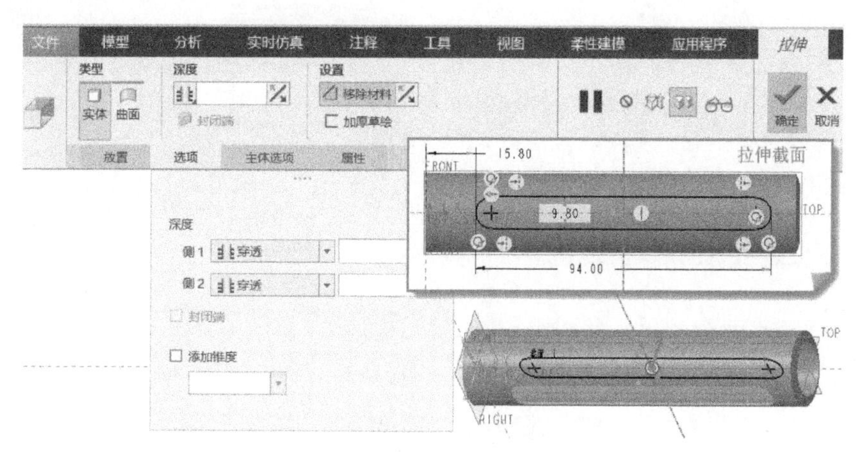

图 8-6 两侧穿透的拉伸切除操作

6 创建修饰螺纹特征

单击“修饰螺纹”按钮，进行图 8-7 所示的操作。

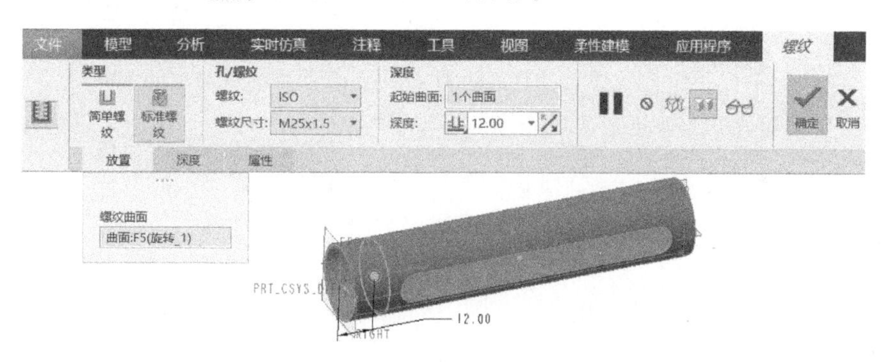

图 8-7 创建标准螺纹类型的修饰螺纹特征

至此，该金属外壳零件基本设计完成。

2. 新建一个装配设计文件，组装第一个零件

1 新建文件

单击“新建”按钮，弹出“新建”对话框，在“类型”选项组中选择“装配”单选按钮，在“子类型”选项组中选择“实体”单选按钮，在“文件名”文本框中输入“ZSQ-S1”，取消勾选“使用默认模板”复选框，如图 8-8 所示，单击“确定”按钮，弹出“新文件选项”对话框。选择 mmns_asm_design_abs 公制模板，如图 8-9 所示，然后单击“确定”按钮。

2 将金属外壳作为第一个零件装配进来

1）在功能区“模型”选项卡的“元件”面板中单击“组装”按钮，利用弹出的“打开”对话框选择“ZSQ-Z1. PRT”零件来打开。此时出现图 8-10 所示的“元件放置”选项卡，可以设置在主窗口（装配窗口）中显示元件。

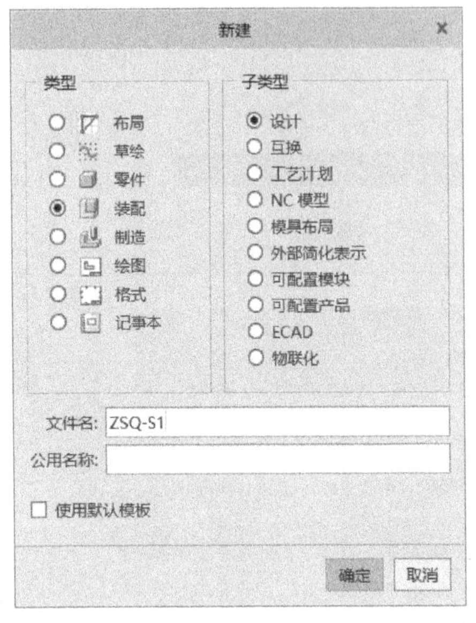

图 8-8　创建装配设计文件操作

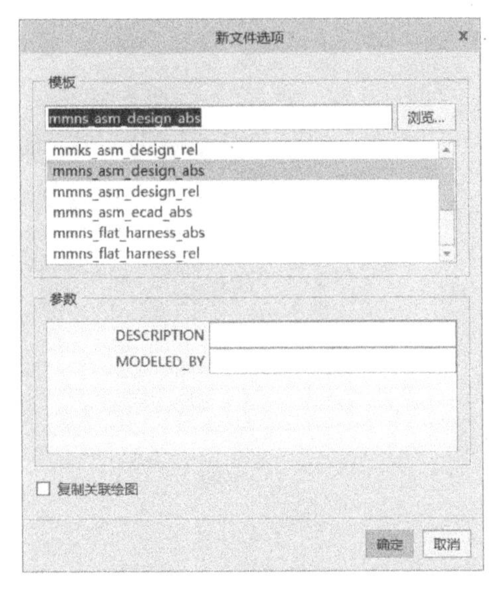

图 8-9　“新文件选项”对话框

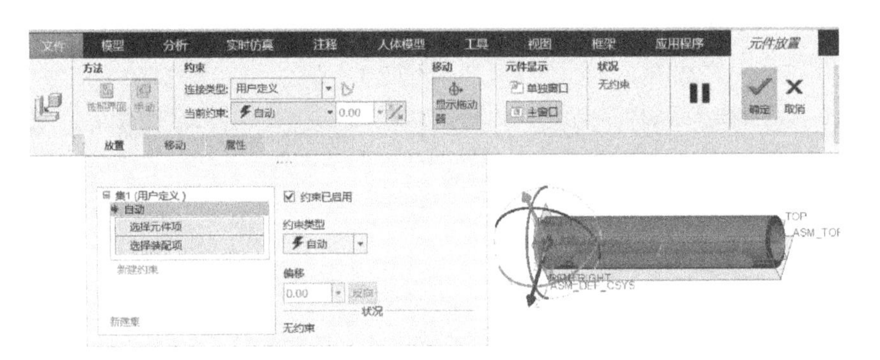

图 8-10　“元件放置”选项卡

知识点拨：

在“元件放置”选项卡上提供了“连接类型”和“当前约束”类型，在组装相关元件时，可以根据设计操作情况设置元件显示方式。有两种显示方式可供用户选择，一个是“单独窗口”，另一个是“主窗口”。“单独窗口”用于指定约束时，在单独的窗口中显示元件，“主窗口”用于指定约束时，在装配窗口中显示元件，两种显示方式可同时采用。

2）在“约束”选项组的“当前约束”下拉列表框中选择“默认”约束选项，然后单击“确定”按钮✔。

技巧：

通常对于第一个组装进来的零件，可采用“默认”约束选项，以默认的装配坐标系对齐元件坐标系。其他的约束类型有“距离”“角度偏移”“平行”“重合”“垂直”“共面”“居中”“相切”和“固定”。

3）完成在空装配体中组装第一个零件（金属外壳）的效果如图 8-11 所示。可以将装配体的基准坐标系、装配基准平面，以及第一个零件（金属外壳）的基准特征都隐藏。

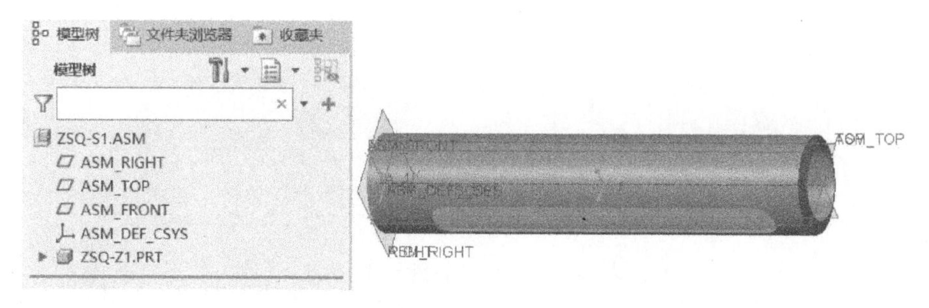

图 8-11　组装第一个零件（金属外壳）

3. 在装配中设计金属注射嘴零件和环形密封圈零件

1 在装配中创建用于设计金属注射嘴的实体零件文件

1）在功能区“模型”选项卡的“元件”面板中单击“创建元件”按钮，弹出“创建元件”对话框，选择“零件”类型和“实体”子类型，输入文件名为“ZSQ-Z2”，如图 8-12 所示，单击“确定”按钮，弹出“创建选项”对话框；在“创建选项”对话框的“创建方法”选项组中选择“从现有项复制”单选按钮，在“复制自”选项组中选择“mmns_part_solid_abs. prt”，在“放置”选项组中确保不勾选“不放置元件”复选框，如图 8-13 所示，单击“确定”按钮。

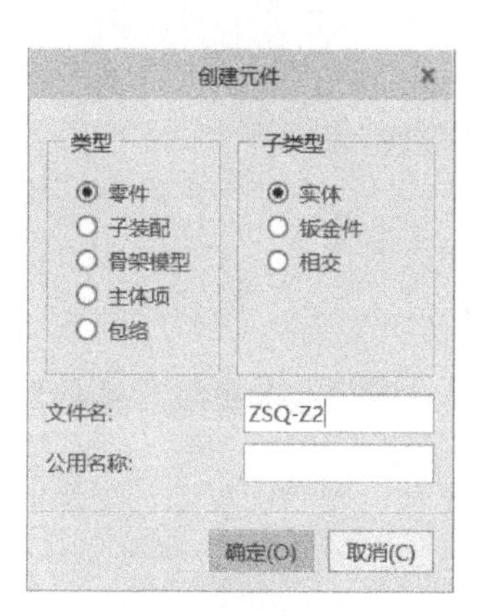

图 8-12　“创建元件”对话框

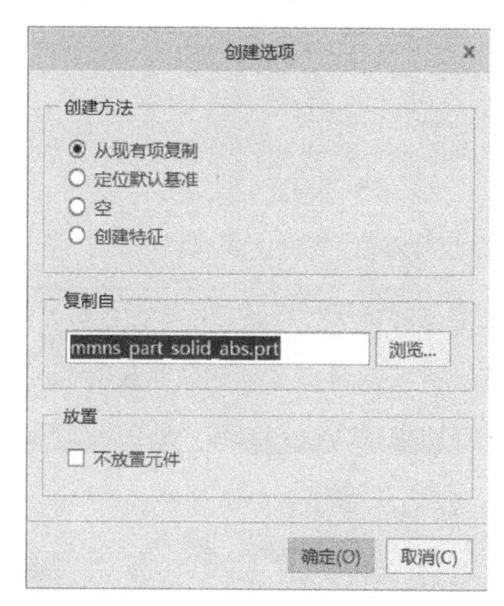

图 8-13　“创建选项”对话框

2）功能区出现“元件放置”选项卡，直接从“约束”选项组的“当前约束”下拉列表框中选择“默认”选项，单击“确定”按钮✔。

2 激活金属注射嘴零件

在模型树上选择装配体节点下的“ZSQ-Z2. PRT”（金属注射嘴零件），接着在出现的浮动工具栏中单击“激活”按钮◆，从而将所选的零件激活。此时，功能区的“模型”选项卡提供零件设计模式的相应工具。

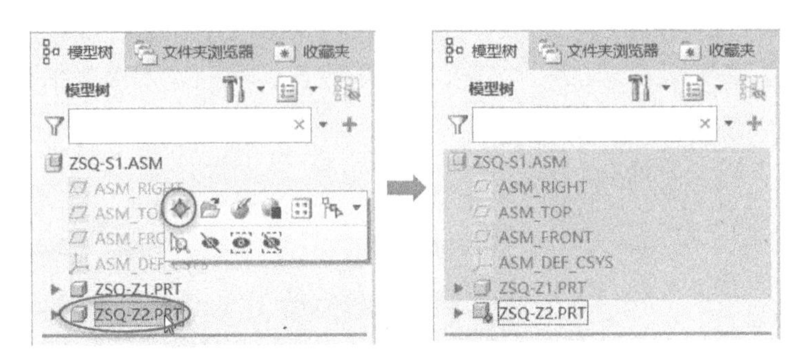

图 8-14 激活要创建特征的零件

3 设计金属注射嘴零件的模型特征

1）单击“旋转”按钮，选择 FRONT 基准平面作为草绘平面，可参照装配体的金属外壳绘制旋转截面，完成旋转截面绘制后接受旋转角度为 360°，单击“确定”按钮。该旋转截面与旋转结果如图 8-15 所示。

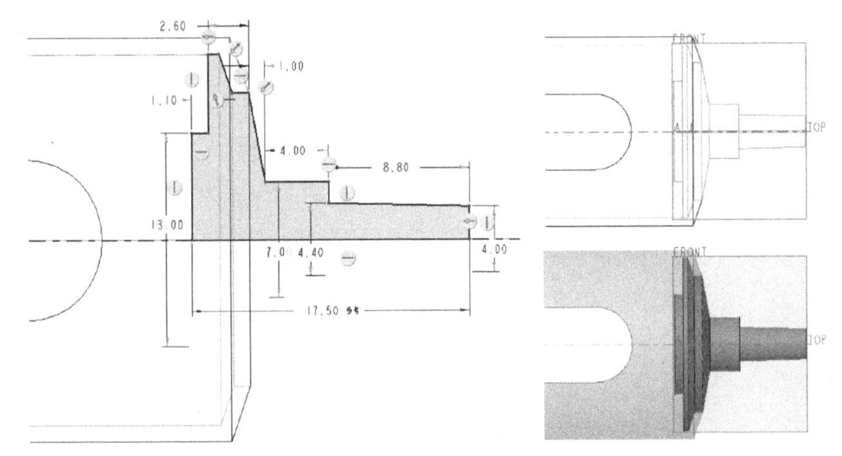

图 8-15 创建一个旋转特征

2）单击“孔”按钮，创建简单直通孔，如图 8-16 所示。

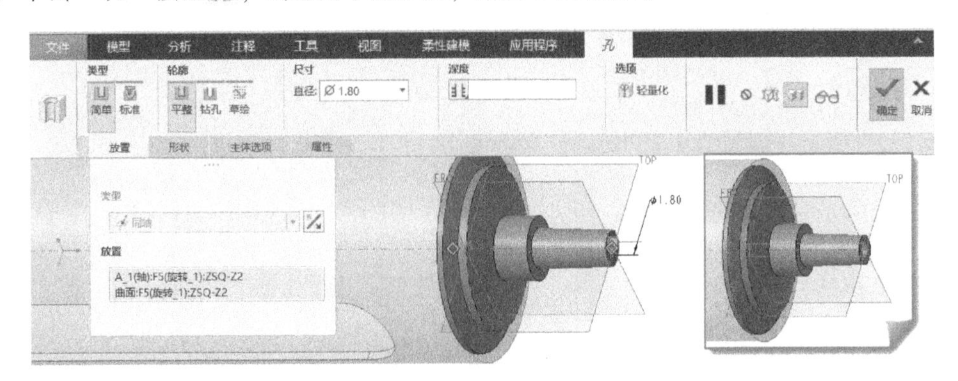

图 8-16 创建简单直通孔

4 激活顶级装配并创建一个新零件

1）在模型树上单击“ZSQ-S1. ASM”装配节点名称，在弹出的浮动工具栏中单击“激活”按钮以将该顶级装配激活。

2）单击“创建元件”按钮，弹出“创建元件”对话框，选择“零件”类型、“实体”子类型，输入文件名为“ZSQ-Z3”，单击“确定”按钮。接着在弹出的“创建选项”对话框选择“从现有项复制”创建方法，复制自“mmns_part_solid_abs. prt”模板，单击“确定”按钮。

3）功能区出现“元件放置”选项卡，直接从“约束”选项组的“当前约束”下拉列表框中选择“默认”选项，单击“确定”按钮，从而完成创建一个新零件将用于设计环形密封件。

此时，可以将金属注射嘴零件的基准特征隐藏。

5 激活环形密封圈零件并进行其模型特征设计

1）在模型树上选择装配体节点下的“ZSQ-Z3. PRT”（环形密封圈零件）文件，接着在出现的浮动工具栏中单击“激活”按钮，从而将所选的零件激活。

2）单击“旋转”按钮，创建图 8-17 所示的旋转特征。在绘制旋转截面时，可以临时单击“隐藏线”显示样式（对应〈Ctrl+5〉快捷键）来切换至“隐藏线”显示样式，以便于参考装配体其他零部件的配合边线绘制相应的图形。绘制好截面后可以再单击“带边着色”按钮（对应〈Ctrl+2〉快捷键）以切换回“带边着边”显示样式。

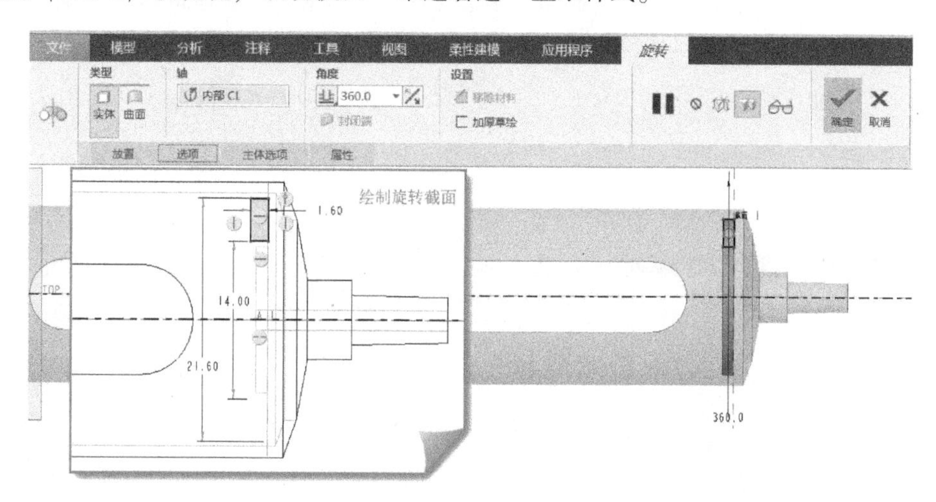

图 8-17　创建旋转特征

4. 新建一个零件文件，设计透明玻璃管

1 新建设计文件

在“快速访问”工具栏中单击“新建”按钮，新建一个类型为“零件”、子类型为“实体”、文件名为“ZSQ-Z4”、使用 mmns_part_solid_abs 模板的实体零件文件。

2 绘制拉伸截面，创建拉伸主体

单击“拉伸”按钮，默认在“拉伸”选项卡上选中“实体”按钮，选择 RIGHT 基准平面作为草绘平面来绘制拉伸截面，设置侧 1 的拉伸深度为“115.9”，单击“确定”按钮，创建的玻璃管拉伸主体如图 8-18 所示。

3 选择材质，设置透明度

切换至功能区“视图”选项卡，从“外观”面板中打开“外观”列表，从“库”下拉列表

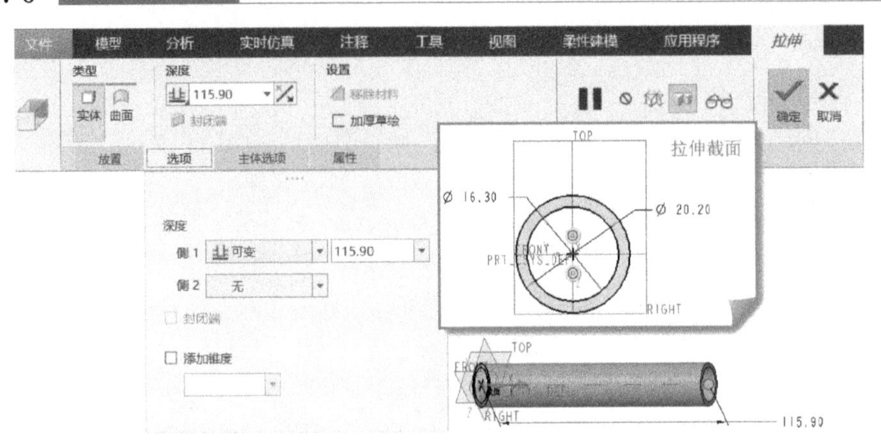

图 8-18　创建玻璃管的拉伸主体

框选择“Glass”下的“Glass. dmt”，如图 8-19 所示。接着从 Glass. dmt 库中选择所需的一个玻璃透明材质，在位于图形窗口右下角的“选择”过滤器列表中选择“零件”，在图形窗口中单击玻璃管拉伸主体，单击鼠标中键确认，即可将所选外观材质赋予玻璃管。可以再次打开“外观”列表，单击“编辑模型外观”按钮，弹出图 8-20 所示的“模型外观编辑器”对话框，在“属性”选项组中拖动滑块调整透明度等，然后单击“关闭”按钮。

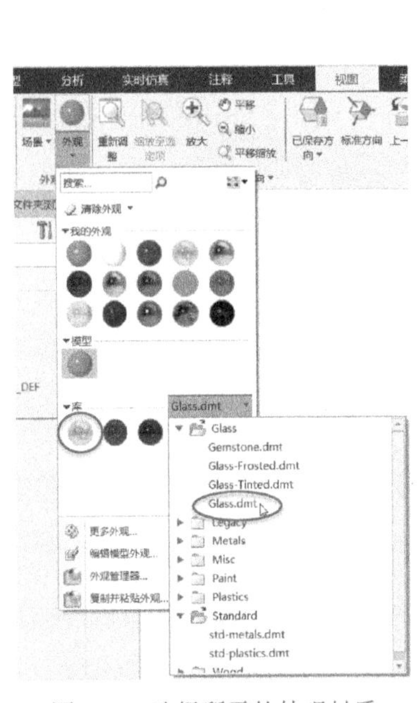

图 8-19　选择所需的外观材质

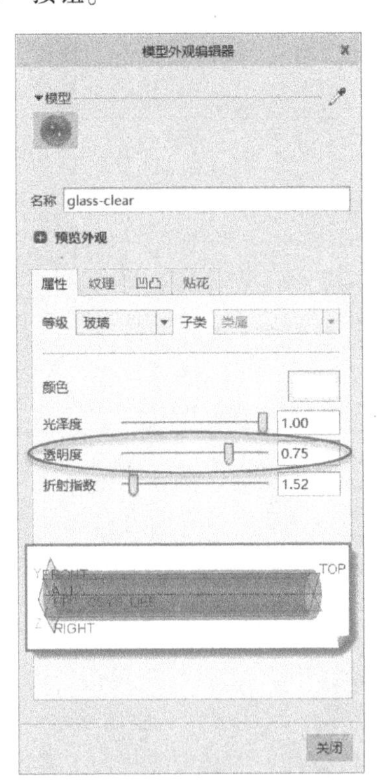

图 8-20　“模型外观编辑器”对话框

此时，可以在“快速访问”工具栏中单击“保存”按钮，或者按〈Ctrl+S〉快捷键。

4 将透明玻璃管装配到装配文件中

1）在“快速”访问工具栏中单击“窗口”按钮，接着选择“ZSQ-S1. ASM”窗口文件，从而切换至“ZSQ-S1. ASM”模型窗口。

2）单击“组装”按钮，弹出“打开”对话框，选择“ZSQ-Z4. PRT”来单击“打开”按钮，打开“元件放置”选项卡，利用“放置”滑出面板，指定两组重合约束来将透明玻璃管组装到金属外壳中，如图 8-21 所示。其中，第一组重合约束是选择透明玻璃管的中心轴线 A_1 和金属外壳的旋转轴线 A_1 进行重合约束；第二组重合约束是让透明玻璃管的右环形端面与位于金属外壳内的 ZSQ-Z3 环形密封圈的左端面重合接触。

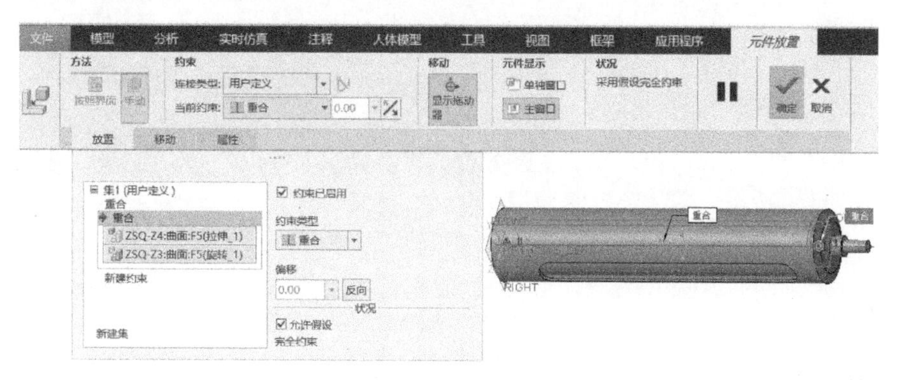

图 8-21　将透明玻璃管组装到金属外壳内

3）在“放置”滑出面板中勾选“允许假设”复选框，此时系统提示“完全约束”，即采用假设完全约束，然后单击“确定”按钮。

5. 创建螺杆零部件（装配体）

1 设计螺杆零件

1）在“快速访问”工具栏中单击“新建”按钮，新建一个类型为“零件”、子类型为“实体”、文件名为“ZSQ-Z5”、使用 mmns_part_solid_abs 模板的实体零件文件。

2）单击“旋转”按钮，选择 FRONT 基准平面作为草绘平面，绘制图 8-22 所示的旋转截面，单击“确定”按钮完成草绘并退出草绘模式。

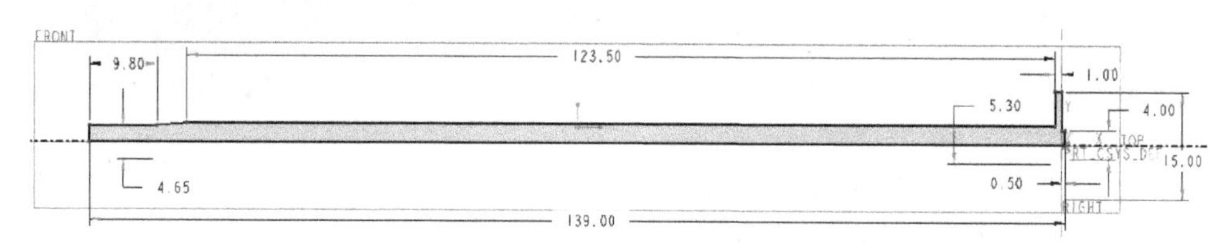

图 8-22　绘制旋转截面

3）设置旋转角度为 360°，单击“确定”按钮，完成创建图 8-23 所示的旋转实体特征。

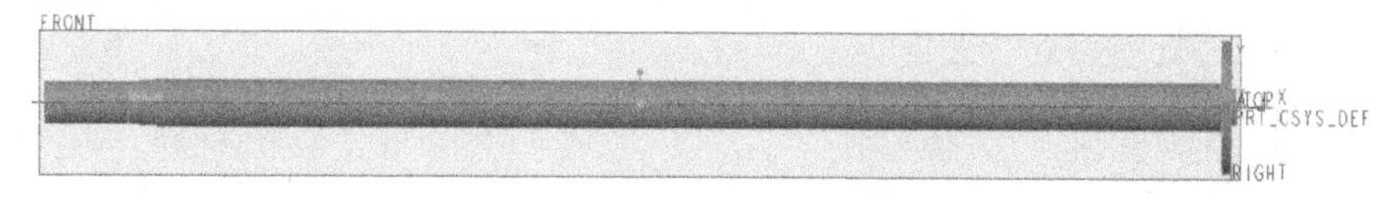

图 8-23　创建旋转实体特征

4）单击“边倒角”按钮，打开“边倒角”选项卡，选择倒角尺寸标注形式为“O1×

O2”，选择一条圆边创建该形式的边倒角，如图 8-24 所示。

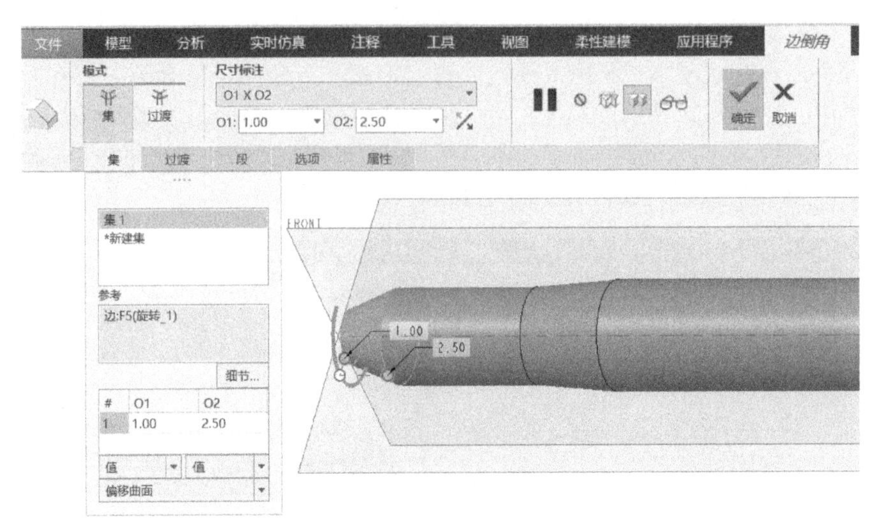

图 8-24　创建边倒角

5）使用“螺旋扫描”工具命令创建外螺纹结构。单击“螺旋扫描”按钮，打开“螺旋扫描”选项卡，默认选中“实体”按钮和“右手定则”按钮，单击“移除材料”按钮。在“参考”滑出面板中选择“穿过螺旋轴”单选按钮定义截面方向，单击“螺旋轮廓”收集器的“定义”按钮，选择 FRONT 基准平面作为草绘平面，单击鼠标中键进入草绘器。绘制图 8-25 所示的螺旋轮廓线和一条水平几何中心线，单击“确定”按钮，完成草绘并退出草绘模式。

6）在“螺旋扫描”选项卡上设置螺距为 0.5mm，单击“截面”选项组中的“草绘”按钮，绘制图 8-26 所示的螺旋扫描截面，单击“确定”按钮，完成草绘并退出草绘模式。在“螺旋扫描”选项卡上单击“确定”按钮，完成创建如图 8-27 所示的外螺纹结构。

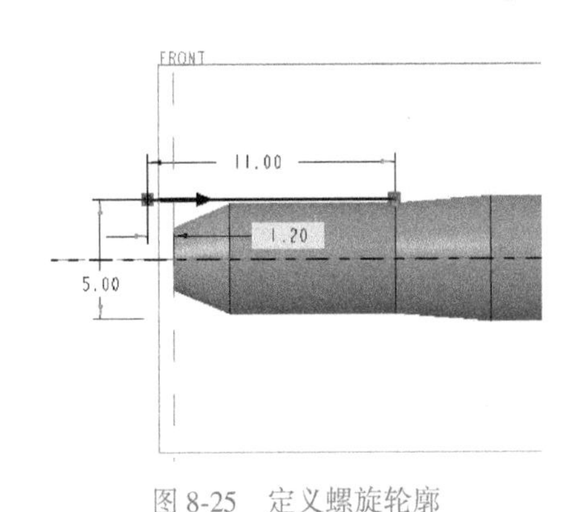

图 8-25　定义螺旋轮廓

图 8-26　绘制螺旋扫描截面

7）单击“拉伸”按钮，接着在“拉伸”选项卡上单击“移除材料”按钮，选择图 8-28 所示的实体面作为草绘平面，绘制图 8-29 所示的拉伸切口截面，单击“确定”按钮，完成草绘并退出草绘模式。可以通过在图形窗口中单击代表拉伸深度方向的箭头来调整适合的深度方向，设置沿深度方向（侧 1）的深度选项为“穿透”，如图 8-30 所示。

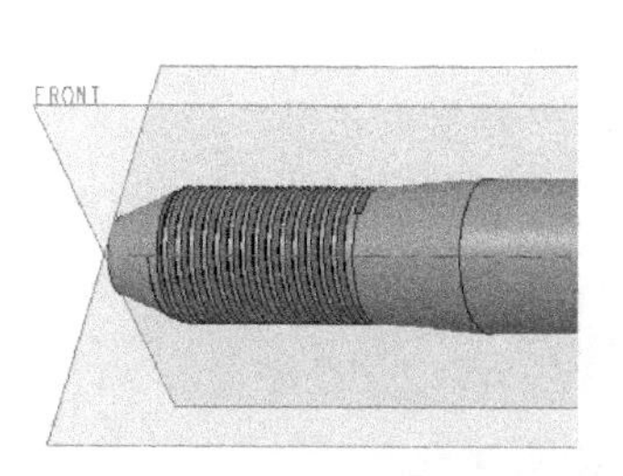

图 8-27　完成外螺纹结构

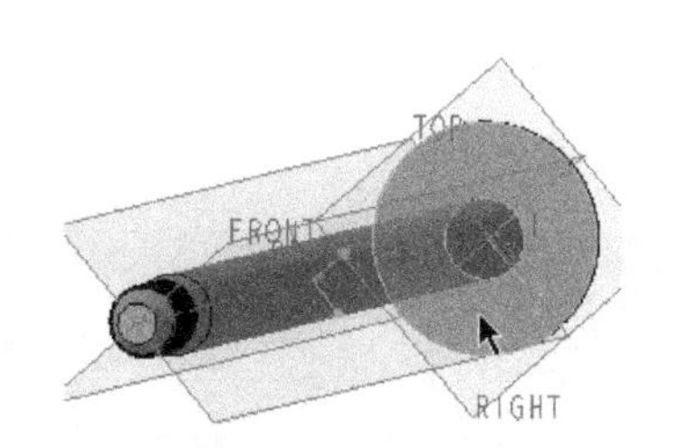

图 8-28　指定草绘平面

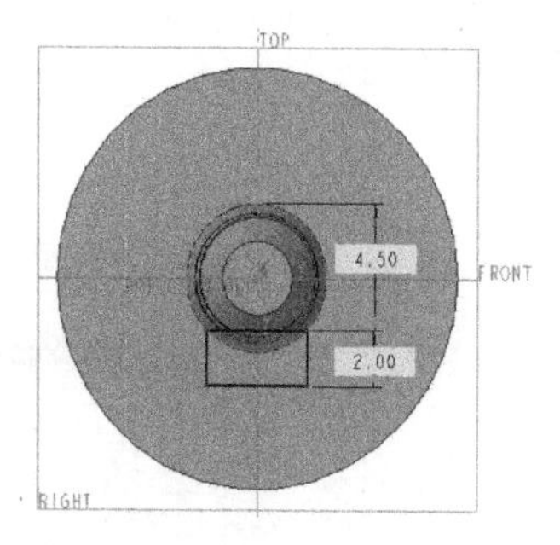

图 8-29　绘制拉伸切口截面

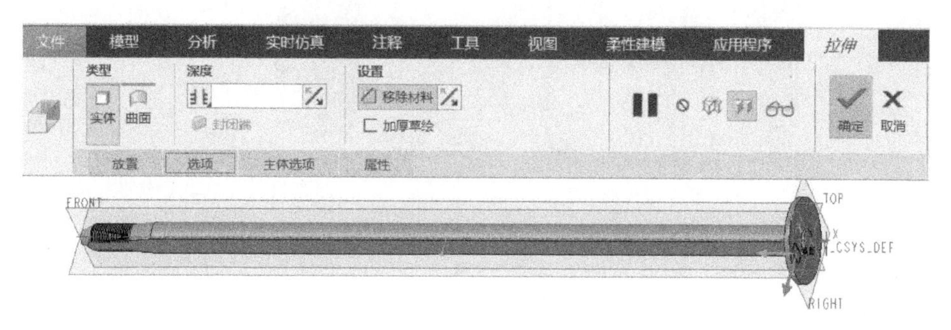

图 8-30　设置拉伸深度方向

6）在“快速访问”工具栏中单击“保存”按钮，或者按〈Ctrl+S〉快捷键，保存该螺杆零件。

2 设计密封圈 1

1）在“快速访问”工具栏中单击“新建”按钮，新建一个类型为“零件”、子类型为“实体”、文件名为“ZSQ-Z6”、使用 mmns_part_solid_abs 模板的实体零件文件。

2）单击“旋转”按钮，创建密封圈 1 的旋转实体，如图 8-31 所示。

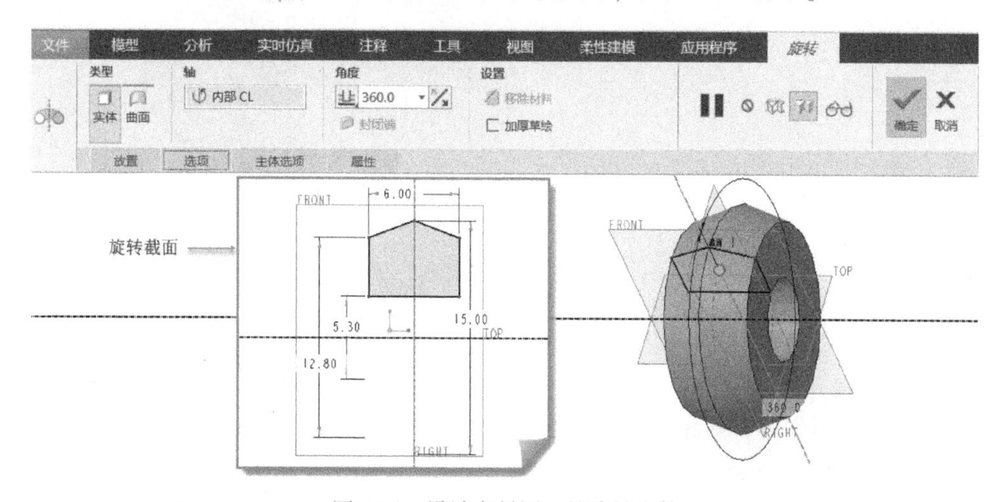

图 8-31　设计密封圈 1 的旋转实体

3）按〈Ctrl+S〉快捷键，保存该密封圈 1 零件。

3 设计密封圈 2

1）在“快速访问”工具栏中单击“新建”按钮，新建一个类型为“零件”、子类型为“实体”、文件名为“ZSQ-Z7”、使用 mmns_part_solid_abs 模板的实体零件文件。

2）单击“旋转”按钮，创建密封圈 2 的旋转实体，如图 8-32 所示。

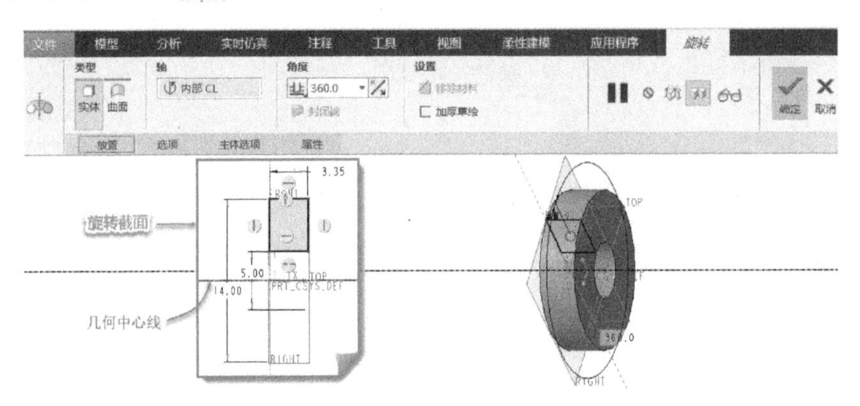

图 8-32 绘制密封圈 2 的旋转实体

3）按〈Ctrl+S〉快捷键，保存该密封圈 2 零件。

4 设计垫圈 1

1）在“快速访问”工具栏中单击“新建”按钮，新建一个类型为“零件”、子类型为“实体”、文件名为“ZSQ-Z8”、使用 mmns_part_solid_abs 模板的实体零件文件。

2）单击“拉伸”按钮，创建图 8-33 所示的拉伸实体特征。

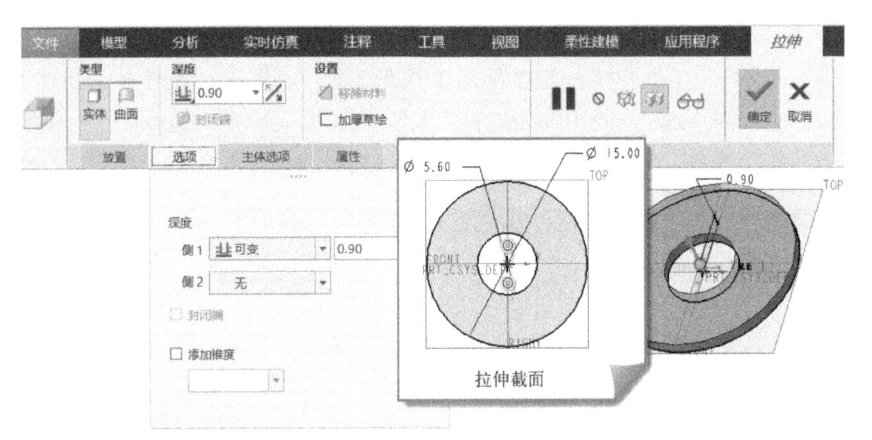

图 8-33 创建拉伸特征

3）按〈Ctrl+S〉快捷键，保存该垫圈 1 零件。

5 设计中空螺杆零件

1）在“快速访问”工具栏中单击“新建”按钮，新建一个类型为“零件”、子类型为“实体”、文件名为“ZSQ-Z9”、使用 mmns_part_solid_abs 模板的实体零件文件。

2）单击“拉伸”按钮，以 RIGHT 基准平面为草绘平面绘制拉伸截面，设置侧 1 的拉伸深度为 116.2mm，单击“加厚草绘”按钮，设置加厚厚度为 1mm，如图 8-34 所示。

3）单击“螺旋扫描”按钮，打开“螺旋扫描”选项卡，默认选中“实体”按钮和

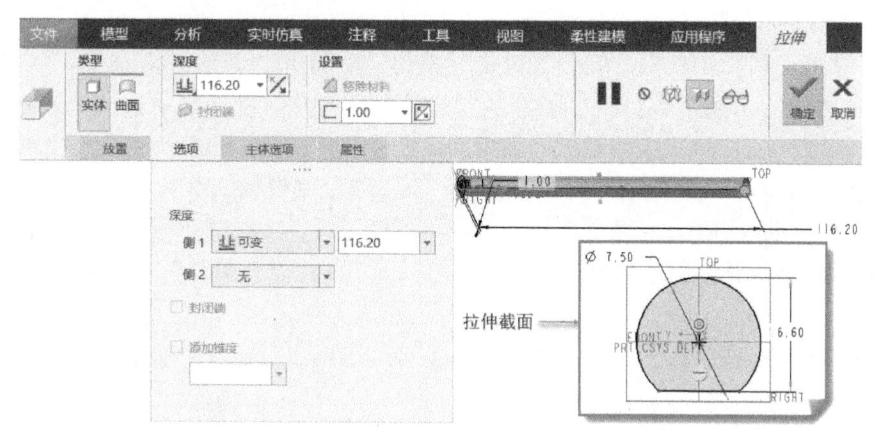

图 8-34 创建拉伸实体特征

“右手定则”按钮，单击“移除材料”按钮。在“参考”滑出面板中选择“穿过螺旋轴”单选按钮定义截面方向，勾选“创建螺旋轨迹曲线”复选框，单击“螺旋轮廓”收集器的“定义”按钮，选择 FRONT 基准平面作为草绘平面，单击鼠标中键进入草绘器。绘制图 8-35 所示的螺旋轮廓线和一条水平几何中心线，单击“确定”按钮，完成草绘并退出草绘模式。

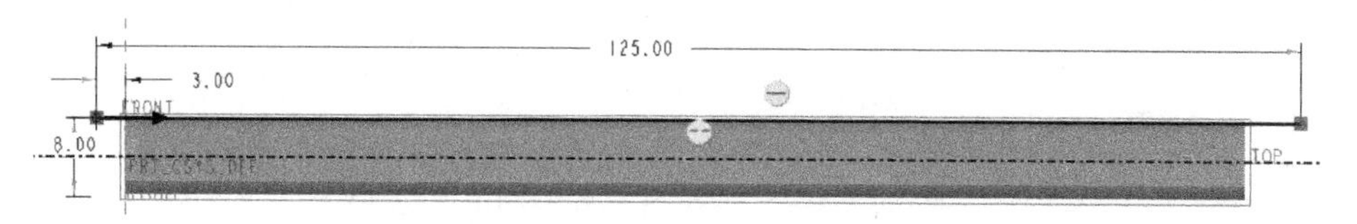

图 8-35 绘制图形定义螺旋轮廓

4）在“螺旋扫描”选项卡上设置螺距为 2mm，单击“截面”选项组中的“草绘”按钮，绘制图 8-36 所示的螺旋扫描截面，单击“确定”按钮，完成草绘并退出草绘模式。

5）在“螺旋扫描”选项卡上单击“确定”按钮，结果如图 8-37 所示。

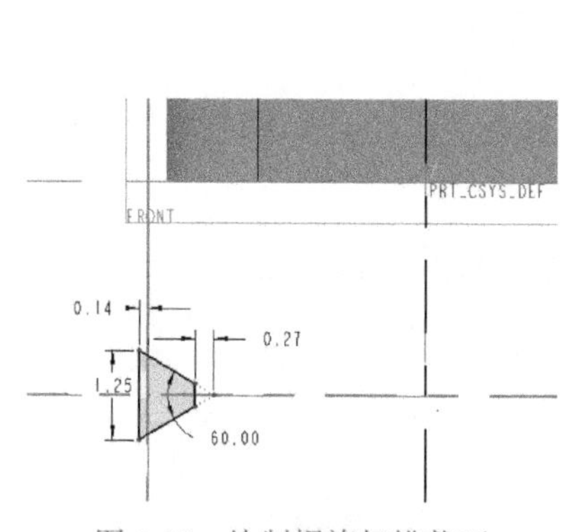

图 8-36 绘制螺旋扫描截面

图 8-37 创建螺旋扫描切口

6）单击“轴”按钮，选择螺杆外圆柱曲面，单击“基准轴”对话框中的“确定”按钮，从而创建一个默认名称为“A_1”的基准轴。

7）按〈Ctrl+S〉快捷键，保存垫圈 1 零件。

6 建立螺杆零部件

1）在“快速访问”工具栏中单击“新建”按钮，打开“新建”对话框，在“类型”选项组中选择“装配”单选按钮，在“子类型”选项组中选择“设计”单选按钮，在“文件名”文本框中输入“ZSQ-LGM”，取消勾选“使用默认模板”复选框，单击“确定”按钮。接着在弹出的“新文件选项”对话框中选择 mmns_asm_design_abs 公制模板，单击“确定”按钮，从而创建一个装配文件，进入当前活动装配窗口。

2）单击“组装”按钮，将螺杆零件（ZSQ-Z5. PRT）以“默认”的约束方式组装到该新装配文件中。

3）单击“组装”按钮，将密封圈 1（ZSQ-Z6. PRT）以两组重合约束的方式组装进装配体中，如图 8-38 所示。

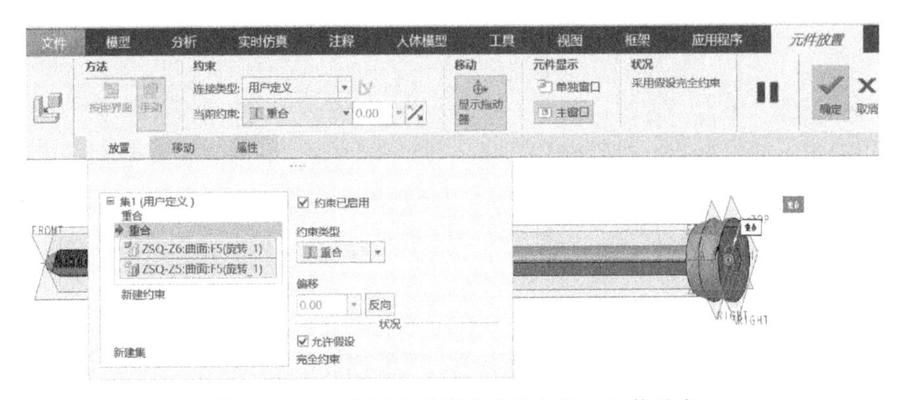

图 8-38　以两组重合约束来将密封圈 1 组装进来

4）使用同样的方法，单击“组装”按钮，依次将密封圈 2（ZSQ-Z7. PRT）、密封圈 1（ZSQ-Z6. PRT）和垫圈（ZSQ-Z8. PRT）有序组装进来，如图 8-39 所示。

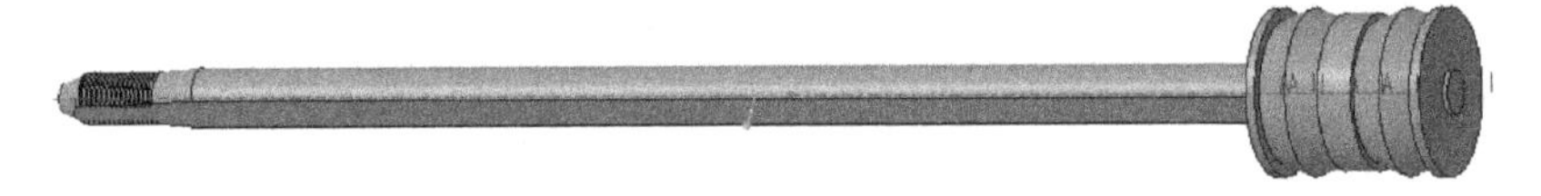

图 8-39　有序组装其他 3 个零件

5）单击“组装”按钮，选择中空螺杆零件（ZSQ-Z9. PRT）进行装配，使用了三组常规约束，如图 8-40 所示。

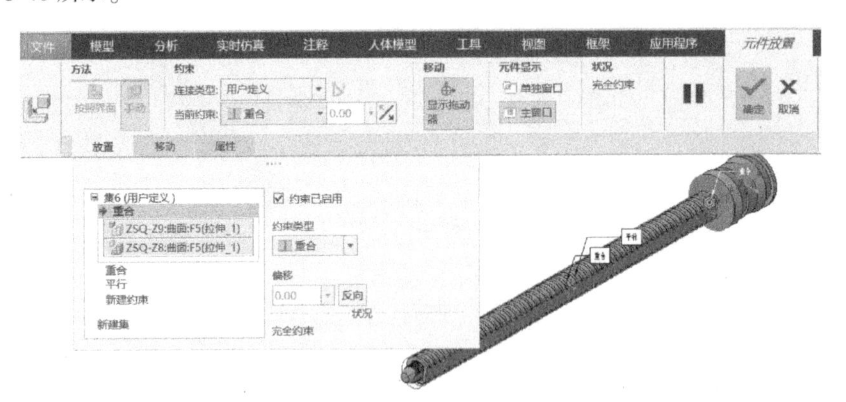

图 8-40　装配中空螺杆零件

6）按〈Ctrl+S〉快捷键保存该装配文档。

6. 将螺杆零部件组装进主装配中成为其子装配

1 激活窗口

在“快速访问”工具栏中单击“窗口”按钮，选择激活“ZSQ-S1. ASM”窗口。

2 将螺杆零部件组装进主装配中

单击“组装”按钮，选择“ZSQ-LGM. ASM”来打开，以将其组装到“ZSQ-S1. ASM”主装配中，使用一组重合约束（选择相应的一对轴线），以及一组距离约束（分别选择相应的要配合的面并设置一个预定值），如图8-41所示。

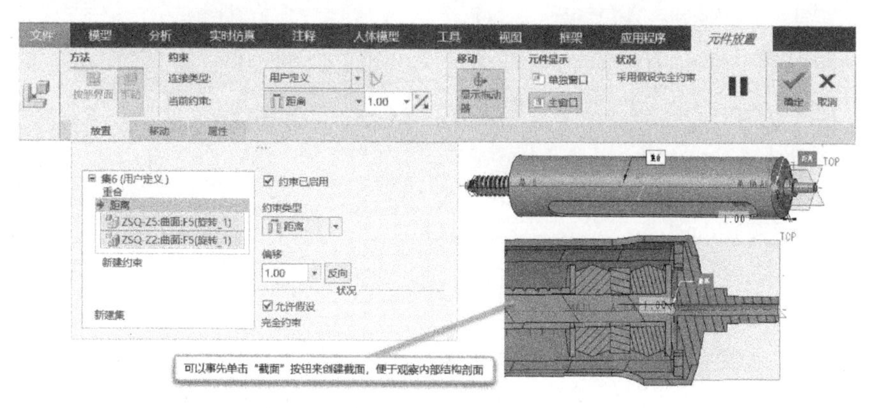

图8-41　将螺杆零部件组装进主装配

7. 设计其他零件

1 设计金属托耳零件

1）在“快速访问”工具栏中单击“新建”按钮，新建一个类型为“零件”、子类型为“实体”、文件名为“ZSQ-Z10”、使用mmns_part_solid_abs模板的实体零件文件。

2）单击“拉伸”按钮，设置加厚草绘的厚度为2.6mm，选择FRONT基准平面作为草绘平面，绘制一条连续的曲线链，设置对称拉伸，拉伸深度为32mm，如图8-42所示。

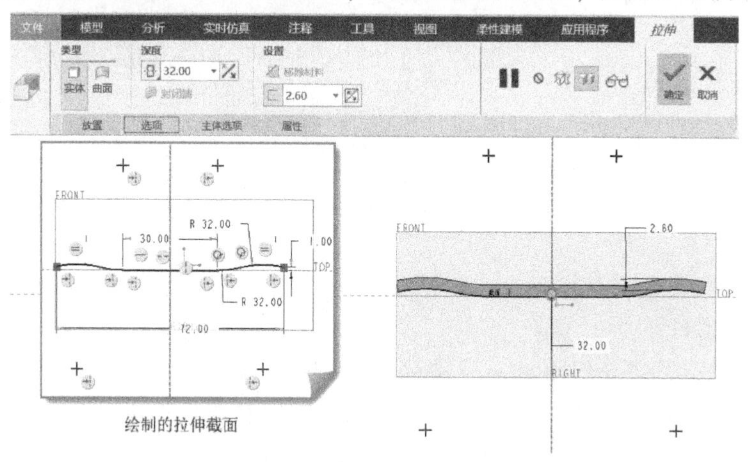

图8-42　创建拉伸加厚特征

3）单击“拉伸”按钮，并在打开的“拉伸”选项卡上单击“移除材料”按钮，进行图 8-43 所示的拉伸切除操作。注意单击“移除材料”按钮右侧的“将材料的拉伸方向更改为草绘的另一侧”按钮，以设置该方向朝草绘外侧，以及打开“选项”滑出面板将侧 1 和侧 2 的深度选项均设置为“穿透”。

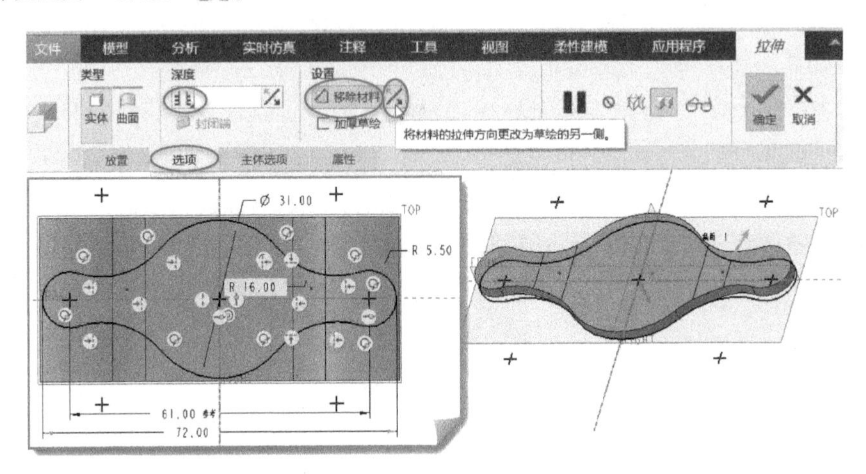

图 8-43　拉伸切除操作

4）单击“孔”按钮，打开“孔”选项卡，单击“标准”类型，轮廓为“直孔”和“攻丝”，螺纹类型为“ISO”，螺钉尺寸为“M25x1.5”，深度为“穿透”，利用“放置”滑出面板指定放置参考和偏移参考，如图 8-44 所示，然后单击“确定”按钮。

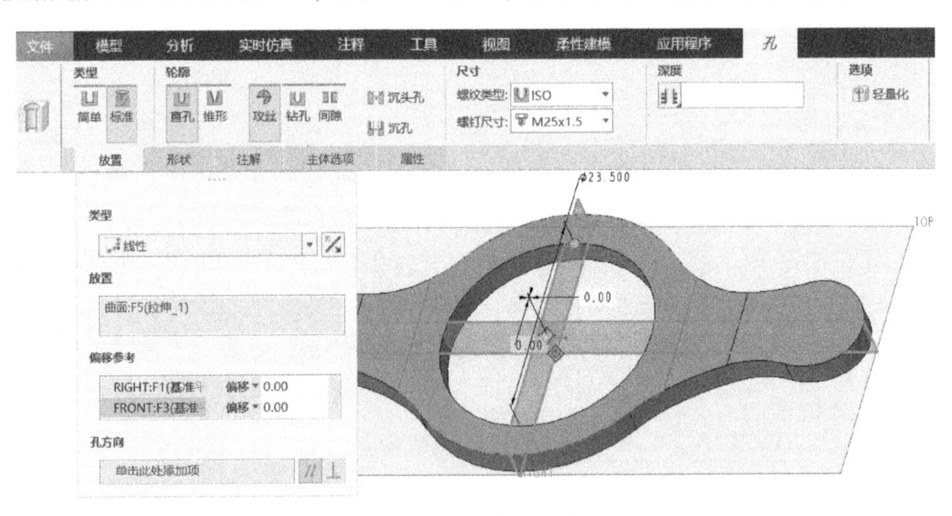

图 8-44　创建螺纹孔

5）按〈Ctrl+S〉快捷键在指定的目录中保存该金属托耳零件（ZSQ-Z10. PRT）。

2 设计轴套密封零件

1）在“快速访问”工具栏中单击“新建”按钮，新建一个类型为“零件”、子类型为“实体”、文件名为“ZSQ-Z11”、使用 mmns_part_solid_abs 模板的实体零件文件。

2）单击“旋转”按钮，进行图 8-45 所示的操作来创建一个旋转实体特征，该旋转截面是在 FRONT 基准平面上绘制的，旋转角度为 360°。

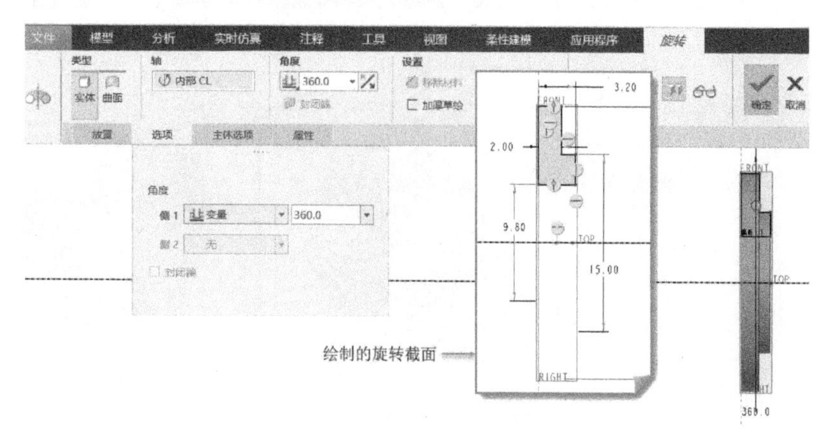

图 8-45　创建旋转实体特征

3）按〈Ctrl+S〉快捷键在指定的目录中保存该轴套密封零件（ZSQ-Z11. PRT）。

3 设计金属旋帽零件

1）在“快速访问”工具栏中单击“新建”按钮，新建一个类型为“零件”、子类型为“实体”、文件名为“ZSQ-Z12”、使用 mmns_part_solid_abs 模板的实体零件文件。

2）单击“旋转”按钮，创建图 8-46 所示的旋转实体特征。

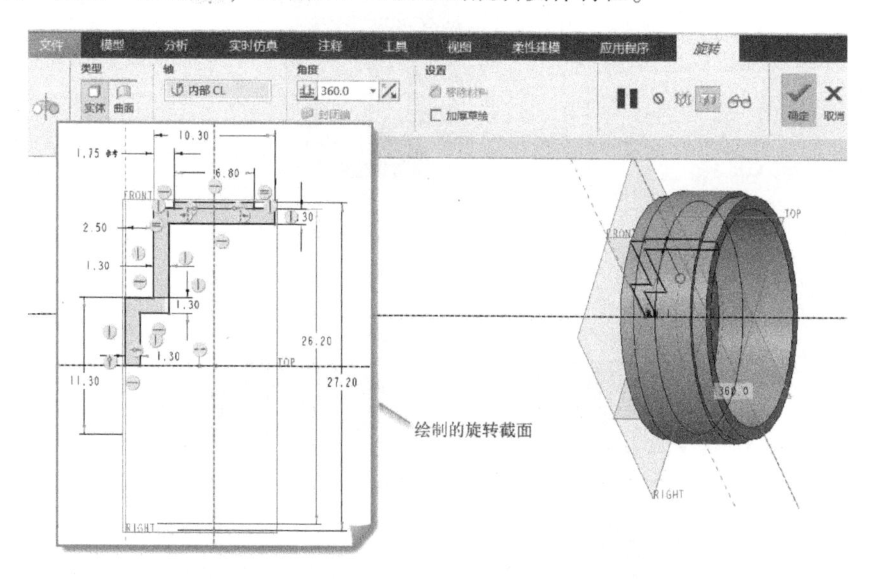

图 8-46　创建旋转实体特征

3）单击“拉伸”按钮，进行图 8-47 所示的拉伸切除操作。

4）单击“修饰螺纹”按钮，选择图 8-48 所示的内部圆柱曲面，创建“标准螺纹”类型的修饰螺纹特征，螺纹尺寸为“M25×1.5”。

5）设计图 8-49 所示的防滑槽结构。思路是：先使用“拉伸”工具命令在金属旋帽零件上创建单个防滑槽结构，接着使用“阵列”工具命令在圆周面上创建其他防滑槽结构，防滑槽结构的具体尺寸自行设计。

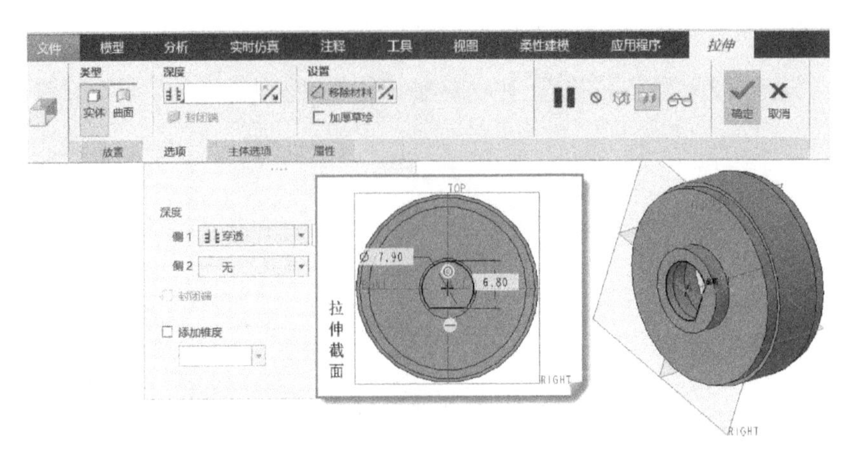

图 8-47　拉伸切除操作

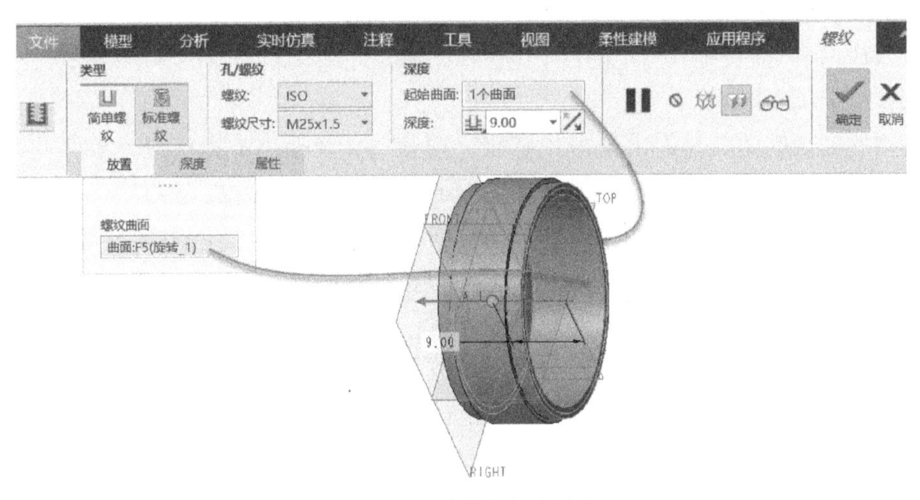

图 8-48　创建修饰螺纹特征

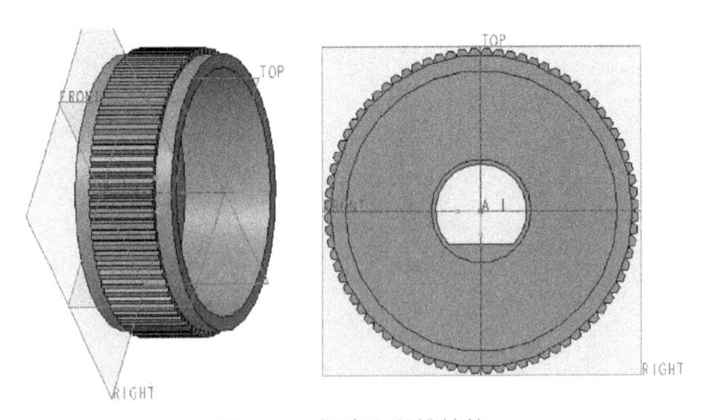

图 8-49　创建防滑槽结构

6）按〈Ctrl+S〉快捷键在指定的目录中保存该金属旋帽零件（ZSQ–Z12. PRT）。

4 设计金属旋钮零件

1）在“快速访问”工具栏中单击“新建”按钮，新建一个类型为“零件”、子类型为

“实体”、文件名为“ZSQ-Z13”、使用 mmns_part_solid_abs 模板的实体零件文件（PRT 文件）。

2）单击“拉伸”按钮，创建图 8-50 所示的拉伸实体特征。

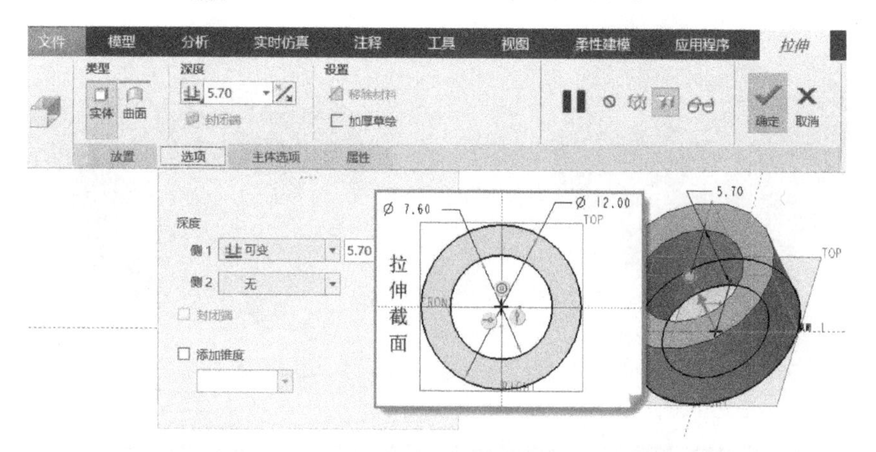

图 8-50　创建拉伸实体特征

3）单击“螺旋扫描”按钮，打开“螺旋扫描”选项卡，默认选中“实体”按钮和“右手定则”按钮。在“参考”滑出面板中选择“穿过螺旋轴”单选按钮定义截面方向，单击“螺旋轮廓”收集器的“定义”按钮，选择 FRONT 基准平面作为草绘平面，单击鼠标中键进入草绘器。绘制图 8-51 所示的螺旋轮廓线和一条竖直几何中心线，单击“确定”按钮，完成草绘并退出草绘模式。

4）在“螺旋扫描”选项卡上设置螺距为 2mm，单击“截面”选项组中的“草绘”按钮，绘制图 8-52 所示的螺旋扫描截面，单击“确定”按钮，完成草绘并退出草绘模式。

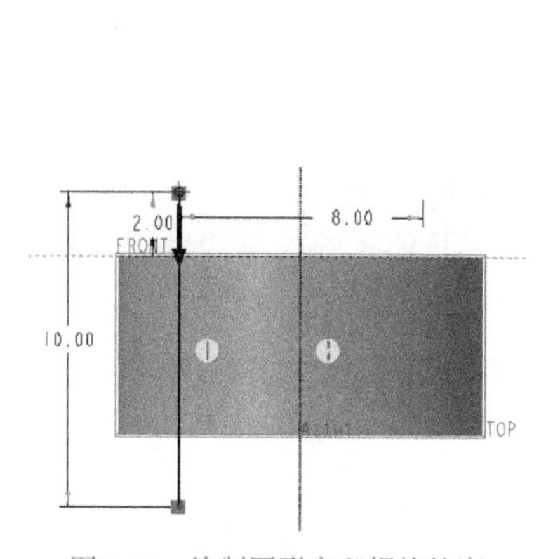

图 8-51　绘制图形定义螺旋轮廓

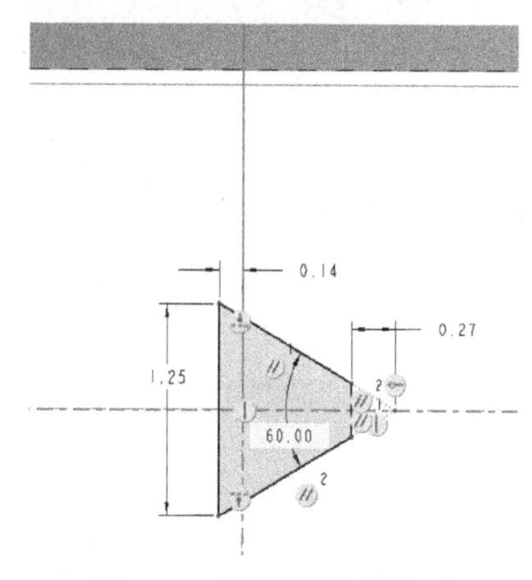

图 8-52　创建螺旋扫描截面

5）在“螺旋扫描”选项卡上单击“确定”按钮，结果如图 8-53 所示。

6）使用“拉伸”按钮或“旋转”按钮，将零件两端伸出来多余的螺旋扫描实体切除掉，结果如图 8-54 所示。

7）单击“拉伸”按钮，再单击“移除材料”按钮，接着指定 TOP 基准平面绘制拉伸截面，设置拉伸深度及深度方向等，如图 8-55 所示，单击“确定”按钮。

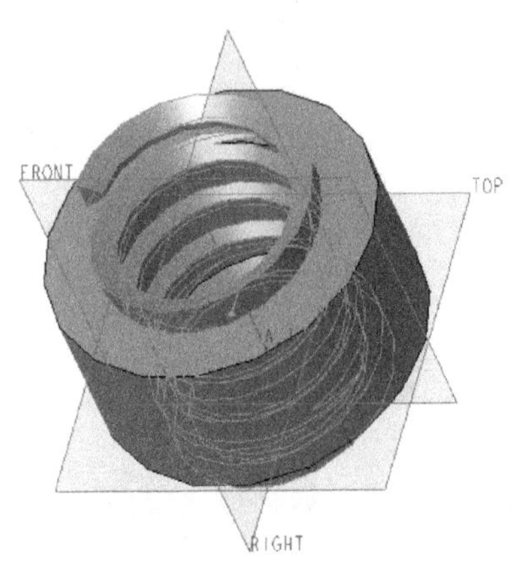

图 8-53　创建螺旋扫描实体特征

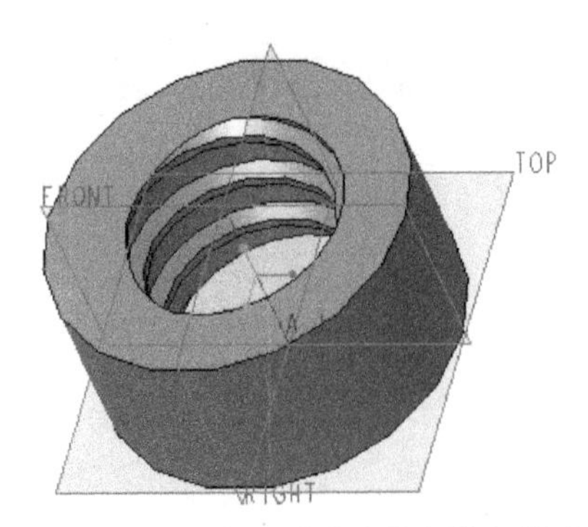

图 8-54　切除零件两端多余的螺旋扫描实体

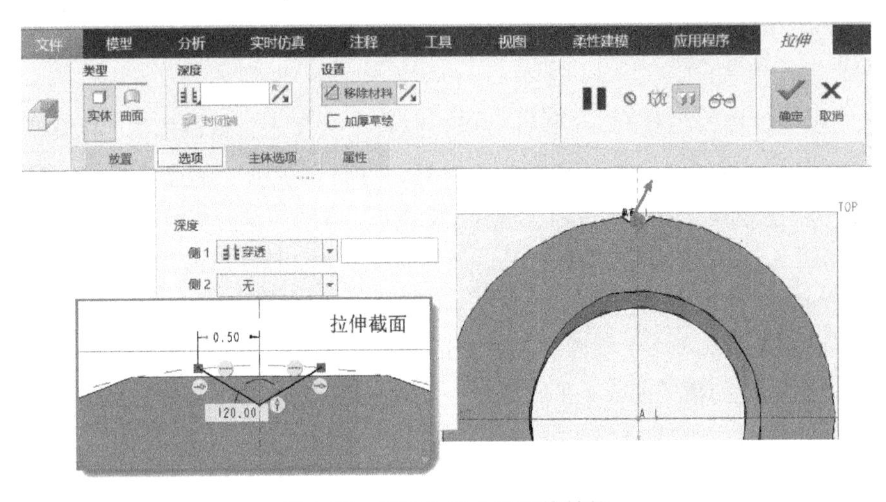

图 8-55　切除出单个防滑槽结构

8）单击“阵列”按钮，选择“轴”阵列类型，选择零件的特征轴 A_1 作为阵列轴中心，设置第一方向成员数为 32，单击“角度范围”并设置角度范围为 360°，如图 8-56 所示，然后单击“确定”按钮。

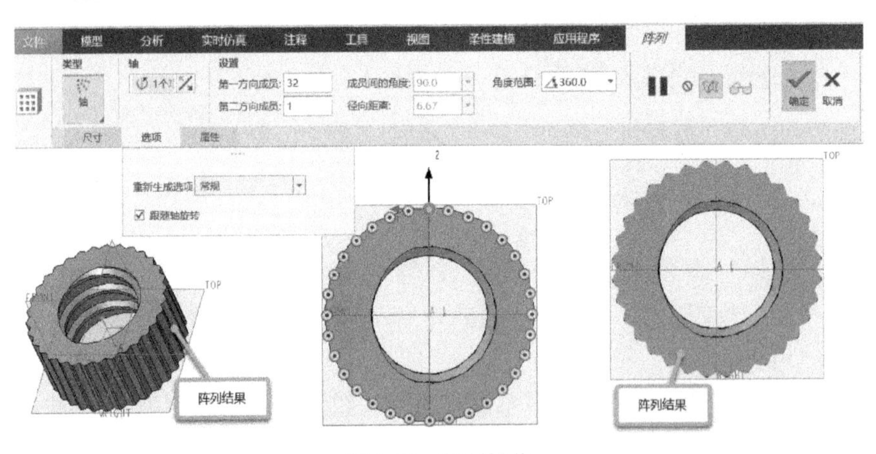

图 8-56　阵列操作

9）按〈Ctrl+S〉快捷键在指定的目录中保存该金属旋钮零件（ZSQ-Z13. PRT）。

将这些零件装配到主装配以组成金属注射器产品模型

1）在“快速访问”工具栏中单击“窗口”按钮，选择激活“ZSQ-S1. ASM”窗口。

2）单击“组装”按钮，选择“ZSQ-Z10. PRT”（金属托耳零件）来打开以将其组装到“ZSQ-S1. ASM”主装配中，使用一组重合约束（选择相应的一对轴线），以及一组距离约束（在金属托耳零件上选择所需配合面，以及在金属外壳上选择左端面，预设其距离为 8. 7mm），如图 8-57 所示。

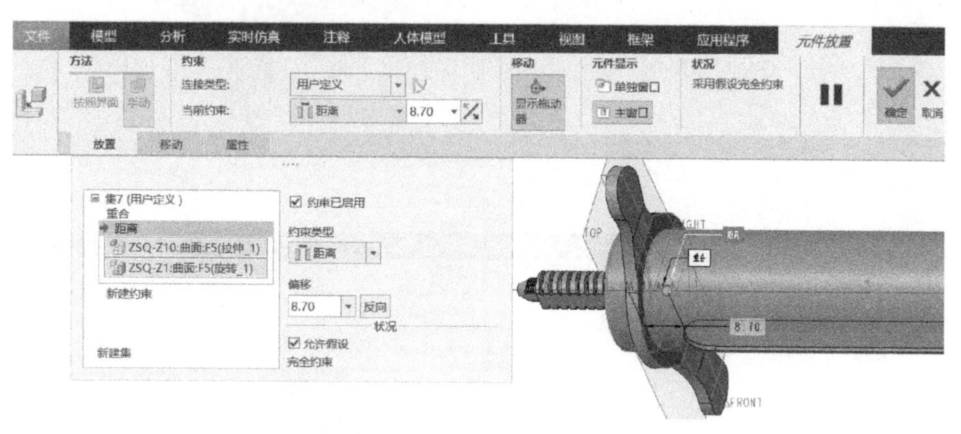

图 8-57　将金属托耳零件（ZSQ-Z10. PRT）组装到产品中

3）使用同样的方法，单击“组装”按钮装配轴套密封零件（ZSQ-Z11. PRT），如图 8-58 所示。

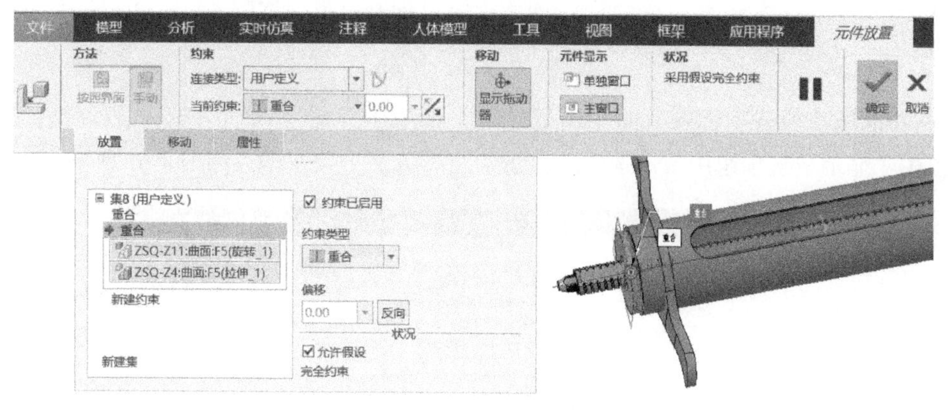

图 8-58　将轴套零件（ZSQ-Z11. PRT）组装到产品中

4）使用同样的方法，依次将金属旋帽零件（ZSQ-Z12. PRT）、金属旋钮零件（ZSQ-Z13. PRT）组装到金属注射器产品的主装配模型中，如图 8-59 和图 8-60 所示。

8. 观察内部结构及进行干涉检查等

观察内部结构

此时，可以将全部零件的内部基准特征全部隐藏，而设置显示主装配（顶级装配）的基准平面。

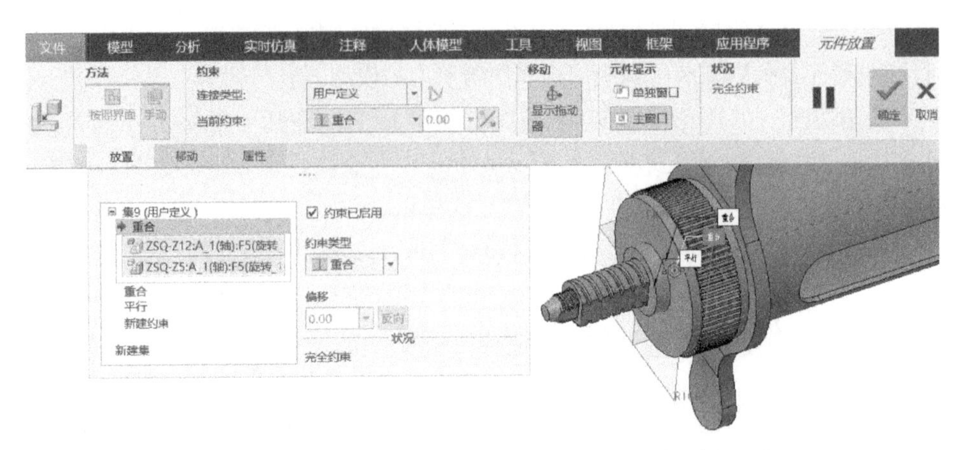

图 8-59　将金属旋帽零件（ZSQ-Z12. PRT）组装到产品中

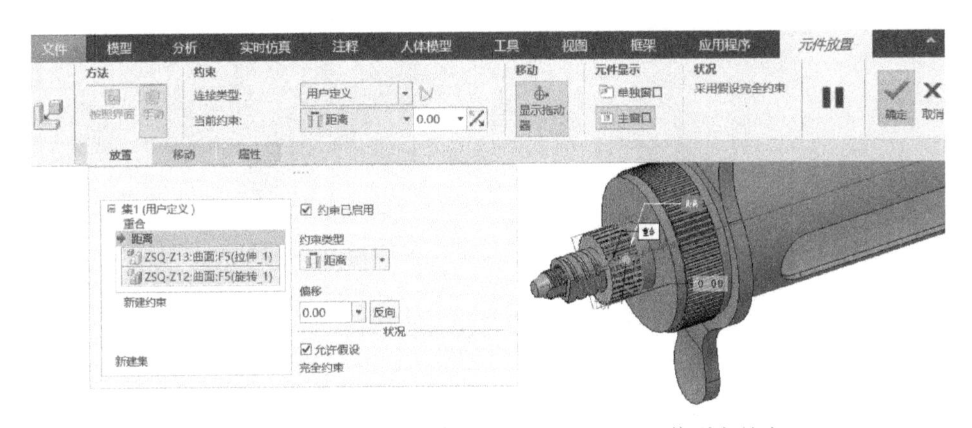

图 8-60　将金属旋钮零件（ZSQ-Z13. PRT）组装到产品中

1）在功能区“模型”选项卡的“模型显示”面板中单击“截面”按钮，打开“截面”选项卡，在“显示”选项组中单击选中“显示剖面线图案”按钮，如图 8-61 所示。

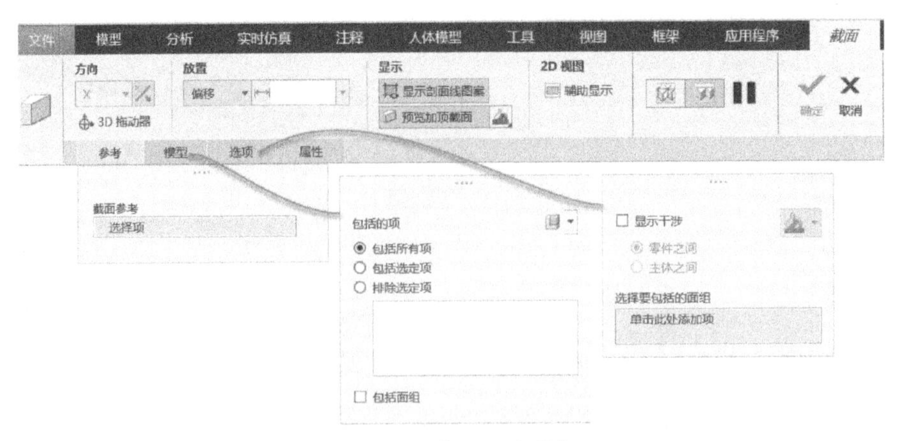

图 8-61　“截面”选项卡

2）选择 FRONT 基准平面作为剖切平面，偏移距离为 0，如图 8-62 所示，可以很清楚地通过剖切面来观察产品的内部结构。

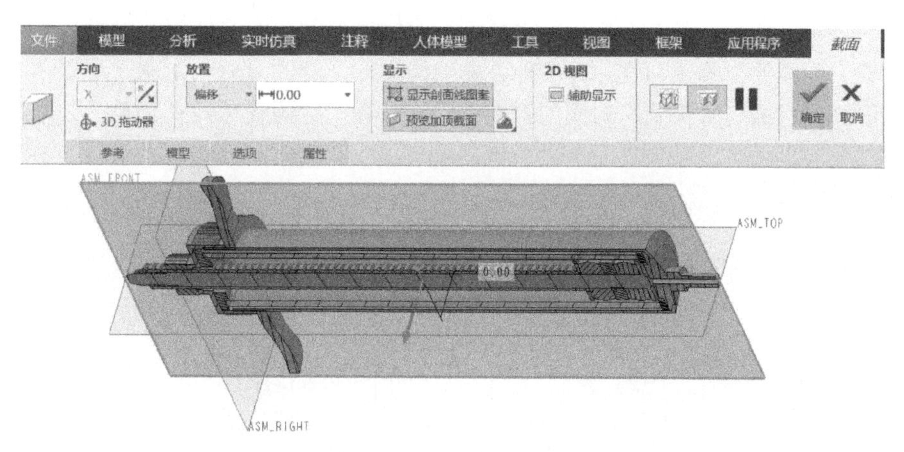

图 8-62　指定剖切平面

3）在“截面”选项卡上单击“辅助显示”按钮，则弹出一个“2D 截面查看器”，如图 8-63 所示，可以查看产品的当前 2D 截面。

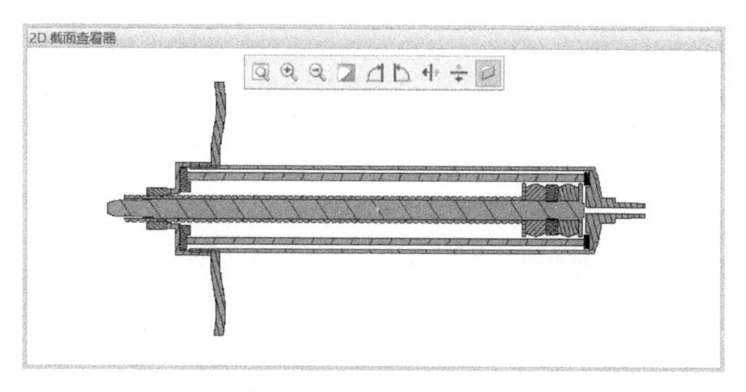

图 8-63　2D 截面查看器

4）在“截面”选项卡上单击“确定”按钮，则创建一个截面特征。此时，新建的截面特征处于激活状态，其图标上标识有激活标志，如图 8-64 所示。

知识点拨：

要将选定截面设置为非活动状态，则可以在模型树的“截面”节点下选择要操作的截面。接着在出现的浮动工具栏中单击“取消激活”按钮即可，如图 8-65 所示，非活动的截面在其图标处没有显示激活标志。浮动工具栏上的“隐藏截面”按钮用于隐藏当前选定的截面。

2 进行全局干涉检查

1）在功能区的“分析”选项卡的“检查几何”面板中单击“全局干涉”按钮，系统弹出图 8-66 所示的“全局干涉”对话框。

2）在“分析”选项卡上设置“仅零件”复选框，在“计算”选项组中选择“精确”单选按钮，单击“预览”按钮，则系统计算当前分析，并以此提供全局干涉检查的预览结果，如图 8-67

所示。从预览的分析结果来看，当前金属注射器产品模型存在几处体积干涉情况。遇到这种情况，就要认真分析这些干涉是怎么产生的，是不是结构设计的缺陷与错误。如果发现是结构设计的缺陷与错误，则需要去修正和优化这些地方的结构设计。经过分析，本例这些干涉有一处是密封圈与别的零件产生的，考虑到密封圈的弹性特性，有其产生的合理性；其他三处基本是螺纹连接产生的。

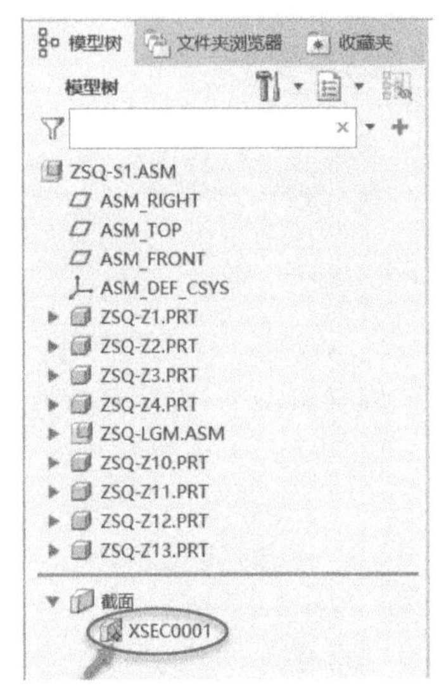

图 8-64　创建截面且截面处于激活状态

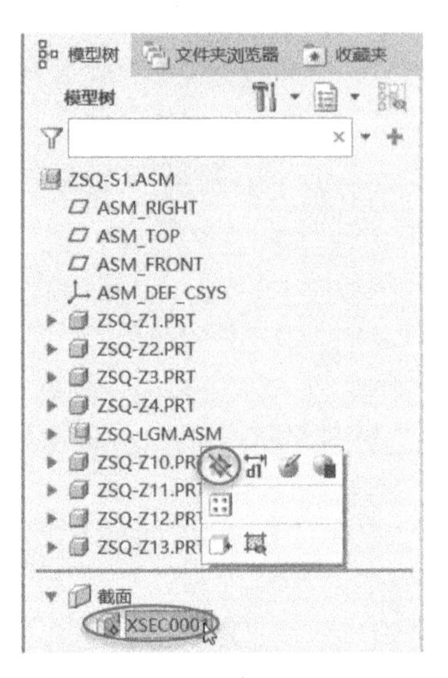

图 8-65　取消激活截面的操作

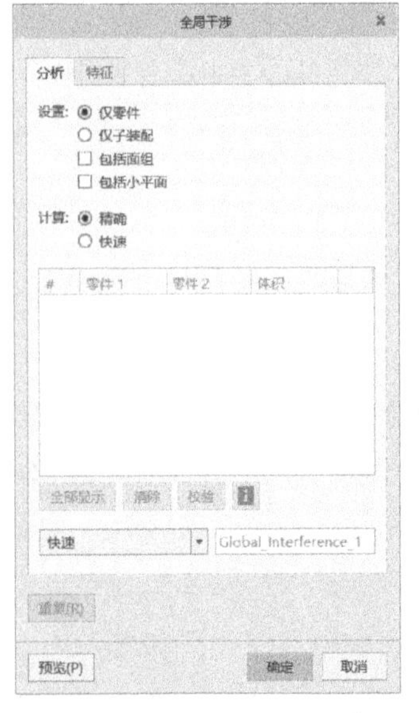

图 8-66　“全局干涉”对话框

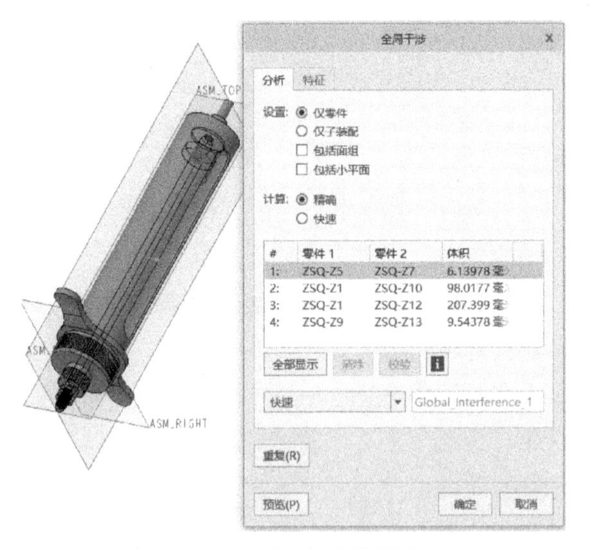

图 8-67　全局干涉检查的预览结果

3）在“全局干涉”对话框中单击“确定”按钮。至此，本案例最终完成图 8-68 所示的金属注射器产品模型。

4）按〈Ctrl+S〉快捷键保存模型文件。

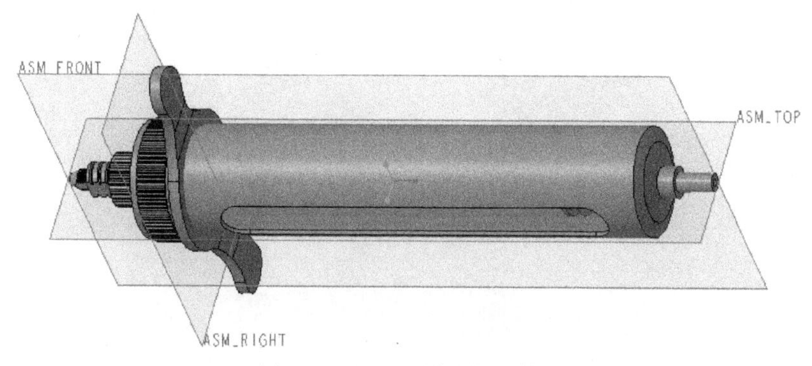

图 8-68　金属注射器产品模型

8.2 脚轮设计建模

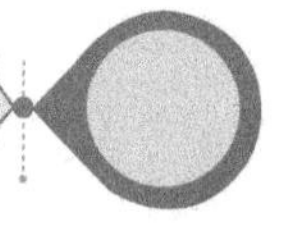

在很多设备上都有脚轮，便于移动设备。某医疗设备的脚轮建模如图 8-69 所示。本案例侧重产品设计方法和建模思路，鉴于篇幅要求，具体的特征建模在这里不做赘述。

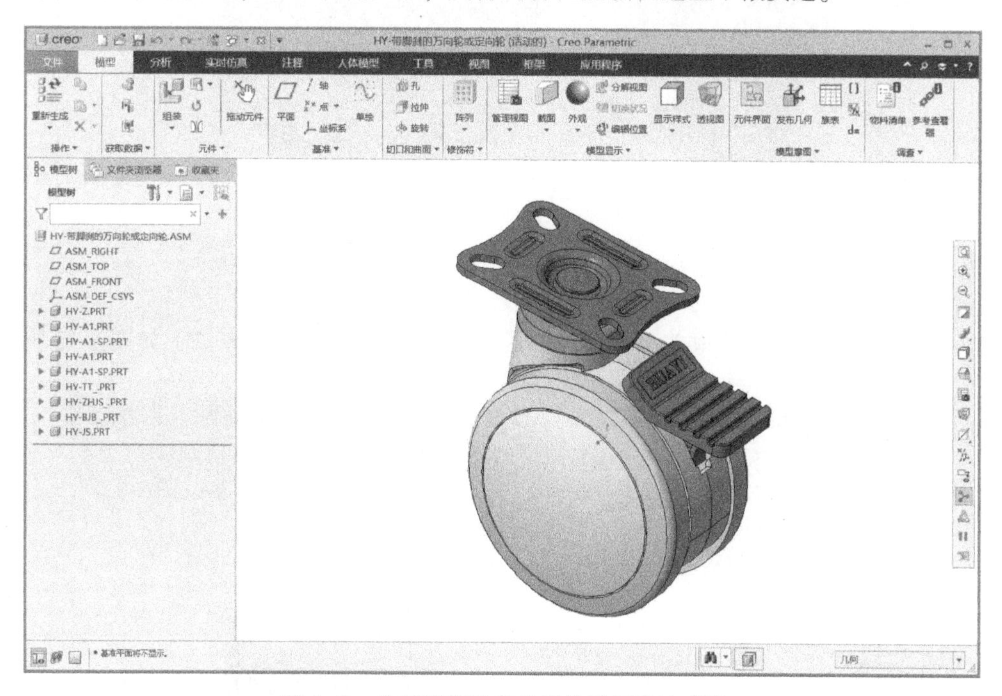

图 8-69　为某医疗设备的脚轮进行设计建模

本案例的模型效果如图 8-70 所示，该脚轮带有脚刹结构。

该医疗用脚轮模型的设计步骤如下。

1）先单击“新建”按钮，新建一个使用“mmns_part_solid_abs”公制模板的零件设计文件。接着根据产品规格参数建立好图 8-71 所示的立体模型效果。该主体造型立体模型并没有用到复杂的建模工具，基本是使用常见的“拉伸”“拔模”“镜像”“圆角”等工具。

2）单击“新建”按钮，新建一个使用“mmns_asm_design_abs”公制模板的装配设计文

图 8-70　医疗用脚轮模型效果

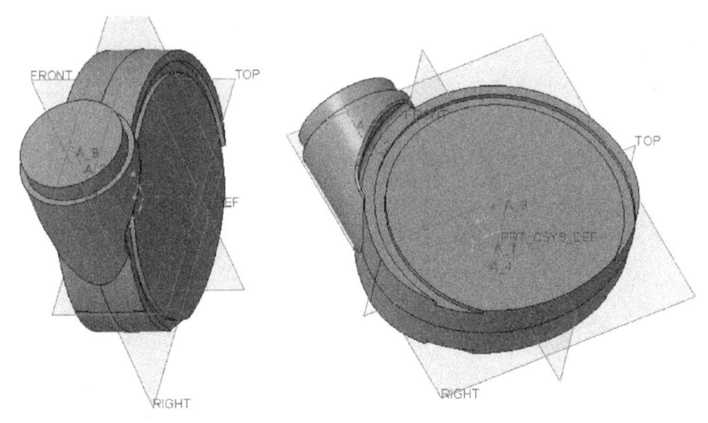

图 8-71　建立第一个零件的主体造型立体模型

件，选择以“默认”的放置约束关系将第一个零件添加到该装配设计文件中，如图 8-72 所示。

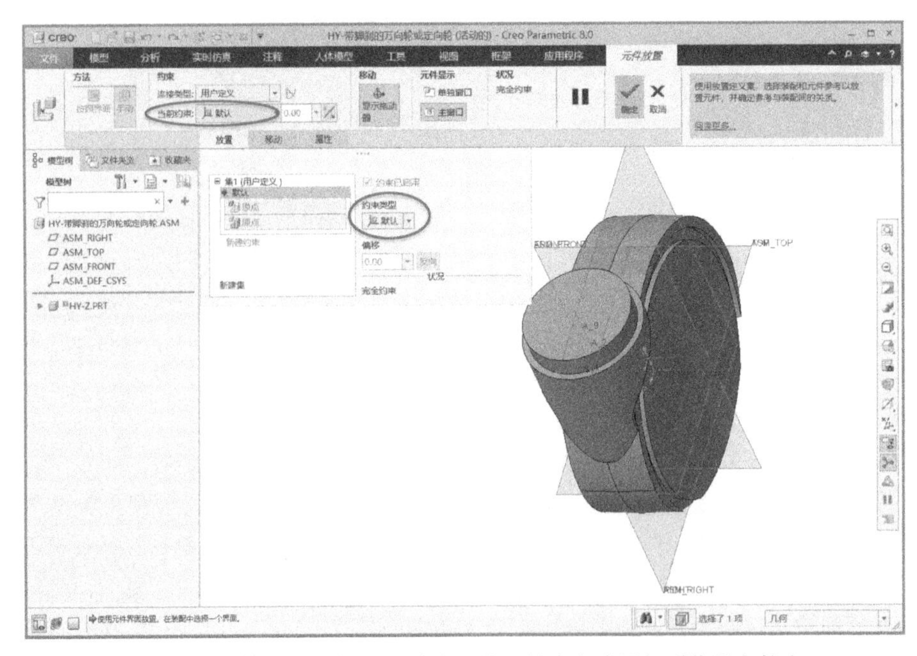

图 8-72　将第一个零件以“默认”放置约束方式添加到装配文件中

3）在装配设计文件中单击“创建元件”按钮，新建一个元件并激活该元件，在装配中根据第一个零件的组装关系和装配尺寸等设计该元件，如图 8-73 所示。

4）在装配设计文件中激活顶级装配，单击“创建元件”按钮新建一个元件，接着激活它，设计该元件的模型特征，参考效果如图 8-74 所示。

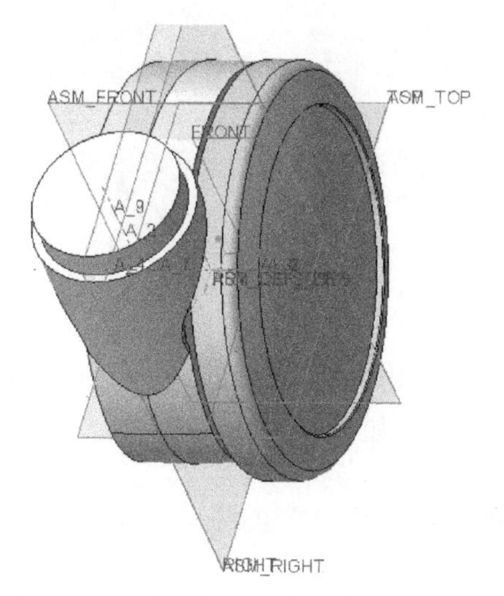

图 8-73　装配新建一个元件并激活它来建模

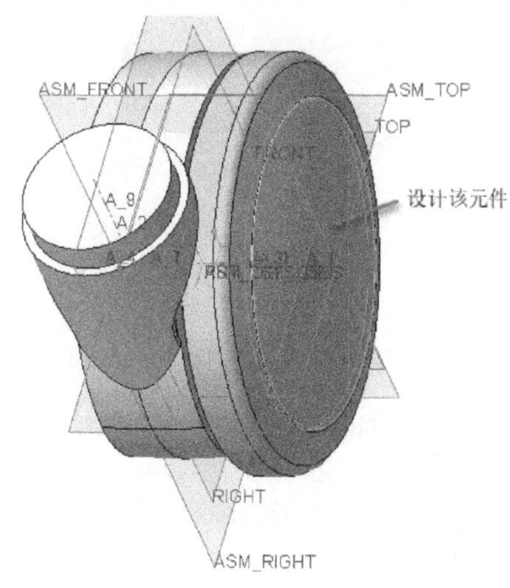

图 8-74　继续新建一个元件来建模

5）激活顶级装配，通过“镜像元件”的方法，获得脚轮指定中心面对称的元件效果，如图 8-75 所示。

6）继续使用“镜像元件”的方法，获得另一个镜像元件，如图 8-76 所示。

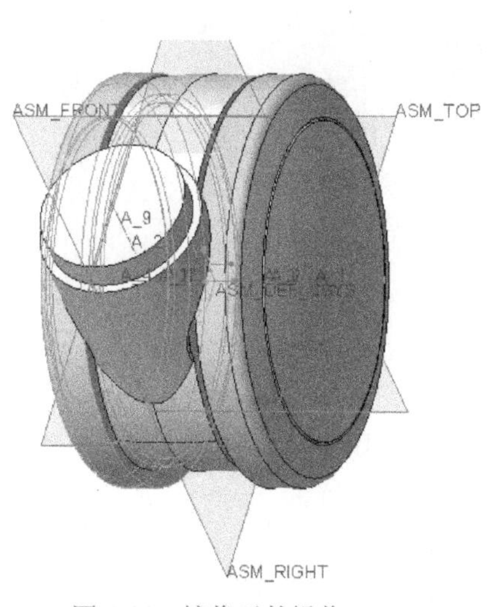

图 8-75　镜像元件操作（一）

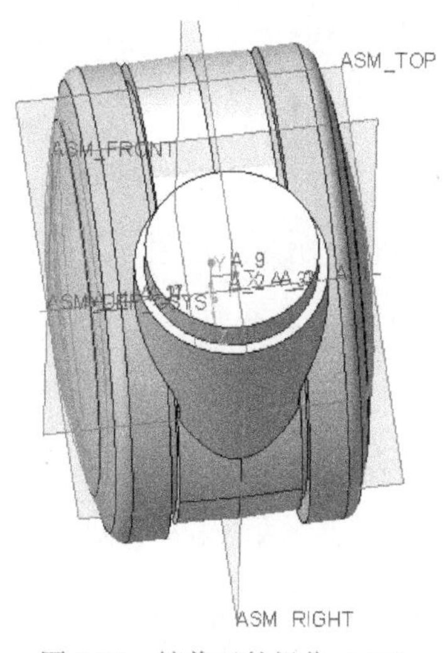

图 8-76　镜像元件操作（二）

7）在装配设计文件中单击“新建元件”按钮，新建一个元件并激活它，在该元件中设计其立体模型，如图 8-77 所示。

8）在装配设计文件中激活顶级装配后，继续新建一个元件并激活它，在该元件中设计其立体模型，如图 8-78 所示。该零件的有些特征可以等下一个零件（这里的下一个零件是平板钣金件）的结构设计好了之后再来参考建模。

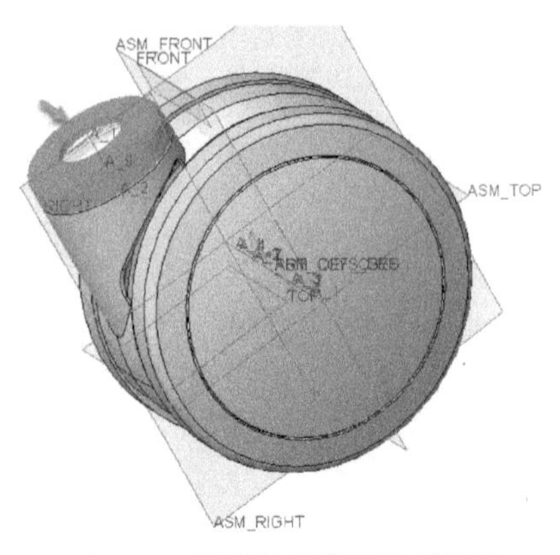

图 8-77　设计新元件的模型特征

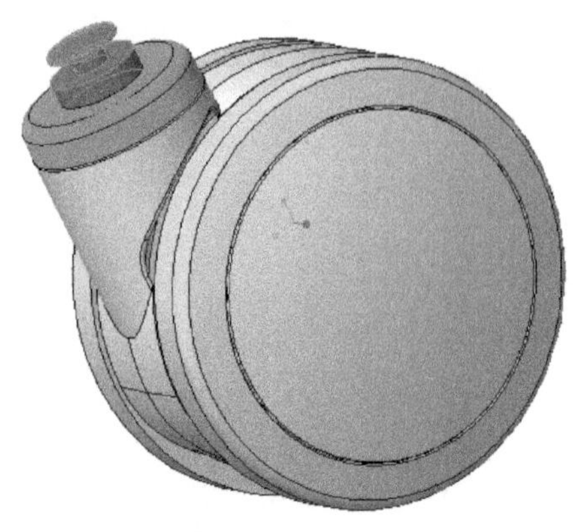

图 8-78　继续在装配中进行新元件设计

9）在“快速访问”工具栏上单击“新建”按钮，新建一个钣金件设计文件（使用公制模板为“mmns_part_sheetmetal_abs”），设计的钣金件模型效果如图 8-79 所示。

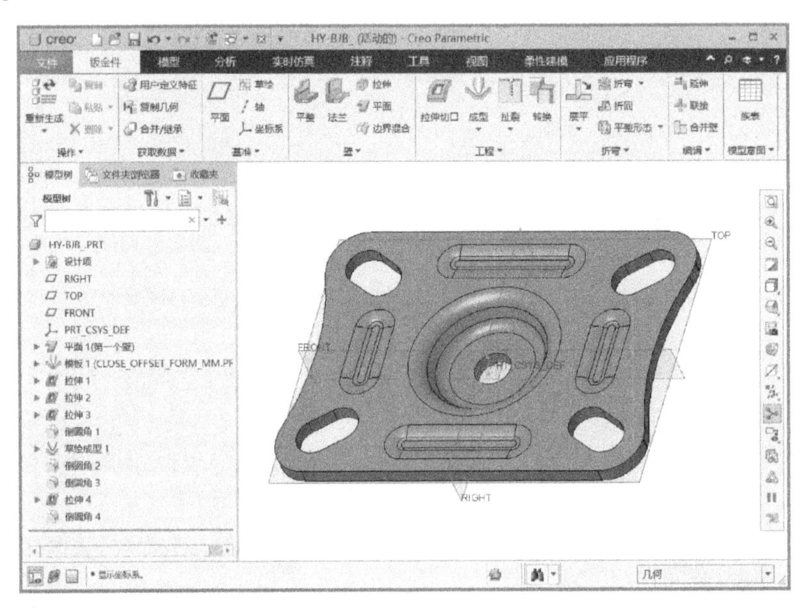

图 8-79　设计一个钣金件模型

10）切换至脚轮装配设计文件窗口，在装配设计文件中单击“组装”按钮，通过合理的约束关系将刚创建的钣金件装配进来，如图 8-80 所示。

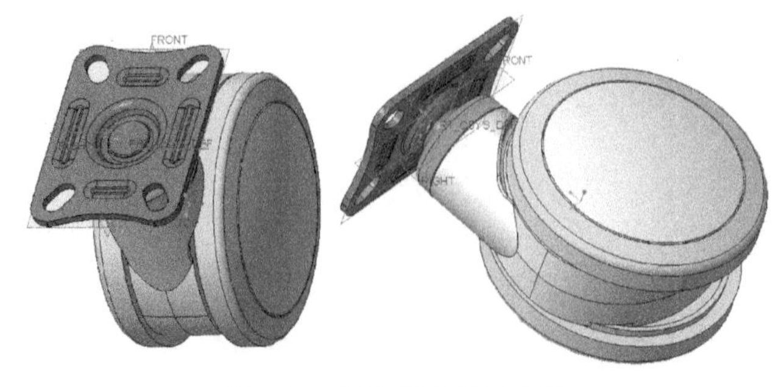

图 8-80　装配脚轮的钣金件

11）在装配设计文件中继续新建一个元件（脚刹）并激活它，设计其外观造型，如图 8-81 所示。

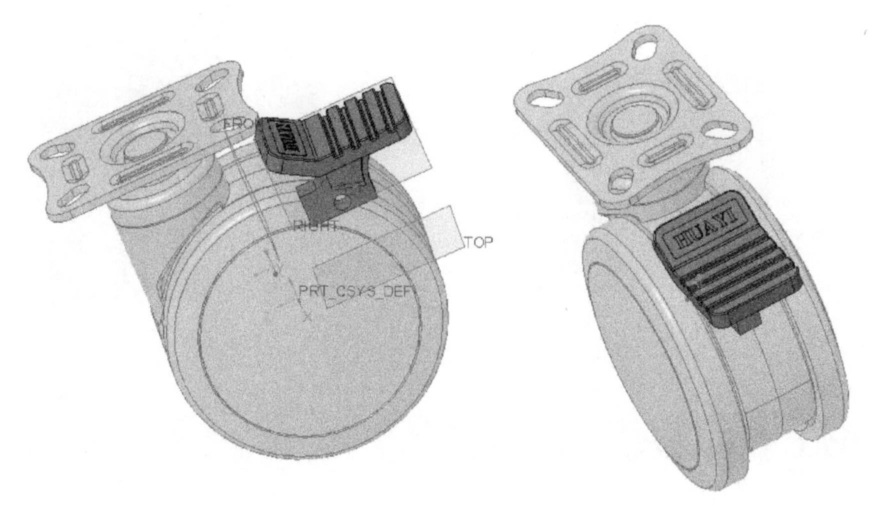

图 8-81　设计脚刹新元件

12）在装配设计文件的模型树上选择第一个零件（元件）来激活，在第一个零件中为配合脚刹进行相应材料挖空，如图 8-82 所示。

13）在装配设计文件中激活顶级装配体，此时模型效果如图 8-83 所示。

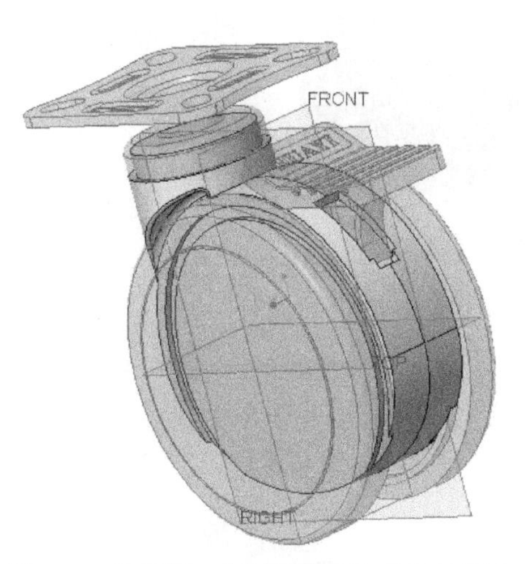

图 8-82　激活第一个零件参照脚刹进行设计

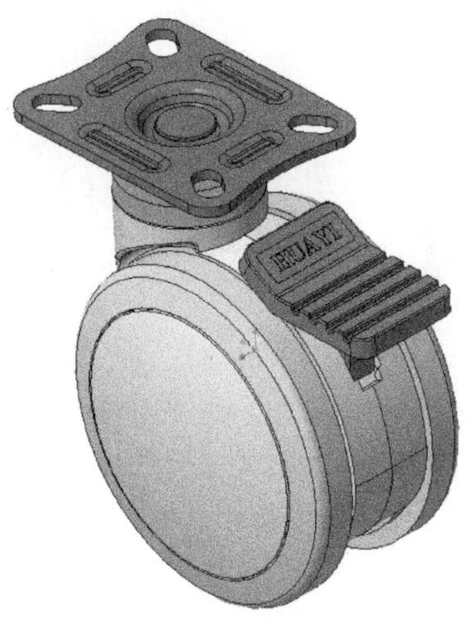

图 8-83　基本完成的装配体

14）材质处理，简单渲染，效果如图 8-84 和图 8-85 所示。可以尝试其他材质配色方案，仅供参考。

15）保存装配文件。按〈Ctrl+S〉快捷键在指定的目录中保存装配文件。

此案例的脚轮因为是采购件，是根据产品规格书（主要保证轮子直径为 100mm，整个高度为 129mm，以及轮子上方钣金件的 4 个安装孔尺寸正确）的关键尺寸来进行建模的，中间的一些形状可以自由发挥，目的是通过建模获得脚轮的外观形状，并保证安装尺寸以用于医疗设备的主体结构设计。

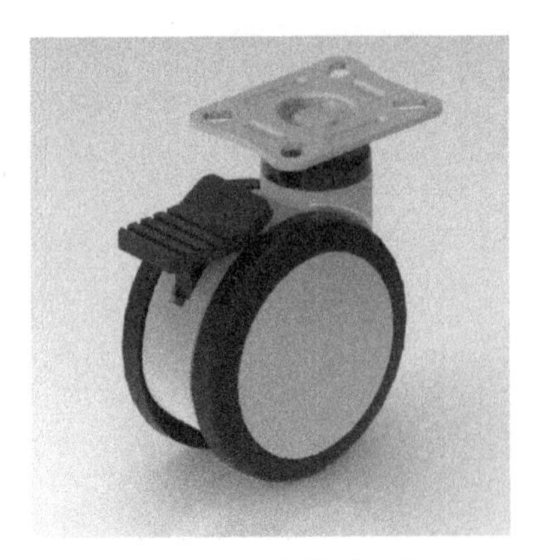

图 8-84　材质处理与简单渲染（一）

图 8-85　材质处理与简单渲染（二）

8.3 旋转 U 盘设计及运动仿真

本节介绍一个结构很有意思的小型产品——旋转伸缩 U 盘，如图 8-86 所示。当 U 盘处于工作状态时，U 头（插口头部，也称插头）完全伸出壳体外，此时盖帽旋转至 U 盘的尾部；使用完 U 盘后，将盖帽旋转时通过内部连接结构带动 U 头逐渐缩回壳体，当将盖帽旋转至 U 盘的头部一侧时，U 头完全缩回壳体。

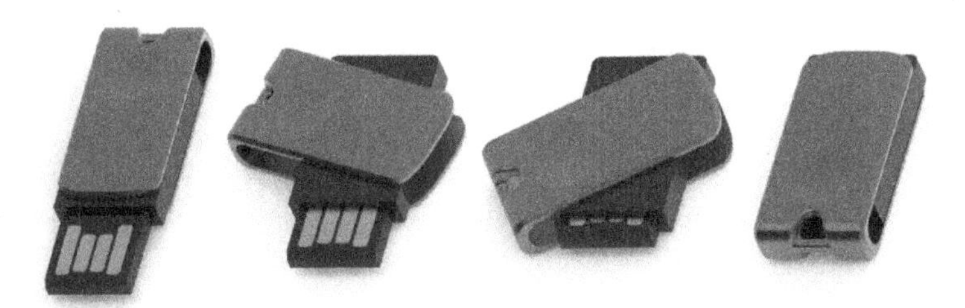

图 8-86　旋转伸缩 U 盘

本旋转伸缩 U 盘的结构件比较少，如图 8-87 所示。零件主要有 U 盘一体封装芯片（简称 UDP）、支撑件、可旋转的保护壳和壳体，UDP 放置在支撑件中构成 U 盘插头主体零部件。零件较少，比较适合采用自底向上设计，当然也可以采用自顶向下设计来控制 U 盘的外观形状。

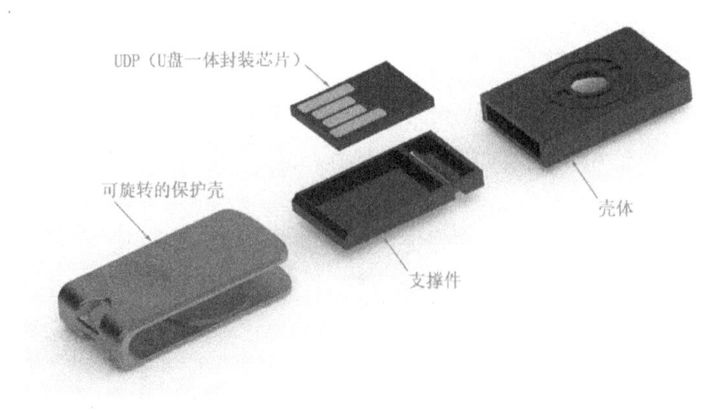

图 8-87　旋转伸缩 U 盘的立体分解示意图

下面介绍旋转伸缩 U 盘的产品结构设计。在本案例中将讲解的新知识点有：连接装配（预定义约束集）、机构模块等相关实用知识。

1. 设置工作目录

启动 Creo 8.0 设计软件后，选择“文件”|“管理会话”|“选择工作目录”命令，系统弹出“选择工作目录”对话框，选择所需的目录。如果在所选目录下需要新建一个专门的文件夹用作工作目录，则可单击“组织”按钮 组织，并接着选择“新建文件夹”命令。在弹出的“新建文件夹”对话框中输入新目录的名称，如图 8-88 所示。然后单击“确定”按钮，再在“选择工作目录”对话框中单击“确定”按钮。

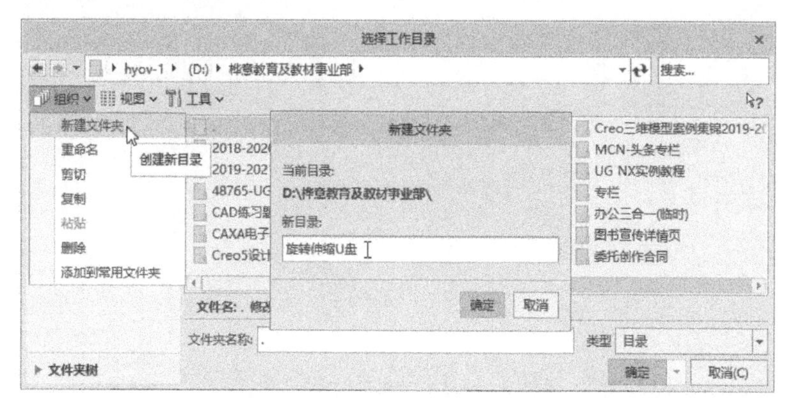

图 8-88 “选择工作目录”对话框

2. 设计 U 盘插头主体零部件

1）单击“新建”按钮，弹出“新建”对话框，选择“装配”类型、“设计”子类型，输入文件名为“HY-UDP-M”，取消勾选“使用默认模板”复选框，如图 8-89 所示。系统弹出“新文件选项”对话框，选择 mmns_asm_design_abs 公制模板，如图 8-90 所示，单击“确定”按钮，进入装配模式。

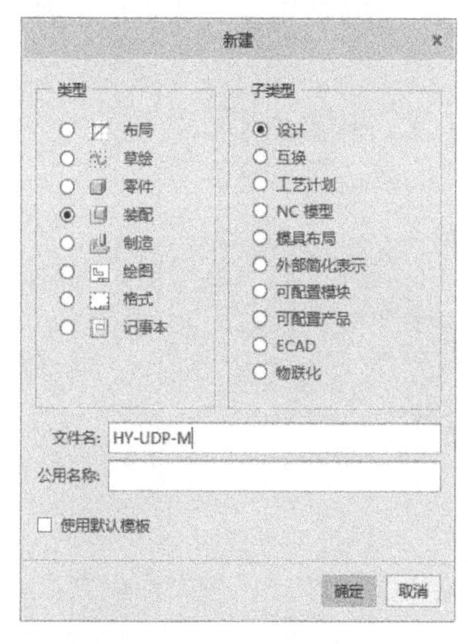

图 8-89 “新建”对话框

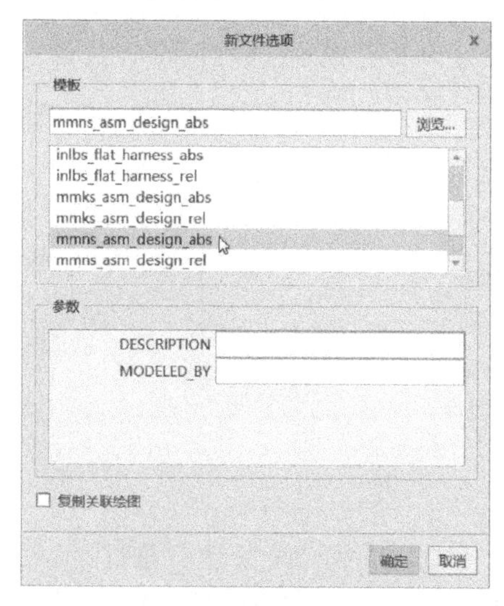

图 8-90 “新文件选项”对话框

2）在功能区“模型”选项卡的“元件”面板中单击“创建元件”按钮，弹出“创建元件”对话框。在“类型”选项组中选择“零件”单选按钮，在“子类型”选项组中选择“实体”单选按钮，在“文件名”文本框中输入“HY-UDP”，如图 8-91 所示。单击“确定”按钮，弹出“创建选项”对话框，在“创建方法”选项组中选择“从现有项复制”单选按钮，在“复制自”选项组中选择或输入 mmns_part_solid_abs. prt，如图 8-92 所示，单击“确定”按钮。

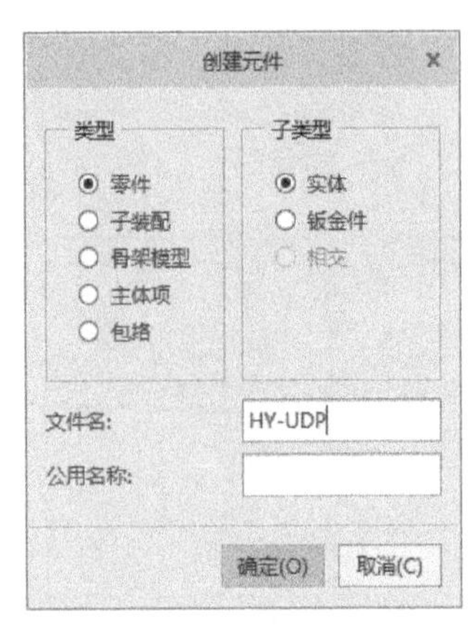

图 8-91 “创建元件”对话框

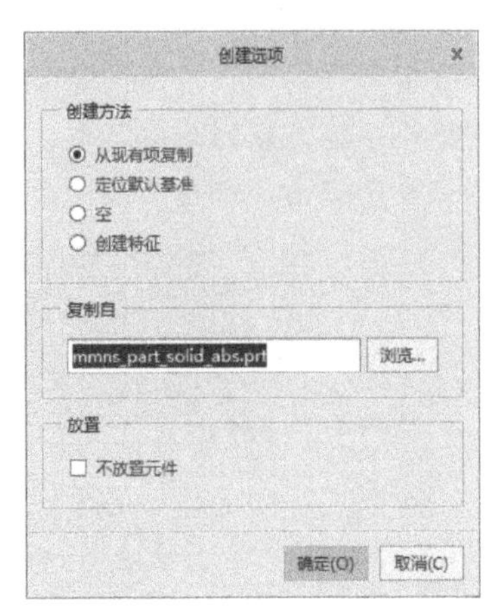

图 8-92 “创建选项”对话框

3）功能区出现“元件放置”选项卡，从“约束”选项组的“当前约束”下拉列表框中选择“默认”，如图 8-93 所示，然后单击“确定”按钮，从而在装配中创建一个新零件。

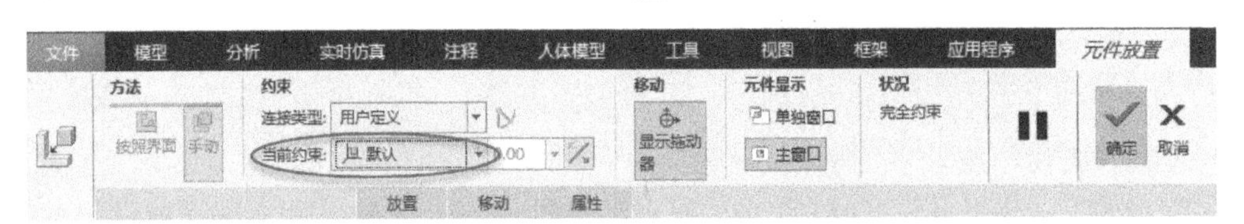

图 8-93 在“元件放置”选项卡上设置当前约束为“默认”

4）在模型树上选择刚创建的新零件“HY-UDP. PRT”，接着在出现的浮动工具栏中单击“激活”按钮，从而将该零件激活，如图 8-94 所示。

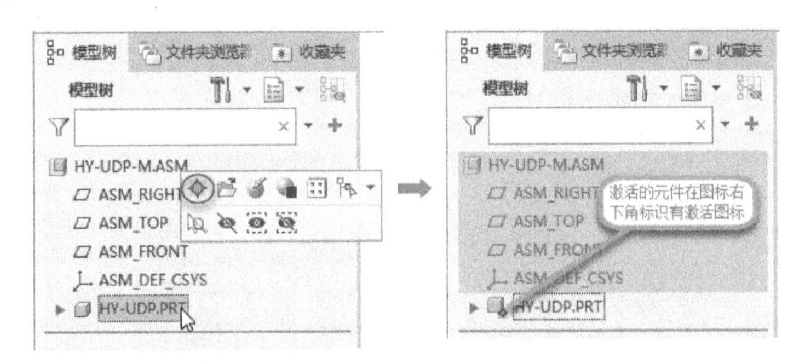

图 8-94 激活元件

5）单击“拉伸”按钮，进行图 8-95 所示的相关操作来创建一个拉伸实体特征。

6）单击“拉伸”按钮，在第一个拉伸实体特征的顶面上创建草图来构建金手指结构，如

图 8-96 所示。注意在“拉伸”选项卡的“主体选项”滑出面板中勾选“创建新主体”复选框。

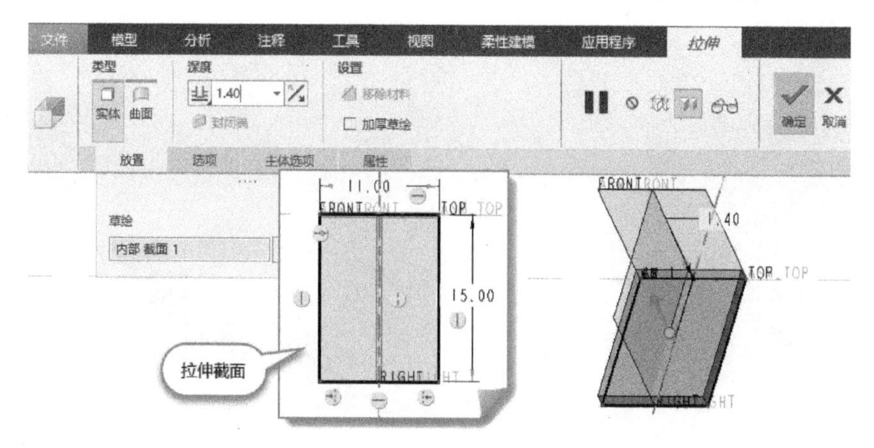

图 8-95 创建拉伸实体特征

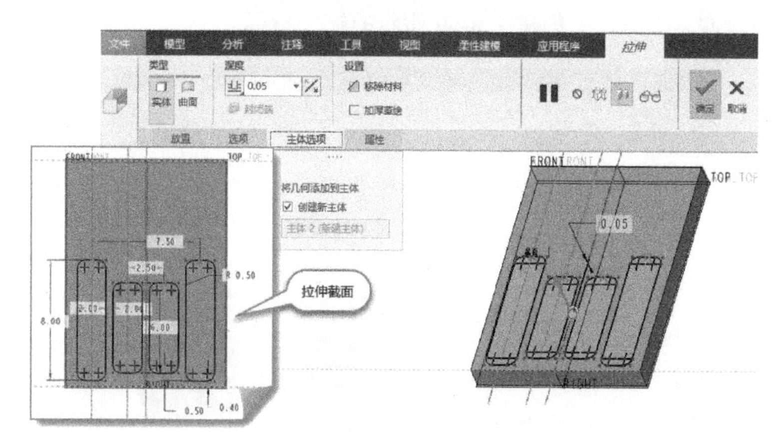

图 8-96 创建拉伸实体特征来构建金手指造型

7）在模型树上选择装配“HY-UDP-M. ASM”，接着在出现的浮动工具栏中单击“激活”按钮，从而将该装配体激活。

8）在功能区“模型”选项卡的“元件”面板中单击“创建元件”按钮，弹出“创建元件”对话框，在“类型”选项组中选择“零件”单选按钮，在“子类型”选项组中选择“实体”单选按钮，在“文件名”文本框中输入“HY-UDP-ZCJ”；单击“确定”按钮，弹出“创建选项”对话框，在“创建方法”选项组中选择“从现有项复制”单选按钮，在“复制自”选项组中选择 mmns_part_solid_abs. prt，单击“确定”按钮。

9）在功能区出现“元件放置”选项卡，从“约束”选项组的“当前约束”下拉列表框中选择“默认”，然后单击“确定”按钮，从而在装配中创建一个新零件。

10）在模型树上选择刚创建的新零件“HY-UDP-ZCJ. PRT”，接着在出现的浮动工具栏中单击“激活”按钮，从而将该零件激活。

11）单击“拉伸”按钮，选择 TOP 基准平面作为草绘平面（TOP 基准平面与 HY-UDP 零件的底面在同一个平面上），绘制图 8-97 所示的拉伸截面后单击“确定”按钮。接着设置拉伸深度方向及深度值如图 8-98 所示，然后单击“确定”按钮。

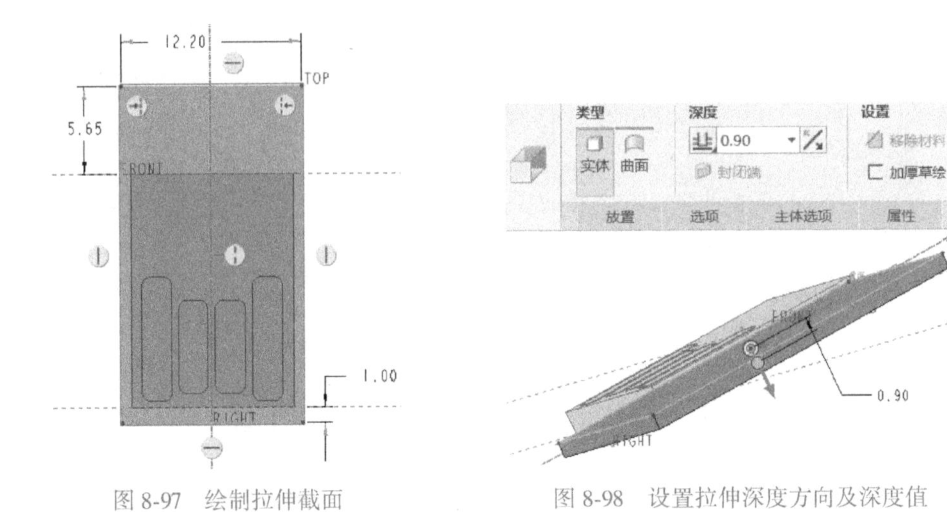

图 8-97　绘制拉伸截面　　图 8-98　设置拉伸深度方向及深度值

12）单击“拉伸”按钮，创建图 8-99 所示的拉伸特征。

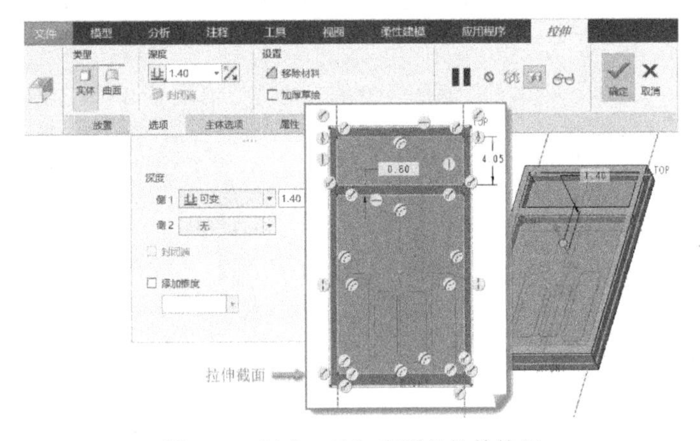

图 8-99　创建“日”字形的拉伸特征

13）单击“拉伸”按钮，接着在打开的“拉伸”选项卡上单击“移除材料”按钮，选择支撑件底面作为草绘平面来绘制拉伸截面。注意确保正确的拉伸深度方向，侧 1 深度值为 0.9mm，如图 8-100 所示。

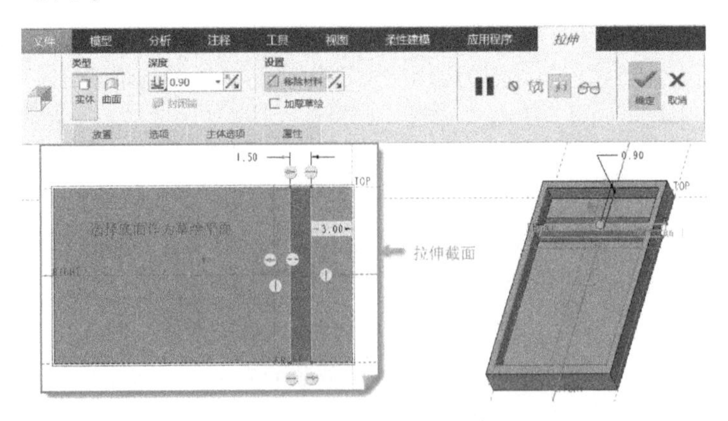

图 8-100　拉伸切除材料操作

14）单击“边倒角”按钮，创建图 8-101 所示的边倒角特征。

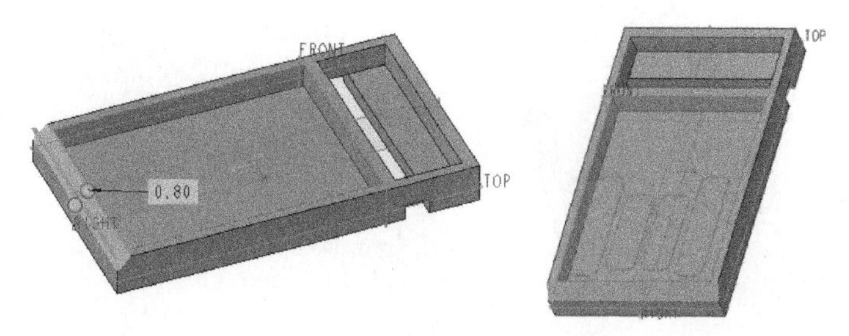

图 8-101 创建边倒角特征

15）在模型树上选择“HY-UDP-M. ASM”装配节点，单击“激活”按钮，然后按〈Ctrl+S〉快捷键进行保存操作。

3. 设计壳体零件

1）在“快速访问”工具栏中单击“新建”按钮，新建一个使用公制模板 mmns_part_solid_abs 的实体零件文件，文件名称设定为“HY-U-壳体”。

2）参照图 8-102 所示的零件尺寸图建构该壳体零件的三维模型，未注尺寸可根据参考效果图自行设定相应的值。

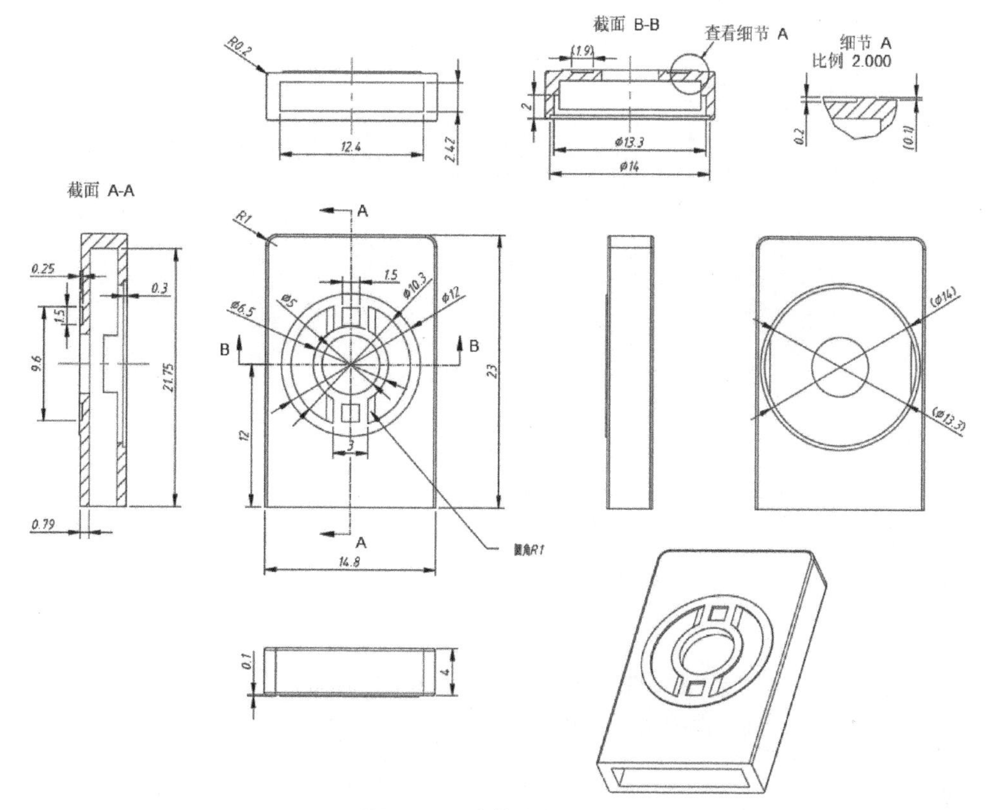

图 8-102 壳体零件尺寸图

3）最终完成的壳体零件三维模型如图 8-103 所示。

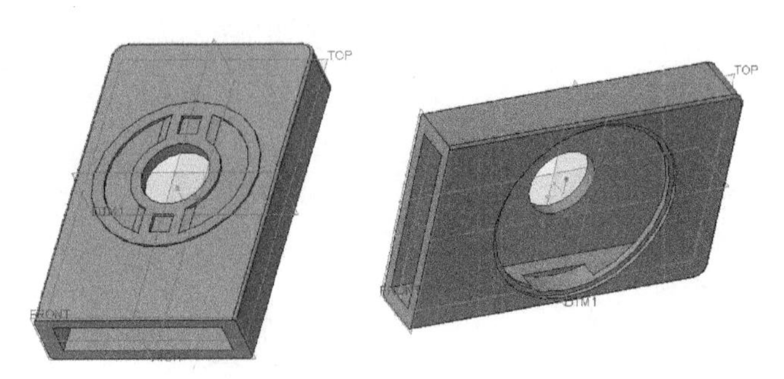

图 8-103　壳体零件三维模型

4. 设计可旋转保护壳零件

1）在“快速访问”工具栏中单击“新建”按钮，新建一个使用公制模板 mmns_part_solid_abs 的实体零件文件，文件名称设定为“HY-U-可旋转保护壳”。

2）参照图 8-104 所示的零件尺寸图建构该保护壳零件的三维模型，未注尺寸可根据参考效果图自行设定相应的值。

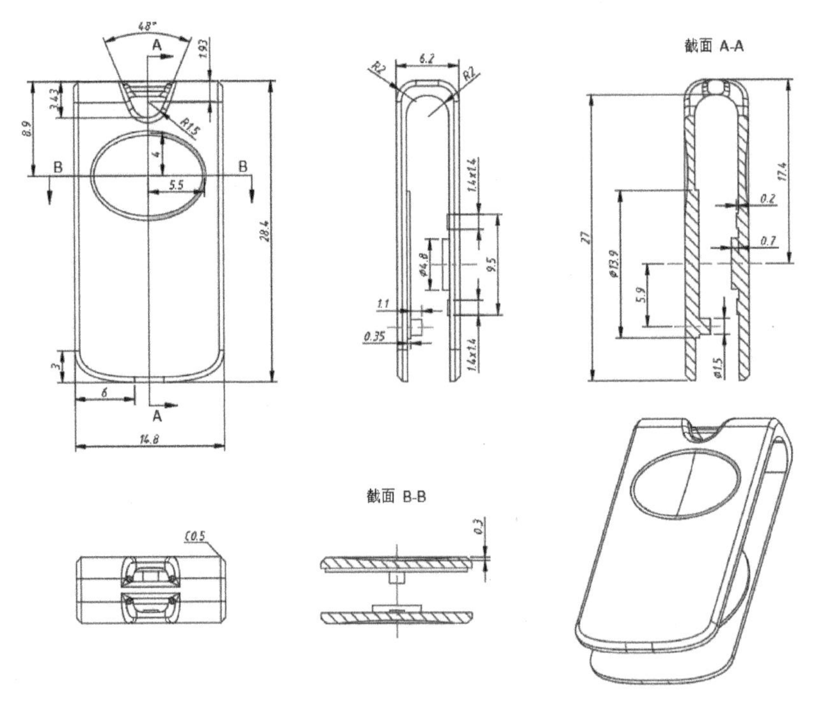

图 8-104　可旋转保护壳零件尺寸图

3）最终完成的可旋转保护壳零件三维模型如图 8-105 所示。

此时，可以将上述可旋转保护壳零件和壳体零件保存以防止设计数据意外丢失。

5. 装配操作

1 新建一个总装配文件

1）在“快速访问”工具栏中单击“新建”按钮，弹出“新建”对话框，在“类型”选

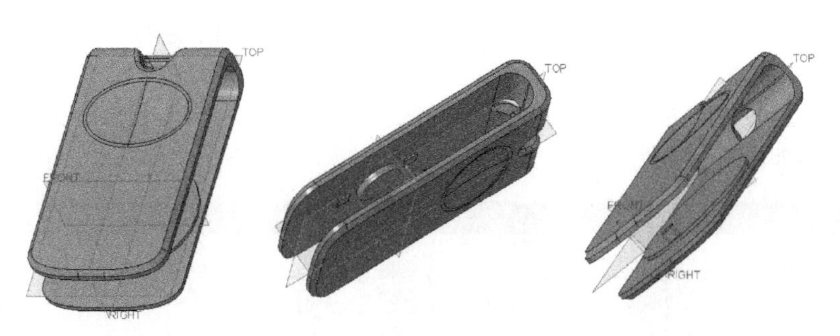

图 8-105　可旋转保护壳零件三维模型

项组中选择“装配”单选按钮，在“子类型”选项组中选择“设计”单选按钮，在“文件名”文本框中输入“HY-旋转伸缩 U 盘产品”，取消勾选“使用默认模板”复选框。

2）在“新建”对话框中单击“确定”按钮，弹出“新文件选项”对话框。

3）从“模板”列表中选择“mmns_asm_design_abs”模板，单击“确定”按钮。

2 将壳体作为第一个元件装配进来

1）单击“组装”按钮，弹出“打开”对话框，选择“HY-U-壳体.PRT”模型文件，单击“打开”按钮。

2）功能区出现“元件放置”选项卡，在“约束”选项组的“当前约束”下拉列表框中选择“默认”选项，单击“确定”按钮✔，从而在默认位置组装该元件。

3 将可旋转保护壳组装进来

1）单击“组装”按钮，弹出“打开”对话框，选择“HY-U-可旋转保护壳.PRT”模型文件，单击“打开”按钮。

2）功能区出现“元件放置”选项卡，在“约束”选项组的“连接类型”下拉列表框中选择“销”连接选项，如图 8-106 所示。

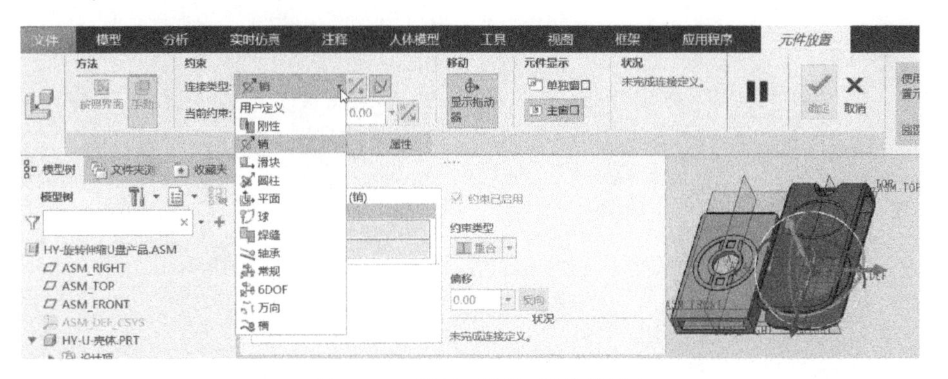

图 8-106　选择“销”连接选项

知识点拨：

连接类型其实就是预定义约束集，用于定义元件/零部件在装配中的运动，其实际是使用预定义约束集去放置元件，有意让元件未充分约束，保留一个或多个自由度，这样便使元件得到所需的运动。连接类型有“刚性”“销”“滑块”“圆柱”“平面”“球”“焊缝”“轴承”“常规”“6DOF”“方向”“槽”“用户定义”等。

3）在“元件放置”选项卡的“放置”滑出面板中可以看到销连接需要定义“轴对齐”和“平移”。“轴对齐”是指在可旋转保护壳中选择特征轴 A_1，在装配体的壳体中选择特征轴 A_1。“平移”是指在可旋转保护壳中选择 TOP 基准平面，在装配体中选择 ASM_TOP 基准平面，约束类型为“重合”，如图 8-107 所示。

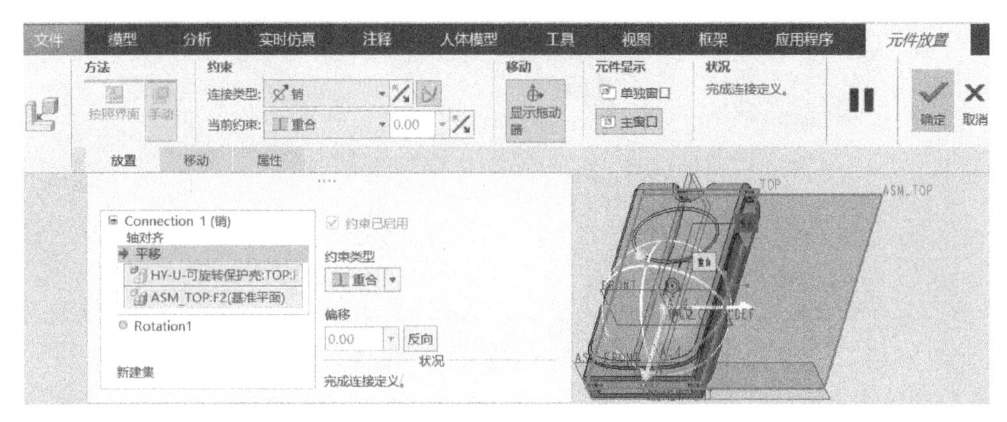

图 8-107 定义销连接的“轴对齐”和“平移”

4）在“放置”滑出面板的“销”连接下单击“Rotation1”以定义旋转轴。此时在可旋转保护壳中选择 RIGHT 基准平面作为元件零参考，在装配体中选择 ASM_RIGHT 基准平面作为装配零参考。在“当前位置”框中输入一个值，例如输入“180”，单击“设置重新生成值”按钮 >> ，以将当前位置设置为重新生成值，如图 8-108 所示。

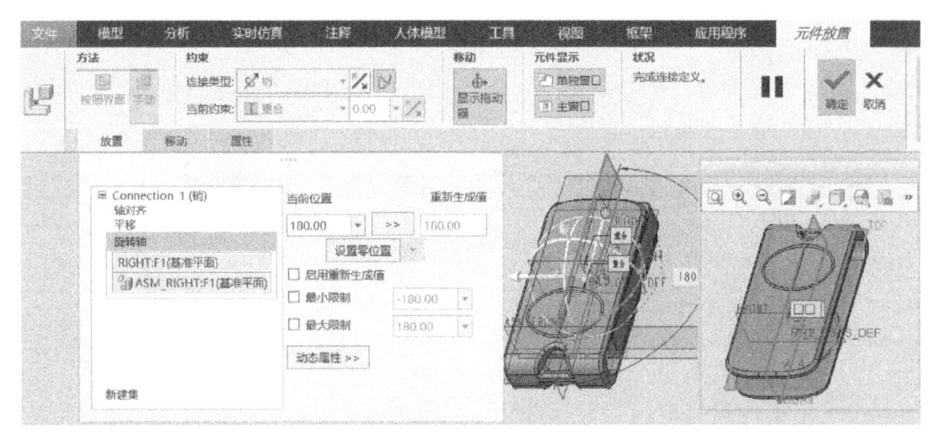

图 8-108 定义旋转轴

知识点拨：

默认零位置是指要装配进来的元件上的某个参考相对于装配上某个参考的初始放置位置，而设置零位置是指当前手动设置的零位置。如果单击“设置零位置”按钮，则将当前位置设置为零位置，而“启用重新生成值”复选框用于启动重新生成值决定重新生成装配时使用的偏移值。可以根据设计要求设置最小限制值和最大限制值。必要时可以单击“动态属性”按钮来设置运动轴动态属性，包括启用恢复系数、启用摩擦，以及设置静摩擦系数、动摩擦系数和接触半径（旋转轴）参数等。

5）在“元件放置”选项卡上单击“确定”按钮✓，此时装配效果如图 8-109 所示。注意：Creo 将在模型树上使用特殊的图标来标识通过连接约束（预定义约束集）放置的元件（零部件）。

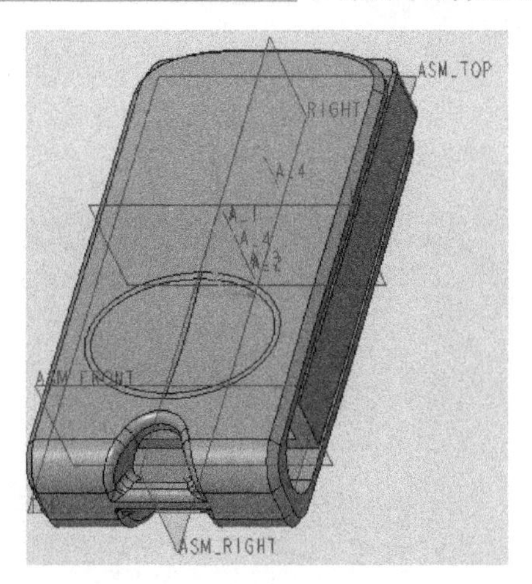

图 8-109　以“销”连接方式将保护壳装配进来

4 将 U 盘插头主体零部件组装进来

1）单击“组装”按钮，弹出“打开”对话框，选择“HY-UDP-M.ASM”模型文件，单击“打开”按钮。

2）功能区出现“元件放置”选项卡，使用 3 组约束来将 U 盘插头主体零部件组装到 U 盘产品中。

- “相切”约束：此时可以在模型树上右击壳体并使用“隐藏”选项来隐藏壳体零件以便于在保护壳上选择要相切的曲面，

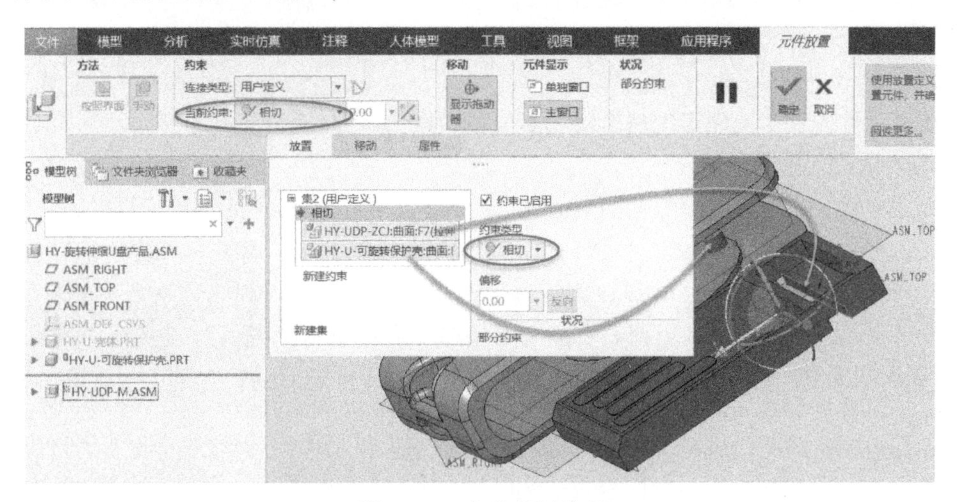

图 8-110　定义相切约束

- “重合”约束：单击“新建约束”，将约束类型设置为“重合”，通过模型树取消隐藏壳体，并临时隐藏保护壳，在壳体上和 U 盘插头主体零部件上分别选择要重合配合的平整曲面，如图 8-111 所示。

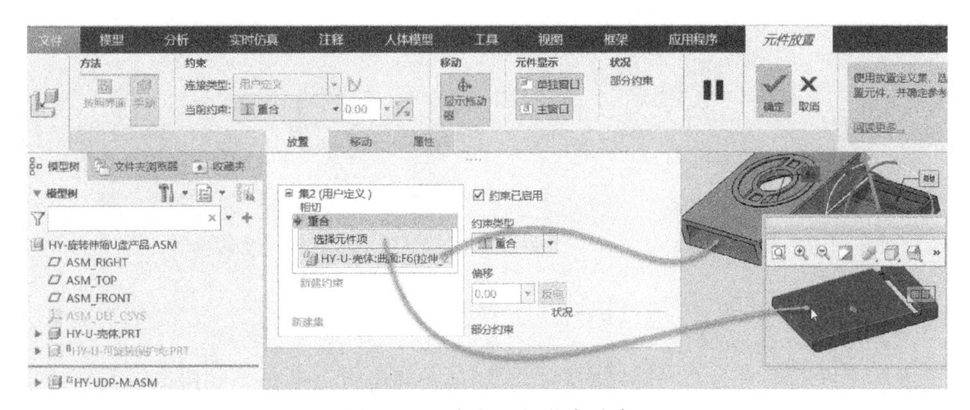

图 8-111　定义一组重合约束

- “重合”约束：单击“新建约束”，将约束类型设置为“重合”，选择壳体的 RIGHT 基准平面（可在模型树上选择），以及选择 U 盘插头主体零部件的 ASM_RIGHT 基准平面，如图 8-112 所示。

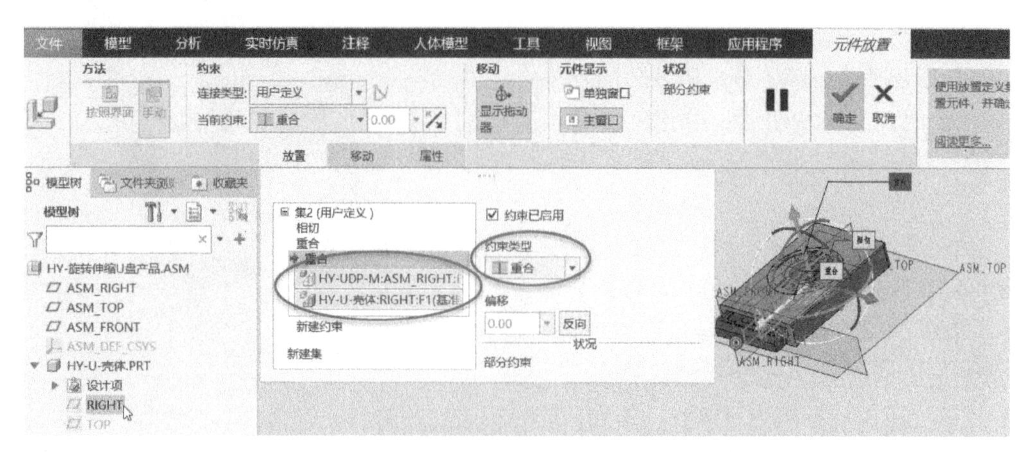

图 8-112 定义第二组重合约束

3）在“元件放置”选项卡上单击“确定”按钮✔，此时完成装配的模型效果如图 8-113 所示，显然没有启动重新生成值。

4）在模型树上选择“HY-U-可旋转保护壳 . PRT”，接着在出现的浮动工具栏中单击“编辑定义”按钮，或者按〈Ctrl+E〉快速键启用“编辑定义”命令，打开“元件放置”选项卡。

5）在“元件放置”选项卡的“放置”滑出面板，在连接约束列表中选择“销”连接下的“旋转轴”节点。接着在连接约束列表右侧增加勾选“启用重新生成值”复选框，如图 8-114 所示，然后单击“确定”按钮✔，则产品模型重新生成时元件返回到在装配中设定的重新生成值所处的位置。

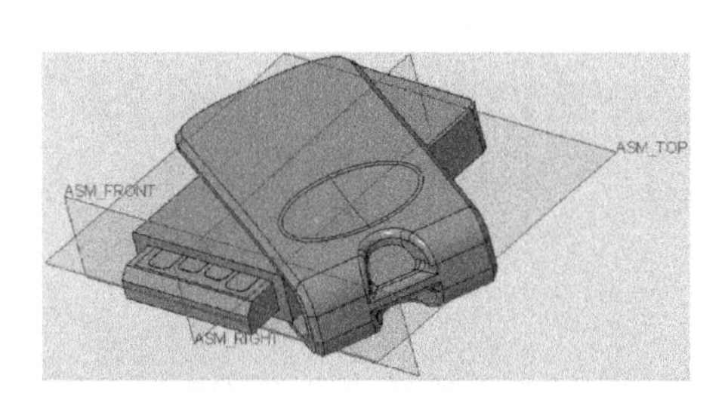

图 8-113 装配模型效果

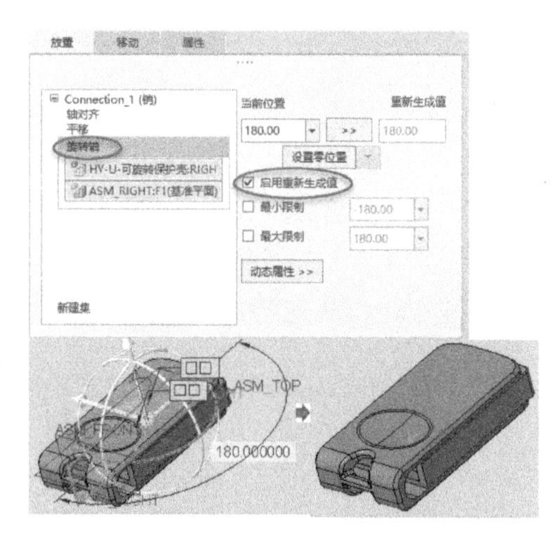

图 8-114 设置启用重新生成值

保存装配文件

在“快速访问”工具栏上单击“保存”按钮，或者按〈Ctrl+S〉快速键保存当前活动窗口中的装配模型。

6. 运动模拟

1 切换至“机构”模块

1）在功能区切换至“应用程序”选项卡，如图 8-115 所示。

图 8-115　功能区“应用程序”选项卡

2）在“运动”面板中单击“机构”按钮，切换至“机构”模块，如图 8-116 所示。此时功能区提供“机构”选项卡，包含“信息”“分析”“运动”“连接”“插入”“属性和条件”“刚性主体”“基准”和“关闭”面板，在图形窗口的左侧还出现一个机构树窗格。

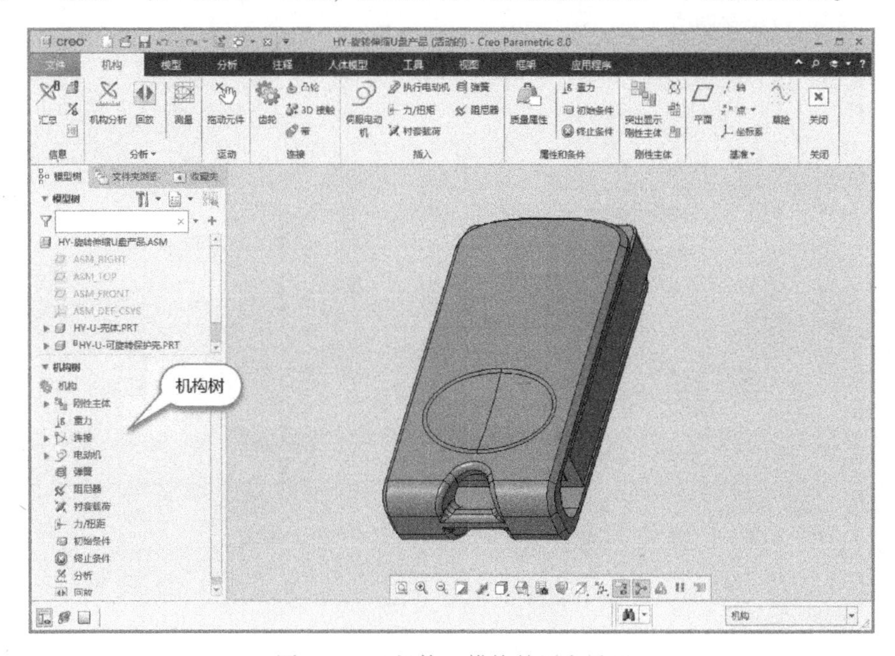

图 8-116　“机构”模块的用户界面

2 定义驱动

1）在功能区“机构”选项卡的“插入”面板中单击“伺服电动机”按钮，打开“电动机”选项卡。

2）在“属性”滑出面板上可以看到默认的名称为“电动机_1”，接着打开“参考”滑出面板，在旋转伸缩 U 盘产品中选择销钉连接轴线，如图 8-117 所示。

3）在“电动机”选项卡的“配置文件详情”滑出面板上，在“驱动数量”下拉列表框中选择“角位置”选项，在“电动机函数”选项组的“函数类型”下拉列表框中选择“斜坡”选项，输入“A”值为“80”，“B”值为“30”，如图 8-118 所示。如果在“图形”选项组中单击“绘制选定数量相对于时间或其他变量的图形”按钮，则弹出图 8-119 所示的“图表工具”窗口，

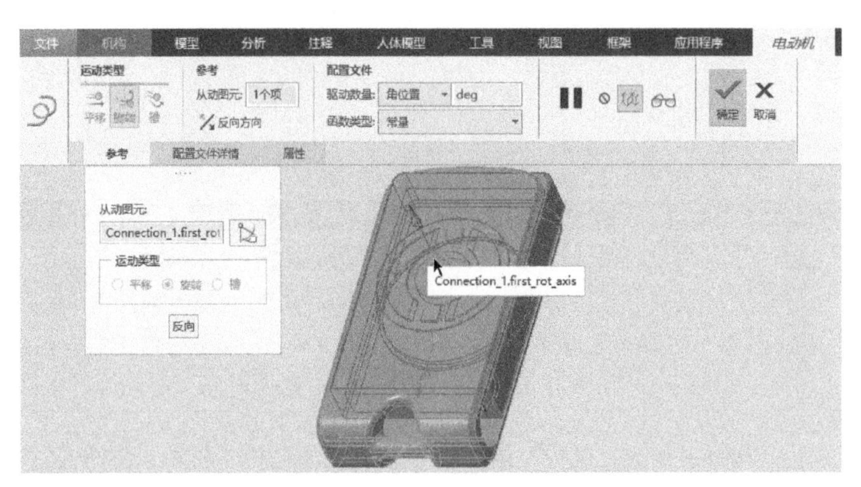

图 8-117　定义伺服电动机操作

可直观地观察到运动轮廓图表。

4）在“电动机”选项卡上单击“确定”按钮✓，结果如图 8-120 所示。

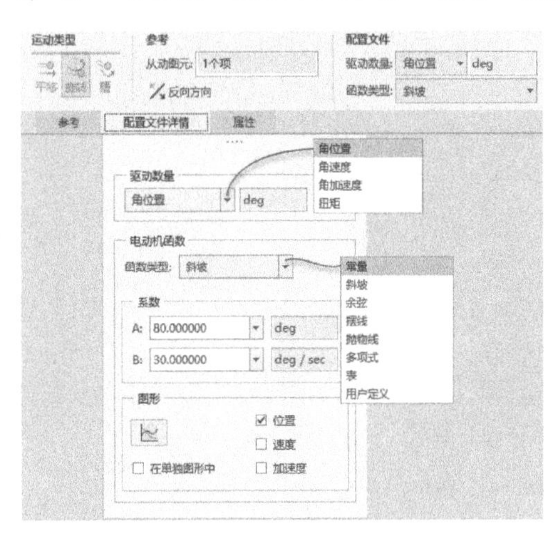

图 8-118　定义驱动数量和电动机函数

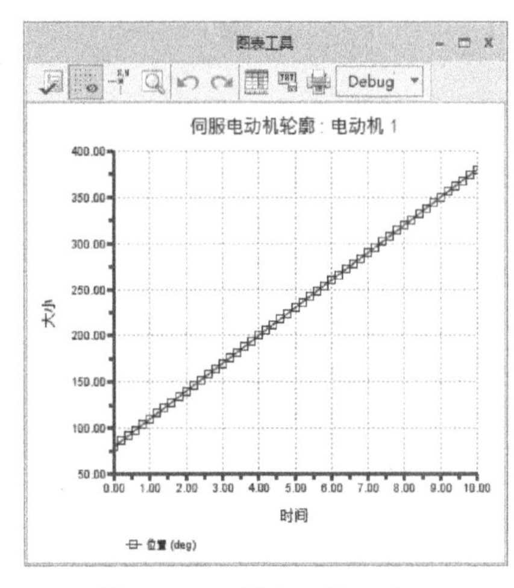

图 8-119　“图表工具”窗口

3 定义分析。

1）在功能区“机构”选项卡的“分析”面板中单击“机构分析”按钮，打开“分析定义”对话框。

2）接受默认的分析名称，从“类型”选项组中选择“位置”选项，而在“首选项”选项卡上的设置如图 8-121 所示，切换至“电动机”选项卡，如图 8-122 所示。

3）在“分析定义”对话框上单击“运行”按钮，则可以在模型中观察到机构的动态运行画面。

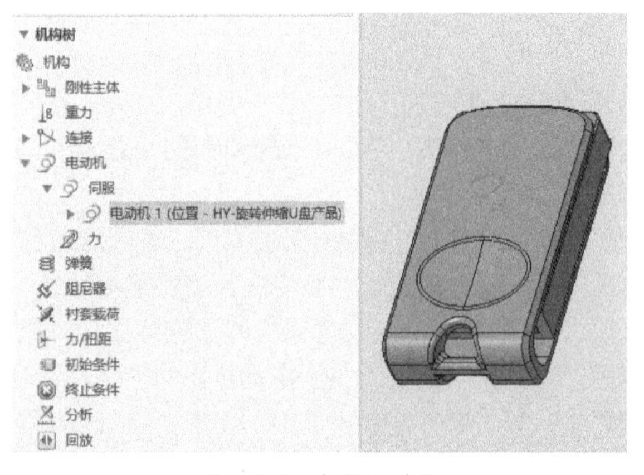

图 8-120　定义电动机

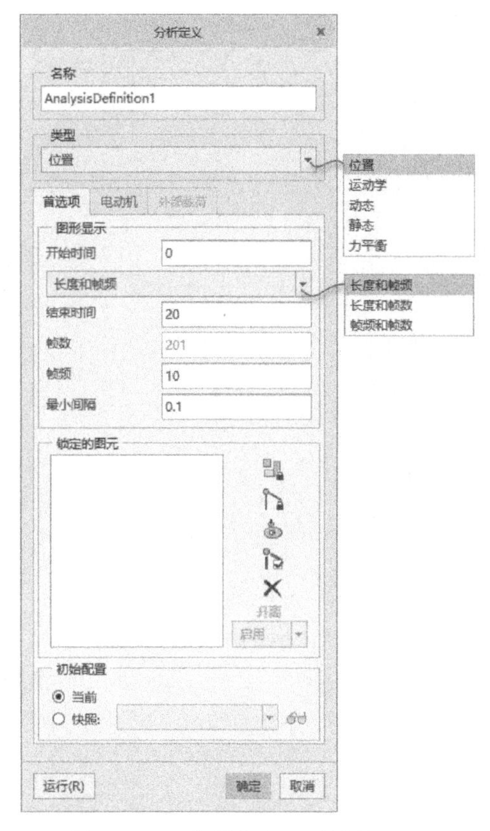

图 8-121 “分析定义”对话框（1）

图 8-122 “分析定义”对话框（2）

4）单击“分析定义”对话框的“确定”按钮。

4 回放以前运行的分析

1）在功能区“机构”选项卡的“分析”面板中单击“回放”按钮，打开图 8-123 所示的“回放”对话框。

2）单击“碰撞检测设置”按钮，系统弹出“碰撞检测设置”对话框。一般情况下，选择默认的“无碰撞检测”单选按钮。本例在“常规”选项组中选择“无碰撞检测”单选按钮，这是因为在旋转可旋转保护壳时，保护壳内侧有小的体积块会与壳体产生体积干涉，实际应用时，保护壳具有金属变形弹性。

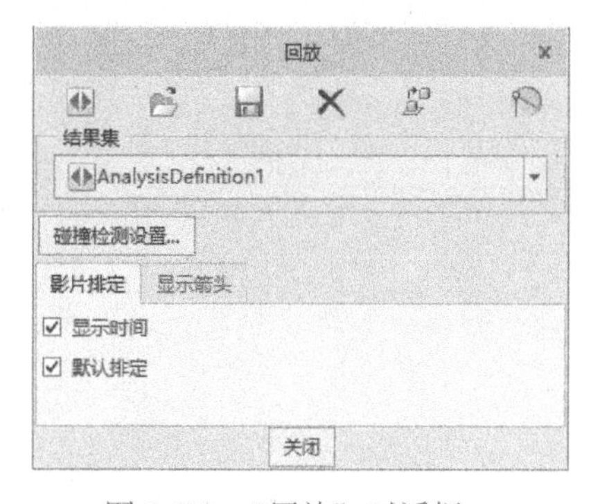

图 8-123 “回放”对话框

说明：

在“碰撞检测设置”对话框的“常规”选项组中除了提供“无碰撞检测”单选按钮，还提供了“全局碰撞检测”单选按钮和“部分碰撞检测”单选按钮，以及一个“包括面组”复选框。在一些产品设计案例中，可以选择“全局碰撞检测”单选按钮，以及在“可选”选项组中勾选“碰撞时铃声警告”和“碰撞时停止动画回放”复选框，如图 8-124 所示，然后单击“碰撞检测设置”对话框的“确定”按钮。

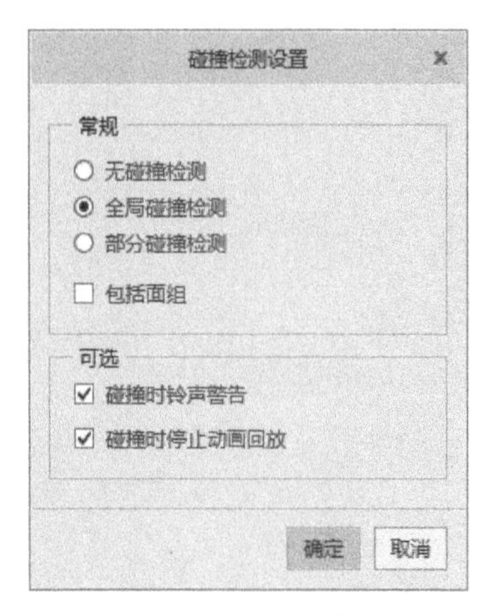

图 8-124　设置碰撞冲突检测

3）在“回放”对话框上单击“播放当前结果集”按钮。若之前设置了冲突检测选项，则系统开始计算整个运动过程是否存在干涉情况，计算过程需要一些时间。

4）计算完毕，系统弹出图 8-125 所示的“动画”对话框，拖动滑块调整动画播放速度，设置是否选中“重复播放动画”按钮和“在结束时反转方向”按钮，单击“播放”按钮可以回放动画。如果在之前设置了全局碰撞检测或部分碰撞检测，则若遇到干涉冲突情况时，系统将以设置的方式提醒设计人员。

5）在“动画”对话框上单击“捕获”按钮，打开图 8-126 所示的“捕获”对话框。通过该对话框，可以将动画保存为允许的格式，如 MPEG、JPEG、TIFF、BMP 和 AVI 等格式，操作完后关闭“捕获”对话框。

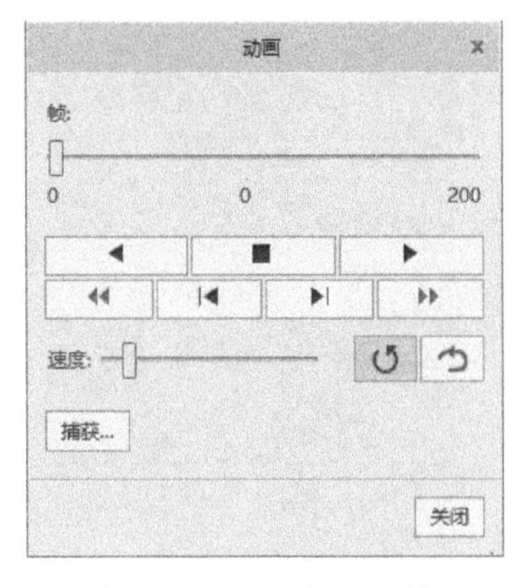

图 8-125　“动画”对话框

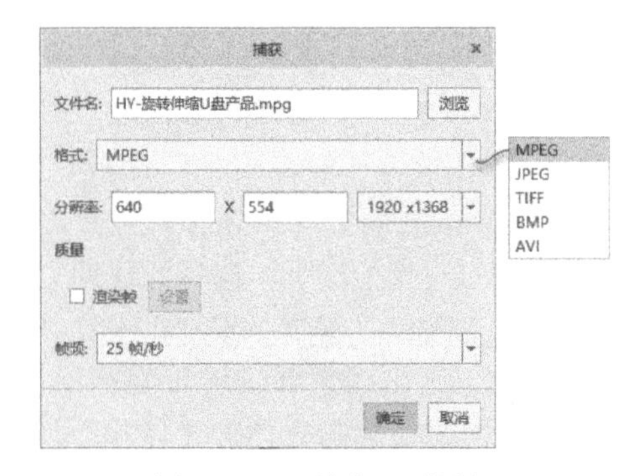

图 8-126　“捕获”对话框

保存文件

关闭“动画”对话框、“回放”对话框后，单击 在“快速访问”工具栏上单击“保存”按钮，或者按〈Ctrl+S〉快速键进行保存。

参考文献

[1] 钟日铭. Creo 机械设计实例教程：6.0 版 [M]. 北京：机械工业出版社，2020.
[2] 黎恢来. 产品结构设计实例教程：入门、提高、精通、求职 [M]. 北京：电子工业出版社，2013.
[3] 叶玉驹，焦永和，张彤. 机械制图手册 [M]. 北京：机械工业出版社，2012.